计算机系列教材

殷立峰 主编 ／ 杨同峰 房志峰 邹新国 副主编

# JSP Web应用开发

## （第2版）

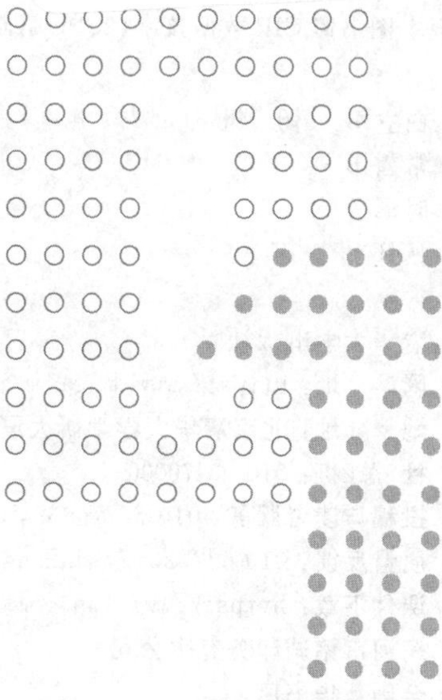

清华大学出版社

北京

## 内 容 简 介

本书是为应用型人才培养而编写的基于JSP的Web应用开发教材。Web应用开发是网页设计、数据库等各种技术的集成与综合应用。本书通过通俗易懂的语言和实用生动的例子，系统地介绍Web应用开发的基本常识、开发环境与开发工具、JavaScript语言、JSP基本语法、内置对象、JavaBean技术、Servlet技术、实用组件、数据库应用开发和高级程序设计等技术，并且在每一章的后面提供了习题，方便读者及时验证自己的学习效果。本书内容深入浅出、循序渐进，程序案例生动易懂，注重Web应用技术实践能力的培养，全书附加了大量案例，可以让学生通过案例的学习，快速提升自己的Web应用开发能力。

本书既可作为高等院校计算机科学与技术相关专业本科及专科学生的Web程序设计、网络程序设计、Web应用开发、动态网站制作、JSP程序设计等课程的教材，又可作为教师、自学者的参考用书，同时也可作为JSP初学者及各类Web应用开发设计人员的培训教材和学习参考书。学习本书时，读者需要具备Java程序设计、数据库原理、计算机网络等方面的基础知识。

本书配有电子教案及相关教学资源，读者可从www.tup.com.cn下载。



**图书在版编目(CIP)数据**

JSP Web应用开发/殷立峰主编. —2版. —北京：清华大学出版社，2019(2024.2重印)
(计算机系列教材)
ISBN 978-7-302-52855-5

Ⅰ. ①J… Ⅱ. ①殷… Ⅲ. ①JAVA语言－网页制作工具－高等学校－教材 Ⅳ. ①TP312.8 ②TP393.092

中国版本图书馆CIP数据核字(2019)第082242号

**责任编辑**：白立军　杨　帆
**封面设计**：常雪影
**责任校对**：时翠兰
**责任印制**：丛怀宇

**出版发行**：清华大学出版社
**网　　址**：https://www.tup.com.cn，https://www.wqxuetang.com
**地　　址**：北京清华大学学研大厦A座　　**邮　　编**：100084
**社 总 机**：010-83470000　　**邮　　购**：010-62786544
**投稿与读者服务**：010-62776969，c-service@tup.tsinghua.edu.cn
**质量反馈**：010-62772015，zhiliang@tup.tsinghua.edu.cn
**课件下载**：https://www.tup.com.cn，010-83470236
**印 装 者**：三河市铭诚印务有限公司
**经　　销**：全国新华书店
**开　　本**：185mm×260mm　　**印　　张**：42.25　　**字　　数**：1018千字
**版　　次**：2015年3月第1版　2019年8月第2版　　**印　　次**：2024年2月第4次印刷
**定　　价**：99.00元

---

产品编号：083137-01

# 前　言

基于B/S架构的Web信息系统已经成为当前计算机信息系统的主流实现方案，在政府、企业、公共事业服务等领域得到广泛应用。Web技术是目前网络信息应用的基础，是信息管理、计算机等专业的一项主要信息技术，是当今从事信息专业的技术人员和管理者需要掌握的重要技能。

本书包含JSP Web应用开发需要熟练掌握的以下3方面内容。

(1) JSP Web开发与运行环境搭建技术。主要涉及JSP Web应用开发软、硬件平台搭建的基本技术。

(2) Web前端开发。主要内容包括HTML基础，Web前端开发工具，网页的创建和编辑，网页布局、CSS和JavaScript，目前业界最流行的前端开发类库ExtJs以及基本的Web编程能力。

(3) Web后端开发。主要内容包括Web服务器的安装与配置、Servlet、JSP页面标签、内置对象、JavaBean、数据持久化、MVC架构，以及业界最流行的Struts、Spring和Hibernate。

本书编者具有多年的JSP Web应用开发教学与多个JSP Web项目的开发经历，积累了丰富的JSP Web应用开发经验。因此，本书是编者丰富的理论和实践经验相结合的结晶。本书具有以下4个特点。

(1) 从动态网站开发最基础的HTML、CSS、JavaScript，到JSP的基本技术、JDBC数据库访问技术，到前端的UI框架EasyUI以及后端的轻量级框架YangMVC，重量级框架Struts、Spring、Hibernate。本书涵盖JSP Web应用开发设计所需的绝大多数知识内容，让学生从对JSP Web应用开发设计的一无所知到掌握JSP Web应用开发设计的全部技术，是一种名副其实的"JSP Web应用开发从入门到精通"的教材。

(2) 面向应用型人才培养需求。组织编写教材内容时，以应用为导向，以Web应用开发过程为基础，系统全面地介绍目前市场主流和成熟的JSP Web应用开发技术。

(3) 采用案例驱动方式组织教材内容，以案例带动知识的理解和学习。本书强调在做中学，在学中做，把实践与理论知识的学习密切结合。本书提供了丰富的案例，所有案例均在Windows 7＋Tomcat＋MySQL和Windows XP＋Tomcat＋MySQL环境下调试通过。

(4) 开发过程详尽。针对学生的水平参差不齐、缺乏基础知识的情况，书中对于给出的例子均配有大量的步骤说明和截图，使学生能按照流程自行完成项目的开发。书中对开发中可能出现的错误进行了较为详细的描述，使学生在实际开发中能轻松排除错误。

书中每章后面都有大量的习题、上机练习和实训课题，其目的是使学生掌握核心知识、概念和技术。在实训中还提供了一些综合应用的课题。

本书由殷立峰和杨同峰统筹策划,第1～4章和第8章由殷立峰编写,第5、7章和第9～14章由房志峰编写,第6章和第15～21章由杨同峰编写。

感谢读者选择使用本书,欢迎对本书结构、内容提出批评和修改建议。

编　者

2019年3月

# 目　　录

## 第一部分　简介与环境

## 第二部分 前端开发

# 第一部分

# 简介与环境

如果你觉得你完成课上例子比较慢，那么要么是你打字慢，要么是你傻乎乎地抄写无关的文本。请抓住关键，高效学习。

# 第 1 章　Web 应用开发基础——万丈高楼平地起

本章主要内容：

- 计算机网络基础知识。
- Internet 和 WWW。
- TCP/IP 的作用。
- 端口及其作用。
- IP 地址、域名和 URL。
- 网页及其构成元素。
- 静态网页和动态网页。
- Web 开发环境与开发技术。
- JSP Web 应用开发相关技术。
- JSP 的处理过程和 JSP 的技术特征。

## 1.1　计算机网络基础知识

### 1.1.1　计算机网络

Web 应用是计算机网络中的典型应用，离不开计算机网络的支持。计算机网络是通过通信线路和通信设备，将地理位置不同、具有独立功能的计算机系统及其外部设备连接起来，在网络操作系统、网络管理软件和网络通信协议的管理和支持下，实现彼此之间数据通信和共享硬件、软件、数据信息等资源的系统。图 1-1 形象地展示了一个简单的计算机网络。

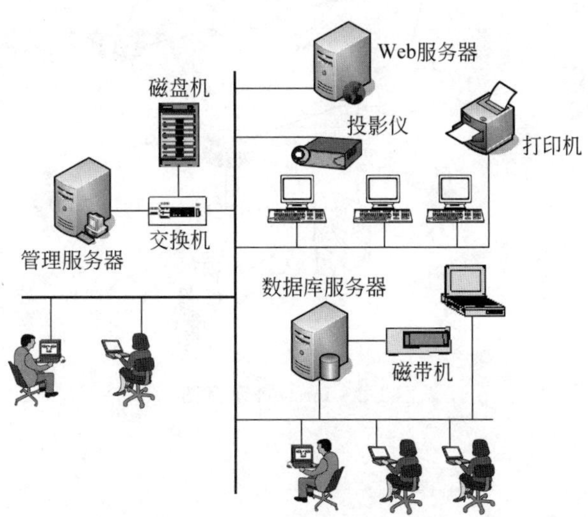


图 1-1　计算机网络示意图

计算机网络的两个主要功能是数据通信和资源共享。数据通信就是把计算机连接起来,使网络用户之间可以便捷地交换数据信息。资源共享就是使用户可以共享网上的所有公共资源,包括各种各样的软件、硬件、数据、文档、娱乐内容和游戏等。

从不同的角度,可以将计算机网络划分成不同的种类,从网络覆盖地域范围大小的角度可以将网络分为局域网、城域网和广域网。

局域网(local area network,LAN)是在一个地域有限的地理范围内(如一个公司、学校或工厂内),将各种计算机、外部设备等互相连接起来组成的计算机网络。局域网可以实现硬件、软件和其他数据资源的共享,如共享打印机、扫描仪,共享工作组内的日程安排、电子邮件和传真通信服务等。局域网严格意义上是封闭型的,它可以由办公室内几台甚至数十台计算机组成。

城域网(metropolitan area network,MAN)是指在地域上覆盖一个城市范围的网络。MAN属于宽带局域网,网中传输时延较小,它的传输媒介主要采用光缆,传输速率在100Mb/s以上。

广域网(wide area network,WAN)也称为远程网,通常覆盖的地理范围很大,从几十千米到几千千米,它是指连接多个城市或省份,甚至连接几个国家或横跨几个洲并能提供远距离通信的远程网络。广域网的连接一般采用专用线路、VPN虚拟专用网、DDN、X.25、卫星信道和帧中继等通信线路。它将分布在不同地区的局域网或计算机系统互连起来,达到资源共享的目的。Internet是世界范围内最大的广域网,如图1-2所示。

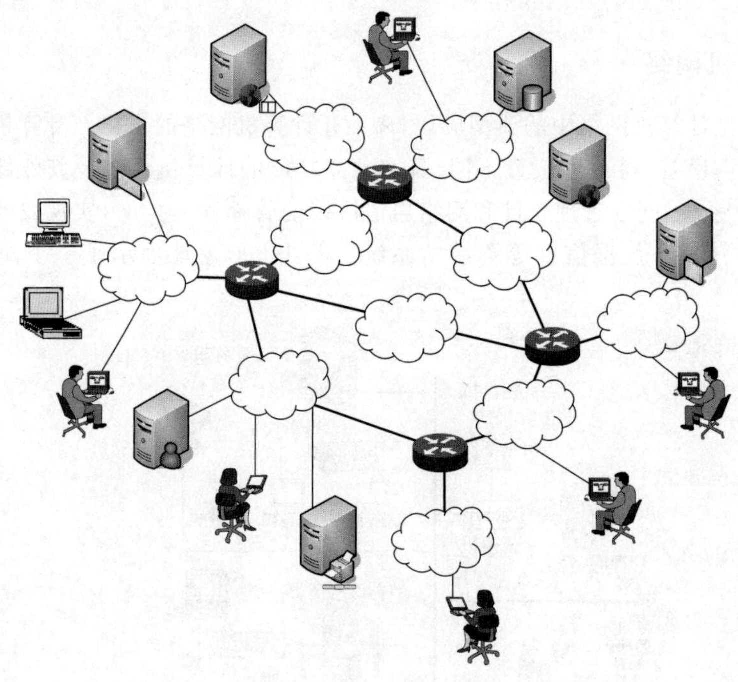

图1-2 Internet示意图

### 1.1.2 Internet

因特网(Internet)也称国际互联网,或网际网路、英特网等。Internet是以一组通用的协议，通过通信链路把世界范围内数目众多的计算机相互连接，形成逻辑上巨大的国际网络。因特网是网络与网络相互连接所形成的世界上最大的、开放的、覆盖全球的庞大网络。它把世界上难以计数的计算机、人、数据库、软件和文件连接在一起，汇集了全球大量的信息资源，是当代人们交流信息不可缺少的手段和途径。

因特网在现实生活中得到广泛应用。人们利用因特网可以聊天、交友、发送邮件、听音乐、玩游戏、查阅信息资料、购物等。它给人们的现实生活带来了极大的便利。它把广袤的地球缩小成了一个地球村，人们可以在互联网的信息库里寻找自己学业上、事业上的所需，通过网络进行工作、学习、生活与娱乐。

Internet 的结构如图 1-2 所示，与 Internet 相连的任何一台计算机可称为主机，Internet 上所有的计算机和网络等设备都是通过标准的通信协议 TCP/IP 来进行通信的。

### 1.1.3 TCP/IP

计算机网络中的计算机要进行通信，必须遵守某种事先约定好的通信规则，这些规则在专业领域被称为协议，Internet 中计算机互连通信的协议是 TCP/IP。

TCP/IP(transmission control protocol/internet protocol)中文翻译为传输控制协议/因特网互连协议，是 Internet 最基本的协议和 Internet 国际互联网络的基础。TCP/IP 定义了电子设备如何连入因特网，以及数据如何在它们之间传输的标准。协议采用 4 层的层级结构，每一层都需要它的下一层所提供的服务来完成自己的功能。通俗地讲，TCP 负责传输控制，IP 负责传输内容。

## 1.2 IP 地址、域名和 URL

### 1.2.1 IP 地址

#### 1. IP 地址的作用

在 Internet 里，IP 给因特网的每一台联网设备规定一个唯一的地址，这个地址称为 IP 地址，用来标识网络上的一台计算机，如图 1-3 所示。IP 地址就像每个人的通信地址一样，通过它可以收发数据，实现人与人之间的数据交流。Internet 是由几千万台计算机互相连接而成的，而人们要确认网络上的每一台计算机，靠的就是能唯一标识该计算机的网络 IP 地址。Internet 里每台计算机(或设备)都被分配一个 32 位的二进制数 IPv4(IP 的早期版本)或 128 位的 IPv6(IP 的现代版本)地址，通过这个 IP 地址，可以在互联网世界里准确找到相应的主机或设备。

#### 2. IP 地址的表示

为了便于记忆，IPv4 版本对 IP 地址采用“点分十进制”表示方法，每个 IP 地址都由一个 32 位的二进制数构成，将它们分为 4 组，每组 8 位，由小数点分开，用 4 字节来表示，每字节再转换成 0～255 的十进制数，这种书写方法称为点分十进制表示法。如某台计算机的 IP 地址的点分十进制表示是 203.73.54.169，与其对应的二进制形式表示如下：

| 二进制 IP 地址 | 11001011 | | 01001001 | | 00110110 | | 10101001 |
|---|---|---|---|---|---|---|---|
| 4 组十进制 IP 地址 | 203 | . | 73 | . | 54 | . | 169 |

32 位的 IP 地址共有 $2^{32}$ 个,理论上可以为 $2^{32}$ 台计算机分配 IP 地址,但实际上可用的 IP 地址数远小于 $2^{32}$ 这个数。关于 IP 地址更多的知识请学习计算机网络课程进一步了解。

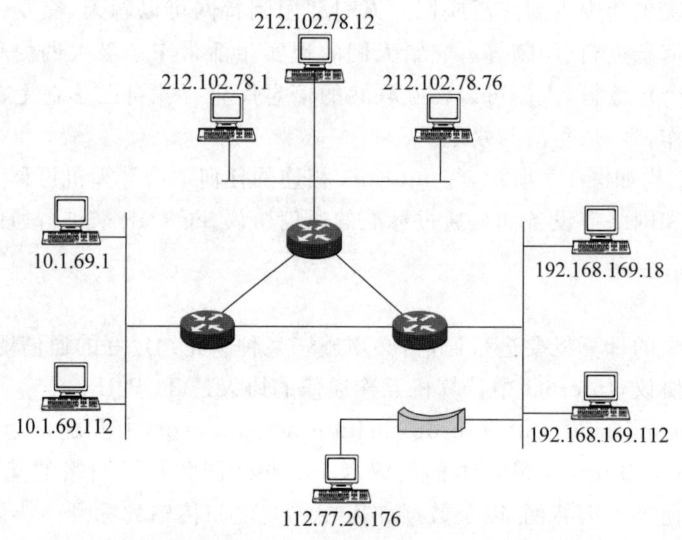


图 1-3　计算机网络 IP 地址示意图

### 1.2.2　域名

正如现实生活中每个人都有标识自己身份的身份证号码和姓名一样,姓名便于记忆而身份证号码难于记忆。网上主机的 IP 地址是 32 位的二进制数,即使转换为 4 组十进制数,还是不便记忆。为便于记忆,人们为互联网上的主机起了易于记忆的全球唯一的名字,称为域名,Internet 上主机域名的命名方法与邮政系统类似,采用层次树状结构方法。寄信时,人们要在信封上写上国家、省(市)、区、街道、门牌号等收信人地址。用英文书写信封时,地址要先小后大,按照门牌号、街道、区、市、国家的顺序书写。计算机网络中主机的地址"域名"由西方国家发明的,所以命名采用了英文寄信地址的习惯,采用先小后大方式,地址形式为主机名.三级域名.二级域名.顶级域名。域(domain)是域名名字空间中一个可以被管理的区域,域可以划分为子域,子域还可以继续划分,构成顶级域、二级域、三级域等。以常见的百度网站的域名 www.baidu.com 为例,百度网站的网址由三部分组成,其中,baidu 代表百度公司,www 代表百度网主机,而最后的 com 则是该域名的后缀,代表这是一个 com 国际域名,是顶级域名。域名只是个逻辑概念,并不代表计算机所在的物理地点,使用变长的域名和有助记忆的字符串,是为了便于人记忆和使用,相比较而言,IP 地址是定长的 32 位二进制数字,非常便于机器进行处理。网络上数据的传送最终是靠 IP 地址实现的,为了使主机的域名与它的 IP 地址一一对应,人们设计了一个域名解析系统(domain name system,DNS)来完成域名解析,运行域名解析程序的机器称为域名服务器,域名服务器程序在专设的网络主机上运行。当网络用户与 Internet 上某台主机交换信息时,只需要使用域名,DNS 系统会自动把域名转换成 IP 地址,通过 IP 地址找到这台主机,这个过程就被称为域名解析。

域名解析从下至上逐级进行,当某一联网单位内的主机访问互联网上的资源时,先在本地的DNS服务器解析其地址;如果该地址在本地DNS服务器中找不到,则将此地址交给上一级的DNS服务器,直到互联网的根DNS服务器;如果还不能找到,则说明所要求的是一个不存在的域名。由此可见域名到IP地址的解析由若干个域名服务器协同完成。

域名一般由主机名、三级域名、二级域名、顶级域名4个区域构成,从左到右表示的区域范围越来越大。顶级域名又称一级域名,分为国家顶级域名、通用顶级域名和基础结构域名三大类。其中,国家顶级域名代表国家,如cn表示中国、us表示美国,uk表示英国等。通用顶级域名代表行业或者机构,最早的顶级域名:com代表公司和企业,net代表网络服务机构,org代表非营利性组织,edu代表教育机构,gov代表政府部门,mil代表军事部门,int代表国际组织等,通用顶级域名在不断增加,如新增加的tv域名等。基础结构域名(infrastructure domain)只有一个,即arpa,用于反向域名解析,因此又称为反向域名。

在我国,CERNET(中国教育互联网)负责二级域名edu下三级域名的注册申请,中国互联网信息中心(CNNIC)负责社会上二级域名下的三级域名申请。"主机名"是第四级域名,用有意义的英文名称代表主机,主机较多的单位第四级域名可能会进一步细分,可分成五级或六级。域名www.people.com.cn中,cn是顶级域名,表示中国;com是二级域名,代表组织;people是三级域名,表示人民网这一组织结构;www是主机名,表示人民网主机。

### 1.2.3 URL

统一资源定位符(uniform resource locator,URL)是互联网上资源的标准地址,互联网上的每个文件都有一个唯一的URL,它指出文件在互联网上的位置以及在浏览器中应该怎么访问它。

URL由协议、://、主机名、端口号和路径五部分组成。例如:

```
http://www.163.net:8080/software/default.html
telnet://tsinghua.bbb.com:70
ftp://ftp.N3.org/pub/www/doc
```

#### 1. 协议

协议告诉浏览器如何处理将要打开的文件。访问互联网中资源最常用的协议是超文本传输协议(hypertext transfer protocol,HTTP),常见的协议有3种。

(1) HTTP——超文本传输协议。

(2) FTP——文件传输协议。

(3) TELNET——Internet远程登录服务的标准协议。

#### 2. ://

://是URL规范要求的标记,在URL中必须包含。

#### 3. 主机名

主机名是包含被访问资源的服务器的全名(包括域名和主机名),主机名可以用服务器的IP地址替代。www.163.sohu或者202.108.191.76等都是主机名。

#### 4. 端口号

一般一台主机只拥有一个 IP 地址,但却可以提供如 Web 网页访问服务、FTP 文件传输服务、SMTP 邮件服务等,所有这些服务都是通过一个 IP 地址实现的。那么,主机是怎样区分不同的网络服务呢?也就是说主机是怎样知道它接收的是哪一种网络协议数据报并采用相应的软件去处理的呢?显然单靠 IP 地址是不行的,因为 IP 地址与网络服务的关系是一对多的关系。实际上主机是通过“IP 地址+端口号”来区分不同的服务的。对于每个 TCP/IP 实现来说,FTP 服务器的 TCP 端口号都是 21,每个 TELNET 服务器的 TCP 端口号都是 23,每个简单文件传送协议(trivial file transfer protocol,TFTP)服务器的 UDP 端口号都是 69。由此可见,TCP/IP 中的端口可进行如下比喻:如果把 IP 地址比作一套房子,那么端口就可以比作这套房子各个房间的门,端口号就是打开各个房间的钥匙,每个房间功能不同,可以为房子主人提供不同的服务。一个 IP 地址的端口可以有 65 536 个。端口通过端口号来标识,端口号只有整数,范围为 0~65 535。

1~255 的端口号称为知名端口号,已被规定用于专门的用途,如端口号 80 提供 HTTP 服务,专门提供 Web 服务。介于 256~1023 的端口号通常由 UNIX 系统占用,提供一些特定的 UNIX 服务,也就是说,提供一些只有 UNIX 系统才有的而其他操作系统可能不提供的服务,IANA 管理 1~1023 所有的端口号。

#### 5. 文件路径

文件路径是服务器上保存目标文件的目录,它是浏览器访问的最终目标。

有时候,URL 以斜杠“/”结尾,而没有给出文件名,在这种情况下,URL 引用路径中最后一个目录中的默认文件(通常对应于主页),这个文件常常被称为 index.html 或 default.htm。

URL 有绝对 URL 和相对 URL 两种,绝对 URL(absolute URL)显示文件的完整路径,这意味着绝对 URL 本身所在的位置与被引用的当前文件的位置无关。相对 URL(relative URL)以当前 URL 本身的文件夹的位置为参考点,描述目标文件夹的位置。如果目标文件与当前页面(也就是包含 URL 的页面)在同一个目录,那么这个文件的相对 URL 仅仅是文件名和扩展名,如果目标文件在当前目录的子目录中,那么它的相对 URL 是子目录名,后面是斜杠,然后是目标文件的文件名和扩展名。

一般来说,对于同一服务器上的文件,应该总是使用相对 URL,它们更容易输入,而且在将页面从本地系统转移到服务器上时更方便,只要每个文件的相对位置保持不变,链接就仍然是有效的。

#### 6. 文件定位的几种方式

文件定位可以有 3 种方式:域名方式、IP 地址方式和文件目录方式。可以在浏览器的地址栏目里使用这 3 种方式查询信息。例如,某服务器的域名是 www.bta.net.cn,IP 地址是 202.126.198.56。在地址栏目输入 www.bta.net.cn 和 202.126.198.56 都可以看到该服务器的默认主页。如果用浏览器查看本机的文件,在地址中输入文件目录及文件名,如 file:///C:/webshare/wwwroot/default.html,就可以看到 default 页面。

# 1.3 Web 概述

## 1.3.1 WWW(万维网)

自计算机网络技术诞生以来,科学家们就致力于依托计算机网络的资源共享技术建设一个世界性的信息网络。在这个信息网络中,信息不仅能被全世界的人方便地存取,而且通过链接能方便地获取任何地方的信息,这个信息网络就是今天的 WWW。WWW 是英文 World Wide Web 的缩写,也称为 Web、WWW 或者 W3,在中文里被称为环球信息网、万维网或者环球网等。WWW 最普遍的简称是 Web,分为 Web 客户端和 Web 服务器程序。WWW 可以让 Web 客户端(常用浏览器)访问浏览 Web 服务器上的页面,是一个由许多互相链接的超文本组成的系统,通过互联网访问。在这个系统中,每个有用的事物都称为"资源";并且由一个全局 URI 标识;这些资源通过 HTTP 传送给用户,而后者通过单击链接来获得资源。

万维网联盟(World Wide Web Consortium,W3C)又称为 W3C 理事会。1994 年 10 月在麻省理工学院(MIT)计算机科学实验室成立。万维网联盟的创建者是万维网的发明者蒂姆・伯纳斯-李。

万维网并不等同互联网,万维网只是互联网所能提供的服务之一,是依靠互联网运行的一项服务。

## 1.3.2 什么是网页

网页(Web 页)是构成网站的基本元素,是一种可以在 WWW 上传输并能被浏览器软件解释输出成页面的文件。

任何网站都由一个个的网页组成,其中,访问网站时见到的第一个网页被称为主网页,简称主页。图 1-4 就是通过在浏览器 IE(internet explorer)软件的地址栏中输入域名

图 1-4 搜狐网站的主页

www.sohu.com 后访问搜狐网站所看到的该网站的主网页。人们通过在浏览器中输入网站的域名来访问网站,而访问网站的结果就是打开网页,网站的功能通过构成网站的网页来体现。

网页是保存在计算机中的一个文件,由超文本标记语言(HTML)编写而成,例 1-1 就是一个用 HTML 编写的简单网页,可以使用记事本软件输入下列内容,并将输入的内容保存为 example1_1.htm 文件,这样就建立了一个简单的网页文件,网页文件的名字可以随便起,但文件扩展名必须是 htm 或者 html。当然,文件的取名最好能有一定的意义,如本网页名字 example1_1.htm 的含义是"本书第 1 章的第 1 个例子",其中,example 代表例子,1_1 中第一个 1 代表章,第二个 1 代表第 1 章的第一个例子。

**【例 1-1】** 网页文件(example1_1.htm):

```
<html>
    <title>Hello World</title>
<body>
    <h1>Welcome</h1>
    <p>HTML is Fun! </p>
</body>
</html>
```

在保存该网页文件的路径下找到该文件,然后双击就可以通过浏览器解释输出,图 1-5 是用浏览器 IE 打开网页文件 example1_1.htm 输出的情形。

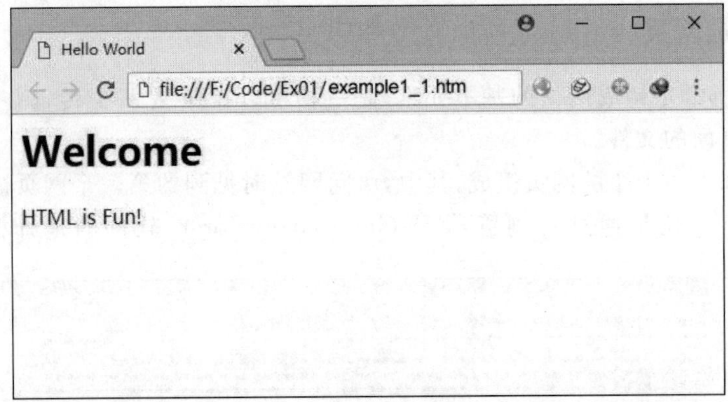


图 1-5 用 HTML 编写的简单网页

当然图 1-5 所示的网页是一个非常简单的网页,其实大部分网页都像图 1-4 所示的搜狐网站的主页那样具有丰富的网页元素。

### 1.3.3 构成网页的基本元素

构成网页的元素主要有文本、表格、表单、图像、动画、声音、视频等,图 1-6 是一个包含多种元素的网页。

#### 1. 文本

文本是构成网页的重要元素,参见图 1-6,它在网页中的主要功能是显示信息和超级链接。制作网页时，为了通过具体的文字内容与不同的文字格式来显示信息，可以根据需要设置文本的字体、字号、颜色以及所需要的其他格式。文本作为网页中的一个对象，常常是超级链接的触发体，通过文本表达的链接目标指向相关内容，浏览网页时，当鼠标移动到某些文字上方时，鼠标呈现出一个小手的模样，这些文字就是超级链接的触发体。

文本
文本超级链接
表格布局
图像
太平洋网络推荐

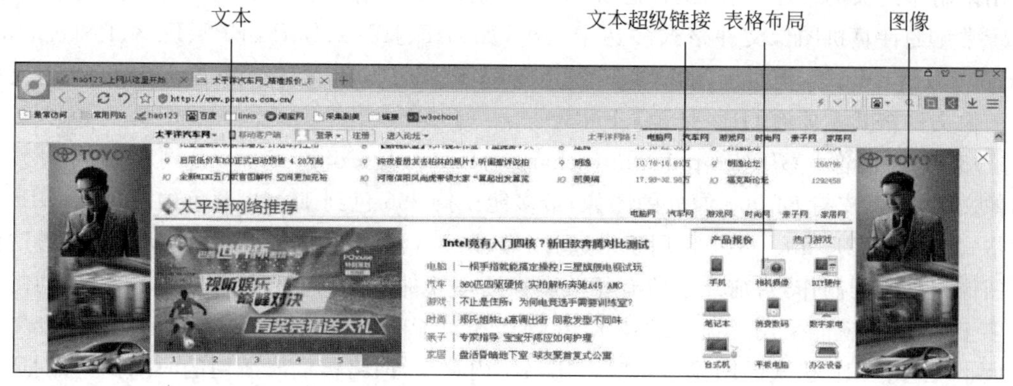

图 1-6　构成网页的基本元素

## 2. 表格

表格是网页页面布局的一种方式。为达到不同的视觉效果，可以控制表格边框的显示与否，如果网页具有横竖分明的风格，一般都是用表格布局的。图 1-6 的标注展示了用表格对手机、笔记本、台式机等电子产品报价进行布局的情形，可以看到各种电子产品的图标横竖排列整齐，但这里的表格边框并未显示出来。

## 3. 表单

图 1-7 所示的单选按钮、复选按钮、文本输入框等被称为网页的表单，表单在网页上的主要用途是让浏览者输入信息，如用户的要求、意见等；浏览者也可以输入关键字搜索相关网页，如百度搜索；浏览者也常使用表单注册网站会员，注册邮箱，或以会员身份登录。表单由功能不同的表单域组成，表单必须包含一个输入区域和一个提交按钮。浏览者通过输入文本、选中复选框和单选按钮，从下拉列表框中选择选项等方式输入信息，然后单击“提交”按钮将信息上传网站。根据表单的功能和处理方式，可以将其分为注册表单、反馈表单、搜索表单、留言簿表单等不同类型。

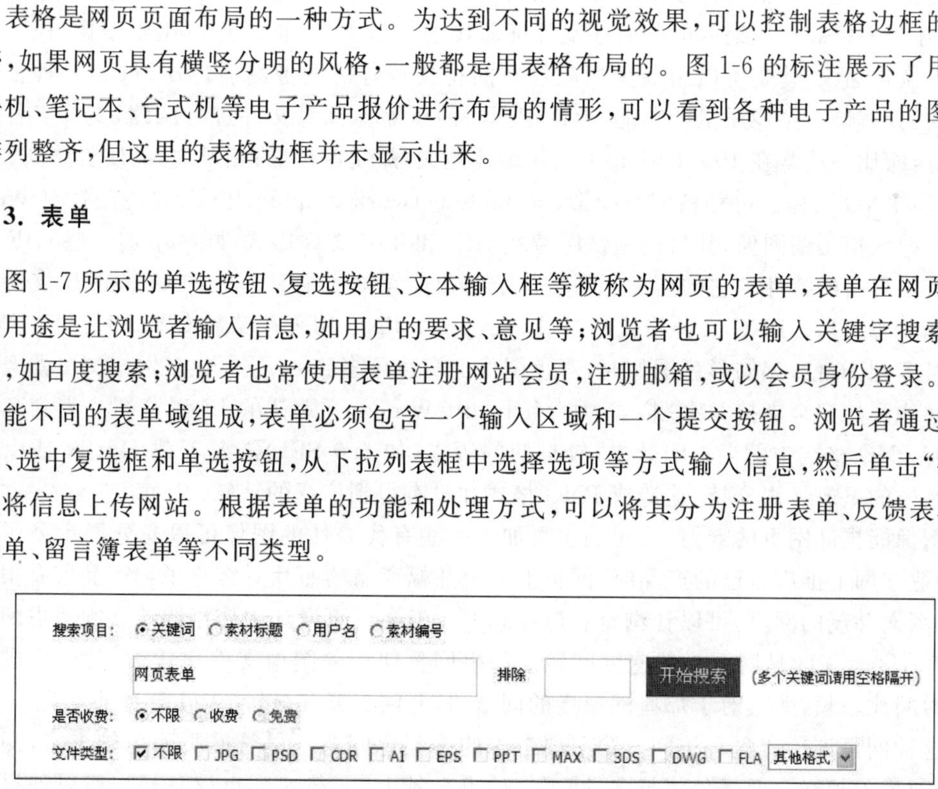

搜索项目: 关键词 素材标题 用户名 素材编号
网页表单
排除
开始搜索
(多个关键词请用空格隔开)
是否收费: 不限 收费 免费
文件类型: 不限 JPG PSD CDR AI EPS PPT MAX 3DS DWG FLA 其他格式

图 1-7　网页的表单元素

**4. 图像**

图像是网页中常见的元素,参见图 1-6。图像在网页中可以起到美化网页、体现风格的装饰作用和提供信息、展示作品的表达作用,可以非常直观地表达所要表达的内容。图像可以用来制作网页的标题、网站的标志、网页的背景,可以用作链接按钮、导航条、网页主图等。尽管常见的计算机图像文件格式多达十几种,如 GIF、JPEG、BMP、EPS、PCX、PNG、FAS、TGA、TIF 和 WMF,但目前网页浏览器 Internet Explorer 和 Netscape Navigator 所能支持的图像文件格式主要有 GIF、JPEG、PNG。

(1) GIF 图像。GIF(graphics interchange format)是 CompuServe 公司 1987 年开发的图像文件格式,支持 64 000 像素的图像,最多能支持 256 色到 16MB 颜色的调色板,GIF 文件格式的扩展名是 gif。GIF 常用于卡通、图像、Logo(公司标志或者徽标)以及带有透明区域图像和动画的制作,目前几乎所有相关图像处理软件都支持 GIF。只要 GIF 格式的图像不多于 256 色,就能采用无损压缩技术,在保证相对清晰的成像质量基础上,有效减少文件的大小,因此,GIF 格式的图像显示时占用系统内存少,网络传输时所用的时间少,特别适合于互联网,尤其适合多媒体制作与网页制作。

(2) JPEG 图像。静止图像压缩(joint photographic experts group,JPEG)是第一个特别为照片图像设计的国际图像压缩标准。JPEG 文件格式的扩展名为 jpg。JPEG 文件采用先进的压缩算法(包括无损压缩和有损压缩两种算法),能用有损压缩方式去除冗余的图像数据,在获得极高的压缩率的同时还能保证图像的丰富生动,被广泛应用于图像、视频处理领域。换句话说,就是可以用最少的磁盘空间得到较好的图像品质。JPEG 是一种很灵活的格式,具有调节图像质量的功能,允许用不同的压缩比例对文件进行压缩,支持多种压缩级别,压缩比率通常在 10∶1 到 40∶1,压缩比越大,品质就越低;相反地,品质就越高。

(3) PNG 图像。可移植网络图形(portable network graphic,PNG)是专门针对 Web 开发的一种无损压缩图像,其目的是试图替代 GIF 和 TIF 文件格式,同时增加一些 GIF 文件格式所不具备的特性。它的压缩比要比传统的图像无损压缩算法大许多,同时还支持透明背景和动态效果。PNG 文件格式的扩展名是 png。PNG 用来存储灰度图像时,灰度图像的深度可多到 16 位,存储彩色图像时,彩色图像的深度可多到 48 位。很多网络浏览器经过很长时间才开始完全支持 PNG 格式,如 Microsoft Windows 默认的 IE 浏览器一直到 7.0 版才支持 PNG 格式中的半透明效果,较早期的版本(如 6.0 SP1)需要下载 Hotfix 或由网站提供额外的 Script 去支持,这造成 PNG 格式并没有得到广泛的认知。

图像能提高网页的魅力,公司的主页加入一些有代表性的图像可以充分展示公司的形象,企业在网上推广自己的产品时,网页上放上几幅产品的照片对客户了解产品也有很大的帮助,图文并茂的网页,可以让浏览者流连忘返。但在网页设计中使用图像必须考虑两个问题:第一要考虑的是网页下载速度问题。如果网页使用的图像文件比较大,就会造成网页下载时间比较长,尤其对于那些网速慢的网络,打开网页要几分钟、十几分钟甚至几十分钟,试问这种网页谁还有耐心访问。第二要考虑的是颜色问题。尽管网页颜色越丰富,网页越漂亮,效果就越好。但颜色值越多,网页文件也会越大,下载速度也就越慢。所以如果没有特殊要求,最好使用 256 色的 GIF 图像;如果有特殊要求,最好使用 JPEG 图像。

**5. 动画**

医学证明人类具有“视觉暂留”的特性，人的眼睛看到一幅画或一个物体后，在0.34s内不会消失。利用这一原理，在一幅画还没有消失前播放下一幅画，就会给人造成一种流畅的视觉变化效果。电影和电视都是利用视觉暂留原理，连续播放的画面给视觉造成连续变化的图画。动画也是采用这种原理，把表情、动作、变化等分解后画成许多动作瞬间的画幅，再用摄影机拍摄成一系列画面，将拍摄的画面连续播放就形成了动画。由于活动的对象比静止的对象更具有吸引力，在网页中添加动画可以有效地吸引浏览者的注意。因而网页上通常有大量的动画。GIF动画和Flash动画是网页中使用较多的动画，对网页显示信息、展示作品、装饰网页、动态交互提供了良好的支持。

**6. 声音**

声音是构成多媒体网页的重要元素之一。在数字时代，声音存储在声音文件中，声音文件有不同的格式，如MIDI、WAVE、MP3、OGG、AIFF及AU等，在将声音文件添加到网页中时，要充分考虑声音文件的格式、品质、大小、用途以及与浏览器的兼容等问题。一般网页常用的是MIDI、MAV、MP3和AIFF等。声音文件最好不要作为网页的背景音乐，否则会影响网页的下载速度。

**7. 视频**

视频可以让网页精彩而动感。网页中常用的视频文件的格式也不少，RealPlayer、MPEG、AVI和DivX等格式的视频都可以用在网页中，网络上有许多插件使向网页中插入视频文件变得非常简单。

### 1.3.4 网页的分类

网页有静态网页和动态网页之分。

在网站设计中，纯粹HTML(标准通用标记语言下的一个应用)格式的网页通常被称为静态网页，静态网页是标准的HTML文件，它的文件扩展名是htm或html，可以包含文本、图像、声音、Flash动画、客户端脚本和ActiveX控件及Java小程序等。静态网页是网站建设的基础，早期的网站一般都由静态网页制作的。静态网页相对于动态网页而言，是指没有后台数据库、不含程序和不可交互的网页。静态网页更新起来相对比较麻烦，适用于一般更新较少的展示型网站。容易误解的是，静态网页都是htm这类页面，实际上静态也不是完全静态，它也可以出现各种动态的效果，如GIF格式的动画、Flash、滚动字幕等。

动态网页是指跟静态网页相对照的一种网页编程技术。静态网页，随着HTML代码的生成，页面的内容和显示效果就基本上不会发生变化了，除非修改页面代码。而动态网页则不然，页面代码虽然没有变，但是显示的内容却是可以随着时间、环境或者数据库操作的结果而发生改变的。

值得强调的是，不要将动态网页和页面内容是否有动感混为一谈。这里说的动态网页，与网页上的各种动画、滚动字幕等视觉上的动态效果没有直接关系，动态网页也可以是纯文字内容的，也可以是包含各种动画的内容，这些只是网页具体内容的表现形式，无论网页是否具有动态效果,只要是采用了动态网站技术生成的网页都可以称为动态网页。

总之,动态网页是基本的 HTML 语法规范与 Java、VB、VC 等高级程序设计语言、数据库编程等多种技术的融合,以期实现对网站内容和风格的高效、动态和交互式的管理。因此,从这个意义上来讲,凡是结合了 HTML 以外的高级程序设计语言和数据库技术进行的网页编程技术生成的网页都是动态网页。

从网站浏览者的角度来看,无论是动态网页还是静态网页,都可以展示基本的文字和图片信息,但从网站开发、管理、维护的角度来看就有很大的差别。

早期的动态网页主要采用公用网关接口(common gateway interface,CGI)技术。你可以使用不同的语言编写适合的 CGI 程序,如 Visual Basic、Delphi 或 C/C++ 等。虽然 CGI 技术已经发展成熟而且功能强大,但由于编程困难、效率低下、修改复杂,所以有逐渐被新技术取代的趋势。

与静态网页相对应,动态网页能与后台数据库进行交互,数据传递。也就是说,网页 URL 不是以. htm、. html、. shtml、. xml 等静态网页的常见形式为后缀,而是以. aspx、. asp、. jsp、. php、. perl、. cgi 等形式为后缀,并且在动态网页网址中有一个标志性的符号——“?”。动态网页可以用 CGI、JSP、PHP、Python 等技术来实现。

从不同的角度,网页有多种分类,笼统意义上的分类是动态网页和静态网页,原则上讲静态网页多通过网站设计软件来进行重新设计和更改,相对比较滞后,当然有网站管理系统,也可以生成静态网页,称其为伪静态。动态网页通过网页脚本与语言自动处理自动更新的页面,如贴吧就是通过网站服务器运行程序,自动处理信息,按照流程更新网页。

我们通过浏览器看到的网页,都是以. htm 或. html 后缀结尾的文件,俗称 HTML 文件。不同的后缀,分别代表不同类型的网页文件。

## 1.4 Web 开发与运行环境概述

随着计算机信息技术的迅速发展,Web 应用范围越来越广,Internet 上五花八门的网站,城市的行政办公平台,企业园区的 ERP 企业资源管理系统,校园的行政、办公、教务、学籍等管理系统,都是典型的 Web 应用案例。基于智能手机的移动互联 Web 应用更是给人们的生产、生活、交流等带来极大便利。

搭建 Web 开发与运行环境是开发 Web 应用系统的前提,只有搭建好 Web 开发环境,才能在开发环境中开发、测试、运行各种各样的 Web 应用程序。Web 开发环境由计算机硬件和相应的软件构成,常用的 Web 开发运行环境有 JSP、ASP/ASP. NET 和 PHP。这 3 种 Web 开发运行环境具有与图 1-8 所示相似的网络硬件结构,但在软件环境上却各不相同,特点上也各有千秋,本章主要介绍目前广为流行的 JSP 开发环境的搭建。

### 1.4.1 简单的 Web 应用开发运行环境

简单的 Web 开发运行环境如图 1-9 所示,它的硬件环境由两台计算机联网组成,一台作为服务器,一台作为客户机;它的软件环境可以根据需要,选择安装 JSP、ASP/ASP. NET 和 PHP 3 种软件系统的一种,分别在客户机和服务器上安装相应的软件,并需要进行恰当的配置。

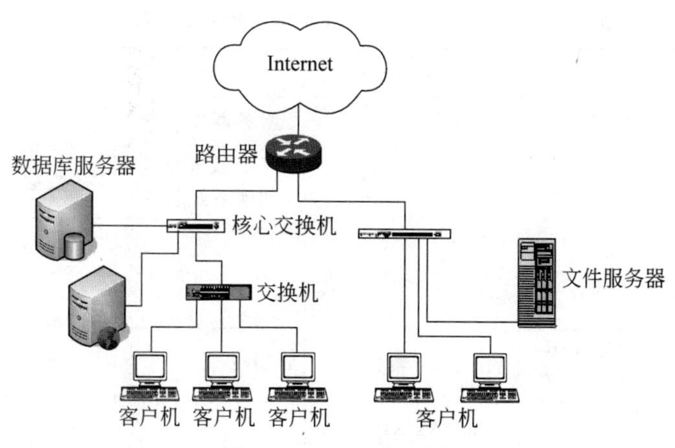


图 1-8 Web 运行环境

### 1.4.2 虚拟的 Web 应用开发运行环境

即使仅有一台计算机，也可以虚拟出一个最简单的 Web 开发运行环境，如图 1-10 所示。在这台计算机上安装数据库、Tomcat、IIS(internet information server)Web 服务器软件、IE 浏览器软件以及 Web 开发工具，把它既当服务器，又当客户机，就搭建了一个 JSP Web 应用开发环境，可完成大部分 JSP Web 应用的开发与测试工作。

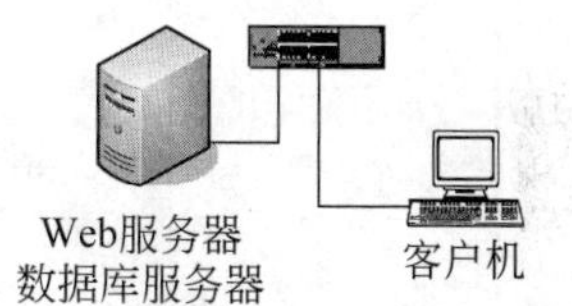


图 1-9 简单的 Web 开发运行环境

图 1-10 单机 Web 开发运行环境

### 1.4.3 几种 Web 动态网页开发技术

下面是目前几种常用的动态网页的开发技术，每种开发技术所用到的软件及工具如表 1-1 所示。

#### 1. CGI

通用网关接口(common gateway interface，CGI)是一种最早用来创建动态网页的技术。CGI 是外部应用程序与 Web 服务器之间的接口标准，是一种程序设计规范，它允许使用不同的语言来编写适合 CGI 规范的程序，这种程序被放在 Web 服务器上运行。每当客户端发出请求给服务器时，服务器就会根据客户的请求建立一个新的进程来执行指定的 CGI 程序，并将执行结果以网页的形式传输到客户端的浏览器上进行显示，由此可以使浏览器与服务器之间产生互动关系，将静态 Web 超媒体文档变成一个新的交互式媒体。CGI 应该说是 Web 应用程序的基础技术，但这种技术方式下程序的编制比较困难而且效率低下，因为页面每次被请求的时候，都要求服务器重新将 CGI 程序编译成可执行的代码。

**表 1-1　Web 动态网页开发技术常用软件及工具一览表**

<table>
<tr><th rowspan="3">类别</th><th colspan="5">软　件</th><th rowspan="3">工具</th></tr>
<tr><th colspan="2">客户机端</th><th colspan="3">服务器端</th></tr>
<tr><th>操作系统</th><th>浏览器</th><th>操作系统</th><th>Web 服务器及其他系统软件</th><th>数据库</th></tr>
<tr><td rowspan="2">CGI</td><td rowspan="2">Windows 系列</td><td>IE、Opera 等</td><td>UNIX（CERN 或 NCSA 格式的服务器）</td><td>CGI</td><td rowspan="9">Oracle、SQL Server、MySQL、DB2 等所有 ODBC 可连接的数据库</td><td rowspan="2">C/C++、Java 和 Perl 等语言</td></tr>
<tr><td>Netscape、Opera 等</td><td>Windows 系列</td><td>CGI</td></tr>
<tr><td>ASP</td><td>Windows 系列</td><td>IE、Opera 等</td><td>Windows XP、Windows Vista、Windows 7、Windows 8、Windows 2000 等</td><td>IIS、COM 等</td><td>VBScript、JavaScript、Java、C# 等</td></tr>
<tr><td>ASP. NET</td><td>Windows 系列</td><td>IE、Opera 等</td><td>Windows XP、Windows Vista、Windows 7、Windows 8、Windows 2000 等</td><td>IIS</td><td>Visual Studio、SharpDevelop、MonoDevelop、Visual Basic、.NET、C#、J# 等</td></tr>
<tr><td rowspan="4">PHP</td><td rowspan="4">Windows 系列或者 Linux 等</td><td rowspan="4">IE、Opera 等</td><td>UNIX</td><td rowspan="4">PHP 1.0～PHP 5.6、Apache Web 服务器等</td><td rowspan="4">PHP 语言等</td></tr>
<tr><td>Linux</td></tr>
<tr><td>Windows 系列</td></tr>
<tr><td>MAC</td></tr>
<tr><td>JSP</td><td>Windows 系列或者 Linux 等</td><td>IE、Opera 等</td><td>Windows 系列、UNIX、Linux 等</td><td>Tomcat、IIS 等</td><td>Java 语言等</td></tr>
</table>

**2. ASP**

ASP(active server page)是一种使用广泛的开发动态网站的技术。它通过在 HTML 编写的网页页面代码中嵌入 VBScript 或 JavaScript 脚本语言来生成动态的内容，嵌入的脚本语言代码通过在服务器端安装的解释器解释执行。然后将执行结果与 HTML 编写的静态内容部分结合成一个页面文档并传送到客户端浏览器上显示。对于一些复杂的操作，ASP 通过调用存在于后台服务器的 COM 组件来完成，所以说 COM 组件无限地扩充了 ASP 的能力；正因如此，依赖本地的 COM 组件，使得 ASP 主要用于 Windows 平台中。ASP 存在很多优点，简单易学，并且 ASP 是与微软公司的 IIS 捆绑在一起，在安装 Windows 2000、Windows XP 的同时安装上 IIS，就可以运行 ASP 应用程序。

**3. ASP. NET**

ASP. NET 也是一种建立动态 Web 应用程序的技术，它的前身是 ASP 技术，是.NET

FrameWork的一部分，是一项微软公司的技术，是一种使嵌入网页中的程序语言脚本可由因特网服务器执行的服务器端脚本技术，它可以在通过HTTP请求文档时再在Web服务器上动态创建它们。可以使用任何.NET兼容的语言，如Visual Basic、.NET、C#，J#等来编写ASP.NET应用程序。这种ASP.NET页面(web forms)编译后可以提供比脚本语言更出色的性能表现。Web Forms允许在网页基础上建立强大的窗体。当建立页面时，可以使用ASP.NET服务器端控件来建立常用的UI元素，并对它们编程来完成一般的任务。这些控件允许开发者使用内建可重用的组件和自定义组件来快速建立Web Forms。

**4. PHP**

超文本预处理器(hypertext preprocessor，PHP)是一种开发动态网页技术的名称，它的语法类似于C，并且混合了Perl、C++和Java的一些特性。它是一种开源的Web服务器脚本语言，与ASP和JSP一样可以在页面中加入脚本代码来生成动态内容。用PHP做出的动态页面与其他的编程语言相比，PHP是将程序嵌入到HTML(标准通用标记语言下的一个应用)文档中去执行，执行效率比完全生成HTML标记的CGI要高许多；PHP还可以执行编译后代码，编译可以达到加密和优化代码运行，使代码运行更快。对于一些复杂的操作可以封装到函数或类中，PHP提供了许多已经定义好的函数，例如，标准的数据库接口函数，使得数据库连接方便，扩展性强。PHP可以被多个平台支持，主要被广泛应用于UNIX/Linux平台。由于PHP本身的代码对外开放，经受许多软件工程师的检测，是目前为止具有公认的安全性能的Web开发技术。

**5. JSP**

JSP(java server pages)由Sun Microsystems公司倡导、许多公司共同参与建立的一种响应客户端请求，动态生成HTML、XML或其他格式文档的Web网页的技术标准。JSP是在Servlet基础上开发的技术，其根本是一个简化的Servlet设计，它继承了Java Servlet的各项优秀功能。JSP在传统的网页HTML文件(*.htm、*.html)中以<%Java程序片段%>的语法形式加入Java程序片段(scriptlet)和JSP标签，插入的Java程序段可以操作数据库、重新定向网页以及发送E-mail等，实现建立动态网站所需要的功能。HTML语句和嵌入其中的Java语句一起构成了JSP网页。Web服务器在遇到访问JSP网页的请求时，首先执行其中的程序段，然后将执行结果连同JSP文件中的HTML代码一起返回给客户端。JSP与Servlet一样，在服务器端执行。把执行结果也就是一个HTML文本返回给客户端，客户端只要有浏览器就能浏览。所有程序操作都在服务器端执行，网络上传送给客户端的仅是程序运行得到的结果，这种技术大大降低了对客户浏览器的要求，即使客户浏览器端不支持Java，也可以访问JSP网页。

JSP是在Servlet的基础上开发的一种新的技术，所以JSP与Servlet有着密不可分的关系。JSP页面在执行过程中会被转换为Servlet，然后由服务器执行该Servlet。

通常JSP页面很少进行数据处理，只是用来实现网页的静态化页面，用来提取数据，不进行业务处理。

JSP技术使用Java编程语言编写类XML的tags和scriptlets来封装产生动态网页的处理逻辑。网页还能通过tags和scriptlets访问存在于服务器端的资源的应用逻辑。JSP

将网页逻辑与网页设计的显示分离,支持可重用的基于组件的设计,使基于 Web 的应用程序的开发变得迅速和容易。JSP 是一种动态页面技术,它的主要目的是将表示逻辑从 Servlet 中分离出来。通过应用 JSP,程序员或非程序员可以高效率地创建 Web 应用程序,并使得开发的 Web 应用程序具有安全性高、跨平台等优点。

自 JSP 推出后,众多大公司都支持 JSP 技术的服务器,如 IBM、Oracle、Bea 等公司,所以 JSP 迅速成为商业应用的服务器端语言。它具有如下优点和缺点。

1) 优点

(1) 一次编写,到处运行。除了系统之外,代码不用做任何更改。

(2) 系统的多平台支持。基本上可以在所有平台上的任意环境中开发,在任意环境中进行系统部署,在任意环境中扩展。相比 ASP 的局限性,JSP 的优势显而易见。

(3) 强大的可伸缩性。从只有一个小的 Jar 文件就可以运行 Servlet/JSP,到由多台服务器进行集群和负载均衡,到多台 Application 进行事务处理,消息处理,一台服务器到无数台服务器,Java 显示了一个巨大的生命力。

(4) 多样化和功能强大的开发工具支持。这一点与 ASP 很像,Java 已经有了许多非常优秀的开发工具,而且许多可以免费得到,并且其中许多已经可以顺利地运行于多种平台之下。

(5) 支持服务器端组件。Web 应用需要强大的服务器端组件来支持,开发人员需要利用其他工具设计实现复杂功能的组件供 Web 页面调用,以增强系统性能。JSP 可以使用成熟的 Java Beans 组件来实现复杂商务功能。

2) 缺点

(1) 与 ASP 一样,Java 的一些优势正是它致命的问题所在。正是由于为了跨平台的功能和极度的伸缩能力,所以极大地增加了产品的复杂性。

(2) Java 的运行速度是用 class 常驻内存来完成的,所以它在一些情况下所使用的内存比起用户数量来说确实是"最低性能价格比"了。

### 1.4.4 常用的 Web 动态网页开发软件

常用的 Web 应用开发的软件比较多,分别介绍如下。

#### 1. 操作系统

操作系统种类比较多,从 Web 应用角度来讲,目前流行的操作系统有以下 3 类。

(1) 单机版操作系统。主要供个人计算机(PC)使用的如 Windows XP、Windows Vista、Windows 7、Windows 8 等,在 Web 运行环境中,这些操作系统一般安装在客户机上,作为客户端软件的支持平台使用,如 PC 多数安装使用这些操作系统。由于这些操作系统都是基于 Windows NT 内核,具有网络操作系统的部分功能,可以作为服务器使用,因此,可以用一台安装上述任一操作系统的计算机,既当服务器,又当客户机,完成大部分 Web 应用的开发与测试工作,模拟搭建虚拟的 Web 应用开发运行环境。

(2) 网络操作系统。主要供网络中服务器安装使用的主流网络操作系统,如 UNIX、Netware 和 Windows NT 等。历史上它们都存在过不同的版本,如 Windows NT 操作系统就曾出现过 Windows NT 3.1、Windows NT 4.x、Windows NT 5.x、Windows NT 6.x、

Windows NT 2000、Windows NT 2003、Windows NT 2005、Windows NT 2010、Windows NT 2012 等。在 Web 运行环境中，这些操作系统一般安装在服务器上，作为服务器端软件的支持平台使用。对于单个的 Web 应用开发者，也可以用一台安装上述任何一种网络操作系统的计算机，同时充当客户机和服务器使用，搭建一个虚拟的 Web 应用开发运行环境。对于一个 Web 应用软件开发的团队，最好选择一台性能比较高、安装网络操作系统的计算机，作为软件开发团队共同的服务器使用。

(3) 移动操作系统(mobile operating system，Mobile OS)。移动操作系统和台式机上运行的操作系统差不多，具备无线通信功能，但通常功能较为简单。一把安装在智能手机、个人数码助理(personal digital assistant，PDA)、平板电脑、嵌入式系统、移动通信设备、无线设备上使用。目前流行的这类操作系统有谷歌公司的 Android、苹果公司的 iOS、微软公司的 Windows Phone。它们都支持 Web 应用，而且逐渐成为 Web 应用的主要操作系统平台。由于这些移动设备硬件配置简单，不适合作为 Web 应用的开发平台使用，因此，开发这类操作系统平台的 Web 应用时，一般在台式机上安装特定的软件，仿真一个模拟的移动设备的开发环境。

**2. 浏览器软件**

浏览器是 Web 应用和开发重要的客户端软件，Windows 系列的操作系统一般自带浏览器软件 IE。浏览器软件种类比较多，目前流行的有 Opera、The World、360SE、火狐、Green browser、AVANT browser、Netscape 等。Wcb 应用的网页可通过浏览器软件解释输出，浏览器软件是 Web 网页测试和应用的重要支持环境。这些浏览器软件可以从互联网上下载安装(需要注意版权问题)，本书基于浏览器软件 IE 环境编写。

**3. Java 的软件开发工具包 JDK**

JDK(java development kit)是运行 Java 程序所必需的环境 JRE(java runtime enviroment)软件和 Java 程序开发过程中常使用的库文件的安装包。它最早由美国 Sun 公司开发，后被 Oracle 公司收购，该软件历史上有不同的版本，可从 Oracle 公司的官方网站(http://www.oracle.com/cn/index.html)上免费下载安装。下载过程如下：打开浏览器，进入 Oracle 官方主页，选择 Downloads 选项卡，选择 Java Runtime Environment (JRE)，然后按照下载向导操作即可。本书下载使用的 JDK 安装文件是 jdk7_32_win_jb51net.rar。

**4. Web 服务器**

Web 服务器也称为 WWW(world wide web)服务器，是提供网上信息浏览服务的重要软件。Web 服务器软件种类较多，目前常用的有 7 种。

(1) IIS。它是微软公司开发的允许在公共 Intranet 或 Internet 上发布信息的 Web 服务器，是目前最流行的 Web 服务器产品之一，很多著名的网站都是建立在 IIS 的平台上。IIS 提供图形界面的管理工具，称为 Internet 服务管理器，可用于监视配置和控制 Internet 服务。IIS 是 Windows 操作系统的重要组件之一，随着操作系统软件一起发布，在安装操作系统时可以选择安装。

(2) Kangle。Kangle Web 服务器(简称 Kangle)是一款跨平台、功能强大、安全稳定、易操作、专为做虚拟主机研发的高性能 Web 服务器和反向代理服务器软件。虚拟主机采用独立进程、独立身份运行,有效实现用户之间的安全隔离,一个用户出问题不影响其他用户。完全支持 PHP、ASP、ASP. NET、Java、Ruby 等多种动态开发语言。

(3) WebSphere。WebSphere Application Server 是一种功能完善、开放的 Web 应用程序服务器,是 IBM 公司电子商务计划的核心部分,是基于 Java 的应用环境,用于建立、部署和管理 Internet 和 Intranet Web 应用程序。WebSphere 是 IBM 公司的软件平台,包含编写、运行和随需应变 Web 应用程序和跨平台、跨产品解决方案所需要的整个中间件基础设施,如服务器、服务和工具。WebSphere 提供可靠、灵活和健壮的软件。

(4) WebLogic。BEA WebLogic Server 是一种多功能、基于标准的 Web 应用服务器,为企业构建自己的应用提供了坚实基础。各种应用开发、部署所有关键性的任务,无论是集成各种系统和数据库,还是提交服务、跨 Internet 协作,起始点都是 BEA WebLogic Server。由于它具有全面的功能、对开放标准的遵从性、多层架构、支持基于组件的开发,基于 Internet 的企业都选择它来开发、部署最佳的应用。

(5) Apache。Apache 是世界上应用最多的 Web 服务器,市场占有率达 60%。它源于 NCSAhttpd 服务器。世界上很多著名的网站都是 Apache 的产物,它的成功之处主要在于它的源代码开放、有一支开放的开发队伍、支持跨平台的应用(可以运行在几乎所有的 UNIX、Windows、Linux 系统平台上)以及它的可移植性等方面。

(6) Tomcat。Tomcat 是一个开放源代码、运行 Servlet 和 JSP Web 应用软件的基于 Java 的 Web 应用软件容器。Tomcat Server 是根据 Servlet 和 JSP 规范进行执行的,因此,可以说 Tomcat Server 也实行了 Apache Jakarta 规范且比绝大多数商业应用软件服务器要好。

Tomcat 是 Java Servlet 2.2 和 Java Server Pages 1.1 技术的标准实现,是基于 Apache 许可证下开发的自由软件。Tomcat 是完全重写的 Servlet API 2.2 和 JSP 1.1 兼容的 Servlet/JSP 容器。Tomcat 使用了 JServ 的一些代码,特别是 Apache 服务适配器。随着 Catalina Servlet 引擎的出现,Tomcat 第 4 版的性能得到提升,使得它成为一个值得考虑的 Servlet/JSP 容器,因此许多 Web 服务器都是采用 Tomcat。

(7) 2003Web。Web 服务器组件是 Windows Server 2003 系统中 IIS 6.0 的服务组件之一,默认情况下并没有被安装,用户需要手动安装 Web 服务组件。

目前存在多种 JSP Web 服务器软件,比较有名的有 Apache 的 Tomcat、Caucho. com 的 resin、Allaire 的 Jrun、New Atlanta 的 ServletExec 和 IBM 的 WebSphere 等。本书采用的 Tomcat 是一个小型的、支持 JSP 和 Servlet 技术的 Web 服务器,读者可以从 http://tomcat. apache. org 站点下载,文件名为 apache tomcat 6.0.39. exe。

#### 5. 数据库管理系统 SQL Server 2005

它是微软公司在 Windows 系列平台上开发的、功能完备的数据库管理系统,包括支持开发的引擎、标准 SQL 语句、扩展特性等功能,同时也具有存储过程、触发器等大型数据特性。

#### 6. 编程软件和开发工具

主要有 Dreamweaver、Flash、FrontPage、Eclipse、Java、JavaScript 等。

## 1.5 JSP 及其相关技术介绍

要真正搞清楚 JSP 技术，必须首先了解以下与 JSP 技术密切相关的一些概念。

### 1.5.1 Java 语言

Java 语言是美国 Sun 公司在 1995 年，为了解决家用电器（如电话、电视机、闹钟、烤面包机）的控制和通信问题而开发的程序设计语言，它原名叫 Oak。由于当时智能化家电的市场需求没有预期的高，Oak 语言的应用推广并不理想，就在它濒临失败的时候，互联网的发展却给它带来生机，因为它非常适合开发 Internet 应用，Sun 公司看到了 Oak 语言在计算机网络上的广阔应用前景，于是对 Oak 进行了改造，并更名为 Java 正式发布。目前它已成为 Internet 应用开发的主要语言之一。

Java 语言的风格与 C、C++ 语言十分接近，也是一种面向对象的程序设计语言，它继承了 C 的语法，它的对象模型从 C++ 改编而来，所以很容易学习。它在继承 C++ 语言面向对象技术的基础上，去掉了 C++ 语言中的指针、结构、内存的申请与释放等容易导致程序员出错的功能，利用接口取代多重继承，利用引用代替指针。针对内存的申请和释放而引起的系统安全问题，增加垃圾回收器功能来回收不再被引用的对象所占据的内存空间，使程序员出错的概率大大降低。Java 语言功能精练，对计算机硬件要求较低。在 Java SE 1.5 版本中，Java 还增加了泛型编程（generic programming）、类型安全的枚举、不定长参数和自动装/拆箱等功能。

与 C++ 等编译执行计算机语言和 Basic 等解释执行的计算机语言相比。Java 首先将程序源代码编译成二进制字节码（bytecode），然后通过不同平台上的虚拟机来解释执行字节码，从而实现"一次编译、到处执行"的跨平台特性。因此，Java 是一种简单、面向对象、分布式、解释性、健壮、可移植、高性能、多线程、安全与系统无关的高性能跨平台程序开发语言。应用 Java 语言开发的程序可以非常方便地移植到不同的操作系统中运行。

与传统语言不同，Java 语言是 Sun 公司作为一种开放的技术推向业界的，"靠群体的力量而非公司的力量"是 Sun 公司推广 Java 语言的口号之一，要求全世界不计其数的 Java 开发公司保证设计的 Java 软件必须相互兼容。这一要求得到了广大 Java 软件开发商的认同。这虽然与微软公司所倡导的注重精英和封闭式的模式完全不同，但它促进了 Java 语言的流行。Java 语言是目前 JSP 应用开发的主要语言之一。

### 1.5.2 Servlet 技术

Servlet 是用 Java 语言编写的在服务器上运行的小程序，这些小程序主要用来扩展服务器的功能，如当用户浏览网页时，网页上的数据如果需要从数据库提取，就需要在服务器上编写根据用户输入访问数据库的程序，这些程序以前常使用 CGI 应用程序完成，但这种程序不但可用 Java 编程语言实现，而且它们的执行速度比 CGI 程序更快。

Servlet的主要功能在于能使客户交互式地浏览和修改数据,其过程如下:客户端发送请求到服务器端;服务器将请求信息发送给Servlet,Servlet程序执行生成响应内容并将其传给服务器,生成动态Web内容。Servlet具有可移植(可在多种系统平台和服务器平台下运行)、功能强大、安全、可扩展和灵活等优点。

### 1.5.3 JavaBean技术

JavaBean是一种使用Java语言编写的可重用组件,也是按照特殊的规范要求编写的普通的Java类。每一个JavaBean都实现一个特定的功能,通过合理地组织具有不同功能的JavaBean,可以快速地生成一个全新的应用程序。如果把应用程序比作汽车,那么JavaBean就像是组成汽车的不同零件。使用JavaBean的最大好处就是充分提高代码的可重用性,非常有利于程序员对程序的维护和扩展。

使用JavaBean可以将功能、运算、控件、数据库访问等封装成对象,任何软件开发者都可以通过内部的JSP页面、Servlet、其他JavaBean、Applet程序或者应用来使用这些对象。

JavaBean按功能分为可视化和不可视化两种类型。可视化JavaBean主要在图形界面编程中应用;不可视化JavaBean主要在JSP编程中应用,主要用来封装各种业务逻辑,如连接数据库、获取当前时间等。这样,当在开发程序的过程中需要连接数据库或实现其他功能时,就可直接在JSP页面或Servlet中调用实现该功能的JavaBean来实现。

通过应用JavaBean,可以实现业务逻辑和前台显示代码的分离,从而极大地提高程序的可读性和易维护性。

### 1.5.4 JSP开发与运行环境

本书搭建的JSP开发运行环境如图1-11所示,其硬件由客户端、Web服务器和数据库服务器以及网络交换机组成,其中,Web服务器和数据库服务器可由一台安装Tomcat Web服务器软件和数据库系统软件的服务器充当。其软件如下。

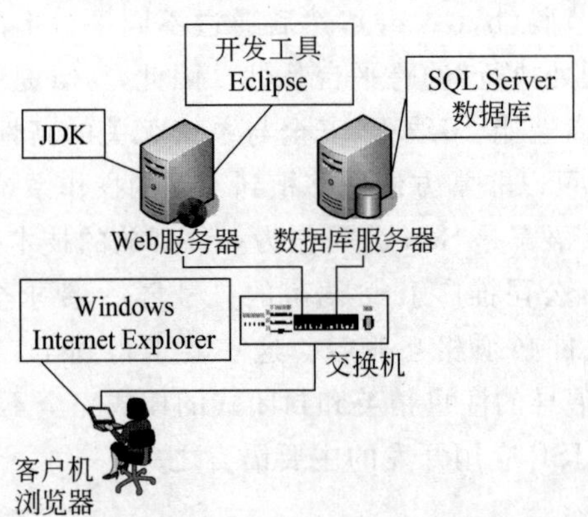


图1-11 JSP开发运行环境

(1) 操作系统为Windows 7,浏览器是Windows 7操作系统自带的IE。

(2) Java的软件开发工具包JDK。JDK包含开发JSP程序常使用的库文件以及运行Java程序时所必需的Java运行时环境JRE。

(3) Web服务器Tomcat。Tomcat是一个目前较为流行的、小型的、支持JSP和Servlet技术的Web服务器。

(4) 数据库MySQL是一个开放源码的小型关联式数据库管理系统,开发者为瑞典MySQL AB公司。MySQL被广泛地应用在Internet上的中小型网站中。由于其体积小、速度快、成本低,尤其是开放源码这一特点,许多中小型网站为了降低网站总体拥有成本而选择了MySQL作为网站数据库。

### 1.5.5 JSP运行机制

JSP的处理过程如图1-12所示,步骤如下。

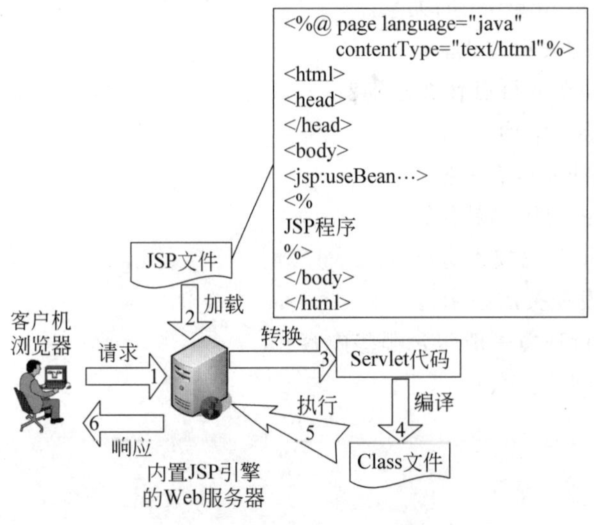


图1-12 JSP运行过程

(1) 请求。客户端通过浏览器向内置JSP引擎的Web服务器发出请求,请求中包含了所请求资源文件的路径和名称(URL)以及客户端自己的网络地址(IP地址),服务器接收到该请求后就可以知道被请求的资源在网络的什么位置和请求来自哪个客户机。

(2) 加载。服务器根据客户端请求资源的位置信息来加载被请求的资源文件(JSP文件)。

(3) 转换。服务器中的JSP引擎会将被加载的资源中的Java语句内容转化为Servlet,而HTML语句部分保持不变。

(4) 编译。JSP引擎将上一步生成的Servlet代码编译成Java虚拟机上可执行Class文件。

(5) 执行。服务器上的Java虚拟机执行这个Class文件,执行的结果和资源文件中的HTML语句部分合成为Web页面文件。

(6) 响应。服务器将执行结果也就是上一步合成的Web页面文件,按照客户端的网络地址发送给客户端,客户端收到后交给浏览器进行显示。

从上面的介绍可以看出,JSP运行包括请求、加载、转换、编译、执行和响应6个步骤,但并非服务器每次收到客户端的请求都需要重复进行上述过程。如果是服务器第一次接收到来自客户端对某个JSP文件资源的请求,JSP引擎会进行上述的处理过程,加载被请求的

JSP 文件并将其 Java 语句部分编译成 Class 文件。如果后续有对同一页面的重复请求,在页面没有进行任何改动的情况下,服务器就只需调用该 JSP 文件第一次被请求时生成的 Class 文件执行即可。所以当某个 JSP 文件资源第一次被请求时,会有一些延迟,而再次访问时会感觉快很多。如果被请求的 JSP 文件资源经过了修改,服务器将会重新编译这个文件,然后执行。

## 1.6 习 题

1. 名词解释:计算机网络、Internet、IP 地址、端口、WWW、域名、URL。
2. 简述 WWW 和 Internet 的关系。
3. 简述 IP 地址的表示方式。
4. 静态网页和动态网页有什么区别?
5. 简述域名的层次结构。
6. 构成 Web 页的元素有哪些?
7. DNS 域名解析的作用是什么?
8. Web 动态网页开发技术有哪些?
9. 试述 JSP 开发相关的技术。
10. JSP 开发运行环境一般包含哪些内容?
11. JSP 运行机制是什么?

# 第 2 章　搭建 JSP 开发运行环境<br>——工欲善其事,必先利其器

**本章主要内容:**

- JSP 开发运行环境的搭建。
- 掌握 JDK 软件的安装与环境的配置。
- 掌握 MyEclipse 软件的安装与配置。
- 学会安装 Tomcat 软件,并测试安装是否正确。
- MySQL 数据库系统的安装、配置与使用。
- Navicat、SublimeText、Git、TortoiseGit 软件的安装与使用。
- 学习并掌握虚拟目录设置方法。
- 编写、运行一个简单 JSP 页面,测试 JSP 运行环境搭建是否正确。

## 2.1　JSP 开发运行环境及安装准备工作

计算机是人类目前发明的最极致的工具之一。生产工具是界定人类社会发展层次的标准。对于同样的软件开发任务,开发工具不同开发效率会差别很大。本章主要介绍 JSP 开发环境的搭建,为以后的学习和开发打下基础。

为了学习的方便,基于现在流行的计算机教学环境,本书选用一台安装 Windows 7(或者 Windows 10)操作系统的计算机,介绍 JSP 开发运行环境的安装与配置。需要准备好以下硬件环境、操作系统、开发软件和浏览器。

### 1. 硬件环境

安装与配置一个 JSP 开发运行环境,对计算机硬件的要求比较低,对于本书的学习来讲,只要计算机能运行 Windows 7(Windows 10 甚至 Windows XP)操作系统就可以满足要求,目前市场上的计算机基本都能满足需要。

### 2. 操作系统

支持 JSP Web 应用和开发的操作系统有多种,如 UNIX、Linux 等操作系统,本书选用的是 Windows 系列操作系统。首先需要在选择的计算机上正确安装操作系统,Windows 系列操作系统的安装比较简单,具体安装方法网络上也有很多文章可以参考,在此不赘述。需要说明的是在 Windows 系列操作系统下搭建 JSP 开发运行环境的步骤基本相同,所以本书 Windows 7(或者 Windows 10)操作系统环境中 JSP 开发运行环境的搭建步骤,完全可以作为 Windows XP、Windows NT、Windows 2000、Windows 2003 等操作系统下搭建 JSP 开发运行环境的参考。

#### 3. 开发软件

JSP Web开发环境和运行环境有多种不同的软件配置选择,不同的操作系统平台上安装的开发环境和运行环境软件不同,即使相同的操作系统平台上安装的开发环境和运行环境的软件也可以有差别。在Windows操作系统平台上,JSP Web开发环境和运行环境的软件安装配置顺序分别如下。

(1) JSP Web开发环境软件安装配置顺序为JDK、MyEclipse、MySQL、Navicat、SublimeText、Git、TortoiseGit。

(2) JSP Web运行环境软件安装配置顺序为JDK、MySQL、Navicat、Tomcat。

**注**:上述软件均可以从互联网免费获得。

#### 4. 浏览器

较老的计算机使用的IE6对HTML 5支持欠佳,所以推荐使用Chrome或者FireFox浏览器。如确实想采用IE浏览器,请使用Edge版本。Chrome浏览器和Android手机、苹果手机采用的均为WebKit内核,所以使用Chrome可以保证自己开发的Web应用具有较好的兼容性。

本书中有少量例子因未使用HTML新特性所以采用了IE浏览器,其他大部分例子均采用Chrome浏览器进行演示。

## 2.2 JSP开发运行环境安装与配置

要开发JSP Web软件,必须安装配置JSP开发运行环境,下面就按软件安装配置顺序依次介绍Windows 7(或Windows 10)操作系统平台下,JSP开发运行环境所需软件JDK、MyEclipse、MySQL、Navicat、SublimeText、Git、TortoiseGit安装与配置的方法。

### 2.2.1 JDK的安装与配置

#### 1. JDK简介

JDK是Java语言的软件开发工具包,主要用于开发移动设备、嵌入式设备上的Java应用程序。JDK是整个Java开发的核心,它包含了Java的运行环境(JVM+Java系统类库)和Java工具。JDK有以下版本。

(1) SE(J2SE),standard edition,标准版。这种JDK是大多数开发人员通常使用的一个版本,称为Java SE。

(2) EE(J2EE),enterprise edition,企业版。这种JDK用来开发J2EE应用程序,称为Java EE。

(3) ME(J2ME),micro edition。这种JDK主要用于资源有限的移动设备、嵌入式设备上的Java应用程序,称为Java ME。目前因为手机设备性能的提升而渐被时代抛弃。

本书使用的JSP开发工具JDK安装文件名称是jdk-7u17-windows-i586.exe,由Sun公司开发,Sun公司目前已被Oracle公司收购,所以可在Oracle公司的官方网站上免费下载。

### 2. 安装JDK

JDK是Java运行环境，目前最高版本的JDK为JDK9，但为了兼顾各种软件的兼容性，本书采用了支持较为广泛的JDK7。在进行项目的技术选型时，并不是最新的版本就是最好的版本，要综合考虑，往往是次新的版本是更为合适的版本。

JDK对计算机软硬件环境的要求比较低，安装与配置比较简单，步骤如下。

(1) 双击安装程序jdk-7u17-windows-i586.exe，程序执行并进入安装进程，出现图2-1所示的JDK“设置”对话框，在弹出的对话框中单击“下一步”按钮，出现图2-2所示的JDK“自定义安装”对话框。

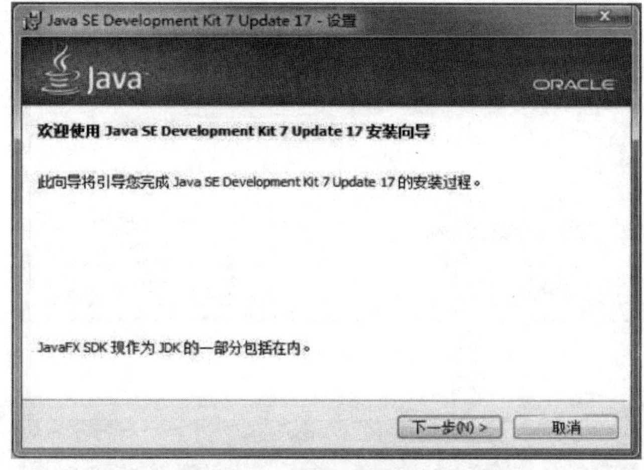


图2-1 JDK“设置”对话框

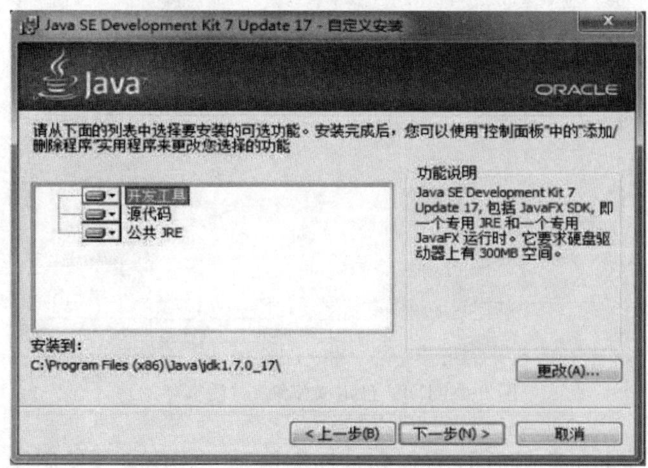


图2-2 JDK“自定义安装”对话框(一)

(2) 在图2-2中可以看到默认的程序安装路径是C:\Program Files(x86)\Java\jdk1.7.0_17\，需要说明的是，JDK的安装路径可以选择默认的安装路径C:\Program Files(x86)\Java\jdk1.7.0_17\，也可以自己设置安装路径，此时单击“更改”按钮改变安装路径，出现图 2-3 所示的 JDK“更改文件夹”对话框,如此设置的目的是想将 JSP 开发的软件统一安装到 D 盘的 dev 文件夹里,便于管理使用。在此对话框的“文件夹名称”单行文本编辑框中输入 D:\dev\Java\jdk1.7.0_17\,表示将 JDK 程序安装到 D 盘的路径 D:\dev\Java\jdk1.7.0_17\中,然后单击“确定”按钮,出现如图 2-4 所示的 JDK“自定义安装”对话框,选择要安装的功能。此时单击“下一步”按钮,出现如图 2-5 所示的 JDK“进度”对话框。

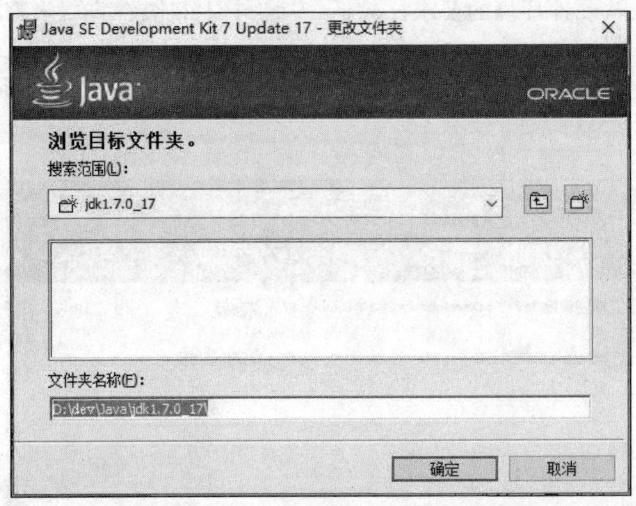


图 2-3　JDK“更改文件夹”对话框

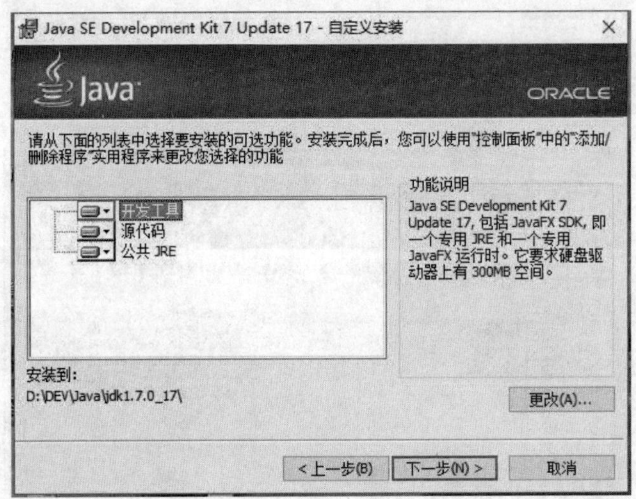


图 2-4　JDK“自定义安装”对话框(二)

(3) 图 2-5 表示正在复制 JDK 软件到目标文件夹。JDK 文件复制安装完成后,出现如图 2-6 所示的“Java 安装-目标文件夹”对话框。

(4) 在图 2-6 中可以看到默认的 Java 安装路径是 C:\Program Files(x86)\Java\jre7\,此时单击“更改”按钮改变安装路径,出现图 2-7 所示的“Java 安装-更改文件夹”对话框。在此对话框的“文件夹名称”单行文本编辑框中输入 D:\dev\Java\jre7\,表示将 Java 语言程序安装到 D 盘的路径 D:\dev\Java\jre7\中,然后单击“确定”按钮,出现如图 2-8 所示的

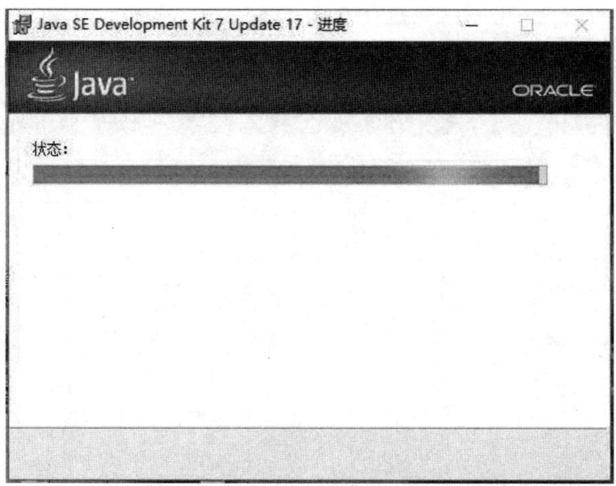


图 2-5 JDK“进度”对话框

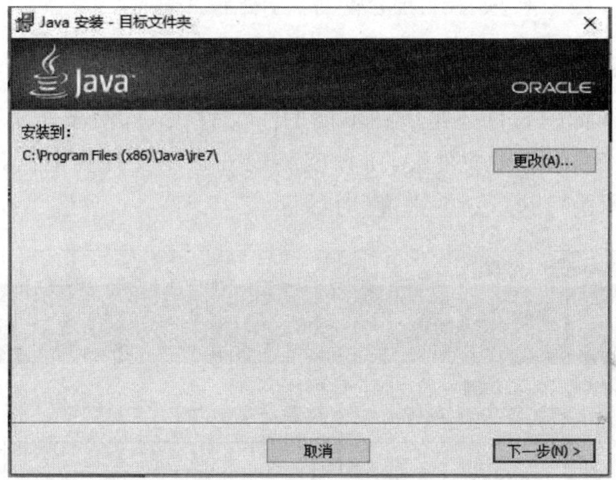


图 2-6 “Java 安装-目标文件夹”对话框(一)

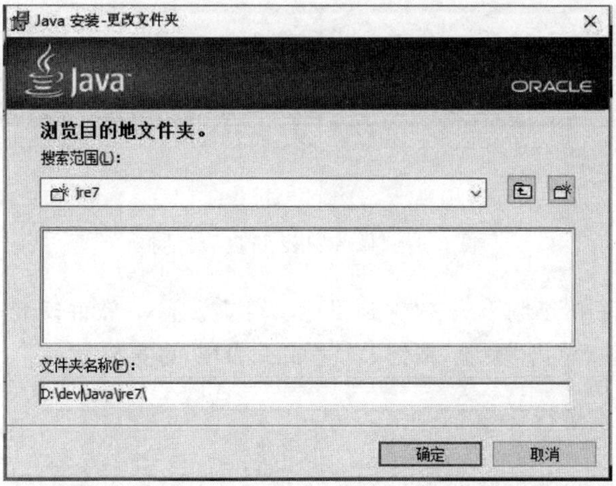

图 2-7 “Java 安装-更改文件夹”对话框

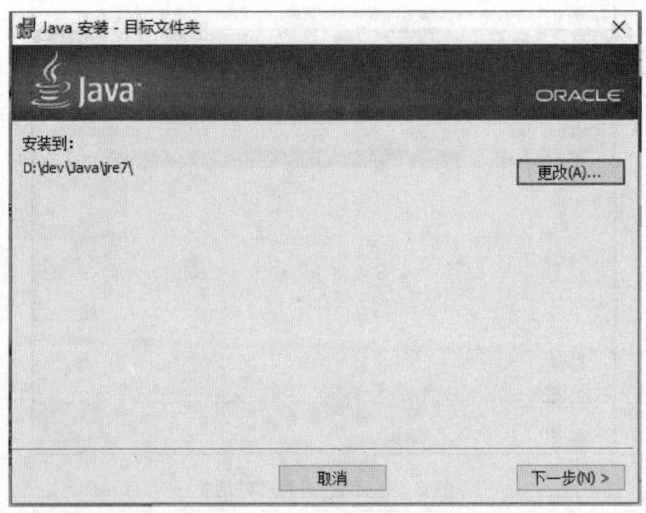


图 2-8 “Java 安装-目标文件夹”对话框(二)

“Java 安装-目标文件夹”对话框。如此设置的目的是想将 JSP 开发的软件统一安装到 D 盘的 dev 文件夹中,但不同的软件还是放在不同的子文件夹中,便于对不同的软件单独管理。如 JDK 安装到 jdk1.7.0_17 子文件夹,Java 安装到 jre7 子文件夹中。此时单击“下一步”按钮,出现如图 2-9 所示的“Java 安装-进度”对话框。

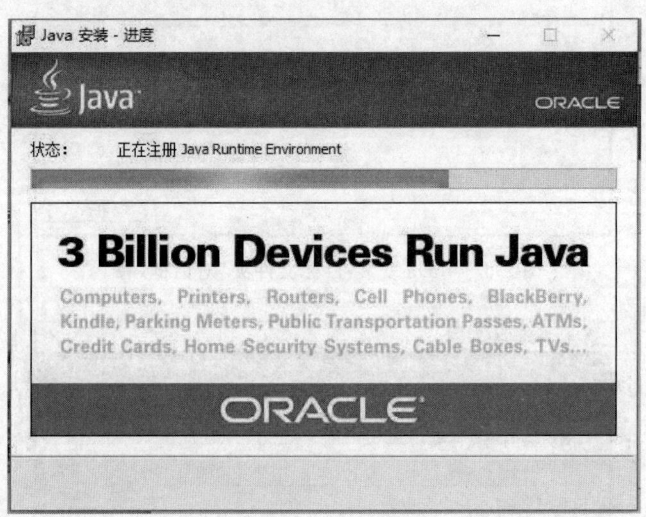


图 2-9 “Java 安装-进度”对话框

(5) 图 2-9 表示正在复制 Java 软件到目标文件夹。Java 软件安装完成后,出现图 2-10,表示 JDK 已成功安装,单击“关闭”按钮,就完成了 JDK 的安装。

**3. 配置 JDK 开发运行环境**

JDK 安装完成后,必须正确配置系统环境变量 Path、JAVA_HOME 和 CLASSPATH 才能正常工作。其中,JAVA_HOME 是 JDK 的安装目录,对于本书就是 D:\dev\Java\jdk1.7.0_17\bin;CLASSPATH 是类和包的搜索路径。

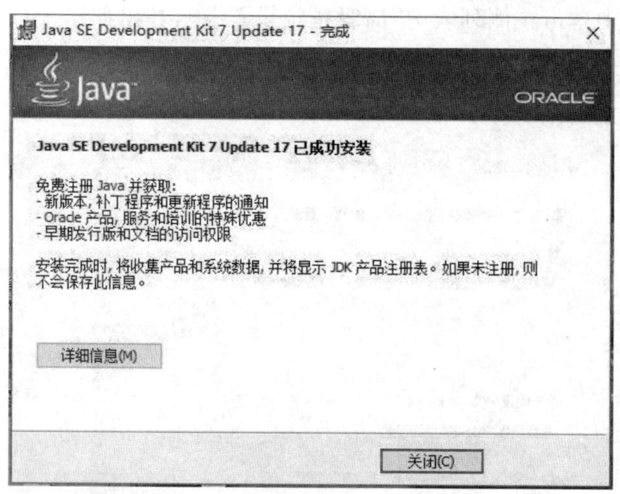


图 2-10　JDK 已成功安装

1）配置系统环境变量 Path

Path 变量主要提供当前系统的搜索路径，也就是告诉系统在执行某个应用程序时，如果在当前路径下找不到该程序，就要在 Path 环境变量设置的路径列表中依次查找该应用程序。编译 Java 程序时需要执行 javac 命令，该命令文件保存在目录 D:\dev\Java\jdk1.7.0_17\bin 下，必须把 javac 命令文件所在目录添加到 Path 环境变量中，添加步骤如下。

(1) 在 Windows 10 桌面上单击“此电脑”图标，在弹出的快捷菜单中选择“属性”。弹出如图 2-11 所示的“系统”对话框(注：本步骤在 Windows XP 系统中是单击 “我的电脑”图标，弹出的是“系统属性”对话框)。

图 2-11　“系统”对话框

(2) 在图 2-11 中单击左侧列表中"高级系统设置"项,弹出如图 2-12 所示的"系统属性"对话框。

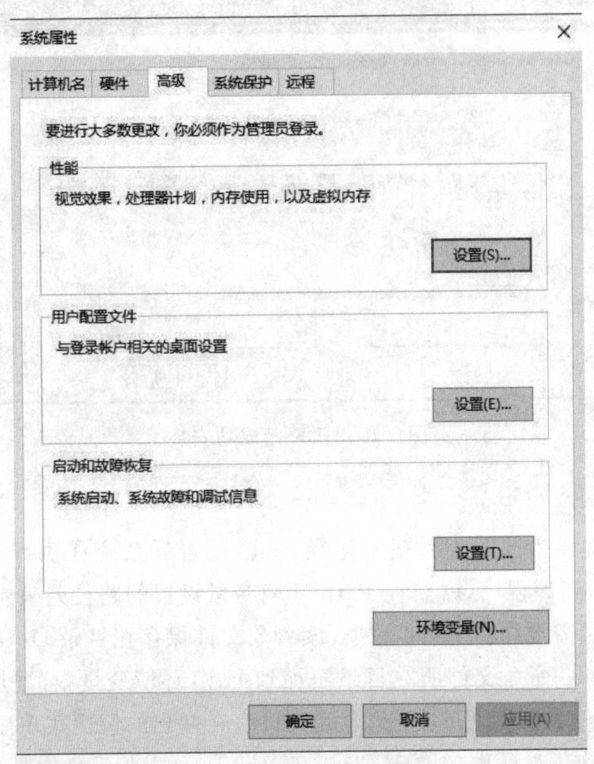


图 2-12 "系统属性"对话框

(3) 在图 2-12 中单击选中"高级"选项卡,然后单击 "环境变量"按钮,弹出如图 2-13 所示的"环境变量"对话框。

(4) 在"环境变量"对话框中的"系统变量"列表框中选中 Path 变量,然后单击"编辑"按钮,出现如图 2-14 所示的"编辑环境变量"对话框。

(5) 在图 2-14 中,单击右侧上方的"新建"按钮,在左侧列表的下方出现空白行,在此输入 javac 命令文件所在的路径 D:\dev\Java\jre1.7.0_17\bin,如图 2-15 所示。然后单击"确定"按钮,再次回到"环境变量"对话框(见图 2-13),完成系统环境变量 Path 的设置。

2) 新建系统环境变量 JAVA_HOME

单击图 2-13 所示的"系统变量"列表框下方的"新建"按钮,出现如图 2-16 所示的"新建系统变量"对话框,在"变量名"编辑框中输入 JAVA_HOME, 在"变量值"编辑框中输入 D:\dev\Java\jdk1.7.0_17\,然后单击"确定"按钮。

在早期的 Java 书籍中,还需要配置 ClASSPATH 系统环境变量,在 Java 1.7 的安装中不需要配置此变量。

**4. 测试 JDK 安装配置的方法**

完成 JDK 的安装及配置系统环境变量后,需要测试 JDK 的安装与配置是否正确,测试方法如下。

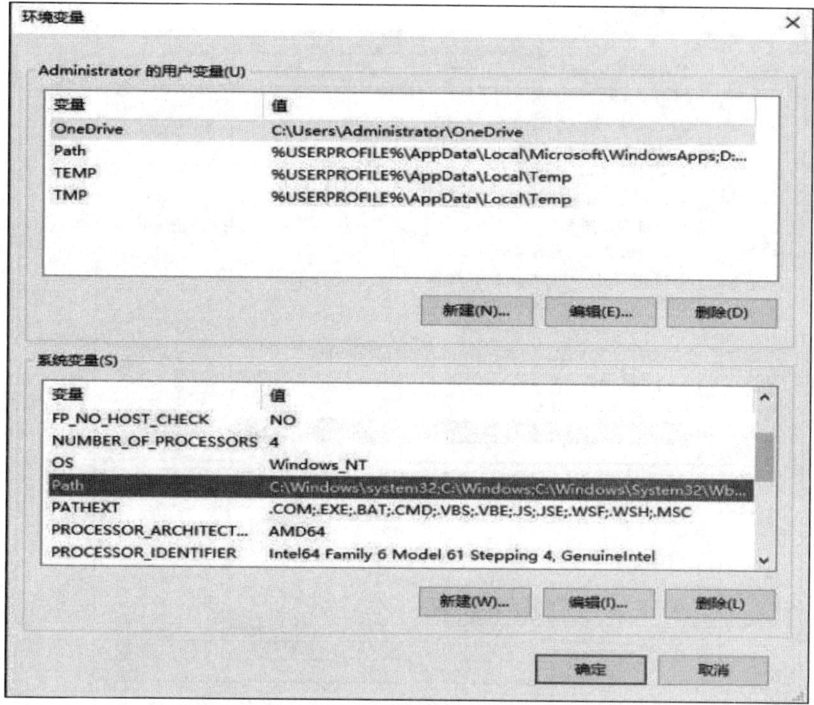


图 2-13 “环境变量”对话框

图 2-14 “编辑环境变量”对话框(一)

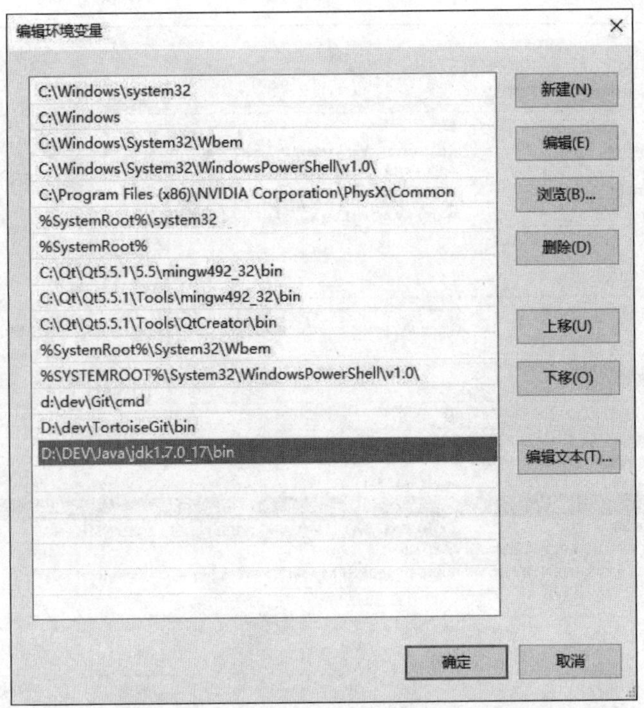


图 2-15 “编辑环境变量”对话框(二)

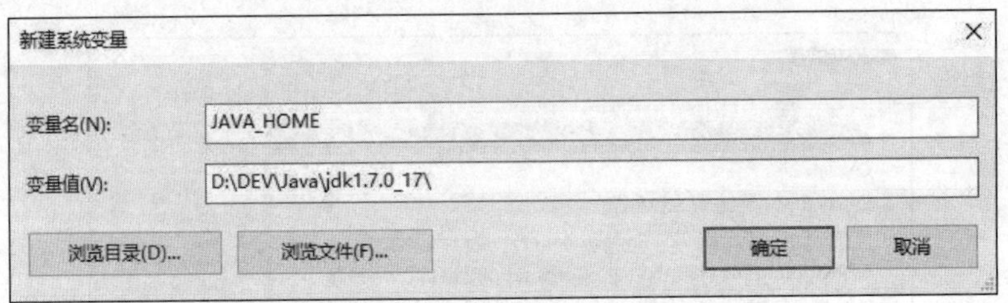


图 2-16 “新建系统变量”对话框

(1) 进入MS-DOS“命令提示符”窗口。①对于Windows XP操作系统，在桌面上单击“开始”按钮，在弹出的菜单中选择“所有程序”→“附件”→“C:\命令提示符”，出现MS-DOS“命令提示符”窗口。②对于Windows 7或者Windows 10操作系统，在桌面上单击“开始”按钮，在弹出的菜单中选择“Windows系统”→“C:\命令提示符”，出现MS-DOS“命令提示符”窗口。

(2) 在MS-DOS“命令提示符”窗口中的提示符后面，输入javac后按Enter键，如果出现如图2-17所示的Java命令使用帮助信息，说明JDK系统安装配置正确。

### 2.2.2 MyEclipse的安装、配置与使用

JSP开发最常用的集成开发环境有Eclipse、MyEclipse和JBuider，本节主要介绍MyEclipse的安装与使用。

#### 1. Eclipse与MyEclipse

Eclipse是一个免费的、开放源代码的、可扩展的、用于JSP开发的开发平台。很多用户

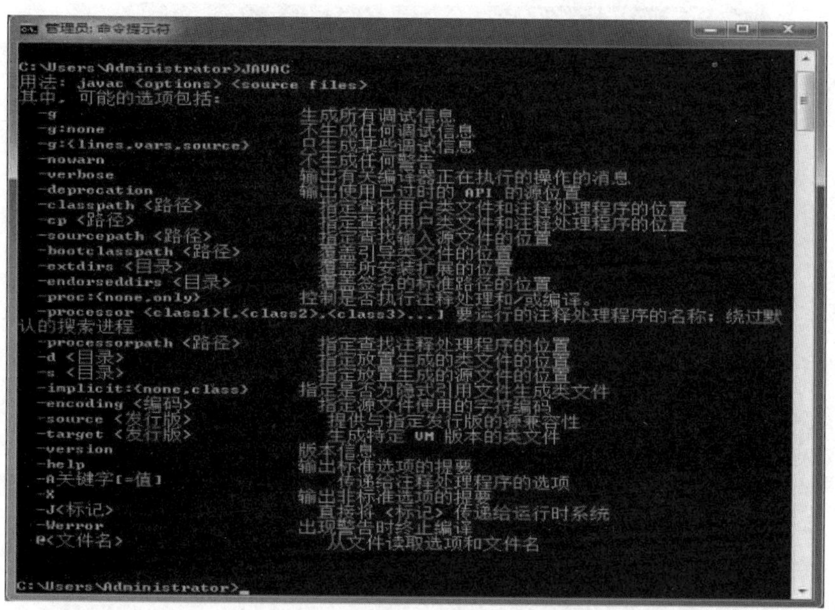


图 2-17　javac 命令执行结果

把它当作 Java 语言的集成开发环境（IDE）使用，但 Eclipse 实质上只是一个框架和一组服务，是通过在这个框架上添加插件组件构建开发环境的。Eclipse 附带一个标准的插件集，包括了 Java 开发工具 JDK。此外 Eclipse 还包括插件开发环境（plug-in development environment，PDE），以插件组件的方式对 Eclipse 进行扩展。Eclipse 主要支持 Java 语言开发，但它的用途并不限于 Java 语言的开发，还支持如 C、C++、COBOL、PHP 等编程语言的插件，给用户提供一致和统一的集成开发环境。

MyEclipse 是在 Eclipse 基础上加上自己的插件开发而成的功能强大的企业级集成开发环境，主要用于 Java、Java EE 以及移动应用的开发，是优秀的用于开发 Java、J2EE 的 Eclipse 插件集合。MyEclipse 的功能非常强大，支持也十分广泛，支持 JDBC 数据库连接，支持 HTML、Struts、JSP、CSS、JavaScript、Spring、SQL、Hibernate 等语言和开发工具，主要用于 Java Servlet、AJAX、JSP、JSF、Struts、Spring、Hibernate、EJB3 以及移动应用的开发，是功能丰富的 Java EE 集成开发环境。MyEclipse 包括 Eclipse 的所有功能，而且比 Eclipse 的功能更加强大，开发 Web 应用也比 Eclipse 更专业，包括完备的编码、调试、测试和发布功能，可以说 MyEclipse 是几乎囊括了目前所有主流开源产品的专属开发工具，但 MyEclipse 是收费的。

**注**：本书使用的 MyEclipse 集成开发环境的安装文件名称是 myeclipse-10. 0-offline-installer-windows. exe，读者可从网络上下载该软件的试用版免费试用。

**2. 安装 MyEclipse**

MyEclipse 的安装与配置比较简单，步骤如下。

(1) 退出当前运行的所有程序，双击 myeclipse-10. 0-offline-installer-windows. exe 安装文件，程序执行并进入安装进程，出现图 2-18。

(2) 在图 2-18 中单击 Next 按钮，出现图 2-19。单击 I accept the terms of the license agreement 前面的复选框，选择同意协议内容，然后单击 Next 按钮，出现图 2-20。

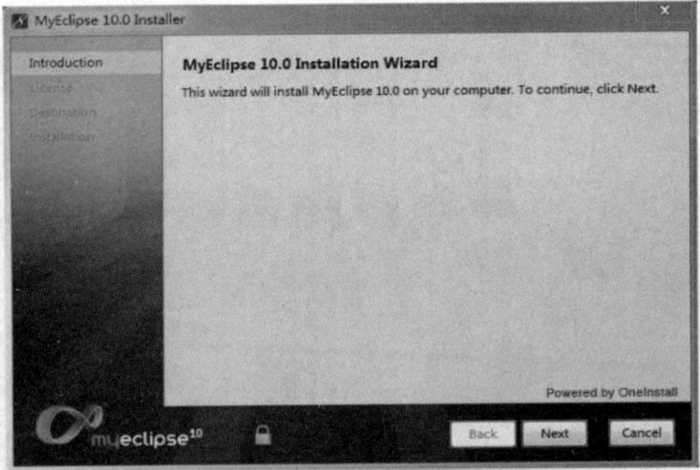


图 2-18　MyEclipse 安装向导

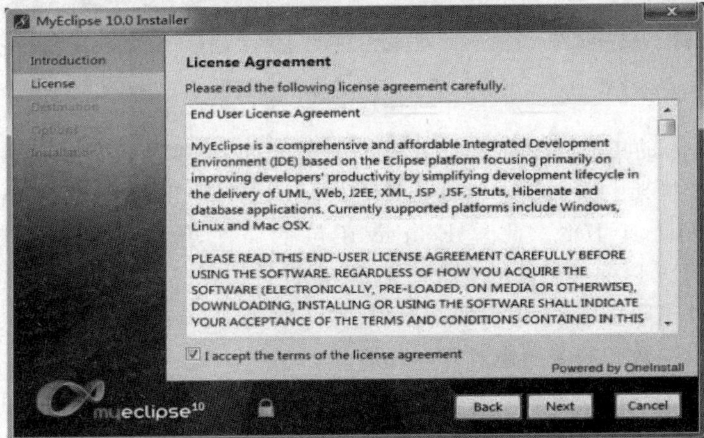


图 2-19　MyEclipse 协议确认

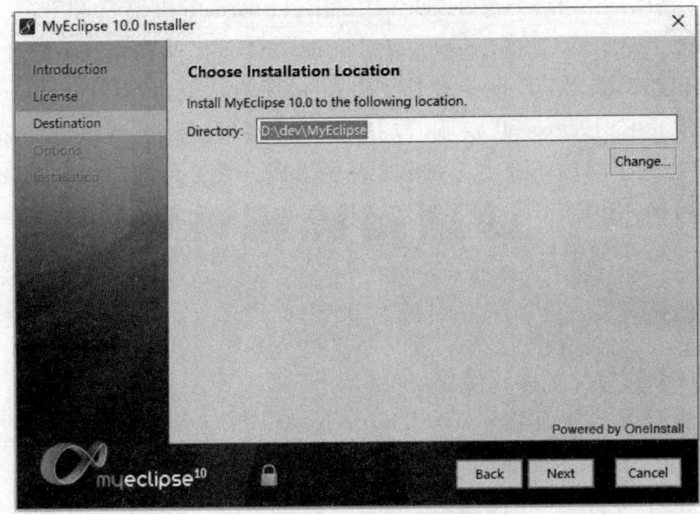


图 2-20　MyEclipse 安装路径

(3) 在图2-20的Directory标签后面的文本编辑框中，可以输入自己选择的安装路径。系统自动提供的默认安装路径是C:\Users\Administrator\MyEclipse。为便于管理，修改安装路径为D:\dev\MyEclipse，把MyEclipse安装在D盘的dev文件夹中，然后单击Next按钮，出现图2-21。

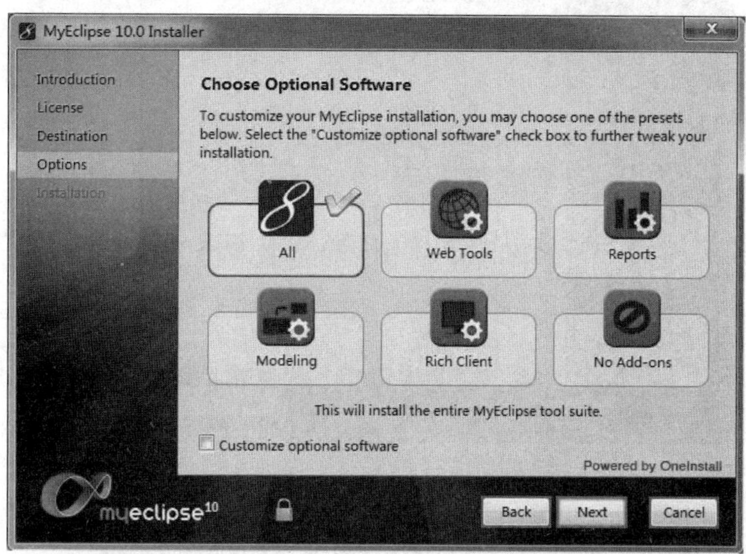


图2-21　MyEclipse安装软件选择

(4) 在图2-21中可以选择自己想要安装的组件。选择系统默认的安装内容(All)，然后单击Next按钮，弹出图2-22。

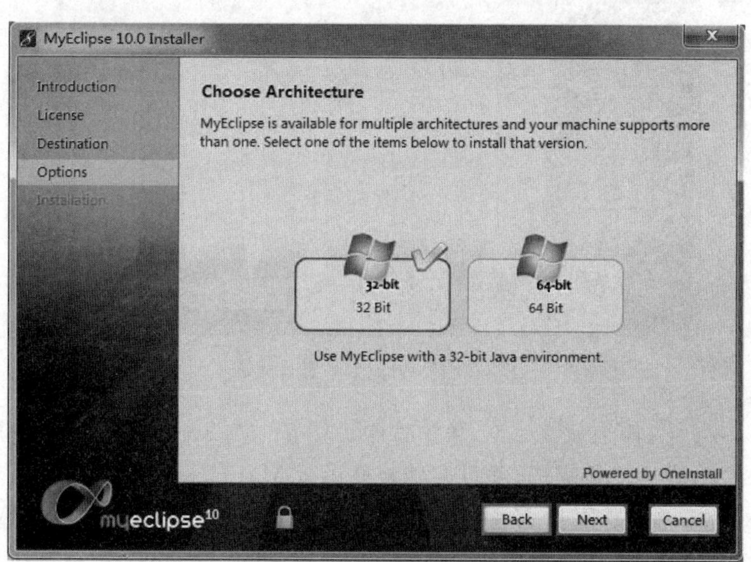


图2-22　MyEclipse安装架构选择

(5) 在图2-22中，MyEclipse提供了32位和64位两种架构的安装内容，至于选择32位还是64位架构，应充分考虑和计算机硬件以及JSP其他开发软件的兼容，这里选择安装

64 位架构,单击 64bit 图标按钮,会在该图标按钮右上角出现一个对号,表明已被选中,然后单击 Next 按钮,弹出图 2-23,在这里等待复制完毕,直到出现图 2-24。

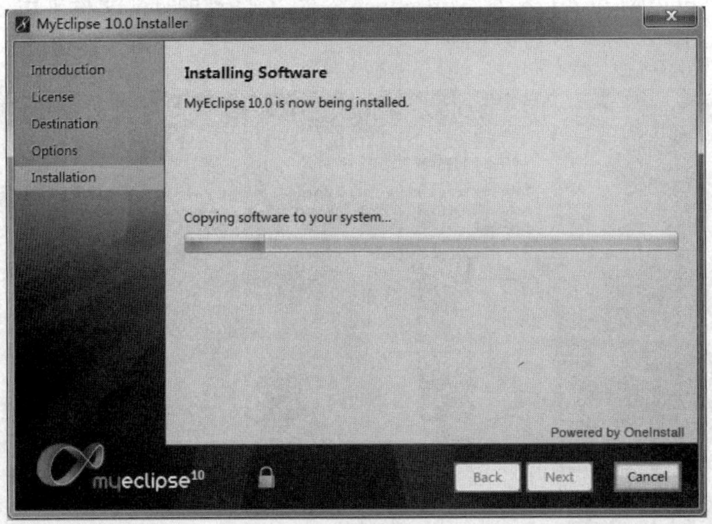


图 2-23　MyEclipse 安装进度

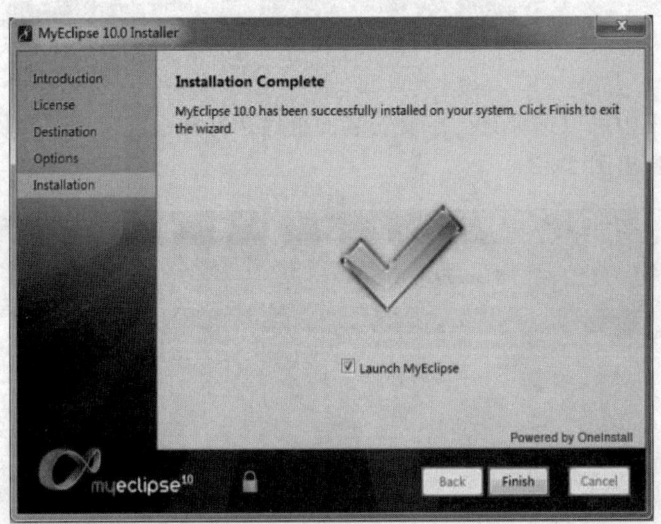


图 2-24　MyEclipse 安装完成

(6) 在图 2-24 中,仔细观察一下,单击选中 Launch MyEclipse 复选框,然后单击 Finish 按钮,弹出图 2-25,程序安装完毕,并且开始装载运行 MyEclipse。

(7) 在图 2-25 中,可以选择系统自动提供的默认路径 C:\Users\Administrator\Workspaces\MyEclipse 10,也可以换成自己想要的文件路径。单击 Browse 按钮,弹出图 2-26,在图 2-26 中单击打开 D 盘,在 D 盘展开的文件夹中找到 MYJSP 文件夹,单击选中它,然后单击"确定"按钮,弹出图 2-27,把它作为 MyEclipse 项目的工作区。需要说明的是,D 盘上的 MYJSP 文件夹是本书编者自己事先在 D 盘上创建的文件夹,用它来保存 MyEclipse 开发的 JSP 项目。读者可以建立自己的文件夹作为自己安装的 MyEclipse 的工作区,用来保存 JSP 应用项目。

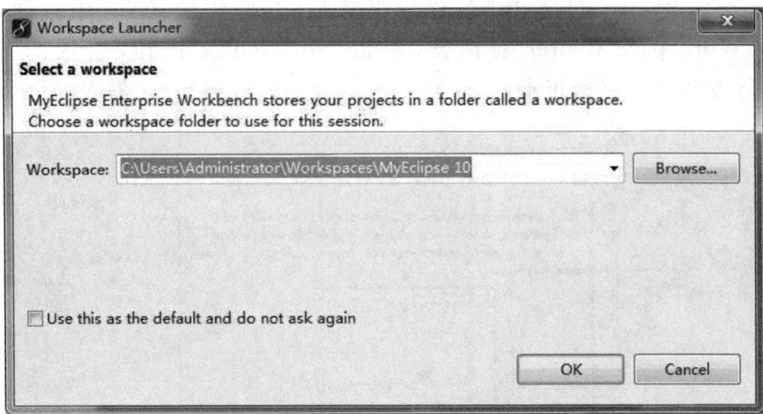


图 2-25　MyEclipse 工作区设置

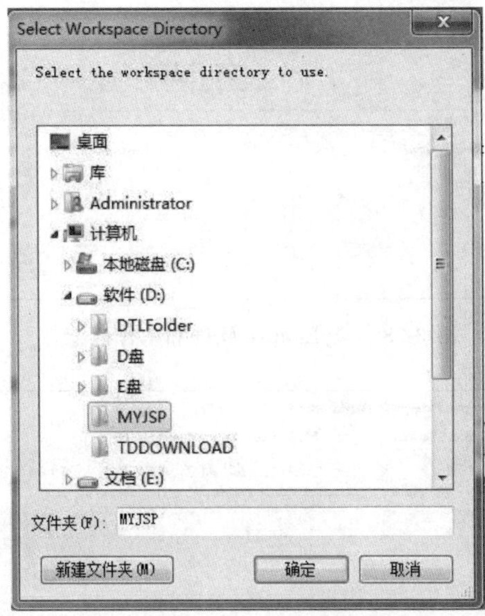


图 2-26　MyEclipse 工作区目录选择

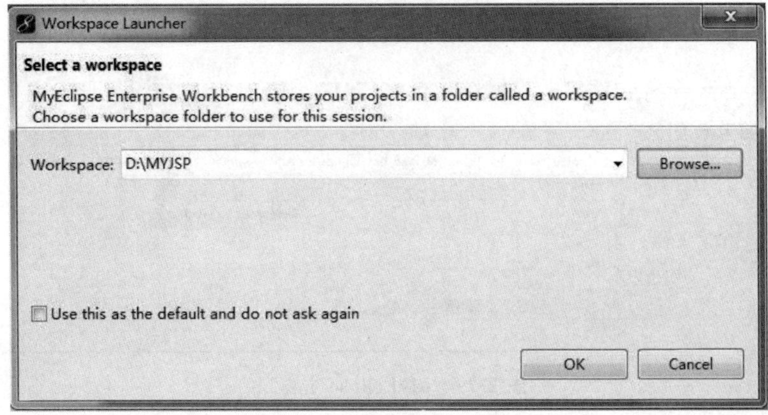


图 2-27　MyEclipse 工作区路径设定

(8) 在图 2-27 中,单击 OK 按钮,程序继续运行,弹出图 2-28,接着弹出 Go to the Software and Workspace Center 对话框,单击 No Thanks 按钮,出现图 2-29,标志着 MyEclipse 软件安装运行一切正常。

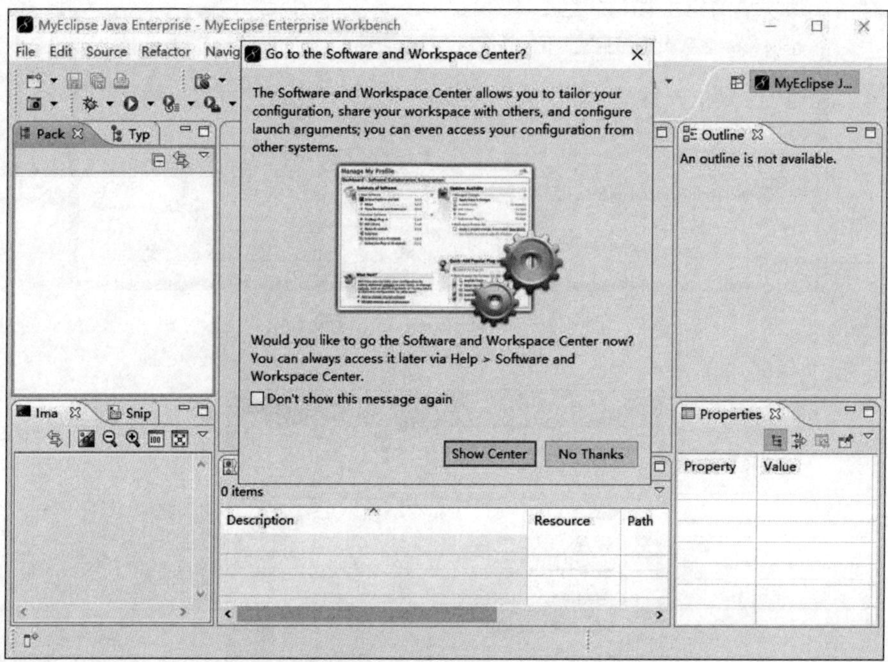


图 2-28 MyEclipse 软件和工作区窗口

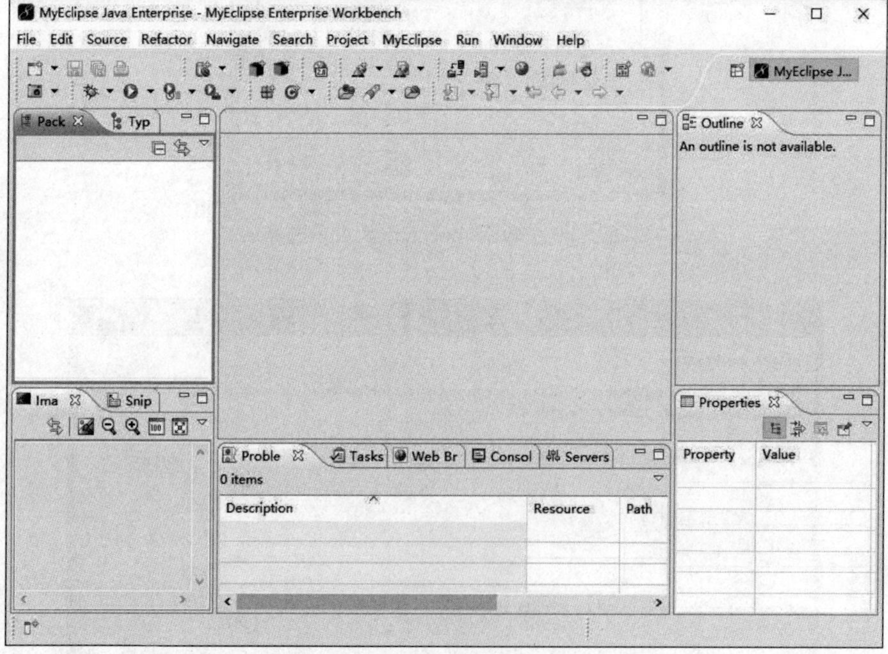


图 2-29 MyEclipse 主窗口

### 3. 配置 MyEclipse

1) 在 MyEclipse 中配置 JDK(Java 运行环境)

MyEclipse 内置了 JDK6 和 Tomcat 6，一般无须额外配置 JDK，但如果希望采用更新的 JDK 版本，可以使用下面的方式进行添加。另外，MyEclipse 10 并不支持 JDK8，如果希望使用新特性，可以采用 MyEclipse 更新版本(如 2014 版)，其使用方法与 MyEclipse 10 基本相同。

(1) 运行 MyEclipse 程序，如图 2-30 所示，选择 Window→Preferences，弹出图 2-31。

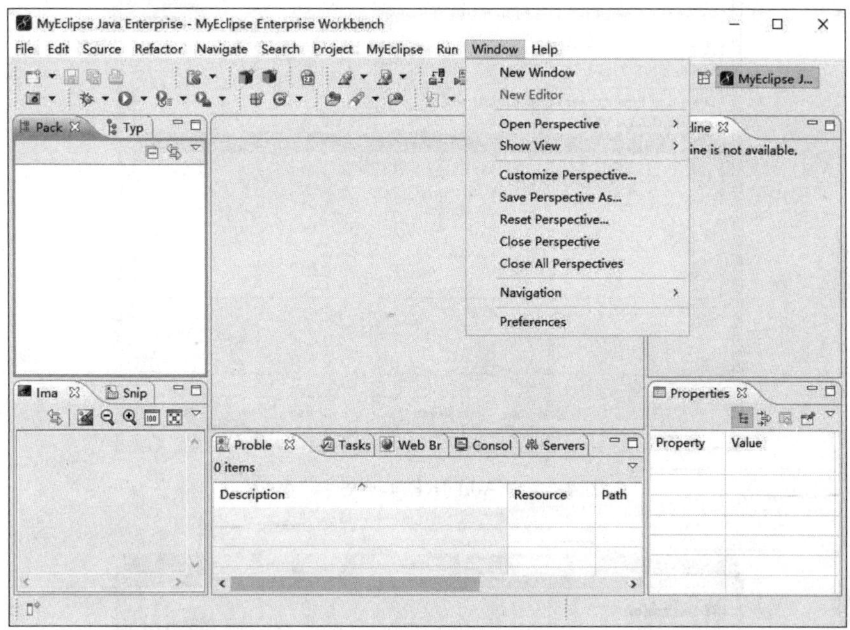


图 2-30 MyEclipse Window 菜单

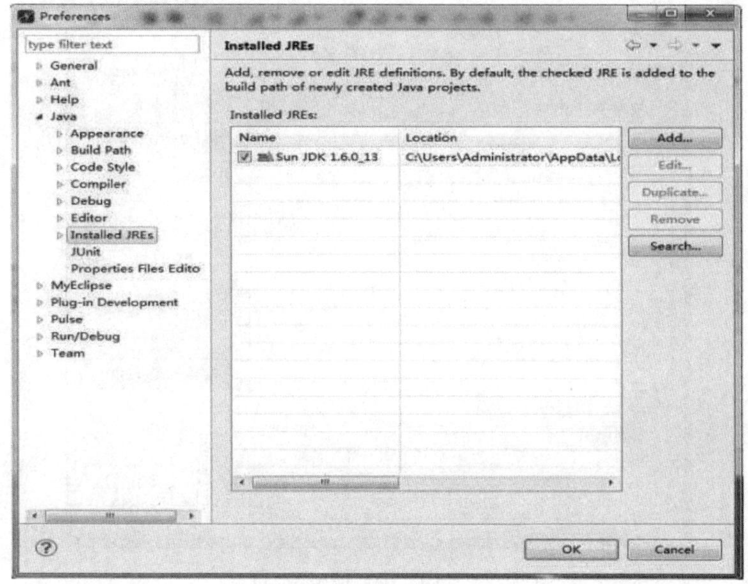


图 2-31 Preferences 窗口

(2) 在图 2-31 中,单击 Add 按钮,弹出"Add JRE 类型选择"窗口,如图 2-32 所示。在窗口的 Installed JRE Types 列表中,单击选中 Standard VM,然后单击 Next 按钮,出现"Add JRE 设置"窗口,如图 2-33 所示,在窗口中的 JRE name 编辑框中输入 MYJDK(此处输入的内容是 JRE 的名字,可以自己选择),然后单击 Directory 按钮,设置 JRE home directory,此时弹出图 2-34。

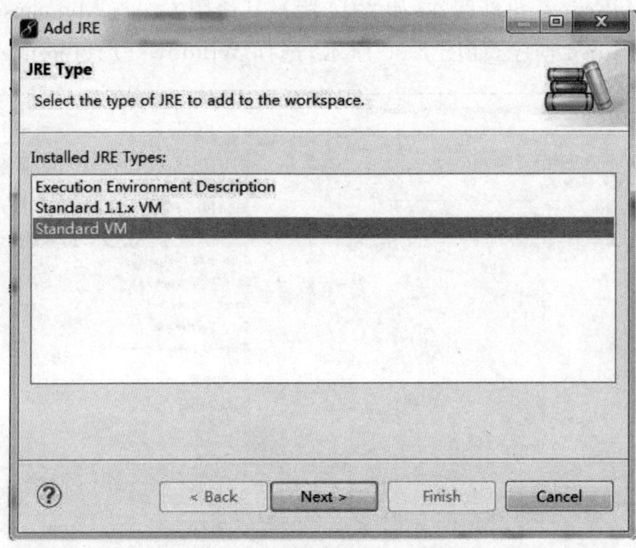


图 2-32 "Add JRE 类型选择"窗口

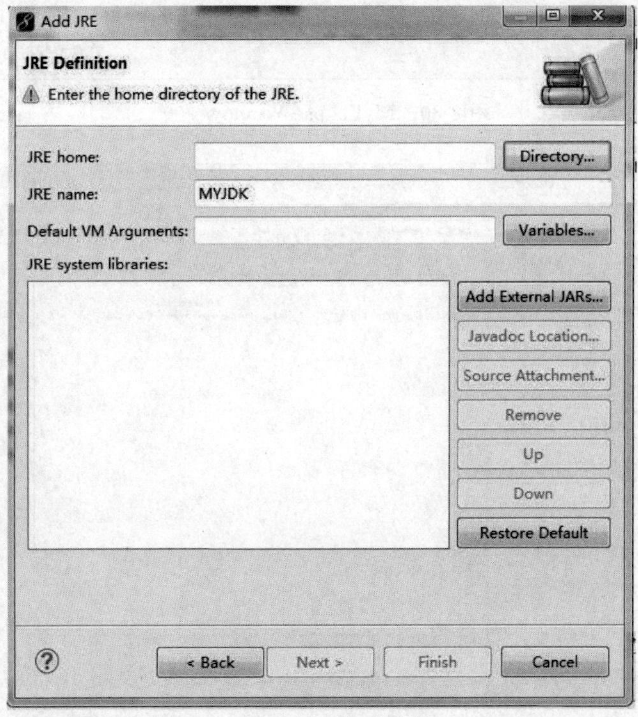


图 2-33 "Add JRE 设置"窗口(一)

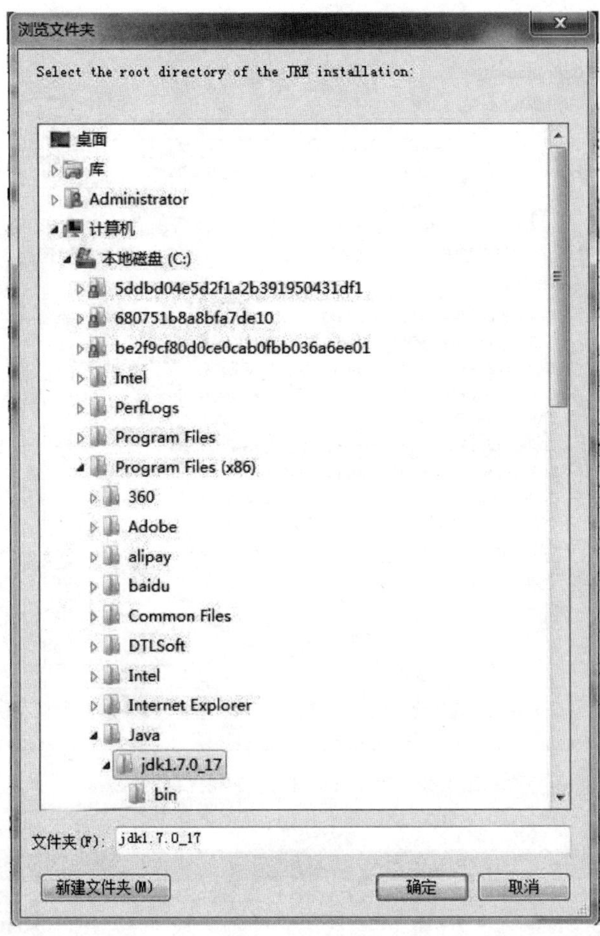

图 2-34　浏览文件夹

(3) 在图 2-34 中，依次选择 C→Program Files(x86)→Java→jdk 1.7.0_17，然后单击“确定”按钮，弹出图 2-35，选中 JDK 的安装目录 C:\Program Files(x86)\Java\jdk1.7.0_17\ 作为 MyEclipse 的 Java 虚拟机 JRE home，也就是设置本机安装的 JDK 为 MyEclipse 的 Java 开发运行环境。然后单击 Finish 按钮确认即可。如此就把 MyEclipse 的 Java 运行环境设置好了。

2) 在 MyEclipse 中配置 Tomcat

需要说明的是 MyEclipse 内置了 Tomcat 服务器，在开发 JSP Web 应用程序时，可以使用 MyEclipse 内置的 Tomcat，不需要任何配置。如果需要使用独立的 Tomcat 服务器，必须在 MyEclipse 中配置 Tomcat。下面假定独立的 Tomcat 服务器软件安装在 C:\Tomcat6.0 目录下时，在 MyEclipse 中配置 Tomcat 的步骤和方法。

(1) 如图 2-36 所示，运行 MyEclipse 程序，然后选择 Window→Preferences，弹出图 2-37，在此窗口中，在左侧的目录树中单击选中 MyEclipse→Servers→Tomcat，可以看到 Tomcat 下有几个 Tomcat 版本，因为本书编写时安装的 Tomcat 是版本 6，所以选中 Tomcat 6.x。接下来单击选中 Enable 单选按钮，设置 Tomcat 6.x server 为 Enable 状态，然后单击与标签 Tomcat home directory 在同一行的 Browse 按钮，弹出图 2-38。

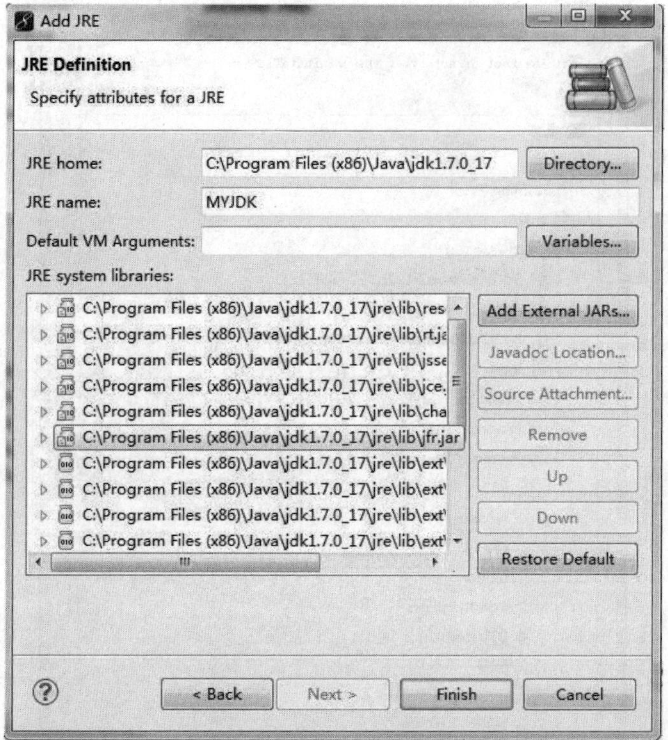


图 2-35 “Add JRE 设置”窗口(二)

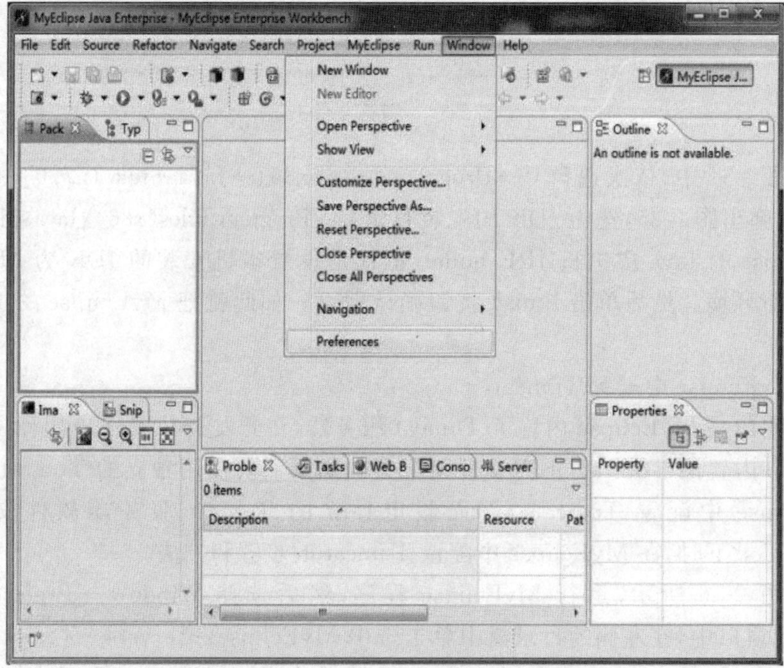


图 2-36 MyEclipse 的 Window 菜单

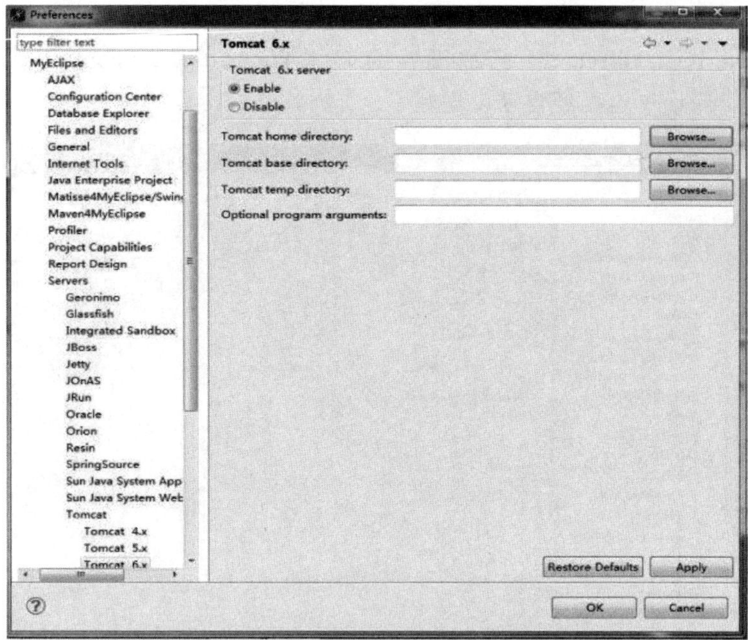


图 2-37　MyEclipse 的 Preferences 窗口

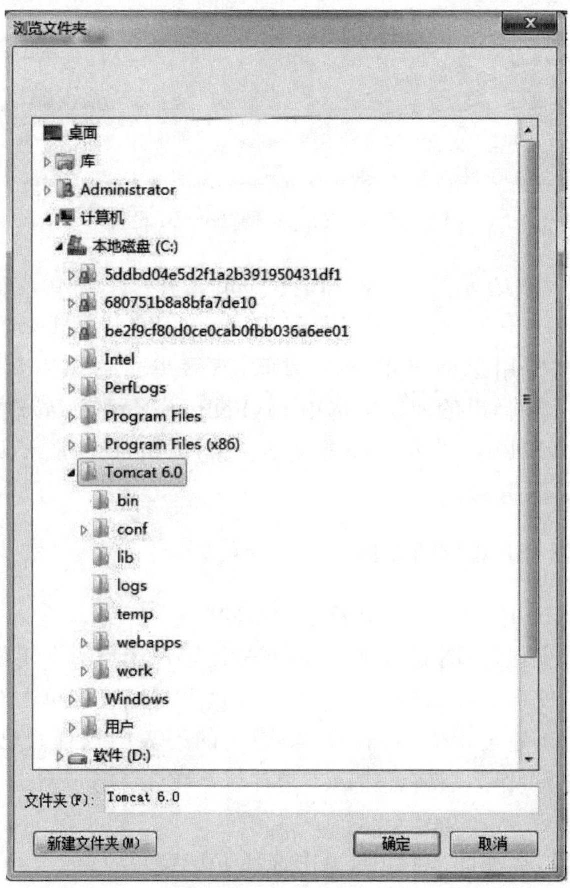


图 2-38　浏览文件夹

(2) 在图 2-38 中,依次选择 C→Tomcat 6.0,然后单击"确定"按钮,弹出图 2-39,并且可以看到 Tomcat home directory 已被设置为 C:\Tomcat 6.0,Tomcat base directory,Tomcat temp directory 也已经自动设置好了。

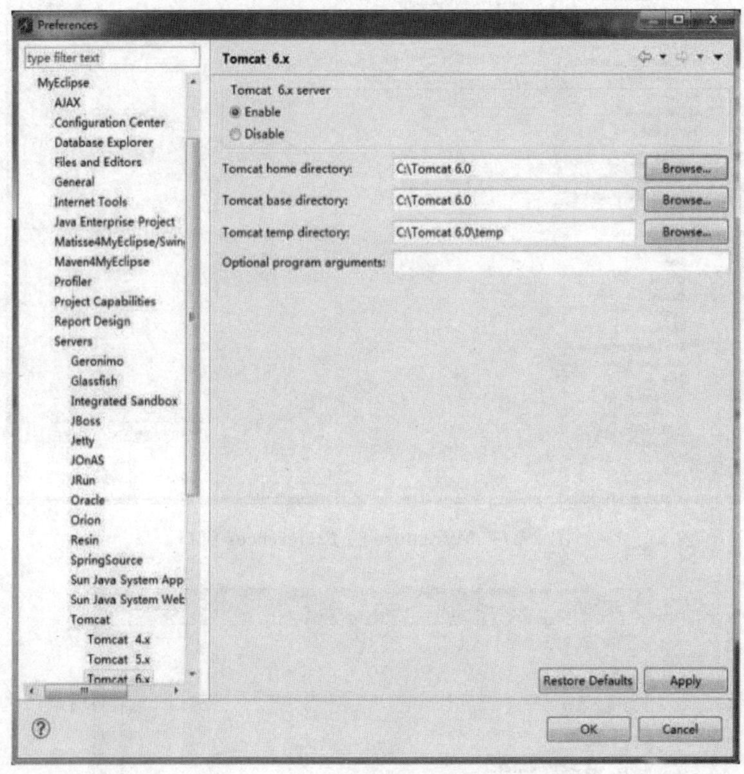


图 2-39　MyEclipse 的 Tomcat 设置

(3) 继续在图 2-36 中选择 Window→Preferences,弹出图 2-40,在左侧的目录树中单击选中 MyEclipse→Servers→Tomcat,可以看到 Tomcat 下有几个 Tomcat 版本,选中 Tomcat 6.x。在展开的目录树中用鼠标单击选中 JDK,然后单击窗口右侧的 Tomcat 6.x JDK name 列表的下拉箭头,在弹出的列表中选中 MyEclipse 配置的 Java 虚拟机环境 MYJDK,然后单击 OK 按钮,MyEclipse 的安装配置完毕。MyEclipse 自带 Eclipse,所以 MyEclipse 安装之后,无须再安装 Eclipse。

**4. MyEclipse 开发 JSP 程序的步骤**

下面介绍应用 MyEclipse 开发 JSP 程序的步骤。

(1) 启动 MyEclipse,弹出图 2-41,该对话框是让用户选择一个工作空间,也就是选择硬盘上的一个文件夹,以便存放项目的所有文件。在这里可以直接单击 OK 按钮,选择系统提供的默认文件夹,也可以单击 Browse 按钮,在弹出的列表中选择自己中意的文件夹,这里选择 D:\MYJSB 文件夹,作为当前工作区。选择好后单击 OK 按钮进入 MyEclipse 的开发界面,如图 2-42 所示。

(2) 新建 JSP 项目,在如图 2-42 中,单击选择 File 菜单,如图 2-43 所示,单击选择 New→Project 子菜单,弹出图 2-44。

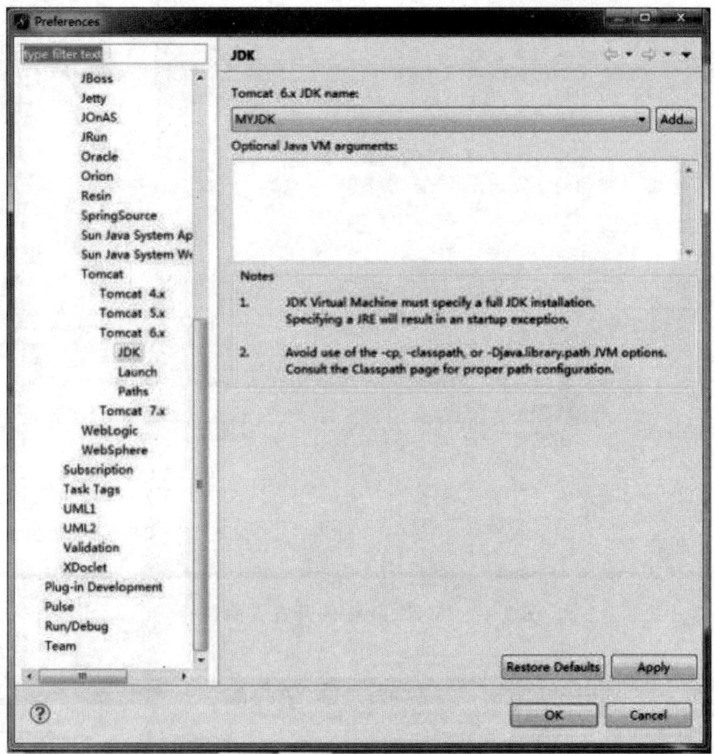

图 2-40　MyEclipse 的 Tomcat JDK 设置

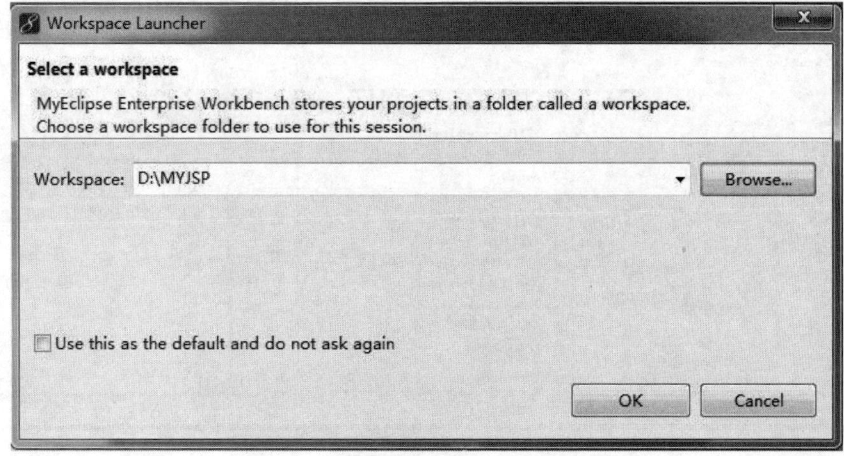


图 2-41　MyEclipse 项目工作区设置

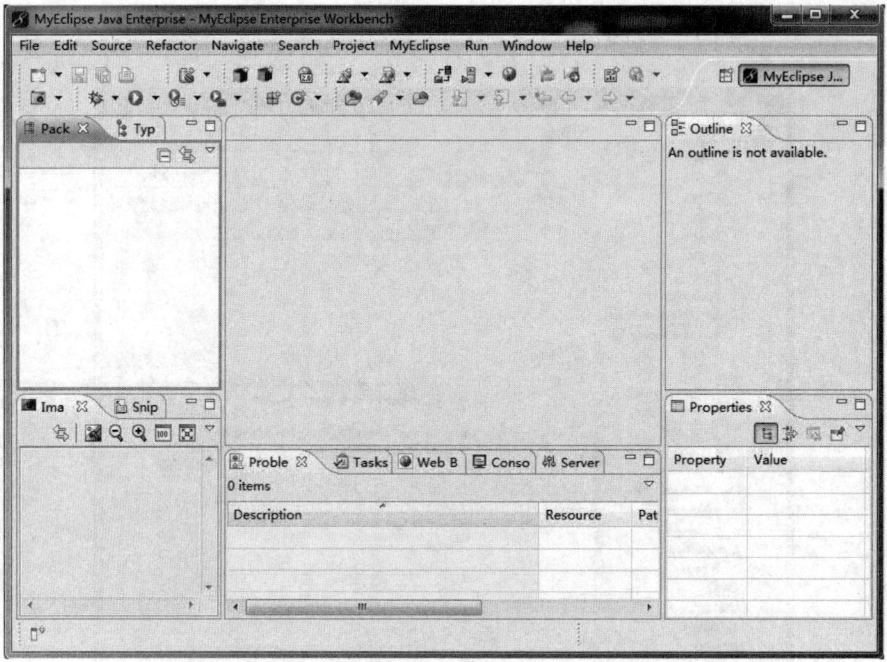


图 2-42　MyEclipse 的开发界面(一)

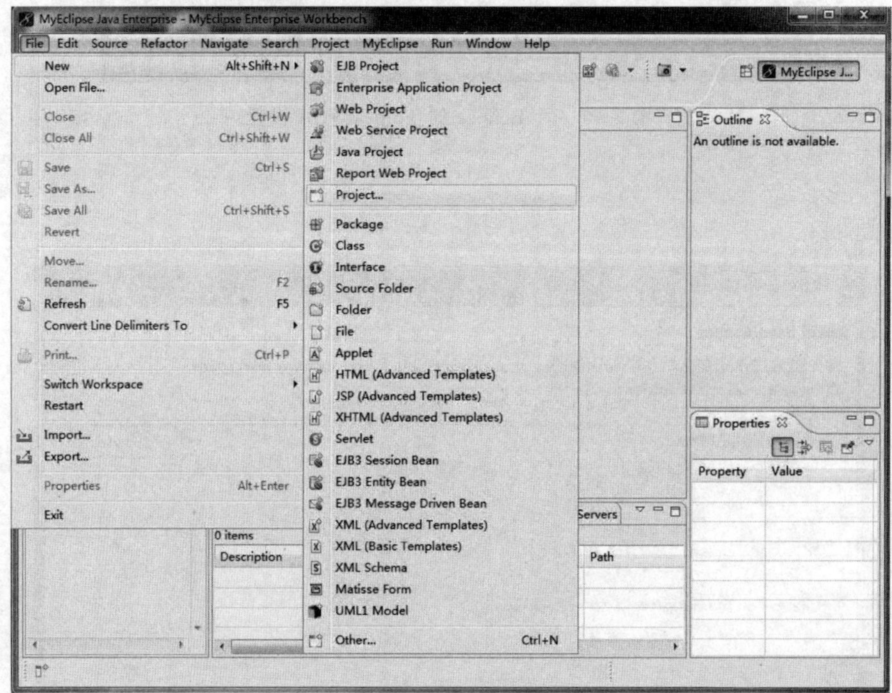


图 2-43　MyEclipse 的开发界面(二)

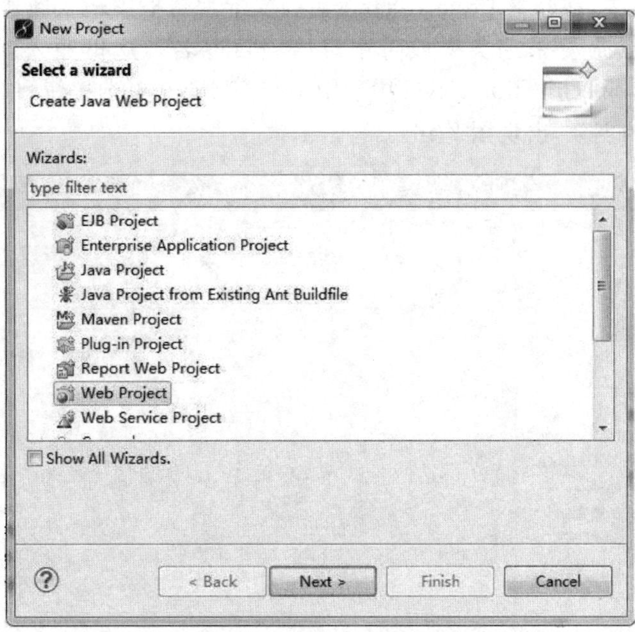


图 2-44　MyEclipse 项目类别选择

（3）在图 2-44 中，选择 Web Project，然后单击 Next 按钮，弹出图 2-45。

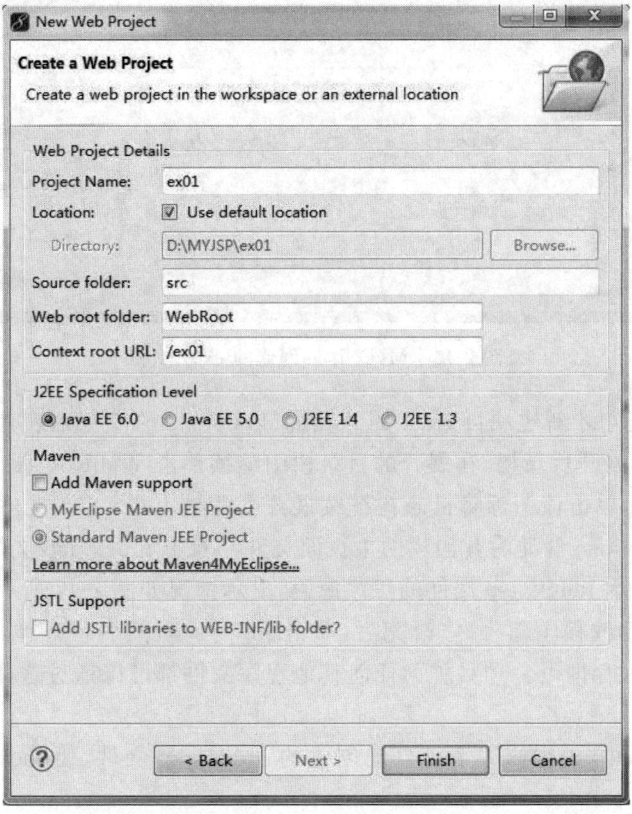


图 2-45　MyEclipse 项目工作区设置

(4) 在图 2-45 中,在标签 Project Name 后的文本编辑框中输入新建项目的名字(项目名称可由自己决定,最好采用英文或者字母给项目取名),这里输入新建项目的名字是 ex01,然后在 J2EE Specification Level 中选中 Java EE 6.0 单选按钮,单击 Finish 按钮,完成新建项目 ex01 的创建,出现图 2-46。

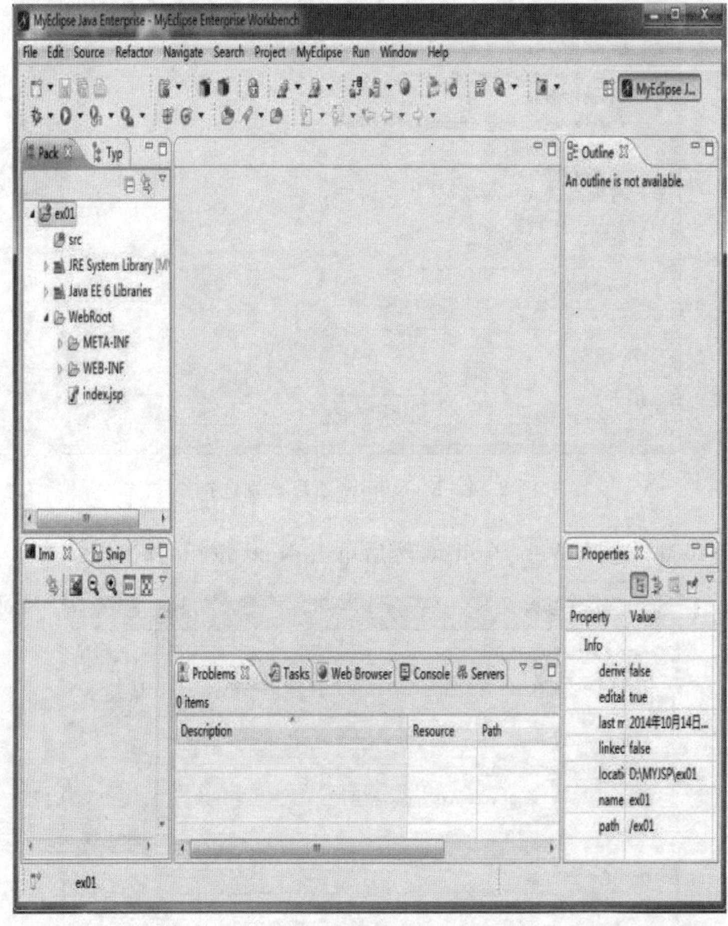


图 2-46　MyEclipse 创建的 ex01 项目

(5) 图 2-46 是刚才新建项目 ex01 的开发窗口,该窗口的左侧列表是项目 ex01 的目录树,单击 ex01 图标展开目录树,在展开的目录树中继续单击 WebRoot 展开项目根目录会看到 WEB-INF 图标,单击该图标将目录树继续展开会看到 index.jsp 文件,这个文件是创建 ex01 项目时 MyEclipse 自动为其创建的主页面文件。双击 index.jsp 文件,会在 MyEclipse 的代码编辑器里显示 index.jsp 文件的程序源码,显示情况如图 2-47 所示,程序员可以在代码编辑器里阅读、修改程序源码,修改完后,单击 File 菜单,然后再在弹出的下拉菜单中继续单击 Save 按钮保存即可。项目里面任何其他程序文件都可以通过这种方式编辑、修改和保存。

(6) 在图 2-47 中,编辑修改系统自动创建的 index.jsp 文件,使 index.jsp 网页文件的内容如下。

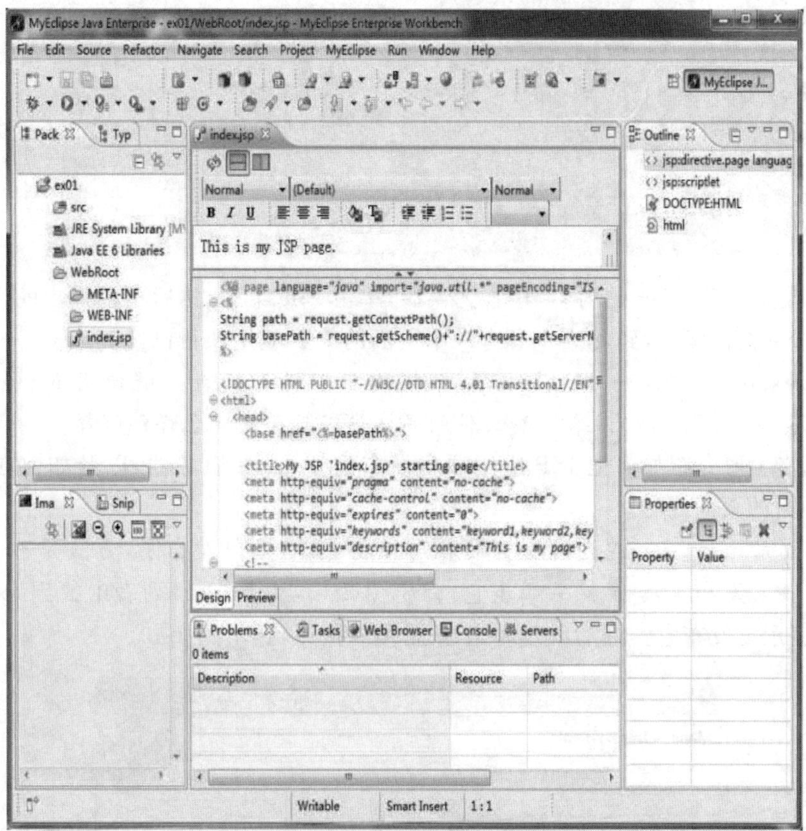

图 2-47　MyEclipse 项目程序文件编辑器

**程序清单 2-1(index.jsp)：**

```
<%@page contentType="text/html;charset=utf-8" language="java" import=
"java.util.*,java.util.Date,java.text.*"pageEncoding="utf-8"%>
<%
   Calendar cal =Calendar.getInstance();
   Date nowday=cal.getTime();
   SimpleDateFormat format=new SimpleDateFormat("yyyy-MM-dd HH:mm:ss");
   String time=format.format(nowday);
   cal.getTime();
   int w =cal.get(Calendar.DAY_OF_WEEK)-1;
   String[] weekDays ={"星期日","星期一","星期二","星期三","星期四","星期五",
   "星期六"};
%>
<!DOCTYPE HTML PUBLIC"-//W3C//DTD HTML 4.01 Transitional//EN">
<html>
<head>
   <title>My JSP 'index.jsp' starting page</title>
</head>
<body>
```

```
    <center>
    <table border="1" width="400">
    <tr height="40"><td align="center">好提示</td></tr>
    <tr height="80"><td align="center">现在时刻为:<%=time%>,<%=weekDays[w] %>
    </td></tr>
</body>
</html>
```

(7) 修改完 index.jsp 的内容,检查无误后,单击 File 菜单,然后再在弹出的下拉菜单中继续单击 Save 按钮保存,到此为止具有一个页面的 JSP 应用项目已经完成。

**注**:index.jsp 文件是一个 JSP 页面文件,本节只是让读者了解使用 MyEclipse 开发 JSP 应用的步骤,至于 index.jsp 网页文件的具体内容后面章节会详细解释。

下面几步主要介绍如何把 JSP 应用项目发布到 Tomcat 服务器,以及如何在浏览器里访问 JSP 项目的页面内容。

(8) 修改完 index.jsp 的内容保存后就可以将 ex01 项目发布了,方法是在 MyEclipse 的工具栏中找到发布工具然后单击它,弹出图 2-48,从 Project 列表中找到 ex01 项目后单击选中,表示要发布它。然后继续单击添加 Add 按钮,弹出图 2-49。

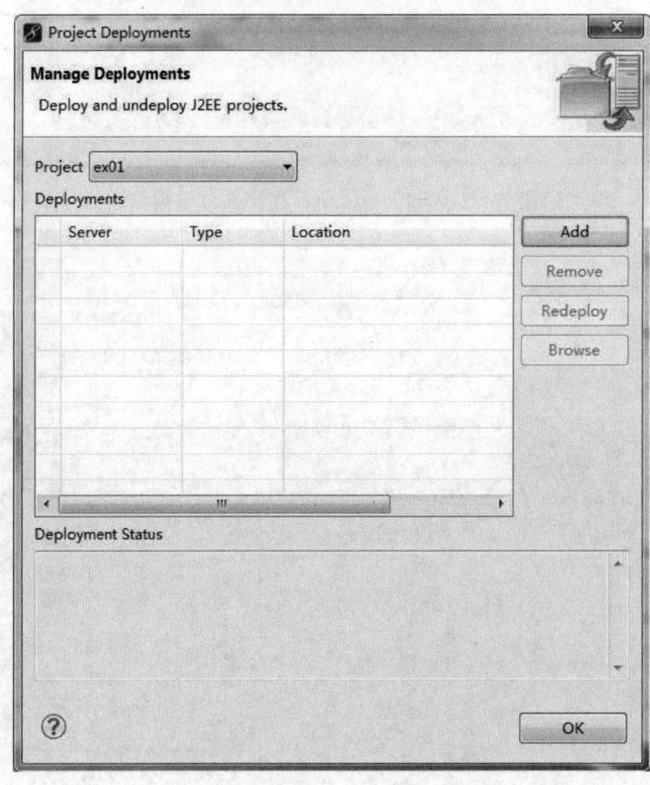


图 2-48 MyEclipse 项目发布

(9) 在图 2-49 中,需要选择要发布的服务器 Server 的类型,因为本书安装的是 Tomcat 6.0 Web 服务器,所以单击 Server 列表右侧的下拉箭头并在列表中单击选中 Tomcat 6.x,

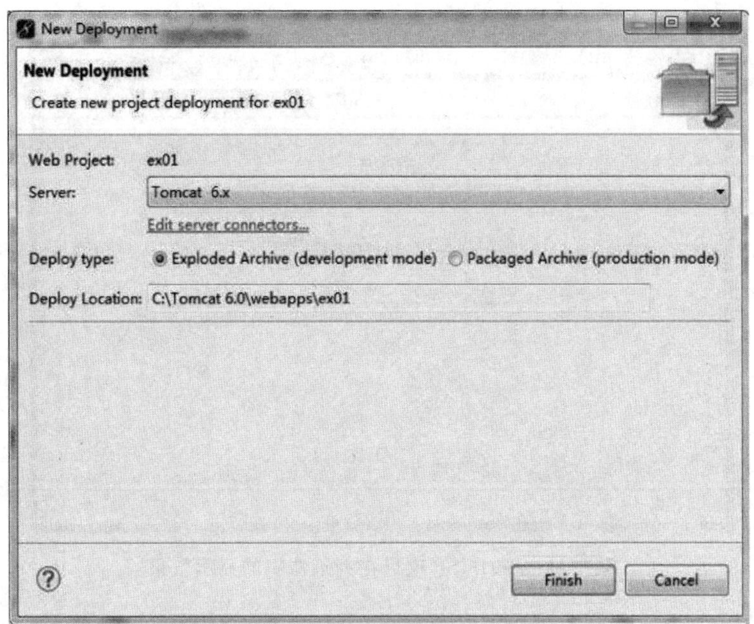


图 2-49 MyEclipse 项目 Server 类型选择

Deploy Location 自动设置为 C:\Tomcat 6.0\webapps\ex01。然后单击 Finish 按钮，弹出图 2-50。在图 2-50 中继续单击 OK 按钮，完成了项目 ex01 在 Tomcat 服务器上的发布。

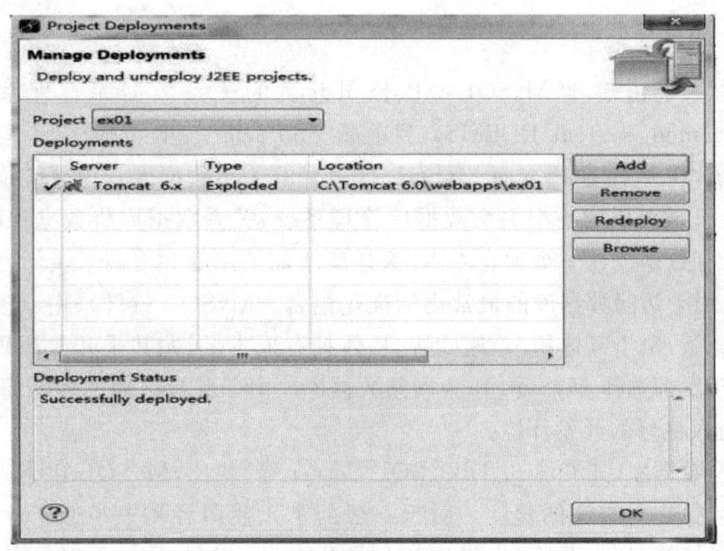


图 2-50 MyEclipse 项目发布完成

(10) 这一步主要验证 ex01 项目是否已经正确地发布到了 Tomcat 服务器，也就是页面内容是否能通过浏览器访问，验证方法是打开 Internet 浏览器，在浏览器的地址栏中输入 http://127.0.0.1:8080/ex01/，如果浏览器中出现如图 2-51 所示的内容，说明使用 MyEclipse 开发的 JSP 项目 ex01 开发完成并且发布成功。

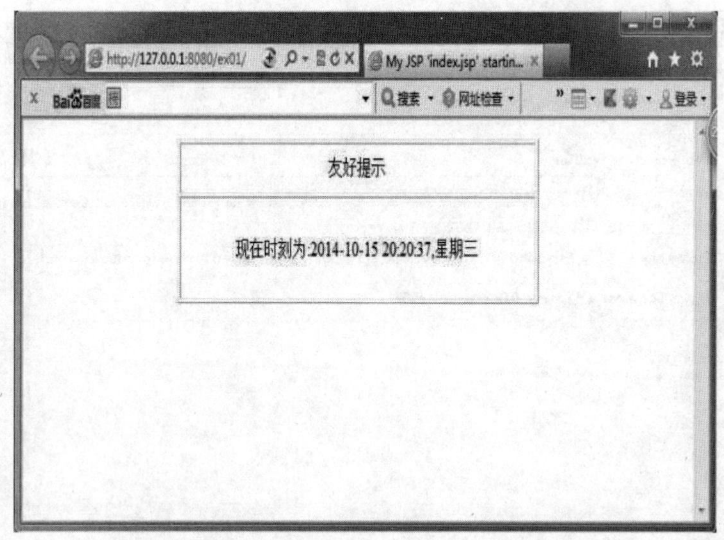


图 2-51 ex01 JSP 项目在浏览器中的显示效果

### 2.2.3 MySQL 数据库的安装、配置与使用

数据库是 JSP 开发环境的重要组成部分,是动态网页数据的主要来源,本节以 MySQL 数据库为例,介绍 Windows 7(Windows 10)操作系统环境下数据库的安装方法。

**1. MySQL 数据库**

MySQL 是一个由瑞典 MySQL AB 公司开发的关系数据库管理系统(relational database management system,RDBMS),目前属于 Oracle 公司。MySQL 是最流行的关系数据库管理系统,在 Web 应用方面 MySQL 是最好的关系数据库管理系统应用软件之一。MySQL 是一个开放源码的小型关系数据库管理系统,关系数据库将数据保存在不同的表中,而不是将所有数据放在一个大仓库内,这样就增加了速度并提高了灵活性。MySQL 所使用的 SQL 是用于访问数据库的最常用标准化语言。MySQL 软件采用双授权政策,它分为社区版和商业版,由于其体积小、速度快、总体拥有成本低,尤其是开放源码这一特点,一般中小型网站开发都选择 MySQL 作为网站数据库。由于其社区版的性能卓越,搭配 PHP 和 Apache 可组成良好的开发环境。

与其他大型数据库(如 Oracle、DB2、SQL Server 等)相比,MySQL 也有其不足之处,但是这丝毫没有减少它受欢迎的程度。对于一般的个人使用者和中小型企业来说,MySQL 提供的功能已经绰绰有余,而且由于 MySQL 是开放源码软件,因此可以大大降低总体拥有成本。Linux 作为操作系统,Apache 和 Nginx 作为 Web 服务器,MySQL 作为数据库,PHP/Perl/Python 作为服务器端脚本解释器。由于这 4 个软件都是免费或开放源码软件(FLOSS),因此使用这些软件就可以建立起一个稳定、低成本的网站开发运行系统,被业界称为 LAMP 组合 。总之,MySQL 具有如下特点。

(1) 使用 C 和 C++ 编写,并使用多种编译器进行了测试,保证源代码的可移植性。

(2) 支持 AIX、FreeBSD、HP-UNIX、Linux、Mac OS、Novell Netware、OpenBSD、OS/2

Wrap、Solaris、Windows 等多种操作系统。

(3) 为多种编程语言提供了 API。这些编程语言包括 C、C++、Python、Java、Perl、PHP、Eiffel、Ruby、.NET 和 Tcl 等。

(4) 支持多线程，充分利用 CPU 资源。

(5) 优化的 SQL 查询算法，有效地提高查询速度。

(6) 既能够作为一个单独的应用程序应用在网络环境的客户端和服务器中，也能够作为一个库而嵌入到其他软件中。

(7) 支持多种语言，常见的编码如中文的 GB2312、BIG5，日文的 Shift_JIS 等都可以用作数据表名和数据列名。

(8) 提供 TCP/IP、ODBC 和 JDBC 等多种数据库连接方式。

(9) 提供用于管理、检查、优化数据库操作的管理工具。

(10) 支持大型数据库。可以处理拥有上千万条记录。

(11) 支持多种存储引擎。

(12) MySQL 是开源的，所以人们不需要支付额外的费用。

(13) MySQL 使用标准的 SQL 数据语言形式。

(14) MySQL 对目前最流行的 Web 开发语言 PHP 有很好的支持。

(15) MySQL 可以定制，采用 GPL 协议，人们可以修改源码来开发自己的 MySQL 系统。

(16) MySQL 在线 DDL 修改功能，数据架构支持动态应用程序。

**2. 安装 MySQL**

**注**：本书 MySQL 数据库的安装文件是 setup.exe，读者可以从 MySQL 的官网 http://www.myeclipseide.cn/下载。

MySQL 安装与配置比较简单，步骤如下。

(1) 退出当前运行的所有程序，双击 MySQL 的安装文件 setup.exe，程序执行并进入安装进程，如图 2-52 所示。

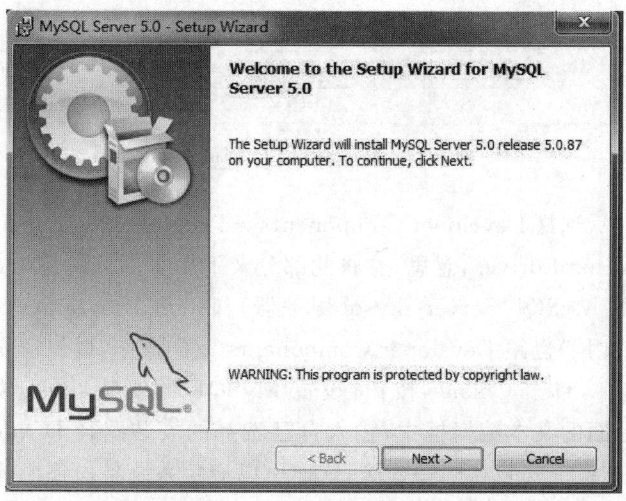


图 2-52 MySQL 安装向导

(2) 在图 2-52 中单击 Next 按钮，出现图 2-53，单击选中 I accept the terms in the license agreement，然后单击 Next 按钮，出现图 2-54。共有 Typical(默认)、Complete(完全)和 Custom(用户自定义)3 个选项，在这里单击 Custom 单选框，选择 Custom 选项意味着在安装 MySQL 的时候可以自己选择想要安装的内容。选定后单击 Next 按钮，弹出图 2-55。

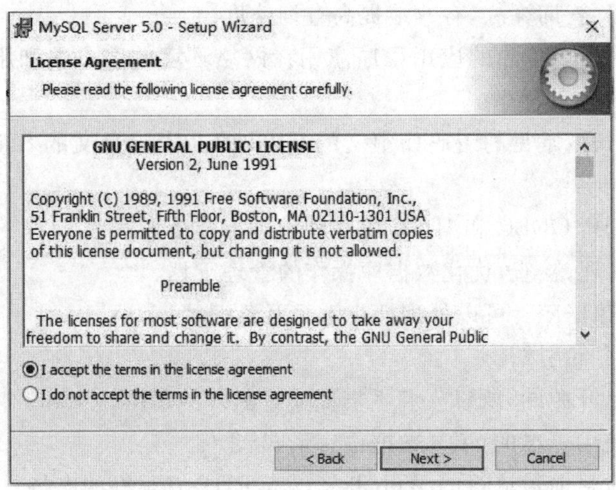


图 2-53　MySQL 版权保护协议

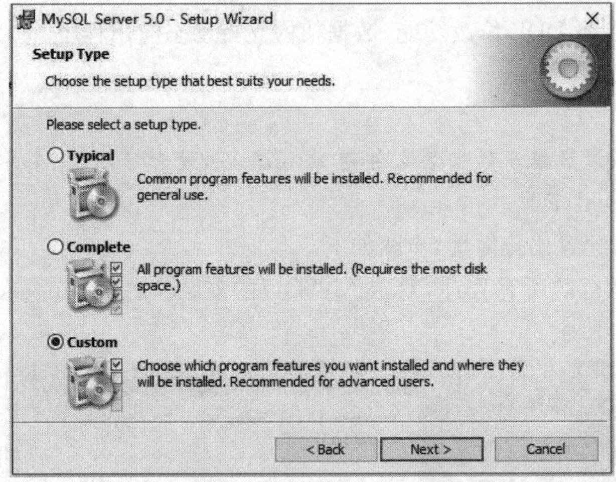


图 2-54　MySQL 安装类型选择

(3) 在图 2-55 中，选择 Developer Components→This feature, and all subfeatures, will be installed on local hard drive.，意思是"将此部分及下属子部分内容全部安装在本地硬盘上"。对图 2-55 中的 MySQL Server(mysql 服务器)、Client Programs(mysql 客户端程序)和 Documentation(文档)也跟 Developer Components 一样操作，以保证安装所有文件。

(4) 在图 2-55 中，单击 Change 按钮，设置 MySQL 的安装目录。如图 2-56 所示，在 Folder name 标签后面的文本编辑框中，输入自己选择的安装路径 D:\dev\MySQL。建议不要把数据库和操作系统安装在同一分区，这样可以避免系统备份还原的时候，数据库的数据被清空。设置好数据库的安装目录后单击 OK 按钮出现图 2-57。如果发现路径设置或其

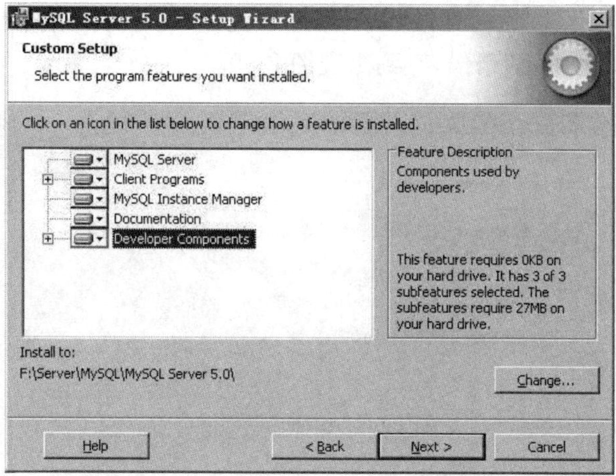


图 2-55　MySQL 自定义安装内容

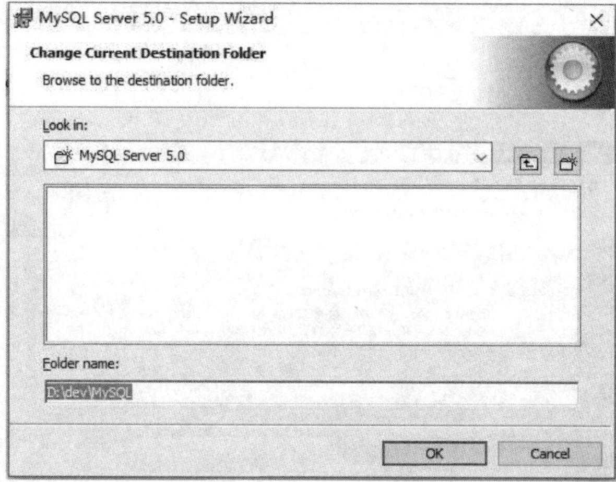


图 2-56　MySQL 安装路径设置

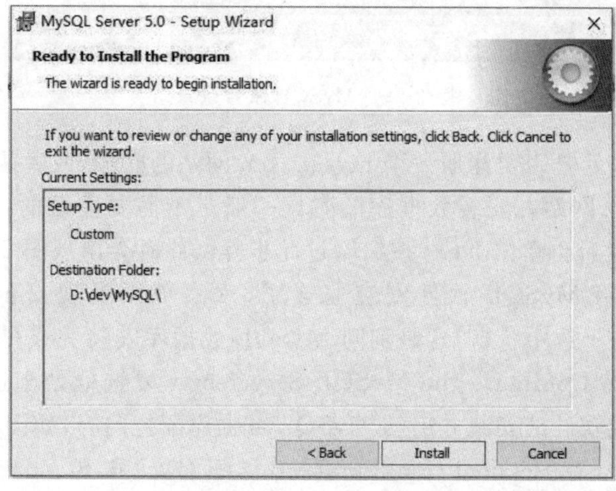


图 2-57　MySQL 程序安装准备就绪

他不合心意,可以单击 Back 返回重做;如果路径设置等符合心意,单击 Install 开始安装,出现图 2-58 表示正在安装中,请稍候,直到出现图 2-59。

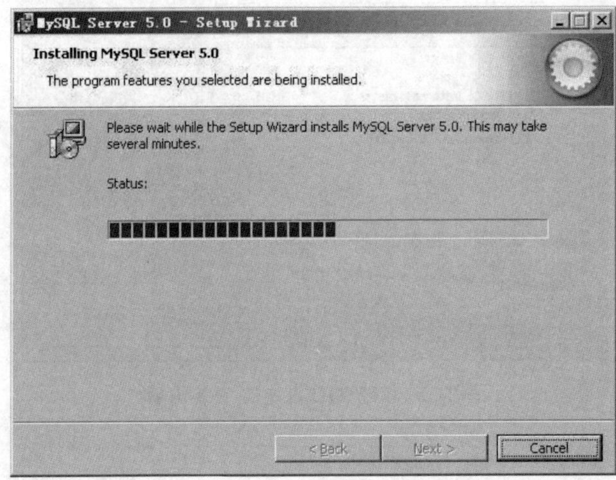


图 2-58　MySQL 安装进度

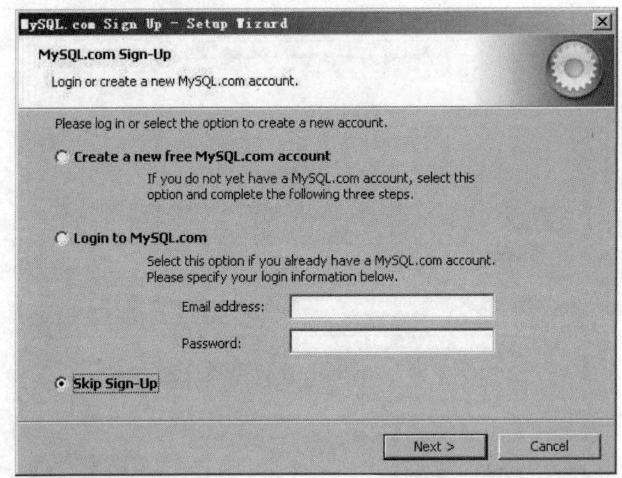


图 2-59　MySQL 账号设置

(5) 图 2-59 是询问是否要注册一个 mysql. com 网站的账号,或者使用已有的账号登录 mysql. com 网站,这个网站在安装数据库的时候一般是不需要登录的,所以直接单击 Skip Sign-Up 单选按钮,然后再单击 Next 按钮略过此步骤。此时会出现图 2-60。

(6) 图 2-60 表示 MySQL 软件安装完成了,观察可以发现 Configure the MySQL Server now 复选框处于选中状态,这是询问 MySQL 数据库安装完成是否接着进行数据库服务器的配置,在保持 Configure the MySQL Server now 复选框处于选中状态的前提下,单击 Finish 按钮完成软件的安装并启动 MySQL 数据库配置向导,如图 2-61 所示。

(7) 在图 2-61 中,有 Detailed Configuration(详细配置)和 Standard Configuration(标准配置)两种配置方式,这里选择 Detailed Configuration,以便使读者熟悉配置过程。单击选中 Detailed Configuration 单选按钮,然后单击 Next 按钮,弹出图 2-62。

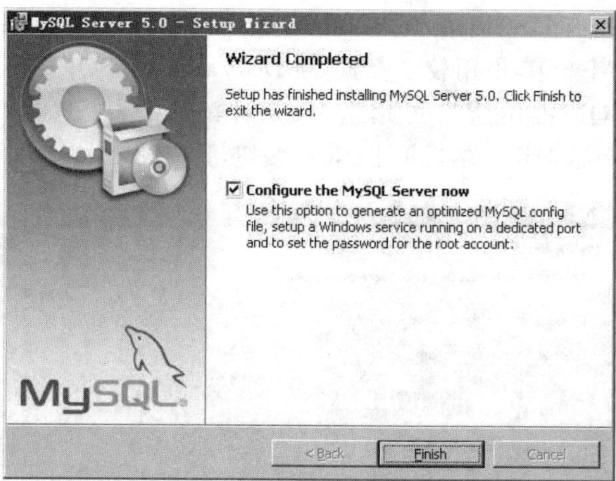


图 2-60 MySQL 安装完成

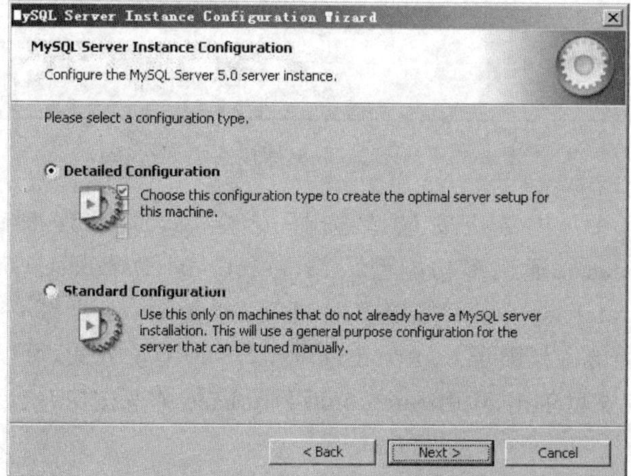


图 2-61 MySQL 数据库配置向导

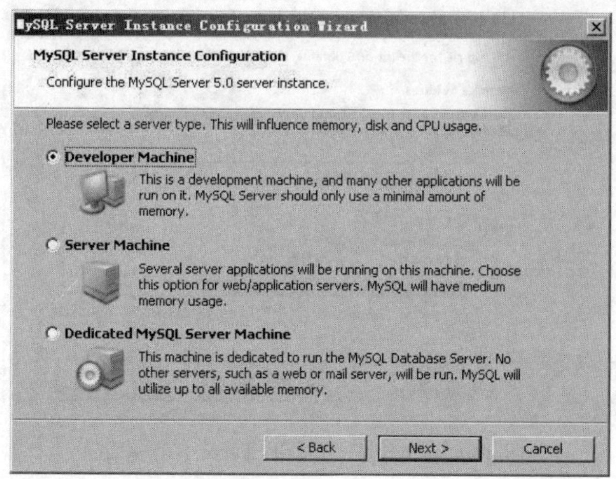


图 2-62 MySQL 数据库安装类型选择

(8) 在图 2-62 中,有 Developer Machine(开发测试型,MySQL 占用很少资源)、Server Machine(服务器型,MySQL 占用较多资源)和 Dedicated MySQL Server Machine(专门数据库服务器型,MySQL 占用所有可用资源)3 种配置方式,这里单击选中 Developer Machine(服务器型)单选按钮。然后单击 Next 按钮,弹出图 2-63。

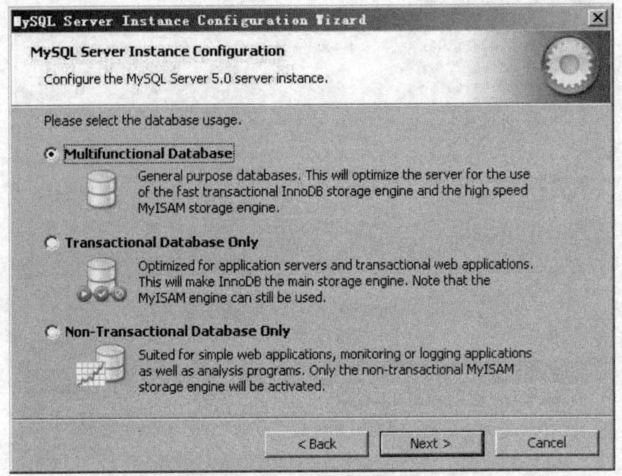


图 2-63 MySQL 数据库用途类型选择

(9) 在图 2-63 中,主要让安装者选择安装 MySQL 数据库的大致用途,有 Multifunctional Database(通用多功能型)、Transactional Database Only(事务处理型)和 Non-Transactional Database Only(非事务处理型,较简单,主要做一些监控、计数用,对 MyISAM 数据类型的支持仅限于 non-transactional)3 种配置方式,可以根据安装数据库的用途自己进行选择。这里单击 Multifunctional Database 单选按钮,然后单击 Next 按钮,弹出图 2-64。

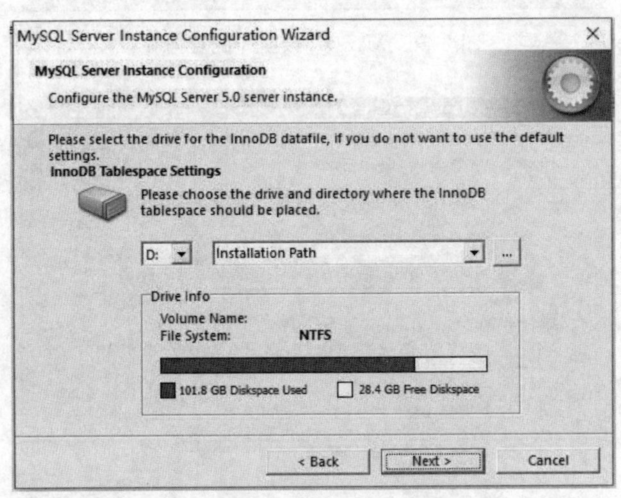


图 2-64 MySQL InnoDB Tablespace 设置

(10) 在图 2-64 中,主要让安装者对 InnoDB Tablespace 进行配置,为 InnoDB 数据库文件选择存储空间,就是选择把 InnoDB 数据库文件存放在哪个磁盘以及磁盘的哪个文件夹中,系统提供的默认位置和数据库系统文件在同一磁盘上,用户可以根据自己的需要进行设置。需要说明的是,重装数据库的时候要选择一样的地方,否则可能会造成数据库损坏,当然,如果对数据库做备份就没问题了,在此不再详述。这里使用默认位置,直接单击 Next 按钮,弹出图 2-65。

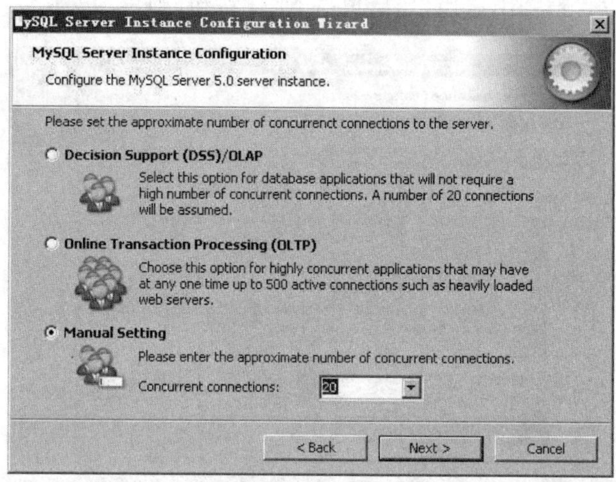


图 2-65 MySQL 数据库并行连接数量配置

(11) 在图 2-65 中,主要让安装者配置 MySQL 数据库同时连接用户的数目,也就是有多少个用户会同时连接访问数据库,这里有 Decision Support(DSS)/OLAP(20 个左右)、Online Transaction Processing(OLTP)(500 个左右)和 Manual Setting(手动设置,自己输入一个数)3 种选择,可以根据自己的需要进行设置,这里单击选中 Manual Setting 单选按钮,在 Concurrent Connections 中输入 20,然后单击 Next 按钮,弹出图 2-66。

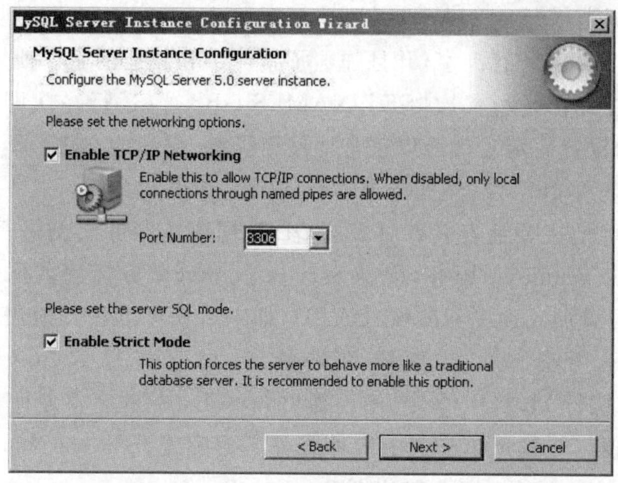


图 2-66 MySQL 数据库连接方式选择

(12) 在图 2-66 中,主要让安装者进行数据库网络连接类型配置,本对话框有两个选项,一个选项是 Enable TCP/IP Networking,意思是启用 TCP/IP 连接,设定服务器端口,如果不启用,就只能在本机上访问 MySQL 数据库,在这里单击选中 Enable TCP/IP

Networking 复选框,选择启用,把连接端口 Port Number 设置为 3306。另一个选项是 Enable Strict Mode,意思是严格的数据库访问方式,启用这种方式,访问 MySQL 数据库的时候不会允许细小的语法错误。如果是使用数据库的新手,建议取消这种模式以减少麻烦;但如果熟悉 MySQL,则尽量选用这种模式,因为它可以降低有害数据进入数据库的可能性。在这里将两种方式都选中启用,然后单击 Next 按钮,弹出图 2-67。

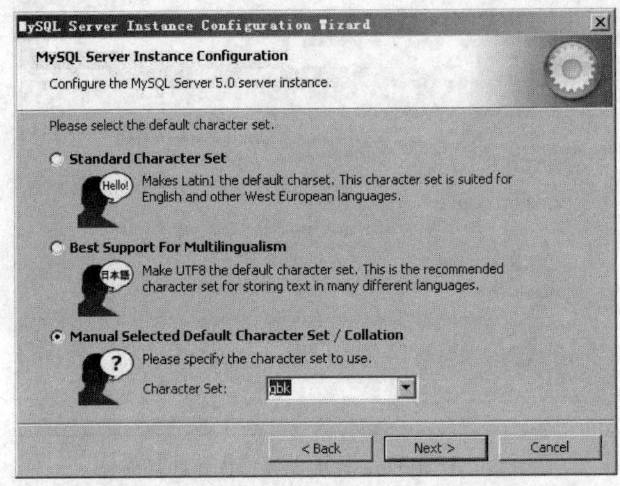


图 2-67　MySQL 数据库字符编码配置选择

(13) 在图 2-67 中,主要让安装者对 MySQL 默认的数据库语言编码进行设置。这里有 3 种选择,第一种是 Standard Character Set,也就是标准的西文编码;第二种是 Best Support For Multilingualism,也就是多字节的通用 UTF8 编码;上述两种方式都不是通用的编码,所以这里选择第三种 Manual Selected Default Character Set/Collation,然后在 Character Set 那里选择或输入 gbk,也可以选择或输入 gb2312,它们的区别就是 gbk 的字库容量大,包括 gb2312 的所有汉字,并且加上了繁体字和其他的字。使用 MySQL 的时候,在执行数据操作命令之前运行一次"SET NAMES GBK;"(运行一次即可,GBK 可以替换为其他值,视这里的设置而定),就可以正常地使用汉字(或其他文字)了,否则不能正常显示汉字。这里选择或输入 gb2312,然后单击 Next 按钮,弹出图 2-68。

(14) 在图 2-68 中,主要让安装者对 MySQL 数据库的服务实例进行配置,可以选择是否将 MySQL 安装为 Windows 服务,指定 Service Name(服务标识名称);还可以选择是否将 MySQL 的 bin 目录加入到 Windows PATH,加入后就可以在其他当前目录下直接使用 bin 下的文件,而不用指出文件具体的路径名,如直接输入"mysql. exe -username -password;"就可以执行 MySQL 命令,不用指出 mysql. exe 的完整地址,这给 MySQL 命令执行者带来很多方便。在这里单击选中两种服务实例配置,Service Name 的内容保持默认设置 MySQL,然后单击 Next 按钮,弹出图 2-69。

(15) 在图 2-69 中,主要让安装者设置数据库超级管理员 root 的密码,root 的密码默认为空,如果要修改密码,单击选中 Modify Security Settings 复选框,并在 New root password 后面的文本框中输入新密码。在 Confirm(确认)标签后面的文本框内再输入一遍,防止输错。如果是重装,并且上一次安装时已经设置了密码,就将 Modify Security Settings 前面

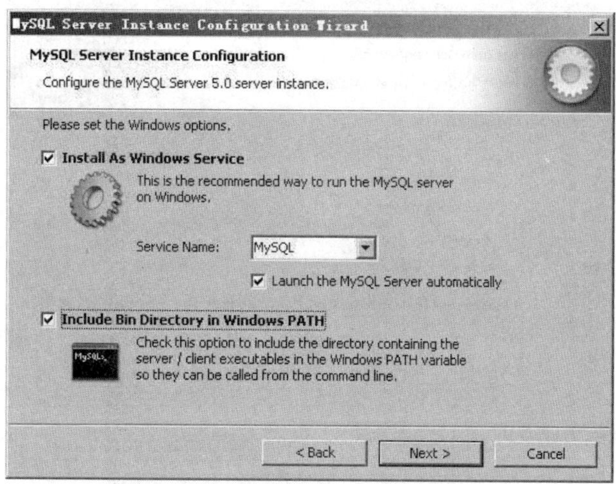


图 2-68　MySQL 服务实例配置(一)

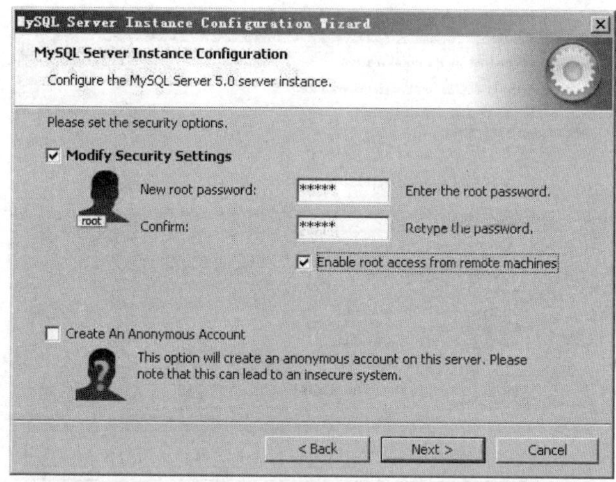


图 2-69　MySQL 数据库超级管理员 root 的密码设置

的对钩去掉，在数据库安装配置完成后另行修改密码，Enable root access from remote machines 复选框的意思是是否允许 root 用户在其他的机器上登录，如果要安全，就不要选中它，如果要方便，就选中它。Create An Anonymous Account 的意思是新建一个匿名用户，匿名用户可以连接数据库，不能操作数据，包括查询，一般就不用选中了，设置完毕后，如果设置有误，单击 Back 返回重新设置，否则单击 Next 按钮继续，弹出图 2-70。

(16) 图 2-70 和图 2-71 主要显示的是 MySQL 数据库根据安装者的选择进行的自动配置和启动过程，在图 2-70 中共有 Prepare configuration(准备配置)、Write Config File(写配置文件)、Start service(启动服务)和 Apply security setting(应用安全设置)4 步。单击 Execute 按钮弹出图 2-71，此时系统开始进行自动配置，等待几分钟，这 4 步全都打上对号，说明 MySQL 数据库安装配置和启动运行正确。然后单击 Finish 按钮结束 MySQL 的安装与配置。

**注**：安装者经常在这里见到一个比较常见的错误，就是 Start service 打上错号，也就是

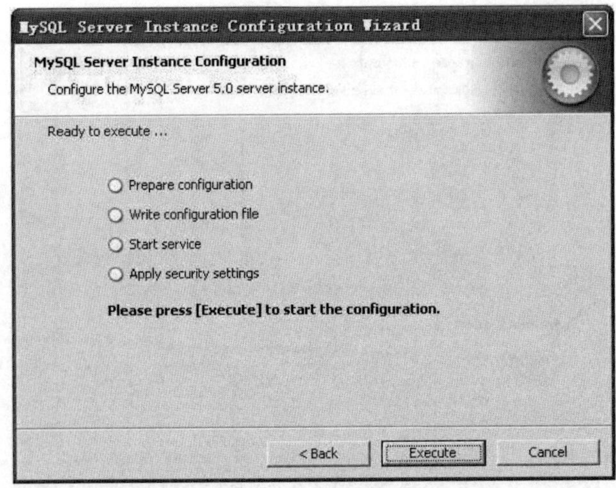


图 2-70　MySQL 服务实例配置(二)

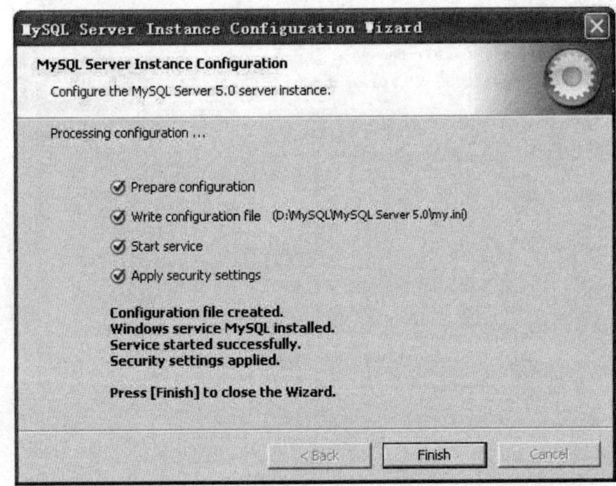


图 2-71　MySQL 服务实例配置完成

MySQL 数据库的服务启动失败。这种情况一般出现在重装数据库的时候,也就是在以前曾经安装过 MySQL 数据库的服务器上重新安装数据库,解决错误的办法是,先保证以前安装的 MySQL 服务器必须彻底卸载掉。重装数据库的时候,应该首先将 MySQL 安装目录下的 data 文件夹备份,也就是备份前面数据库的数据内容,然后删除 MySQL 的安装目录,在正确安装完 MySQL 数据库后,将安装生成的 data 文件夹删除,将备份的 data 文件夹移回来,再重启 MySQL 服务器就可以了,这种情况下,可能需要将数据库检查一下,然后修复一次,防止数据出错。

(17) 图 2-72 是检查 MySQL 系统环境配置,采用 2.2.2 节"安装与配置 JDK"配置环境变量部分所描述的步骤,打开"系统属性"对话框"高级"选项卡,找到系统变量 Path 进行编辑,如果在系统变量 Path 的变量值里找到了 D:\dev\MySQL\MySQL Server 5.0\bin,说明 MySQL 数据库在安装过程中已经自动配置好了命令执行环境,否则就需要在 Path 的变量值中加上它。

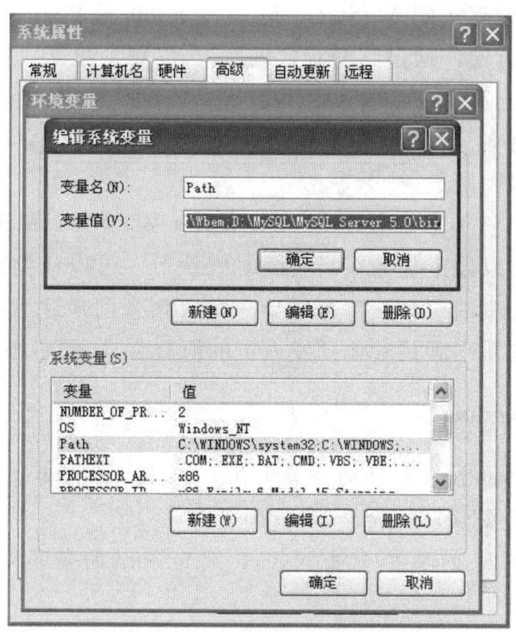


图 2-72　检查 MySQL 系统环境配置

(18) 在窗口“开始”菜单中，依次选中 MySQL→MySQL Server 5.0→MySQL Command Line Client 菜单项，单击“执行”按钮，会弹出如图 2-73 所示的窗口，窗口中出现命令提示行 Enter Password，要求操作者输入管理数据库的密码，在此输入安装时设定的密码 admin(注：密码是自己安装 MySQL 时设定的密码)，如果出现 mysql>，说明数据库安装运行正常。

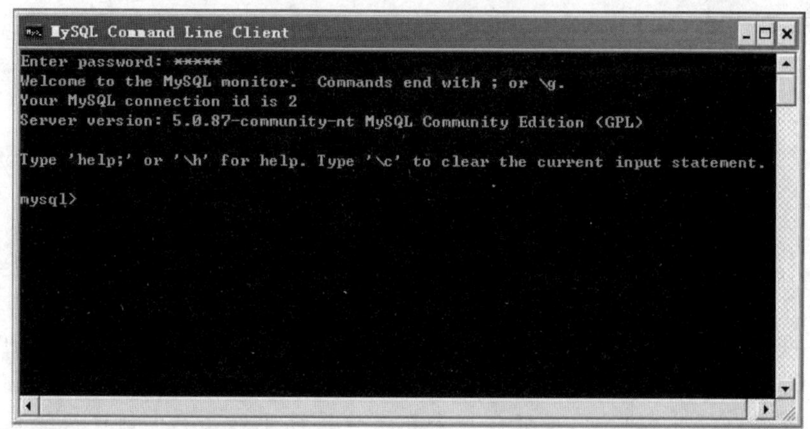


图 2-73　“MySQL 数据库命令行执行”窗口

## 2.2.4　Navicat Premium 及其安装

### 1. Navicat Premium 简介

Navicat Premium 是一个图形化的数据库管理工具，它可以让程序开发人员或者数据库管理员以单一程序同时连接到 MySQL、SQLite、Oracle 及 PostgreSQL 等数据库,使不同类型数据库的管理更加方便。通过它登录数据库,可以看到数据库各种详细信息,也可以进行数据库的各种操作。它支持在 MySQL、SQLite、Oracle 及 PostgreSQL 等不同类型数据库之间传输资料;也支持 MySQL、SQLite、Oracle 及 PostgreSQL 等数据库大部分的功能,如预存程序、事件、触发器、函数、视图等。

Navicat Premium 有三种平台版本——Microsoft Windows、Mac OS X 及 Linux。支持数据库的批处理任务,可以设定任务在指定的时间执行。可以让使用者连接本地客户端和远端服务器,提供一些实用的工具支持包括导入/导出、查询建立工具、报表产生器、资料同步、备份等其他功能。它几乎满足专业开发人员的所有需求,而且很容易学习和掌握。

**2. 安装 Navicat Premium**

**注**:本书 Navicat Premium 软件的安装文件是 setup. exe,读者可以从网络上下载安装试用。Navicat Premium 安装比较简单,步骤如下。

(1) 退出当前运行的所有程序,双击 Navicat Premium 的安装文件 setup. exe,程序执行并进入安装进程,出现图 2-74。

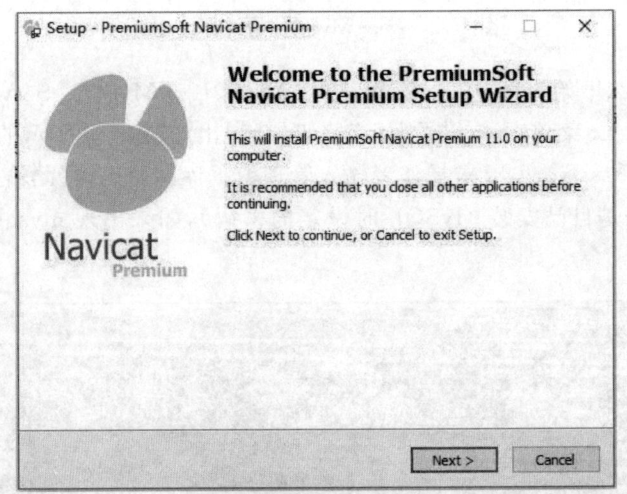


图 2-74 Navicat Premium 安装向导

(2) 在图 2-74 中单击 Next 按钮,出现图 2-75,选中 I accept the agreement,然后单击 Next 按钮,出现图 2-76。在安装位置单行文本框中输入安装路径 D:\dev\Navicat,然后单击 Next 按钮,弹出图 2-77。

(3) 保持图 2-77 内容不变,安装程序会在操作系统开始菜单中创建快捷菜单 Navicat Premium,然后单击 Next 按钮,出现图 2-78。

(4) 在图 2-78 中,复选框 Create a desktop icon 处于选中状态,意味着在程序安装过程中,会同时在操作系统桌面创建 Navicat Premium 程序图标。单击 Next 按钮。出现图 2-79,表示 Navicat Premium 安装准备工作已经就绪。单击 Install 按钮开始安装,出现图 2-80 表示正在安装中,请稍候,直到安装完毕即可。

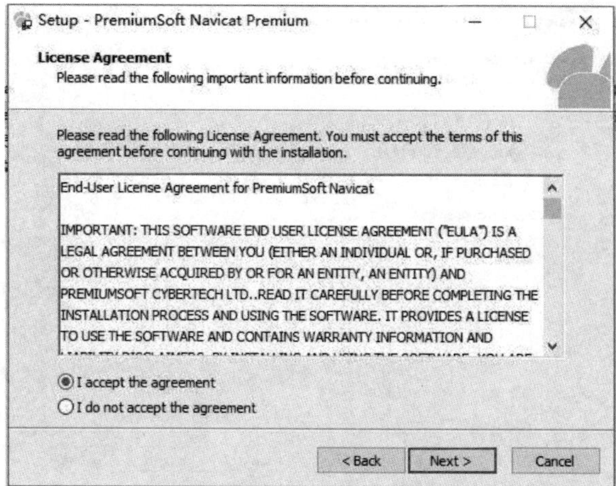


图 2-75　Navicat Premium 版权保护协议

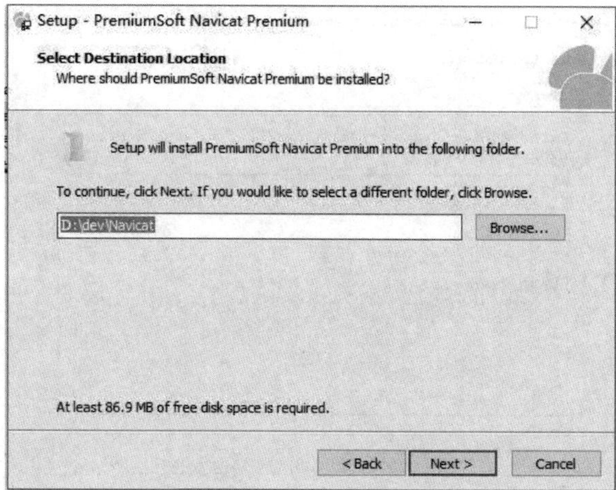


图 2-76　Premium 安装路径设置

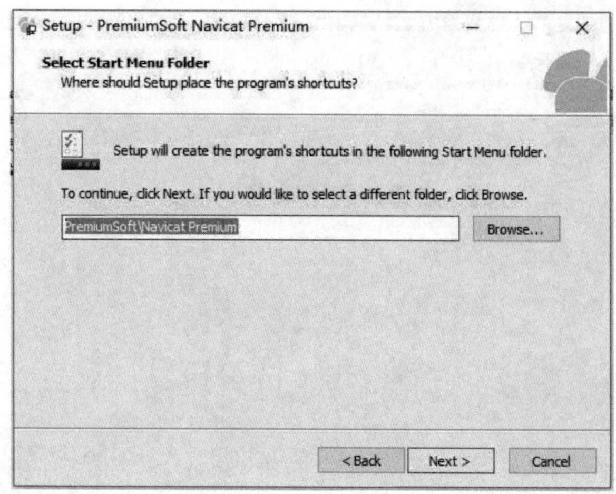


图 2-77　Premium 快捷菜单设置

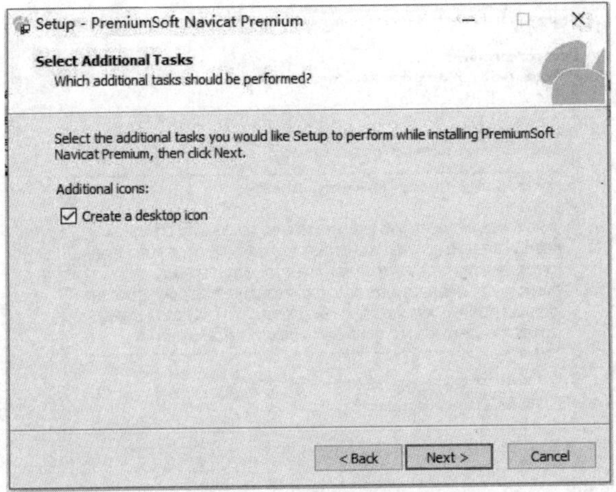


图 2-78　创建 Navicat Premium 桌面图标

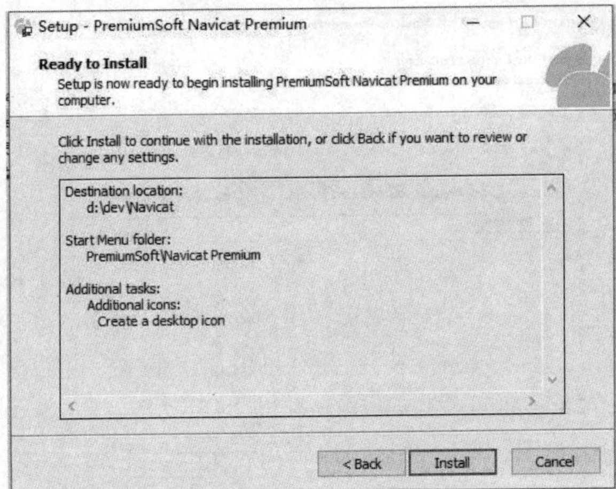


图 2-79　Navicat Premium 程序安装准备就绪

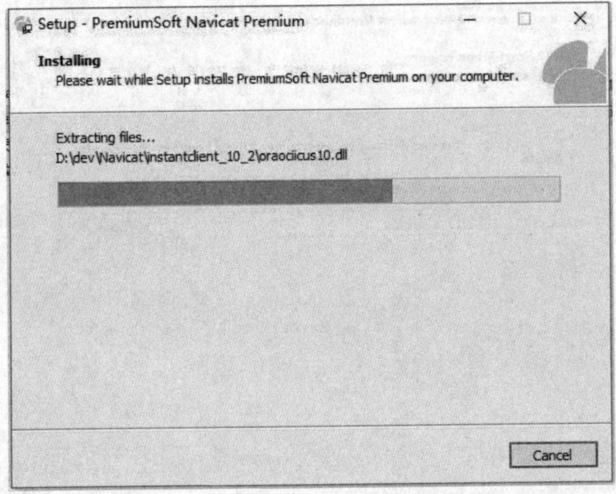


图 2-80　Navicat Premium 安装进度

### 2.2.5 SublimeText 及其安装

#### 1. SublimeText 简介

SublimeText 是由程序员 Jon Skinner 于 2008 年 1 月开发的一个简洁、高效、轻量级跨平台的代码编辑器，SublimeText 发展到现在，它支持但不限于 C，C++，C#，CSS，D，Erlang，HTML，Groovy，Haskell，HTML，Java，JavaScript，LaTeX，Lisp，Lua，Markdown，Matlab，OCaml，Perl，PHP，Python，R，Ruby，SQL，TCL，Textile 和 XML 等主流编程语言的源程序编辑。它的主要特性：占空间少，用户界面友好，功能强大，无须安装，绿色便携；它兼容性强，跨平台支持 Windows/Mac/Linux 等 32 位与 64 位操作系统；它拥有语法高亮、代码补全（自动补齐括号，大括号等配对符号；自动补全已经出现的单词；自动补全函数名）、代码片段（Snippet）、代码折叠、行号显示、自定义皮肤、配色方案等所有其他代码编辑器所拥有的功能；同时，还具有编辑运行速度快，如代码地图、多种界面布局以及全屏免打扰模式等其他功能，代码编辑的智能化程度非常高。这些优秀特性使 Sublime Text 深受程序员喜欢，几乎成为程序员必备的代码编辑器。

#### 2. 安装 SublimeText

**注**：本书 SublimeText 软件的安装文件是 SublimeText3_Build3083_x64_XiaZaiBa.exe，读者可以从网络上下载安装试用。安装 SublimeText 比较简单，步骤如下。

(1) 退出当前运行的所有程序，双击 SublimeText 的安装文件 SublimeText3_Build3083_x64_XiaZaiBa.exe，程序执行并进入安装进程，出现图 2-81。在"本软件安装到"单行文本框中输入安装路径 D:\dev\Sublime。然后单击"安装"按钮，弹出图 2-82。

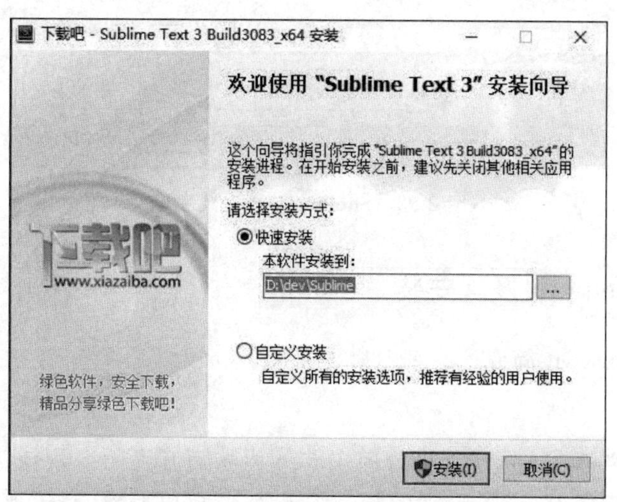


图 2-81 SublimeText 安装向导

(2) 在图 2-82 中，复制安装 SublimeText 程序到计算机中，复制完成后，出现图 2-83，表示 SublimeText 程序安装完毕。因图 2-83 中"运行 Sublime Text 3 build3083_X64"处于选中状态，单击"完成"按钮，会启动运行 SublimeText 软件。

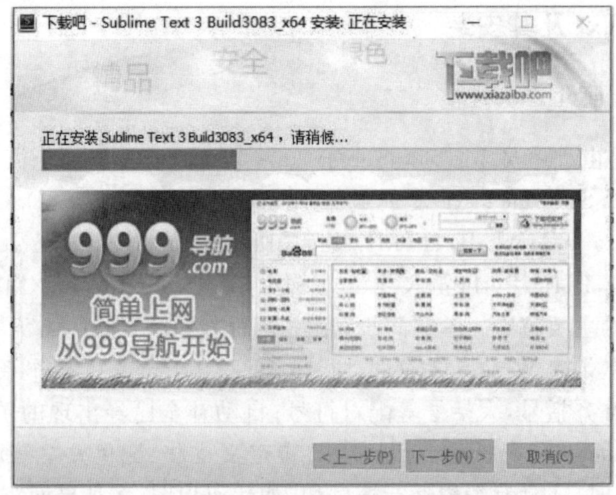


图 2-82　SublimeText 安装进度

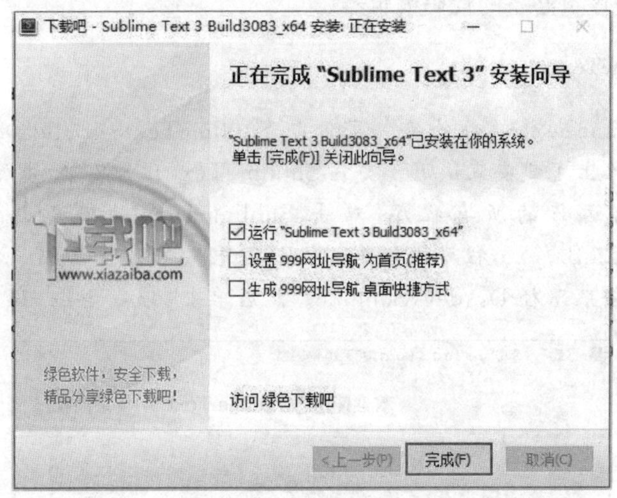


图 2-83　SublimeText 安装完毕

## 2.2.6　Git、TortoiseGit 及其安装

### 1. Git 和 TortoiseGit 简介

1) Git

Git 是 Linus Torvalds 为了帮助管理 Linux 内核而开发的一款免费、开源的分布式版本控制系统，是继 CVS 和 SVN 以后的新一代产品，它可以有效、高速地进行从很小到非常大的项目的版本管理。Git 是命令式的可以跨操作系统平台的版本控制系统，从一般开发者的角度来看，Git 有以下功能。

(1) 从服务器上克隆项目的所有资源(包括代码和项目资料)到客户机(开发者自己的计算机)上。

(2) 在客户机上根据不同的开发目的创建分支、修改代码。

(3) 从创建的客户机分支上提交代码到服务器。

(4) 在客户机上合并分支。

(5) 把服务器上最新版的代码取下来，然后与客户机的主分支合并。

(6) 生成补丁(patch)，把补丁发送给主开发者。

(7) 当项目负责人发现两个一般开发者之间有冲突时(他们之间可以合作解决的冲突)，就会要求他们先解决冲突，然后再由其中一个人提交。如果项目负责人可以自己解决，或者没有冲突，就通过。

(8) 一般开发者之间可以使用 pull 命令解决冲突，解决完冲突之后再向主开发者提交补丁。

从项目负责人的角度(假设项目负责人不用开发代码)来看，Git 有以下功能。

(1) 查看邮件或者通过其他方式查看一般开发者的提交状态。

(2) 打上补丁，解决冲突。可以自己解决，也可以要求开发者之间解决以后再重新提交，如果是开源项目，还要决定哪些补丁有用，哪些补丁没用。

(3) 向公共服务器提交结果，然后通知所有开发人员。

总之，Git 作为分布式版本控制系统，强调个体，具备适合分布式开发。公共服务器压力和数据量都不会太大，速度快、灵活，任意两个开发者之间可以很容易地解决冲突以及可以离线工作等。但也因为中文资料很少，学习和使用它不太方便。

2) TortoiseGit

TortoiseGit 是一个开放的、Windows 下的、基于 Git 的可视化版本控制系统的图形界面客户端，支持 Windows XP/Vista/Windows 7 操作系统。可以恢复项目文件的旧版本，它非常像一个普通的文件服务器，除了会记得项目有史以来的文件和目录的每一个变化外，还可以恢复项目文件的旧版本。有了 TortoiseGit 就可以方便地管理 Git，无须记忆 Git 的命令。TortoiseGit 主要功能集成在右键快捷菜单中，使用起来既简单又方便!

要安装和使用 TortoiseGit，必须首先安装 Git，TortoiseGit 是英文界面，不习惯英文界面的人还可以下载安装中文语言包 TortoiseGit-LanguagePack 将其汉化。

### 2. 安装 Git

**注：** 本书 Git 软件的安装文件是 Git-2.7.2-32-bit_setup.exe，读者可以从网络上下载安装。Git 安装比较简单，步骤如下。

(1) 退出当前运行的所有程序，双击 Git 的安装文件 Git-2.7.2-32-bit_setup.exe，程序执行并进入安装进程，出现图 2-84。单击 Next 按钮，出现图 2-85。

(2) 在图 2-85 中，在安装位置单行文本框中输入安装路径 D:\dev\Git，然后单击 Next 按钮，弹出图 2-86。

(3) 在图 2-86 中，单击取消 Windows Explorer integration 组件前的选中状态，如图 2-87 所示，然后单击 Next 按钮，出现图 2-88。

(4) 在图 2-88 中，保持默认的 Git 程序菜单名称 Git 不变，单击 Next 按钮。出现图 2-89，单击选中 Use Git from the Windows Command Prompt 单选按钮，然后单击 Next 按钮，出现图 2-90。

(5) 在图 2-90 中，保持默认选取的 Git 命令行结束格式 Checkout Windows-style，

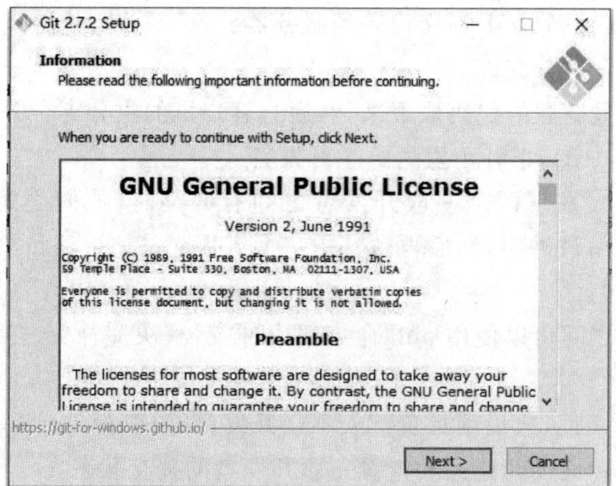


图 2-84 Git 安装协议信息

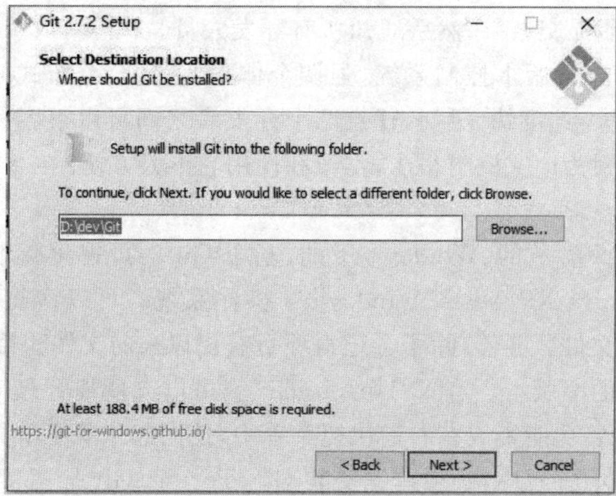


图 2-85 Git 安装路径设置

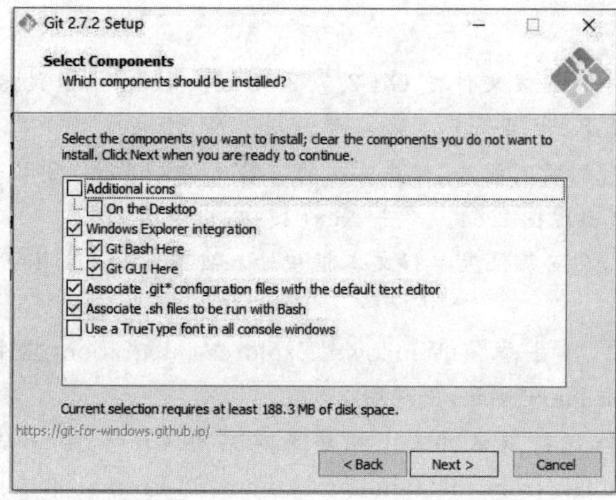


图 2-86 Git 安装组件选择

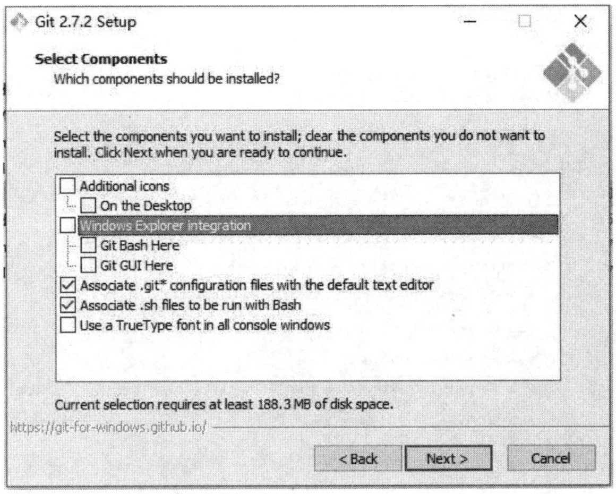

图 2-87 Git 安装组件设定

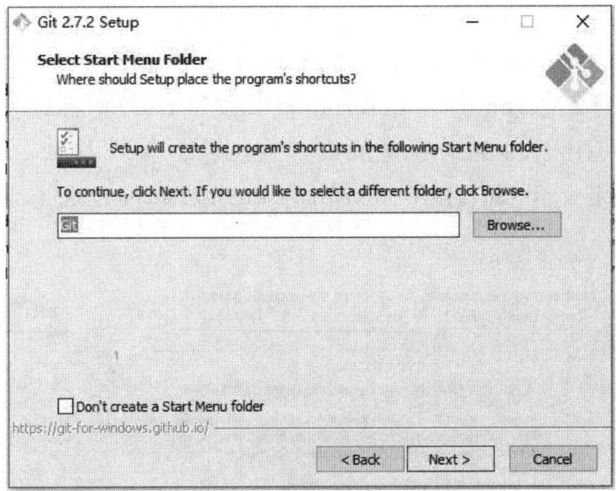


图 2-88 创建 Git 桌面图标

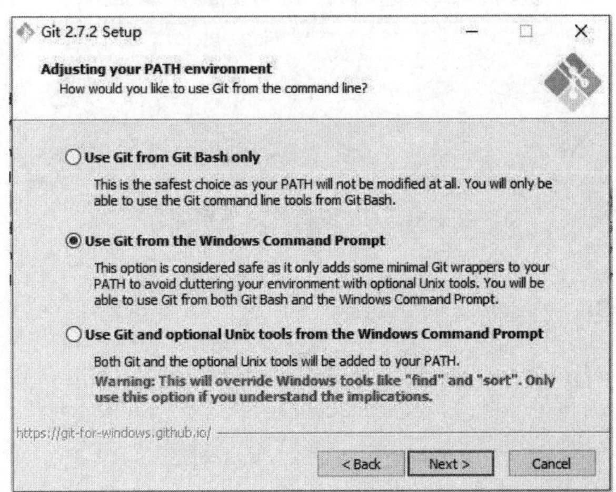


图 2-89 调整 Git 路径环境

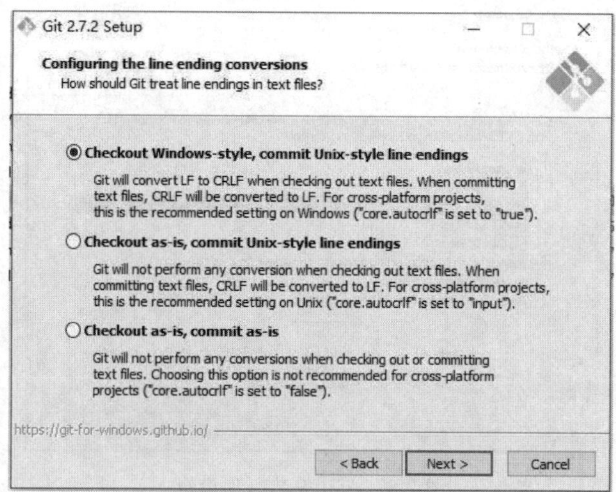


图 2-90　Git 命令行结束格式

commit Unix-style line endings 不变，单击 Next 按钮。出现图 2-91，保持默认选取的 Git 模拟终端类别 Use MinTTY(the default terminal of MSYS2)，然后单击 Next 按钮，出现图 2-92。保持默认的 Git 系统数据存储策略不变，单击 Next 按钮，出现"Git 复制安装进度"对话框，复制安装完成后，出现图 2-93，单击 Finish 按钮即完成了 Git 的安装。

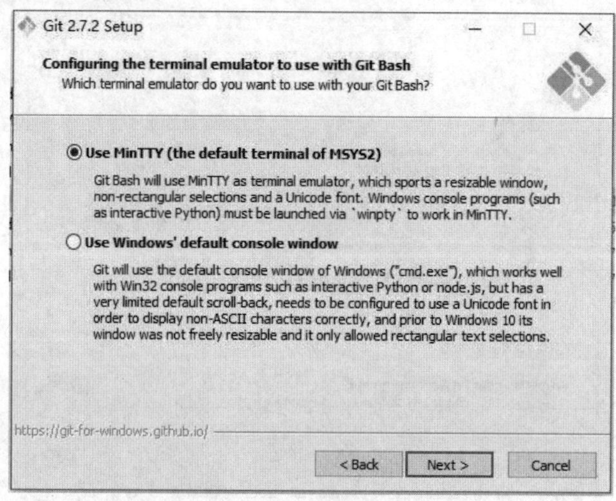


图 2-91　Git 模拟终端类别配置

### 3. 安装 TortoiseGit

**注**：本书 TortoiseGit 软件的安装文件是 TortoiseGit-1.8.14.0_64bit.exe，读者可以从网络上下载安装。

TortoiseGit 安装比较简单，步骤如下。

(1) 退出当前运行的所有程序，双击 TortoiseGit 的安装文件 TortoiseGit-1.8.14.0_64bit.exe，程序执行并进入安装进程，出现图 2-94。单击 Next 按钮，出现图 2-95。单击

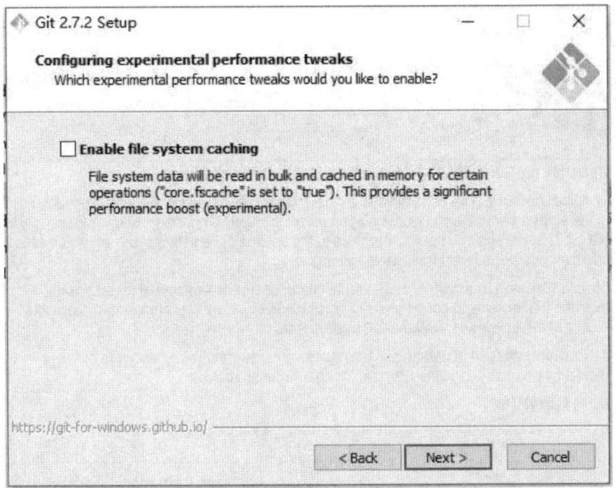


图 2-92　Git 系统数据存储策略配置

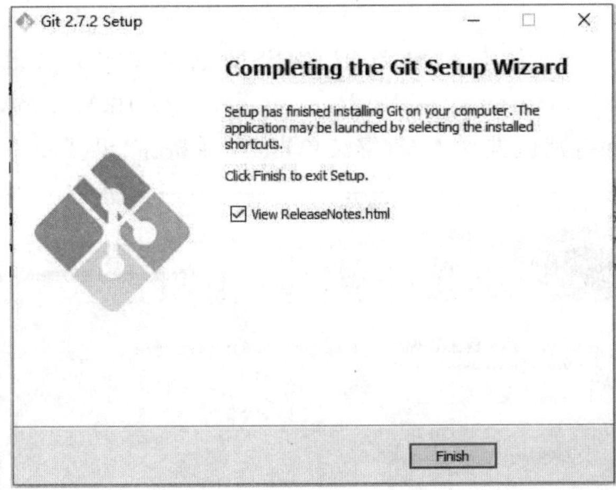


图 2-93　Git 程序安装完毕

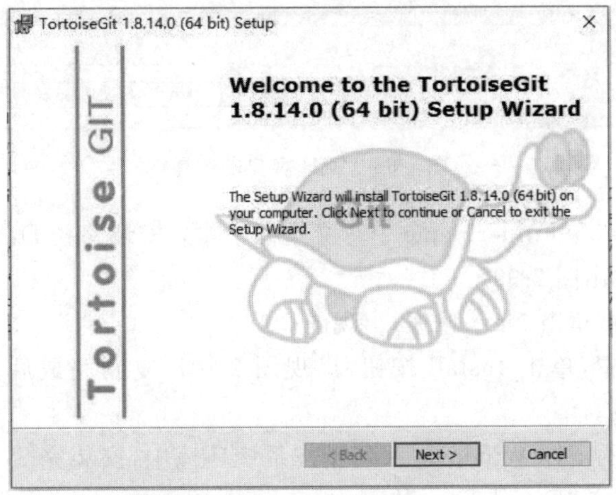


图 2-94　TortoiseGit 安装向导

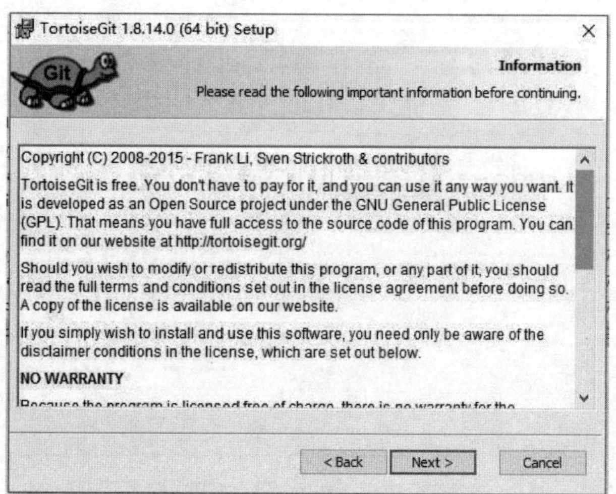


图 2-95　TortoiseGit 安装协议

Next 按钮,出现图 2-96。保持默认选取的 SSH 客户端“TortoiseGitplink, based on puTTY;optimized for TortoiseGit and integrates better with Windows.”不变,单击 Next 按钮,出现图 2-97。保持默认选项不变,继续单击 Next 按钮,出现图 2-98。

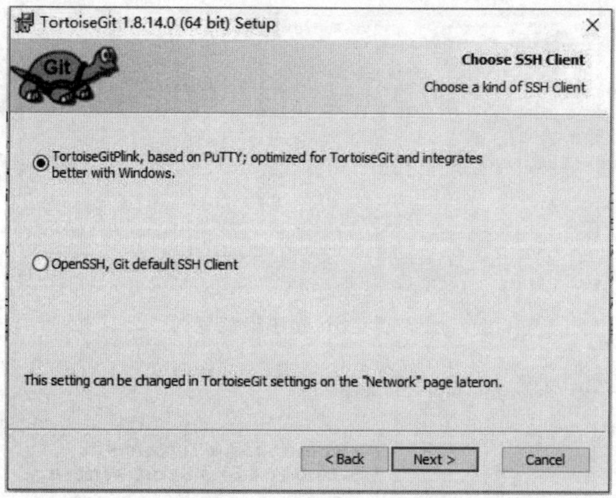


图 2-96　SSH 客户端选择

(2) 在图 2-98 中,在 Folder name 单行文本框中输入安装路径 D:\dev\TortoiseGit,然后单击 Next 按钮,弹出图 2-99。

(3) 在图 2-99 中,单击 Next 按钮,出现图 2-100。

(4) 在图 2-100 中,单击 Install 按钮,出现图 2-101,复制完成后,出现图 2-102,表示 TortoiseGit 安装完成。

(5) 图 2-103 展示了在 Windows 系列操作系统环境中,安装完 TortoiseGit 后,当右击时弹出的菜单中出现了“Git clone…”“Git Create repository here …”和 TortoiseGit 菜单项,这就是 TortoiseGit 的使用入口。

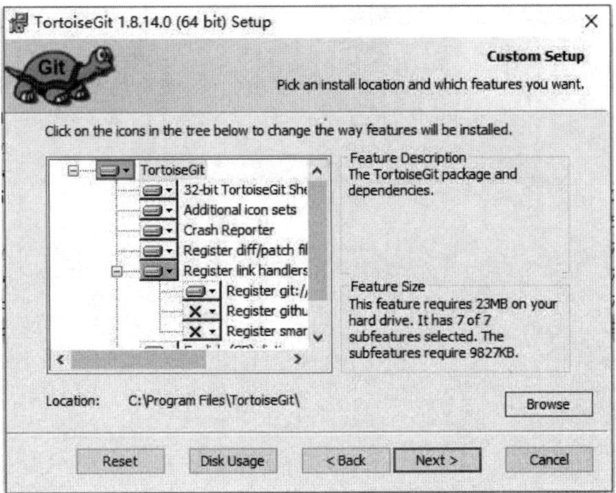


图 2-97　TortoiseGit 自定义安装

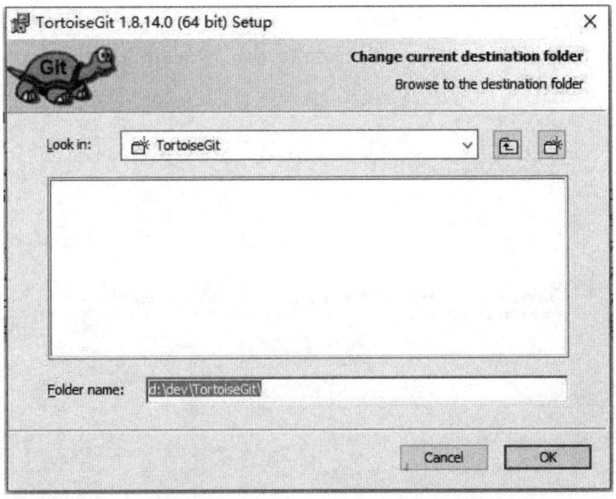

图 2-98　TortoiseGit 安装路径设置

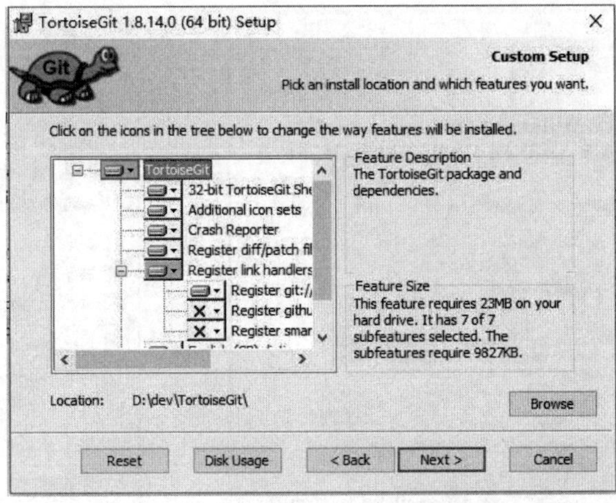


图 2-99　TortoiseGit 自定义安装设置

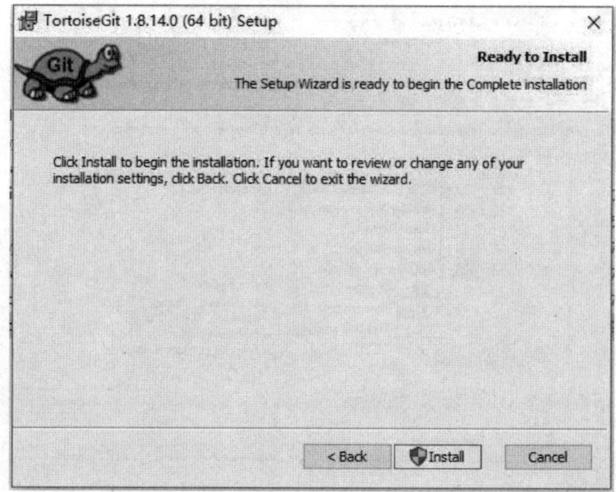


图 2-100　TortoiseGit 安装准备就绪

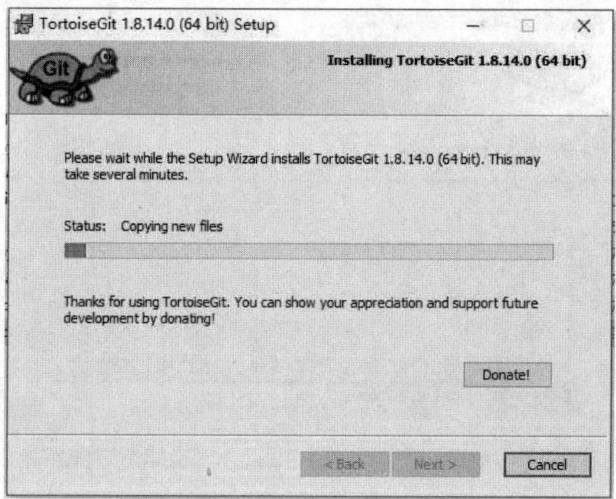


图 2-101　TortoiseGit 安装进度

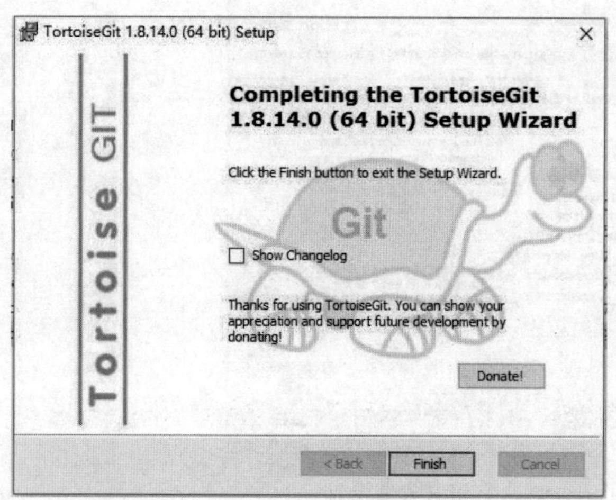


图 2-102　TortoiseGit 安装完成

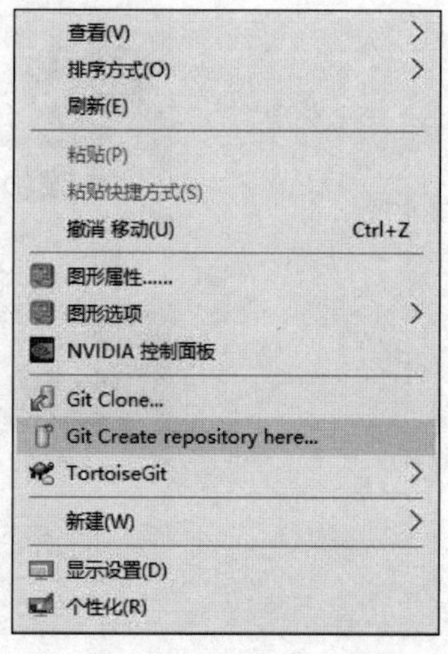


图 2-103　TortoiseGit 使用途径

# 2.3 JSP 服务器环境安装与配置

## 2.3.1 JSP 服务器运行环境

要运行 JSP Web 软件，必须安装配置 JSP 服务器运行环境，需要安装的软件有 JDK、MySQL、Navicat、Tomcat。软件安装顺序。

(1) JDK。

(2) MySQL 数据库。

(3) Navicat。

(4) Tomcat。

其中 JDK、MySQL、Navicat 等软件的安装与配置与 2.2 节 JSP 开发运行环境一样，在此不再赘述，下面主要介绍 Windows 7(或 Windows 10)操作系统平台下 Tomcat 软件的安装与配置。

## 2.3.2 服务器软件 Tomcat 的安装与配置

### 1. Tomcat 简介

目前有多种 JSP Web 软件，比较有名的有 Apache 的 Tomcat、CAUCHO 公司的 Resin，Allaire 公司的 JRun、New Atlanta 公司的 ServletExec、IBM 公司的 WebSphere 等。Tomcat 是一个轻量级开放源代码的免费的 Web 应用服务器，普遍使用在并发访问用户不是很多的中小型系统中，是开发和调试 JSP 程序的首选。对于一个初学者来说，可以这样认为，当在一台机器上配置好 Apache 服务器，可利用它响应 HTML(标准通用标记语言下的一个应用)页面的访问请求。实际上 Tomcat 是 Apache 服务器的扩展，但运行时它是独立运行的，所以当运行 Tomcat 时，是作为一个与 Apache 独立的进程单独运行的。Apache 为 HTML 页面服务，而 Tomcat 实际上运行 JSP 页面和 Servlet。另外，Tomcat 和 IIS 等 Web 服务器一样，具有处理 HTML 页面的功能，同时，它还是一个 Servlet 和 JSP 容器，独立的 Servlet 容器是 Tomcat 的默认模式。但是 Tomcat 处理静态 HTML 页面的能力不如 Apache 服务器。目前 Tomcat 最新版本为 9.0。本书选用 Tomcat 的安装文件名为 apache-tomcat-6.0.39.exe。读者可以从 http://tomcat.apache.org 网站下载。

### 2. Tomcat 的安装

(1) 直接双击 Tomcat 的安装程序 apache-tomcat-6.0.39.exe，出现图 2-104，单击 Next 按钮，出现图 2-105，单击 I Agree 按钮，接受协议，出现图 2-106。

(2) 在图 2-106 中，选择要安装的 Tomcat 组件，一般选择默认选项即可，也可以多选，选好后单击 Next 按钮，出现图 2-107，在此窗口的 User Name 编辑框中输入管理员的用户名 admin，在下面的 Password 编辑框中输入密码，为了方便管理，建议密码也输入 admin，然后单击 Next 按钮，弹出图 2-108。

(3) 在图 2-108 中，JDK 的默认安装路径 C:\Program Files(x86)\Java \jre7，可以将其修改为本书中 JDK 的安装路径 D:\dev\Java \jre7，然后单击 Next 按钮，出现图 2-109。

图 2-104　Tomcat 安装向导

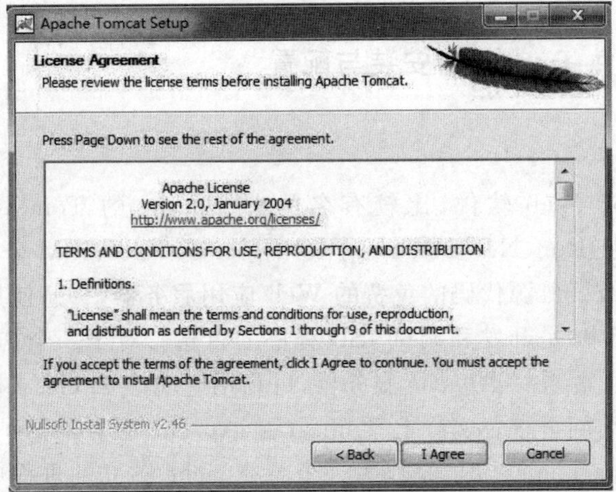


图 2-105　Tomcat 安装协议

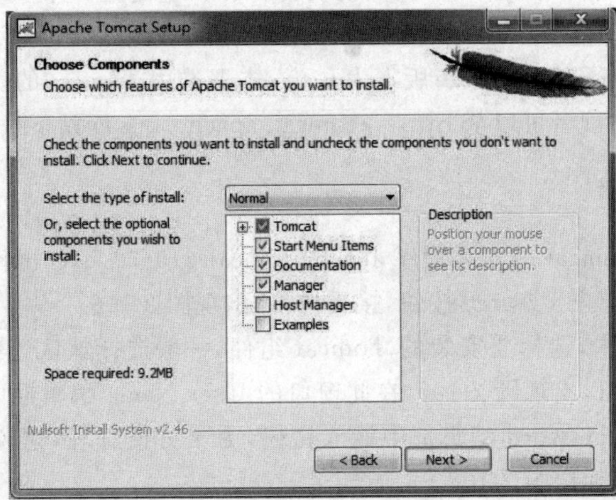


图 2-106　Tomcat 安装组件选择

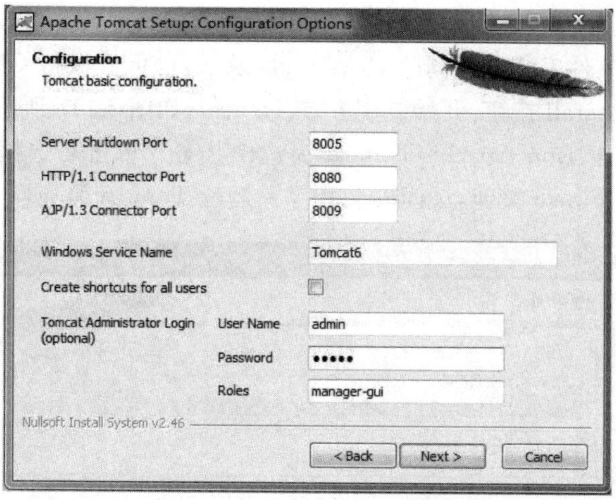

图 2-107　Tomcat 配置

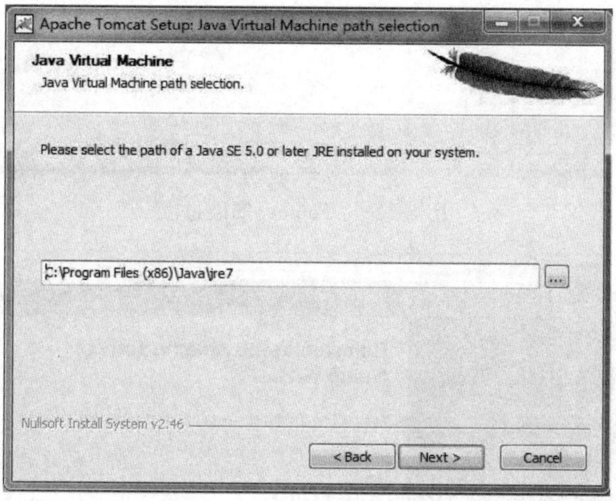

图 2-108　Tomcat 虚拟机路径设置

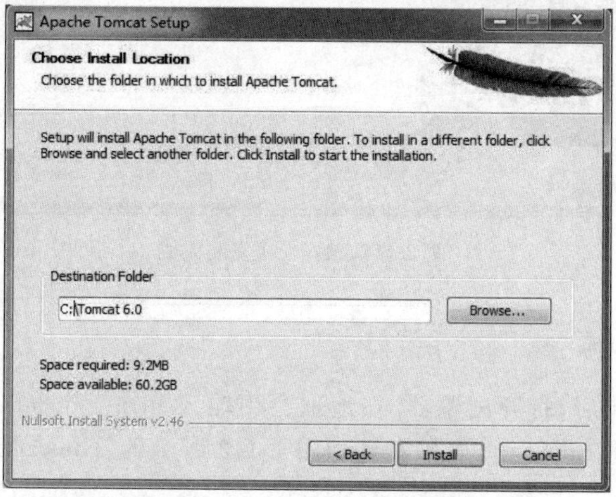

图 2-109　Tomcat 软件安装路径

（4）在图 2-109 中，Tomcat 默认安装路径是 C:\Tomcat6.0。可以将其修改为 D:\dev\Tomcat6.0，与其他软件安装在相同的 D:\dev\目录下，也可以保持 C:\Tomcat6.0 安装目录不变。然后单击 Install 按钮，开始复制安装 Tomcat，如图 2-110 所示。安装完成后，出现图 2-111。保持复选框 Run Apache Tomcat 为选中状态。单击复选框 Show Readme 取消选中状态，然后单击 Finish 按钮，关闭安装程序并运行 Tomcat 服务器。

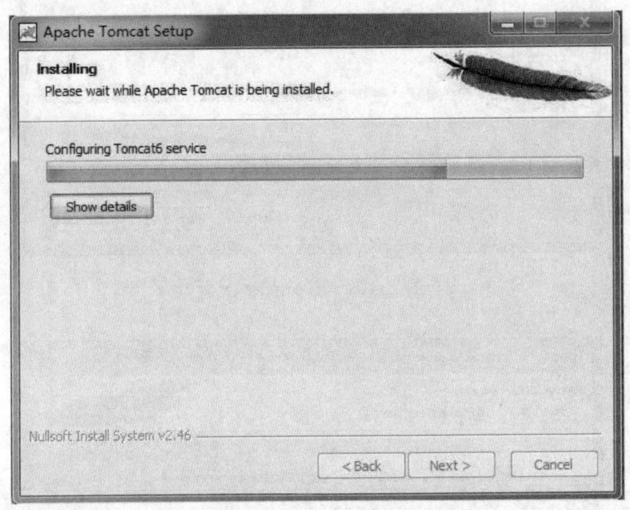


图 2-110　Tomcat 安装进度

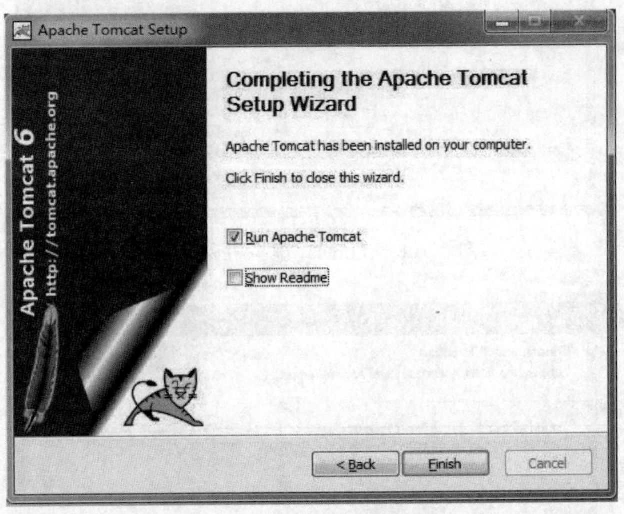


图 2-111　Tomcat 安装完成

**3. Tomcat 的测试**

安装完 Tomcat 后，打开浏览器，在地址栏中输入 http://localhost.8080 或 http://127.0.0.1:8080，按 Enter 键，如果看到如图 2-112 所示的 Tomcat 默认主页，说明安装成功。

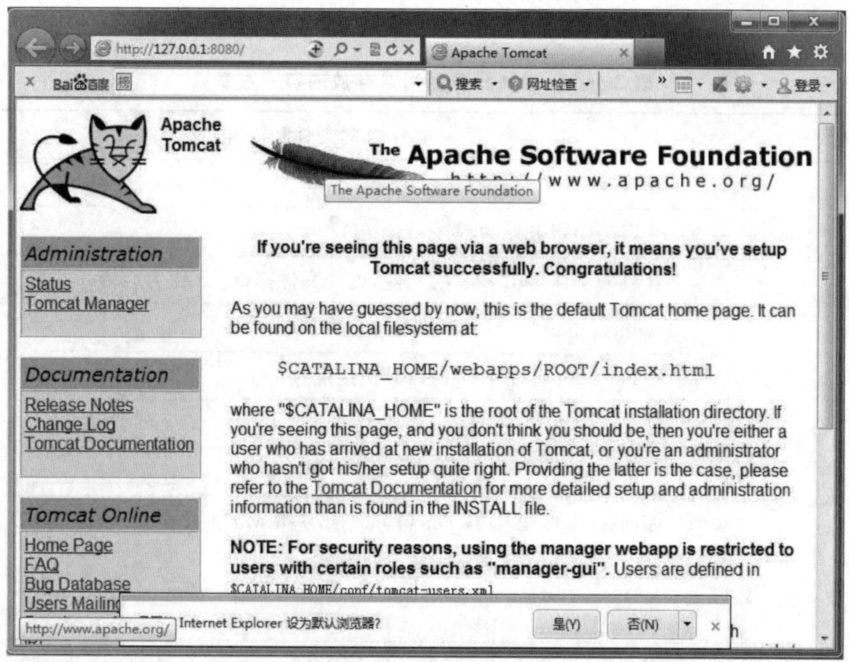


图 2-112　Tomcat 默认主页

### 4. Tomcat 的启动和停止

Tomcat 运行时会在屏幕的右下角任务栏上出现 Tomcat 任务图标，如图 2-113 所示。如果该图标没有出现，说明 Tomcat 没有运行。此时可以依次单击“开始”→“所有程序”→Apache Tomcat 7→Monitor Tomcat 启动 Tomcat 程序。Tomcat 启动后，任务图标上出现绿色箭头，停止后出现红色方块。右击该图标，弹出图 2-114。在 Tomcat 启动状态下，选择 Stop service，停止 Tomcat 服务器；在 Tomcat 停止状态下，选择 Start service，启动 Tomcat 服务器。

图 2-113　Tomcat 任务图标　　图 2-114　Tomcat 管理菜单　　图 2-115　Tomcat 的目录结构

### 5. Tomcat 的目录结构

Tomcat 服务器由一系列的批处理文件、程序文件、日志文件和临时文件组成，这些文件被存放在不同的目录(文件夹)下，Tomcat 的目录结构如图 2-115 所示，各个目录存放内容如表2-1所示。

表2-1　Tomcat服务器目录存放内容一览表

| 目录(文件夹) | 存放的文件和内容 |
|---|---|
| bin | 存放Tomcat可执行的批处理文件 |
| | 开启关闭服务器的程序startup |
| | 存放为了兼容UNIX的文件,这些文件都以.sh作为后缀 |
| conf | service.xml |
| | Connector:端口号　端口号连接配置 |
| | Host:主机名,主目录 |
| | Unpack WARS:是否支持war文件的解压 |
| | 如何在DOS里压缩war包:jar -cf test.war *.html *.jpg WEB-INF |
| | server:关闭时调用程序的端口号 |
| | web.xml |
| webapps | 服务目录,存放网站或者其他Web应用 |
| lib | 放置Tomcat和Web应用程序所用到的jar包 |
| logs | 日志文件 |
| temp | 临时文件 |
| work | 主要用作JSP引擎解析的目录 |

## 2.3.3　创建Web服务目录

网站或者其他Web应用的JSP页面、服务器上运行的Servlet小程序、Java语言编写的JavaBean组件,必须在某个Web服务目录中按一定结构存放,才能被客户通过浏览器访问。

### 1. Web服务目录结构

Tomcat安装完成时,会自动生成webapps发布目录。webapps发布目录下的任何一个子目录都是一个Web服务目录,存放一个Web应用程序。J2EE不同于传统Web应用开发的技术架构,包含许多组件,可简化且规范应用系统的开发与部署,提高可移植性、安全与再用价值。Web应用程序的文件按照一定的结构进行组织,J2EE定义的Web程序目录结构如下。

1) Web应用程序目录结构

(1) Web应用程序目录包含子目录WEB-INF。

WEB-INF目录中包含下列内容。

① classes文件夹:存放编译好的class文件。

② lib文件夹:存放第三方包 *.jar(jar包是许多class文件的集合),jar包的使用需

要配置 CLASSPATH 环境变量。

③ 文件 web.xml：该文件完成 Servlet 小程序在 Web 容器中的注册。

**注**：如果不按照 Sun 公司的规范来管理存放 Web 程序，Web 容器会找不到这些程序，如 web.xml 文件写错了，启动 Tomcat 的时候会报错。

(2) 凡是客户端能访问的资源（*.html、*.jpg）必须跟 WEB-INF 并列放在同一目录下。

(3) 凡是 WEB-INF 里面的文件都不能被客户端直接访问（如隐藏的信息）。

2) Web 应用程序的部署

(1) webapps 下子目录存放 Web 应用程序，通过 http://localhost:8080 寻找。

(2) webapps 是 Tomcat 服务器的根目录。

3) Web 服务器 Tomcat 的查找顺序

首先在 webapps 默认目录下找，找不到时再到 root 根目录下找。

**2. 创建虚拟目录**

虚拟目录是相对 Web 主目录而言的，主目录是 Web 程序所在的根目录，例如：MYWEB 是 C 盘上根目录下的一个文件夹，把 C:\MYWEB 作为 WEB 的主目录，可以在 MYWEB 文件夹下创建子目录 A，为了便于对网站资源进行灵活管理，可以把一些文件存放在本地计算机的其他文件夹中或者其他计算机的共享文件夹中，然后再把这个文件夹映射到网站主目录中的文件夹 A 上，我们把这个文件夹 A 称为“虚拟目录”。每个虚拟目录都有一个别名，这样用户就可以通过这个虚拟目录的别名来访问与之对应的真实文件夹中的资源了。虚拟目录的好处是在不需要改变别名的情况下，可以随时改变其对应的文件夹。

虚拟目录能隐藏有关站点目录结构的重要信息。因为在浏览器中，客户通过选择“查看源代码”，很容易就能获取页面的文件路径信息，如果在 Web 页中使用物理路径，将暴露站点目录的重要信息，这容易导致系统受到攻击。

对于 Tomcat 服务器所在的计算机，把除主发布目录外的其他目录设为 Web 服务目录。虚拟目录在物理上可以不被包含在主目录中，但是，在逻辑上就像在主目录中一样。例如，把 F:\example03 的 Web 服务目录，设为名为 ComputerShop 的发布目录，使用户可以用 ComputerShop 别名访问 F:\example03 下的 JSP 文件，如 example03_01.jsp 文件。创建方法为，在 Tomcat 的 conf 目录中，找到 server.xml 文件，在文件最后中找到</host>标记，在</host>前添加以下语句：

```
<context path="/ComputerShop" docBase="F:/example03" debug="0" reloadble=
"true">
```

其中：

(1) path 值为虚拟目录的别名，在浏览器地址栏目中输入的路径。

(2) docBase 值为应用程序的实际路径，即在硬盘上的存放位置（绝对路径）。

**注意**：xml 文件区分大小写，<context>标记中的大小写不可以写错。

设置完成后，保存文件，重新启动 Tomcat，虚拟路径会起作用。该语句将 F 盘上的 example03 目录设为虚拟发布路径，它的别名为 ComputerShop。在浏览器的地址栏目输入

http://127.0.0.1:8080/ComputerShop/example03_01.jsp,就看到F盘上example03文件夹下example03_01.jsp程序执行的结果。

## 2.4 习　题

### 2.4.1 简答题

1. 安装JSP开发运行环境需要安装哪些软件?
2. JDK软件的作用是什么?
3. MyEclipse软件的作用是什么?
4. MySQL软件的作用是什么?
5. NavicatPremium软件的作用是什么?
6. SublimeText软件的作用是什么?
7. Git软件和TortoiseGit软件的作用分别是什么?
8. Tomcat软件的作用是什么?
9. JDK安装完成后为什么要配置系统的环境变量?
10. 如何得知JDK安装正确?
11. Tomcat服务器软件的默认发布目录是什么?如何配置?
12. Web应用程序是否可以存放在Tomcat的默认发布目录外?
13. 设置虚拟发布目录,要修改位于何处的哪个文件?
14. 安装JSP服务器运行环境需要安装哪些软件?

### 2.4.2 上机练习

安装并配置Windows 7操作系统下的JSP运行环境。

1. 安装JDK,配置系统的环境变量,测试JDK安装是否成功。
2. 安装并配置Tomcat,安装完成后发布Tomcat的默认主页,完成Tomcat的启动和停止操作。
3. 安装SQL Server 2005数据库系统,并练习启动数据库。

### 2.4.3 实训课题

在Windows 7(Windows 10)或者Windows XP环境下完成JDK和JSP Web服务器的安装、配置与信息发布。完成以下工作。

1. 网络的硬件连接。
2. JSP Web开发运行环境的安装、配置与测试。
3. JSP Web服务器运行环境的安装、配置与测试。
4. 主页的发布。

# 第 3 章　Web 项目实例分析与设计——扬帆起航

**本章主要内容：**

- 项目开发流程。
- 教学日志管理系统需求分析。
- 教学日志管理系统设计。

## 3.1　项目开发流程

本书通过设计和实现一个教学日志管理系统，把理论知识和实践应用有机结合，使读者更好地理解本书知识，学会本书知识的具体应用，在学中练，在练中学，培养 JSP Web 应用开发能力。

教学日志管理系统是一个具体的应用软件项目，开发软件项目不但需要开发工具，而且要遵循一定的项目开发流程。很多人认为编写程序代码就是开发计算机软件，实际上编写程序代码只是开发计算机软件工作的一小部分内容。任何计算机软件，要保证软件产品开发、运行、维护的高质量和高生产率，保证软件产品的功能和性能符合用户要求，都必须运用工程学的原理和方法来组织和管理软件的生产，它就是软件工程。"软件工程"是一个学科，也是一门课程，它用工程学的原理和方法专门研究软件项目的开发问题，软件工程由一系列的方法、语言、工具和过程的步骤所组成，这些步骤也被称为软件工程模式、软件工程范例(paradigms)、软件生存周期模型(life-cycle model)、软件开发过程(development processes)或软件过程(software processes)。

"软件工程"学科发展到今天，出现了瀑布模型、原型法开发模型、螺旋模型、迭代模型等不同的软件开发流程，这些软件开发流程的基本理论、基本知识在"软件工程"和"信息系统分析与设计"课程里会有专门的讲解。教学日志管理系统采用的是瀑布模型开发流程。

图 3-1 为瀑布模型的示意图，瀑布模型是一种非常经典、发明较早的软件项目开发周期模型，它将软件项目开发分为项目需求分析、软件需求分析、系统概要设计、系统详细设计、程序编码、软件调试与测试、软件运行与维护几个阶段。项目开发流程里面的每个阶段环环相扣，相邻两个阶段的交互点都是软件项目开发的一个里程碑，每个阶段的结束都要输出本阶段的工作结果，本阶段活动的工作结果又作为下一个阶段的输入。这样，当某一个阶段出现不可控问题的时候，就会导致返工，返回到上一个阶段，甚至会造成下一个阶段的延迟。

图 3-1 形象地展示了使用瀑布模型开发软件项目流程的每一个阶段，可以看出程序编码只占整个项目开发工作的一小部分。实际上软件项目开发过程一般经过以下几个典型阶段。

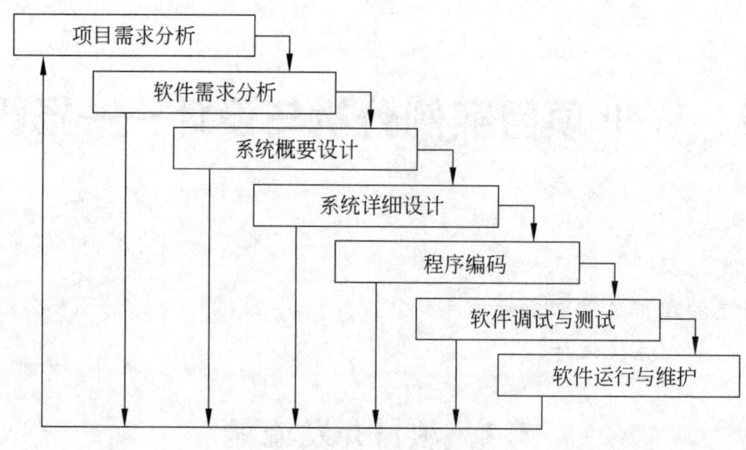


图 3-1　瀑布模型示意图

**1. 项目需求分析**

本阶段是开发人员在和软件需求方充分沟通的基础上，编写项目需求说明书，一般应包括如图 3-2 所示的内容。项目需求分析应考虑项目所有的生成元素，而不仅仅考虑软件。

| | |
|---|---|
| 1. 引言<br>1.1 编写说明<br>1.2 项目背景<br>1.3 定义（系统有关名词）<br>1.4 参考资料<br>2. 项目概述<br>2.1 系统目标<br>2.2 用户的特点<br>2.3 项目经济分析与技术分析<br>2.4 系统可行性 | 3. 需求规定<br>3.1 系统功能需求<br>3.2 系统性能需求<br>3.2.1 精度<br>3.2.2 系统时间特性要求<br>3.2.3 项目成本和进度<br>3.3 I/O 需求<br>3.4 系统数据管理能力要求<br>3.5 系统故障处理要求<br>3.6 系统其他专门需求<br>4. 系统运行环境规定 |

图 3-2　项目需求说明书内容

项目需求分析是一个包含软件的工程项目能否立项建设的前提和基础。

**2. 软件需求分析**

做完项目需求分析后，如果确定立项建设项目，接下来就要做软件需求分析，软件需求分析是任何一项软件开发工作成功的前提和基础，软件需求分析是在对项目需求分析的基础上，通过对当前系统(人工或者计算机软件协助实现)的业务流程、数据流程、数据处理、实现功能等进行详细的分析，使用自然语言和如图 3-3 所示的符号，通过语言描述、绘制图形、编制表格等方式建立计算机信息系统的逻辑模型，逻辑模型以软件需求规格说明书的形式予以体现，一般包含如图 3-4 所示的内容。

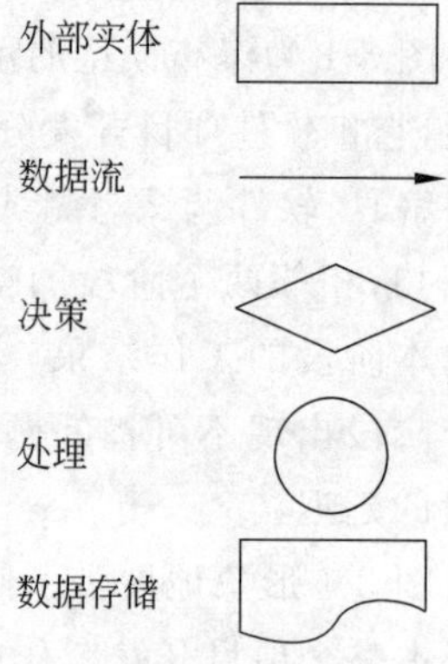


图 3-3　软件需求分析、设计图形符号

1 概述
1.1 编写目的
1.2 项目背景（单位和与其他系统的关系）
1.3 定义（专门术语和缩写词）
2 软件任务概述
2.1 软件系统目标
2.2 软件运行环境
2.3 条件限制
3 系统数据描述
3.1 系统静态数据
3.2 系统动态数据
3.3 系统数据库描述
3.4 系统数据字典
3.5 系统数据采集
4 软件功能需求
4.1 系统功能划分
4.2 系统功能描述
5 系统性能需求
5.1 系统数据精确度
5.2 系统时间特性
5.3 系统适应性
6 系统运行需求
6.1 系统用户界面
6.2 系统硬件接口
6.3 系统软件接口
6.4 系统故障处理
7 其他需求（检测或验收标准、可用性、可维护性、可移植性、安全保密性等）

图 3-4 软件需求规格说明书内容(系统逻辑模型)

### 3. 系统设计

系统设计包括系统概要设计和系统详细设计两部分，是把软件需求分析阶段所获得的系统逻辑模型，转换成一个具体的计算机实现方案的系统物理模型。具体就是把一个大的系统分解成能完成独立功能的模块，明确规定各模块的输入输出；设计系统人机交互界面；代码设计；对系统数据库进行设计，如设计数据库和数据表的名称、数据表的结构、数据表索引的设置、数据表间的关联关系；对系统的安全保密进行设计；对系统物理实现方案进行设计，包括计算机硬件及辅助设备、系统软件进行设计等。使系统模块界面清楚、功能明确，每个模块可独立命名和编码。系统物理模型以系统设计说明书的形式予以体现，一般包含如图 3-5 所示的内容。

系统逻辑模型转换成一个具体的计算机实现方案的系统物理模型，包括计算机物理系统配置方案和一份系统设计说明书。系统设计图形符号如图 3-6 所示。

①引言：摘要；专门术语定义；参考和引用的资料。
②系统设计方案（包括概要设计和详细设计）。
- 系统总体结构设计。包括系统的模块结构图及其说明。
- 系统处理流程设计。包括系统流程图和模块处理过程描述。
- 代码设计。包括编码对象的名称，代码的结构以及校验位的设计方法。
- 人机交互界面设计。
- 输出设计。
- 输入设计。
- 数据库设计。包括数据库的名称、数据表的名称、数据表的结构、数据表索引的设置、数据表间的关联关系。
- 安全保密设计。包括安全保密设计方案，相关规章制度。
- 物理系统设计。包括系统设计总体结构图，计算机硬件及辅助设备系统配置清单、费用预算，系统软件，开发工具软件。
- 系统实施方案。包括系统实施方案和实施计划以及实施方案的审批情况。

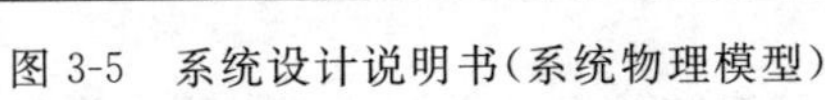

图 3-5 系统设计说明书(系统物理模型)

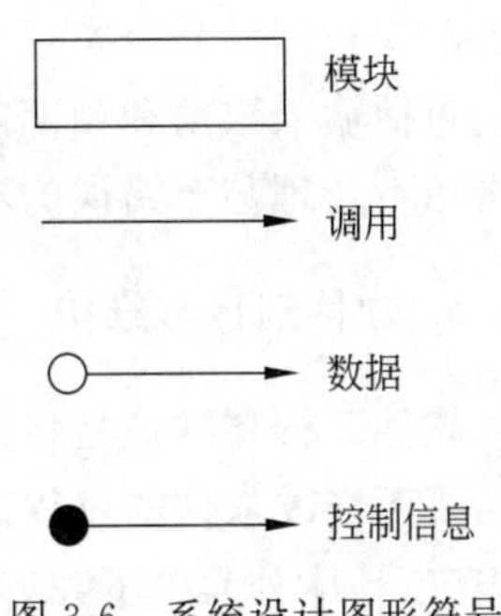


图 3-6 系统设计图形符号

### 4. 程序编码

搭建软件开发平台是程序编码的前提和基础，软件开发平台一般由计算机硬件及辅助设备、计算机系统软件、开发工具软件构成。搭建系统开发平台就是按照系统物理模型中的系统设计方案,购买、准备、安装计算机系统硬件设备,安装系统软件,安装开发工具软件,进行系统调试,为开发软件、编写程序做好准备。

通过构建系统物理模型,软件开发人员对软件要实现的功能、性能,要处理的数据及数据处理流程,系统模块构成,系统安全设计,人机交互界面,系统输入输出及系统硬件、系统软件配置都比较明确,具备了程序编码的基础,软件开发人员就可以采用计算机语言开始程序编码工作。为便于开发团队协作,以及程序的阅读、理解、维护,实现设计功能,程序编写还应当遵循下列要求。

(1) 按照系统详细设计编写程序,使程序的功能满足设计要求。

(2) 程序书写格式及变量的命名等都遵循统一的规范,程序编码内容清晰、明了、可读性强,便于阅读和理解。

(3) 程序的结构要简单、严谨,选用合理算法,语句简洁,执行效率高、速度快。

(4) 程序和数据的存储设计合理,模块调用安排得当,占用存储空间少。

(5) 程序的可移植性、适应性强,维护方便,易于功能扩展。

**5. 软件调试与测试**

软件调试与测试是程序编码过程中测试软件是否满足功能设计要求和质量要求的重要活动,是发现软件中存在的语法错误、逻辑错误、功能错误并及时纠正的过程。分为单元测试和系统模块联调两部分。单元测试针对具体的某一个模块进行,系统模块联调是测试整个系统的功能,重点测试模块之间的调用。

软件测试有静态测试和动态测试两种方法。静态测试不用执行被测试软件,是以人工方式对系统需求分析说明书、软件设计说明书和源程序进行分析和测试来查找错误。这种方法成效明显,据统计可以查出软件30%~70%的逻辑错误,而且成本较低。动态测试是通过设计测试用例,执行被测程序并分析执行结果来发现软件存在的错误。动态测试具体又有白盒测试和黑盒测试两种方法。所谓白盒测试是指测试者清楚被测试程序的内部结构,根据程序的逻辑结构和执行路径,按照一定的原则设计测试用例和测试数据。而黑盒测试是指测试者完全不关心程序的内部结构,仅根据程序的外部功能设计测试用例和测试数据。既检查程序是否实现了应该实现的功能,还检查程序是否做了它不该做的事情。测试用例包括输入数据和预期的输出结果两部分。测试既要选用合理的输入数据进行调试,也应选用不合理甚至错误的输入数据。测试数据的选取要讲究科学性,提高测试效率。

**6. 软件运行与维护**

软件运行与维护是指在软件系统交付使用后,为了改正软件存在的错误或为了满足新的需要而修改软件的过程。软件运行与维护包括维护程序、维护数据、维护代码、维护设备等内容,具体分为以下几种类型。

(1) 改正性维护。改正系统开发阶段已存在的而在系统调试过程中没有发现的错误。

(2) 适应性维护。为了适应包括计算机硬件、软件、数据库、数据存储方式等运行环境的变化,需要对软件系统进行相应升级改造,这种升级改造称为适应性维护。

(3) 完善性维护。在系统的使用过程中,为了适应业务处理方式改变、增加系统功能、修改系统现有功能或者修改输入格式,以及改进数据结构、改进用户界面、使操作更简单而对程序进行修改。

(4) 预防性维护。为提高软件的可维护性和可靠性,给后面的改进创造条件而对软件进行的修改维护。

## 3.2 教学日志管理系统分析与设计

瀑布模型是常用的管理信息系统分析、设计与开发的一种方法,它将信息系统开发划分成6个阶段,其中系统需求分析与设计是整个信息系统开发过程中最重要的阶段,这两个阶段的工作质量将直接影响整个系统开发的成败。因此,在信息系统开发中应给予高度重视,本节主要讲述教学日志管理系统分析与设计的主要内容。

限于篇幅,本部分内容遵循软件工程理论和软件系统开发流程,对教学日志管理系统分析与设计内容进行简要描述,并不将详细的开发过程和所有的文档列出,只描述教学日志管理系统需求分析、系统设计主要内容。目的是让读者基本学习、了解和掌握管理信息系统设计开发的流程。

### 3.2.1 教学日志管理系统需求分析

#### 1. 编写目的

为了使用户与开发人员之间详细了解教学日志管理系统的功能、性能需求,对用户需求进行明确定义,使之成为整个开发工作的基础,为教学日志管理系统软件开发提供度量和遵循的基准,编写教学日志管理系统需求分析说明书,作为软件设计人员、开发人员、测试人员和安装调试人员的指导性文件,同时也作为用户了解系统功能,确认软件系统和测试验收时的依据。

#### 2. 教学日志

教学日志是教师在日常教学中,记录所授课程教学设计和教学执行情况的教学文件,是教师加强教学过程管理和教学进度控制的基本载体,也是记录学生学习情况,对学生平时成绩考核赋分的依据,每学期教学活动结束后作为课程教学档案归档管理。

(1) 教学日志一般包括学年、学期、院(系、部)、专业、班级、课程名称、计划课时、任课教师、教学进度表、授课实施记录、批改作业情况记录、作业成绩记录、平时成绩登记表、点名册(上课考勤)、学期教学工作总结、教研室意见、院(系、部)意见等内容。

(2) 教学进度表包括授课时间、讲授章(节)、课时数、教学设计等内容,由教研室统一确定。教师按照统一的教学进度表实施授课,并将授课内容和授课情况即时记载到教学日志中。

(3) 授课实施记录记载根据教学进度计划所实际进行的授课情况,包括授课的日期、教学设计及主要教学内容以及作业布置情况,内容由教师在每次授课后即时填写。

(4) 批改作业情况记录记载教师批改作业情况,包括批改作业的时间、交作业数、批改数和批改作业分析,内容由教师在每次批改作业后即时填写。

(5) 作业成绩记录记载学生作业的成绩,包括学生姓名、作业成绩和总成绩。一般每门课讲授18课时后布置一次作业，具体作业次数由教研室统一确定。每次作业布置及批改情况记录到教学日志中，并给出相应成绩。学生每次作业都有成绩，总成绩取学生所有作业成绩的平均值，教师每次批改作业后即时填写。

(6) 平时成绩登记表记载学生姓名、考勤、测验和作业成绩(作业成绩记录中的总成绩)以及平时总成绩，平时总成绩由考勤、测验和作业成绩加权统计得出，其中考勤成绩、作业成绩以及其他形式的考核成绩各占多大分值由教研室统一确定。平时成绩按百分计，学期教学活动结束，教师对平时成绩考核进行汇总，填入教学日志平时成绩考核表，并与集中提交的班级成绩单保持一致。

(7) 点名册记载学生上课考勤情况，包括学号、姓名、班级、周次以及学生的考勤，考勤有正常到课、旷课、迟到、早退、事假、病假和公假7种。教师应加强课堂教学管理，每次上课前应对学生进行考勤，考勤情况如实记录到教学日志点名册中，学期结束教师集中评定考勤成绩。

(8) 对于任何课程，授课教师每个教学班须填写一份教学日志，考勤、作业布置及成绩记录涵盖所有学生。

(9) 学期教学工作总结是授课教师对课程教学的回顾和总结，每一学期结束时由教师填写。

(10) 教研室意见是教研室主任对教学日志审查后签署的意见。教师填写完教学日志后，教研室主任负责审查并签署意见。

(11) 院(系、部)意见是教学负责人对教学日志审查后签署的意见。教研室主任审查并签署意见后，由院(系、部)教学负责人在每学期末审核签署。

(12) 每学期初，任课教师领取教学日志并填写。教学过程中，各院(系、部)负责人、教研室主任检查日志填写情况，教务处、督导专家随机抽查，了解教师上课情况。每学期教学任务结束后。任课教师在认真填好授课总结的基础上，将教学日志提交教研室，教研室主任、院(系、部)负责人审查并签署意见后存档，作为统计课时、核查教师教学执行情况的重要依据。

(13) 任课教师查看管理自己以往的教学日志。

(14) 院(系、部)领导有权审查本院(系、部)所有教师的教学日志。

**3. 系统开发背景**

教学日志是教师授课过程和内容的体现，教学日志记载任课教师讲授某门课的学年、学期、时间、地点、班级、学生、教学计划、教学内容、教学形式、教学进度、授课实施情况、作业布置与批阅、学生作业成绩、学生平时成绩、学生到课情况、期末课程教学工作总结、教研室及院系部对课程教学工作评价等内容。每一学期每一门课程对应一本教学日志。纸质教学日志不便于编写、调阅、保存，不利于环保，还造成资源浪费；不便于教师之间相互交流借鉴，保持统一教学进度；不便于教研室主任和院(系、部)领导及时掌握教师教学情况，开展教学督导工作。因此，利用计算机信息技术，建立一个规范、高效的计算机教学日志管理系统，使任课教师更易管理教学日志，便于任课教师之间交流借鉴；便于教研室主任和院(系、部)领导及时掌握教师授课情况，行之有效地开展教学督导，提高教学管理效率；便于教学日志的保存和检索，减少资源浪费；更好地提高教学质量和教学管理水平。

### 4. 系统建设目标

通过对教学日志现状调查与分析，与富有教学经验的教师反复讨论、分析、研究，确定了开发教学日志管理系统的目标以及系统应具有的功能。

1）系统开发目标

（1）利用计算机网络、数据库和操作系统平台，开发一个易操作、易维护、安全性高的、具有较好人机交互界面的客户/服务器（C/S）架构的教学日志管理系统，系统界面简洁直观，易于操作，用户使用浏览器即可登录系统，不必经过专门培训即会使用。

（2）教师对教学日志的编写、管理更加快捷、高效、方便。

（3）教师尤其是担任相同课程教师之间对教学日志的查阅、参考更方便。

（4）院（系、部）领导、教研室主任对任课教师教学过程、教学任务、教学方法、教学进度的了解、检查、督导更方便。

（5）便于教师、教研室主任、院（系、部）领导通过教学日志管理系统及时掌握学生学习情况、到课情况。

（6）便于学生考勤、成绩、作业完成情况的统计分析；便于向分管教学领导提供统计汇总信息，提高教学管理的时效性。

（7）适应网络发展需要，使校园网更充分发挥作用。

2）系统应具有的功能

（1）用户注册功能。教职工只有注册为本系统的用户才可以使用该系统，系统用户分为普通教师、教研室主任、院（系、部）领导、系统管理维护人员，系统根据用户的角色提供不同的功能。

（2）系统需要实现教学日志中学年、学期、院（系、部）、专业、班级、课程名称、计划课时、任课教师、教学进度表、授课实施记录、批改作业情况记录、作业成绩记录、平时成绩登记表、点名册（上课考勤）、学期教学工作总结、教研室意见、院（系、部）意见等数据内容的输入、编辑修改、删除、保存、检索等功能。

（3）系统具有作业成绩统计、平时成绩统计、学生上课考勤统计分析等功能。

（4）教学日志管理系统设计具有前台客户端和后台服务端两部分。

（5）前台教师客户端需要具有用户信息、教学日志信息、教学进度表、授课实施记录、批改作业情况记录、作业成绩记录、平时成绩登记表、学期教学工作总结、教研室意见、院（系、部）意见等信息的编辑管理功能。主要由教师、教研室主任和院（系、部）领导使用。

（6）前台教研室主任、院（系、部）领导的客户端，主要进行的操作是个人信息的管理；本院系所有教师的教学日志的查看；本院系所有教师的期末总结的查看及批阅。

（7）后台服务器端主要由系统维护人员登录使用，实现系统基础数据、数据库、系统功能等的维护。

### 5. 需求分析流程

针对教学日志管理系统开发目标和功能要求，结合教学日志管理的业务特点和管理功能，对系统软件主要业务需求分析如下。

（1）教师授课业务流程分析如图 3-7 所示。

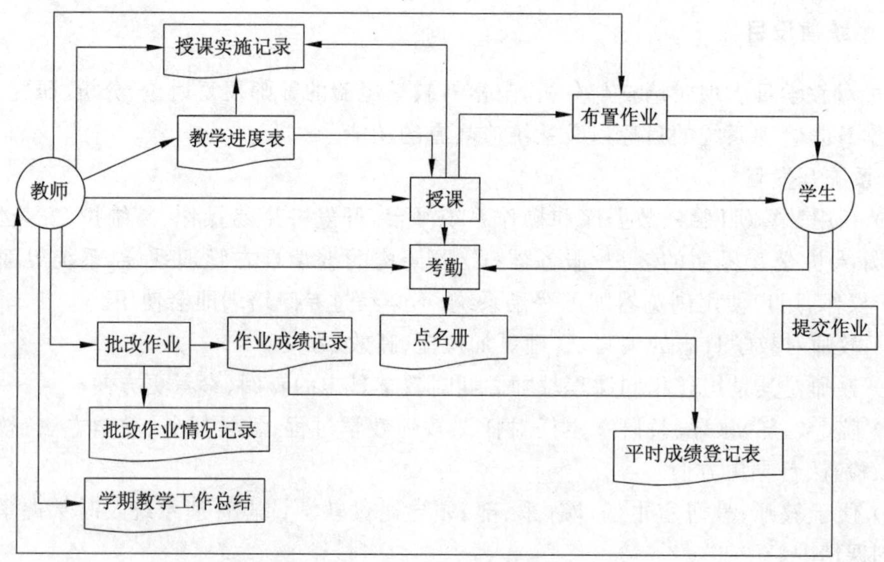


图 3-7　教师授课业务流程图

（2）教师授课管理业务流程分析如图 3-8 所示。

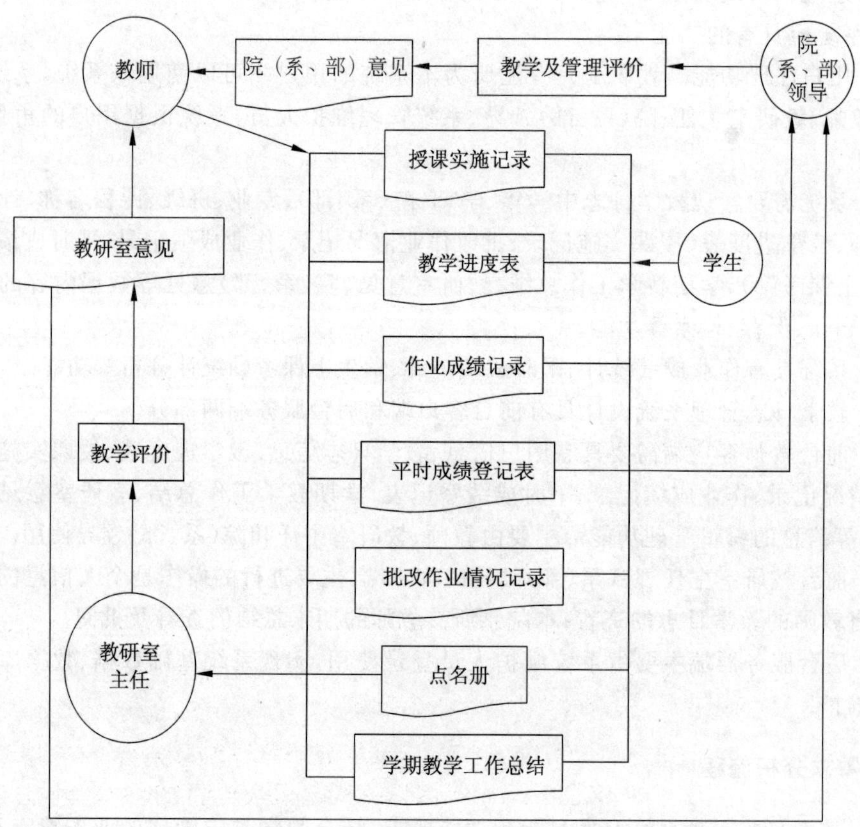


图 3-8　教师授课管理业务流程图

### 3.2.2 教学日志管理系统设计

#### 1. 项目规划

在开发项目之前，要对项目整体进行一个总体的设计规划。使用该系统的用户主要是教师和院(系、部)管理者。因此教学日志管理系统将系统用户分为两种角色，便于通过角色进行权限的划分。系统设计有授课教师角色和院(系、部)管理者角色。不同用户角色有不同的权限。不同用户角色登录系统后需要的系统功能不一样，界面也不相同。

要对系统进行功能设计，本系统功能设计基于用户角色划分，授课教师角色功能：个人信息的管理、密码修改、课程管理、教学日志各种表的管理、教学日志项的管理(日志项是日志表中的记录)、作业管理、成绩管理、学期期末总结的管理。院(系、部)管理者主要功能是对授课教师教学工作进行管理。每个院(系、部)管理者只能管理自己院(系、部)的授课教师。管理者可以通过教学日志管理系统查看教师的教学工作情况，对教师的教学工作进行考核评价。

#### 2. 系统功能设计

系统功能设计主要是对系统进行功能模块划分，根据系统需求分析，将系统功能设计划分为如图 3-9 所示的功能模块。

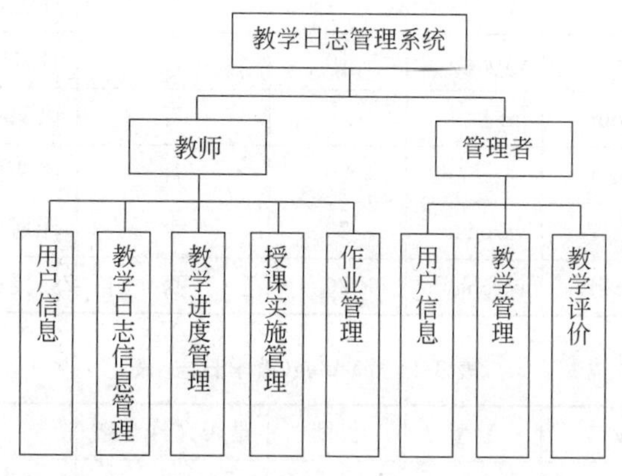


图 3-9 教学日志管理系统模块结构图

#### 3. 数据库设计

教学日志管理系统采用 MySQL 数据库和 Navicat Premium 软件进行数据库设计。Navicat Premium 是一个图形化的数据库管理工具，它可以以单一软件同时连接 MySQL、SQLite、Oracle 等多种数据库。将此工具连接数据库后可以看到数据的详细信息。

设计数据库的工作主要是创建数据库以及设计创建系统需要的数据表，这里主要介绍系统主要的数据表，表格包含 course(课程)表、job(作业)表、logitem(日志项)表、teachlog(教学日志)表和 user(用户)表。内容分别如表 3-1～表 3-5 所示，其中说明列给出了每个字段的含义。

**表 3-1　course(课程)表**

| 名　　称 | 字段名 | 类型 | 长度 | 是否允许为空 | 说　　明 |
|---|---|---|---|---|---|
| 课程编号 | id | int | 11 | 否 | 主键,自增长 |
| 课程名称 | name | varchar | 20 | 否 | 课程的名字 |
| 课程类型 | type | varchar | 20 | 否 | 课程的性质 |

**表 3-2　job(作业)表**

| 名　　称 | 字段名 | 类型 | 长度 | 是否允许为空 | 说　　明 |
|---|---|---|---|---|---|
| 作业编号 | id | int | 11 | 否 | 主键,自增长 |
| 教学日志表编号 | lid | int | 11 | 否 | 外键,引用教学日志表的 id |
| 发布时间 | week | varchar | 5 | 否 | 作业布置的时间 |
| 作业内容 | content | varchar | 255 | 否 | 作业布置的内容 |

**表 3-3　logitem(日志项)表**

| 名　　称 | 字段名 | 类型 | 长度 | 是否允许为空 | 说　　明 |
|---|---|---|---|---|---|
| 日志项编号 | id | int | 11 | 否 | 主键,自增长 |
| 教学日志表编号 | lid | int | 11 | 否 | 外键,引用教学日志表的 id |
| 发布时间 | time | varchar | 10 | 否 | 日志项发布的时间,以周为单位 |
| 课时数 | classhour | int | 3 | 否 | 该课程一周上课的课时数 |
| 章节数 | chapter | varchar | 20 | 否 | 该课程所教授的章节数 |
| 教学计划 | plan | varchar | 20 | 否 | 计划教学过程中如何做 |
| 教授实施 | practically | varchar | 20 | 否 | 教授过程中是怎样实施的 |

**表 3-4　teachlog(教学日志)表**

| 名　　称 | 字段名 | 类型 | 长度 | 是否允许为空 | 说　　明 |
|---|---|---|---|---|---|
| 教学日志表编号 | id | int | 11 | 否 | 主键,自增长 |
| 用户编号 | uid | int | 11 | 否 | 外键,引用用户表的 id |
| 课程编号 | cid | int | 11 | 否 | 外键,引用课程表的 id |
| 教授学年 | year | varchar | 5 | 否 | 教学日志编写的年份 |
| 教授学期 | term | varchar | 10 | 否 | 教学日志编写的学期 |
| 教授周数 | weeknum | int | 5 | 否 | 总共上课的周数 |
| 选课人数 | studentnum | int | 5 | 否 | 上该门课程的学生人数 |
| 期末总结 | summary | varchar | 255 | 是 | 由教师填写的学期末的总结 |
| 院系评语 | department | varchar | 255 | 是 | 由院系领导填写的期末评语 |
| 审核判断 | audit | int | 2 | 否 | 判断期末总结的评阅情况 |

续表

| 名　　称 | 字段名 | 类型 | 长度 | 是否允许为空 | 说　　明 |
|---|---|---|---|---|---|
| 内容判断 | content | int | 5 | 否 | 判断教学日志内容是否为空 |
| 作业条数 | job | int | 5 | 否 | 记录教学日志中的作业条数 |

**表 3-5　user(用户)表**

| 名　　称 | 字段名 | 类型 | 长度 | 是否允许为空 | 说　　明 |
|---|---|---|---|---|---|
| 用户编号 | id | int | 11 | 否 | 主键,自增长 |
| 用户名 | username | varchar | 20 | 否 | 登录使用的用户名 |
| 密码 | pwd | varchar | 20 | 否 | 登录使用的密码 |
| 姓名 | name | varchar | 20 | 否 | 用户的真实姓名 |
| 性别 | sex | varchar | 5 | 否 | 性别 |
| 出生日期 | birthday | varchar | 15 | 否 | 出生日期 |
| 所属院(系、部) | department | varchar | 25 | 否 | 用户所属的院(系、部) |
| 邮箱地址 | email | varchar | 20 | 否 | 邮箱地址 |
| 联系电话 | phone | varchar | 15 | 否 | 联系电话 |
| 身份类型 | type | int | 2 | 否 | 判断用户的身份 |

完成系统需求分析和设计之后,接下来就进入系统开发阶段了,具体内容在后续章节介绍。

本书限于篇幅,仅对部分功能进行了实现,但即便如此,也需要花费大量时间方能实现。

# 第二部分

# 前 端 开 发

以貌取人、以貌取物，人之天性。

# 第 4 章　HTML——一切从 HTML 开始

**本章主要内容：**

- 熟练使用 HTML 的标签制作网页。
- 合理选用多媒体技术，使页面图像、文字、声音、色彩齐茂，具有表现力。
- 灵活应用超链接<a>标签，使浏览者尽兴冲浪。
- 制作表单，供客户提交信息。
- 恰当使用表格标签和窗口框架标签合理布局页面，使页面逻辑清晰。
- HTML 5 内容介绍。

## 4.1　HTML 概述

超文本标记语言(hypertext markup language，HTML)是一种建立网页文件的语言，人们通过浏览器所看到的网站，都是由 HTML 所构成的一系列相互关联的网页所组成。HTML 是一系列由尖括号＜＞所括住的标签符号构成的指令集合，如<b>就是 HTML 的一个标签指令。

HTML 是制作网页的基础语言。网页可由任何文本编辑器如记事本、写字板或网页专用编辑器(如 FrontPage Editor 或者 Dreamweaver 等工具软件)编辑，完成后以 htm 或 html 为扩展名将文件保存为网页文件，该网页文件可以由浏览器打开显示。像 FrontPage、Dreamweaver 等网页制作软件，具有“所见即所得”的优良特点，制作网页简单方便，广受网页制作者的欢迎。但使用这些软件开发的网页的源代码也是基于 HTML 的，网页开发者如果想修改网页、体现个性，就必须读懂网页的 HTML 源代码，才能随心所欲地进行修改。对于那些网页设计开发高手，他们更喜欢直接编写 HTML 代码，开发出简洁高效的网页。要开发动态网站，就要使用 JavaScript、VBScript、ASP、ASP. NET、PHP 和 JSP 等技术。这些代码必须嵌入 HTML 代码中执行，所以 HTML 是 Web 设计的基础语言，是 Web 技术的基础。

HTML 的诞生最早可追溯到 20 世纪 40 年代。早在 1945 年，被誉为“信息时代的教父”的美国著名科学家 Vannevar Bush 提出了超文本文件的格式，并在理论上建立了一个超文本文件系统 Memex，其目的是要扩充人的记忆力，但该系统仅局限在理论阶段，没有真正开发出来。到了 1965 年，美国信息技术先锋、哲学家及社会学家 TedNelson 第一次使用“超文本”来构造管理信息的系统，但与 Vannevar Bush 一样，他的超文本文件系统的尝试也未获得成功。1967 年，用户语言接口方面的先驱者 Andries Van Dam 在 IBM 公司的资助下，在美国布朗大学研发了世界上第一个真正运行成功的“超文本编辑系统”。1969 年，IBM 公司的 Charles Goldfarb 发明了可用于描述超文本信息的通用标记语言(generalized markup language，GML)。1978—1986 年，在 ANSI 等组织的努力下，GML 进一步发展成为著名的标准通用标记语言(standard generalized markup language，SGML)。但美中不足的是,SGML过于复杂,不利于信息的传递和解析。最终“万维网之父”——英国科学家蒂姆·伯纳斯-李(Tim Berners-Lee)对SGML做了大刀阔斧的简化和完善,在1990年使用HTML创建了图形化的Web浏览器World Wide Web。

HTML刚诞生时有很多不同的版本。所以HTML没有统一的1.0版本,但多数人认为Tim Berners-Lee的版本应该算初版,尽管这个版本没有img标签。1993年开发了后续版HTML+,称为“HTML的一个超集”。为了与当时的各种HTML标准相区别,定义为2.0版本。

万维网联盟(world wide web consortium,W3C)在1995年3月发布了HTML 3.0版本,该版本在与2.0版本兼容的基础上提供了很多新特性,如文字绕排、表格和复杂数学元素的显示等。但由于实现这个标准的技术复杂,这个标准并没有浏览器的真正支持,而于1995年9月被中止。历史上HTML 3.1版从未被正式提出,随后被提出的版本是HTML 3.2。HTML 3.2去掉了大部分3.0中的新特性,加入了一些特定浏览器(如Netscape和Mosaic)的标签和属性。

HTML 4.0于1997年12月18日推出,该版本实现了两个重要的功能。

(1) 将文本结构和显示样式分离。

(2) 更广泛的稳定兼容性。

由于当时CSS层叠样式表的配套推出,使HTML和CSS制作网页的能力更加突出。

1999年12月24日,W3C推出了HTML 4.01版本,进一步地完善了HTML 4.0版本的功能。自HTML 4.01版本后,为了进一步推动Web的标准化,一些公司联合起来,成立了一个称为Web超文本应用技术工作组(web hypertext application technology working group,WHATWG)的组织,致力于Web表单和应用程序的研究,并于2004年提出了HTML 5草案的前身Web Applications 1.0。

HTML是制作网页最基本的语言,尽管不懂HTML也能够借助于网页制作工具制作出漂亮的网页,但掌握它可以更方便灵活地控制网页。采用这种方式编写的网页有如下优点。

(1) 浏览器解释效率高、速度快。

(2) 格式可以随意控制,可以把网页设计得更漂亮。

(3) 不会产生垃圾代码,使网页的传输速度更快。

### 4.1.1 HTML入门——一个简单的HTML案例

**【例4-1】** 制作具有链接功能的两个简单网页。网页文件名为example4_1_1.html和example4_1_2.html。将两个网页文件保存在同一文件夹下,然后双击网页文件example4_1_1.html,浏览器将自动打开并显示网页example4_1_1.html的内容。在该页面单击“古诗欣赏-望庐山瀑布”超链接,页面将跳转到example4_1_2.html页面,这是网页最基本的功能。

操作步骤如下。

#### 1. 编写网页代码

使用文本编辑器Notepad(记事本)或者WordPad(书写板),输入以下两个HTML文件的代码。并保存在同一文件夹下。

```
程序清单 4-1_1(example4_1_1.html):
<html>
<head>
    <title>一个简单的 HTML 案例</title>
</head>
<body>
    <a href="example4_1_2.html">古诗欣赏-望庐山瀑布</a>
</body>
</html>
```

```
程序清单 4-1_2(example4_1_2.html):
<html>
<head>
    <title>古诗欣赏-望庐山瀑布</title>
</head>
<body>
    <p align="center"><font size="7" color="#0000ff">望庐山瀑布</font></p>
    <p align="center"><font size="5" color="#0000ff">李白</font></p>
    <!--下面绘出一条横线-->
    <hr>
    <p align="center"><font size="6" color="#ff0000">日照香炉生紫烟,
              </font></p>
    <p align="center"><font size="6" color="#00ff00">遥看瀑布挂前川。
              </font></p>
    <p align="center"><font size="6" color="#0000ff">飞流直下三千尺,
              </font></p>
    <p align="center"><font size="6" color="#7b5a3c">疑是银河落九天。
              </font></p>
</body>
</html>
```

**2. 页面测试**

找到保存上面两个网页文件的文件夹,双击网页文件 example4_1_1.html,浏览器中显示页面文件 example4_1_1.html 的运行结果,如图 4-1 所示。

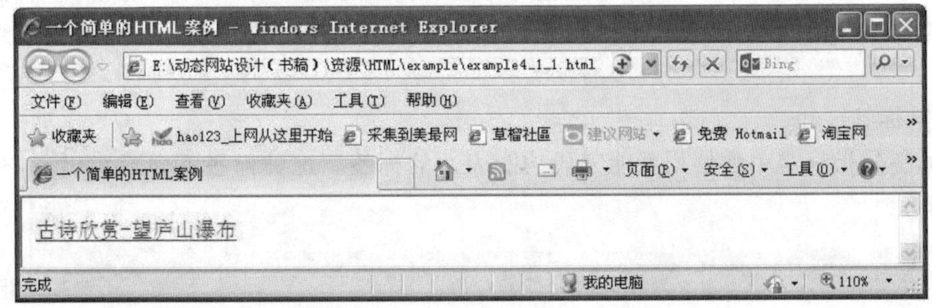


图 4-1 网页 example4_1_1.html 效果

在图 4-1 的页面中单击“古诗欣赏-望庐山瀑布”链接，页面将转跳至代码 example4_1_2.html 网页的页面，如图 4-2 所示。

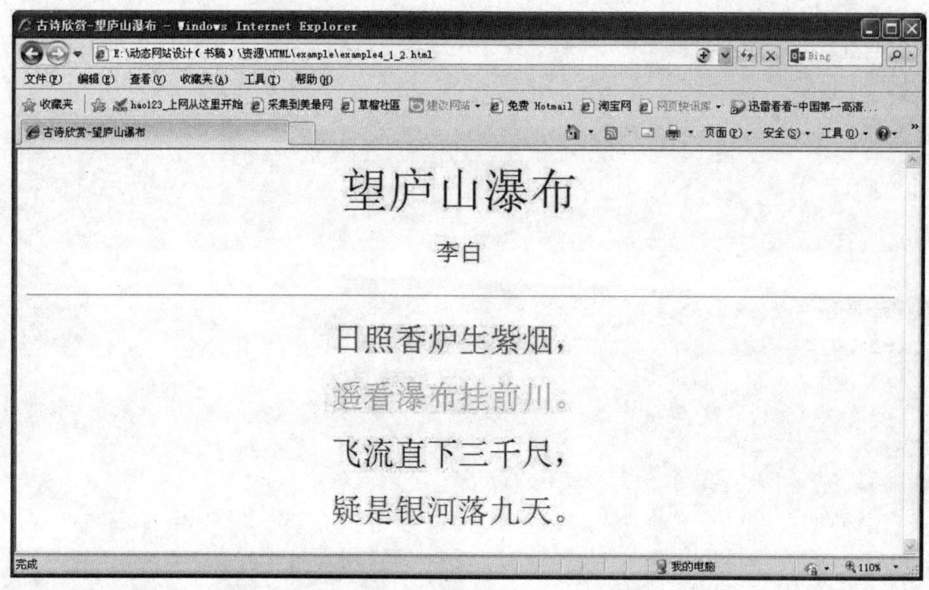


图 4-2　网页 example4_1_2.html 效果

### 4.1.2　HTML 标签的基本概念

要掌握 HTML，首先需要熟悉 HTML 的一些基本概念。

**1. HTML 标签及其作用**

HTML 是互联网计算机上安装的浏览器软件能够识别的语言，更确切地说，浏览器软件识别的是构成 HTML 的标签。HTML 中用于描述功能的符号称为“标签”，它主要用来告诉浏览器如何显示 HTML 网页文件中的文字、图形、图像和链接等信息。例 4-1 中的<html>、<head>、<body>、<font>、<p>等用尖括号括起来的都是标签。标签中的字母没有大小写的分别，如<HTML>和<html>功能是一样的，甚至也可以写成<Html>或者<hTMl>。但使用时构成标签的字母最好规范成都大写或者都小写。标签在使用时必须用英文的尖括号<>括起来，HTML 的标签有单标签和双标签两种，分别是单标签指令(只有<初始标签>指令)和双标签指令（由<初始标签>和</结束标签>所构成 ）。通过浏览器看到的网页都是由 HTML 通过标签式指令，将文字、声音、图片、影像等组织在一起的。

1）单标签

单标签是指只需单独使用就能完成功能表达的标签。这种标签不会成对出现，标签的语法如下：

```
<标签名称>
```

网页文件 example4_1_2.html 中的<hr>就是一个单标签，它的意思是画一条横线。

此外最常用的单标签还有<br>,它表示换行。

2) 双标签

双标签由初始标签和结束标签两部分构成,在网页文件中必须成对出现。如网页文件 example4_1_2.html 中的<html>和</html>、<font>和</font>、<p>和</p>等,其中初始标签前加一个斜杠(/)即成为结束标签,初始标签告诉 Web 浏览器从此处开始执行该标签所表示的功能,而结束标签告诉 Web 浏览器到这里结束该功能。双标签的语法如下:

```
<标签>内容</标签>
```

其中"内容"是指要被这对标签施加作用的部分。例如,想把文字"日照香炉生紫烟"以粗体的形式显示,可以将此段文字放在<b></b>这对标签对中,写成:

```
<b>日照香炉生紫烟</b>
```

### 2. 标签属性

一些单标签和双标签的初始标签内可以包含一些属性,如网页文件 example4_1_2.html 中的"<p align="center"><font size="6" color="#00ff00">遥看瀑布挂前川。</font></p>"就是标签属性的具体应用,其语法如下:

```
<标签 属性 1="属性 1 的值"  属性 2="属性 2 的值"   属性 3…>内容</标签>
```

语句<p align="center">中 p 是标签,表示一个文字段落的开始。align 是标签 p 的对齐属性,center 是 align 属性的值,表示文字段落居中对齐,如果令 align="left"则表示文字段落左对齐,如果 align="right"表示文字段落右对齐,可见标签的一个属性可以有不同的属性值。

语句<font size="6" color="#00ff00">中 font 是标签,表示接下来文字字体改变的开始。size 是标签 font 的大小属性,6 是 size 属性的值,表示接下来文字大小为 6 号;color 是标签 font 的颜色属性,#00ff00 是 color 属性的值,表示接下来文字颜色为十六进制数值 #00ff00 定义的颜色。可见标签可以有多个属性,每一个属性可以有不同的属性值,属性和属性之间以空格分开。

标签各属性之间没有先后次序区别,属性可以省略,省略时属性取其默认值。如单标签<hr>表示在网页当前位置画一条水平线,该标签的属性省略时表示从窗口中当前行的最左端一直画到最右端。该标签可以带一些属性,如<hr size="5" align="right" width="50%">。其中,size 属性用于定义线的粗细,属性值取整数,默认值为 1 像素;align 属性表示对齐方式,可取 left(左对齐,默认值),center(居中),right(右对齐);width 属性用于定义线的长度,可取相对值(由一对""号括起来的百分数,表示相对于整个窗口的百分比),也可取绝对值(用整数表示的屏幕像素点的个数,如 width="400"),默认值是 100%。

### 3. 注释语句

HTML 和其他计算机语言一样也提供了注释语句。注释语句的格式如下:

```
<!--注释内容-->
```

“<!--”表示注释开始，“-->”表示注释结束，中间的所有内容表示注释内容，注释语句可以放在文件中任何地方，注释内容在浏览器中不显示，仅供设计人员使用。

### 4.1.3 HTML文件基本架构

HTML网页文件基本结构如图4-3所示，以网页文件初始标签<html>开始，网页文件结束标签</html>结束。用文件头标签对<head>和</head>、文件体标签对<body>和</ body >把文件分成文档头部和文档正文两部分。文档头部包含文件的说明信息，这些信息并不显示在网页中。文档正文是将要显示在浏览器中的内容，它包括标题、段落、列表、文字、图像等网页所有的实际内容。

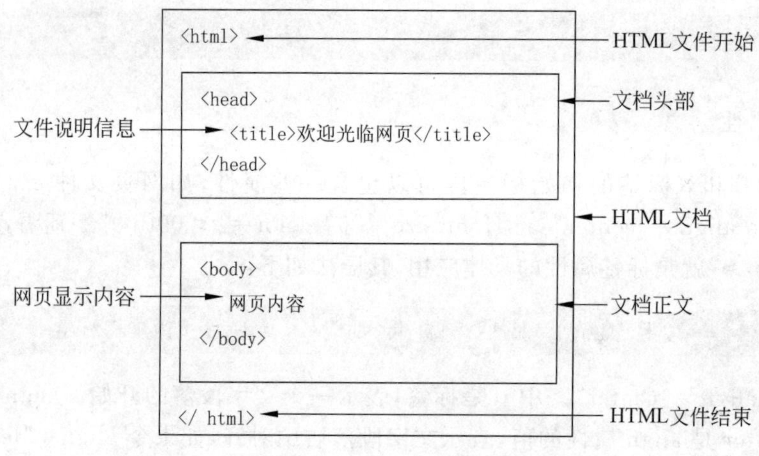


图4-3 HTML文件结构

#### 1. 网页文件标签 html

<html>处于网页文档的开始一行，标识着网页文件开始。</html>处于网页文档的结束一行，标识着网页文件结束，中间嵌套其他标签和内容。

#### 2. 文件头标签 head

<head>标识文档头部开始，</head>标识文档头部结束。文档头部主要用来说明网页文件的有关信息，如文件的标题、作者、编写时间、搜索引擎可用的关键词等。它一般包含下列标签及内容。

1) 网页标题标签

语法：

```
<title>网页标题</title>
```

网页标题出现在浏览器的标题栏中。标明网页内容和网页功能，一个网页只有一个标题，并且只能出现在文件的头部。

2）基地址标签

语法：

```
<base  href="URL">
```

用来指定网页中超链接的基准路径，该标签主要用于简化页面中超链接的地址，只需要把超链接的地址设为基于基准路径的相对路径。

3）文档相关资料标签

语法：

```
<meta  name="作者"  content="李××"  charset=gbk>
```

<meta>标签的属性主要用来提供文档的相关信息，如上面一行就指明了"李××是作者"这一信息。其charset属性用来设置网页使用的字符集。下面为网页常用字符集的设置情况：繁体中文charset= big5；简体中文charset= gbk；纯英文charset= iso-8859-1。

目前国际上推荐使用的是UTF-8编码，不论英法德意，还是繁简中文等各种世界上的语言都可以采用这个全球统一编码方式。国内各大网站已经在几年前完成了由gbk向UTF-8的转变。建议在开发时统一采用UTF-8编码。

**注**：如果网页显示时中文显示为乱码，一般就是因为字符集charset属性设置不当造成的。此时可以将charset属性设为简体中文字符集，浏览器就能正确显示网页页面了。设置方法如下：

```
<meta http-equiv="content-type" content="text/html;charset=utf-8">
```

在HTML 5标准中，设置编码方式的代码被简化如下：

```
<meta charset="utf-8">
```

4）<link>标签

<link>标签指名网页需要其他资源的情况、显示检索信息、作者信息等。

5）CSS样式标签<style>

语法：

```
<style>…</style>
```

style用于在文档中声明样式。

style使用方法举例如下，具体请参看CSS教程。

```
<head>
<style type="text/css">
abbr
    {
        font-size: 12px;
    }
.text10pxwhite
```

```
    {
        font-size: 10px;
        color: #ffffff;
    }
</style>
</head>
```

文件头标签及属性具体应用举例如下:

```
<html>
<head>
    <title>本例主要示范 head 标签的使用</title>
    <bade href="http://www.sddx.edu.cn/">
    <meta name="作者" content="text/html;charset=utf-8">
    <style type="text/css">
    abbr
        {
            font-size: 12px;
        }
    .text10pxwhite
        {
            font-size: 10px;
            color: #ffffff;
        }
    </style>
</head>
<body>
    <p>本例主要演示如何设置 head 文档头部的内容</p>
</body>
</html>
```

**3. 文件体标签 body**

<body>标识文档正文开始,</body>标识文档正文结束。文档正文是 HTML 文档的主体部分,网页中的表格、文字、图像、声音和动画等所有内容都包含在这对标签对之间,格式如下:

```
<body
    background="image-URL"
    bgcolor="color"
    text="color"
    link="color"
    alink="color"
    vlink="color"
```

```
    leftmargin="value"
    topmargin="value">
</body>
```

其中各属性的含义如下。

(1) background：设置网页的背景图像。

(2) image-URL：图像文件的路径和名称。

(3) bgcolor：设置网页背景颜色，默认为白色。

(4) text：设置网页正文文字的色彩，默认为黑色。

(5) link：设置网页中可链接文字的色彩。

(6) alink：设置网页中链接文字被鼠标点中时的色彩。

(7) vlink：设置网页中可链接文字被单击(访问)过的色彩。

(8) leftmargin：设置网页内容和浏览器左部边框之间的距离，即页面左边距。

(9) topmargin：设置网页内容和浏览器上部边框之间的距离，即页面上边距。

(10) value：表示距离的量，可以是数值，也可以是相对于页面窗口宽度或高度的百分比。

(11) color：表示颜色值。颜色值可以用颜色代码，如 red(红)、blue(蓝)、yellow(黄)、green(绿)、black(黑)、white(白)等表示；也可以用#加红绿蓝(RGB)三原色混合的6位十六进制数#RRGGBB表示。每个基色的最低值是0(十六进制是#00)，最大值是255(十六进制是#ff)，如#ff0000(红)、#00ff00(绿)、#0000ff(蓝)、#000000(黑)、#ffffff(白)等。常用颜色的十六进制数一览表如表4-1所示。

**表4-1　常用颜色的十六进制数一览表**

| 颜　色 | 十六进制数 | 颜　色 | 十六进制数 |
|---|---|---|---|
| black(黑) | #000000 | cyan(青) | #00ffff |
| white(白) | #ffffff | gray(灰) | #808080 |
| red(红) | #ff0000 | silver(银灰) | #c0c0c0 |
| green(绿) | #00ff00 | magenta(洋红) | #ff00ff |
| blue(蓝) | #0000ff | teal(墨绿) | #008080 |
| yellow(黄) | #ffff00 | navy(深蓝) | #000080 |

目前，body的这些属性均不推荐再被使用，而是统一采用CSS技术，CSS提供更灵活的样式设置方式。CSS技术将会在后续章节进行讲解。这里进行讲解只是为了保证知识的完整性。

### 4.1.4 HTML的语法规范

任何语言都有语法规则，HTML也不例外，其语法规则如下。

(1) HTML网页文件内容是纯文本形式，文件扩展名必须为htm或html。在UNIX操作系统中，扩展名必须为html。推荐统一采用html扩展名。

(2) HTML是大小写不敏感的语言,构成标签的字母可以大写,也可以小写,如<head>,<head>和<HeAd>功能是相同的,但推荐统一采用小写,以提高辨识度。

(3) HTML多数标签可以嵌套使用,但不可以交叉。例如:<p><font size=" 6" face="华文行楷"  color="red">JSP动态网站设计教程</p></font>,将不能正确显示。因为标签<p>与标签<font>出现了交叉。

(4) HTML文件中,一行可以写多个标签,一个标签中的内容也可以写在多行中,而且不用任何续行符号,但标签中的单词不能分开写,必须连为一体。如不能把< font >写为<fo nt>或者< f ont >等。例如:

```
<p><font face="华文行楷" size="6" color="#ff0000">日照香炉生紫烟,</font></p>
```

与

```
<p><font face="华文行楷"
size="6" color="#ff0000">日照香炉生紫烟,</font></p>
```

写法都正确,显示效果也相同。但下列写法是不正确的。

```
<p><fo
nt face="华文行楷" size="6" color="#ff0000">日照香炉生紫烟,</font></p>
```

因为标签font这个单词写在了两行中,所以会导致错误发生。

(5) HTML文件中的换行符、回车符和空格不产生任何显示效果。如果要想使显示内容产生换行效果,必须用<br>标签。标签<p>起换段作用,<p>表示段落开始,</p>表示段落的结束。

```
<font face="华文行楷">
    JSP动态网站设计教程
</font>
```

与

```
<font face="华文行楷">
JSP动 态网 站
设计教程
</font>
```

在浏览器显示效果均为JSP动态网站设计教程。可以看出来,空格符和回车符并没有起到空格和换行的作用。

(6) HTML文件中的特殊符号。HTML页面中的空格是通过代码" "控制的," "产生一个半角空格,如需显示多个空格需要多次使用" "。与空格的表示方法相类似,一些特殊的符号都借由特殊符号代码来实现。一般由前缀&加上字符对应的名字,再加上后缀";",如表4-2所示。

(7) HTML网页中所有的显示内容都由一个或多个标签限定,不允许有在标签限定之外的文字、图像，否则会发生错误。

表 4-2 HTML 中常用的特殊符号代码

| 特殊符号 | 符号代码 | 特殊符号 | 符号代码 |
|---|---|---|---|
| > | > | < | < |
| “ | " | & | & |
| 版权号 | © | | |

# 4.2 HTML 文本格式标签

在<body>和</body>标签对之间输入的文本内容可以在浏览器窗口中显示，但要使显示的文本内容格式优美，还需对输入的文本进行修饰，下面介绍的标签就是专门用来修饰文本的。

## 4.2.1 标题标签<hn>…</hn>

功能：用于标识网页内章节标题的显示格式，被标识的文字将以粗体形式显示。

语法：

```
<hn align="对齐方式">标题内容</hn>
```

HTML 定义了 6 级标题，n 可以是 1～6 的任意整数，数字越小，字号越大；align 属性设置标题对齐方式，其值可以为 left(左对齐)、right(右对齐)、center(居中对齐)、bottom(位于底端)和 top(位于顶部)。

说明：

(1) 该标签实现文章标题的效果有限，通常用 font 标签设置文章标题获得更为丰富多彩的效果。

(2) 标题标签具有换行功能，每个标题独占一行。

**【例 4-2】** 标题标签举例。

```
程序清单 4-2(example4_2.html):
<html>
<head>
    <title>标题标签示例</title>
</head>
<body>
    <p>本例子主要演示标题标签的格式及用法</p>
    <h1>一级标题</h1>
    <h2>二级标题</h2>
    <h3>三级标题</h3>
    <h4>四级标题</h4>
    <h5>五级标题</h5>
    <h6>六级标题</h6>
</body>
</html>
```

上面网页代码在浏览器中显示的效果如图 4-4 所示。

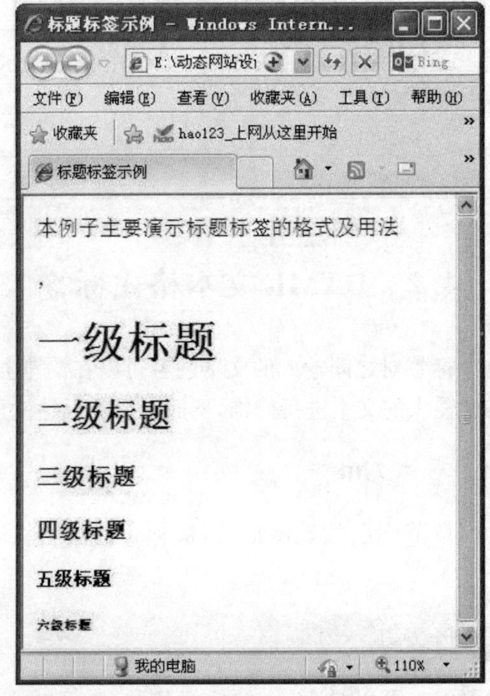


图 4-4 标题标签示例效果

### 4.2.2 文字格式标签<font>…</font>

功能：通过文字格式标签的属性设置文字的字体、大小和颜色，控制文字的显示效果。

语法：

```
<font 属性="属性值" …>文字</font>
```

备注：目前该标签已不被推荐使用，如需设置文本样式，请统一采用 CSS 技术。

<font>标签属性如表 4-3 所示。

**表 4-3 <font>标签属性一览表**

| 属　性 | 功　能 | 应用示例 |
|---|---|---|
| face | 设置网页中文字的字体，当设定的字体不存在时，使用默认的字体 | <font face="黑体"> |
| size | 设置网页中文字字体的字号，共有 1～7 号，7 号最大，默认是 3 号，可以在默认字号的基础上通过加减运算，取得字号值 | <font size=5><br><font size=+2> 表示基准字号+2<br><font size=-1> 表示基准字号-1<br>基准字号可以通过下列标签设置<br><basefont size="基准字号"> |
| color | 设置字体的颜色 | <font color=" blue"> |

【例 4-3】 文字格式标签举例。

**程序清单 4-3(example4_3.html):**

```
<html>
<head>
    <title>文字格式标签示例</title>
</head>
<body>
    <center>
    <p>本例子主要演示文字格式标签的用法</p>
    <p><font face=" 黑体" size=7 color="red">黑体 7 号字红色</font></p>
    <p><font face=" 楷体" size=6 color="blue">楷体 6 号字蓝色</font></p>
    <p><font face=" 宋体" size=5 color="green">宋体 5 号字绿色</font></p>
    <p><font face=" 幼圆" size=4 color="yellow">幼圆 4 号字黄色</font></p>
    <p><font face=" 华文彩云" size=3 color="teal">华文彩云 3 号字墨绿色</font>
       </p>
    <p><font face=" 华文琥珀" size=2 color="magenta">华文琥珀 2 号字洋红色
       </font></p>
    <p><font face=" 华文中宋" size=1 color="black">华文中宋 1 号字黑色</font></p>
    <basefontsize="3">
    <p><font face=" 黑体" size=+4 color="red">黑体 7 号字红色</font></p>
    <p><font face=" 楷体" size=-1 color="blue">楷体 2 号字蓝色</font></p>
</body>
</html>
```

图 4-5 为网页文件 example4_3. html 在浏览器中显示的效果。

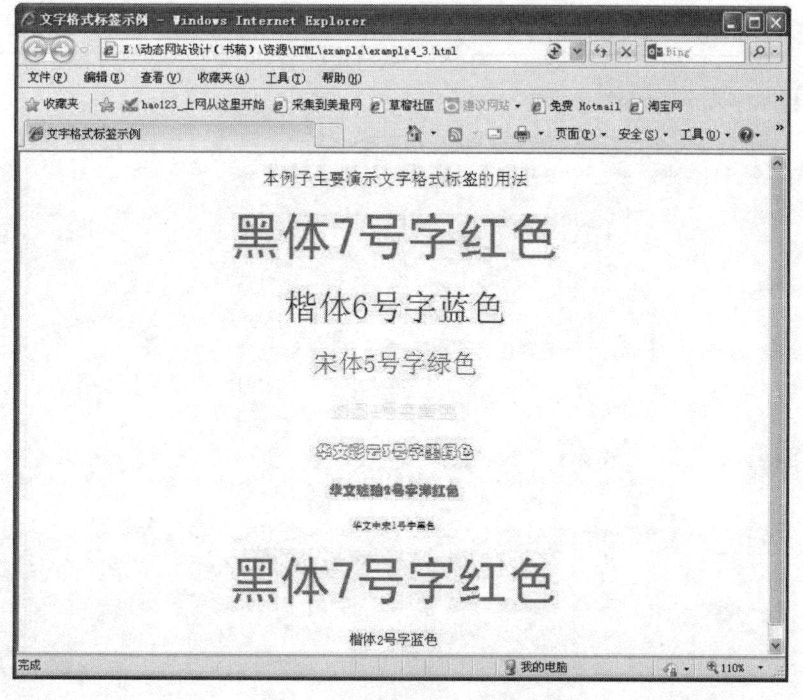


图 4-5 文字格式标签示例效果

### 4.2.3 字型设置标签

字型设置标签主要用来设置文字的显示样式,如黑体、斜体、下画线以及突出显示等。常用的字型设置标签如表4-4所示。

表4-4 常用的字型设置标签

| 文本字型 | 字型设置标签 |
| --- | --- |
| 粗体 | <b>…</b> |
| 斜体 | <i>…</i> |
| 下画线 | <u>…</u> |
| 删除线 | <strike>…</strike> |
| 使文字成为前一个字符的上标 | <sup>…</sup> |
| 使文字成为前一个字符的下标 | <sub>…</sub> |
| 使文字大小相对于前面的文字减小一级 | <small>…</small> |
| 使文字大小相对于前面的文字增大一级 | <big>…</big> |
| 使文字呈现出闪烁效果 | <blink>…</blink> |
| 以等宽字体显示西文字符 | <tt>…</tt> |
| 输出引用方式的字体,通常是斜体 | <cite>…</cite> |
| 以斜体加黑体强调显示 | <em>…</em> |
| 强调显示的文字,通常是斜体加黑体 | <strong>…</strong> |

【例4-4】 字型设置标签举例。

**程序清单4-4(example4_4.html):**

```
<html>
    <title>字型设置标签示例</title>
</head>
<body>
    <p>本例子主要演示字型设置标签的用法</p>
    <p><font face="黑体" size=3 color=" black "><b>黑体 3 号字粗体显示</b>
        </font></p>
    <p><font face="楷体" size=3 color="blue"><i>楷体 3 号字蓝色斜体显示</i>
        </font></p>
    <p><font face="宋体" size=3 color="green"><u>宋体 3 号字绿色下画线</U>
        </font></p>
    <p><font face="幼圆" size=3 color="black">X<sup>2</sup>+ Y<sup>2
        </sup >=Z<sup>2</sup></font></p>
    <p><font face="华文彩云" size=3 color="teal"><strike>华文彩云 3 号字墨绿色
        删除线</strike></font></p>
```

```
    <p><font face="华文琥珀" size=3 color="magenta"><em>华文琥珀 3 号字洋红色斜
        体加黑体</em></font></p>
    <p><font face="华文中宋" size=3 color="black"><cite>华文中宋 3 号字黑色斜体
        </cite ></font></p>
</body>
</html>
```

图 4-6 为网页文件 example4_4. html 在浏览器中显示的效果。

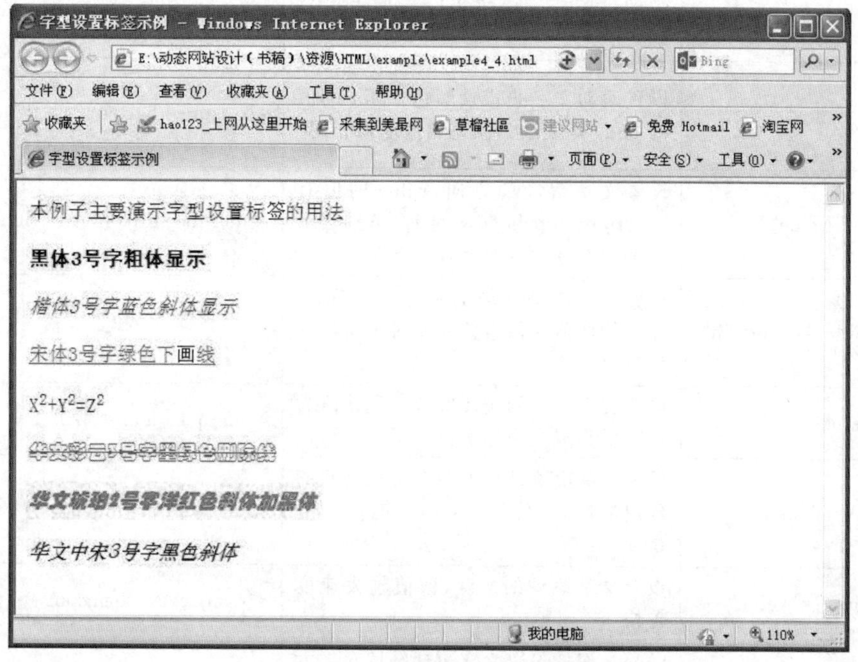


图 4-6　字型设置标签示例效果

### 4.2.4　文字滚动标签

功能：在网页中显示滚动的文字效果。

语法：

```
<marquee
    behavior="value"
    bgcolor="color"
    direction="value"
    width="w"
    height="h"
    loop="value"
    scrolldelay="value"
    scrollamount="value">
    滚动文字
</marquee>
```

<marquee>文字滚动标签属性如表 4-5 所示。

**表 4-5 <marquee>文字滚动标签属性一览表**

| 属　性 | 说　明 | 示　例 |
|---|---|---|
| behavior="value" | behavior 属性设置文字滚动方式，当 behavior="alternate"时，文字将从右向左，然后从左向右交替进行滚动；当 behavior=" slide "时，文字将从右向左移动，到左边后停止；当 behavior=" scroll "时，文字将从左向右移动 | <marquee behavior = " slide " >或<marquee behavior="alternate"> |
| bgcolor="color" | 设置滚动文字的背景颜色，color 的值与 body 标签中的颜色属性取值相同 | <marquee bgcolor=＃ff7a8b> |
| direction="value" | 设置文字滚动的方向，value 的值有 left、right、top 和 down 4 种，分别表示文字向左、向右、向上和向下滚动 | <marquee direction="right"> |
| width="w"　height="h" | 设置文字移动区域的宽度和高度，w 和 h 的取值为像素数或相对于窗口的百分比 | <marquee width="300" height="200"> |
| loop="value" | 设置文字滚动的循环次数。默认值为 1，表示无限次循环次数 | <marquee loop="20"> |
| scrolldelay="value" | 设置每一次滚动和下一次滚动之间的延迟时间，单位是 ms，默认时间间隔是 90ms | <marquee scrolldelay="80"> |
| scrollamount="value" | 设置文字滚动的速度，数值越大速度越快 | <marquee scrollamount ="100"> |
| hspace="value"　vspace="value" | hspace 属性设置文字滚动区域水平方向最左侧与浏览器窗口网页的左边沿和最右侧与浏览器窗口网页的右边沿之间的间距；vspace 属性设置文字滚动区域垂直方向最上边与网页的上一行最下边沿和最下边与网页的下一行最上边沿之间的间距 | <marquee hspace="10" vspace="20"> |

注：文字滚动标签的具体应用可参考 4.2.5 节例 4-5。

### 4.2.5 段落标签

HTML 文档中的空格符、Tab 符和回车换行符在浏览器中起不到原有的显示空格和换行的作用，浏览器在解释 HTML 文档时，会自动忽略文档中的回车、空格以及其他一些符号，所以在文档中输入回车，并不意味着在浏览器内将看到一个不同的段落。在网页中要显示空格或者换行，必须使用下面的标签。

#### 1. 段落标签<p>

功能：设置文章段落的开始和结束。<p>标签表示另起一段，段前空一行，结束标签

</p>可以省略。属性 align 设置段落的对齐方式，取值可以为 left（左对齐）、right（右对齐）和 center（居中对齐）。

语法：

```
<p align="水平对齐方式">…</p>
```

**2. 换行标签<br>**

功能；浏览器遇到标签<br>换行，中间不插入空行。

语法：

```
<br>
```

说明：换行标签是单标签，尽管在显示效果上与段落标签类似，但它们也有不同之处：段落标签行距比换行标签行距宽。<br>使用还有一个技巧，当把<br>放在<p></p>标签对的外边时，会创建大的回车换行，即<br>前边和后边文本的行距比较大。

**3. 禁止换行标签<nobr>**

功能：默认状态下，网页内容会随浏览器窗口宽度变窄而自动换行。当不允许页面内容随浏览器窗口变窄而换行时，可以使用禁止换行标签<nobr>，把禁止换行的内容放到<nobr>和</nobr>之间即可。此时如果显示的行内容超出浏览器的窗口宽度，浏览器窗口下方会出现水平滚动条，浏览者借此可以滚动浏览。

**4. 插入水平线标签<hr>**

功能：在网页上画一条横线，对页面内容进行分隔。

语法：

```
<hr width=value1 size=value2 align=value3 color=value4 >
```

说明：<hr>标签有 width、size、align、color 和 noshade 等属性，其中 width 属性设置水平线的宽度，其值 value1 可以像素为单位设置水平线的宽度，如取值 50、100、200 等。也可以设置相对窗口的百分比，如 50%表示线宽是窗口宽度的 1/2，100%表示线宽和窗口一样宽，默认值是 100%；size 属性设置水平线的厚度，value2 的值可以是绝对点数，也可以是（相对长度的）百分比，默认高度为 1；align 属性设置水平线的对齐方式，value3 的值可以是 left（居左）、right（居右）、center（居中），默认是居中；color 属性设置水平线的颜色，颜色的取值是十六进制 RGB 颜色码或 HTML 给定的颜色常量名；noshade 属性不用赋值，当在标签中设置该属性，就表示画一条没有阴影的水平线（不加入此属性水平线将有阴影）。

**5. 预格式化标签<pre>**

功能：使文字在 HTML 中以排好的格式在浏览器中原样显示，也就是使空格、回车符等在浏览器中起作用。

语法:

```
<pre>预排格式的文本</pre>
```

说明:若用文本编辑器编好了一段文本,把它保存成网页文件,其文档中的回车、空格以及其他一些符号在浏览器中不起作用,常常需要加许多标签才能实现空格和换行等显示效果。如果在文档开头加上<pre>,在末尾加上</pre>,那么文档中间的回车换行符就能起作用,是空格的在浏览器显示为空格,回车换行符在浏览器中会起换行作用。

**6. 文本缩排标签<blockquote>**

功能:缩排标签用于实现页面文字的段落缩排。多次使用缩排标签可以实现多次缩排。

语法:

```
<blockquote>…</blockquote>
```

**【例4-5】** 段落标签和文字滚动标签举例。

```
程序清单4-5(example4_5.html):
<html>
<head>
    <title>段落标签和文字滚动标签示例</title>
</head>
</body>
<p>
    <marquee bgcolor="blue" behavior="alternate" direction="left"
        scrollamount="10" scrolldelay="100" width="800" height="20">
        <font color="white"><b>四时</b>
        </font>
    </marquee>
</p>
<p align="center">陶渊明</p>
<hr width=25% size=2 align="center" color="blue">
<p align="center">
    春水满四泽,夏云多奇峰。<br>秋月扬明晖,冬岭秀寒松。
</p>
<pre>
<marquee bgcolor="red" behavior="scroll" direction="right"
    scrollamount="20" scrolldelay="80" hspace="20" vspace="10">
    <font color="yellow"><b>《饮酒·其五》</b>
    </font>
</marquee>
          陶渊明
<hr width=50% size=5 align="left" color="red">
```

```
    结庐在人境,而无车马喧。
    问君何能尔?心远地自偏。
    采菊东篱下,悠然见南山。
    山气日夕佳,飞鸟相与还。
    此中有真意,欲辨已忘言。
</pre>
        &lt;&lt;山中问答 &gt;&gt;
<br>
            李白
<hr width=60% size=4 align="left" color="magenta">
    <blockquote>问余何意栖碧山,</blockquote>
<blockquote>
    <blockquote>笑而不答心自闲。</blockquote>
</blockquote>
<blockquote>
    <blockquote>桃花流水窅然去,</blockquote>
</blockquote>
<blockquote>别有天地非人间。</blockquote>
</body>
</html>
```

图 4-7 为网页文件 example4_5.html 在浏览器中显示的效果。

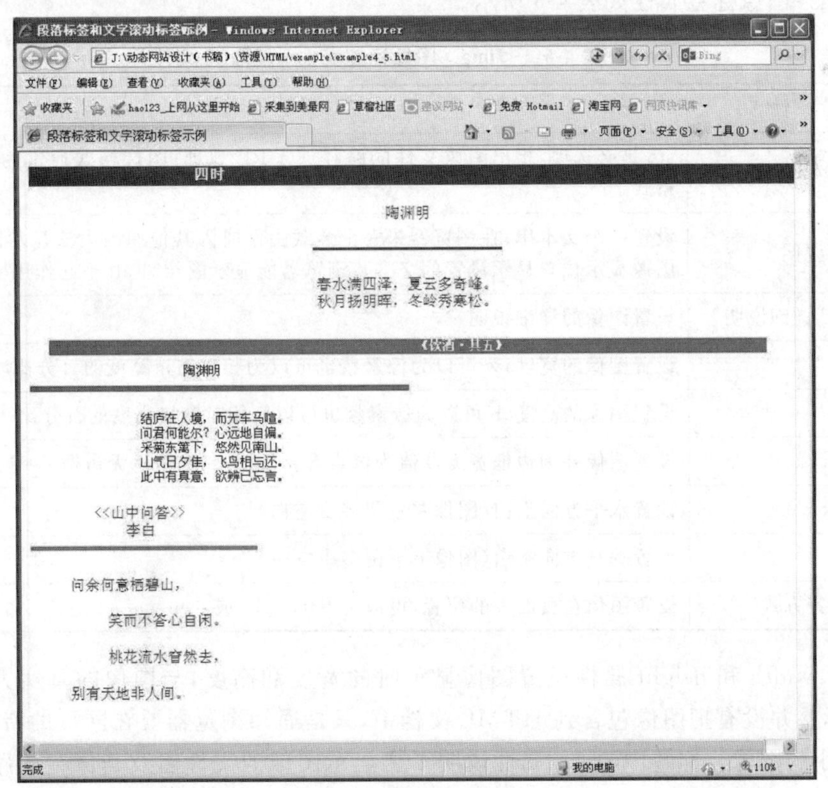


图 4-7　段落标签和文字滚动标签示例效果

# 4.3 图像与多媒体标签

网页中图像和多媒体的使用会使页面更加丰富多彩。

## 4.3.1 图像标签<img>

### 1. <img>图像标签功能

功能：在网页当前位置插入图像。

语法：

```
<img
    src=" image-URL"
    alt="简要说明"
    longdesc="详细说明"
    width="w"height="h"
    border="l"
    hspace="x"
    vspace="y"
    align="对齐方式">
```

<img>图像标签属性如表 4-6 所示。

表 4-6 <img>图像标签属性一览表

| 属　性 | 说　明 |
|---|---|
| src="image-URL" | src 是必选项，指出图像文件的路径或 URL 地址，图像格式通常为 jpg 或 gif 格式 |
| alt="简要说明" | 设置一个文本串，在浏览器未完全装载图像或因其他原因无法显示图像时，在图像显示位置显示设置的文本。浏览器能显示图像时 alt 不起作用 |
| longdesc="详细说明" | 设置图像的详细说明 |
| width="w" | 设置图像的宽度，w 可以为像素数也可以为相对窗口宽度的百分比 |
| height="h" | 设置图像的高度，h 可以为像素数也可以为相对窗口高度的百分比 |
| border="l" | 设置图像外围边框宽度，l 值为像素数。border=0 表示无边框 |
| hspace="x" | 设置水平方向空白(图像左右留多少空白) |
| vspace="y" | 设置垂直方向空白(图像上下留多少空白) |
| align="对齐方式" | 设置图像在页面中的位置，可以为 left，right 或 center |

说明：width 和 height 属性设置图像显示时的宽度和高度，与图像的真实大小无关。<img>标签并没有把图像包含到 HTML 文档中，只是通知浏览器要在网页的特定位置显示设定大小的图像。标签中的 src 属性说明了要显示图像的文件名及其保存的路径，这个路径可以是相对路径，也可以是网址。设置图像文件及其地址时常采用相对路径，所谓相对

路径是指所要链接或嵌入到当前 HTML 文档的文件以当前文件所存储的位置作为参考位置所形成的路径。当 HTML 网页文件与要链接或嵌入的图像文件(假设文件名是 welcome.jpg)在同一个目录下时,代码就可以写成<img src="welcome.jpg">;当图像文件放在当前的 HTML 网页文档所在目录的一个子目录(子目录名假设是 image)下,则代码应为<img src=" /image/welcome.jpg ">;当图像文件放在 HTML 网页文档所在目录的上层目录(目录名假设是 home)下,则图像相对路径为"../home/welcome.jpg "。即代码应为:<img src="../home/welcome.jpg ">;其中"../"表示后退一级目录,即退到 HTML 网页文件所在目录的上一级目录,然后在后边紧跟文件在网站中的路径 home/welcome.jpg。

**2. <img>视频标签功能**

功能:在网页中加入 avi 等格式的视频内容。

语法:

```
<img src="image-URL" dynsrc="avi-URL" loop="n" start="开始时间"
controlsloopdelay="时间间隔">
```

<img>视频标签属性如表 4-7 所示。

**表 4-7 <img>视频标签属性一览表**

| 属　性 | 说　明 |
|---|---|
| src="image-URL" | src 是必选项,指出图像文件的路径或 URL 地址,图像格式通常为 jpg 或 gif 格式。在未载入 avi 文件时,先在 avi 的播放区域显示该图像 |
| dynsrc="avi-URL" | 设置要播放的视频存放的路径和文件名 |
| loop="n" | 设置视频播放的次数。当次数设为 infinite 时,则视频反复播放直到浏览者离开该网页 |
| start="开始时间" | 设置视频文件开播时间,start 属性有 fileopen 和 mouseover 两个值。当值为 fileopen 时打开页面时视频就开始播放,当值为 mouseover 时鼠标移动到 avi 区时就开始播放。start 属性的默认值为 fileopen。另外,当鼠标在 avi 播放区单击时,也可使视频开始播放 |
| controls | 在视频播放区下面显示 Windows 的 avi 文件播放控制条 |
| loopdelay="时间间隔" | 设置视频两次播放的间隔时间,单位为 ms |
| width="w" | 设置视频播放区的宽度,w 可以为像素数也可以为相对窗口宽度的百分比 |
| height="h" | 设置视频播放区的高度,h 可以为像素数也可以为相对窗口高度的百分比 |
| align="对齐方式" | 设置视频播放区在页面中的位置,可以为 left,right 或 center |

### 4.3.2 背景音乐标签<bgsound>

功能:在网页中加入 wma、mp3 或者 mid 格式的声音。

语法:

```
<bgsound src="声音文件的 URL 地址" loop="n">
```

说明：src属性用于指明声音文件的URL地址；loop属性用于设定声音的播放次数，n取－1或infinite时，声音将一直播放到浏览者离开该网页为止。

### 4.3.3 多媒体标签<embed>

功能：在网页中添加Flash动画、MP3音乐、电影等多媒体。

语法：

```
<embed src="file-URL" height="h" width="w" hidden="hidden_value" autostart=
"autostart_value" loop="loop_value"></embed>
```

<embed>多媒体属性标签属性如表4-8所示。

表4-8 <embed>多媒体标签属性一览表

| 属　性 | 说　明 |
| --- | --- |
| src="file-URL" | src是必选项，设置多媒体文件所在的路径，多媒体文件包括SWF动画、MP3音乐、mpeg格式的视频和avi格式的视频 |
| height="h" | 设置多媒体播放区的高度，h可以为像素数也可以为相对窗口宽度的百分比 |
| width="w" | 设置多媒体播放区的宽度，W可以为像素数也可以为相对窗口宽度的百分比 |
| hidden=" hidden_value " | 设置播放面板的显示和隐藏。当hidden="true"时，隐藏面板；当hidden="false"时，显示面板 |
| autostart="autostart_value " | 用于设置多媒体内容是否自动播放。当autostart="true"时，自动播放；当autostart="false"时，不自动播放 |
| loop= " value" | 设置多媒体内容是否循环播放。当loop="false"时，仅播放一次。当loop="true"时，无限次循环次 |

【例4-6】 图像标签和多媒体标签举例。

**程序清单4-6(example4_6.html)：**

```
<html>
<!--文件名:example4_6.html-->
<!--图像标签和多媒体标签示例-->
<head>
    <title>图像标签和多媒体标签示例</title>
</head>
</body>
    <p align="left">BGSOUND背景音乐标签应用举例</p>
    <bgsound src="../material/music/html_cyzn.mp3" loop="infinite">
    <hr width="25%" color="blue" size="2" align="left">
    <p align="left">IMG图像标签应用举例</p>
    <hr width="25%" color="red" size="3" align="left">
    <p align="left"><img src="../material/image/html_img01.jpg" alt="山水画"
           width="300" height="200"></p>
```

```
    <embed src="../material/cartoon/jiangxue.swf" width="300" height="200"
      hidden="false" autostart="false" align="center" loop="false"></p>
</body>
</html>
```

图 4-8 为网页文件 example4_6.html 在浏览器中显示的效果。

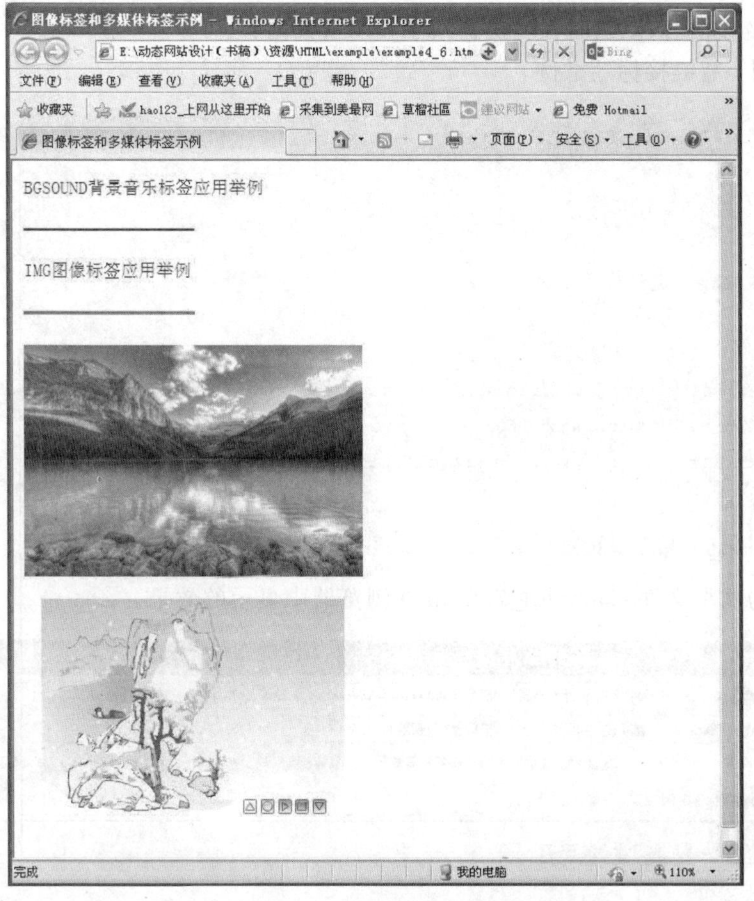


图 4-8 图像标签和多媒体标签示例效果

## 4.4 HTML 的超链接标签

超链接是网页页面之间相互链接的桥梁。浏览者通过超链接可以从当前页面跳转到其他位置，如互联网上的另一个 Web 页，本机硬盘或者网络上其他计算机的文件，FTP 或者 TELNET 站点，电子邮箱以及同一个页面的其他位置。

功能：建立超链接。

语法：

```
<a href="file-URL" target="value">链接热点</a>
```

属性说明如下。

(1) href：file-URL 是要链接目标的 URL 地址，可以是文件名，也可以是一个网页的 URL。

(2) target：指定打开链接的目标窗口。当 target＝"_self"时，在当前窗口显示链接内容；当 target＝"_blank"时，打开一个新窗口显示链接内容；当 target＝"_parent"时，在当前窗口的上一级窗口中显示链接内容；当 target＝"_top"时，忽略任何框架并在浏览器的整个窗口中显示链接内容；默认时在当前窗口中显示链接内容。

**【例 4-7】** 超链接标签举例。

```
程序清单 4-7(example4_7.html)：
<html>
<!--超链接标签示例-->
<head>
    <title>超链接标签示例</title>
</head>
<body>
    <a href="http://www.sohu.com" target="_self">搜狐网站</a>
    <a href="http://www.163.com" target="_blank">网易网站</a>
    <a href="http://www.ifeng.com" target="_parent">凤凰网</a>
</body>
</html>
```

图 4-9 为网页文件 example4_7.html 在浏览器中显示的效果。

图 4-9 超链接标签示例效果

## 4.5 HTML 的表格、列表与块容器标签

### 4.5.1 表格标签<table>

表格常用于将构成网页的文本和图像进行分隔、分块、分段，按行和列进行合理布局，使信息分类、分格，规范有序，逻辑清楚，层次清晰，增强网页的美感。

表格由表格标题、表头、行、列和单元格组成。可以根据需要对表格和单元格的背景和前景颜色进行设置，使页面呈现丰富多彩的特征。

创建表格的标签对是<table>…</table>，创建表格标题的标签对是<caption>…</caption>，创建表格内任一表头的标签对是<th>…</th>，创建表格内任一行的标签对是<tr>…</tr>，创建表格内任一单元格的标签对是<td>…</td>。一个表格的创建需要表格、标题、表头、行、单元格这5种标签的综合使用。

功能：<table>…</table>标签对用来创建表格。

语法：

```
<table summary="表格简要说明信息" bgcolor="color1" background="image-URL"
   border="value"bordercolor="color2"width="w"height="h"align="value">
      <caption align="top/bottom/left/right">表格标题</caption>
      <tr>
         <th>第 1 列表头</th>
         <th>第 2 列表头</th>
          ⋮
         <th>第 n 列表头</th>
      </tr>
      <tr>
         <td>第 1 行第 1 列单元格</td>
         <td>第 1 行第 2 列单元格</td>
          ⋮
         <td>第 1 行第 n 列单元格</td>
      </tr>
      <tr>
         <td>第 2 行第 1 列单元格</td>
         <td>第 2 行第 2 列单元格</td>
          ⋮
         <td>第 2 行第 n 列单元格</td>
      </tr>
      ⋮
      <tr>
         <td>第 n 行第 1 列单元格</td>
         <td>第 n 行第 2 列单元格</td>
          ⋮
         <td>第 n 行第 n 列单元格</td>
      </tr>
</table>
```

表格由<table>、<caption>、<th>、<tr>、<td>标签对共同创建，它们各自的功能如下。

（1）标签对<table>…</table>之间创建表格，内容包括标题、表头、行和单元格。<table>表格标签的属性如表4-9所示。

（2）<caption>…</caption>是表格标题的标签，该标签具有align属性，其值可以为left、right、center、top或bottom，分别对应标题在表格上部左边、表格上部右边、表格上部居中、表格上面或表格底部。

**表 4-9 <table>表格标签属性一览表**

| 属　性 | 说　明 | 示　例 |
| --- | --- | --- |
| summary="表格简要说明信息" | summary属性主要用来对表格的格式、内容等进行简要说明,这些说明信息并不在网页上显示,仅起到对表格的注释作用 | summary="本表是优秀学生的名单" |
| bgcolor="colorl" | 设置表格的背景颜色,colorl的值与body标签中的第11项颜色属性取值相同 | <table bgcolor="#ff7a8b"> |
| background="image-URL" | 设置表格的背景图像,image-URL指明图像的URL地址 | <table background="example.jpg"> |
| border="value" | 设置表格边框线的宽度(粗细),value取整数,单位是像素数,value可以加英文引号括起来,也可以不加 | <table border="2"> |
| bordercolor="color2" | 设置表格边框线的颜色,color2的值与body标签中的第11项颜色属性取值相同 | <table bordercolor="red" |
| width="w" | 设置表格的宽度,w取值为像素数或相对于窗口的百分比 | <table width="300"> |
| height="h" | 设置表格的高度,取值为像素数或相对于宽度的百分比 | <table height="70%"> |
| align="value" | 设置表格在页面中的相对位置,value取值为left表示表格居左,为right表示表格居中,为center表示表格居中,为top表示表格居页面顶部,为bottom表示表格居页面底部 | <table align=="center"> |

(3) 标签对<tr>…</tr>用来定义表格的一行,按照HTML语法规定,<tr>…</tr>标签对只能嵌套在<table>与</table>标签对之间使用,同样<th>…</th>和<td>…</td>标签对也必须嵌套在<tr>…</tr>标签对之间使用。

(4) 标签对<th>…</th>用来定义表格某一列的名称,也就是表格某一列的表头及其内容。一个表格有几列就需要几对<th>…</th>分别定义每列名称,所有列的名称构成表格的表头。<th>…</th>标签对可以并联使用,表格头的字体通常是黑体且居中显示。

(5) 标签对<td>…</td>用来定义表格的单元格及其内容,表格有几列一般每一行也同样有几个单元格,每一个单元格及其内容都需要一对<td>…</td>标签来设定。

<tr>、<th>和<td>标签的属性如表4-10所示。

**表 4-10 <tr>、<th>和<td>标签属性一览表**

| 属　性 | 说　明 | 示　例 |
| --- | --- | --- |
| align="value" | 设置行或者单元格内内容的对齐方式,value取值为left表示内容靠左对齐,为right表示内容靠右对齐,为center表示内容居中对齐 | <tr align=="left"><br><td align=="right"> |

续表

| 属　　性 | 说　　明 | 示　　例 |
|---|---|---|
| valign="value" | 设置单元格内内容的对齐方式，value 取值为 top 表示内容靠上对齐，为 bottom 表示内容靠下对齐，为 middle 表示内容居中对齐 | <tr align=="left"><br><td valign=="bottom"> |
| bgcolor="color" | 设置单元格的背景颜色，color 的值与 body 元素中的颜色属性取值相同。默认为白色 | <td bgcolor =="red"> |
| background="Image-URL" | 设置单元格的背景图像，image-URL 指明图像的 URL 地址 | <td background ="beijing.jpg"> |
| width="w",height="h" | 设置单元格的宽度和高度，w、h 的取值为像素数或相对于窗口的百分比。默认为自动分配 | <td width="20",height="10"> |
| rowspan=n | 设置单元格向下跨 n 行，相当于合并了 n 行单元格，n≤表格行数 | <td rowspan=3> |
| colspan=m | 设置单元格向右跨 m 列，相当于合并了 m 列单元格，n≤表格列数 | <td colspan=2> |
| nowrap | <td>元素有 nowrap 属性，禁止表格单元格内的内容自动换行 | <td nowrap> |

说明：

(1) <caption>、<th>、<td>标签之间可以嵌套其他格式标签，如<p>、<font>等。

(2) <th>、<td>均可以作为单标签使用。

(3) <th>标签还可以用于每行的第一列，设置列标题。

(4) 单元格内容可以是文字，也可以是图像。

(5) 表格可以嵌套，通过表格嵌套可以产生复杂的表格。

**【例 4-8】** 表格标签综合应用举例。

**程序清单 4-8(example4_8.html)：**

```
<html>
<head>
    <title>表格标签综合应用示例</title>
</head>
<body>
<table border="1" align="center">
    <caption align="center">网站开发人员招聘一览表</caption>
    <tr>
        <th>招聘岗位</th>
        <th>工作内容</th>
        <th>要求</th>
    </tr>
```

```
    <tr>
        <td rowspan=2>Java 工程师</td>
        <td>Java 程序设计</td>
        <td>熟练掌握 Java Web 设计技术</td>
    </tr>
    <tr>
        <td>JSP 程序设计</td>
        <td>熟练掌握 JSP 开发技术,一年以上工作经验</td>
    </tr>
    <tr>
        <td rowspan=1>测试工程师</td>
        <td>软件测试</td>
        <td>负责制定软件测试方案,二年以上工作经验</td>
    </tr>
    <tr>
        <td rowspan=2>.NET 工程师</td>
        <td>C# 程序设计</td>
        <td>熟练掌握.NET Framework 技术,一年以上工作经验</td>
    </tr>
    <tr>
        <td>ASP.NET 工程师</td>
        <td>熟练掌握 ASP.NET 技术,两年以上工作经验</td>
    </tr>
</table>
</body>
</html>
```

图 4-10 为网页文件 example4_8. html 在浏览器中显示的效果。

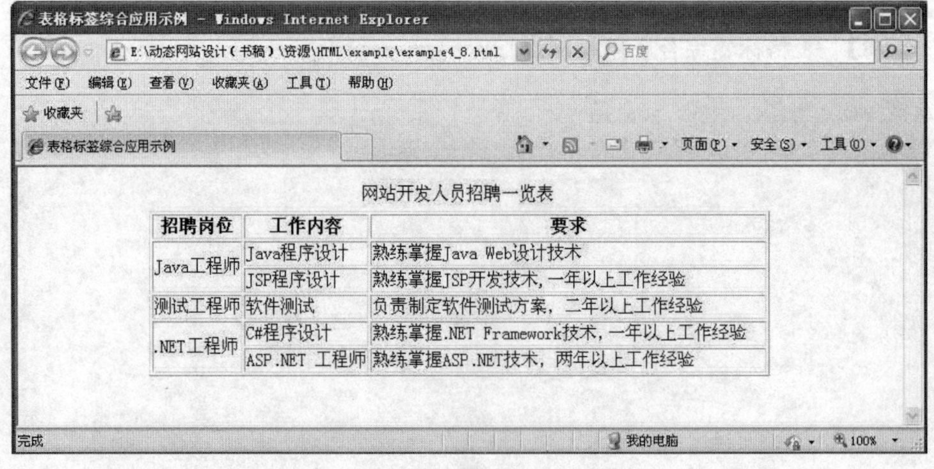


网站开发人员招聘一览表

| 招聘岗位 | 工作内容 | 要求 |
|---|---|---|
| Java工程师 | Java程序设计 | 熟练掌握Java Web设计技术 |
| | JSP程序设计 | 熟练掌握JSP开发技术,一年以上工作经验 |
| 测试工程师 | 软件测试 | 负责制定软件测试方案,二年以上工作经验 |
| .NET工程师 | C#程序设计 | 熟练掌握.NET Framework技术,一年以上工作经验 |
| | ASP.NET 工程师 | 熟练掌握ASP.NET技术,两年以上工作经验 |

图 4-10　表格标签综合应用示例效果

## 4.5.2 列表标签

列表标签主要使网页中级别相同的内容按条目显示，起到清晰明了的作用。列表分为无序列表、有序列表和定义列表三种，分别如下。

**1. 无序列表<ul>**

功能：定义无序列表。

语法：

```
<ul type="value">
    <li type="value">列表项目 1</li>
    <li type="value">列表项目 2</li>
    ⋮
    <li type="value">列表项目 n</li>
</ul>
```

说明：

(1) <ul>…</ul>标签对和<li>…</li>标签对配合并嵌套使用来定义无序列表。<ul>…</ul>标签对标识无序列表的开始和结束，<li>…</li>标签对用来定义无序列表中的具体条目，有几项条目就需要几对标签对来定义，<li>…</li>标签对内还可以嵌套使用像<hn>标题标签或者<font>字体标签等。

(2) <ul>标签和<li>标签都具有 type 属性。type 属性的值 value 有 3 种选择：当 value="disc"时，列表符号为●(实心圆)；当 value="circle"时，列表符号为○(空心圆)；当 value="square"时，列表符号为■(实心方块)。在一个列表中，尽管不同的列表项目可以用不同的列表符号，但一般情况下还是设置相同的列表符号。

**2. 有序列表<ol>**

功能：定义有序列表，列表中各项的序号由浏览器自动给出。

语法：

```
<ol type="value1" start="value2">
    <li type="value">列表项目 1</li>
    <li type="value">列表项目 2</li>
    ⋮
    <li type="value">列表项目 n</li>
</ol>
```

说明：

(1) <ol>…</ol>标签对和<li>…</li>标签对配合并嵌套使用来定义有序列表。<ol>…</ol>标签对标识有序列表的开始和结束，<li>…</li>标签对用来定义有序列表中的具体条目，有几项条目就需要几对标签对来定义，<li>…</li>标签对内还可以嵌套使用像<hn>标题标签或者<font>字体标签等。

(2) <ol>标签具有 type 属性和 start 属性。type 属性的值 value1 取值及其含义:当 value1=1 时,用数字 1、2、3 等来设置有序列表的序号;当 value1=A 时,用大写字母 A、B、C 等来设置有序列表的序号;当 value1=a 时,用小写字母 a、b、c 等来设置有序列表的序号;当 value1=I 时,用大写罗马字母 Ⅰ、Ⅱ、Ⅲ 等来设置有序列表的序号;当 value1=i 时,用小写罗马字母 i、ii、iii 等来设置有序列表的序号;type 属性的值默认是 1。start 属性的值 value2 指定列表从哪个数字或者字母开始,例如,对于 type 属性值 value1=a 的有序列表,当 start 属性的值 value2=3 时,这个有序列表的第一项将从 c 开始,接下来为 d、e、f 等;对于 type 属性值 value1=i 的有序列表,当 start 属性的值 value2=2 时,这个有序列表的第一项将从Ⅱ开始,接下来为Ⅲ、Ⅳ、Ⅴ、Ⅵ等。<li>标签有属性 type,其值 value 可以把当前项的列表编号设定为特定的值。

**3. 定义列表<dl>**

功能:定义术语及其概念内容。

语法:

```
<dl compact>
    <dt>术语
    <dd>术语定义 1
    <dd>术语定义 2
    <dt>术语
    <dd>术语定义
</dl>
```

说明:定义列表的任何一项都由术语及术语的定义两部分组成,由<dl>标签开始,</dl>标签结束。列表项嵌套在<dl>…</dl>标签对之间,表中可以有若干列表项,每个列表项都有两部分,一部分是用<dt>标签标识的"术语",另一部分是由标签<dd>标识的"术语"的定义。<dl>标签有 compact 属性,该属性存在时,术语及其定义在网页的同一行里显示。

**【例 4-9】** 列表标签综合应用举例。(文件名:example4_9.html)

```
程序清单 4-9(example4_9.html):
<html>
<!--列表标签综合应用示例-->
<head>
    <title>列表标签综合应用示例</title>
</head>
<body>
    <h3>
        <font color="red">无序列表标签举例</font>
    </h3>
    <h4>我最喜欢的体育运动</h4>
    <ul type="disc">
```

```
        <li>游泳</li>
        <li>篮球</li>
        <li>乒乓球</li>
        <li>排球</li>
    </ul>
    <h3>
    <font color="blue">有序列表标签举例</font>
    </h3>
    <h4>我最喜欢的旅游景点</h4>
    <ol type="i">
        <li>杭州西湖</li>
        <li>黄山</li>
        <li>张家界</li>
        <li>峨眉山</li>
    </ol>
    <h3>
        <font color="green">定义列表标签举例</font>
    </h3>
    <dl>
        <dt>科学家
        <dd>科学家是指专门从事科学研究并以此为生的人士,包括自然科学家和社会科学家
两大类。所有自然科学和社会科学的研究人员,达到了一定的造诣,获得了有关部门和行业内的
认可,均可以称之为科学家。
    </dl>
    <dl compact>
        <dt>导游
        <dd>导游主要分为中文导游和外语导游。其主要工作内容为引导游客感受山水之美,
解决旅途中可能出现的突发事件,并给予游客食、宿、行等方面的帮助。
    </dl>
</body>
</html>
```

图 4-11 为网页文件 example4_9.html 在浏览器中显示的效果。

### 4.5.3 块容器标签<div>和<span>

在设计网页版面时,有时需要将页面分成几个块,这些块就像一个个容器,把构成页面的文字、图像、动画等内容组装在一起,使得页面更具条理性。

**1. <div>标签**

功能:网页中定义独立的块容器。

语法:

```
<div align="value1" style="value2">
</div>
```

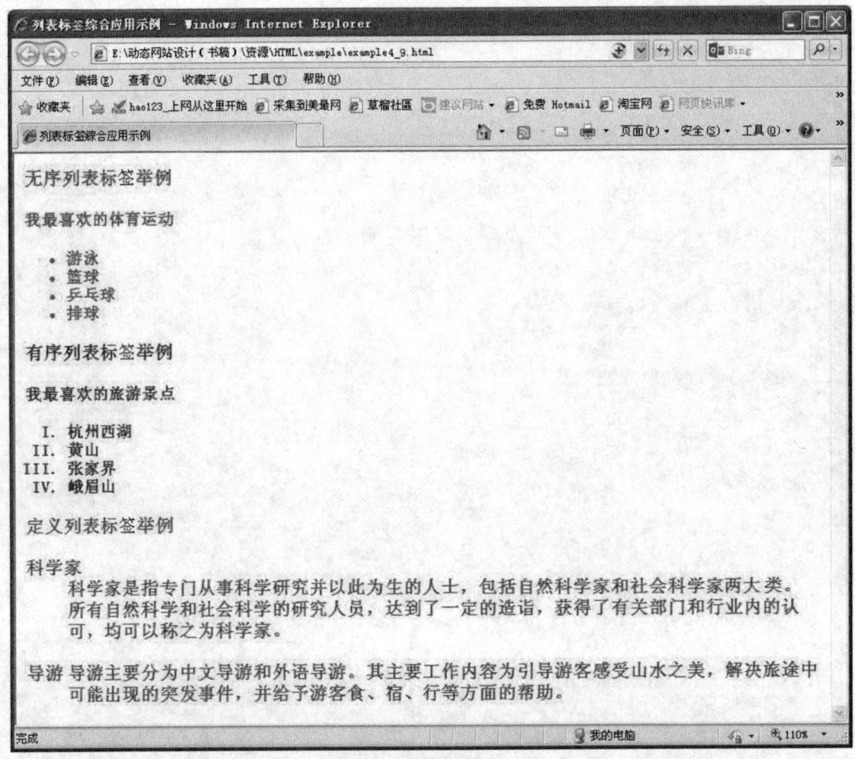


图 4-11　列表标签综合应用示例效果

说明：<div>…</ div >标签对定义一个独立的块，块前和块后都会自动换行，标签对之间构成块容器，可以容纳 HTML 标签及其显示的元素。块是一个独立的对象，可以被调用。<div>标签有 align 属性和 style 属性。align 属性设置块内元素的对齐方式，当其值 value1＝" left"时表示块内元素左对齐，为 right 时右对齐，为 center 时居中对齐，为 justify 时两端对齐。style 属性设置块内元素的显示样式，包括字体、字符颜色、背景色等。

### 2. <span>标签

功能：把网页中的一行的某些部分定义为独立容器块。

语法：

```
<span>…</ span>
```

说明：<span>…</span>标签对定义一个独立的容器块，该容器块处于一行，块前和块后不会自动换行，标签对之间可以容纳 HTML 标签及其显示的元素。<span>标签没有 align 属性。

**【例 4-10】** 块容器标签综合应用举例。

**程序清单 4-10(example4_10.html)：**

```
<html>
<!--块容器标签综合应用示例-->
<head>
```

```
    <title>块容器标签综合应用示例</title>
</head>
<body>
    <div style="background:e0e0e0">
             
        <img src="..\material\image\html_img05.jpg" width=80 height=60>
        <font size=2>紫罗兰</font>
    </div>
    <br>
    <br>
    <span style="background:e0e0e0">
        <font size=2>茉莉花</font>
        <img src="..\material\image\html_img06.jpg" width=80 height=60>
    </span>
         
    <span style="background:e0e0e0">
        <font size=2>睡莲</font>
        <img src="..\material\image\html_img07.jpg" width="80" height=60>
    </span>
</body>
</html>
```

图 4-12 为网页文件 example4_10.html 在浏览器中显示的效果。

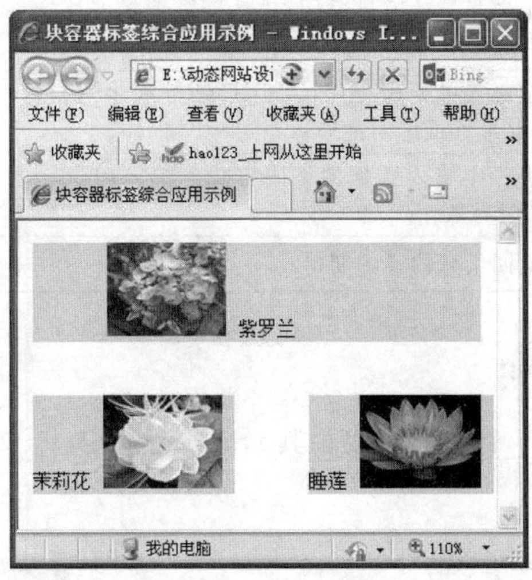


图 4-12　块容器标签综合应用示例效果

## 4.6　表单标签

表单是 HTML 页面提供与客户进行信息交互的重要手段。表单的主要功能如下。

(1) 提供信息输入的控件,如单选按钮、文本框、下拉列表等。

(2) 指出信息提交的方式,说明信息以何种方式提交给服务器。

(3) 说明服务器端由哪个程序来接收处理浏览器端客户上传的数据信息。

### 4.6.1 表单标签<form>…</form>

功能：在网页中定义表单。

语法：

```
<form name="form_name" method="value" action="URL" enctype="type">…</form>
```

<form>表单标签属性如表 4-11 所示。

**表 4-11 <form>表单标签属性一览表**

| 属　性 | 说　明 | 示　例 |
| --- | --- | --- |
| name="form_name" | name 属性是可选项，主要用来定义表单的名字，以便区别多个表单 | <form name="personal_information"> |
| method="value" | 设定客户端浏览器和后台服务器处理程序间表单数据的传送方式，value 值可以是 get 或 post。get 方式表示页面表单中输入的数据附加到 action 属性指定的 URL 后面，以请求参数的形式向服务器端发送，这种方式传送的数据量是有限制的，一般限制在 1KB 以下，而且这些数据在浏览器的地址栏里面会显示，不够安全；post 方式下数据传送时，表单的数据和处理程序分开，要发送的数据被封装在消息体中，传送的数据量要比使用 get 方式大得多，而且相对安全 | <form method="get">或者<form method="post"> |
| action="URL" | 用来定义表单处理程序(ASP、CGI 等程序)的位置(相对地址或绝对地址) | <form action="http://www.163.com/counter.cgi"> |
| enctype="type" | 设置表单中输入数据的编码方式。在 method="post"时有效 | |
| target | 设置返回信息的显示窗口 | |

### 4.6.2 输入标签<input>

功能：在网页上定义一个控件，类型由其 type 属性决定。

语法：

```
<form>
    <input type="v1" name="v2" value="v3" maxlength="v4" size="v5"…>
</form>
```

输入标签<input>必须放在<form>标签对之间，其属性如表 4-12 所示。

**表 4-12 <input>输入标签属性一览表**

| 属　性 | 说　明 | 示　例 |
| --- | --- | --- |
| type="v1" | type 属性主要用来定义输入控件的类型，type 属性的值及其类型详见表 4-13 | <input type="button">或者<input type="text"> |

续表

| 属　性 | 说　明 | 示　例 |
|---|---|---|
| name="v2" | name属性用于定义控件的名称。以便区分同一表单中相同类型的控件。服务器通过控件的名称来获取控件中输入的数据 | <input name="filename">或者<input name="password"> |
| value="v3" | value属性用来设定控件输入域的初始值 | < input name="age " value="20"> |
| maxlength="v4" | maxlength属性用来设置控件输入域中允许最多输入的字符个数 | < input maxlength="10"> |
| size="v5" | size属性用来设置控件输入域的大小 | < input size="20"> |
| checked | checked属性用来设置单选按钮和复选按钮控件的初始状态 | < input checked = true >或者< input checked =false > |
| url | url属性的值指明了图像按钮控件中使用的图像保存的位置 | |
| align | align属性的值指明了图像的对齐方式 | |

输入标签<input>的type属性如表4-13所示。

**表4-13　输入标签<input>的type属性一览表**

| type属性的值 | 控件类型及其作用 |
|---|---|
| type="text" | 控件是文本输入框，用于输入文字和数字等 |
| type="password" | 控件是密码输入框，用于输入密码，输入的文字均以星号（*）或圆点显示。此时maxlength属性设置密码输入框的最大输入字符数；size为密码输入框的宽度 |
| type="file" | 控件是文件输入域，用户可在域内填写文件路径，然后通过表单上传，实现文件输入域的基本功能，如在线发送E-mail时，常用文件输入域添加邮件附件。文件输入域的外观是一个文本框加一个"浏览"按钮，用户可直接将要上传给网站的文件的路径写在文本框内，也可通过单击"浏览"按钮，在计算机中找到要上传的文件 |
| type="button" | 控件是按钮，可以是普通按钮、提交按钮或者复位按钮。主要是用来配合程序（如JavaScript脚本）进行表单处理 |
| type="submit" | 控件是提交按钮，单击该按钮，将表单中数据向服务器提交 |
| type="radio" | 控件是单选按钮radio，使浏览者进行项目的单项选择 |
| type="checkbox" | 控件是复选框checkbox，使浏览者进行项目的多项选择，其中，checked表示此项被默认选中；value表示选中项目后传送到服务器端的值 |
| type="reset" | 控件是"重置"按钮reset，单击"重置"按钮，可以清除表单的内容，恢复默认的表单内容 |
| type="image" | 控件是图像按钮，单击图像将表单数据发送到服务器 |
| type="hidden" | 控件是隐藏表单组件，把表单中的一个或者多个表单组件隐藏起来 |
| type="textarea" | 控件是多行文本框，用于输入多行文本 |

### 4.6.3 下拉列表框标签<select>…</select>

功能：在网页上定义菜单、列表框或者滚动式列表框。

语法：

```
<form>
    <select name="v1" size=v2>
        <option value="v11">选项 1
        <option value="v12">选项 2
        ⋮
        <option value="v1n">选项 n
    </select>
</form>
```

说明：<select>和<option>标签配合设计网页中的菜单和列表，<select>标签对必须放在<form>标签对之间。<select>标签有 3 个属性，如表 4-14 所示。

**表 4-14 <select>标签属性一览表**

| 属 性 | 说 明 | 示 例 |
|---|---|---|
| name="v1" | name 属性的值 v1 是菜单或者列表的名称 | <select name="country"> |
| size=v2 | size 属性的值 v2 设置列表能显示的选项数目 | <select name="country" size=6> |
| multiple | 允许进行多项选择 | |

<option>标签用来设定列表或菜单的一个选项，它必须放在<select>和</select>标签对之间。<option>标签有 2 个属性，如表 4-15 所示。

**表 4-15 <option>标签属性一览表**

| 属 性 | 说 明 | 示 例 |
|---|---|---|
| value | 设定控件的初始值 | <option value="v11"> |
| selected | 表示该项预先选定 | <option id="orange" selected="true">Orange</option> |

### 4.6.4 多行文本框标签<textarea>…</textarea>

功能：在网页上定义多行文本框，用于输入多行文本。

语法：

```
<textarea name=" v1" cols=m  rows=n>…</textarea>
```

说明：<textarea>标签的 name 属性的值 v1 用于定义文本框的名字，cols 属性的值 m 用于设定文本行的宽度，rows 属性的值 n 用于设定文本框中最大的文本行数。

【例 4-11】 表单标签综合应用举例。

**程序清单 4-11(example4_11.html):**

```
<html>
<!--表单标签综合应用示例-->
<head>
    <title>表单标签综合应用示例</title>
</head>
<body>
    <h3 align="center">留学申请</h3>
    <hr width=700 align="left">
    <form method="post" action="university_select.asp"
        name="university_application">
        请输入姓名:<input type="text" name="student_name" size=12 maxlength=6>
        <p>
        请输入密码:<input type="password" name="passwd" size=12 maxlength=6>
        <p>
        请输入性别:<select name="sex">
                <option>男</option>
                <option>女</option>
            </select>
        <p>请选择大学,可选择多所</p>
        <input type="checkbox" name="university1" checked>普林斯顿大学
        <input type="checkbox" name="university2">哈佛大学
        <input type="checkbox" name="university3">耶鲁大学
        <input type="checkbox" name="university4">哥伦比亚大学
        <input type="checkbox" name="university5">斯坦福大学
        <input type="checkbox" name="university6">麻省理工学院
        <p>
        请选择付学费方式 <input type="radio" name="paymethod">现金
        <input type="radio" name="paymethod" checked>信用卡
        <p>
        请上传个人简历文件:
        <input type="file" name="profile" size=20 maxlength=21>
        <p>
        <textarea name="needtxt" cols=80 rows=4>请留言:</textarea>
        <p>
        <input type="reset" name="reset_button" value="取消">
        <input type="submit" name="affirm_button" value="提交">
        <p>
    </form>
</body>
</html>
```

图 4-13 为网页文件 example4_11.html 在浏览器中显示的效果。

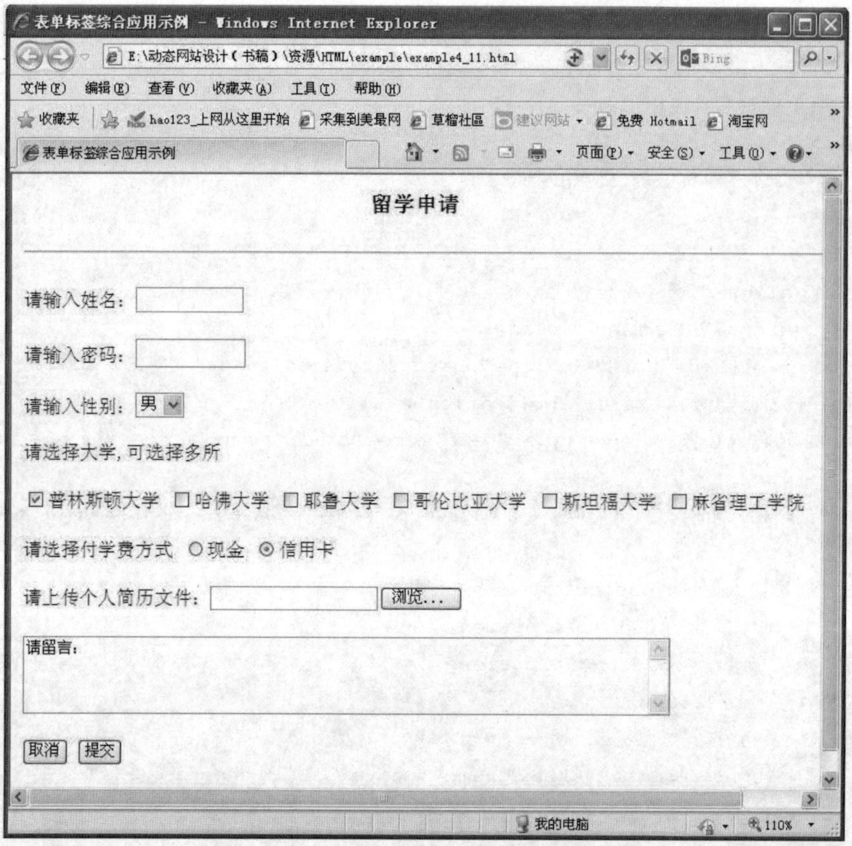

图 4-13　表单标签综合应用示例效果

## 4.7　窗口框架标签

框架标签<frameset>的作用是把浏览器窗口划分成几个大小不同的子窗口，在每个子窗口装载各自的 HTML 网页文件显示不同的页面，使浏览者可在同一时间浏览不同的页面。

### 4.7.1　窗口框架标签<frameset>

功能：<frameset>标签在网页上定义窗口框架集，<frame>标签定义窗口框架，作用是分割页面窗口，将网页划分成几个独立的显示区域。

语法：

```
<frameset rows="行高列表" cols="列宽列表" frameborder=0|1 border=n
    bordercolor="color">
    <frame src="file_name" name="window_name">…</frame>
</frameset>
```

说明：框架标签对<frame>…</frame>必须放在<frameset>…</frameset>框架集标签对之间使用，两个标签对必须配合使用，框架集标签的属性如表4-16所示。

**表4-16 <frameset>框架集标签属性一览表**

| 属　性 | 说　明 | 示　例 |
|---|---|---|
| rows="行高列表" | rows属性用来说明窗口水平分割情况，"行高列表"是一组用"，"分隔的数值，分别指明各个子窗口的高度，数值单位可以是像素，也可以是整个浏览器窗口的百分数或者*号，其中*表示剩余部分 | <frameset rows="40%,20%,*"><br>或者<br><frameset rows="40%,*,*"> |
| cols="列宽列表" | cols属性用来说明窗口垂直分割情况，"列宽列表"是一组用"，"分隔的数值，分别指明各个子窗口的宽度，数值单位可以是像素，也可以是整个浏览器窗口的百分数或者*号，其中*表示剩余部分 | <frameset cols="30%,40%,*"><br>或者<br><frameset cols="20%,50%,*"> |
| frameborder=0\|1 | 用来设定框架中所有的子窗口是否有边框，当属性值是1时有边框，是0时无边框 | <frameset frameborder=1><br>或者<br><frameset frameborder=0> |
| framespacing="value" | 设定框架集边框的宽度 | <frameset framespacing="20"> |
| border=n | 设定框架边框的宽度，其单位是像素 | <frameset border=6> |
| bordercolor="color" | 设定框架边框的颜色 | <frameset bordercolor="red"> |

页面框架由框架集和框架两部分组成，框架集定义了把一个网页分成相对独立的几个显示区域、定义了每个显示区域的长和宽。每个显示区域都能载入独立的网页。框架是指网页上定义的一个显示区域。在使用了框架集的页面中，页面的<body>标签被<frameset>标签取代，通过<frame>标签定义每一个框架。

<frame>标签有src、name、scrolling和noresize 4个属性。src属性用于设定框架（独立的页面显示区域）中要装载网页文件，其属性值就是网页文件名称及其保存的路径。name属性设定框架的名称，以区别同一框架集内几个不同的框架。框架名称必须以字母开始，框架名称区分大小写。scrolling属性设置是否显示滚动条，其属性值为yes时显示滚动条，为no时不显示。noresize属性存在时禁止改变框架的大小。

### 4.7.2 不支持框架标签<noframes>

功能：<noframes>…</noframes>标签对放在<frameset>…</frameset>标签对之间，用来在不支持框架的浏览器中显示网页页面。

语法：

```
<frameset>
    <noframes>…</noframes>
</frameset>
```

【例 4-12】 窗口框架标签综合应用举例。本例子由 5 个网页文件组成,内容如下。

**程序清单 4-12(example4_12.html):**

文件 1: example4_12.html。

```
<html>
<!--框架标签综合应用示例-->
<head>
    <title>框架标签综合应用示例</title>
</head>
<frameset rows="20%,*" frameborder=1 border=3 bordercolor="red">
    <frame src="example4_12_top.html" scrolling="no" name="top"></frame>
    <frameset cols="30%,*" frameborder=1 border=2 bordercolor="blue">
        <frame src="example4_12_bottom_left.html" scrolling="yes"
            name="bottom_left"></frame>
        <frame src="example4_12_bottom_right01.html" scrolling="yes"
            name="bottom_right"></frame>
        <noframes>
            <body>对不起,您的浏览器不支持框架!!!
            </body>
        </noframes>
    </frameset>
</frameset>
</html>
```

文件 2: example4_12_top.html。

```
<html>
<!--窗口顶部区域-->
<head>
    <title>我的业余爱好</title>
</head>
<body>
    <center>
        <font face="隶书" size=30 color="red"><b>我的业余爱好</b>
        </font>
</body>
</html>
```

文件 3: example4_12_bottom_left.html。

```
<html>
<head>
    <title>我的业余爱好</title>
</head>
<body>
    <center>
        <font face="华文行楷" color="blue">
            <p>
```

```
    <a href="example4_12_bottom_right01.html"target="bottom_right">我喜欢的
体育运动</a>
    </p><a href="example4-12_bottom_right02.html" target="bottom_right">我喜
欢的旅游景点</a>
        </font>
</body>
</html>
文件 4: example4_12_bottom_right01.html。
<html>
<head>
    <title>我喜欢的体育运动</title>
</head>
<body>
    <center>
        <font face="华文新魏" size=10 color="green">
            <ul>
                <li>篮球</li>
                <li>排球</li>
                <li>游泳</li>
                <li>网球</li>
                <li>登山</li>
            </ul></font>
</body>
</html>
文件 5: example4_12_bottom_right02.html。
<html>
<head>
    <title>我喜欢的旅游景点</title>
</head>
<body>
    <center>
        <font face="华文新魏" size=10 color="#f71217">
            <ol>
                <li>普陀山</li>
                <li>峨眉山</li>
                <li>五台山</li>
                <li>清凉山</li>
                <li>龙虎山</li>
            </ol></font>
</body>
</html>
```

图 4-14 为网页文件 example4_12. html 在浏览器中显示的效果。

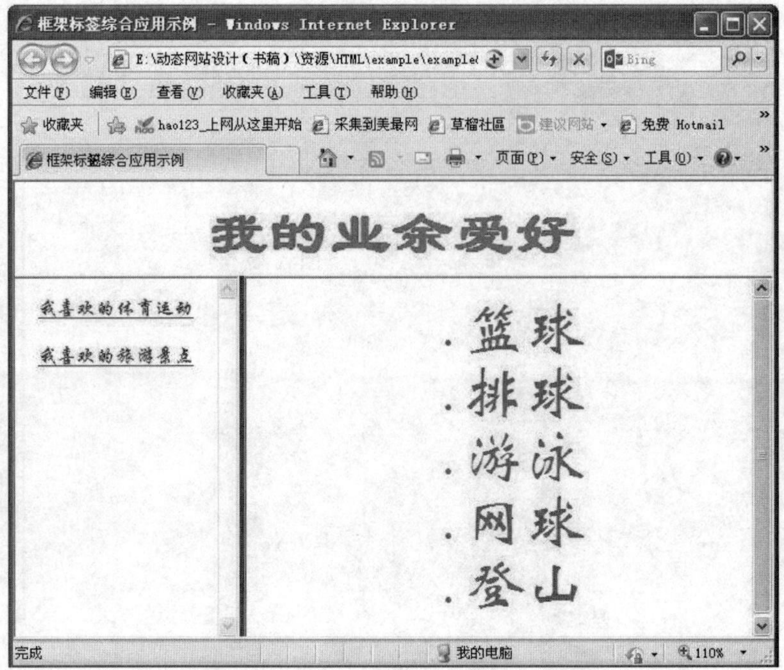


图 4-14 框架标签综合应用示例效果

## 4.8 页面动态刷新和浮动窗口标签

### 4.8.1 页面动态刷新标签<meta>

功能：页面动态刷新标签<meta>用来实现在浏览器中显示一个网页页面几秒钟后，自动跳转到另一个页面。

语法：

```
<meta http-equiv="refresh" content="seconds;url=destination_address">
```

说明：<meta>标签有 http-equiv、content、url 3 个属性。其中，http-equiv 属性的值 refresh 指明网页能动态刷新；content 属性的值 seconds 设定隔多少秒后跳转到另一个页面，如 content＝8 时表明显示当前页面 8s 后自动跳转到另一个页面；url 指定了自动跳转页面的网页文件在网络中的存放位置和名称。

**【例 4-13】** 页面动态刷新标签应用举例。

```
程序清单 4-13(example4_13.html):
<html>
<!--页面动态刷新标签应用示例-->
<head>
<meta http-equiv="refresh" content="8;url=example4_12.html">
    <title>页面动态刷新标签应用示例</title>
```

```
</head>
<body>
    <p>你好!本例测试页面动态刷新标签。</p>
    <p>8 秒钟后自动打开上一节的框架标签综合应用示例网页。
    <p>
</body>
</html>
```

图 4-15 为网页文件 example4_13.html 在浏览器中显示的效果,等待 8s 后页面动态刷新自动显示图 4-14 所示的页面,读者可以自己测试一下。

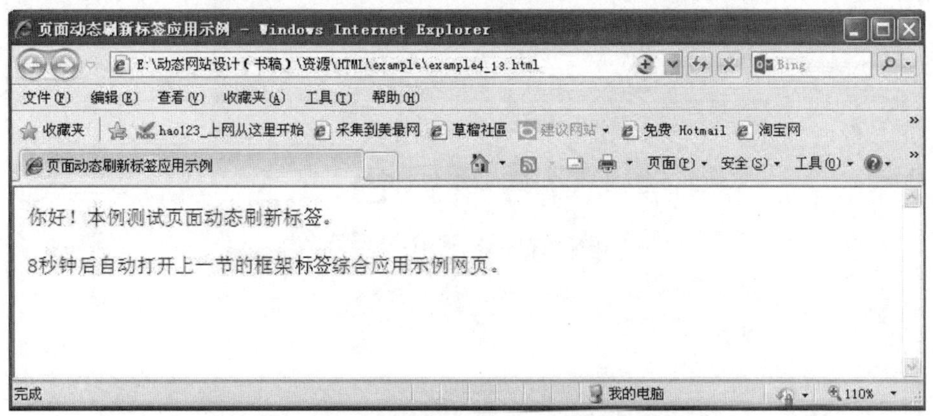


图 4-15　页面动态刷新标签应用示例效果

### 4.8.2　浮动窗口标签<iframe>

功能：在当前页面中创建一个浮动窗口。

语法：

```
<iframe>浏览器不支持浮动窗口时,在此需要文字说明 </iframe>
```

说明：<iframe>标签在页面内部创建一个浮动窗口,其使用方法和<frame>标签类似。

**【例 4-14】** 浮动窗口标签应用举例。

```
程序清单 4-14(example4_14.html):
<html>
<!--浮动窗口标签应用示例-->
<head>
    <title>浮动窗口标签应用示例</title>
</head>
<body>
    <iframe name="float_window" width=800 height=400>浮动窗口 </iframe>
    <p>
```

```
        <a href="example4_2.html" target="float_window">标题标签示例</a>
        <a href="example4_3.html" target="float_window">文字格式标签示例</a>
    </p>
</body>
</html>
```

图 4-16 为网页文件 example4_14. html 在浏览器中测试的效果，本例题用到了标题标签和文字格式标签例题的网页文件。

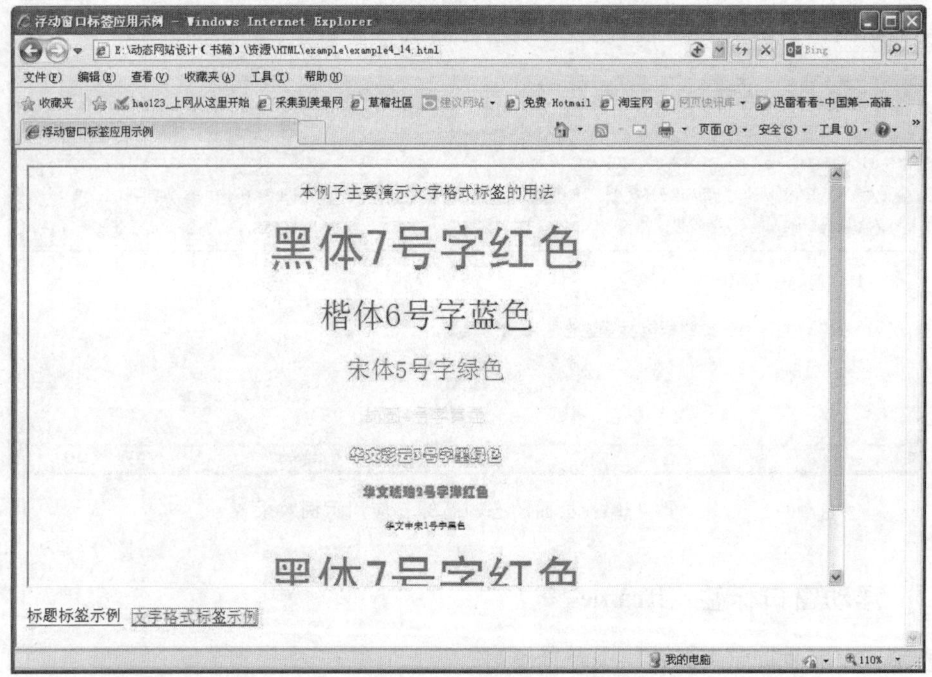


图 4-16　浮动窗口标签应用示例效果

## 4.9　网页中嵌入 Java 语言小程序的标签＜applet＞

功能：将 Java 语言编写的小程序嵌入到 HTML 编写的网页中，在浏览器环境中执行。

语法：

```
<applet code="file_name" width=w height=h></applet>
```

说明：＜applet＞标签有 code、width、height 3 个属性。其中，code 属性的值" file_name"指明网页 HTML 代码中嵌入的 Java 小程序生成的字节码文件(由 Java 源程序编译得到)名称；width 属性的值 w 和 height 属性的值 h 分别设定了 Java 小程序运行结果在网页中出现的窗口宽度和高度。

下面给出一个例题，本例题由网页文件(文件名：example4_15. html)和 Java 程序字节码文件(文件名：testapplet. class)组成，其中，testapplet. class 字节码文件由 Java 源程序文件 testapplet.java 编译而来。该例题要想正确测试，必须首先在测试计算机里安装好 Java 开发环境。

**【例 4-15】** 网页中嵌入 Java 小程序的标签应用举例。

**程序清单 4-15(example4_15.html)：**

```
<html>
<!--页面中嵌入 Java 小程序标签应用示例-->
<head>
<title>页面中嵌入 Java 小程序标签应用示例</title>
</head>
<body>
    <p face="华文行楷" size=10 color="#f31617">页面中嵌入 Java 小程序标签"
applet"应用</p>
    <applet code="TestApplet.class" width=400 height=200></applet>
</body>
</html>
TestApplet.java
import java.applet.*;
import java.util.Random;
import java.awt.*;

public class TestApplet extends Applet {
    public void paint(Graphics g) {
        String str="hello world!";
        Color[] c={ Color.black, Color.blue, Color.cyan, Color.gray,
            Color.red, Color.green, Color.yellow };
        char[] temp=str.toCharArray();
        int x=10, x0=50;
        int y=10, y0=50;
        Random ram=new Random();
        for (int i=0; i<temp.length; i++) {
            int num=ram.nextInt(c.length);
            g.setColor(c[num]);
            g.setFont(new Font(Font.DIALOG, Font.BOLD, 20));
            g.drawChars(temp, i, 1, x0+x, y0+y);
            x=x+15;
            try {
                Thread.currentThread().sleep(500);
            } catch (Exception e) {
            }
        }
    }
}
```

# 4.10 HTML 5

## 4.10.1 HTML 5简介

2006年,Web超文本应用技术工作组(WHATWG)和专注于XHTML 2.0技术的万维网联盟(World Wide Web Consortium,W3C)开始合作,2007年成立了新的HTML工作团队,致力于创建一个新版本的HTML,由此诞生了HTML 5。

HTML 5的第一份正式草案于2008年1月22日发布,到目前为止HTML 5仍处于完善之中。尽管如此,HTML 5仍获得了广泛的浏览器支持,如Firefox(火狐浏览器)、IE9及其更高版本、Chrome(谷歌浏览器)、Safari、Opera,以及国内的遨游浏览器(Maxthon)、360浏览器、搜狗浏览器、QQ浏览器、猎豹浏览器等国产浏览器都具备支持HTML 5的能力。

2012年12月17日,W3C宣布了HTML 5的正式规范稿,并称HTML 5是开放的Web网络平台的奠基石。

HTML 5提供功能丰富的标签,能充分满足Web应用多元化的需求;通过使用HTML 5标签,开发人员可以轻松地在网页中嵌入音频、视频,实现动画、渐变等效果,实现表单自动验证。如果没有HTML 5而使用现有的技术,需要采用第三方插件和大量的编码才能实现。

HTML 5可以很好地支持移动互联网的Web应用需求。随着手机、平板电脑硬件配置的不断提高和智能化操作系统的不断升级,移动互联网已经逐步渗透到我们周围的每一个人。HTML 5自身对音频、视频、地理定位等功能的良好支持,决定了其在移动设备的Web应用、游戏开发等方面可大有作为。HTML 5手机应用的最大优势是开发人员可以在网页上轻松调试修改,许多手机杂志客户端都是基于HTML 5标准开发的。

2013年5月6日,HTML 5.1正式草案公布。在这个版本中,给Web应用程序开发者使用标签互操作性功能提供帮助。从2012年12月27日至今,进行了多达近百项的修改,包括HTML和XHTML的标签,相关的API、Canvas等,同时HTML 5的图像img标签及SVG也进行了改进,性能得到进一步提升,HTML 5将会是下一代HTML标准。

## 4.10.2 HTML 5的开发工具

HTML 5主要用于基于Web的页面和应用开发,HTML 5的常用集成开发工具有Adobe公司的Dreamweaver,Microsoft公司的Visual Studio、Frontpage等。也可以使用UltraEdit、NotePad++、EditPlus等文本编辑器来编写HTML 5代码。集成开发工具与普通文本编辑器相比较各有利弊,集成开发工具一般占用内存空间多,但是功能强大,大多提供代码提示、代码校验以及集成调试环境;普通文本编辑器占用内存空间少,但只具有一般的代码编辑功能。开发者可根据实际需要,选择适合自己的开发工具。

## 4.10.3 HTML 5代码编写规范

使用HTML 5进行开发,应该遵循以下代码编写规范。

(1) 标签名可以使用大写和小写字母,推荐使用小写字母。

推荐：

```
<section>
<p>这是一个段落。</p>
</section>
```

不推荐：

```
<SECTION>
<P>这是一个段落。</P>
</SECTION>
```

(2) HTML 5 文档要求在第一行书写文档类型声明<!DOCTYPE html>。

(3) HTML 5 文档中出现的所有标签，都要进行关闭。例如，<p>和</p>必须成对出现。

(4) 属性名可以使用大写和小写字母，推荐使用小写。

推荐：

```
<div class="menu">
```

不推荐：

```
<div CLASS="menu">
```

(5) 属性值可以不用引号，但推荐使用引号，尤其在属性值含有空格时必须使用引号。例如，<table class="table striped">。class 的属性值 table striped 两个单词中间有空格，如果不加引号就起不到应有的作用。

(6) 图片显示通常使用 alt 属性。这样在图片不能显示时，它能替代图片进行显示。显示图片时要定义好图片的尺寸，给图片加载预留指定空间，减少图片闪烁。例如，

```
<img src="html5.gif" alt="HTML 5" style="width:128px;height:128px">
```

(7) 等号前后可以使用空格。例如，<link rel = "stylesheet" href = "styles.css">。但尽量少用空格。例如，<link rel="stylesheet" href="styles.css">。

(8) 每行代码尽量少于 80 个字符。

(9) 不要随意添加空行。为便于阅读，每个逻辑功能块建议添加空行。缩进不建议使用 Tab 而应使用两个空格。比较短的代码间不要使用不必要的空行和缩进。

(10) 在标准 HTML 5 中，可以省略<html>、<head>和<body>标记，但不推荐省略。默认情况下，浏览器会将<body>之前的内容添加到一个默认的<head>标签上。

(11) 注释可以写在 <!--和-->中。例如，<!--这是注释-->。

(12) 样式表使用简洁的语法格式(type 属性不是必需的)。在逗号和冒号后通常添加空格。

(13) 使用简洁的语法载入外部的脚本文件(type 属性不是必需的)。例如，<script src="myscript.js">。

(14) JavaScript 尽量使用相同的命名规则。

(15) 使用小写的文件名。UNIX 的 Apache Web 服务器对大小写敏感，london.jpg 不能通过 London.jpg 访问它。Microsoft 的 IIS Web 服务器对大小写不敏感，london.jpg 可以通过 London.jpg 或 london.jpg 访问。为了防止访问图片等资源时不出问题，建议统一使用小写的文件名命名规则。

(16) HTML 文件后缀可以是.html(或.htm)，.htm 应用在早期 DOS 系统，UNIX 系统中一般用.html。CSS 文件后缀是.css。JavaScript 文件后缀是.js。

### 4.10.4 HTML 5 新的语法架构

与以往的HTML网页相比,使用HTML 5开发的页面采用新的语法架构,下面比较分别使用HTML 4和HTML 5开发的两个页面代码。

(1) HTML 4编写的网页,代码如下:

```
<!DOCTYPE html PUBLIC "-//W3C//DTD XHTML 1.0 Transitional//EN""http://www.w3.
org/TR/xhtml1/DTD/xhtml1-Transitional.dtd">
<html xmlns="http://www.w3.org/1999/xhtml">
<head>
<meta http-equiv="content-type" content="text/html;charset=utf-8">
<title>HTML 4编写的网页</title>
</head>
<body>
    <p>这是-个使用HTML 4编写的网页</p>
</body>
</html>
```

(2) HTML 5编写的网页,代码如下:

```
<!DOCTYPE html>
<html>
<head>
<meta charset="utf-8">
<title>HTML 5编写的网页</title>
</head>
<body>
    <p>这是-个使用HTML 5编写的网页</p>
</body>
</html>
```

比较以上两个网页可以看出,HTML 5网页的语法结构比HTML 4更加简洁。此外,HTML 4编写的网页针对不同的浏览器存在兼容性问题,针对不同的浏览器,同一页面可能需要采用不同的HTML 4代码区别编写。而HTML 5通过制定统一的标准致力于消除与浏览器的兼容问题,以使同一页面在不同的浏览器中仍然使用同样的HTML 5代码即可。

### 4.10.5 HTML 5 新的页面架构

有过HTML开发经验的读者都知道,无论简单或者复杂的页面,一般会被划分为几个不同的区域,用于存放不同的信息。在HTML 4中一般使用div标签实现。

HTML 5提供了以下6个专门用于实现页面架构功能的标签。

(1) section标签用于定义页面中的一个内容区域,例如页眉、页脚。可以与h1、h2、h3等标签结合使用构建文档结构。

（2）header 标签用于定义页面中的标题区域。

（3）nav 标签用于定义页面中的导航菜单区域。

（4）article 标签用于定义页面中上下两段相对独立的信息区域。

（5）aside 标签是 article 标签的辅助标签，用于定义页面中 article 区域内容相关联信息。

（6）footer 标签用于定义页面中脚注区域。

**【例 4-16】** HTML 5 页面架构举例。

**程序清单 4-16(example4_16.html)：**

```
<!DOCTYPE html>
<html>
<meta charset="utf-8">
<style type="text/css">
nav{float:left;width:20%}
article{float:right;width:79.5%}
footer{clear:both}
nav{
    background-color:green;
    border:1px solid black;
    float:left;
    margin:0px;
    }
article{
        background-color:red;
        border:1px solid black;
        float:left;
        margin:0px;
       }
html,body{ margin:0px }
header,footer{ border:1px solid black;}
</style>
<title>HTML 5 页面架构示例</title>
<header>
<p>这是一个网站架构举例</p>
</header>
<nav>
<ul>
<li>菜单一</li>
<li>菜单二</li>
<li>菜单三</li>
</ul>
</nav>
<div>
<article>
<p>内容第一行</p>
```

```
<p>内容第二行</p>
<p>内容第三行</p>
<p>内容第四行</p>
</article>
</div>
<footer>
<p>版权所有</p>
</footer>
</html>
```

开发人员利用 HTML 5 中 section、header、nav、article、aside、footer 6 个标签取代 HTML 中的 div 来快速设计页面,实现了网页的标题、导航、主题信息和脚注等部分。通过代码的规范化,为网页协同开发、后续维护工作提供便利。

### 4.10.6 HTML 5 新增的标签及不再使用的标签

为了使 Web 页面开发更加便利,HTML 5 新增加了一些页面标签,这些页面标签提供了强大的多媒体及其他方面的功能。HTML 5 新增加的标签如表 4-17 所示。

表 4-17 HTML 5 新增标签一览表

| 标 签 | 用 途 |
|---|---|
| audio | 用于在页面中添加音频信息 |
| video | 用于在页面中添加视频信息 |
| embed | 用于在页面中添加多媒体插件 |
| mark | 用于在页面中高亮突出显示信息内容 |
| command | 用于在页面中添加命令按钮,如单选按钮、复选框或按钮 |
| progress | 用于在页面中显示一个进度条,表明事件或进程的进展情况 |
| details | 用于描述页面中的文档或者文档某部分的细节 |
| datalist | 用于定义一个数据集,通常与<input>标签结合使用,为<input>标签提供数据源 |
| output | 用于向页面输出信息,如脚本的输出 |
| canvas | 用于在页面中添加图形容器,可在 canvas 标签定义的容器内执行绘图操作 |
| datagrid | 用于在页面中定义一个数据集,并以树状结构显示 |
| keygen | 用于生成页面传输信息密钥 |
| menu | 用于定义菜单列表,使其内部定义的表单控件以列表形式显示 |
| metter | 用于定义度量衡,仅用于已知最大和最小值的度 |
| ruby/rt/rp | 这 3 个标签通常结合使用,用于定义字符的解释或发音 |
| source | 多媒体标签,如与<video>或<audio>结合使用,用于定义媒体资源 |
| time | 用于定义时间(24 小时制)或日期,可设置时间和时区 |
| wbr | 用于定义长字符换行位置,避免浏览器在错误的位置换行 |

除了上述新增的标签,HTML 5 中也有一些原有的标签停止使用,这些停止使用的标

签的功能由新增加标签及新的实现方法代替。HTML 5 中停止使用的标签以及替换标签如表 4-18 所示。表 4-18 中左列停止使用的标签的功能由右列中的标签实现。

**表 4-18 HTML 5 停止使用标签及替换标签一览表**

| 停止使用标签 | 替换标签 | 停止使用标签 | 替换标签 |
|---|---|---|---|
| frame | | listing | pre |
| applet | embed 或者 object | nextid | guids |
| bgsound | audio | plaintext | text/plain 的 mime |
| acronym | abbr | rb | ruby |
| dir | ul | xmp | code |
| isindex | form 与 index | | |

## 4.10.7 HTML 5 属性的变化

### 1. HTML 5 新增的属性

1）HTML 5 新增的表单属性

HTML 5 新增的与表单相关的属性如表 4-19 所示。

**表 4-19 HTML 5 新增的与表单相关的属性一览表**

| 属性名称 | 适用标签 | 说明 |
|---|---|---|
| autofocus | input,select,textarea,button | 用于页面加载时,使设置该属性的标签控件获得焦点 |
| form | input, output, select, textarea, button,fieldset | 用于声明设置该属性的标签属于哪个表单 |
| placeholder | input(text),textarea | 用于对设置该属性的标签进行输入提示 |
| required | input(text),textarea | 用于对设置该属性的标签进行必填校验 |
| autocomplete | form,input | 用于对设置该属性的标签进行自动补全填写 |
| min/max/step | input | 用于对设置该属性的包含数字或日期的元素,规定限定约束条件 |
| multiple | input(e-mail,file) | 用于规定设置该属性的标签输入域中可选择多个值 |
| pattern | input | 用于设置标签输入域校验模式 |

2）HTML 5 新增的链接属性

HTML 5 新增的与链接相关的属性如表 4-20 所示。

**表 4-20 HTML 5 新增的与链接相关的属性一览表**

| 属性名称 | 适用标签 | 说明 |
|---|---|---|
| media | a,area | 用于规定设置该属性所属标签的媒体类型 |
| sizes | link | 用于设置标签关联图标大小,通常与 icon 结合使用 |

3) HTML 5 新增的其他属性

HTML 5 新增的其他属性如表 4-21 所示。

**表 4-21 HTML 5 新增的其他属性一览表**

| 属 性 名 称 | 适 用 标 签 | 说 明 |
|---|---|---|
| reversed | ol | 用于指定列表显示的顺序为倒序 |
| charset | meta | 用于设置文档字符编码方式 |
| type | menu | 用手设置 menu 元素显示形式 |
| label | menu | 用于设置 menu 元素标注信息 |
| scroped | style | 用于设置样式作用域 |
| async | script | 用于设置脚本执行方式为同步或异步 |
| manifest | html | 用于设置离线应用文档缓存信息 |
| sandbox seamless srcdoc | inframe | 用于设置提高页面安全 |

## 2. HTML 5 停止使用的属性

HTML 5 停止使用的属性如表 4-22 所示。

**表 4-22 HTML 5 停止使用的属性一览表**

| 停止使用的 HTML 4 属性 | HTML 5 处理措施 |
|---|---|
| align, autosubmit, background, bgcolor, border, clear, frameborder, height, hspace, link, marginheight, compact, char, charoff, cellpadding, cellspacing, marginwidth, noshade, nowrap, rules, size, text, valign, vspace, width | 使用 CSS 样式表代替原有属性 |
| target, nohref, profile, version | 停止使用 |
| charset, scope | 使用 HTTPContent-type 头标签 |
| rev | rel 代替 |
| shape, coords | 使用 area 代替 a |

## 3. HTML 5 全局属性

全局属性是 HTML 5 出现的一个新概念,全局属性适用于所有的 Web 页面元素,下面介绍 HTML 5 比较常用的几个全局属性。

1) contentEditable 属性

contentEditable 属性的值可为 true 或 false。当其值设为 true 时,设置该属性的元素处于可编辑状态,用户可任意编辑元素内部信息;当其值设为 false 时,设置该属性的元素处于不可编辑状态。

2) draggable 属性

该属性的值可为 true 或 false。当 draggable 属性的值为 true 时,对应元素处于可拖曳状态；当 draggable 属性的值为 false 时，对应元素处于不可拖曳状态。

3）hidden 属性

该属性值可为 true 或 false，HTML 5 中的绝大多数的元素都支持该属性设置。设置 hidden 属性的值为 false 时，该属性的元素在页面中处于显示状态；设置元素 hidden 属性的值为 true 时，该属性的元素在页面中处于不显示状态。

4）spellcheck 属性

该属性的值可为 true 或 false。当 spellcheck 的值为 true 时，对应输入框中输入的内容要进行语法检测；当 spellcheck 的值为 false 时，对应输入框不处于语法检测状态。

**【例 4-17】** HTML 5 全局属性应用举例。

**程序清单 4-17(example4_17.html)**

```
<!DOCTYPE html>
<html>
<meta charset="utf-8">
<style type="text/css">
</style>
<title>HTML 5 全局属性应用举例</title>
<header>
<p>这是一个 HTML 5 全局属性应用示例</p>
</header>
<table id="exampleTable" border="1" contentEditable="true" draggable="true"
width="30%">
<tr>
<td>姓名</td><td>性别</td><td>年龄</td>
</tr>
<tr>
<td>高山</td><td>男</td><td>30</td>
</tr>
</table>
<article id="exampleArticle">
   该段内容可以显示或者被隐藏
</article>
<input type="button" value="hide" onclick="hide()">
<script>
fuction  hide()
{
    var article=document.getElementById("exampleArticle");
    article.setAttribute("hidden",true);
}
</script>
<br>
设置检查语法
<br>
```

```
<textarea spellcheck="true" id="textCKarea"></textarea>
<br>
设置不检查语法
<br>
<textarea spellcheck="false" id="textNCKarea"></textarea>
</html>
```

### 4.10.8 HTML 5 新增的部分标签详解

**1. 多媒体标签**

HTML 5 新增加了两个多媒体标签：audio 和 video。

1) audio 标签及其属性

audio 标签用于在网页中添加音频信息，该标签主要属性如表 4-23 所示。

**表 4-23 <audio>标签属性一览表**

| 属　性 | 说　明 | 示　例 |
| --- | --- | --- |
| autoplay | autoplay 属性用来设定音频加载完毕后是否自动播放 | <audio autoplay="true">或者<br><audio autoplay="false"> |
| controls | controls 属性用来设定播放音频时是否显示播放控制按钮 | <audio controls="true">或者<br><audio controls="false"> |
| preload | preload 属性用来设定音频文件在页面加载时是否预先加载 | <audio preload ="true">或者<br><audio preload ="false"> |
| src | src 属性用来设定音频地址 | <audio src =" http://www. t1. com/music. wav"> |
| loop | loop 属性用来设定音频是否自动循环播放 | <audio loop="true">或者<br><audio loop="false"> |

2) video 标签及其属性

video 标签用于在网页中添加视频信息，该标签主要属性如表 4-24 所示。

**表 4-24 <video>标签属性一览表**

| 属　性 | 说　明 | 示　例 |
| --- | --- | --- |
| height | height 属性用来设定视频播放器在网页中的高度 | <video height ="300"> |
| width | width 属性用来设定视频播放器在网页中的宽度 | <video width ="500"> |
| autoplay | autoplay 属性用来设定视频加载完毕后是否自动播放 | <video autoplay="true">或者<br><video autoplay="false"> |
| controls | controls 属性用来设定播放视频时是否显示播放控制按钮 | <video controls="true">或者<br><video controls="false"> |
| preload | preload 属性用来设定视频文件在页面加载时是否预先加载 | <video preload ="true">或者<br><video preload ="false"> |
| src | src 属性用来设定视频地址 | <video src ="http://www. t2. com/v1. mp4"> |

续表

| 属　　性 | 说　　明 | 示　　例 |
| --- | --- | --- |
| loop | loop 属性用来设定视频是否自动循环播放 | <video loop="true">或者<br><video loop="false"> |
| error | 当多媒体标签加载或者读取多媒体文件过程中出现错误或者异常时，返回一个错误对象 MediaError,用于指示错误类型。当返回值是 1 时，表示读取或加载媒体文件出现错误；当返回值是 2 时，表示读取或加载指定网络地址的媒体文件出现错误；当返回值是 3 时，表示指定的媒体文件不可用，通常源于缺少对应的解码器；当返回值是 4 时，表示没有可以播放的媒体格式 | error=1 error=MEDIA_ERR_ABORTED<br>error=2 error=MEDIA_ERR_NETWORK<br>error=3 error=MEDIA_ERR_DECODE<br>error=4 error=MEDIA_ERR_SRC_NOT_SUPPORTED |
| networkState | 该属性返回加载媒体文件的网络状态。浏览器加载多媒体文件时，通过调用 onprogress 事件获取当前网络状态值。当返回值是 0 时，表示处于媒体文件加载状态；当返回值是 1 时，表示媒体文件加载成功，等待播放请求状态；当返回值是 2 时，表示媒体文件正在加载阶段；当返回值是 3 时，表示媒体文件加载错误，可能源于媒体文件编码格式不兼容 | networkState = 0<br>networkState = 1<br>networkState = 2<br>networkState = 3 |
| readyState | 该属性返回播放器当前媒体文件的播放状态。当播放多媒体文件时，通过调用 onplay 事件获取当前媒体播放状态值。当返回值是 0 时，表示当前没有可播放的媒体；当返回值是 1 时，表示媒体数据无效，无法播放；当返回值是 2 时，表示无法播放后续媒体信息；当返回值是 3 时，表示可以继续播放媒体后续信息；当返回值是 4 时，表示获取信息量满足当前播放速度 | readyState = 0<br>readyState = 1<br>readyState = 2<br>readyState = 3<br>readyState = 4 |
| played | 该属性用于获取当前播放媒体文件已播放的时长信息，通过该属性的 TimeRangeds 对象，可以获取当前播放文件的开始时间和结束时间 | |
| paused | 该属性用于获取当前播放器的播放状态。当该属性值为 true 时，表示播放器处于暂停状态；当该属性值为 false 时，表示播放器处于等待播放或正在播放状态 | paused = true 或者<br>paused = false |
| ended | 该属性用于获取当前播放文件是否播放完毕。该属性值为 true 时，表示当前播放文件已播放完毕；该属性值为 false 时，表示当前播放文件没有播放完毕 | ended=true 或者<br>ended=false |
| defaultPlaybackRate | 该属性用于控制播放器默认媒体播放速度，该属性初始值为 1。如果修改 defaultPlaybackRate 的属性值，可以改变默认媒体播放速度 | |
| playbackRate | 该属性用于控制播放器当前媒体播放速度，该属性初始值为 1。如果修改 playbackRate 的属性值，可以改变当前媒体播放速度，实现快放、慢放的特殊播放效果 | |

续表

| 属　　性 | 说　　明 | 示　　例 |
| --- | --- | --- |
| volume | 该属性用于控制播放器播放媒体时的音量。该属性的取值范围为 0～1，当 volume 取值为 0 时，播放器使用最低音量播放；当 volume 取值为 1 时，播放器使用最高音量播放 | volume＝0 或者 volume＝1 或者 volume＝[0,1] |
| muted | 该属性用于控制播放器是否静音。当 muted 属性值设置为 true 时，播放器静音；当 muted 属性值设置为 false 时，取消播放器静音 | muted＝true 或者 muted＝false |

需要注意的是，video 标签所设定的视频文件是否能够正常播放，取决于浏览器的解码方式是否支持它。

3）多媒体标签的方法

HTML 5 多媒体标签提供 load、play、pause 3 个与播放相关的方法。下面分别介绍。

(1) load 方法。load 方法用于加载待播放的媒体文件。调用 load 方法时，会自动将多媒体标签的 playbackRate 属性的值设置为 defaultPlaybackRate，同时将 error 属性值设置为 null。

(2) play 方法。play 方法用于播放媒体文件。调用 play 方法时，会自动将标签的 paused 属性的值设置为 false。

(3) pause 方法。pause 方法用于暂停播放媒体文件。调用 pause 方法时，会自动将标签的 paused 属性的值设置为 true。

HTML 5 提供的上述 3 种与播放相关的方法，使开发人员可以不再依赖媒体播放器本身的控制工具条，可以自主开发工具控制媒体播放。

4）多媒体标签的事件及其捕捉办法

HTML 5 的 video 和 audio 多媒体标签提供请求加载、开始加载、开始播放、暂停播放等多媒体播放事件，通过对这些事件的跟踪，可以方便获取多媒体文件在各阶段的实时状态，并可作出相应处理。HTML 5 在读取或播放媒体文件过程中，会触发如表 4-25 所示的事件。通过使用 JavaScript 捕捉这些事件，就可以对捕捉到的事件进行相应的处理。

**表 4-25　多媒体标签事件一览表**

| 事件名称 | 事 件 说 明 |
| --- | --- |
| loadstart | 多媒体文件开始加载 |
| progress | 正在获取多媒体文件 |
| suspend | 暂停获取多媒体文件，下载过程没有正常结束 |
| abort | 中止获取多媒体文件，没有完全获取多媒体数据，不是由于错误导致中止 |
| error | 获取多媒体文件过程中出现错误 |
| emptied | 网络状态变为未初始化状态，由于多媒体载入过程中出现致命错误，或 load 方法调用 |
| stalled | 浏览器尝试获取媒体信息失败 |
| play | 准备完毕即将播放 |

续表

| 事件名称 | 事 件 说 明 |
| --- | --- |
| pause | 暂停播放 |
| loadedmetadata | 浏览器获取多媒体文件播放时长及字节数完毕 |
| loadeddata | 浏览器获取多媒体文件完毕 |
| waltmg | 由于还未能获取下一帧多媒体信息而暂停播放，等待获取下一帧信息 |
| playing | 正在播放多媒体文件 |
| canplay | 满足播放多媒体文件条件，但获取多媒体数据速度小于播放速度，将导致播放多媒体文件期间出现缓冲 |
| canplaythrough | 满足播放多媒体文件条件，且获取多媒体数据速度与播放速度相当，播放多媒体文件期间不会出现缓冲 |
| seeking | 正在请求多媒体数据信息 |
| seeked | 停止请求多媒体数据信息 |
| timeupdate | 当前播放时间改变，正常播放、快进、拖动播放进度条等都会触发此事件 |
| ended | 多媒体文件播放结束后停止播放 |
| ratechange | 默认播放速度改变或当前播放速度改变 |
| durationchange | 多媒体文件播放时长改变 |
| volumechange | 播放音量改变 |

有下列两种方式可以捕捉 HTML 5 多媒体标签的事件。

(1) 监听的方式。使用 video 或 audio 标签的 addEventListener 方法可以监听当前设定的多媒体标签的事件，当事件触发时，就可以被捕捉到。addEventListener 方法的使用格式如下：

```
多媒体标签 DOM 对象.addEventListener(type,listener,useCapture);
```

其中，type 参数是捕捉事件的名称。listener 参数是绑定的函数。useCapture 参数是事件的响应顺序，该参数为布尔型，如值为 true，则浏览器采用 capture 响应方式；如值为 false，则浏览器采用 bubbing 响应方式，默认赋值为 false。

(2) 获取事件控点。通过在多媒体标签中使用 onplay、onpause 等控点获取事件，同时在指定的 JavaScript 方法中编写处理代码。

**2. embed 标签**

embed 标签用于在网页中添加多媒体插件，该标签主要属性如表 4-26 所示。

**表 4-26 <embed>标签属性一览表**

| 属　性 | 说　明 | 示　例 |
| --- | --- | --- |
| height | height 属性用来设定嵌入插件在网页中的高度 | <embed heiSght ="300"> |

续表

| 属　　性 | 说　　明 | 示　　例 |
| --- | --- | --- |
| width | width属性用来设定嵌入插件在网页中的宽度 | <embed width ="500"> |
| type | type属性用来设定嵌入插件的类型 | <embed type="application/x-shockwave-flash"> |
| src | src属性用来设定嵌入插件的地址 | <embed src="http://www.sohu.com/html5.swf"> |

### 3. command标签

command标签用于在页面中添加命令按钮,如单选按钮、复选框或按钮。该标签主要属性如表4-27所示。

**表4-27　<command>标签属性一览表**

| 属　　性 | 说　　明 | 示　　例 |
| --- | --- | --- |
| type | type属性用来设定按钮类型,可以设置类型有checkbox、radio、command等 | <command type ="checkbox"> |
| checked | checked属性用来设定按钮是否被选中,当type为checkbox或radio时可用 | <command checked ="true">或者<br><command checked ="false"> |
| disabled | disabled属性用来设定控件是否可用 | <command disabled ="true">或者<br><command disabled ="false"> |
| label | label属性用来设定控件的标签信息 | <command label="确定"> |
| icon | icon属性用来设定在页面中显示图像的地址 | <command icon="http://www.sohu.com/html5.jpg"> |

### 4. mark标签

mark标签用于在页面中高亮突出显示。

### 5. progress标签

progress标签用于在页面中显示一个进度条,表示事件或进程的运行进度。该标签主要属性如表4-28所示。

**表4-28　<progress>标签属性一览表**

| 属　　性 | 说　　明 | 示　　例 |
| --- | --- | --- |
| value | value属性用来设定当前执行进度 | <progress value ="60"> |
| max | max属性用来设定总进度最大值 | <progress max ="100"> |

### 6. details标签

details标签用于描述页面中的文档或文档某部分的细节。该标签的主要属性如表4-29所示。

表 4-29 <details>标签属性一览表

| 属 性 | 说 明 | 示 例 |
| --- | --- | --- |
| open | 用于设定页面加载时 details 标识的信息是否可见 | <details open ="true"> |

**7. datalist 标签**

datalist 标签用于定义一个数据集，通常与 input 标签结合使用，为 input 标签提供数据源。

**8. output 标签**

output 标签用于定义不同类型的输出。具有 for、form、name 3 个属性。其中，for 用于定义输出字段相关的一个或多个元素；form 用于定义输入字段所属的一个或多个表单；name 用于定义对象的唯一名称（表单提交时使用）。

**9. HTML 5 的图像及动画标签 canvas**

HTML 5 增加了提供绘图和动画功能的标签 canvas，通过 canvas 标签以及 canvas 相关的 API，实现在页面中进行绘图和动画的功能。这种技术催生了大量的网页游戏，而在 HTML 5 之前，这些都是通过 Flash 第三方的浏览器插件实现的。canvas 的英文含义是画布，在页面中每增加一个 canvas 就意味着增加一块画布，画布是页面的一个矩形区域，canvas 标签构建的画布是一个基于二维($x$,$y$)的网格区域，坐标原点(0,0)位于画布的左上角，从原点沿 $x$ 轴从左到右，坐标值依次递增；从原点沿 $y$ 轴从上到下，坐标值依次递增。画布范围内的每一个像素都可以控制。canvas 拥有绘制路径、矩形、圆形、字符以及添加图像的方法。但是 canvas 本身没有绘图能力，所有绘制必须通过 JavaScript 脚本实现。

canvas 标签的绘图功能主要通过与 canvas 标签密切相关的一些方法和属性来具体实现，这些方法和属性分别如下。

1）canvas 标签绘图相关属性

（1）fillStyle 属性。

格式：

```
fillStyle=color|gradient|pattern;
```

示例：

```
fillStyle="#67"
```

说明：该属性设置或返回用于填充绘画的颜色、渐变或模式。其中，color 指示绘图填充色的 CSS 颜色值，默认值是 #000000；gradient 用于填充绘图的渐变对象（线性或放射性）；pattern 用于填充绘图的 pattern 对象。

（2）strokeStyle 属性。

格式：

```
strokeStyle=color|gradient|pattern;
```

示例:

```
strokeStyle="#67"
```

说明:该属性设置或返回用于笔触的颜色、渐变或模式。

(3) shadowOffsetX 属性。

格式:

```
shadowOffsetX=value
```

示例:

```
shadowOffsetX=6
```

说明:该属性设置画布上下文对象的属性,为图形添加阴影效果,即阴影与图形的水平距离,默认值为 0。当设置值大于 0 时阴影向右偏移,当设置值小于 0 时阴影向左偏移。

(4) shadowOffsetY 属性。

格式:

```
shadowOffsetY=value
```

示例:

```
shadowOffsetY=4
```

说明:该属性设置画布上下文对象的属性,为图形添加阴影效果,即阴影与图形的垂直距离,默认值为 0。当设置值大于 0 时阴影向上偏移,当设置值小于 0 时阴影向下偏移。

(5) shadowColor 属性。

格式:

```
shadowColor=value
```

示例:

```
shadowColor="gray"
```

说明:该属性设置阴影颜色值。

(6) shadowBlur 属性。

格式:

```
shadowBlur=value
```

示例:

```
shadowBlur=1
```

说明:该属性设置阴影模糊度,默认值为 1。设置值越大阴影模糊度越强,设置值越小阴影模糊度越弱。

2）canvas 标签绘图相关方法

（1）getContext 方法。

格式：

```
var context=canvas. getContext("contextID")
```

示例：

```
var context=canvas.getContext("2d")
```

说明：该方法返回一个名为 context 类型为 CanvasRenderingContext2D 的对象，利用这个对象可以在 canvas 标签所设置的画布中绘图。其中，context 为自己定义的对象名称，参数 contextID 目前只能取值 2d，2d 表明环境对象 context 支持二维绘图。

（2）strokeRect 方法。

格式：

```
strokeRect(x1,y1,x2,y2)
```

示例：

```
strokeRect(10,20,80,60)
```

说明：在 canvas 标签所设置的画布中绘制一个左上角点坐标为（x1，y1），右下角点坐标为（x2，y2）的矩形。

（3）moveTo 方法。

格式：

```
moveTo(x,y)
```

示例：

```
moveTo(20,20)
```

说明：将光标在画布内移动到指定坐标点（x，y）。

（4）lineTo 方法。

格式：

```
lineTo (x,y)
```

示例：

```
lineTo (60,70)
```

说明：该方法与 moveTo 方法结合使用，用于指定一个坐标点（x，y）作为绘制的线的终点坐标。

(5) stroke 方法。

格式:

```
stroke()
```

示例:

```
stoke()
```

说明:该方法会实际地绘制出通过 moveTo 和 lineTo 方法定义的路径。默认颜色是黑色。

(6) arc 方法。

格式:

```
arc(x,y,radius,startAngle,endAngle,anticlockwise)
```

示例:

```
arc(100,100,80,0,(Math.PI/180),false)
```

说明:该方法用于在画布中绘制弧形、圆形。其中,x 是绘制的弧形曲线圆心的横坐标;y 是绘制的弧形曲线圆心的纵坐标;radius 是绘制的弧形曲线的半径,单位是像素;startAngle 是绘制的弧形曲线的起始弧度;endAngle 是绘制的弧形曲线的结束弧度;anticlockwise 是绘制的弧形曲线的方向,其值为 true 时,按逆时针方向绘弧,其值为 false 时,按顺时针方向绘弧。

(7) bezierCurveTo 方法。

格式:

```
bezierCurveTo (cp1x,cp1y,cp2x,cp2y,x,y)
```

示例:

```
bezierCurveTo (1/100,1/100,1,1,2,2)
```

说明:该方法用于在画布中绘制二次贝塞尔曲线。其中,cp1x 是第一个控制点的横坐标;cp1y 是第一个控制点的纵坐标;cp2x 是第二个控制点的横坐标;cp2y 是第二个控制点的纵坐标;x 是贝塞尔曲线终点的横坐标;y 是贝塞尔曲线终点的纵坐标。

(8) createLinearGradient 方法。

格式:

```
createLinearGradient(xStart,yStart,xEnd,yEnd)
```

示例:

```
createLinearGradient(10,20,100,100)
```

说明：该方法用于在画布中创建 LinearGradient 对象实现线性渐变。其中，xStart 是渐变起始点横坐标；yStart 是渐变起始点纵坐标；xEnd 是渐变结束点横坐标；yEnd 是渐变结束点纵坐标。

(9) createRadiusGradient 方法。

格式：

```
createRadiusGradient (xStart,yStart,radiusStart,xEnd,yEnd,radiusEnd)
```

示例：

```
createRadiusGradient (100,100,10,150,150,200)
```

说明：该方法用于在画布中创建 RadiusGradientt 对象实现径向渐变。其中，xStart 是渐变开始圆的圆心横坐标；yStart 是渐变开始圆的圆心纵坐标；xEnd 是渐变结束圆的圆心横坐标；yEnd 是渐变结束圆的圆心纵坐标；radiusStart 是渐变开始圆的半径；radiusEnd 渐变结束圆的半径。

(10) fillRect 方法。

格式：

```
fillRect(x,y,width,height)
```

示例：

```
fillRect(10,10,100,80)
```

说明：该方法用于在画布中绘制一个矩形。

(11) translate 方法。

格式：

```
translate (x,y)
```

示例：

```
translate (60,90)
```

说明：该方法用于在画布设置坐标平移，将默认坐标系原点，沿 $x$ 轴或 $y$ 轴方向移动指定单位。

(12) scale 方法。

格式：

```
scale (x,y)
```

示例：

```
scale(10,10)
```

说明：该方法用于在画布设置坐标放大。其中，$x$ 是将图像沿 $x$ 轴放大倍数；$y$ 是将图像沿 $y$ 轴放大倍数。

(13) rotate 方法。

格式：

```
rotate (angle)
```

示例：

```
rotate (Math.PI/10)
```

说明：该方法用于将画布中的图形以原点为中心旋转指定的角度。

(14) fill 方法。

格式：

```
fill()
```

示例：

```
fill()
```

说明：该方法用于在画布中按照上下文针对一个具体的图形进行填充。

(15) drawImage 方法。

格式：

```
drawImage(image,dx,dy)    直接绘制图像
drawImage(image,dx,dy,dw,dh)    可绘制缩放图像
drawImage(image,sx,sy,sw,sh,dx,dy,dw,dh)    可绘制切割图像
```

示例：

```
drawImage(image,10,10)
drawImage(image,200,0,100,200)
drawImage(image,20,20,460,400,600,0,120,130)
```

说明：该方法用于将已经存在的<img>标签、<video>标签或者通过 JavaScript 创建的 image 对象在画布中进行绘制。其中，image 是画布引用的图片对象；dx 是图片对象左上角在画布中的横坐标；dy 是图片对象左上角在画布中的纵坐标；dw 是图片对象缩放至画布中的宽度；dh 是图片对象缩放至画布中的高度；sx 是图片对象被绘制部分的横坐标；sy 是图片对象被绘制部分的纵坐标；sw 是图片对象被绘制部分的宽度；sh 是图片对象被绘制部分的高度。

(16) createPattern 方法。

格式：

```
createPattern(image,type)
```

示例：

```
createPattern(image,"repeat-x")
createPattern(image,"repeat-y")
```

说明：该方法用于在画布中实现图像平铺，也就是按一定比例将缩小的图像填满画布。其中，image为平铺的图像；type设置图像平铺的方式。type的取值有4种，当取值为no-repeat时表示不平铺图像；当取值为repea-x时表示水平方向平铺图像；当取值为repeat-y时表示垂直方向平铺图像；当取值为repeat时表示全方向平铺图像。

(17) clip方法。

格式：

```
clip()
```

示例：

```
clip()
```

说明：该方法用于在画布中实现图像剪裁，该方法不需要参数，但在调用该方法前需要使用路径方式在画布中绘制剪裁区域，然后使用该方法进行剪裁。

(18) getImageDate方法。

格式：

```
getImageDate(sx,sy,sw,sh)
```

示例：

```
getImageDate(10,20,200,100)
```

说明：该方法用于在画布中获取指定区域内的像素。其中，sx是选取图像区域起点横坐标；sy是选取图像区域起点纵坐标；sw是选取图像区域的宽度；sh是选取图像区域的高度。getlmageData方法执行后返回一个CanvasPixelArray类型的对象，该对象的data属性是一个数组，这个数组保存了选定区域内所有像素数据的颜色参数。数组内容格式类似[r1,g1,b1,a1,r2,g2,b2,a2,r3,g3,b3,a3,…]，其中r1、g1、b1、a1对应选定区域内第一个像素的红、绿、蓝3个颜色以及透明度的值，r2、g2、b2、a2对应选定区域内第二个像素的红、绿、蓝3个颜色以及透明度的值，其余依次类推。

(19) putImageDate方法。

格式：

```
putImageDate(imagedata,dx,dy,[dirtyX, dirtyY, dirtyW, dirtyH])
```

示例：

```
putImageDate()
```

说明：该方法用于将处理后的像素重新绘制在画布指定区域内。其中，imagedata 是通过 getlmageData 方法获取的像素集合对象；dx 是重新绘制图像起点的横坐标；dy 是重新绘制图像起点的纵坐标；dirtyX、dirtyY、dirtyW、dirtyH 4 个参数为可选参数，对应了一个矩形区域的起点横坐标、纵坐标、宽度和高度。如果对这 4 个参数进行赋值，则重新绘图时只在这 4 个参数定义矩形区域内绘制图像。

(20) fillText 方法。

格式：

```
fillText(content,dx,dy,[maxLength])
```

示例：

```
fillText("绘制文字示例",20,20)
```

说明：该方法用于在画布中以填充的方式绘制文字。其中，content 是要填充的文字内容信息；dx 是绘制文字开始点的横坐标；dy 是绘制文字开始点的纵坐标；maxLength 是可选参数，表示绘制文字的最大长度。

(21) strokeText 方法。

格式：

```
strokeText(content,dx,dy,[maxLength])
```

示例：

```
strokeText("绘制文字示例",20,20)
```

说明：该方法用于在画布中以描边的方式绘制文字。其中，content 是要填充的文字内容信息；dx 是绘制文字开始点的横坐标；dy 是绘制文字开始点的纵坐标；maxLength 是可选参数，表示绘制文字的最大宽度。

(22) clearRect 方法。

格式：

```
clearRect(x,y,width,height)
```

示例：

```
clearRect(10,10,300,200)
```

说明：该方法用于在画布中清空给定矩形内的指定像素。其中，x 是要清空区域左上角点的横坐标；y 是要清空区域左上角点的纵坐标；width 是要清空区域的宽度；height 是要清空区域的高度。

(23) save 方法。

格式：

```
save()
```

示例：

```
save()
```

说明：该方法用于在画布中保存已绘制的图形，save 方法不需要参数，直接使用画布中的上下文对象调用即可。

(24) restore 方法。

格式：

```
restore()
```

示例：

```
restore()
```

说明：该方法用于在画布中恢复已保存的图形，restore 方法不需要参数，直接使用画布中的上下文对象调用即可。

**【例 4-18】** HTML 5 canvas 标签应用举例。

```
程序清单 4-18(example4_18.html)：
<!DOCTYPE html>
<html>
<head>
<meta charset="utf-8">
<style type="text/css">
    #myCanvas{
        margin:0px auto;
        width:500px;
        height: 500px;
        display: block;
        border:1px solid red;
    }
</style>
</head>
<body>
<div id='msg'></div>
<canvas id="myCanvas" width="500" height="500">您的浏览器不支持 HTML 5 canvas
标签。</canvas>
<script>
var c=document.getElementById("myCanvas");
var ctx=c.getContext("2d");
ctx.strokeStyle="red";
ctx.moveTo(250,250)
```

```
var r=5.1256;
document.getElementById("msg").innerHTML=r;
var jd=Math.PI * r;
var i=0;
var tm=setInterval(function(){
    var x  =Math.cos(i * jd) * 250+250;
    var y=Math.sin(i * jd) * 250+250;
    if(i==0){
        ctx.moveTo(x,y);
    }else{
        ctx.lineTo(x,y);
    }
    i++;
    ctx.stroke();
    if(i>=100){
        clearInterval(tm);
        window.reload();
    }
},100);
</script>
</body>
</html>
```

上述代码通过 document.getElementById 获取了 canvas 对象存入 c 中,调用其 getContext 获取到了画图用的上下文 ctx。代码中使用 setInterval 函数创建了一个定时器,在其回调函数中每次绘制一条线,以产生动画效果。绘图中使用 moveTo 将画笔移动到参数所指向的坐标处,使用 lineTo 绘制线段。线段的起点为 moveTo 的参数,终点为 lineTo 的参数所指。该网页每当绘制 100 条线就会调用 reload 方法进行重新加载。

其效果图如图 4-17 所示,因为代码中存在随机数,所以每次运行整个网页结果均不相同,大家可以尝试多次刷新,体验效果。

图 4-17　繁花曲线

# 4.11 习 题

## 4.11.1 填空题

1. HTML 网页文件的标签是________，网页文件主体的标签是________，页面标题的标签是________。

2. 表格的标签是________，单元格的标签是________。

3. 表格的宽度可以用百分比和________两种单位来设置。

4. 用来输入密码的表单域是________。

5. RGB 方式表示的颜色都由红、绿、________这 3 种基色调和而成。

6. 表格有 3 个基本组成部分：行、列和________。

7. 一个分为左右两个框架的框架组，如果要想使左侧的框架宽度不变，应该用________单位来定制其宽度，而右侧框架则使用________单位来定制。

8. 网页标题会显示在浏览器的标题栏中，则网页标题应写在开始标签符________和结束标签符________之间。

9. 要设置一条 2 像素粗的水平线，应使用的 HTML 语句是________。

10. 表单对象的名称由________属性设定；提交方法由________属性指定；若要提交大数据量的数据，则应采用________方法；表单提交后的数据处理程序由________属性指定。

## 4.11.2 选择题

1. 下列(　　)将页面设置为红背景色。

   A. <body background=red>　　B. <body vlivk=red>

   C. <body bgcolor=＃ff0000>　　D. <body bgcolor=＃00ff00>

2. 下列(　　)表示的不是按钮。

   A. type="submit"　　B. type="reset"

   C. type="text"　　D. type="button"

3. 下面(　　)属性不是文字样式标签的属性。

   A. nbsp;　　B. color　　C. size　　D. face

4. 当设置块容器中的文本对齐方式时，下列(　　)设置是不正确的。

   A. 居左对齐：<div align="left">…</div>

   B. 居右对齐：<div align="right">…</div>

   C. 居中对齐：<div align="middle">…</div>

   D. 两端对齐：<div align="justify">…</div>

5. 下面(　　)是用于换行的标签。

   A. <pre>　　B. <embed>　　C. <br>　　D. <p>

6. 下列(　　)是用于设置在新窗口中打开网页文档。

   A. _blank　　B. _parent　　C. _self　　D. _top

7. 在建立框架集时，下面(　　)属性不能设置。

A. 子框架的宽度或者高度　B. 边框颜色
C. 滚动条　D. 边框宽度

8. 当不需要显示表格的边框时,应设置表格 border 属性的值是(　　)。
A. 1　B. 0　C. 3　D. 4

9. 在网页设计中,(　　)是所有页面中的重中之重,它起到对其他页面的导航作用。
A. 引导页　B. 脚本页面　C. 导航栏　D. 主页面

10. 在 HTML 中,字体标签<font>设置文字大小的 size 属性最大取值是(　　)。
A. 9　B. 8　C. 7　D. 6

11. 在 HTML 中,<pre>标签的作用是(　　)。
A. 标题元素　B. 预排版元素
C. 转行元素　D. 文字效果元素

12. 在 HTML 中把整个文档的各个元素作为对象处理的技术是(　　)。
A. HTML　B. CSS　C. DOM　D. Script(脚本语言)

13. 在网页中,用来设置超链接的标签是(　　)。
A. <a>…</a>　B. <b>…</b>
C. <link>…</link>　D. <ol>…</ol>

14. 下列 HTML 标签中,属于非成对出现的标签是(　　)。
A. <embed>　B. <ul>　C. <b>　D. <table>

15. 用 HTML 编写的网页的最基本的结构是(　　)。
A. <html><head>…</head><frame>…</frame></html>
B. <html><head>…</head><body>…</body></html>
C. <html><title>…</title><frame>…</frame></html>
D. <html><title>…</title><body>…</body></html>

16. 如果把图片文件 flower.jpg 设置为网页的背景图形,下列语句正确的是(　　)。
A. <body background= "flower.jpg">
B. <body bground= "flower.jpg">
C. <body bgcolor= "flower.jpg">
D. <body image= "flower.jpg">

17. 下列语句中,用于定义一个单元格的是(　　)。
A. <td> </td>　B. <tr>…</tr>
C. <table>…</table>　D. <caption>…</caption>

18. 以下标签中,用来产生滚动文字或图形的是(　　)。
A. <scroll>　B. <marquee>　C. <textarea>　D. <form>

19. 创建一个框架集,要求右边框架宽度是左边框架的 3 倍,下列语句正确的是(　　)。
A. <frameset cols="*, 2*">　B. <frameset cols="*, 3*">
C. <frameset rows="*, 2*">　D. <frameset rows="*, 3*">

20. 下列创建 E-mail 链接的方法,正确的是(　　)。
A. <a href="salor@163.com">销售</a>
B. <a href="callto:salor@163.com">销售</a>

C. <a href="mailto:salor@163. com">销售</a>

D. <a href="E-mail:salor@163. com">销售</a>

### 4.11.3 简答题

1. 什么是 HTML? HTML 有哪些基本的语法规则?
2. 什么是框架? 框架的作用有哪些? 框架和表格有什么区别?
3. HTML 文档的扩展名是什么?
4. 表单在页面中起什么作用? 它包含哪些标签?
5. 表格标签可以嵌套使用吗? 使用时的注意事项是什么?
6. 文本框控件的属性 size 与 maxlenght 的区别是什么?
7. 简述在表单中,method=get 与 method=post 的区别。

### 4.11.4 实训题

1. 制作一个页面,把背景设置为一个风景图片,有与背景相配套的循环播放的音乐,页面要有设置为超链接的文字。当单击文字链接时,页面链接到其他页面。

2. 制作一个页面,页面上显示本学期使用的课表。

3. 制作一个如图 4-18 所示的框架结构的页面,主题和内容自定义。要求在框架上部 Top 栏中显示页面的标题,在框架左侧的 Left 栏显示与主题相关的栏目名称。把栏目名称设置为超链接,当单击栏目超链接时,在框架右侧的 Main 栏中显示相关内容。框架下部的 Bottom 栏显示联系方式。

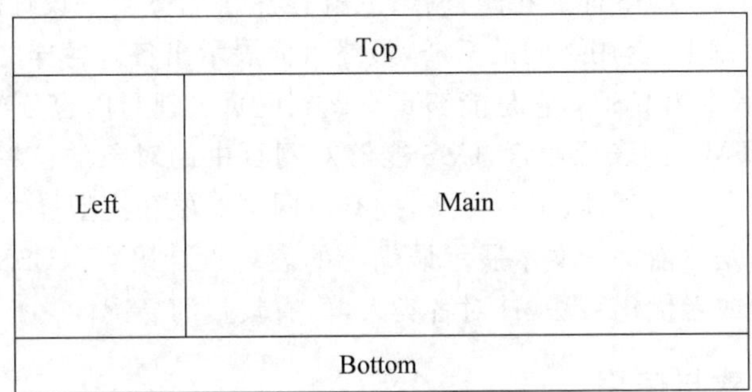


图 4-18 框架结构页面

4. 开发一个个人业余爱好的网站,该网站至少具有以下内容。

(1) 个人业余爱好简要介绍。

(2) 最喜欢的旅游景点介绍,包括文字及其风景图片。

(3) 最喜欢的诗词作家介绍,包括作者生平及其代表作。

(4) 最喜欢的音乐作品介绍,包括作者生平及其代表作。

(5) 最喜欢的体育运动等。

# 第 5 章　网页布局之 DIV＋CSS——网页化妆师

本章主要内容：

- CSS 的概念和使用方法。
- CSS 的基本语法。
- CSS 样式主要属性的设置。
- CSS 的框模型的基本结构。
- 使用 DIV＋CSS 开发网页界面的方法。

## 5.1　CSS 基础

我们经常见到设计精美的网页，也常看到简陋的网页。它们之间真的差异那么大吗？人们常说，没有丑女人，只有懒女人。简陋的网页和精美的网页之间也许只差 CSS。CSS 就像是网页的化妆品，让我们学会用 CSS 装扮我们的网页吧！

层叠样式表（cascading style sheets，CSS）是一种用来表现 HTML（标准通用标记语言的一个应用）或 XML（标准通用标记语言的一个子集）等文件样式的计算机语言，简称样式表。可以说，HTML 或 XML 为网页的骨架，CSS 为网页的衣服，不同 CSS 样式搭配，可以展现不同的页面效果。“CSS 禅意花园”网站上就有各方 CSS 高手设计的 CSS 页面效果，即在同一个 HTML 基础上，套用不同的 CSS，最终页面展示出各式各样的绚丽效果。

CSS 目前最新版本为 CSS3，它是能够真正做到网页表现与内容分离的一种样式设计语言。相对于传统 HTML 的表现而言，CSS 能够对网页中的对象的位置排版进行像素级的精确控制，支持几乎所有的字体、字号样式，拥有对网页对象和模型样式编辑的能力，并能够进行初步交互设计，是目前基于文本展示最优秀的表现设计语言。CSS 能够根据不同使用者的理解能力，简化或者优化写法，针对各类人群，有较强的易读性。

### 5.1.1　CSS 的创建与使用

如何插入样式表呢？当读到一个样式表时，浏览器会根据它来格式化 HTML 文档。插入样式表的方法有 4 种。

#### 1. 外部样式表

当样式需要应用于很多页面时，外部样式表将是理想的选择。在使用外部样式表的情况下，可以通过改变样式表文件来改变整个站点的外观。每个页面使用 <link> 标签链接样式表。<link> 标签在（文档的）头部，语法如下：

```
<head>
    <link rel="stylesheet" type="text/css" href="mystyle.css"/>
</head>
```

浏览器会从文件 mystyle.css 中读到样式声明，并根据它来格式文档。

外部样式表可以在任何文本编辑器中进行编辑。文件不能包含任何<HTML>标签。样式表应该以 css 为扩展名进行保存。下面是一个样式表文件的例子：

```
hr{color:sienna;}
p{margin-left:20px;}
body{background-image:url("images/back40.gif");}
```

不要在属性值与单位之间留有空格。假如使用 margin-left：20 px 而不是 margin-left：20px，它仅在 IE 6 中有效，但是在 Mozilla/Firefox 或 Netscape 中却无法正常工作。

**【例 5-1】** 外部样式表示例。

CSS 文件

```
程序清单 5-1(test.css):
body{background-color:yellow}
h1{background-color:#00ff00}
h2{background-color:transparent}
p{background-color:rgb(250,0,255)}
p.no2{background-color:gray;padding:20px;}
```

HTML 文件

```
程序清单 5-2(example5_01.html):
<html>
<head>
    <link rel="stylesheet" type="text/css" href="test.css"/>
</head>
<body>
    <h1>这是标题 1</h1>
    <h2>这是标题 2</h2>
    <p>这是段落</p>
    <p class="no2">这个段落设置了内边距。</p>
</body>
</html>
```

上述例子中，使用 link 标签引用了外部的 test.css，在实验时请注意将 HTML 文件和 CSS 文件放入一个目录，否则网页将找不到 CSS 文件，进而使 CSS 文件中的设置失效。

### 2. 内部样式表

当单个文档需要特殊的样式时，就应该使用内部样式表。可以使用 <style> 标签在文档头部定义内部样式表，就像这样：

```
<head>
<style type="text/css">
    hr{color:sienna;}
    p{margin-left:20px;}
```

```
    body{background-image:url("images/back40.gif");}
</style>
</head>
```

【例 5-2】 内部样式表示例。

```
程序清单 5-3(example5_02.html):
<html>
<head>
<style type="text/css">
    body{background-color:yellow}
    h1{background-color:#00ff00}
    h2{background-color:transparent}
    p{background-color:rgb(250,0,255)}
    p.no2{background-color:gray;padding:20px;}
</style>
</head>
<body>
    <h1>这是标题 1</h1>
    <h2>这是标题 2</h2>
    <p>这是段落</p>
    <p class="no2">这个段落设置了内边距。</p>
</body>
</html>
```

### 3. 内联样式

由于要将表现和内容混杂在一起，内联样式会损失掉样式表的许多优势。请慎用这种方法，例如，当样式仅需要在一个元素上应用一次时，可以使用内联样式。

要使用内联样式，需要在相关的标签内使用样式(style)属性。style 属性可以包含任何 CSS 属性。本例展示如何改变段落的颜色和左外边距：

```
<p style="color:sienna; margin-left:20px">
    This is a paragraph
</p>
```

### 4. 多重样式

如果某些属性在不同的样式表中被同样的选择器定义，那么属性值将从更具体的样式表中被继承过来。

例如，外部样式表拥有针对 h3 选择器的 3 个属性：

```
h3{
    color:red;
    text-align:left;
```

```
    font-size:8pt;
}
```

而内部样式表拥有针对 h3 选择器的 2 个属性：

```
h3{
    text-align:right;
    font-size:20pt;
}
```

假如拥有内部样式表的这个页面同时与外部样式表链接，那么 h3 得到的样式如下：

```
color:red;
text-align:right;
font-size:20pt;
```

即颜色属性将被继承于外部样式表，而文字排列(text-alignment)和字体尺寸(font-size)会被内部样式表中的规则取代。

## 5.1.2 CSS 语法

### 1. CSS 基础语法

CSS 规则由两个主要的部分构成：选择器，以及一条或多条声明。例如：

```
selector{declaration1; declaration2; … declarationN}
```

选择器指明修饰的标签集合。通俗地讲，选择器指明 CSS 规则想要修饰的是哪一个或哪一些标签。如想修饰所有的段落使用 p 作为选择器，想修饰所有的超链接用 a 作为选择器，想修饰 id 为 haha 的标签，使用＃haha 作为选择器。以后章节会详细讲解几种不同的选择器。每条声明由一个属性和一个值组成。

属性(property)是用户希望设置的样式属性(style attribute)。每个属性有一个值，属性和值用冒号分开。例如：

```
selector{property:value}
```

下面这行代码的作用是将<h1>元素内的文字颜色定义为红色，同时将字体大小设置为 14 像素：

```
h1{color:red; font-size:14px;}
```

在这个例子中，h1 是选择器，color 和 font-size 是属性，red 和 14px 是值。

图 5-1 为上面这段代码的结构。

**注意**：请使用花括号来包围声明。

除了英文单词 red，还可以使用十六进制的颜色值 ＃ff0000：

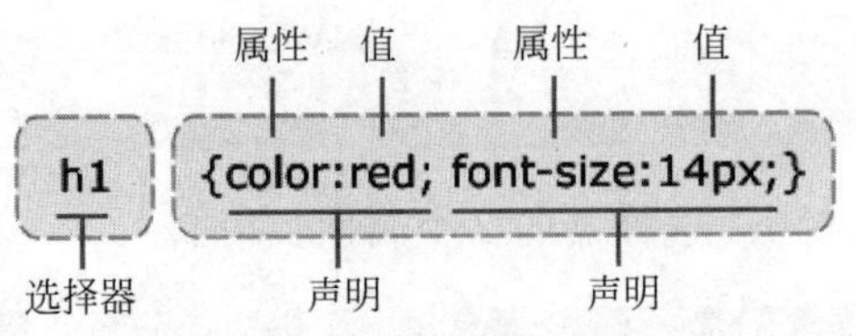


图 5-1 上述 CSS 代码的结构

```
p{color:#ff0000; }
```

为了节约字节,可以使用 CSS 的缩写形式:

```
p{color:#f00; }
```

还可以通过两种方法使用 RGB 值:

```
p{color:rgb(255,0,0); }
p{color:rgb(100%,0%,0%); }
```

请注意,当使用 RGB 百分比时,即使当值为 0 时也要写百分比符号。但是在其他情况下就不需要这么做了。例如,当尺寸为 0 像素时,0 之后不需要使用 px 单位,因为 0 就是 0,无论单位是什么。如果值为若干单词,则要给值加引号:

```
p{font-family:"sans serif";}
```

如果要定义不止一个声明,则需要用分号将每个声明分开。下面的例子展示出如何定义一个红色文字的居中段落。最后一条规则是不需要加分号的,因为分号在英语中是一个分隔符号,不是结束符号。然而,大多数有经验的设计师会在每条声明的末尾都加上分号,这么做的好处是,当人们从现有的规则中增减声明时,会尽可能地减少出错的可能性。就像这样:

```
p{text-align:center; color:red;}
```

应该在每行只描述一个属性,这样可以增强样式定义的可读性,就像这样:

```
p{
    text-align:center;
    color:black;
    font-family:arial;
}
```

**2. 选择器的分组**

可以对选择器进行分组,这样,被分组的选择器就可以分享相同的声明。用逗号将需要分组的选择器分开。在下面的例子中,对所有的标题元素进行了分组,所有的标题元素都是绿色的:

```
h1,h2,h3,h4,h5,h6{
    color:green;
}
```

**3. 继承及其问题**

根据 CSS,子元素从父元素继承属性,但是它并不总是按此方式工作。看看下面这条规则:

```
body{
    font-family:Verdana,sans-serif;
}
```

根据上面这条规则,站点的 body 元素将使用 Verdana 字体(假如访问者的系统中存在该字体的话)。

通过 CSS 继承,子元素将继承最高级元素(在本例中是 body)所拥有的属性(这些子元素诸如 p、td、ul、ol、li、dl、dt 和 dd)。不需要另外的规则,所有 body 的子元素都应该显示 Verdana 字体,子元素的子元素也一样。并且在大部分的现代浏览器中,也确实如此。

如果不希望"Verdana, sans-serif"字体被所有的子元素继承,又该怎么做呢?比方说,希望段落的字体是 Times。可以这样做,创建一个针对 p 的特殊规则,这样它就会摆脱父元素的规则:

```
body{
    font-family:Verdana,sans-serif;
}
td,ul,ol,li,dl,dt,dd{
    font-family:Verdana,sans-serif;
}
p{
    font-family:Times,"Times New Roman",serif;
}
```

### 5.1.3 派生选择器

通过依据元素在其位置的上下文关系来定义样式,可以使标签更加简洁。

在 CSS1 中,通过这种方式来应用规则的选择器被称为上下文选择器(contextual selectors),这是由于它依赖于上下文关系来应用或者避免某项规则。从 CSS2 开始,称它为派生选择器,但是无论你如何称呼它,它的作用都是相同的。

派生选择器允许人们根据文档的上下文关系来确定某个标签的样式。通过合理地使用派生选择器,可以使 HTML 代码变得更加整洁。

例如,希望列表中的 strong 元素变为斜体字,而不是通常的粗体字,可以这样定义一个派生选择器:

```
li strong{
    font-style:italic;
    font-weight:normal;
}
```

请注意标识为<strong>的代码的上下文关系:

```
<p><strong>我是粗体字,不是斜体字,因为我不在列表当中,所以这个规则对我不起作用。
</strong></p>
<ol>
<li><strong>我是斜体字。这是因为 strong 元素位于 li 元素内。</strong></li>
<li>我是正常的字体。</li>
</ol>
```

在上面的例子中,只有 li 元素中的 strong 元素的样式为斜体字,无须为 strong 元素定义特别的 class 或 id,代码更加简洁。

再看看下面的 CSS 规则:

```
strong{
    color:red;
}
h2{
    color:red;
}
h2 strong{
    color:blue;
}
```

下面是它施加影响的 HTML:

```
<p>The strongly emphasized word in this paragraph is<strong>red</strong>.
</p>
<h2>This subhead is also red.</h2>
<h2>The strongly emphasized word in this subhead is<strong>blue</strong>.
</h2>
```

### 5.1.4 id 选择器

#### 1. id 选择器

id 选择器可以为标有特定 id 的 HTML 元素指定特定的样式。id 选择器以#来定义。

下面的两个 id 选择器,第一个可以定义元素的颜色为红色,第二个定义元素的颜色为绿色:

```
#red{color:red;}
#green{color:green;}
```

下面的HTML代码中，id属性为red的p元素显示为红色，而id属性为green的p元素显示为绿色。

```
<p id="red">这个段落是红色。</p>
<p id="green">这个段落是绿色。</p>
```

**2. id选择器和派生选择器**

在现代布局中，id选择器常常用于建立派生选择器。

```
#sidebar p{
    font-style:italic;
    text-align:right;
    margin-top:0.5em;
}
```

上面的样式只会应用于出现在id是sidebar的元素内的段落。这个元素很可能是div或者是表格单元，尽管它也可能是一个表格或者其他块级元素。

一个选择器，多种用法。即使被标注为sidebar的元素只能在文档中出现一次，这个id选择器作为派生选择器也可以被使用很多次：

```
#sidebar p{
    font-style:italic;
    text-align:right;
    margin-top:0.5em;
}
#sidebar h2{
    font-size:1em;
    font-weight:normal;
    font-style:italic;
    margin:0;
    line-height:1.5;
    text-align:right;
}
```

在这里，与页面中的其他p元素明显不同的是，sidebar内的p元素得到了特殊的处理；同时，与页面中其他所有h2元素明显不同的是，sidebar中的h2元素也得到了不同的特殊处理。

### 5.1.5 CSS类选择器

在CSS中，类选择器以一个点号显示：

```
.center{text-align:center}
```

在上面的例子中，所有拥有center类的HTML元素均为居中。

在下面的 HTML 代码中,h1 和 p 元素都有 center 类。这意味着两者都将遵守. center 选择器中的规则。

```
<h1 class="center">
This heading will be center-aligned
</h1>
<p class="center">
This paragraph will also be center-aligned.
</p>
```

与 id 一样,class 也可被用作派生选择器:

```
.fancy td{
    color:#f60;
    background:#666;
}
```

在上面这个例子中,类名为 fancy 的更大的元素内部的表格单元都会以灰色背景显示橙色文字。(名为 fancy 的更大的元素可能是一个表格或者一个 div)

元素也可以基于它们的类而被选择:

```
td.fancy{
    color:#f60;
    background:#666;
}
```

在上面的例子中,类名为 fancy 的表格单元将是带有灰色背景的橙色。

```
<td class="fancy">
```

你可以将类 fancy 分配给任何一个表格元素任意多的次数。那些以 fancy 标注的单元格都会是带有灰色背景的橙色。那些没有被分配名为 fancy 的类的单元格不会受这条规则的影响。还有一点值得注意,class 为 fancy 的段落也不会是带有灰色背景的橙色。当然,任何其他被标注为 fancy 的元素也不会受这条规则的影响。这都是由于书写这条规则的方式,这个效果被限制于被标注为 fancy 的表格单元(即使用 td 元素来选择 fancy 类)。

### 5.1.6 CSS 属性选择器

可以为拥有指定属性的 HTML 元素设置样式,而不仅限于 class 和 id 属性。

**注意**:只有在规定了!DOCTYPE 时,IE 7 和 IE 8 才支持属性选择器。在 IE 6 及更低的版本中,不支持属性选择。

#### 1. 属性选择器

下面的例子为带有 title 属性的所有元素设置样式:

```
[title]
{
    color:red;
}
```

**2. 属性和值选择器**

下面的例子为 title=W3School 的所有元素设置样式：

```
[title=W3School]
{
    border:5px solid blue;
}
```

**3. 属性和值选择器——多个值**

下面的例子为包含指定值的 title 属性的所有元素设置样式。适用于由空格分隔的属性值：

```
[title~ =hello]{color:red; }
```

下面的例子为包含指定值的 lang 属性的所有元素设置样式。适用于由连字符分隔的属性值：

```
[lang|=en]{color:red; }
```

**4. 设置表单的样式**

属性选择器在为不带有 class 或 id 的表单设置样式时特别有用：

```
input[type="text"]
{
    width:150px;
    display:block;
    margin-bottom:10px;
    background-color:yellow;
    font-family:Verdana,Arial;
}
input[type="button"]
{
    width:120px;
    margin-left:35px;
    display:block;
    font-family:Verdana,Arial;
}
```

表5-1为CSS属性选择器的相关描述。

**表5-1　CSS属性选择器**

| 选　择　器 | 描　　述 |
| --- | --- |
| [attribute] | 用于选取带有指定属性的元素 |
| [attribute=value] | 用于选取带有指定属性和值的元素 |
| [attribute~=value] | 用于选取属性值中包含指定词汇的元素 |
| [attribute\|=value] | 用于选取带有以指定值开头的属性值的元素,该值必须是整个单词 |
| [attribute^=value] | 匹配属性值以指定值开头的每个元素 |
| [attribute$=value] | 匹配属性值以指定值结尾的每个元素 |
| [attribute*=value] | 匹配属性值中包含指定值的每个元素 |

## 5.2　CSS样式

### 5.2.1　CSS背景

CSS允许应用纯色作为背景,也允许使用背景图像创建相当复杂的效果。CSS在这方面的能力远远在HTML之上。

**1. 背景色**

可以使用background-color属性为元素设置背景色。这个属性接受任何合法的颜色值。下面这条规则把元素的背景色设置为灰色:

```
p{background-color:gray;}
```

如果希望背景色从元素中的文本向外稍有延伸,只需增加一些内边距:

```
p{background-color:gray; padding:20px;}
```

可以为所有元素设置背景色,这包括body一直到em和a等行内元素。

background-color不能继承,其默认值是transparent。transparent有"透明"之意。也就是说,如果一个元素没有指定背景色,那么背景就是透明的,这样其祖先元素的背景才能可见。

**2. 背景图像**

要把图像放入背景,需要使用background-image属性。background-image属性的默认值是none,表示背景上没有放置任何图像。

如果需要设置一个背景图像,必须为这个属性设置一个url()值:

```
body{background-image:url(/i/eg_bg_04.gif);}
```

大多数背景都应用到 body 元素，不过并不仅限于此。下面例子为一个段落应用了一个背景，而不会对文档的其他部分应用背景：

```
p.flower{background-image:url(/i/eg_bg_03.gif);}
```

甚至可以为行内元素设置背景图像，下面的例子为一个链接设置了背景图像：

```
a.radio{background-image:url(/i/eg_bg_07.gif);}
```

理论上讲，甚至可以向 textareas 和 select 等替换元素的背景应用图像，不过并不是所有用户代理都能很好地处理这种情况。

**3. 背景平铺**

如果需要在页面上对背景图像进行平铺，可以使用 background-repeat 属性。

属性值 repeat 导致图像在水平和垂直方向上都平铺，就像以往背景图像的通常做法一样。repeat-x 和 repeat-y 分别导致图像只在水平或垂直方向上平铺，no-repeat 则不允许图像在任何方向上平铺。默认地，背景图像将从一个元素的左上角开始。请看下面的例子：

```
body
{
    background-image:url(/i/eg_bg 03.gif);
    background-repeat:repeat-y;
}
```

**4. 背景定位**

可以利用 background-position 属性改变图像在背景中的位置。下面的例子在 body 元素中将一个背景图像居中放置：

```
body
{
    background-image:url('/i/eg_bg_03.gif');
    background-repeat:no-repeat;
    background-position:center;
}
```

为 background-position 属性提供值有很多方法。首先，可以使用一些关键字：top、bottom、left、right 和 center。通常，这些关键字会成对出现，不过也不总是这样。还可以使用长度值，如 100px 或 5cm，最后也可以使用百分数值。不同类型的值对于背景图像的放置稍有差异。

1) 关键字

图像放置关键字最容易理解，其作用如其名称所表明的。例如，top right 使图像放置在元素内边距区的右上角。根据规范，位置关键字可以按任何顺序出现，只要保证不超过两个关键字——一个对应水平方向,另一个对应垂直方向。如果只出现一个关键字,则认为另一个关键字是 center。

所以,如果希望每个段落的中部上方出现一个图像,只需声明如下:

```
p
{
    background-image:url('bgimg.gif');
    background-repeat:no-repeat;
    background-position:top;
}
```

2) 百分数值

百分数值的表现方式更为复杂。假设希望用百分数值将图像在其元素中居中,这很容易:

```
body
{
    background-image:url('/i/eg_bg_03.gif');
    background-repeat:no-repeat;
    background-position:50%50%;
}
```

这会导致图像适当放置,其中心与其元素的中心对齐。换句话说,百分数值同时应用于元素和图像。也就是说,图像中描述为 50%50%的点(中心点)与元素中描述为 50%50%的点(中心点)对齐。如果图像位于 0%0%,其左上角将放在元素内边距区的左上角。如果图像位置是 100%100%,会使图像的右下角放在右边距的右下角。

因此,如果想把一个图像放在水平方向 2/3、垂直方向 1/3 处,可以这样声明:

```
body
{
    background-image:url('/i/eg_bg_03.gif');
    background-repeat:no-repeat;
    background-position:66%33%;
}
```

如果只提供一个百分数值,所提供的这个值将用作水平值,垂直值将假设为 50%。这一点与关键字类似。background-position 的默认值是 0%0%,在功能上相当于 top left。这就解释了背景图像为什么总是从元素内边距区的左上角开始平铺,除非用户设置了不同的位置值。

3) 长度值

长度值解释的是元素内边距区左上角的偏移。偏移点是图像的左上角。

例如,如果设置值为 50px100px,图像的左上角将在元素内边距区左上角向右 50 像素、向下 100 像素的位置上:

```
body
{
    background-image:url('/i/eg_bg_03.gif');
    background-repeat:no-repeat;
    background-position:50px100px;
}
```

**注意**：这一点与百分数值不同，因为偏移只是从一个左上角到另一个左上角。也就是说，图像的左上角与 background-position 声明中的指定的点对齐。

**5. 背景关联**

如果文档比较长，那么当文档向下滚动时，背景图像也会随之滚动。当文档滚动到超过图像的位置时，图像就会消失。可以通过 background-attachment 属性防止这种滚动。通过这个属性，可以声明图像相对于可视区是固定的(fixed)，因此不会受到滚动的影响：

```
body
{
    background-image:url(/i/eg_bg_02.gif);
    background-repeat:no-repeat;
    background-attachment:fixed
}
```

background-attachment 属性的默认值是 scroll，也就是说，在默认的情况下，背景会随文档滚动。

**6. CSS 背景属性**

CSS 背景属性如表 5-2 所示。

**表 5-2　CSS 背景属性**

| 属　性 | 描　述 |
|---|---|
| background | 简写属性，作用是将背景属性设置在一个声明中 |
| background-attachment | 背景图像是否固定或者随着页面的其余部分滚动 |
| background-color | 设置元素的背景颜色 |
| background-image | 把图像设置为背景 |
| background-position | 设置背景图像的起始位置 |
| background-repeat | 设置背景图像是否及如何重复 |

### 5.2.2　CSS 文本

CSS 文本属性可定义文本的外观。通过文本属性，可以改变文本缩进、水平对齐方式等。

**1. 缩进文本**

把 Web 页面上的段落的第一行缩进，这是一种最常用的文本格式化效果。

CSS 提供了 text-indent 属性，该属性可以方便地实现文本缩进。通过使用 text-indent 属性，所有元素的第一行都可以缩进一个给定的长度，甚至该长度可以是负值。这个属性最常见的用途是将段落的首行缩进，下面的规则会使所有段落的首行缩进 5em：

```
p{text-indent:5em;}
```

一般来说，可以为所有块级元素应用 text-indent，但无法将该属性应用于行内元素，图像之类的替换元素上也无法应用 text-indent 属性。不过，如果一个块级元素(如段落)的首行中有一个图像，它会随该行的其余文本移动。

1) 使用负值

text-indent 还可以设置为负值。利用这种技术，可以实现很多有趣的效果，如"悬挂缩进"，即第一行悬挂在元素中余下部分的左边：

```
p{text-indent:-5em;}
```

不过在为 text-indent 设置负值时要当心，如果对一个段落设置了负值，那么首行的某些文本可能会超出浏览器窗口的左边界。为了避免出现这种显示问题，建议针对负缩进再设置一个外边距或一些内边距：

```
p{text-indent:-5em; padding-left:5em;}
```

2) 使用百分比值

text-indent 可以使用所有长度单位，包括百分比值。

百分数要相对于缩进元素父元素的宽度。换句话说，如果将缩进值设置为 20%，所影响元素的第一行会缩进其父元素宽度的 20%。

在下例中，缩进值是父元素的 20%，即 100 像素：

```
div{width:500px;}
p{text-indent:20%;}
<div>
<p>this is a paragragh</p>
</div>
```

3) 继承

text-indent 属性可以继承，请考虑如下标签：

```
div#outer{width:500px;}
div#inner{text-indent:10%;}
p{width:200px;}

<div id="outer">
```

```
<div id="inner">some text. some text. some text.
    <p>this is a paragragh.</p>
</div>
</div>
```

以上标签中的段落也会缩进 50 像素，这是因为这个段落继承了 id 为 inner 的 div 元素的缩进值。

**2. 水平对齐**

text-align 是一个基本的属性，它会影响一个元素中的文本行互相之间的对齐方式。它的前 3 个值相当直接，不过第 4 个和第 5 个则略有些复杂。值 left、right 和 center 会导致元素中的文本分别左对齐、右对齐和居中。

text-align:center 与<center>。<center>不仅影响文本，还会把整个元素居中。text-align 不会控制元素的对齐，而只影响内部内容。元素本身不会从一段移到另一端，只是其中的文本受影响。

最后一个水平对齐属性是 justify。在两端对齐文本中，文本行的左右两端都放在父元素的内边界上。然后，调整单词和字母间的间隔，使各行的长度恰好相等。

**3. 字间隔**

word-spacing 属性可以改变字(单词)之间的标准间隔。其默认值 normal 与设置值为 0 是一样的。word-spacing 属性接受一个正长度值或负长度值。如果提供一个正长度值，那么字之间的间隔就会增加。为 word-spacing 设置一个负值，会把它拉近：

```
p.spread{word-spacing:30px;}
p.tight{word-spacing:-0.5em;}
<p class="spread">
This is a paragraph. The spaces between words will be increased.
</p>
<p class="tight">
This is a paragraph. The spaces between words will be decreased.
</p>
```

**4. 字母间隔**

letter-spacing 属性与 word-spacing 属性的区别在于，字母间隔修改的是字符或字母之间的间隔。

与 word-spacing 属性一样，letter-spacing 属性的可取值包括所有长度。默认关键字是 normal(这与 letter-spacing:0 相同)。输入的长度值会使字母之间的间隔增加或减少指定的量。

**5. 字符转换**

text-transform 属性处理文本的大小写。这个属性有 4 个值：none、uppercase、

lowercase、capitalize。

默认值 none 对文本不做任何改动,将使用源文档中的原有大小写。顾名思义,uppercase 和 lowercase 将文本转换为全大写和全小写字符。最后,capitalize 只对每个单词的首字母大写。

作为一个属性,text-transform 可能无关紧要,不过如果突然决定把所有 h1 元素变为大写,这个属性就很有用。不必单独地修改所有 h1 元素的内容,只需使用 text-transform 完成修改:

```
h1{text-transform:uppercase}
```

使用 text-transform 有两方面的好处。首先,只需写一个简单的规则来完成这个修改,而无须修改 h1 元素本身。其次,如果决定将所有大小写再切换为原来的大小写,可以更容易地完成修改。

**6. 文本装饰**

接下来,讨论 text-decoration 属性,这是一个很有意思的属性,它提供了很多非常有趣的行为。

text-decoration 有 5 个值:none、underline、overline、line-through、blink。

underline 会对元素加下画线,就像 HTML 中的 U 元素一样;overline 的作用恰好相反,会在文本的顶端画一个上画线;line-through 则在文本中间画一个贯穿线,等价于 HTML 中的 s 和 strike 元素;text-decoration 取值为 blink 会让文本闪烁,类似于 Netscape 支持的颇招非议的 blink 标签。

none 值会关闭原本应用到一个标签上的所有装饰。通常,无装饰的文本是默认外观,但也不总是这样。例如,链接默认地会有下画线。如果希望去掉超链接的下画线,可以使用以下 CSS 来做到这一点:

```
a{text-decoration:none;}
```

还可以在一个规则中结合多种装饰。如果希望所有超链接既有下画线,又有上画线,则规则如下:

```
a:link a:visited{text-decoration:underline overline;}
```

**7. 文本方向**

如果阅读的是英文书籍,人们就会从左到右、从上到下地阅读,这就是英文的流方向。不过,并不是所有语言都如此。我们知道古汉语就是从右到左来阅读的,当然还包括希伯来语和阿拉伯语等。CSS 2 引入了 direction 属性来描述文本方向性,该属性可以用来决定块级标签中文本的书写方向、表中列布局的方向、内容水平填充其元素框的方向、以及两端对齐元素中最后一行的方向。direction 属性有两个值:ltr 和 rtl。大多数情况下,默认值是 ltr,显示从左到右的文本。如果显示从右到左的文本,应使用值 rtl。

#### 8. CSS 文本属性

CSS 文本属性如表 5-3 所示。

表 5-3 CSS 文本属性

| 属　　性 | 描　　述 |
|---|---|
| color | 设置文本颜色 |
| direction | 设置文本方向 |
| line-height | 设置行高 |
| letter-spacing | 设置字符间距 |
| text-align | 对齐元素中的文本 |
| text-decoration | 向文本添加修饰 |
| text-indent | 缩进元素中文本的首行 |
| text-shadow | 设置文本阴影。CSS 2 包含该属性，但是 CSS 2.1 没有保留该属性 |
| text-transform | 控制元素中的字母 |
| unicode-bidi | 设置文本方向 |
| white-space | 设置元素中空白的处理方式 |
| word-spacing | 设置字间距 |

### 5.2.3 CSS 字体

CSS 字体属性定义文本的字体系列、大小、加粗、风格（如斜体）和变形（如小型大写字母，即与小写字母一样高，外形与大写字母一致）。

#### 1. CSS 字体系列

在 CSS 中，有两种不同类型的字体系列名称：特定字体系列，即具体的字体系列（如 Times 或 Courier）；除了各种特定的字体系列外，CSS 定义了 5 种通用字体系列，即 Serif 字体、Sans-serif 字体、Monospace 字体、Cursive 字体和 Fantasy 字体。

可以使用 font-family 属性定义文本的字体系列。

如果希望文档使用一种 sans-serif 字体，但是并不关心是哪一种字体，以下就是一个合适的声明：

```
body{font-family:sans-serif;}
```

这样用户代理就会从 sans-serif 字体系列中选择一个字体（如 Helvetica），并将其应用到 body 元素。因为有继承，这种字体选择还将应用到 body 元素中包含的所有元素，除非有一种更特定的选择器将其覆盖。

除了使用通用的字体系列，还可以通过 font-family 属性设置更具体的字体。下面的例子为所有 h1 元素设置了 Georgia 字体：

```
h1{font-family:Georgia;}
```

这样的规则同时会产生另外一个问题，如果用户代理上没有安装 Georgia 字体，就只能使用用户代理的默认字体来显示 h1 元素。可以通过结合特定字体名和通用字体系列来解决这个问题：

```
h1{font-family:Georgia,serif;}
```

如果读者没有安装 Georgia，但安装了 Times 字体(serif 字体系列中的一种字体)，用户代理就可能对 h1 元素使用 Times。尽管 Times 与 Georgia 并不完全匹配，但至少足够接近。因此，建议在所有 font-family 规则中都提供一个通用字体系列。这样就提供了一条后路，在用户代理无法提供与规则匹配的特定字体时，就可以选择一个候选字体。

使用引号。如果字体名中有一个或多个空格(如 New York)，或者如果字体名包括 # 或 $ 之类的符号，需要在 font-family 声明中加引号。单引号或双引号都可以接受。但是，如果把一个 font-family 属性放在 HTML 的 style 属性中，则需要使用该属性本身未使用的那种引号：

```
<p style="font-family: Times, TimesNR, 'New Century Schoolbook', Georgia,
'New York', serif;">…</p>
```

**2. 字体风格**

font-style 属性最常用于规定斜体文本。该属性有 3 个值：normal(文本正常显示)、italic(文本斜体显示)和 oblique(文本倾斜显示)。

font-style 非常简单，用于在 normal 文本、italic 文本和 oblique 文本之间选择。唯一有点复杂的是明确 italic 文本和 oblique 文本之间的差别。

斜体(italic)文本是一种简单的字体风格，对每个字母的结构有一些小改动，来反映变化的外观。与此不同，倾斜(oblique)文本则是正常竖直文本的一个倾斜版本。通常情况下，italic 文本和 oblique 文本在 Web 浏览器中看上去完全一样。

**3. 字体变形**

font-variant 属性可以设定小型大写字母。小型大写字母不是一般的大写字母，也不是小写字母，这种字母采用不同大小的大写字母。

**4. 字体加粗**

font-weight 属性设置文本的粗细。使用 bold 关键字可以将文本设置为粗体。

关键字 100～900 为字体指定了 9 级加粗度。如果一个字体内置了这些加粗级别，那么这些数字就直接映射到预定义的级别，100 对应最细的字体变形，900 对应最粗的字体变形。数字 400 等价于 normal，而 700 等价于 bold。

如果将元素的加粗设置为 bolder，浏览器会设置比所继承值更粗的一个字体加粗。与此相反，关键词 light 会导致浏览器将加粗度下移而不是上移。例如：

```
p.normal{font-weight:normal;}
p.thick{font-weight:bold;}
p.thicker{font-weight:900;}
```

**5. 字体大小**

font-size属性设置文本的大小。font-size值可以是绝对或相对值。如果没有规定字体大小,普通文本(如段落)的默认大小是16px(16px=1em)。

通过像素设置文本大小,可以对文本大小进行完全控制:

```
h1{font-size:60px;}
h2{font-size:40px;}
p{font-size:14px;}
```

使用em来设置字体大小。如果要避免在IE中无法调整文本的问题,许多开发者使用em单位代替px。

W3C推荐使用em尺寸单位。1em等于当前的字体尺寸。如果一个元素的font-size为16px,那么对于该元素,1em就等于16px。在设置字体大小时,em的值会相对于父元素的字体大小改变。浏览器中默认的文本大小是16px。因此1em的默认尺寸是16px。可以使用下面这个公式将px转换为em

pixels/16=em

**注意**:16px等于父元素的默认字体大小,假设父元素的font-size为20px,那么公式需改为

pixels/20=em

在下面的例子中,以em为单位的文本大小与前一个例子中以px计的文本大小相同。不过,如果使用em单位,则可以在所有浏览器中调整文本大小。例如:

```
h1{font-size:3.75em;}        /*60px/16=3.75em*/
h2{font-size:2.5em;}         /*40px/16=2.5em*/
p{font-size:0.875em;}        /*14px/16=0.875em*/
```

结合使用%和em。在所有浏览器中均有效的方案是为body元素(父元素)以百分比设置默认的font-size值:

```
body{font-size:100%;}
h1{font-size:3.75em;}
h2{font-size:2.5em;}
p{font-size:0.875em;}
```

在所有浏览器中,可以显示相同的文本大小,并允许所有浏览器缩放文本的大小。

**6. CSS字体属性**

CSS字体属性如表5-4所示。

表 5-4 CSS 字体属性

| 属性 | 描述 |
| --- | --- |
| font | 简写属性，作用是把所有针对字体的属性设置在一个声明中 |
| font-family | 设置字体系列 |
| font-size | 设置字体的尺寸 |
| font-size-adjust | 当首选字体不可用时，对替换字体进行智能缩放(CSS 2.1 已删除该属性) |
| font-stretch | 对字体进行水平拉伸(CSS 2.1 已删除该属性) |
| font-style | 设置字体风格 |
| font-variant | 以小型大写字体或者正常字体显示文本 |
| font-weight | 设置字体的粗细 |

### 5.2.4 CSS 链接

能够以不同的方法为链接设置样式。能够设置链接样式的 CSS 属性有很多种(如 color、font-family、background 等)。链接的特殊性在于能够根据它们所处的状态来设置它们的样式。

链接的 4 种状态。

(1) a:link。设置 a 对象在未被访问前(未单击过和鼠标未经过)的样式表属性。也就是 HTML a 锚文本标签的内容初始样式。

(2) a:visited。设置 a 对象在其链接地址已被访问过时的样式表属性。也就是 HTML a 超链接文本被单击访问过后的 CSS 样式效果。

(3) a:hover。设置 a 对象在其鼠标悬停时的样式表属性，即鼠标刚刚经过 a 标签并停留在 a 链接上时样式。

(4) a:active。设置 a 对象在被用户激活(在单击与释放之间发生的事件)时的样式表属性。也就是单击 HTML a 链接对象与释放鼠标右键之间很短暂的样式效果。

如以下的例子：

```
a:link{color:#ff0000;}          /* 未被访问的链接 */
a:visited{color:#00ff00;}       /* 已被访问的链接 */
a:hover{color:#ff00ff;}         /* 鼠标指针移动到链接上 */
a:active{color:#0000ff;}        /* 正在被单击的链接 */
```

当为链接的不同状态设置样式时，按照以下次序规则：

a:hover 必须位于 a:link 和 a:visited 之后；

a:active 必须位于 a:hover 之后。

在上面的例子中，链接根据其状态改变颜色。其他几种常见的设置链接样式的方法如下。

文本修饰。text-decoration 属性大多用于去掉链接中的下画线：

```
a:link{text-decoration:none;}
a:visited{text-decoration:none;}
a:hover{text-decoration:underline;}
a:active{text-decoration:underline;}
```

背景色。background-color 属性规定链接的背景色：

```
a:link{background-color:#b2ff99;}
a:visited{background-color:#ffff85;}
a:hover{background-color:#ff704d;}
a:active{background-color:#ff704d;}
```

### 5.2.5 CSS 列表

CSS 列表属性允许放置、改变列表项标志，或者将图像作为列表项标志。从某种意义上讲，不是描述性的文本的任何内容都可以认为是列表。

#### 1. 列表类型

要影响列表的样式，最简单（同时支持最充分）的办法就是改变其标志（marker）类型。例如，在一个无序列表中，列表项的标志是出现在各列表项旁边的圆点。在有序列表中，标志可能是字母、数字或另外某种计数体系中的一个符号。要修改用于列表项的标志类型，可以使用属性 list-style-type：

```
ul{list-style-type:square}
```

上面的声明把无序列表中的列表项标志设置为方块。

#### 2. 列表项图像

有时，常规的标志是不够的。人们可能想对各标志使用一个图像，这可以利用 list-style-image 属性做到：

```
ul li{list-style-image:url(xxx.gif)}
```

只需要简单地使用一个 url()值，就可以使用图像作为标志。

#### 3. 列表标志位置

CSS 2.1 可以确定标志出现在列表项内容之外还是内容内部。这是利用 list-style-position 完成的。

#### 4. 简写列表样式

为简单起见，可以将以上 3 个列表样式属性合并为一个方便的属性：list-style，如下：

```
li{list-style:url(example.gif)square inside}
```

list-style 的值可以按任何顺序列出,而且这些值都可以忽略。只要提供了一个值,其他的就会填入其默认值。

## 5.2.6 CSS 表格

### 1. CSS 表格

CSS 表格属性允许控制表格的外观及利用表格布局。border-collapse 属性设置是否把表格边框合并为单一的边框。示例如下:

```
table{border-collapse:collapse; }
```

两种属性设置效果对比如图 5-2 所示。

caption-side 属性设置表格标题(caption)的位置。该属性可能的取值如下。

(1) top。默认值,标题在表格的上边。

(2) right。标题在表格的右边。

(3) bottom。标题在表格的下边。

(4) left。标题在表格的左边。

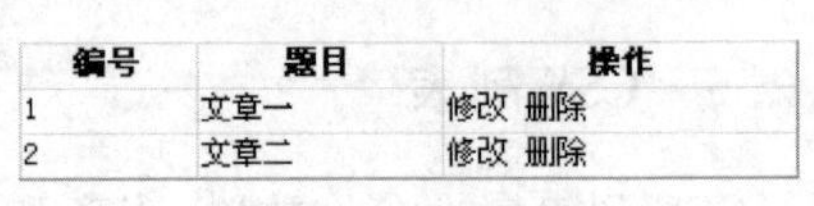

| 编号 | 题目 | 操作 |
|---|---|---|
| 1 | 文章一 | 修改 删除 |
| 2 | 文章二 | 修改 删除 |

(a) collapse效果

| 编号 | 题目 | 操作 |
|---|---|---|
| 1 | 文章一 | 修改 删除 |
| 2 | 文章二 | 修改 删除 |

(b) separate效果

图 5-2 两种属性效果设置的对比

border-spacing 属性用于设置单元格边框的距离,该设置仅在 border-collapse 属性为 separate 有效,例如:

```
table{
    border-collapse:separate;
    border-spacing:10px;
}
```

empty-cells 属性设置是否显示内容空单元格(边框),该设置仅在 border-collapse 属性为 separate 有效。

### 2. 表格 CSS 应用实例

以下为某网站表格 CSS 设置的实例,仅供参考。

```
table{
    width:90%;
    border-collapse:collapse;
    border:1px solid black;
    line-height:1.5em;
    margin-bottom:8px;
}
table caption{
    line-height:1.8em;
```

```
    text-align:left;
}
table th{
    border:1px solid gray;
    padding:2px;
    background-color:#cccccc;
}
table td{
    border:1px solid gray;
    padding:3px 0 2px 5px;
    background:#f6f6f6;
}
```

可参考的 HTML 代码如下：

```
<table>
<caption>这是表格标签：</caption>
    <tr>
        <th width="20%">编号</th>
        <th>题目</th>
    </tr>
    <tr>
        <td>1</td>
        <td>文章题目一</td>
    </tr>
    <tr>
        <td>2</td>
        <td>文章题目二</td>
    </tr>
</table>
```

**3. CSS 表格属性**

CSS 表格属性如表 5-5 所示。

**表 5-5 CSS 表格属性**

| 属性 | 描述 |
| --- | --- |
| border-collapse | 设置是否把表格边框合并为单一的边框 |
| border-spacing | 设置分隔单元格边框的距离(仅用于 separated borders 模型) |
| caption-side | 设置表格标题的位置 |
| empty-cells | 设置是否显示表格中的空单元格(仅用于 separated borders 模型) |
| table-layout | 设置显示单元、行和列的算法 |

### 5.2.7 CSS轮廓

轮廓(outline)是绘制于元素周围的一条线,位于边框边缘的外围,可起到突出元素的作用。CSS outline属性规定元素轮廓的样式、颜色和宽度。基本语法形式如下:

```
outline: outline-color || outline-style || outline-width
```

例如:

```
img{outline:red }
p{outline:double 5px }
button{outline:#e9e9e9 double thin }
```

CSS轮廓属性如表5-6所示。

表5-6 CSS轮廓属性

| 属性 | 描述 |
|---|---|
| outline | 在一个声明中设置所有的轮廓属性 |
| outline-color | 设置轮廓的颜色 |
| outline-style | 设置轮廓的样式 |
| outline-width | 设置轮廓的宽度 |

### 5.2.8 CSS对齐

在CSS中,可以使用多种属性来水平对齐元素。其中,比较重要的是有关块元素的对齐。块元素指的是占据全部可用宽度的元素,并且在其前后都会换行。

以下是块元素的例子:

```
<h1>
<p>
<div>
```

#### 1. 使用margin属性来水平对齐

可通过将左和右外边距设置为auto来对齐块元素。把左和右外边距设置为auto,规定的是均等地分配可用的外边距。结果就是居中的元素,例如:

```
.center
{
    margin-left:auto;
    margin-right:auto;
    width:70%;
    background-color:#b0e0e6;
}
```

**注意**：如果宽度是100%，则对齐没有效果。

### 2. 使用 position 属性进行左和右对齐

对齐元素的方法之一是使用绝对定位，例如：

```
.right
{
    position:absolute;
    right:0px;
    width:300px;
    background-color:#b0e0e6;
}
```

### 3. 使用 float 属性来进行左和右对齐

对齐元素的另一种方法是使用 float 属性，例如：

```
.right
{
    float:right;
    width:300px;
    background-color:#b0e0e6;
}
```

## 5.3 CSS 框模型

CSS 框模型(Box Model) 规定了元素框处理元素内容、内边距、边框和外边距的方式。其基本结构如图 5-3 所示。

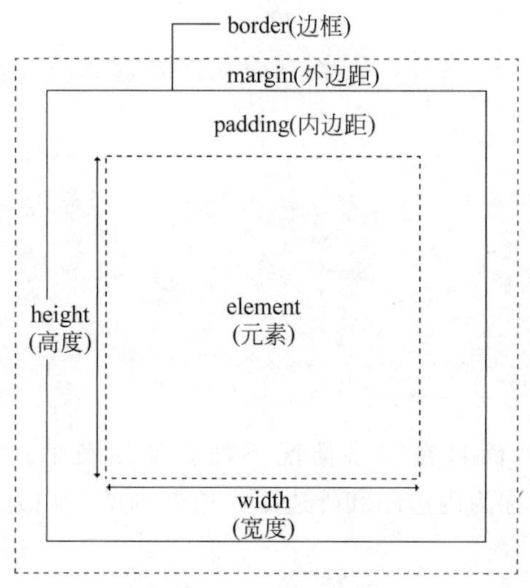


图 5-3 CSS 框模型结构

图 5-3 中的元素框的最里边的部分是实际要显示的内容,直接包围元素的是内边距。内边距呈现了元素的背景。内边距的边缘是边框。边框以外是外边距,外边距默认是透明的,因此,不会遮挡其后的任何元素。背景则是应用于由元素和内边距、边框组成的区域。

内边距、边框和外边距都是可选的,默认值是零。但是,许多元素将由用户代理样式表设置外边距和内边距。可以通过将元素的 margin 和 padding 设置为零来覆盖这些浏览器样式。这可以分别来进行,也可以使用通用选择器对所有元素进行设置:

```
* {
    margin:0;
    padding:0;
}
```

在 CSS 中,width 和 height 指的是内容区域的宽度和高度。增加内边距、边框和外边距不会影响元素区域的尺寸,但是会增加元素框的总尺寸。假设元素框的每个边上有 10 像素的外边距和 5 像素的内边距。如果希望这个元素框达到 100 像素,就需要将内容的宽度设置为 70 像素,如图 5-4 所示。

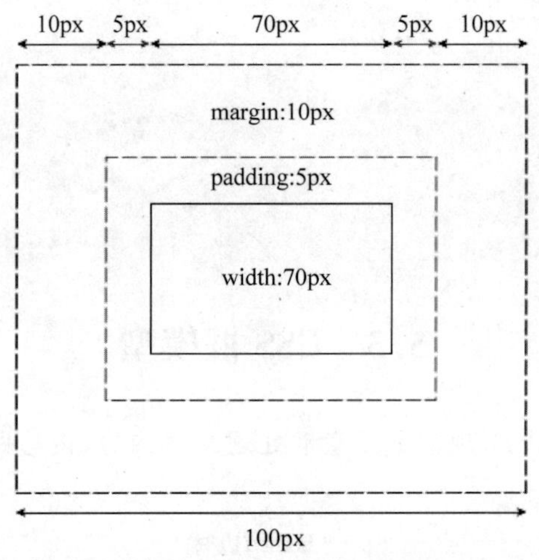


图 5-4 元素框的边距设置示意图

CSS 代码如下:

```
#box{
    width:70px;
    margin:10px;
    padding:5px;
}
```

其中,外边距可以是负值,而且在很多情况下都要使用负值的外边距。在这里我们把 padding 和 margin 统一地称为内边距和外边距。边框内的空白是内边距,边框外的空白是外边距。

# 5.4 CSS 边距

CSS 边距属性用于定义元素周围的空间。在 5.3 节中讲到了如何使用 CSS 代码来设置元素的内边距、外边距，接下来来看有关边距设置的几个例子：

```
p.leftmargin{margin-left:2cm}
p.topmargin{margin-top:5cm}
p.margin{margin:2cm 4cm 3cm 4cm}
```

CSS 边距属性定义元素周围的空间。采用负值对内容进行叠加是可能的。通过使用独立的属性，可以对上边距、右边距、下边距、左边距进行改变。而简写边距属性也可以被用于同时改变所有的边距。

CSS 边距属性如表 5-7 所示。

表 5-7 CSS 边距属性的说明

| 属　性 | 描　述 | 值 |
|---|---|---|
| margin | 简写属性。在一个声明中设置边距属性 | margin-top<br>margin-right<br>margin-bottom<br>margin-left |
| margin-bottom | 设置元素的下边距 | auto<br>length<br>% |
| margin-left | 设置元素的左边距 | auto<br>length<br>% |
| margin-right | 设置元素的右边距 | auto<br>length<br>% |
| margin-top | 设置元素的上边距 | auto<br>length<br>% |

# 5.5 DIV+CSS 网页布局

## 5.5.1 块状元素和内联元素

### 1. 块状元素和内联元素的概念

在用 CSS 布局页面的时候，人们会将 HTML 标签分成两种，块状元素和内联元素(平常用到的 div 和 p 就是块状元素，链接标签 a 就是内联元素)，这是在 CSS 布局页面中很重要的两个概念。

块状元素(block element)一般是其他元素的容器,可容纳内联元素和其他块状元素,块状元素排斥其他元素与其位于同一行,宽度(width)高度(height)起作用。常见块状元素为 div 和 p。

内联元素(inline element)只能容纳文本或者其他内联元素,它允许其他内联元素与其位于同一行,但宽度(width)和高度(height)不起作用。常见的内联元素为 a。

下面以一个例子来说明这两者之间的区别。

id 为 div1 的红色(#900)区域,宽度和高度均为 300 像素,并且包含一个 id 为 div2 的绿色(#090)区域,长度宽度均为 100 像素的 div2。完整代码如下。

```
程序清单 5-4(example5_03.html):
<!DOCTYPEHTMLPUBLIC"-//W3C//DTD HTML 4.01 Transitional//EN">
<html xmlns="http://www.w3.org/1999/xhtml">
<head>
    <metahttp-equiv="Content-Type" content="text/html; charset=gb2312"/>
    <title>CSS 学习——可容纳内联元素和其他块状元素</title>
    <style type="text/css">
    <!--
    #div1{width:300px; height:300px; background:#900;}
    #div2{width:100px; height:100px; background:#090;}
    -->
    </style>
</head>
<body>
    <div id="div1">
    <div id="div2"></div>
    </div>
</body>
</html>
```

效果如图 5-5 所示。

图 5-5　块状元素示例(一)

在 div1 里放入一个链接 a,内容为“可容纳内联元素和其他块状元素”,颜色为白色。

CSS 代码如下:

```
#div1{width:300px; height:300px; background:#900;}
#div2{width:100px; height:100px; background:#090;}
a{color:#fff;}
```

HTML 代码如下：

```
<div id="div1">
<div id="div2"></div>
<a href="#">可容纳内联元素和其他块状元素</a>
</div>
```

效果如图 5-6 所示。

图 5-6　块状元素示例(二)

可以看得到 div1 这个块状元素里面拥有两个元素，一个是块状元素 div2，另一个是内联元素 a，这就是块状元素概念里面说的“一般是其他元素的容器，可容纳内联元素和其他块状元素”。块状元素不只是用来做容器，有时还有其他用途，如利用块状元素将上下两个元素隔开些距离，再如利用块状元素来实现父级元素的高度自适应等。

接下来，在 div1 里面 div2 的后面再放入一个 id 为 div3 的长宽均为 100 像素的蓝色(＃009)区域块，CSS 代码如下：

```
#div1{width:300px; height:300px; background:#900;}
#div2{width:100px; height:100px; background:#090;}
#div3{width:100px; height:100px; background:#009;}
a{color:#fff;}
```

HTML 代码如下：

```
<div id="div1">
<div id="div2"></div>
<div id="div3"></div>
<a href="#">可容纳内联元素和其他块状元素</a>
</div>
```

效果如图 5-7 所示。

**2. float 的含义**

常见的页面布局有两种方式：float(浮动方式)、position(定位方式)。接下来通过一个例子来说明 float 的含义。

两个方块，一个红色(＃900)，一个蓝色(＃009)，红色方块宽度和高度均为 200 像素，蓝色方块宽度为 300 像素，高度为 200 像素，红色方块和蓝色方块的上外边距(margin-top)和

图 5-7　块状元素示例(三)

左外边距(margin-left)均为20像素。代码如下。

**程序清单 5-5,float属性举例(example5_04.html):**

```
<!DOCTYPEhtmlPUBLIC"-//W3C//DTD XHTML 1.0 Transitional//EN""http://www.w3.
org/TR/xhtml1/DTD/xhtml1-transitional.dtd">
<html xmlns="http://www.w3.org/1999/xhtml">
<head>
<meta http-equiv="Content-Type" content="text/html; charset=gb2312"/>
<title></title>
<style type="text/css">
body,div{padding:0; margin:0;}
#redBlock{
    width:200px;
    height:200px;
    background:#900;
    margin-top:20px;
    margin-left:20px;
}
#blueBlock{
    width:300px;
    height:200px;
    background:#009;
    margin-top:20px;
    margin-left:20px;
}
</style>
</head>
<body>
<div id="redBlock"></div>
<div id="blueBlock"></div>
</body>
</html>
```

效果如图 5-8 所示。

为了让红色和蓝色方块都处在一行，只需要在红色方块的 CSS 里面加上“float:left;”。但是不同的浏览器对此的解释方式是不同的，为了解决这个浏览器兼容的问题，只需要在蓝色方块的 CSS 代码中也加入“float:left;”就可以了。效果如图 5-9 所示。

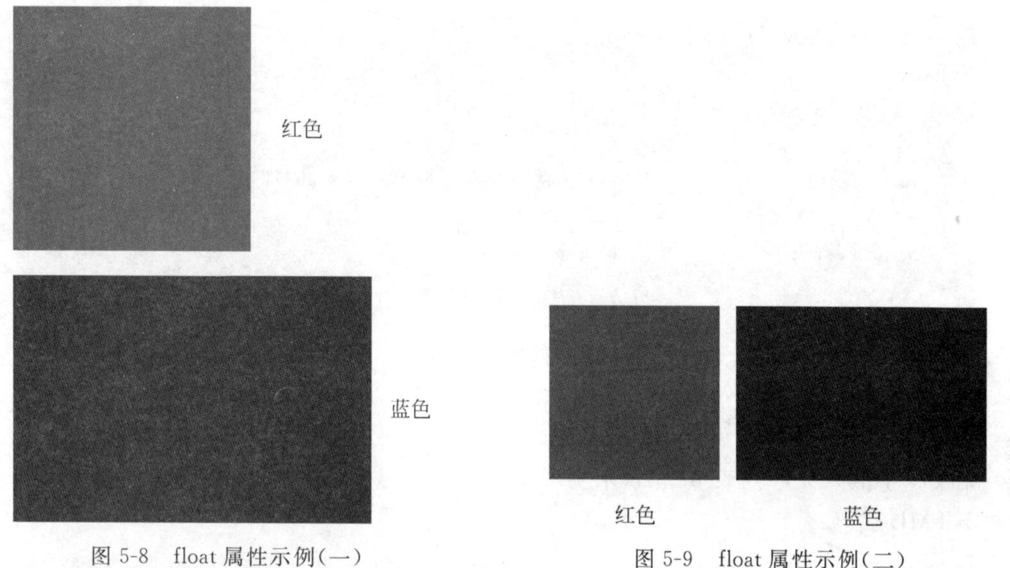


图 5-8　float 属性示例(一)　　　　图 5-9　float 属性示例(二)

## 5.5.2　制作网页导航条

### 1. CSS 标签重置

因为每个浏览器都有一个自己默认的 CSS 文件，对 HTML 中的所有的标签进行定义，以便没有定义 CSS 的页面能够正常显示，页面在加载的时候如果没有找到自带的 CSS 文件，浏览器就用事先为用户准备好的 CSS 样式，但是这个对于页面布局来说没有什么用，因此需要将最常用的标签的内边距、外边距设为零。例如，一个页面中用到下面 div、p、ul 和 li 4 个标签，那么重置代码就要这么写：

```
body,div,p,ul,li{margin:0; padding:0;}
```

### 2. 制作容器

要制作的导航条的效果如图 5-10 所示。

CSS学习　学前准备　入门教程　提高教程　布局教程　精彩应用

图 5-10　要制作的导航条的效果图

鼠标移动上去背景变黑，并且字体颜色变成白色。

先做一个容器(要求：id 为 nav，宽度为 960px，高度为 35px，位于页面水平正中，与浏览器顶部的距离是 30px)，这个容器就是用来放导航的。

HTML 代码:

```
<div id="nav"></div>
```

CSS 代码:

```
body,div{padding:0; margin:0;}
#nav{
    width:960px;
    height:35px;
    background:#ccc;          /*为了便于查看区域范围大小,故加个背景色*/
    margin:0 auto;            /*水平居中*/
    margin-top:30px;          /*顶部 30px*/
}
```

制作出来的效果是一个灰色条,位于页面的正中间。

**3. 制作导航条内的条目**

在 div 中嵌入无序列表 ul 元素来实现。
HTML 代码:

```
<ul>
    <li>CSS 学习</li>
    <li>学前准备</li>
    <li>入门教程</li>
    <li>提高教程</li>
    <li>布局教程</li>
    <li>精彩应用</li>
</ul>
```

CSS 代码:

```
#nav ul{
    width:960px;
    height:35px;
}
```

但是在上述的情况下,导航条内的条目是纵向排列的,这时给 li 元素需要加入 float 属性:

```
#nav ul li{ float:left;}
```

效果如图 5-11 所示。

但是,还有两个问题:一是导航条在不同的浏览器下的显示高度不一致,二是导航条的每个条目前都有黑色的圆点。第一个问题的解决方法是将 ul 和 li 元素也和 body 等元素一样重置:

• CSS学习学前准备入门教程提高教程布局教程精彩应用

图 5-11 横向显示的导航条条目

```
body,div,ul,li{padding:0; margin:0;}
```

第二个问题的解决方法是将 li 的默认样式强制去掉，在 li 中加入如下 CSS 代码如下：

```
list-style:none;
```

效果如图 5-12 所示。

CSS学习学前准备入门教程提高教程布局教程精彩应用

图 5-12 修改后的导航条

**4. 导航条内容的修饰**

首先，把条目之间的距离拉开。设置<li>标签的宽度为 100 像素，把 li 的高度设置成盒子的高度 35 像素。CSS 代码如下：

```
#nav ul li{
    width:100px;
    float:left;
    list-style:none;
    line-height:35px;
}
```

在此基础上，要让每个条目 li 在自己的宽度内水平居中，需要在上述代码中加入：

```
text-align:center;
```

再加入左右边距，完整 CSS 代码如下：

```
#nav ul li{
    width:100px;
    float:left;
    list-style:none;
    line-height:35px;
    text-align:center;
    padding:0 10px;
}
```

效果如图 5-13 所示。

| CSS学习 | 学前准备 | 入门教程 | 提高教程 | 布局教程 | 精彩应用 |
|---|---|---|---|---|---|

图 5-13 加入了上述修饰的导航条效果

**5. 给导航条条目加入链接**

需要将上面的导航条做以下几个修改：一是给上面的导航加上链接；二是链接文字大小修改为12px；三是规定链接样式，鼠标移上去和拿开的效果。

给导航条条目加链接的HTML代码如下：

```
<ul>
    <li><a href="#">CSS学习</a></li>
    <li><a href="#">学前准备</a></li>
    <li><a href="#">入门教程</a></li>
    <li><a href="#">提高教程</a></li>
    <li><a href="#">布局教程</a></li>
    <li><a href="#">精彩应用</a></li>
</ul>
```

文字大小12px，CSS代码如下：

```
a{font-size:12px;}
```

鼠标移到上面和拿开效果的CSS代码如下：

```
#nav ul li a{color:#333; text-decoration:none;}
#nav ul li a:hover{color:#fff; text-decoration:underline;}
```

接下来，还需要将超链接的高度做成与div的高度一致，即35px，但是由于a元素不是块元素，不能使用height和width属性。因此，必须将a元素转变成块元素才行。同时还需要修改其左右边距，其CSS代码如下：

```
display:block;
height:35px;
float:left;
padding:0 10px;
```

然后，将a:hover的CSS代码中背景颜色改成黑色(#000)：

```
background:#000;
```

完整的CSS代码如下。

```
程序清单5-6,导航条CSS代码(example5-05.html):
<style type="text/css">
body,div,ul,li{padding:0; margin:0;}
#nav{
    width:960px;
    height:35px;
```

```
    background:#CCC;        /*为了便于查看区域范围大小,故加背景色*/
    margin:0 auto;          /*水平居中*/
    margin-top:30px;        /*顶部 30px*/
}
#nav ul{
    width:960px;
    height:35px;
}
#nav ul li{
    width:100px;
    float:left;
    list-style:none;
    line-height:35px;
    text-align:center;
    padding:0 10px;
}
a{font-size:12px;}
#nav ul li a{
    color:#333;
    text-decoration:none;
    display:block;
    height:35px;
    float:left;
    padding:0 10px;
}
#nav ul li a:hover{
    color:#fff;
    text-decoration:underline;
    background:#000;
}
</style>
```

效果如图 5-14 所示。

图 5-14 导航条的最终效果图

### 5.5.3 网页布局设计

所有的设计第一步是构思,构思好了,一般来说还需要用 Photoshop 或 Fireworks 等图片处理软件将需要制作的界面布局简单的勾画出来,网页布局效果的示例图如图 5-15 所示。

仔细分析一下图 5-15,不难发现,该图大致分为以下几个部分。

(1) 顶部部分,其中又包括了 Logo、MENU 和一幅 Banner 图片。

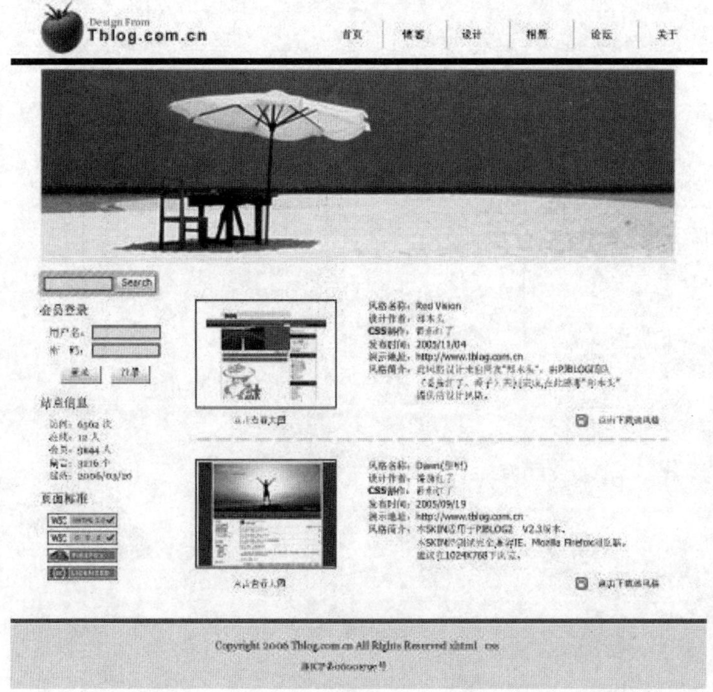


图 5-15　某网站网页布局效果图

(2) 内容部分又可分为侧边栏、主体内容。

(3) 底部,包括一些版权信息。

有了以上分析,就可以很容易地布局了,因此网页布局划分(层的设计)如图 5-16 所示。

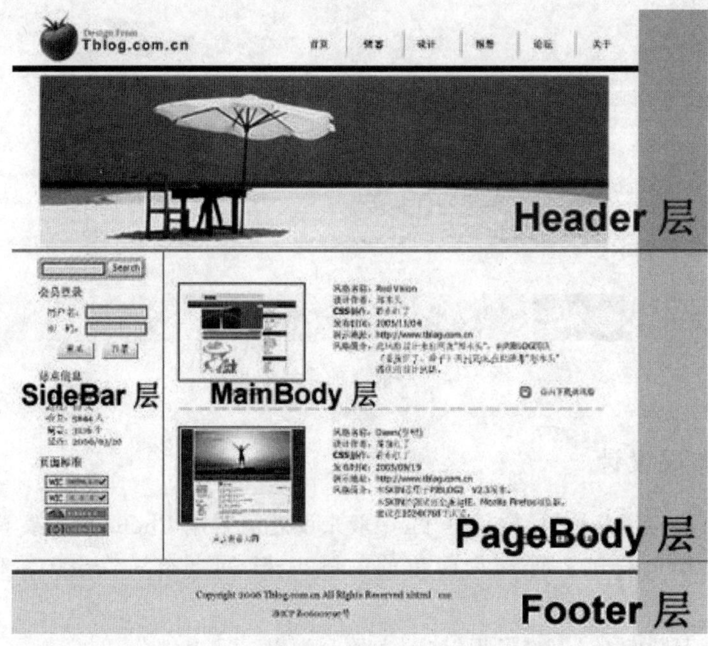


图 5-16　某网站网页布局划分示意图

根据图 5-16，给出一个实际的页面布局结构图，说明一下层的嵌套关系，如图 5-17 所示。

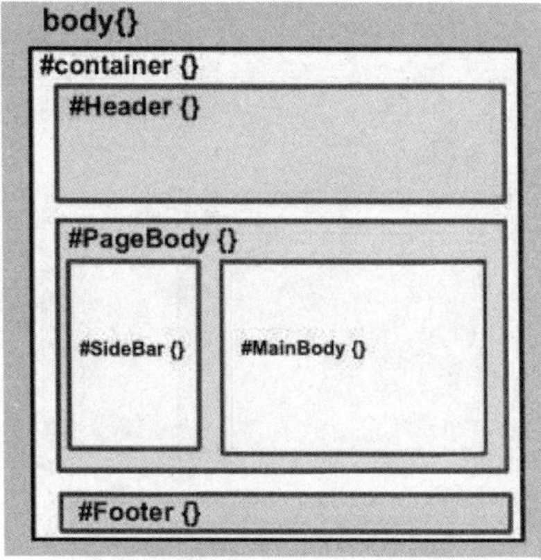


图 5-17 某网站网页布局结构图

网页的基本结构如下：

```
| body {}                          /* 这是一个 HTML 元素 */
└#Container {}                     /* 页面层容器 */
    ├#Header {}                    /* 页面头部 */
    ├#PageBody {}                  /* 页面主体 */
    | ├#SideBar {}                 /* 侧边栏 */
    | └#MainBody {}                /* 主体内容 */
      └#Footer {}                  /* 页面底部 */
```

以上是网页的布局与规划，接下来在一个文件夹中新建一个网页文件 mypage. html 和一个 CSS 文件 css. css。

mypage. html 基本代码结构如下。

```
程序清单 5-7(example 5-06.html)：
<body>
<div id="container">页面层容器
    <div id="Header">页面头部</div>
    <div id="PageBody">页面主体
        <div id="SideBar">侧边栏
        </div>
        <div id="MainBody">主体内容
        </div>
    </div>
    <div id="Footer">页面底部
    </div>
</div>
</body>
```

css.css 基本代码结构如下。

**程序清单 5-8(example5-07.html):**

```
body {
    font:12px Tahoma;
    margin:0px;
    text-align:center;
    background:#fff;
}
/*页面层容器*/
#container {width:100%;}
/*页面头部*/
#Header {
    width:800px;
    margin:0 auto;
    height:100px;
    background:#ffcc99;
    background:url(logo.jpg) no-repeat;
}
/*页面主体*/
#PageBody {
    width:800px;
    margin:0 auto;
    height:400px;
    margin:8px auto;
}
#SideBar {
    width:160px;                    /*设定宽度*/
    height:380px;
    text-align:left;                /*文字左对齐*/
    float:left;                     /*浮动居左*/
    clear:left;                     /*不允许左侧存在浮动*/
    overflow:hidden;                /*超出宽度部分隐藏*/
    border:1px solid #e00;
}
#MainBody {
    width:636px;
    height:380px;
    text-align:left;
    float:left;                     /*浮动居右*/
    clear:right;                    /*不允许右侧存在浮动*/
    overflow:hidden;
    border:1px solid #e00;
}
/*页面底部*/
#Footer {width:800px;margin:0 auto;height:50px;}
```

## 5.6 习　　题

1. 什么是标签选择器、派生选择器、id 选择器？并举例说明。

2. 在 CSS 中一个独立的框模型有哪几部分组成？

3. 举例说明什么是块级元素和行内元素？

4. 解释 div 标签的作用。

5. 解释以下 CSS 样式的含义。

```
table{
    border: 1px #333 solid;
    font: 12px arial;
    width: 500px
}
td,th{
    padding: 5px;
    border: 2px solid #eee;
    border-bottom-color: #666;
    border-right-color:  #666;
}
```

6. 解释以下 CSS 样式的含义。

```
form{
    border:1px dotted #aaaaaa;
    padding:3px 6px 3px 6px;
    margin:0px;
    font:14px Arial;
}
select{
    width:80px;
    background-color:#add8e6;
}
```

7. 写出下列要求的 CSS 样式表。

(1) 设置页面背景图像为 login_back.gif，并且背景图像垂直平铺。

(2) 使用类选择器，设置按钮的样式，按钮背景图像为 login_submit.gif，字体颜色：#ffffff，字体大小为 14px，字体粗细为 bold，按钮的边界、边框和填充均为 0px。

8. 写出下列要求的 CSS 样式表。

(1) 使用<td>标签样式，设置字体颜色为#2a1fff，字体大小为 14px，内容与边框之间的距离为 5px。

(2) 使用超链接伪类：初始状态不显示下画线，字体颜色为#333333；鼠标悬停在超链接上方时，显示下画线，字体颜色为#ff5500。

9．网页布局及实现题。

某公司要开发公司的宣传网站，需要创建一个 Web 页面。请通过 XHTML 代码写出网页的结构，并用 CSS 美化网页，页面效果如图 5-18 所示。

图 5-18　清华大学出版社主页

要求如下。

(1) 设置网页标题为“清华大学出版社”。

(2) 使用 DIV 布局页面，典型的三行两列式布局。

(3) 用 XHMTL 建立页面的结构。

(4) CSS 美化网页。

(5) 给所有的超链接设置空链接，单击空链接时，新起一个浏览器窗口打开。

# 第 6 章　网页布局之 FlexBox——布局新秀

**本章主要内容：**

- FlexBox 的产生原因。
- FlexBox 的基本用法。
- FlexBox 属性的使用方法。
- 若干 FlexBox 布局的例子。

## 6.1　FlexBox 概述

FlexBox 是 2009 年 W3C 组织提出的新的网页布局方案，可以便捷地完成页面的布局。目前它已经得到了所有现代浏览器的支持。早期的浏览器（如 IE 6）因为出现时间早于 FlexBox，所以无法支持。鉴于目前很少有人使用这种过时的浏览器，所以我们可以放心地使用 FlexBox。

设想这样一个应用场景：我们需要做一个页面，它由左、右两个部分构成。左侧占有 200px 的宽度，右侧占有所有剩余的宽度。这种界面在屏幕宽度不确定的情况下，很难用第 5 章的方法来实现（因为左侧宽度已知，但右侧宽度未知），需要用第 8 章的 JavaScript 脚本来动态设定宽度，这显然非常麻烦。通过本章的学习可以了解到，使用 FlexBox 可以非常轻松地实现这一点。

再设想下面的场景：我们需要做一个 div 使其全屏居中。使用第 5 章提供的技术同样很难做到，但使用 FlexBox 则可以轻松地定义各种居中、排列方式。

FlexBox（弹性伸缩）表示 Flex 布局的 HTML 标签的大小，可以由某种条件约束决定，而不是写死像素值。这种布局特别适合对不同屏幕分辨率进行适配。该优点使 FlexBox 可以非常方便地用于面向手机端的网页布局，因为手机屏幕分辨率和长宽比是多种多样的。

### 6.1.1　FlexBox 的使用

FlexBox 并非是独立于 CSS 技术的新技术，它可以看作一种 CSS 的扩展。我们往往需要使用 CSS 来对 HTML 标签进行修饰，使其支持 FlexBox。

假设存在一个 class 为 box 的 div，如下：

```
<div class='box'></div>
```

使用以下 CSS 代码，可以使其支持 Flex 布局：

```
.box{
    display:flex;
}
```

display属性曾在第5章大显身手,使用display:none来隐藏一个标签,使用display:block使一个标签以块的方式显示,使用display:inline使一个标签以行内方式显示。在block和flex这两种显示模式下,一个标签才会存在宽度和高度;在inline模式下,设置一个标签的宽度和高度是无效的,标签的宽度和高度由其内容决定。

将一个标签设为flex模式,就表示这个标签内部的元素使用Flex布局来定位和确定大小。

为了兼容某些早期的基于WebKit内核的浏览器(如早期的Chrome和手机浏览器),可以使用以下方式来声明Flex布局,在flex前添加了-webkit-前缀:

```
.box{
    display: -webkit-flex;          /* Safari */
    display: flex;
}
```

### 6.1.2 FlexBox基本概念

Flex布局中有两个最重要的概念:主轴和交叉轴。Flex布局可以使HTML标签的子标签水平排列也可以垂直排列。如果是水平排列,那么水平方向就成为主轴,垂直方向就成为交叉轴;如果是垂直排列,那么垂直方向成为主轴,水平方向成为交叉轴。简而言之,和排列方向一致的方向称为主轴,和排列方向垂直的方向称为交叉轴,如图6-1所示。

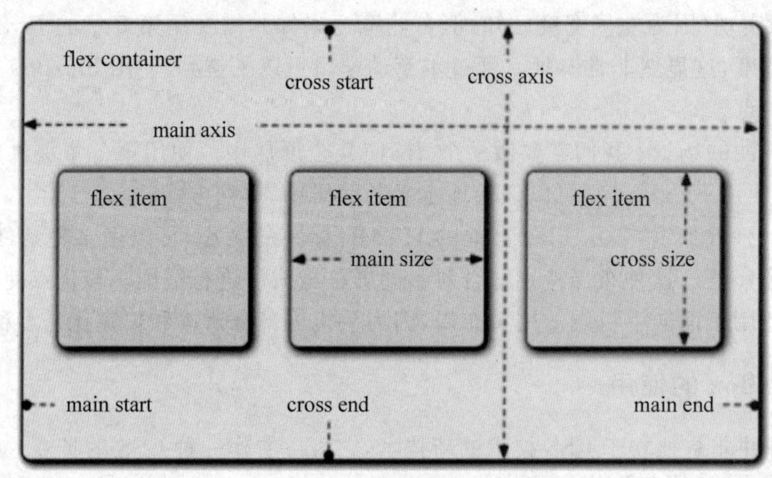


图6-1 主轴和交叉轴

在图6-1中,3个元素(flex item)水平排列,那么水平方向就是主轴(main axis),垂直方向就是交叉轴(cross axis)。另外,还有一些概念如主轴空间(main size)表示元素在主轴方向的大小,交叉轴空间(cross size)表示元素在交叉轴方向的大小。主轴开始位置称为main start,主轴结束位置称为main end。交叉轴的开始和结束位置分别称为cross start和cross end。

# 6.2 FlexBox 属性

## 6.2.1 flex-direction 属性

flex-direction 属性可以定义主轴的方向，即元素的排列方向。它的合法取值有 4 个：row、row-reverse、column 和 column-reverse。图 6-2 清晰地描述了这 4 个值的含义。

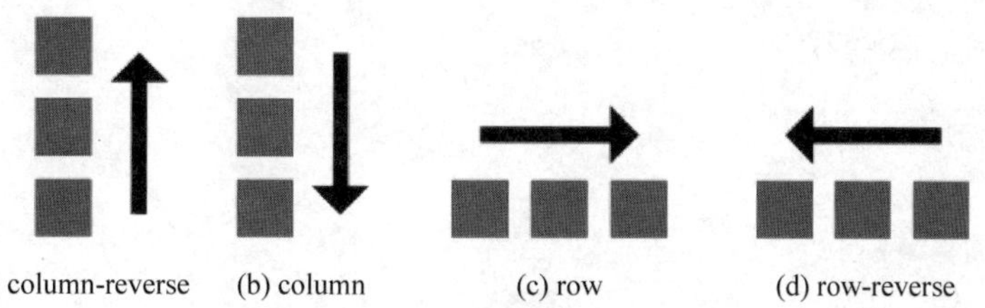


图 6-2 flex-direction 属性 4 个取值的含义

其使用方法如下：

```
.box{
    display: flex;
    flex-direction:row;
}
```

此例子表示，box 下的元素是 Flex 布局，且是水平排列。flex-direction 属性的取值如果为 row，表示从左向右水平排列；如果为 row-reverse，表示从右向左水平排列；如果为 column，表示从上到下垂直排列；如果为 column-reverse，表示从下到上垂直排列。

## 6.2.2 flex-grow 属性

flex-grow 属性定义放大比例。如某个 div 有 3 个子标签，它们的 flex-grow 属性分别定义为 1、2、1，那么第一个和最后一个子标签占有 25%的空间，第二个占有 50%的空间。

下面给出一个完整的例子，演示这个问题。

**程序清单 6-1(flex01.html)：**

```
<!DOCTYPE html>
<html>
<head>
    <title>flex</title>
    <style type="text/css">
        .box{
            display: flex;
            flex-direction:row;
            width:100%;
            height:300px;
        }
        .item{
            flex-grow:1;
```

```
            margin-left: 10px;
            margin-right: 10px;
            background-color: #cc6600;
            height:300px;
            color:white;
            font-size: 40px;
            text-align: center;
            line-height: 300px;
        }
    </style>
</head>
<body>
<div class='box'>
    <div class='item'>Item 1</div>
    <div class='item'>Item 2</div>
    <div class='item'>Item 3</div>
</div>
</body>
</html>
```

该例子的效果如图 6-3 所示。

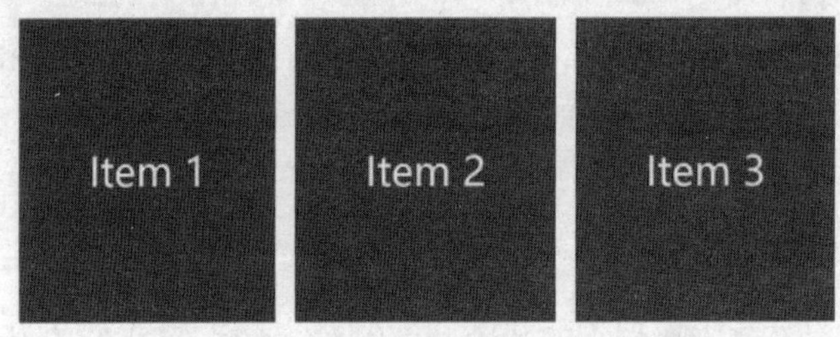


图 6-3　flex01.html 的效果

上述代码中,class 为 box 的 div(下面简写为 div.box),是一个 Flex 布局的 div,它有 3 个子标签,子标签的 class 都是 item。在 HTML 头部对这两个类进行了定义。

.box 是 Flex 布局,且是从左向右水平排列,宽度为占满全屏,高度为 300 像素。.item 是子标签的布局,设置了 flex-grow:1,3 个子标签都是 flex-grow:1,那么每一个子标签占有 33%的空间。在应该写 flex-grow 的地方直接写 flex 也是有效的,如 flex-grow:1 也可以写作 flex:1。margin-left 和 margin-right 设置了元素左右的边距,使它们之间留出空隙,避免紧挨。background-color 和 color 定义了背景色和字体颜色。font-size 定义了字体大小。text-align 设置为文字水平居中。line-height 定义一行文本的高度,将其定义为.item 同样的高度 300px,使得文字垂直居中。

试着调整浏览器的宽度,可以发现 3 个标签的大小都保持一致,且大约占有 1/3 的宽度。

下面再给出一个例子,演示本章开头提出的第一个场景,即左侧子标签固定大小,右侧的子标签自适应宽度。

**程序清单 6-2(flex02.html):**

```
<!DOCTYPE html>
<html>
<head>
    <title>flex</title>
    <style type="text/css">
        .box{
            display: flex;
            flex-direction:row;
            width:100%;
            height:300px;
        }
        .left,.right{
            margin-left: 10px;
            margin-right: 10px;
            background-color: #cc6600;
            height:300px;
            color:white;
            font-size: 40px;
            text-align: center;
            line-height: 300px;
        }
        .left{
            width:200px;
        }
        .right{
            flex-grow:1;
        }
    </style>
</head>
<body>
<div class='box'>
    <div class='left'>Item 1</div>
    <div class='right'>Item 2</div>
</div>
</body>
</html>
```

该代码的效果如图 6-4 所示。“.left,.right”这种写法同时对 left 和 right 两个类进行修饰。下面又分别对 left 类定义了宽度为 200 像素，对 right 类定义了宽度占比为 1。因为只有 right 对应的 div 有比例(flex-grow：1)，而 left 对应的 div 只有固定长度(width：200px)，所以 right 会占满剩余的屏幕空间。

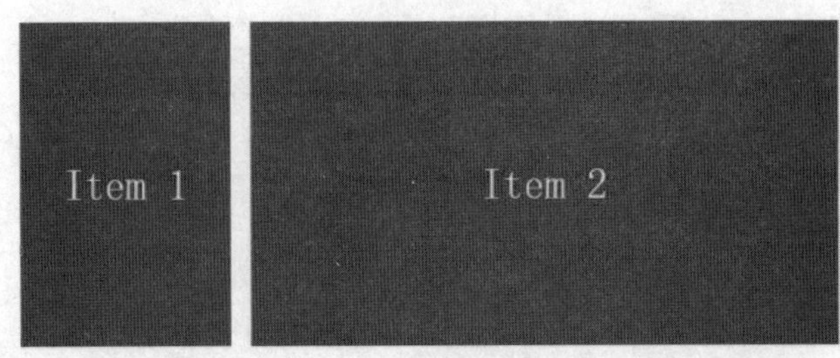


图 6-4 flex02.html 的效果

### 6.2.3 flex-wrap 属性

当使用从左向右水平排列时(flex-direction: row),一行排满后元素是否换行由 flex-wrap 属性来确定,它的合法取值:nowrap(不换行)、wrap(换行)、wrap-reverse(换行且第一行位于第二行之下)。其效果如图 6-5 所示。

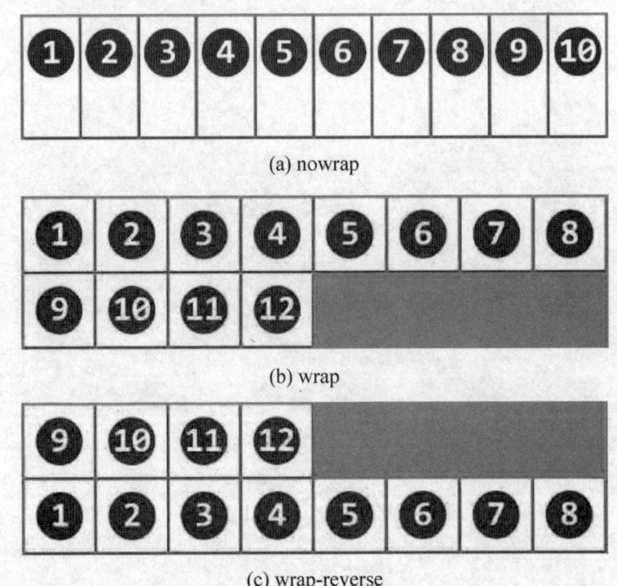


图 6-5 flex-wrap 属性效果演示

### 6.2.4 justify-content 属性

当元素不能排满父元素时,必然会留下空间,那么元素应该如何对齐呢? justify-content 属性定义了元素在主轴方向的对齐方式。它的合法取值为 flex-start、flex-end、center、space-between 和 space-around。其效果如图 6-6 所示。

### 6.2.5 align-items 属性

align-items 属性定义了元素在交叉轴方向的对齐方式。如元素按照水平方式排列,主轴方向为水平方向,那么交叉轴为垂直方向。垂直方向的对齐方式由 align-items 控制。它的合法取值为 flex-start、flex-end、center、baseline 和 stretch。其效果如图 6-7 所示。

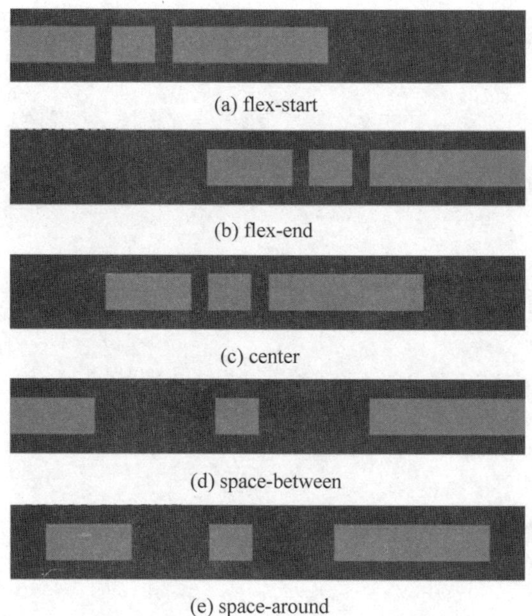


图 6-6　justify-content 属性效果演示

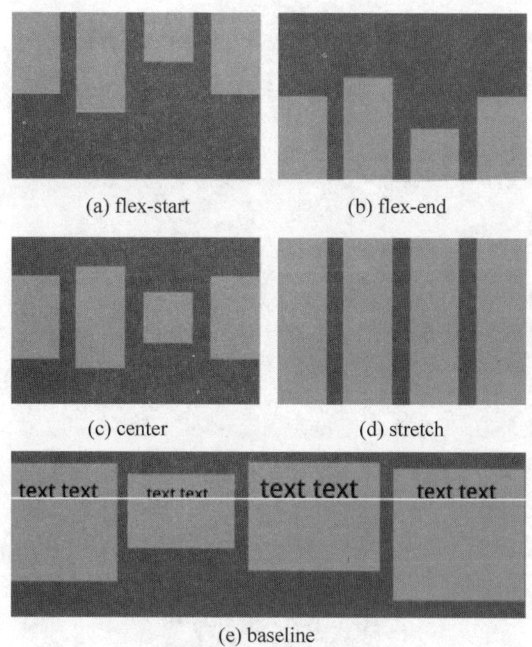


图 6-7　align-items 属性效果演示

flex-start、flex-end、center 和 stretch 的功能容易理解。而 baseline 需要重点解释，它是基于第一行文本的下边线进行对齐。在屏幕坐标系下，一般文本的位置都是以文本的右下角位置确定的。

使用 justify-content 和 align-items 属性可以进行水平和垂直方向的对齐。下面的例子演示如何进行全屏居中。

**程序清单 6-3(flex03.html):**

```
<!DOCTYPE html>
<html>
<head>
    <title>flex</title>
    <style type="text/css">
        html,body{
            width:100%;
            height:100%;
            margin:0px;
            padding:0px;
        }
        body{
            display: flex;
            justify-content:center;
            align-items:center;
            background-color: yellow;
        }
        .box{
            width:300px;
            height:300px;
            background-color: #ff33ff;
        }
    </style>
</head>
<body>
<div class='box'>
</div>
</body>
</html>
```

效果如图 6-8 所示,不论屏幕大小,该 div 都能全屏居中。对 html 和 body 进行 width

图 6-8　全屏居中的效果

和 height 的 100%修饰，使得 html 和 body 占有全屏；将 margin 和 padding 设置为空，使得上下左右不留下空白；justify-content 和 align-items 都设置为 center，使得该 div 在水平和垂直方向都进行了居中。

### 6.2.6 order 属性

在 Flex 布局中，可以给元素定义 order 属性来调整其显示顺序。

**程序清单 6-4(flex04.html)：**

```
<!DOCTYPE html>
<html>
<head>
    <title>flex</title>
    <style type="text/css">
        .box{
            display: flex;
            flex-direction:row;
            width:100%;
            height:300px;
        }
        .item{
            flex-grow:1;
            margin-left: 10px;
            margin-right: 10px;
            background-color: #cc6600;
            height:300px;
            color:white;
            font-size: 40px;
            text-align: center;
            line-height: 300px;
        }
    </style>
</head>
<body>
<div class='box'>
    <div class='item' style="order:3">Item 1</div>
    <div class='item' style="order:1">Item 2</div>
    <div class='item' style="order:2">Item 3</div>
</div>
</body>
</html>
```

上述例子由程序清单 6-1 修改得到，添加了 order 属性。可以看到书写顺序为 Item 1、Item 2、Item 3，而显示顺序为 Item 2、Item 3、Item 1。该例子的效果如图 6-9 所示。

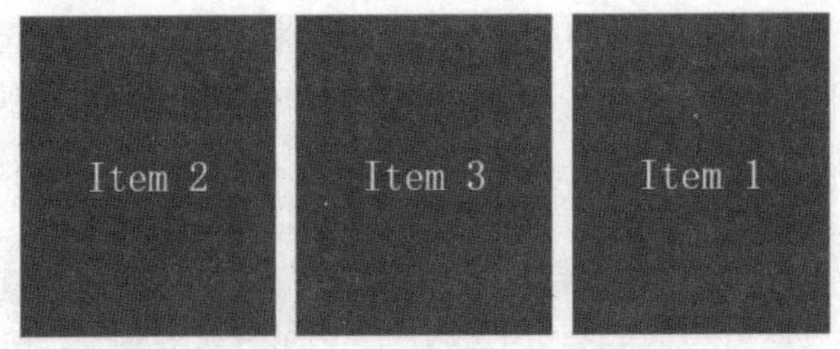


图 6-9　order 属性效果演示

### 6.2.7　flex-shrink 属性

flex-shrink 属性定义了当空间不足时缩小的比例,此属性与 flex-grow 相对应(flex-grow 定义放大比例)。如果将该属性定义为 0,则当其他元素缩小时,该元素不缩小。该属性应用较少,其效果如图 6-10 所示。

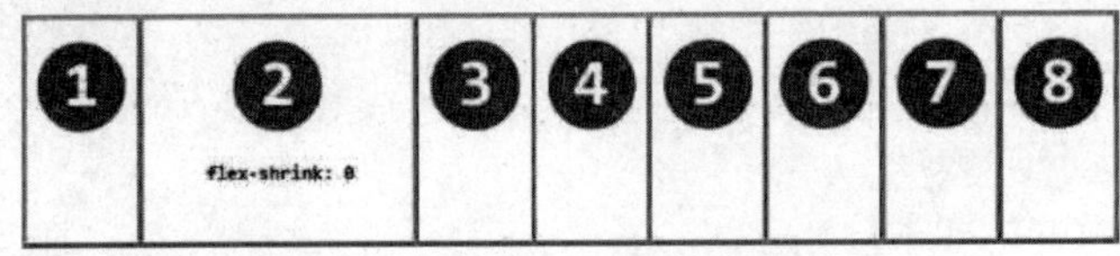


图 6-10　flex-shrink 属性效果演示

### 6.2.8　flex-basis 属性

flex-basis 属性定义了在分配多余空间之前,项目所占的主轴空间。浏览器根据这个值计算主轴是否有剩余的空间。该属性的默认值是 auto,指项目的值由其他属性和项目的内容自动计算得出。除 auto 以外,可以给该属性一个数值,如 300px。

## 6.3　FlexBox 应用举例

这个例子展示如何使用 FlexBox 实现一个登录界面。下面考虑登录界面的几个基本要求:首先,界面应当是全屏居中的;其次,界面应当有一个表单,表单中应当包含用户名文本框和密码文本框,以及 1 个“确定”按钮。

首先,实现一个屏幕居中的 div,这个在程序清单 6-3 中已经展示。我们对该例子进行修改。

**程序清单 6-5(flex05_login.html):**

```
<!DOCTYPE html>
<html>
<head>
    <title>flex</title>
    <meta charset='utf-8' />
    <style type="text/css">
        html,body{
            width:100%;
```

```
            height:100%;
            margin:0px;
            padding:0px;
        }
        body{
            display: flex;
            justify-content:center;
            align-items:center;
        }
        .box{
            width:400px;
            height:300px;
            display:flex;
            flex-direction:column;
            align-items:center;
        }
        .txt{
            display: block;
            width:400px;
            height:60px;
            margin:0px;
            border: 2px solid #8AC007;
            margin-bottom: 10px;
            border-radius:10px;
            padding-left: 10px;
            font-size:20px;
            color:green;
        }
        .sb{
            display: block;
            width:100%;
            height:60px;
            margin:0px;
            border-radius:10px;
            font-size:30px;
        }
        .title{
            font-size:40px;
        }
    </style>
</head>
<body>
<div class='box'>
    <div class='title'>登录</div>
```

```
    <form action="" method="post">
        <input class='txt' type='text' placeholder="用户名" name="usr">
        <input class='txt' type='password' placeholder="密码"
                name="pwd">
        <input class='sb' type='submit' value="确定">
    </form>
</div>
</body>
</html>
```

其中,在 div.box 中添加了一个 div 和一个 form,form 中包含了 2 个文本框和 1 个"确定"按钮。文本框将 display 设置为 block,它默认为 inline,如果不设置该属性就无法修改高度和宽度;border 属性定义了边框的类型为 solid,宽度为 2px,颜色为 #8AC007;border-radius 属性定义圆角矩形半径为 10px。"确定"按钮也做了类似处理,去掉了程序清单 6-3 中定义的颜色,这些颜色原本用于体现 div 的范围。

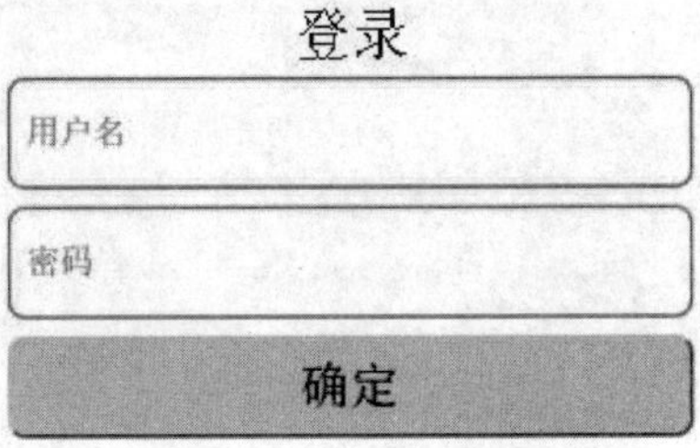

图 6-11　登录界面效果演示

该程序的效果如图 6-11 所示。

## 6.4　FlexBox 布局总结

通过上面的知识学习和应用练习,对 FlexBox 已经有了一定的认识。那么,当面对一个界面设计需求时,应当如何去设计界面呢?

首先,在设计界面之前,清楚设计的网站应当包含哪些页面,每个页面应该显示什么内容。针对每个页面,用纸笔绘制出简单的草图,并反复修改讨论草图,确保草图中包含了应有的内容,且布局合理。特别需要注意的是手机屏幕和桌面屏幕存在较大差异,在设计时应当弄清自己面向的设备的尺寸。

其次,得到草图后,使用层次化的方法对草图进行分析。例如,最上层是上下结构,应当用 column 排布的 FlexBox,上面的头部是左右结构,最左侧是 Logo,中间是搜索框,右侧是广告图片。整个屏幕中间的部分是左右结构,左侧是列表导航,右侧是主要内容。最下面的部分是一个居中的页面版权说明。作为练习,读者可以根据本书描述的需求(你的项目经理有时也会这么描述一个页面),绘制出草图,并标明层次结构。

最后,弄清楚了层次结构后,就可以用 FlexBox 对界面进行实现了。

## 6.5　习　　题

1. 简述 FlexBox 与其他布局方式相比的优缺点。
2. 使用 FlexBox 完成一个类似 Eclipse 界面的布局。
3. 使用 FlexBox 布局重现一个读者喜欢的 Android App 界面。

# 第 7 章　网页布局之 Bootstrap——布局大佬

**本章主要内容：**

- Bootstrap 的基本用法。
- Bootstrap 的网格系统。
- Bootstrap 各种标签的使用方法。
- 若干 Bootstrap 布局的例子。

## 7.1　Bootstrap 简介

### 7.1.1　Bootstrap 概述

Bootstrap 是 Twitter 推出的用于前端开发的开源工具包。它帮助开发人员更便捷地进行网页界面的布局和开发。

它由 Twitter 的设计师 Mark Otto 和 Jacob Thornton 合作开发，是 CSS/HTML 框架。目前，Bootstrap 最新版本为 3.0。Bootstrap 是基于 HTML 5 和 CSS3 开发的，它在 jQuery 的基础上进行了更为个性化的完善，形成一套自己独有的网站风格，并兼容大部分 jQuery 插件，可以用于快速开发 Web 应用程序和网站的前端框架。

Bootstrap 具有以下特点。

(1) 移动设备优先。自 Bootstrap 3.0 起，框架包含了贯穿于整个库的移动设备优先的样式。为了确保适当的绘制和触屏缩放，需要在<head>之中添加 viewport 元数据标签。

```
<meta name="viewport" content="width=device-width, initial-scale=1">
```

(2) 浏览器支持。所有的主流浏览器(IE、Firefox、Opera、Chrome 和 Safari)都支持 Bootstrap。

(3) 容易上手。只要具备 HTML 和 CSS 的基础知识，就可以开始学习 Bootstrap。

(4) 响应式设计。Bootstrap 的响应式 CSS 能够自适应于台式机、平板电脑和手机。

### 7.1.2　Bootstrap 的使用

可以从 http://jquery.com/上下载 jQuery 的压缩版本 jquery-3.2.1.min.js，从 http://getbootstrap.com/上下载 Bootstrap 的最新版本。解压缩 ZIP 文件，将看到如图 7-1 所示的文件/目录结构。

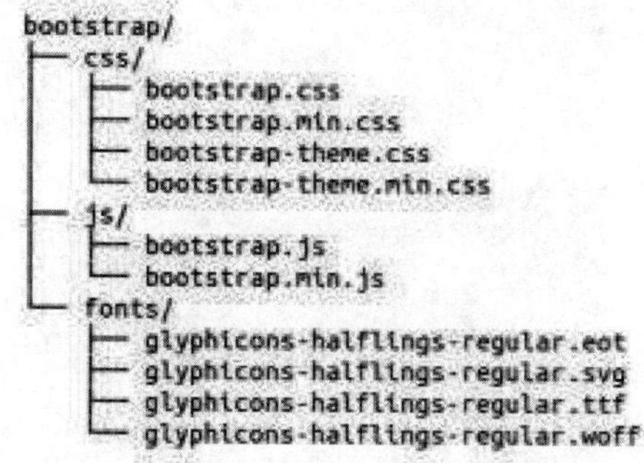


图 7-1　Bootstrap 的文件/目录结构

图 7-1 可以看到已编译的 CSS 和 JS(bootstrap.*)，以及已编译压缩的 CSS 和 JS

(bootstrap.min.*)。同时也包含了 Glyphicons 的字体,这是一个可选的 Bootstrap 主题。

Glyphicons 是一种图标字体。想了解什么是图标字体需要先了解一下字体。字体是将某个特定的编码数字转换成可以绘制图形的工具,简而言之,它的作用就是编码转图形。网页中经常需要显示各种图标,如果是使用图片存储则需要用户下载大量的图片,图标字体就是存储自己需要在网页上显示的图标的一种定制的字体。使用图标字体,可以让开发者以编辑文本的方式在网页中显示图片,且用户需要传输的数据更小。

将上述的 jQuery 的压缩文件和解压缩后的 bootstrap 文件夹复制到要开发的项目文件夹的根路径下,就可以用以下方式来使用 Bootstrap。

**程序清单 7-1(bootstrap01.html):**

```
<!DOCTYPE html>
<html>
<head>
    <title>Bootstrap 模板</title>
    <meta name="viewport" content="width=device-width, initial-scale=1.0">
    <!--引入 Bootstrap -->
    <link href=" bootstrap/css/bootstrap.min.css" rel="stylesheet">
    <!--jQuery(Bootstrap 的 JavaScript 插件需要引入 jQuery) -->
    <script src="jquery-3.2.1.min.js"></script>
    <!--包括所有已编译的插件 -->
    <script src="bootstrap/js/bootstrap.min.js"></script>
</head>
<body>
    <h1>Hello, world!</h1>
</body>
</html>
```

当然,一般情况下,也可以不使用上述下载的文件,而是直接使用 CDN 服务中为我们提供的在上述代码中引用的 3 个文件的镜像,这样访问的速度会更快并且会有效降低网站的负载,国内推荐使用 BootCDN 网站上的库。

**程序清单 7-2(bootstrap02.html):**

```
<!DOCTYPE html>
<html>
<head>
    <title>在线尝试 Bootstrap 实例</title>
    <link rel="stylesheet" href="https://cdn.bootcss.com/bootstrap/3.3.7/
css/bootstrap.min.css">
    <script src="https://cdn.bootcss.com/jquery/2.1.1/jquery.min.js">
</script>
    <script src="https://cdn.bootcss.com/bootstrap/3.3.7/js/bootstrap.min.js">
    </script>
</head>
```

```
<body>
    <h1>Hello, world!</h1>
</body>
</html>
```

## 7.2 Bootstrap的网格系统

### 7.2.1 网格系统简介

Bootstrap包含一个响应式的、移动设备优先的、不固定的网格系统，主要用于网页的布局。它可以随着设备或视口大小的增加而适当地扩展到12列(column)。Bootstrap包含用于简单的布局选项的预定义类，也包含用于生成更多语义布局的功能强大的混合类。Bootstrap 3是移动设备优先的，在这个意义上，Bootstrap代码从小屏幕设备(如移动设备、平板电脑)开始，然后扩展到大屏幕设备(如笔记本电脑、台式机)上的组件和网格。响应式网格系统随着屏幕或视口(viewport)尺寸的增加，系统会自动分为最多12列。

网格系统通过一系列包含内容的行和列来创建页面布局。行必须放置在 .container class内，以便获得适当的对齐(alignment)和内边距(padding)。必须使用行来创建列的水平组。内容应该放置在列内，且唯有列可以是行的直接子元素。网格系统是通过指定想要横跨的12个可用的列来创建的。例如，要创建3个相等的列，则使用3个.col-xs-4。下面是Bootstrap网格的基本结构：

```
<div class="container">
<div class="row">
<div class="col-*-*"></div>
<div class="col-*-*"></div>
</div>
<div class="row">…</div>
</div>
<div class="container">…
```

Bootstrap中的媒体查询允许基于视口大小移动、显示并隐藏内容。下面的媒体查询代码是在LESS文件中使用的，用来创建Bootstrap网格系统中的关键的分界点阈值，代码如下：

```
/*超小设备(手机,小于 768px)*/
/*Bootstrap 中默认情况下没有媒体查询*/
/*小型设备(平板电脑,768px 起)*/
@media(min-width: @screen-sm-min) {… }
/*中型设备(台式机,992px 起)*/
@media(min-width: @screen-md-min) {… }
/*大型设备(大台式机,1200px 起)*/
@media(min-width: @screen-lg-min) {… }
```

有时候也会在媒体查询代码中包含 max-width,从而将 CSS 的影响限制在更小范围的屏幕大小之内,代码如下:

```
@media(max-width: @screen-xs-max) {… }
@media(min-width: @screen-sm-min) and(max-width: @screen-sm-max) {… }
@media(min-width: @screen-md-min) and(max-width: @screen-md-max) {… }
@media(min-width: @screen-lg-min) {… }
```

表 7-1 总结了 Bootstrap 网格系统如何跨多个设备工作。

**表 7-1　Bootstrap 网格系统如何跨多个设备工作**

| 网格系统 | 超小屏幕手机(<768px) | 小屏幕平板电脑(≥768px) | 中等屏幕台式机显示器(≥992px) | 大屏幕大台式机显示器(≥1200px) |
|---|---|---|---|---|
| 行为 | 总是水平排列 | 开始是堆叠在一起的,当大于这些阈值时将变为水平排列 | | |
| 最大宽度 | None(自动) | 750px | 970px | 1170px |
| 类前缀 | .col-xs- | .col-sm- | .col-md- | .col-lg- |
| 列数 | 12 | | | |
| 最大列宽 | 自动 | 62px | 81px | 97px |
| 槽(gutter)宽 | 30px(每列左右均有 15px) | | | |
| 可嵌套 | 是 | | | |
| 偏移(offsets) | 是 | | | |
| 列排序 | 是 | | | |

## 7.2.2　网格系统的应用

### 1. 从堆叠到水平排列

使用单一的一组 .col-md-* 网格类,可以创建一个基本的网格系统,在手机和平板电脑上开始是堆叠在一起的(超小屏幕到小屏幕这一范围),在桌面(中等)屏幕设备上变为水平排列。所有列必须放在 .row 内。代码如下:

```
<div class="row">
<div class="col-md-1">.col-md-1</div>
<div class="col-md-1">.col-md-1</div>
<div class="col-md-1">.col-md-1</div>
<div class="col-md-1">.col-md-1</div>
<div class="col-md-1">.col-md-1</div>
<div class="col-md-1">.col-md-1</div>
<div class="col-md-1">.col-md-1</div>
```

```
<div class="col-md-1">.col-md-1</div>
<div class="col-md-1">.col-md-1</div>
<div class="col-md-1">.col-md-1</div>
<div class="col-md-1">.col-md-1</div>
<div class="col-md-1">.col-md-1</div>
</div>
<div class="row">
<div class="col-md-8">.col-md-8</div>
<div class="col-md-4">.col-md-4</div>
</div>
<div class="row">
<div class="col-md-4">.col-md-4</div>
<div class="col-md-4">.col-md-4</div>
<div class="col-md-4">.col-md-4</div>
</div>
<div class="row">
<div class="col-md-6">.col-md-6</div>
<div class="col-md-6">.col-md-6</div>
</div>
```

**2. 移动设备和桌面屏幕**

如果不希望在小屏幕设备上把所有列都堆叠在一起，就使用针对超小屏幕（手机）、小屏幕（平板电脑）和中等屏幕（台式机）设备所定义的类，即. col-xs-*、. col-sm-* 和. col-md-*，代码如下：

```
<div class="row">
<div class="col-xs-12 col-sm-6 col-md-8">.col-xs-12 .col-sm-6 .col-md-8</div>
<div class="col-xs-6 col-md-4">.col-xs-6 .col-md-4</div>
</div>
<div class="row">
<div class="col-xs-6 col-sm-4">.col-xs-6 .col-sm-4</div>
<div class="col-xs-6 col-sm-4">.col-xs-6 .col-sm-4</div>
<!--Optional: clear the XS cols if their content doesn't match in height -->
<div class="clearfix visible-xs-block"></div>
<div class="col-xs-6 col-sm-4">.col-xs-6 .col-sm-4</div>
</div>
```

**注意**：即便有上面给出的 4 组网格 class，也不免会碰到一些问题，例如，在某些阈值时，某些列可能会出现比其他的列高的情况。为了解决这一问题，可以联合使用. clearfix 和响应式工具类。

**3. 列偏移**

使用. col-md-offset-* 类可以将列向右侧偏移。这些类实际是通过使用 * 选择器为当前元素增加了左侧的边距(margin)。下面的例子.col-md-offset-4类将.col-md-4元素向右侧偏移了4列的宽度,代码如下:

```
<div class="row">
<div class="col-md-4">.col-md-4</div>
<div class="col-md-4 col-md-offset-4">.col-md-4 .col-md-offset-4</div>
</div>
<div class="row">
<div class="col-md-3 col-md-offset-3">.col-md-3 .col-md-offset-3</div>
<div class="col-md-3 col-md-offset-3">.col-md-3 .col-md-offset-3</div>
</div>
<div class="row">
<div class="col-md-6 col-md-offset-3">.col-md-6 .col-md-offset-3</div>
</div>
```

**4. 嵌套列**

为了在网格系统的内容中嵌套默认的网格,可以通过添加一个新的.row类和一系列.col-sm-*类到已经存在的.col-sm-*类内。被嵌套的行(row)所包含的列(column)的个数不能超过12。下面的例子就在<div class="col-sm-9">内嵌套了一个网格系统:

```
<div class="row">
<div class="col-sm-9">
   Level 1: .col-sm-9
<div class="row">
<div class="col-xs-8 col-sm-6">
   Level 2: .col-xs-8 .col-sm-6
</div>
<div class="col-xs-4 col-sm-6">
   Level 2: .col-xs-4 .col-sm-6
</div>
</div>
</div>
</div>
```

## 7.3 Bootstrap排版

### 7.3.1 标题

Bootstrap的排版特性,可以帮助人们创建标题、段落、列表及其他内联标签。

HTML中的所有标题标签,<h1>~<h6>均可使用。另外,还提供了.h1到.h6类,为的是给内联(inline)属性的文本赋予标题的样式。例如:

```
<h1>h1. Bootstrap heading <small>Secondary text</small></h1>
<h2>h2. Bootstrap heading <small>Secondary text</small></h2>
<h3>h3. Bootstrap heading <small>Secondary text</small></h3>
<h4>h4. Bootstrap heading <small>Secondary text</small></h4>
<h5>h5. Bootstrap heading <small>Secondary text</small></h5>
<h6>h6. Bootstrap heading <small>Secondary text</small></h6>
```

标题内可以包含<small>标签或赋予 .small 类的标签，可以用来标识副标题。

### 7.3.2 页面主体

Bootstrap 将全局 font-size 设置为 14px，line-height 设置为 1.428。这些属性直接赋予 body 标签和所有段落标签。另外，p(段落)标签还被设置了等于 1/2 行高(即 10px)的底部外边距。

通过添加.lead 类可以让段落突出显示：

```
<p class="lead">…</p>
```

使用 Less 工具构建。variables.less 文件中定义的两个 Less 变量决定了排版尺寸：@font-size-base 和@line-height-base。第一个变量是全局 font-size 基准，第二个变量是 line-height 基准。人们使用这些变量和一些简单的公式计算出其他所有页面元素的 margin、padding 和 line-height。自定义这些变量即可改变 Bootstrap 的默认样式。

### 7.3.3 对齐与改变大小写

通过文本对齐类，可以简单方便地将文字重新对齐。例如：

```
<p class="text-left">Left aligned text.</p>
<p class="text-center">Center aligned text.</p>
<p class="text-right">Right aligned text.</p>
<p class="text-justify">Justified text.</p>
<p class="text-nowrap">No wrap text.</p>
```

通过 text-lowercase、text-uppercase、text-capitalize 这几个类可以改变文本的大小写。例如：

```
<p class="text-lowercase">Lowercased text.</p>
<p class="text-uppercase">Uppercased text.</p>
<p class="text-capitalize">Capitalized text.</p>
```

### 7.3.4 缩略语

Bootstrap 的缩略语能够使得当鼠标悬停在缩写和缩写词上时，就会显示完整内容。Bootstrap 实现了对 HTML 的<abbr>标签的增强样式。缩略语标签带有 title 属性，外观表现为带有较浅的虚线框，鼠标移至上面时会变成带有“问号”的指针。如想看完整的内容可把鼠标悬停在缩略语上,但需要包含 title 属性。

基本缩略语的例子如下:

```
<abbr title="attribute">attr</abbr>
```

给缩略语添加 .initialism 类,可以让 font-size 变得稍微小些。例如:

```
<abbr title="HyperText Markup Language" class="initialism">HTML</abbr>
```

### 7.3.5 地址

Bootstrap 地址能让联系信息以最接近日常使用的格式呈现。在每行结尾添加<br>可以保留需要的样式。例如:

```
<address>
    <strong>Twitter, Inc.</strong><br>
      1355 Market Street, Suite 900<br>
      San Francisco, CA 94103<br>
    <abbr title="Phone">P:</abbr> (123) 456-7890
</address>
<address>
    <strong>Full Name</strong><br>
    <a href="mailto:#">first.last@example.com</a>
</address>
```

显示效果如图 7-2 所示。

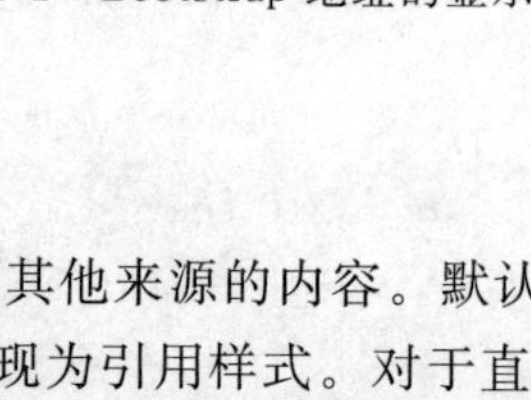

**Twitter, Inc.**
1355 Market Street, Suite 900
San Francisco, CA 94103
P: (123) 456-7890

**Full Name**
first.last@example.com

图 7-2 Bootstrap 地址的显示效果

### 7.3.6 引用

Bootstrap 允许在文档中引用其他来源的内容。默认样式的引用是将任何 HTML 标签包裹在<blockquote>中,即可表现为引用样式。对于直接引用,建议用<p>标签。例如:

```
<blockquote>
    <p>Lorem ipsum dolor sit amet, consectetur adipiscing elit. Integer
        posuere erat a ante.</p>
</blockquote>
```

对于默认样式的<blockquote>，可以通过几个简单的变体就能改变风格和内容。

添加<footer>用于标明引用来源。来源的名称可以包裹进 <cite>标签中。例如：

```
<blockquote>
    <p>Lorem ipsum dolor sit amet, consectetur adipiscing elit. Integer
             posuere erat a ante.</p>
    <footer>Someone famous in <cite title="Source Title">Source Title</cite>
    </footer>
</blockquote>
```

通过赋予.blockquote-reverse 类可以让引用呈现内容右对齐的效果：

```
<blockquote class="blockquote-reverse">…</blockquote>
```

### 7.3.7 代码块

Bootstrap 允许以下两种方式显示代码。

(1) <code>标签。如果想要内联显示代码，那么应使用 <code>标签。

(2) <pre>标签。如果代码需要被显示为一个独立的块元素或者代码有多行，那么应使用 <pre>标签。

**注意**：使用<pre>和<code>标签时，开始和结束标签应使用转义字符：<和>。例如：

```
<p><code>&lt;header&gt; </code>作为内联元素被包围。</p>
<p>如果需要把代码显示为一个独立的块元素，请使用 <pre>标签:</p>
<pre>
&lt;article&gt;
    &lt;h1&gt;Article Heading&lt;/h1&gt;
&lt;/article&gt;
</pre>
```

显示效果如图 7-3 所示。

<header> 作为内联元素被包围。

如果需要把代码显示为一个独立的块元素，请使用 <pre> 标签：

```
<article>
        <h1>Article Heading</h1>
</article>
```

图 7-3 Bootstrap 代码块的显示效果(一)

接下来还有 3 个常用的标记：用<kbd>标签标记用户通过键盘输入的内容；<var>标签标记变量；<samp>标签标识程序输出的内容。示例如下：

```
To switch directories, type <kbd>cd</kbd>followed by the name of the directory.<br>
To edit settings, press <kbd><kbd>ctrl</kbd>+<kbd>,</kbd></kbd>
<var>y</var>=<var>m</var><var>x</var>+<var>b</var>
<samp>This text is meant to be treated as sample output from a computer program.
</samp>
```

显示效果如图 7-4 所示。

To switch directories, type cd followed by the name of the directory.
To edit settings, press ctrl + ,
*y* = *mx* + *b*
The result is :
This text is meant to be treated as sample output from a computer program.

图 7-4　Bootstrap 代码块的显示(二)

## 7.4　Bootstrap 表格

Bootstrap 提供了清晰的创建表格的布局。为表格的 ＜table＞标签添加 .table 类可以为其赋予基本的样式——少量的 padding 和水平方向的分隔线。基本格式如下：

```
<table class="table">…</table>
```

### 7.4.1　条纹状表格

通过使用.table-striped 类可以给 ＜tbody＞之内的每一行增加斑马条纹样式。基本格式如下：

```
<table class="table table-striped">…</table>
```

示例代码如下所述。

```
程序清单 7-3(bootstrap03.html):
<!DOCTYPE html>
<html>
<head>
    <title>Bootstrap 实例 ——条纹表格</title>
    <link href="https://cdn.bootcss.com/bootstrap/3.3.7/css/bootstrap.min.
css" rel="stylesheet">
    <script src="https://cdn.bootcss.com/jquery/2.0.0/jquery.min.js"></script>
    <script src="https://cdn.bootcss.com/bootstrap/3.3.7/js/bootstrap.min.
js"></script>
</head>
<body>
```

```
    <table class="table table-striped">
    <caption>条纹表格布局</caption>
    <thead>
        <tr>
            <th>名称</th>
            <th>城市</th>
            <th>邮编</th>
        </tr>
    </thead>
    <tbody>
        <tr>
            <td>Tanmay</td>
            <td>Bangalore</td>
            <td>560001</td>
        </tr>
        <tr>
            <td>Sachin</td>
            <td>Mumbai</td>
            <td>400003</td>
        </tr>
        <tr>
            <td>Uma</td>
            <td>Pune</td>
            <td>411027</td>
        </tr>
    </tbody>
</table>
</body>
</html>
```

显示效果如图 7-5 所示。

条纹表格布局

| 名称 | 城市 | 邮编 |
| --- | --- | --- |
| Tanmay | Bangalore | 560001 |
| Sachin | Mumbai | 400003 |
| Uma | Pune | 411027 |

图 7-5　条纹表格示例

### 7.4.2　带边框的表格

添加.table-bordered 类可以为表格和其中的每个单元格增加边框效果。基本格式如下：

```
<table class="table table-bordered">…</table>
```

将7.4.1节条纹表格的示例修改为带边框的表格,主要代码如下:

```
<table class="table table-bordered">
<caption>边框表格布局</caption>
<thead>
    <tr>
        <th>名称</th>
        <th>城市</th>
        <th>邮编</th>
    </tr>
</thead>
<tbody>
    <tr>
        <td>Tanmay</td>
        <td>Bangalore</td>
        <td>560001</td>
    </tr>
    <tr>
        <td>Sachin</td>
        <td>Mumbai</td>
        <td>400003</td>
    </tr>
    <tr>
        <td>Uma</td>
        <td>Pune</td>
        <td>411027</td>
    </tr>
</tbody>
</table>
```

### 7.4.3 鼠标悬停效果的实现

通过添加.table-hover类可以让<tbody>中的每一行对鼠标悬停状态做出响应,当指针悬停在行上时会出现浅灰色背景。基本格式如下:

```
<table class="table table-hover">…</table>
```

将7.4.1节条纹表格的示例修改为带有鼠标悬停效果的表格,主要代码如下:

```
<table class="table table-hover">
<caption>悬停表格布局</caption>
<thead>
    <tr>
```

```
        <th>名称</th>
        <th>城市</th>
        <th>邮编</th>
    </tr>
</thead>
<tbody>
    <tr>
        <td>Tanmay</td>
        <td>Bangalore</td>
        <td>560001</td>
    </tr>
    <tr>
        <td>Sachin</td>
        <td>Mumbai</td>
        <td>400003</td>
    </tr>
    <tr>
        <td>Uma</td>
        <td>Pune</td>
        <td>411027</td>
    </tr>
</tbody>
</table>
```

### 7.4.4 表格紧缩效果的实现

通过添加.table-condensed 类可以让表格更加紧凑,单元格中的 padding 均会减半。这在想让信息看起来更紧凑时非常有用。基本格式如下:

```
<table class="table table-condensed">…</table>
```

将 7.4.1 节条纹表格的示例修改为带有紧缩效果的表格,主要代码如下:

```
<table class="table table-condensed">
<caption>紧缩表格布局</caption>
<thead>
    <tr>
        <th>名称</th>
        <th>城市</th>
        <th>邮编</th>
    </tr>
</thead>
<tbody>
    <tr>
        <td>Tanmay</td>
```

```
        <td>Bangalore</td>
        <td>560001</td>
    </tr>
    <tr>
        <td>Sachin</td>
        <td>Mumbai</td>
        <td>400003</td>
    </tr>
    <tr>
        <td>Uma</td>
        <td>Pune</td>
        <td>411027</td>
    </tr>
</tbody>
</table>
```

### 7.4.5 表格的状态类

通过使用如表 7-2 所示的表格的状态类可以为表格的行或单元格设置颜色。这些类可被应用到<tr>、<td>或 <th>。

表 7-2 Bootstrap 表格的状态类

| 类名称 | 描 述 |
| --- | --- |
| .active | 鼠标悬停在行或单元格上时所设置的颜色 |
| .success | 标识成功或积极的动作 |
| .info | 标识普通的提示信息或动作 |
| .warning | 标识警告或需要用户注意 |
| .danger | 标识危险或潜在的带来负面影响的动作 |

示例的主要代码如下:

```
<table class="table">
<caption>上下文表格布局</caption>
<thead>
    <tr>
        <th>产品</th>
        <th>付款日期</th>
        <th>状态</th>
    </tr>
</thead>
<tbody>
    <tr class="active">
        <td>产品 1</td>
```

```
        <td>23/11/2013</td>
        <td>待发货</td>
    </tr>
    <tr class="success">
        <td>产品 2</td>
        <td>10/11/2013</td>
        <td>发货中</td>
    </tr>
    <tr class="warning">
        <td>产品 3</td>
        <td>20/10/2013</td>
        <td>待确认</td>
    </tr>
    <tr class="danger">
        <td>产品 4</td>
        <td>20/10/2013</td>
        <td>已退货</td>
    </tr>
</tbody>
</table>
```

### 7.4.6 响应式表格

将任何.table 类包裹在.table-responsive 类内，即可创建响应式表格，其会在小屏幕设备上(小于 768px)水平滚动。当屏幕大于 768px 宽度时，水平滚动条消失，看不出任何差别。基本格式如下：

```
<div class="table-responsive">
<table class="table">
⋮
</table>
</div>
```

将 7.4.5 节中的代码生成的表格的状态类中的示例修改为响应式表格，主要代码如下：

```
<div class="table-responsive">
<table class="table">
<caption>响应式表格布局</caption>
<thead>
    <tr>
        <th>产品</th>
        <th>付款日期</th>
        <th>状态</th>
    </tr>
</thead>
```

```
<tbody>
    <tr>
        <td>产品 1</td>
        <td>23/11/2013</td>
        <td>待发货</td>
    </tr>
    <tr>
        <td>产品 2</td>
        <td>10/11/2013</td>
        <td>发货中</td>
    </tr>
    <tr>
        <td>产品 3</td>
        <td>20/10/2013</td>
        <td>待确认</td>
    </tr>
    <tr>
        <td>产品 4</td>
        <td>20/10/2013</td>
        <td>已退货</td>
    </tr>
</tbody>
</table>
</div>
```

## 7.5 Bootstrap 表单

Bootstrap 通过使用一些简单的 HTML 标签和扩展的类就可以创建出不同样式的表单。

### 7.5.1 基本表单

基本的表单结构是 Bootstrap 自带的,表单控件会被自动赋予一些全局样式。创建基本表单,主要有以下两点。

(1) 把标签和控件放在带有 class. form-group 的<div>中,这样可以获得更好的排列效果。

(2) 向所有的文本元素<input>、<textarea>和<select>添加 class="form-control",这是因为所有设置了. form-control 类的<input>、<textarea>和<select>元素都将被默认设置宽度属性为“width: 100%;”。

示例的代码如下所述。

**程序清单 7-4(bootstrap04.html):**

```
<!DOCTYPE html>
<html>
```

```
<head>
    <title>Bootstrap实例——基本表单</title>
    <link rel="stylesheet" href="https://cdn.bootcss.com/bootstrap/3.3.7/
css/bootstrap.min.css">
    <script src="https://cdn.bootcss.com/jquery/2.1.1/jquery.min.js"></script>
    <script src="https://cdn.bootcss.com/bootstrap/3.3.7/js/bootstrap.min.
js"></script>
</head>
<body>
<form>
    <div class="form-group">
        <label for="exampleInputEmail1">E-mail address</label>
        <input type="email" class="form-control" id="exampleInputEmail"
        placeholder="E-mail">
    </div>
    <div class="form-group">
        <label for="exampleInputPassword1">Password</label>
        <input type="password" class="form-control" id="exampleInputPassword"
placeholder="Password">
    </div>
    <div class="form-group">
        <label for="inputfile">文件输入</label>
        <input type="file" id="inputfile">
        <p class="help-block">这里是块级帮助文本的实例。</p>
    </div>
    <div class="checkbox">
        <label>
            <input type="checkbox">请打钩
        </label>
    </div>
    <button type="submit" class="btn btn-default">提交</button>
</form>
</body>
</html>
```

显示效果如图 7-6 所示。

### 7.5.2 内联表单

如果需要创建一个表单，它的所有标签内联、向左对齐、标签并排，需要向<form>标签添加 class .form-inline。只适用于视口(viewport)宽度至少为 768px 时，如果视口宽度再小就会使表单折叠。示例的代码如下：

E-mail address

E-mail

Password

Password

文件输入

选择文件 未选择任何文件

这里是块级帮助文本的实例。

请打钩

提交

图 7-6 Bootstrap 基本表单示例

```
<form class="form-inline" role="form">
    <div class="form-group">
        <label class="sr-only" for="name">名称</label>
        <input type="text" class="form-control" id="name" placeholder="请输入
              名称">
    </div>
    <div class="form-group">
        <label class="sr-only" for="inputfile">文件输入</label>
        <input type="file" id="inputfile">
    </div>
    <div class="checkbox">
        <label>
            <input type="checkbox">请打钩
        </label>
    </div>
    <button type="submit" class="btn btn-default">提交</button>
</form>
```

显示效果如图 7-7 所示。

图 7-7 Bootstrap 内联表单示例

### 7.5.3 水平表单

通过为表单添加.form-horizontal 类,并联合使用 Bootstrap 预置的网格类,可以将<label>标签和控件组水平并排布局。这样做将改变.form-group 的行为,使其表现为网格系统中的行(row),而无须再额外添加.row 了。其主要特点如下。

(1) 向父 <form>元素添加 class.form-horizontal。

(2) 把标签和控件放在带有 class.form-group 的<div>中,并联合使用 Bootstrap 预

置的网格类。

(3) 向标签添加 class .control-label。

示例的代码如下所述。

**程序清单 7-5(bootstrap05.html):**

```
<form class="form-horizontal">
    <div class="form-group">
        <label for="firstname" class="col-sm-2 control-label">名字</label>
        <div class="col-sm-10">
        <input type="text" class="form-control" id="firstname" placeholder=
                "请输入名字">
        </div>
    </div>
    <div class="form-group">
        <label for="lastname" class="col-sm-2 control-label">姓</label>
        <div class="col-sm-10">
        <input type="text" class="form-control" id="lastname" placeholder=
                "请输入姓">
        </div>
    </div>
    <div class="form-group">
        <div class="col-sm-offset-2 col-sm-10">
            <div class="checkbox">
            <label>
            <input type="checkbox">请记住我
            </label>
            </div>
        </div>
        </div>
        <div class="form-group">
            <div class="col-sm-offset-2 col-sm-10">
            <button type="submit" class="btn btn-default">登录</button>
        </div>
    </div>
</form>
```

显示效果如图 7-8 所示。

名字 请输入名字

姓 请输入姓

☐ 请记住我

登录

图 7-8 Bootstrap 水平表单示例

### 7.5.4 Bootstrap 支持的表单控件

Bootstrap 支持最常见的表单控件,主要是 input(输入框)、textarea(文本框)、checkbox(复选框)、radio(单选按钮)和 select(选择框)。

#### 1. 输入框

最常见的表单文本字段是输入框 input。用户可以在其中输入大多数必要的表单数据。Bootstrap 提供了对所有原生的 HTML 5 的 input 类型的支持,包括 text、password、datetime、datetime-local、date、month、time、week、number、email、url、search、tel 和 color。适当的 type 声明是必需的,这样才能让 input 获得完整的样式。

示例的代码如下:

```
<form role="form">
    <div class="form-group">
        <label for="name">标签</label>
        <input type="text" class="form-control" placeholder="文本输入">
    </div>
</form>
```

#### 2. 文本框

当需要进行多行输入的时,则可以使用文本框 textarea。必要时可以改变 rows 属性。示例的代码如下:

```
<form role="form">
    <div class="form-group">
        <label for="name">文本框</label>
        <textarea class="form-control" rows="3"></textarea>
    </div>
</form>
```

#### 3. 复选框和单选按钮

复选框 checkbox 和单选按钮 radio 用于让用户从一系列预设置的选项中进行选择。对一系列复选框和单选按钮使用.checkbox-inline 或.radio-inline class,控制它们显示在同一行上。示例的代码如下:

```
<label for="name">默认的复选框和单选按钮的实例</label>
<div class="checkbox">
    <label><input type="checkbox" value="">选项 1</label>
</div>
<div class="checkbox">
    <label><input type="checkbox" value="">选项 2</label>
```

```
</div>
<div class="radio">
    <label>
    <input type="radio" name="optionsRadios" id="optionsRadios1" value=
          "option1" checked>选项 1
    </label>
</div>
<div class="radio">
    <label>
    <input type="radio" name="optionsRadios" id="optionsRadios2" value=
          "option2">选项 2——选择它将会取消选择选项 1
    </label>
</div>
<label for="name">内联的复选框和单选按钮的实例</label>
<div>
    <label class="checkbox-inline">
    <input type="checkbox" id="inlineCheckbox1" value="option1">选项 1
    </label>
    <label class="checkbox-inline">
    <input type="checkbox" id="inlineCheckbox2" value="option2">选项 2
    </label>
    <label class="checkbox-inline">
    <input type="checkbox" id="inlineCheckbox3" value="option3">选项 3
    </label>
    <label class="radio-inline">
    <input type="radio" name="optionsRadiosinline" id="optionsRadios3"
          value="option1" checked>选项 1
    </label>
    <label class="radio-inline">
    <input type="radio" name="optionsRadiosinline" id="optionsRadios4"
          value="option2">选项 2
    </label>
</div>
```

显示效果如图 7-9 所示。

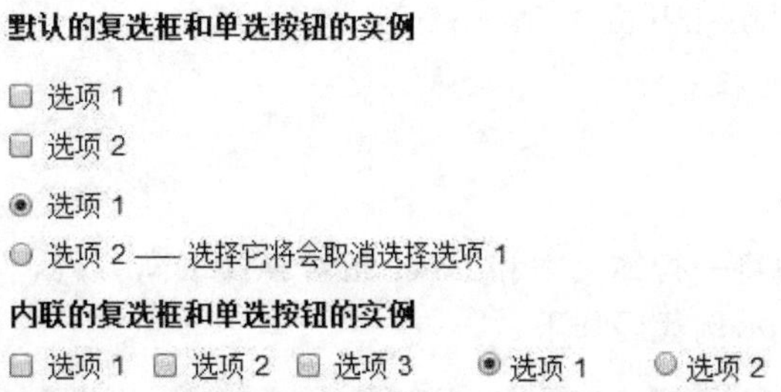

**默认的复选框和单选按钮的实例**

☐ 选项 1

☐ 选项 2

◉ 选项 1

○ 选项 2 —— 选择它将会取消选择选项 1

**内联的复选框和单选按钮的实例**

☐ 选项 1 ☐ 选项 2 ☐ 选项 3 ◉ 选项 1 ○ 选项 2

图 7-9 Bootstrap 复选框和单选按钮示例

**4. 选择框**

当需要让用户从多个选项中进行选择,但是默认情况下只能选择一个选项时,则使用选择框 select。使用 multiple 允许用户选择多个选项。主要代码如下:

```
<form role="form">
    <div class="form-group">
        <label for="name">选择列表</label>
        <select class="form-control">
        <option>1</option>
        <option>2</option>
        <option>3</option>
        <option>4</option>
        <option>5</option>
        </select>
        <label for="name">可多选的选择列表</label>
        <select multiple class="form-control">
        <option>1</option>
        <option>2</option>
        <option>3</option>
        <option>4</option>
        <option>5</option>
        </select>
    </div>
</form>
```

显示效果如图 7-10 所示。

图 7-10 Bootstrap 选择框示例

**注**:通过将.checkbox-inline 或.radio-inline 类应用到一系列的 checkbox 或 radio 控件上,可以使这些控件排列在一行。

## 7.5.5 静态控件

如果需要在表单中将一行纯文本和 label 元素放置于同一行,为<p>元素添加.form-control-static 类即可。示例代码如下:

```
<form class="form-horizontal" role="form">
    <div class="form-group">
```

```
        <label class="col-sm-2 control-label">Email</label>
        <div class="col-sm-10">
        <p class="form-control-static">email@example.com</p>
        </div>
    </div>
    <div class="form-group">
        <label for="inputPassword" class="col-sm-2 control-label">密码</label>
        <div class="col-sm-10">
        <input type="password" class="form-control" id="inputPassword"
              placeholder="请输入密码">
        </div>
    </div>
</form>
```

显示效果如图 7-11 所示。

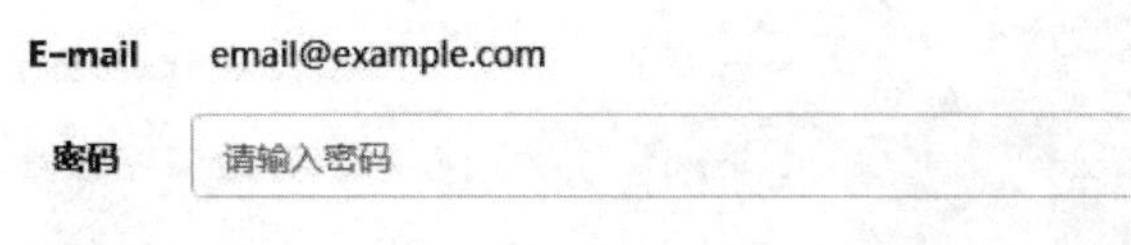


图 7-11 Bootstrap 静态控件示例

### 7.5.6 表单控件的状态

**1. 输入框焦点**

当输入框 input 接收到:focus 时，输入框的轮廓会被移除，同时应用 box-shadow。

**2. 禁用的输入框**

如果想要禁用一个输入框，只需要简单地添加 disabled 属性，这不仅会禁用输入框 input，还会改变输入框的样式以及当鼠标的指针悬停在元素上时鼠标指针的样式。

**3. 禁用的字段集**

对<fieldset>添加 disabled 属性来禁用<fieldset>内的所有控件。

**4. 验证状态**

Bootstrap 包含了错误、警告和成功消息的验证样式。只需要对父元素简单地添加适当的 class(.has-warning、.has-error 或.has-success)即可使用验证状态。

接下来的代码演示了所有控件状态。

```
程序清单 7-6(bootstrap06.html):
<!DOCTYPE html>
<html>
<head>
    <title>Bootstrap 实例——表单控件的状态</title>
```

```
    <link rel="stylesheet" href="https://cdn.bootcss.com/bootstrap/3.3.7/
css/bootstrap.min.css">
    <script src="https://cdn.bootcss.com/jquery/2.1.1/jquery.min.js">
</script>
    <script src="https://cdn.bootcss.com/bootstrap/3.3.7/js/bootstrap.min.
js"></script>
</head>
<body>
<form class="form-horizontal" role="form">
    <div class="form-group">
        <label class="col-sm-2 control-label">聚焦</label>
        <div class="col-sm-10">
            <input class="form-control" id="focusedInput" type="text"  value
="该输入框获得焦点…">
        </div>
    </div>
    <div class="form-group">
        <label for="inputPassword" class="col-sm-2 control-label">
            禁用
        </label>
        <div class="col-sm-10">
            <input class="form-control" id="disabledInput" type="text"
placeholder="该输入框禁止输入…" disabled>
        </div>
    </div>
    <fieldset disabled>
        <div class="form-group">
            <label for="disabledTextInput"  class="col-sm-2 control-label">禁用
输入(Fieldset disabled)
            </label>
            <div class="col-sm-10">
                <input type="text" id="disabledTextInput" class="form-
control"  placeholder="禁止输入">
            </div>
        </div>
        <div class="form-group">
            <label for="disabledSelect"  class="col-sm-2 control-label">禁用
选择菜单(Fieldset disabled)
            </label>
            <div class="col-sm-10">
                <select id="disabledSelect" class="form-control">
                    <option>禁止选择</option>
                </select>
            </div>
```

```
        </div>
    </fieldset>
    <div class="form-group has-success">
        <label class="col-sm-2 control-label" for="inputSuccess">
            输入成功
        </label>
        <div class="col-sm-10">
            <input type="text" class="form-control" id="inputSuccess">
        </div>
    </div>
    <div class="form-group has-warning">
        <label class="col-sm-2 control-label" for="inputWarning">
            输入警告
        </label>
        <div class="col-sm-10">
            <input type="text" class="form-control" id="inputWarning">
        </div>
    </div>
    <div class="form-group has-error">
        <label class="col-sm-2 control-label" for="inputError">
            输入错误
        </label>
        <div class="col-sm-10">
            <input type="text" class="form-control" id="inputError">
        </div>
    </div>
</form>
</body>
</html>
```

显示效果如图 7-12 所示。

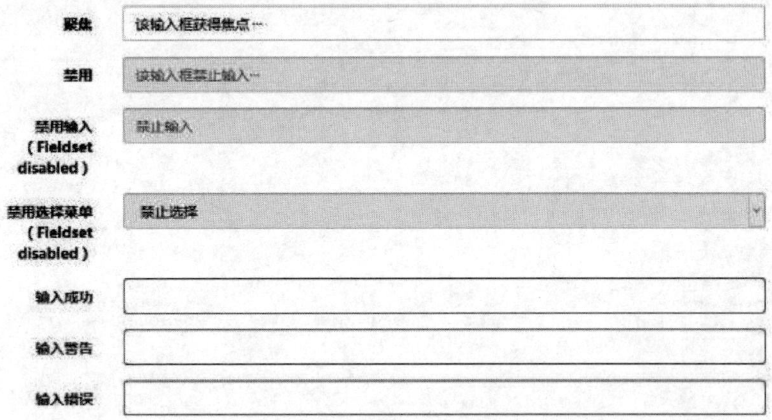

聚焦　该输入框获得焦点…
禁用　该输入框禁止输入…
禁用输入（Fieldset disabled）　禁止输入
禁用选择菜单（Fieldset disabled）　禁止选择
输入成功
输入警告
输入错误

图 7-12　Bootstrap 表单控件的状态设置示例

### 7.5.7 表单控件的大小

通过.input-lg类似的类可以为控件设置高度,.col-lg-*类似的类可以为控件设置宽度。示例代码如下:

```
<form role="form">
    <div class="form-group">
        <input class="form-control input-lg" type="text" placeholder=
        ".input-lg">
    </div>
    <div class="form-group">
        <input class="form-control" type="text" placeholder="默认输入">
    </div>
    <div class="form-group">
        <input class="form-control input-sm" type="text" placeholder=
        ".input-sm">
    </div>
    <div class="form-group"></div>
    <div class="form-group">
        <select class="form-control input-lg">
        <option value="">.input-lg</option>
        </select>
    </div>
    <div class="form-group">
        <select class="form-control">
        <option value="">默认选择</option>
        </select>
    </div>
    <div class="form-group">
        <select class="form-control input-sm">
        <option value="">.input-sm</option>
        </select>
    </div>
    <div class="row">
    <div class="col-lg-2">
        <input type="text" class="form-control" placeholder=".col-lg-2">
    </div>
    <div class="col-lg-3">
        <input type="text" class="form-control" placeholder=".col-lg-3">
    </div>
    <div class="col-lg-4">
        <input type="text" class="form-control" placeholder=".col-lg-4">
    </div>
    </div>
</form>
```

显示效果如图 7-13 所示。

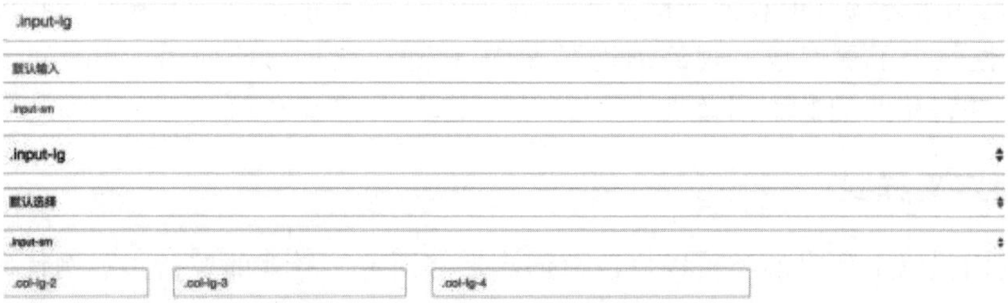

图 7-13 Bootstrap 表单控件大小设置示例

### 7.5.8 表单的帮助文本

Bootstrap 表单控件可以在输入框 input 上有块级帮助文本。为了添加占用整个宽度的内容块，请在 <input>后使用 .help-block。下面的实例演示了这点：

```
<form role="form">
    <span>帮助文本实例</span>
    <input class="form-control" type="text" placeholder="">
    <span class="help-block">一个较长的帮助文本块,超过一行,
        需要扩展到下一行。本实例中的帮助文本总共有两行。</span>
</form>
```

显示效果如图 7-14 所示。

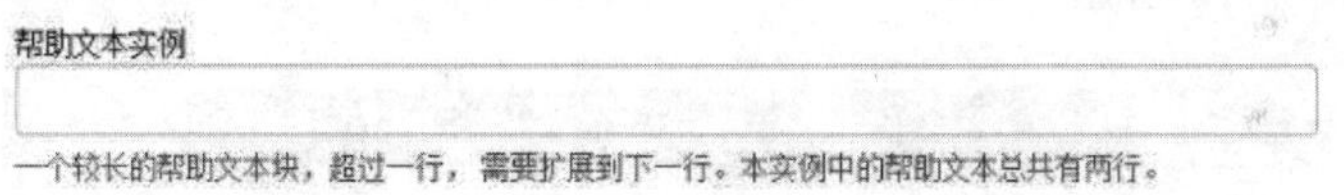
帮助文本实例
一个较长的帮助文本块，超过一行，需要扩展到下一行。本实例中的帮助文本总共有两行。

图 7-14 Bootstrap 表单帮助文本示例

## 7.6 Bootstrap 按钮和图片

### 7.6.1 可作为按钮使用的标签或元素

任何带有 class .btn 的元素都会继承圆角灰色按钮的默认外观。一般情况下，可以为<a>、<button>或<input>元素添加按钮类(button class)即可使用 Bootstrap 提供的样式。示例代码如下：

```
<a class="btn btn-default" href="#" role="button">Link</a>
<button class="btn btn-default" type="submit">Button</button>
<input class="btn btn-default" type="button" value="Input">
<input class="btn btn-default" type="submit" value="Submit">
```

需要注意的是，虽然按钮类可以应用到<a>和<button>元素上，但是，导航和导航条

组件只支持<button>元素。如果<a>元素被作为按钮使用,并用于在当前页面触发某些功能,而不是用于链接其他页面或链接当前页面中的其他部分,那么,需要为其设置 role="button"属性。为了更好地实现跨浏览器支持,强烈建议尽可能使用<button>元素在各个浏览器上获得相匹配的绘制效果。

### 7.6.2 预定义样式

使用下面代码中列出的类可以快速地创建带有预定义样式的按钮。示例代码如下:

```
<!--标准的按钮 -->
<button type="button" class="btn btn-default">默认按钮</button>
<!--提供额外的视觉效果,标识一组按钮中的原始动作 -->
<button type="button" class="btn btn-primary">原始按钮</button>
<!--表示一个成功的或积极的动作 -->
<button type="button" class="btn btn-success">成功按钮</button>
<!--信息警告消息的上下文按钮 -->
<button type="button" class="btn btn-info">信息按钮</button>
<!--表示应谨慎采取的动作 -->
<button type="button" class="btn btn-warning">警告按钮</button>
<!--表示一个危险的或潜在的负面动作 -->
<button type="button" class="btn btn-danger">危险按钮</button>
<!--并不强调是一个按钮,看起来像一个链接,但同时保持按钮的行为 -->
<button type="button" class="btn btn-link">链接按钮</button>
```

显示效果如图 7-15 所示。

图 7-15 预定义样式

### 7.6.3 按钮的大小

使用.btn-lg、.btn-sm 或.btn-xs 类就可以获得不同尺寸的按钮,.btn-block 类会创建块级的按钮,横跨父元素的全部宽度。示例代码如下:

```
<p>
    <button type="button" class="btn btn-primary btn-lg">大的原始按钮</button>
    <button type="button" class="btn btn-default btn-lg">大的按钮</button>
</p>
<p>
    <button type="button" class="btn btn-primary">默认大小的原始按钮</button>
    <button type="button" class="btn btn-default">默认大小的按钮</button>
</p>
<p>
    <button type="button" class="btn btn-primary btn-sm">小的原始按钮</button>
```

```
    <button type="button" class="btn btn-default btn-sm">小的按钮</button>
</p>
<p>
    <button type="button" class="btn btn-primary btn-xs">特别小的原始按钮
            </button>
    <button type="button" class="btn btn-default btn-xs">特别小的按钮</button>
</p>
<p>
    <button type="button" class="btn btn-primary btn-lg btn-block">块级的原始
            按钮</button>
    <button type="button" class="btn btn-default btn-lg btn-block">块级的按钮
            </button>
</p>
```

显示效果如图 7-16 所示。

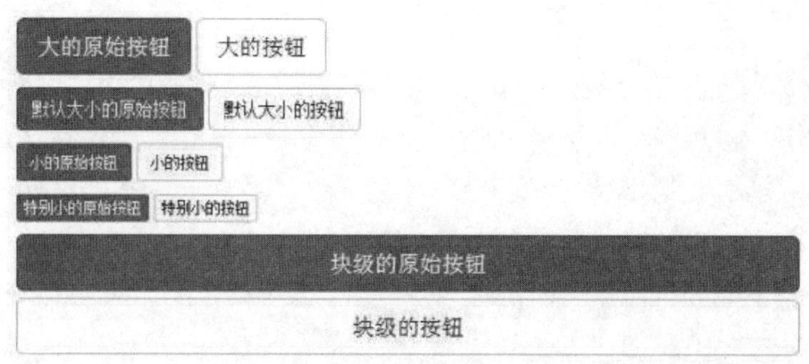


图 7-16　按钮的大小设置

### 7.6.4　按钮的状态

Bootstrap 提供了激活、禁用等按钮状态的 class。

当按钮处于激活状态时，其表现为被按压下去(底色更深、边框颜色更深、向内投射阴影)。对于<button>元素，是通过:active 状态实现的。对于<a>元素，是通过.active 类实现的。示例代码如下：

```
<p>
<button type="button" class="btn btn-default btn-lg ">默认按钮</button>
<button type="button" class="btn btn-default btn-lg active">激活按钮</button>
</p>
<p>
<button type="button" class="btn btn-primary btn-lg ">原始按钮</button>
<button type="button" class="btn btn-primary btn-lg active">激活的原始按钮
        </button>
</p>
```

显示效果如图 7-17 所示。

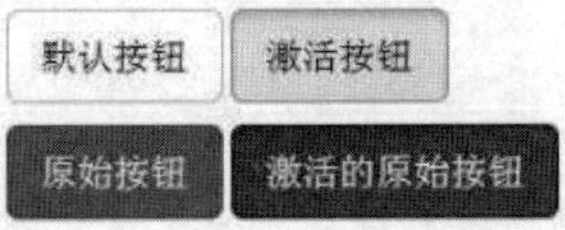

图 7-17　按钮的激活状态设置

当禁用按钮时,它的颜色会变淡 50%,并失去渐变。为基于<a>元素创建的按钮添加.disabled类,为<button>元素创建按钮添加 disabled 属性,可以使其表现出禁用状态。示例代码如下:

```
<p>
<button type="button" class="btn btn-default btn-lg">默认按钮</button>
<button type="button" class="btn btn-default btn-lg" disabled="disabled">禁
用按钮</button>
</p>
<p>
<button type="button" class="btn btn-primary btn-lg ">原始按钮</button>
<button type="button" class="btn btn-primary btn-lg" disabled="disabled">禁
用的原始按钮</button>
</p>
<p>
<a href="#" class="btn btn-default btn-lg" role="button">链接</a>
<a href="#" class="btn btn-default btn-lg disabled" role="button">禁用链接</a>
</p>
<p>
<a href="#" class="btn btn-primary btn-lg" role="button">原始链接</a>
<a href="#" class="btn btn-primary btn-lg disabled" role="button">禁用的原始
链接</a>
</p>
```

显示效果如图 7-18 所示。

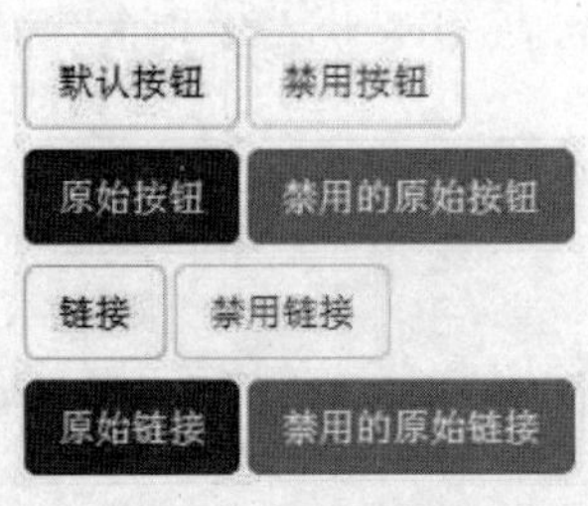


图 7-18　按钮的禁用状态设置

### 7.6.5　图片

通过为图片添加.img-responsive类可以让图片支持响应式布局。其实质是为图片设置了"max-width: 100%;""height:auto;"和"display:block;"属性,从而让图片在其父元素中更好地缩放。如果需要让使用了.img-responsive 类的图片水平居中,可使用.center-block 类,不要用.text-center 类。示例代码如下:

```
<img src="cinqueterre.jpg" class="img-responsive" alt="Cinque Terre">
    通过为 <img>元素添加以下代码中相应的类,可以让图片呈现不同的形状。
<img src="/uploads/2014/06/download.png" class="img-rounded">
<img src="/uploads/2014/06/download.png" class="img-circle">
<img src="/uploads/2014/06/download.png" class="img-thumbnail">
```

显示效果如图 7-19 所示。

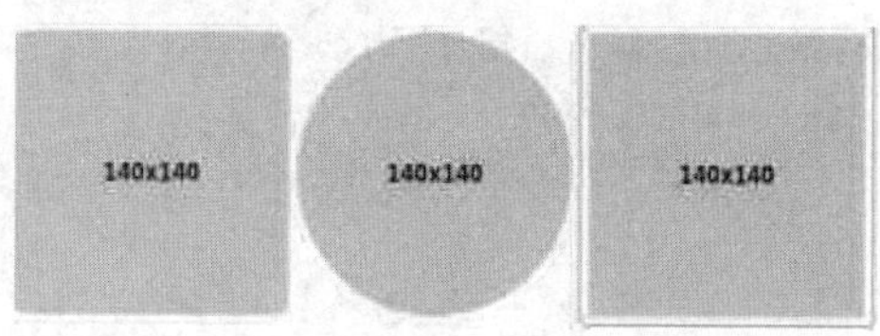


图 7-19 图片显示形状设置

## 7.7 Bootstrap 布局组件

### 7.7.1 下拉菜单

下拉菜单是以列表格式显示链接的上下文菜单。如需使用下拉菜单,只需要在 class.dropdown 内加上下拉菜单即可。示例代码如下所述。

```
程序清单 7-7(bootstrap07.html):
<!DOCTYPE html>
<html>
<head>
    <title>Bootstrap 实例——下拉菜单(dropdowns)</title>
    <link rel="stylesheet" href="https://cdn.bootcss.com/bootstrap/3.3.7/
          css/bootstrap.min.css">
    <script src="https://cdn.bootcss.com/jquery/2.1.1/jquery.min.js">
          </script>
    <script src="https://cdn.bootcss.com/bootstrap/3.3.7/js/bootstrap.min.
          js"></script>
</head>
<body>
<div class="dropdown">
    <button type="button" class="btn dropdown-toggle" id="dropdownMenu1"
          data-toggle="dropdown">
        主题
        <span class="caret"></span>
    </button>
```

```
    <ul class="dropdown-menu" role="menu" aria-labelledby="dropdownMenu1">
        <li role="presentation">
            <a role="menuitem" tabindex="-1" href="#">Java</a>
        </li>
        <li role="presentation">
            <a role="menuitem" tabindex="-1" href="#">数据挖掘</a>
        </li>
        <li role="presentation">
            <a role="menuitem" tabindex="-1" href="#">数据通信/网络</a>
        </li>
        <li role="presentation" class="divider"></li>
        <li role="presentation">
            <a role="menuitem" tabindex="-1" href="#">分离的链接</a>
        </li>
    </ul>
</div>
</body>
</html>
```

显示效果如图 7-20 所示。

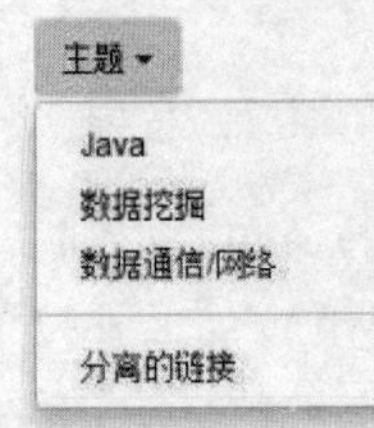


图 7-20 下拉菜单的显示

### 7.7.2 按钮组

按钮组允许多个按钮被堆叠在同一行上。当需要把按钮对齐在一起时，非常有用。class. btn-group 用于形成基本的按钮组。在. btn-group 中可以放置一系列带有 class . btn 的按钮。class . btn-toolbar 可以把几组<div class="btn-group">结合到一个<div class="btn-toolbar">中，一般获得更复杂的组件。示例代码如下：

```
<div class="btn-toolbar" role="toolbar">
    <div class="btn-group">
        <button type="button" class="btn btn-default">按钮 1</button>
        <button type="button" class="btn btn-default">按钮 2</button>
        <button type="button" class="btn btn-default">按钮 3</button>
    </div>
    <div class="btn-group">
        <button type="button" class="btn btn-default">按钮 4</button>
        <button type="button" class="btn btn-default">按钮 5</button>
        <button type="button" class="btn btn-default">按钮 6</button>
    </div>
    <div class="btn-group">
        <button type="button" class="btn btn-default">按钮 7</button>
        <button type="button" class="btn btn-default">按钮 8</button>
```

```
        <button type="button" class="btn btn-default">按钮 9</button>
    </div>
</div>
```

显示效果如图 7-21 所示。

| 按钮1 | 按钮2 | 按钮3 | 按钮4 | 按钮5 | 按钮6 | 按钮7 | 按钮8 | 按钮9 |
| --- | --- | --- | --- | --- | --- | --- | --- | --- |

图 7-21　按钮组的显示

### 7.7.3　按钮下拉菜单

如需向按钮添加下拉菜单，只需要简单地在.btn-group 中放置按钮和下拉菜单即可。也可以使用<span class="caret"></span>指示按钮作为下拉菜单。示例代码如下：

```
<div class="btn-group">
    <button type="button" class="btn btn-default dropdown-toggle" data-
            toggle="dropdown">默认
        <span class="caret"></span>
    </button>
    <ul class="dropdown-menu" role="menu">
        <li>
            <a href="#">功能</a>
        </li>
        <li>
            <a href="#">另一个功能</a>
        </li>
        <li>
            <a href="#">其他</a>
        </li>
        <li class="divider"></li>
        <li>
            <a href="#">分离的链接</a>
        </li>
        </ul>
    </div>
    <div class="btn-group">
        <button type="button" class="btn btn-primary dropdown-toggle"
                data-toggle="dropdown">原始
            <span class="caret"></span>
        </button>
        <ul class="dropdown-menu" role="menu">
        <li>
            <a href="#">功能</a>
        </li>
```

```
        <li>
            <a href="#">另一个功能</a>
        </li>
        <li>
            <a href="#">其他</a>
        </li>
            <li class="divider"></li>
        <li>
            <a href="#">分离的链接</a>
        </li>
    </ul>
</div>
```

显示效果如图7-22所示。



图7-22 按钮下拉菜单的显示

分割的按钮下拉菜单使用与按钮下拉菜单的样式大致相同,但是对下拉菜单添加了原始的功能。分割的按钮下拉菜单的左边是原始的功能,右边是显示下拉菜单的切换。示例代码如下:

```
<div class="btn-group">
    <button type="button" class="btn btn-default">默认</button>
    <button type="button" class="btn btn-default dropdown-toggle"
            data-toggle="dropdown">
        <span class="caret"></span>
        <span class="sr-only">切换下拉菜单</span>
    </button>
    <ul class="dropdown-menu" role="menu">
        <li><a href="#">功能</a></li>
        <li><a href="#">另一个功能</a></li>
        <li><a href="#">其他</a></li>
        <li class="divider"></li>
        <li><a href="#">分离的链接</a></li>
    </ul>
</div>
<div class="btn-group">
    <button type="button" class="btn btn-primary">原始</button>
    <button type="button" class="btn btn-primary dropdown-toggle" data-
            toggle="dropdown">
        <span class="caret"></span>
        <span class="sr-only">切换下拉菜单</span>
    </button>
    <ul class="dropdown-menu" role="menu">
        <li><a href="#">功能</a></li>
        <li><a href="#">另一个功能</a></li>
```

```
        <li><a href="#">其他</a></li>
        <li class="divider"></li>
        <li><a href="#">分离的链接</a></li>
    </ul>
</div>
```

显示效果如图 7-23 所示。

图 7-23　分割的按钮下拉菜单的显示

### 7.7.4　面板

面板组件用于把 DOM 组件插入到盒子中。创建基本的面板，只需要向<div>元素添加 class .panel 和 class .panel-default 即可，如下面的实例所示：

```
<div class="panel panel-default">
    <div class="panel-body">
        这是一个基本的面板
    </div>
</div>
```

可以通过以下两种方式来添加面板标题。

(1) 使用. panel-heading class 可以很简单地向面板添加标题容器。

(2) 使用带有. panel-title class 的<h1>～<h6>来添加预定义样式的标题。

而在面板中添加脚注，只需要把按钮或者副文本放在带有 class . panel-footer 的<div>中即可。

示例代码如下：

```
<div class="panel panel-default">
    <div class="panel-heading">
        不带 title 的面板标题
    </div>
    <div class="panel-body">
        面板内容
    </div>
    <div class="panel-footer">面板脚注 1</div>
</div>
<div class="panel panel-default">
    <div class="panel-heading">
        <h3 class="panel-title">
            带有 title 的面板标题
        </h3>
    </div>
    <div class="panel-body">
      面板内容
    </div>
```

```
    <div class="panel-footer">面板脚注 2</div>
</div>
```

显示效果如图 7-24 所示。

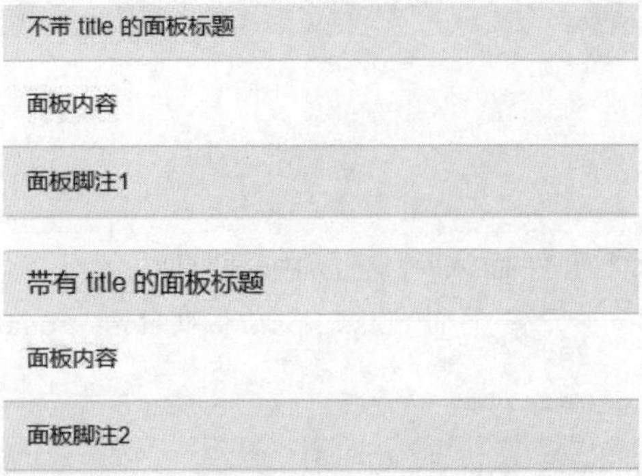

不带 title 的面板标题

面板内容

面板脚注1

带有 title 的面板标题

面板内容

面板脚注2

图 7-24　带标题和脚注的面板示例

使用语境状态类. panel-primary、. panel-success、. panel-info、. panel-warning、. panel-danger,来设置带语境色彩的面板,示例代码如下：

```
<div class="panel panel-primary">
    <div class="panel-heading">
        <h3 class="panel-title">面板标题</h3>
    </div>
    <div class="panel-body">
        这是一个基本的面板
    </div>
</div>
<div class="panel panel-success">
    <div class="panel-heading">
        <h3 class="panel-title">面板标题</h3>
    </div>
    <div class="panel-body">
        这是一个基本的面板
    </div>
</div>
<div class="panel panel-info">
    <div class="panel-heading">
        <h3 class="panel-title">面板标题</h3>
    </div>
    <div class="panel-body">
        这是一个基本的面板
    </div>
</div>
<div class="panel panel-warning">
```

```
    <div class="panel-heading">
        <h3 class="panel-title">面板标题</h3>
    </div>
    <div class="panel-body">
        这是一个基本的面板
    </div>
</div>
<div class="panel panel-danger">
    <div class="panel-heading">
        <h3 class="panel-title">面板标题</h3>
    </div>
    <div class="panel-body">
        这是一个基本的面板
    </div>
</div>
```

显示效果如图 7-25 所示。

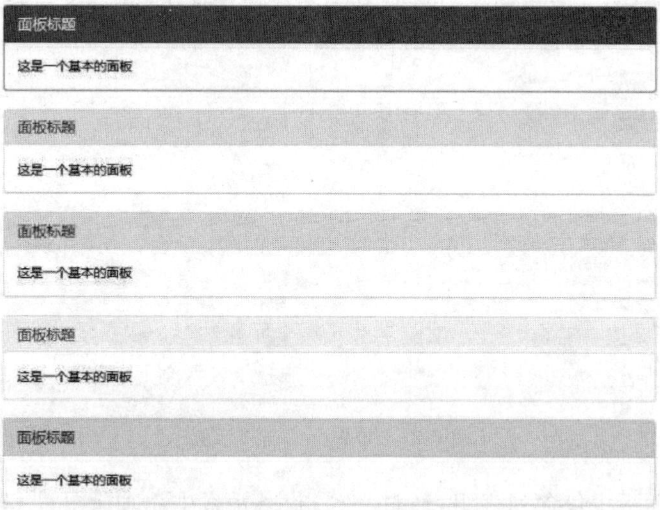

图 7-25　带有语境色彩的面板示例

为了在面板中创建无边框的表格，可以在面板中使用 class .table。假设有个<div>包含.panel-body，可以向表格的顶部添加额外的边框用来分隔。如果没有<div>包含.panel-body，则组件会无中断地从面板头部移动到表格。示例代码如下：

```
<div class="panel panel-default">
    <div class="panel-heading">
        <h3 class="panel-title">面板标题</h3>
    </div>
    <div class="panel-body">
        这是一个基本的面板
```

```
    </div>
    <table class="table">
        <th>产品</th><th>价格 </th>
        <tr><td>产品 A</td><td>200</td></tr>
        <tr><td>产品 B</td><td>400</td></tr>
    </table>
</div>
<div class="panel panel-default">
    <div class="panel-heading">面板标题</div>
    <table class="table">
        <th>产品</th><th>价格 </th>
        <tr><td>产品 A</td><td>200</td></tr>
        <tr><td>产品 B</td><td>400</td></tr>
    </table>
</div>
```

显示效果如图 7-26 所示。

图 7-26　带表格的面板示例

可以在任何面板中包含列表组,通过在<div>元素中添加.panel 和.panel-default 类来创建面板,并在面板中添加列表组。示例代码如下:

```
<div class="panel panel-default">
    <div class="panel-heading">面板标题</div>
        <div class="panel-body">
        <p>这是一个基本的面板内容。这是一个基本的面板内容。
            这是一个基本的面板内容。这是一个基本的面板内容。
            这是一个基本的面板内容。这是一个基本的面板内容。
            这是一个基本的面板内容。这是一个基本的面板内容。
        </p>
    </div>
    <ul class="list-group">
```

```
        <li class="list-group-item">免费域名注册</li>
        <li class="list-group-item">免费 Windows 空间托管</li>
        <li class="list-group-item">图像的数量</li>
        <li class="list-group-item">24×7 小时支持</li>
        <li class="list-group-item">每年更新成本</li>
    </ul>
</div>
```

显示效果如图 7-27 所示。

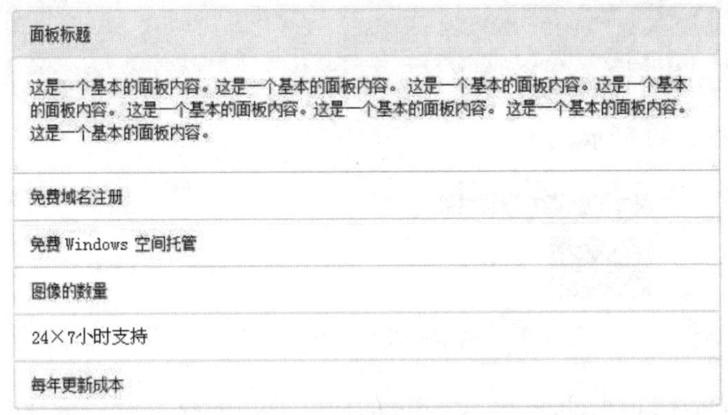


图 7-27　带列表组的面板示例

## 7.7.5　导航菜单

创建基本的标签式的导航菜单，应该以带有 class.nav 的无序列表开始，并添加 class.nav-tabs。示例代码如下：

```
<p>标签式的导航菜单</p>
<ul class="nav nav-tabs">
    <li class="active"><a href="#">Home</a></li>
    <li><a href="#">SVN</a></li>
    <li><a href="#">iOS</a></li>
    <li><a href="#">VB.NET</a></li>
    <li><a href="#">Java</a></li>
    <li><a href="#">PHP</a></li>
</ul>
```

显示效果如图 7-28 所示。

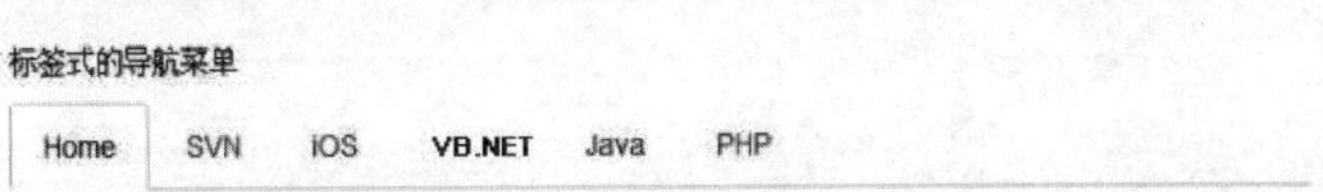


图 7-28　基本的标签式的导航菜单示例

如果需要把标签改成胶囊的样式，只需要使用 class .nav-pills 代替.nav-tabs 即可，其他的步骤与上面相同。示例代码如下：

```
<p>基本的胶囊式的导航菜单</p>
<ul class="nav nav-pills">
    <li class="active"><a href="#">Home</a></li>
    <li><a href="#">SVN</a></li>
    <li><a href="#">iOS</a></li>
    <li><a href="#">VB.NET</a></li>
    <li><a href="#">Java</a></li>
    <li><a href="#">PHP</a></li>
</ul>
```

显示效果如图 7-29 所示。

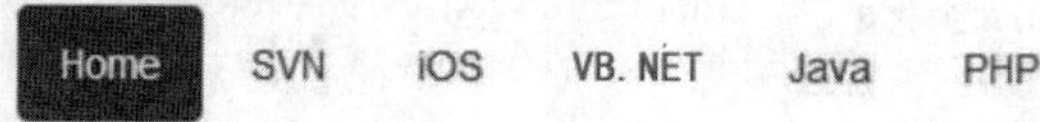


图 7-29　基本的胶囊式的导航菜单示例

可以在使用 class .nav、class .nav-pills 的同时使用 class .nav-stacked，让胶囊垂直堆叠，从而生成垂直的胶囊式导航菜单。

还可以在屏幕宽度大于 768px 时，通过分别使用.nav、.nav-tabs 或.nav、.nav-pills 的同时使用 class .nav-justified，让标签式或胶囊式导航菜单与父元素等宽。在更小的屏幕上，导航链接会堆叠。

对每个.nav 类，如果添加了.disabled 类，则会创建一个灰色的链接，同时禁用了该链接的"：hover"状态，如下面的代码所示：

```
<p>导航菜单中的禁用链接</p>
<ul class="nav nav-pills">
    <li class="active"><a href="#">Home</a></li>
    <li><a href="#">SVN</a></li>
    <li class="disabled"><a href="#">iOS(禁用链接)</a></li>
    <li><a href="#">VB.NET</a></li>
    <li><a href="#">Java</a></li>
    <li><a href="#">PHP</a></li>
</ul><br><br>
<ul class="nav nav-tabs">
    <li class="active"><a href="#">Home</a></li>
    <li><a href="#">SVN</a></li>
    <li><a href="#">iOS</a></li>
    <li class="disabled"><a href="#">VB.NET(禁用链接)</a></li>
    <li><a href="#">Java</a></li>
    <li><a href="#">PHP</a></li>
</ul>
```

显示效果如图 7-30 所示。

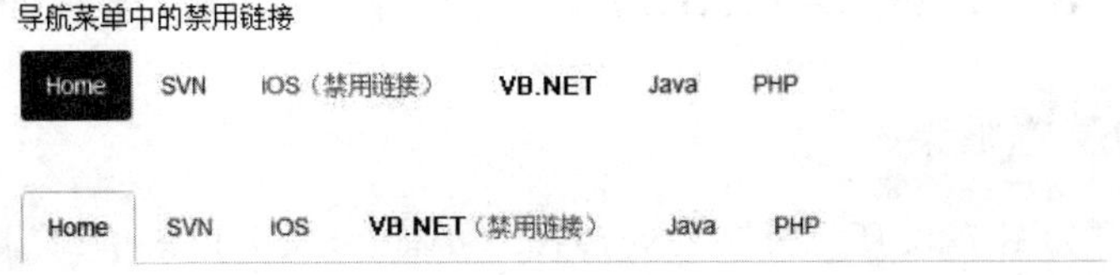


图 7-30　带有禁用链接的导航菜单示例

导航菜单与下拉菜单使用相似的语法。默认情况下，列表项的锚与一些数据属性协同合作来触发带有.dropdown-menu 类的无序列表。向导航栏中的标签添加下拉菜单可以以一个带有 class .nav 的无序列表开始，添加 class .nav-tabs，并添加带有.dropdown-menu 类的无序列表。示例代码如下：

```
<p>带有下拉菜单的标签</p>
<ul class="nav nav-tabs">
    <li class="active"><a href="#">Home</a></li>
    <li><a href="#">SVN</a></li>
    <li><a href="#">iOS</a></li>
    <li><a href="#">VB.NET</a></li>
    <li class="dropdown">
        <a class="dropdown-toggle" data-toggle="dropdown" href="#">
            Java <span class="caret"></span>
        </a>
        <ul class="dropdown-menu">
            <li><a href="#">Swing</a></li>
            <li><a href="#">jMeter</a></li>
            <li><a href="#">EJB</a></li>
            <li class="divider"></li>
            <li><a href="#">分离的链接</a></li>
        </ul>
    </li>
    <li><a href="#">PHP</a></li>
</ul>
```

显示效果如图 7-31 所示。

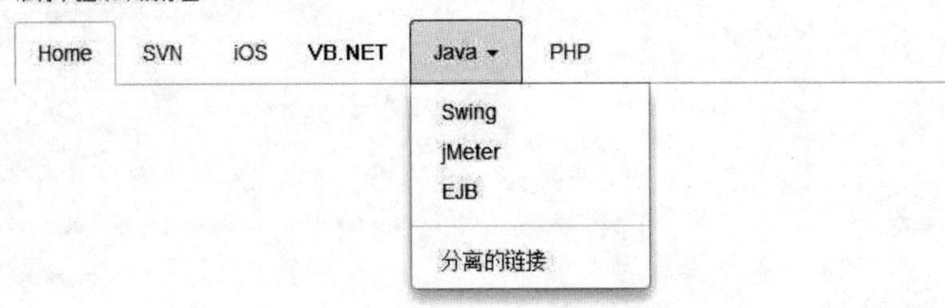


图 7-31　带有下拉菜单的标签导航菜单示例

# 7.8 使用 Bootstrap 开发网站后台管理界面

## 7.8.1 页面的基本框架

开发一个具有如图 7-32 所示外观的后台管理界面,涉及下拉菜单、胶囊菜单、胶囊菜单垂直显示、网格排列、导航栏、字体图标、图片样式、输入组、折叠菜单、面包屑、表格样式、分页组件样式等内容。

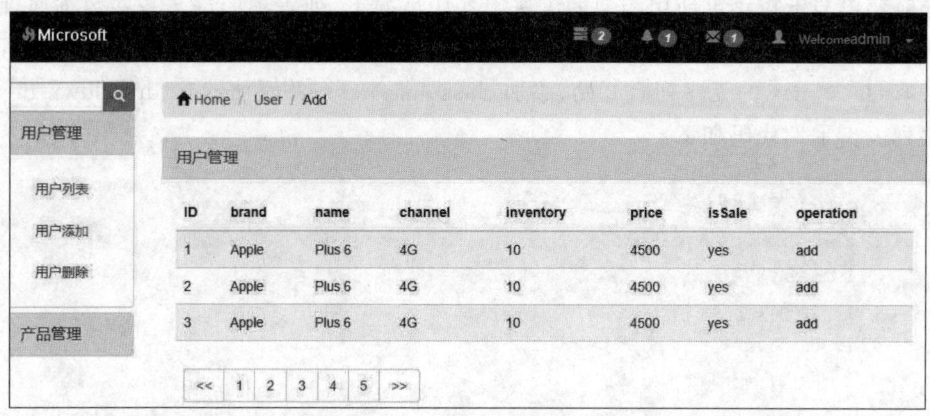


图 7-32 某网站后台管理界面

首先,需要有一个基于 Bootstrap 的模板页面,基本内容如程序清单 7-8(bootstrap08.html)。在此基础上,需要将整个页面分成导航栏和页面的主要内容两个部分。

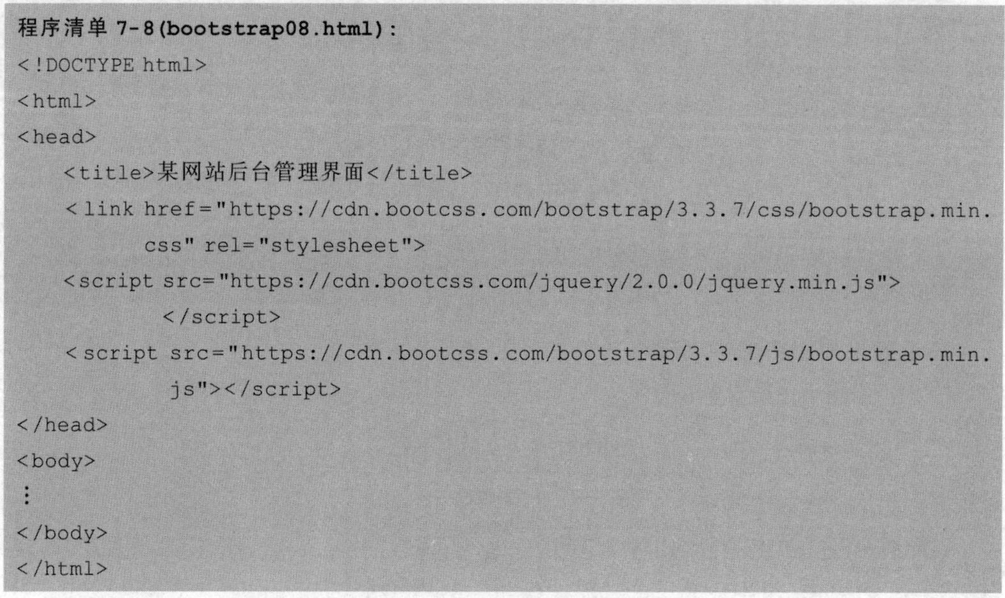

**程序清单 7-8(bootstrap08.html):**

```
<!DOCTYPE html>
<html>
<head>
    <title>某网站后台管理界面</title>
    <link href="https://cdn.bootcss.com/bootstrap/3.3.7/css/bootstrap.min.
         css" rel="stylesheet">
    <script src="https://cdn.bootcss.com/jquery/2.0.0/jquery.min.js">
         </script>
    <script src="https://cdn.bootcss.com/bootstrap/3.3.7/js/bootstrap.min.
         js"></script>
</head>
<body>
⋮
</body>
</html>
```

## 7.8.2 导航栏部分

图 7-32 中的导航栏由头部和导航栏主体两部分构成。头部中除了使用文字 Microsoft

外，还用到了字体图标，代码如下：

```
<small class="glyphicon glyphicon-fire"></small>
```

字体图标是在 Web 项目中使用的图标字体。Bootstrap 捆绑了 200 多种字体格式的字形。如需使用图标，只需要简单地使用上面的代码即可。具体字体图标的含义和显示的图形类型请参阅 Bootstrap 的使用说明书。

导航栏主体部分的菜单项也由字体图标和特殊样式的数字组成，最后是一个带有图片显示的下拉菜单。整个导航栏的代码如下：

```
<div class="navbar navbar-inverse">
  <div class="container-fluid">
    <div class="navbar-header">
      <div class="navbar-brand">
        <small class="glyphicon glyphicon-fire"></small>Microsoft
      </div>
    </div>
    <ul class="nav navbar-nav nav-stacked navbar-right">
      <li>
        <a href="#">
          <span class="glyphicon glyphicon-tasks"></span>
          <i class="badge">2</i></a>
      </li>
      <li>
        <a href="#">
          <span class="glyphicon glyphicon-bell"></span>
          <i class="badge">1</i></a>
      </li>
      <li>
        <a href="#">
          <span class="glyphicon glyphicon-envelope"></span>
          <i class="badge">1</i></a>
      </li>
      <li>
        <a href="#" data-toggle="dropdown">
          <img class="img-circle" src="user_photo.png"
               width="30" height="30" />
          <small>Welcome</small>admin
          <span class="caret"></span></a>
        <ul class="nav nav-pills nav-stacked dropdown-menu">
          <li class="active">
            <a href="#">
              <span class="glyphicon glyphicon-cog"></span>Setting</a>
          </li>
          <li class="divider"></li>
          <li>
```

```
            <a href="#">
              <span class="glyphicon glyphicon-user"></span>Profile</a>
          </li>
          <li class="divider"></li>
          <li>
            <a href="#">
              <span class="glyphicon glyphicon-off"></span>Logout</a>
          </li>
        </ul>
      </li>
    </ul>
  </div>
</div>
```

### 7.8.3 页面的主要内容部分

页面的主要内容部分由左、右两部分组成。代码如下：

```
<div class="row">
    <div class="col-sm-2">
    </div>
    <div class="col-sm-10">
    </div>
</div>
```

其中,左边占20%的宽度,主要是网站后台的控制功能列表;上边是一个搜索工具条;下边是功能列表。主要代码如下：

```
<div class="col-sm-2">
  <div id="search">
    <div class="input-group">
      <input class="form-control input-sm" type="text">
      <div class="input-group-btn">
        <a href="#" class="btn btn-success btn-sm">
          <span class="glyphicon glyphicon-search"></span>
        </a>
      </div>
    </div>
  </div>
  <div class="panel-group" id="box">
    <div class="panel panel-success">
      <div class="panel-heading">
        <a href="#collapseA" data-parent="#box" data-toggle="collapse" class
          ="panel-title">用户管理</a>
```

```
        </div>
        <div class="panel-collapse collapse in" id="collapseA">
          <div class="panel-body">
            <ul class="nav nav-pills nav-stacked">
              <li>
                <a href="#">用户列表</a></li>
              <li>
                <a href="#">用户添加</a></li>
              <li>
                <a href="#">用户删除</a></li>
            </ul>
          </div>
        </div>
      </div>
      <div class="panel panel-success">
        <div class="panel-heading">
          <a href="#collapseB" data-parent="#box"
      data-toggle="collapse" class="panel-title">产品管理</a>
      </div>
        <div class="panel-collapse collapse" id="collapseB">
          <div class="panel-body">
            <ul class="nav nav-pills nav-stacked">
              <li>
                <a href="#">产品列表</a></li>
              <li>
                <a href="#">产品添加</a></li>
              <li>
                <a href="#">产品删除</a></li>
            </ul>
          </div>
        </div>
      </div>
    </div>
  </div>
```

右侧上边是一个面包屑导航，下边则是一个 panel 容器，用来存放一个表格，具体代码如下：

```
<div class="col-sm-10">
  <div class="bread-crumb">
    <ul class="breadcrumb">
      <li>
        <span class="glyphicon glyphicon-home"></span>
        <a href="#">Home</a></li>
      <li>
```

```
        <a href="#">User</a></li>
      <li>Add</li></ul>
  </div>
  <div class="panle panel-success">
    <div class="panel-heading">
      <a class="panel-title">用户管理</a></div>
    <div class="panel-body">
      <table class="table table-striped table-hover">
        <thead>
          <tr>
            <th>ID</th>
            <th>brand</th>
            <th>name</th>
            <th>channel</th>
            <th>inventory</th>
            <th>price</th>
            <th>isSale</th>
            <th>operation</th></tr>
        </thead>
        <tbody>
          <tr>
            <td>1</td>
            <td>Apple</td>
            <td>Plus 6</td>
            <td>4G</td>
            <td>10</td>
            <td>4500</td>
            <td>yes</td>
            <td>add</td></tr>
          <tr>
            <td>2</td>
            <td>Apple</td>
            <td>Plus 6</td>
            <td>4G</td>
            <td>10</td>
            <td>4500</td>
            <td>yes</td>
            <td>add</td></tr>
          <tr>
            <td>3</td>
            <td>Apple</td>
            <td>Plus 6</td>
            <td>4G</td>
            <td>10</td>
            <td>4500</td>
            <td>yes</td>
            <td>add</td></tr>
```

```
        </tbody>
        <tfoot>
          <tr>
            <td colspan="8">
              <ul class="pagination">
                <li>
                  <a href="#">? </a></li>
                <li>
                  <a href="#">1</a></li>
                <li>
                  <a href="#">2</a></li>
                <li>
                  <a href="#">3</a></li>
                <li>
                  <a href="#">4</a></li>
                <li>
                  <a href="#">5</a></li>
                <li>
                  <a href="#">? </a></li>
              </ul>
            </td>
          </tr>
        </tfoot>
      </table>
    </div>
  </div>
</div>
```

整个页面完整代码如下所述。

**程序清单 7-9(bootstrap09.html):**

```
<!DOCTYPE html>
<html>
<head>
    <title>某网站后台管理界面</title>
    <link href="https://cdn.bootcss.com/bootstrap/3.3.7/css/bootstrap.min.
css" rel="stylesheet">
    <script src="https://cdn.bootcss.com/jquery/2.0.0/jquery.min.js">
</script>
    <script src="https://cdn.bootcss.com/bootstrap/3.3.7/js/bootstrap.min.
js"></script>
  </head>

  <body>
    <!--导航栏部分-->
```

```
<div class="navbar navbar-inverse">
  <div class="container-fluid">
    <div class="navbar-header">
      <div class="navbar-brand">
        <small class="glyphicon glyphicon-fire"></small>MicroSoft</div>
    </div>
    <ul class="nav navbar-nav nav-stacked navbar-right">
      <li>
        <a href="#">
          <span class="glyphicon glyphicon-tasks"></span>
          <i class="badge">2</i></a>
      </li>
      <li>
        <a href="#">
          <span class="glyphicon glyphicon-bell"></span>
          <i class="badge">1</i></a>
      </li>
      <li>
        <a href="#">
          <span class="glyphicon glyphicon-envelope"></span>
          <i class="badge">1</i></a>
      </li>
      <li>
        <a href="#" data-toggle="dropdown">
          <img class="img-circle" src="user_photo.png" width="30" height=
               "30" />
          <small>Welcome</small>admin
          <span class="caret"></span></a>
        <ul class="nav nav-pills nav-stacked dropdown-menu">
          <li class="active">
            <a href="#">
              <span class="glyphicon glyphicon-cog"></span>Setting</a>
          </li>
          <li class="divider"></li>
          <li>
            <a href="#">
              <span class="glyphicon glyphicon-user"></span>Profile</a>
          </li>
          <li class="divider"></li>
          <li>
            <a href="#">
              <span class="glyphicon glyphicon-off"></span>Logout</a>
          </li>
        </ul>
```

```
      </li>
    </ul>
  </div>
</div>
<! --页面部分 -->
<div class="row">
  <div class="col-sm-2">
    <div id="search">
      <div class="input-group">
        <input class="form-control input-sm" type="text" />
        <div class="input-group-btn">
          <a href="#" class="btn btn-success btn-sm">
            <span class="glyphicon glyphicon-search"></span>
          </a>
        </div>
      </div>
    </div>
    <div class="panel-group" id="box">
      <div class="panel panel-success">
        <div class="panel-heading">
          <a href="#collapseA" data-parent="#box" data-toggle=
             "collapse" class="panel-title">用户管理</a>
        </div>
        <div class="panel-collapse collapse in" id="collapseA">
          <div class="panel-body">
            <ul class="nav nav-pills nav-stacked">
              <li>
                <a href="#">用户列表</a></li>
              <li>
                <a href="#">用户添加</a></li>
              <li>
                <a href="#">用户删除</a></li>
            </ul>
          </div>
        </div>
      </div>
      <div class="panel panel-success">
        <div class="panel-heading">
          <a href="#collapseB" data-parent="#box" data-toggle=
             "collapse" class="panel-title">产品管理</a>
          </div>
        <div class="panel-collapse collapse" id="collapseB">
          <div class="panel-body">
            <ul class="nav nav-pills nav-stacked">
```

```
            <li>
              <a href="#">产品列表</a></li>
            <li>
              <a href="#">产品添加</a></li>
            <li>
              <a href="#">产品删除</a></li>
          </ul>
        </div>
      </div>
    </div>
  </div>
</div>
<div class="col-sm-10">
  <div class="bread-crumb">
    <ul class="breadcrumb">
      <li>
        <span class="glyphicon glyphicon-home"></span>
        <a href="#">Home</a></li>
      <li>
        <a href="#">User</a></li>
      <li>Add</li></ul>
  </div>
  <div class="panle panel-success">
    <div class="panel-heading">
      <a class="panel-title">用户管理</a></div>
    <div class="panel-body">
      <table class="table table-striped table-hover">
        <thead>
          <tr>
            <th>ID</th>
            <th>brand</th>
            <th>name</th>
            <th>channel</th>
            <th>inventory</th>
            <th>price</th>
            <th>isSale</th>
            <th>operation</th></tr>
        </thead>
        <tbody>
          <tr>
            <td>1</td>
            <td>Apple</td>
            <td>Plus 6</td>
            <td>4G</td>
```

```
        <td>10</td>
        <td>4500</td>
        <td>yes</td>
        <td>add</td></tr>
      <tr>
        <td>2</td>
        <td>Apple</td>
        <td>Plus 6</td>
        <td>4G</td>
        <td>10</td>
        <td>4500</td>
        <td>yes</td>
        <td>add</td></tr>
      <tr>
        <td>3</td>
        <td>Apple</td>
        <td>Plus 6</td>
        <td>4G</td>
        <td>10</td>
        <td>4500</td>
        <td>yes</td>
        <td>add</td></tr>
    </tbody>
    <tfoot>
      <tr>
        <td colspan="8">
          <ul class="pagination">
            <li>
              <a href="#">?</a></li>
            <li>
              <a href="#">1</a></li>
            <li>
              <a href="#">2</a></li>
            <li>
              <a href="#">3</a></li>
            <li>
              <a href="#">4</a></li>
            <li>
              <a href="#">5</a></li>
            <li>
              <a href="#">?</a></li>
          </ul>
        </td>
      </tr>
```

```
            </tfoot>
          </table>
        </div>
      </div>
    </div>
  </div>
</body>

</html>
```

## 7.9 习　　题

1. 简述 Bootstrap 的作用是什么。
2. 简述使用 Bootstrap 框架制作网页的基本步骤。
3. 什么是 Bootstrap 的网格系统?
4. 用 Bootstrap 写一个响应式的导航栏。

# 第 8 章　JavaScript 语言——网页动起来

**本章主要内容：**

- JavaScript 语言及其特点。
- 如何在 HTML 中嵌入 JavaScript 小程序。
- JavaScript 语言的数据类型和运算符。
- JavaScript 语言的函数。
- JavaScript 语言的事件。
- JavaScript 语言的对象及其应用。
- 文档对象模型 DOM。
- JavaScript 语言程序的流程控制。
- 学会编写 JavaScript 语言程序。

## 8.1　JavaScript 语言概述

刚开始时，网页是静态网页，没有任何动作和变化。慢慢地它动起来了，是谁在驱动它呢？脚本、GIF、Flash。

### 8.1.1　一个简单的包含 JavaScript 语言的网页

采用记事本或者其他文本编辑器输入下面例子的网页代码，然后将文件保存为 example8_01.html。保存完毕后用浏览器将其打开，其页面显示如图 8-1 所示。

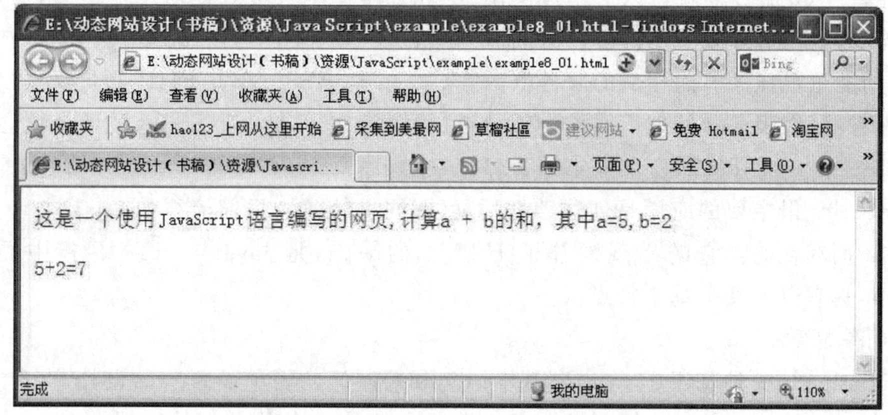


图 8-1　网页 example8_01.html 在浏览器中的输出效果

**【例 8-1】**　编写嵌入 JavaScript 语言程序段的简单网页。网页文件名为 example8_01.html，网页代码如下。

程序清单 8-1(example8_01.html):

```
<html>
<head>
</head>
<body>
    <p>这是一个使用 JavaScript 语言编写的网页,计算 a+b 的和,其中 a=5,b=2</p>
    <script type="text/javascript">
        //计算 a+b 的和
        a=5;                                    //给变量 a 赋值
        b=2;                                    //给变量 b 赋值
        c=a+b;                                  //c 为 a+b 的和
        document.write(a+"+" +b +"=" +c);      //输出 c 的值
    </script>
</body>
</html>
```

上述代码是使用 JavaScript 与 HTML 编写的一个简单的网页,其中粗体部分是采用 JavaScript 语言编写的一段小程序(也叫脚本)。代码中的 document 称为对象,write 是对象 document 的方法,这里所说的方法实际上是一段实现特定功能的程序。

### 8.1.2 JavaScript 语言概述

#### 1. JavaScript 语言

JavaScript 是一种基于对象(object)和事件驱动(event driven)并具有安全性能的解释性脚本语言,采用小程序段的方式进行编程。使用 JavaScript 语言编写的小程序段可以嵌入 HTML 网页文件中,由客户端的浏览器(IE 等)解释执行,不需要占用服务器端的资源,不需要经过 Web 服务器就可以对用户操作做出响应,使网页更好地与用户交互,能适当减小服务器端的压力,并减少用户等待时间。当然,JavaScript 也可以做到与服务器的交互响应,而且功能也很强大。而相对的服务器语言(如 ASP、ASP.NET、PHP、JSP 等)需要将命令上传服务器,由服务器处理后回传处理结果。对象和事件是 JavaScript 的两个核心。

JavaScript 与 HTML、Java 脚本语言(Java 小程序)一起实现 Web 页面中多个对象的链接。JavaScript 最主要的应用是创建动态网页(即网页特效),目前流行的 Ajax 也是依赖于 JavaScript 而存在的。它的出现弥补了 HTML 的缺陷,是 Java 与 HTML 折中的选择,JavaScript 具有以下几个基本特点。

1) 简单易学

JavaScript 是一种基于 Java 语言基本语句和控制流的简单而紧凑的设计,变量类型采用弱类型,对变量的定义和使用不做严格的类型检查,并未使用严格的数据类型。实现简单方便,入门简单,程序设计新手也可以非常快速容易地学习使用 JavaScript 进行简单的编程。

2) 安全性

JavaScript 是一种安全性良好的语言,它只允许通过浏览器实现信息浏览或动态交互。

不允许访问本地计算机的硬盘，不允许将数据存入到服务器上，也不允许对网络文档进行修改和删除，能有效地防止数据被篡改和丢失。

3）动态性

JavaScript可以动态地在浏览器端对用户或客户的输入做出响应，无须经过Web服务程序。采用事件驱动的方式对用户的输入做出响应。事件驱动是指在主页(home page)中执行了如按下鼠标、移动窗口、选择菜单等某种操作所产生的动作，这些动作的发生称为事件(event)。当事件发生后，会引起相应的事件响应。实际上人们双击Windows操作系统桌面上的“我的电脑”图标，将其打开就是典型的事件驱动。

4）跨平台性

JavaScript编写的程序依靠浏览器的解释器解释执行，而与具体的操作系统无关。实现了跨平台的操作。

5）资源占用少

JavaScript的杰出之处还在于用很小的程序做大量的事。软件的开发与运行只需一个文字处理软件和一个浏览器，不需要有高性能的计算机，也不需要Web服务器。客户端就可完成所有的事情。

**2. JavaScript和Java的区别**

JavaScript和Java非常相似，但并不一样！JavaScript是Netscape公司为了扩展Netscape Navigator(一种浏览器)的功能，而开发的一种可以嵌入Web页面中的基于对象和事件驱动的解释性语言，它的前身是Live Script;Java是SUN公司推出的一种面向对象的程序设计语言，特别适合于Internet应用程序开发，它的前身是Oak语言。JavaScript容易理解，而Java却比较复杂。两种语言的区别如表8-1所示。

**表8-1 JavaScript和Java的区别**

| 区别 | Java | JavaScript |
| --- | --- | --- |
| 关于对象 | 真正的面向对象的程序设计语言，可以设计和使用对象 | 基于对象和事件驱动的程序设计语言。它本身提供丰富的内部对象供设计人员使用 |
| 解释和编译方式 | 编译性编程语言，必须通过编译器编译成字节码，然后由特定的操作系统平台上的JVM解释执行 | 解释性编程语言，其程序代码在客户端执行之前不需经过编译，由浏览器解释执行 |
| 变量 | 采用强类型变量检查，即所有变量在编译之前必须声明 | 采用弱类型，即变量在使用前不需声明，而是解释器在运行时检查其数据类型 |
| 代码格式 | Java是一种与HTML无关的格式，必须通过像HTML中引用外媒体那样进行装载，其代码以字节代码的形式保存在独立的文档中 | JavaScript的代码是一种文本字符格式，可以直接嵌入HTML文档中，并且可动态装载。编写HTML文档就像编辑文本文件一样方便 |
| 嵌入标识 | Java使用<applet>…</applet>来标识 | JavaScript使用<Script>…</Script>来标识 |
| 编译种类 | Java采用静态联编，即Java的对象引用必须在编译时进行，以使编译器能够实现强类型检查 | JavaScript采用动态联编，即JavaScript的对象引用在运行时进行检查，如不经编译则就无法实现对象引用的检查 |

### 8.1.3 JSP 中如何嵌入 JavaScript 小程序

在 JSP 页面中嵌入 JavaScript 小程序有两种方法，一种是将 JavaScript 语言代码直接嵌入，另一种是链接外部用 JavaScript 语言编写的小程序。

**1. 在 JSP 页面中直接嵌入 JavaScript 语言代码**

语法形式：

```
<script  language="javascript">
  …   //使用 JavaScript 编写的小程序代码
</script>
```

如上述代码所示，在 Web 网页文档中，使用<script>…</script>标签对封装 JavaScript 脚本代码，当浏览器读取到<script>标签时，就知道遇到了使用 JavaScript 编写的小程序，会使用浏览器自带的解释器解释执行，直到再次遇到</script>标签。

使用<script>标签时，还需要通过其 language 属性指定使用的脚本语言。

**2. 链接外部用 JavaScript 语言编写的小程序**

语法形式：

```
<script  language="javascript"  src="javasc01.js" >
… //使用 JavaScript 编写小程序代码
</script>
```

如上述代码所示，在 JSP Web 页面中链接外部用 JavaScript 语言编写的小程序就是将 JavaScript 语言编写的小程序单独保存为扩展名为 js 的独立的文件，这里假设文件名 javasc01.js，然后使用<script>标签的 src 属性指定小程序的文件名，当浏览器读取到<script>标签的 src 属性时，根据 src 属性的值 javasc01.js，找到文件 javasc01.js，然后将其加载并嵌入到 JSP 页面中。这种方式主要应用在当 JavaScript 脚本代码比较复杂或是同一段代码可以被多个页面所使用时。

## 8.2 JavaScript 的数据类型、运算符

### 8.2.1 保留字

保留字(reserved word)是指在程序设计语言中已经定义过的字，程序员不能再把这些字定义为变量名或过程名使用。每种程序设计语言都规定了自己的一套保留字。

保留字包括关键字和未使用的保留字两部分。关键字是指在语言中具有特定含义，成为语法中一部分的那些字。某些计算机语言中，一些保留字可能并没有应用于当前的语法中，这就成了保留字与关键字的区别。一般出现这种情况可能是由于考虑扩展性，如 abstract、double、goto 等是 JavaScript 语言的保留字。表 8-2 列出了 JavaScript 语言的 48 个保留字。

表 8-2 JavaScript 语言保留字一览表

| 保留字名称 | | | | | |
|---|---|---|---|---|---|
| abstract | continue | finally | instance | private | this |
| boolean | default | float | int | public | throw |
| break | do | for | interface | return | typeof |
| byte | double | function | long | short | true |
| case | else | goto | native | static | var |
| catch | extends | implements | new | super | void |
| char | false | import | null | switch | while |
| class | final | in | package | synchronized | with |

### 8.2.2 数据类型

JavaScript 语言共有 7 种数据类型，如表 8-3 所示。

表 8-3 JavaScript 语言数据类型一览表

| 数据类型 | 名 称 | | 说 明 | 示 例 |
|---|---|---|---|---|
| int | 数值型 | 整型 | 整数，可以为正数、负数或 0 | 7，－20，0 |
| float | | 浮点型 | 浮点数，可以使用实数的普通形式或科学记数法表示 | 3.6715，－0.287，7.16e5 |
| string | 字符串类型 | | 字符串是用单引号或双引号括起来的一个或多个字符 | "china"<br>"网页程序设计" |
| boolean | 布尔类型 | | 只有 true 或 false 两个值 | true，false |
| object | 对象类型 | | 用来定义对象变量 | |
| null | 空类型 | | 没有任何类型的值 | |
| undefined | 未定义类型 | | 指那些变量已被创建，但还没有赋值时所具有的值 | |

### 8.2.3 变量

变量是指为了在程序中用来暂时存放数据而命名的存储单元，是暂时存放数据的容器，不同类型的变量占用的内存字节个数不一样。变量一般都有一个名字，称为变量名，对变量名的命名必须符合下列规定。

(1) 变量名必须以字母或者下画线开头，中间可以是字母、数字或者下画线，但是不能有＋、－或者＝等运算符号。

(2) JavaScript 语言的保留字不能作为变量名，JavaScript 语言的保留字见表 8-2。JavaScript 语言中，使用命令 var 来声明变量，语法形式如下。

① 只作变量声明。

```
var  variableName;
```

其中,var是JavaScript语言的保留字,variableName是变量的名字。

② 声明变量的同时对变量进行赋值,例如:

```
var  rectangleLeng=18;              //定义矩形边长为 18
var  studentName="王爱国"           //声明了一个 string 型变量
var  yesNo=true                     //声明了一个 boolean 型变量 yesNo
```

由于JavaScript语言采用弱类型,所以在声明变量时不需要指定变量的类型,变量的类型会根据赋给变量的值确定。虽然JavaScript的变量可以任意命名,但变量名最好便于记忆且有意义,以便于程序的阅读和维护。

### 8.2.4 运算符

JavaScript语言提供了算术运算符、逻辑运算符、关系运算符、字符串运算符、位操作运算符、赋值运算符和条件运算符共7种运算符。下面分别详细介绍。

#### 1. 算术运算符

算术运算符是指在程序中进行加、减、乘、除等算术运算的符号。JavaScript中常用的算术运算符有7个,如表8-4所示。

**表8-4 JavaScript算术运算符一览表**

| 运算符 | 说　明 | 示　例 |
|---|---|---|
| + | 加运算符 | 2+5 //返回7 |
| - | 减运算符 | 9-2 //返回7 |
| * | 乘运算符 | 2*8 //返回16 |
| / | 除运算符 | 12/2 //返回6 |
| % | 求模运算符 | 8%3 //返回2 |
| ++ | 自增运算符。分前置运算符(++i;先使i增1,然后i再参与运算)和后置运算符(i++;i先参与运算,然后i再增1)两种 | i=2;j=i++ //j的值是2,i的值为3<br>i=2;j=++ i //j的值是3,i的值为3 |
| -- | 自减运算符。分前置运算符(--i;先使i减1,然后i再参与运算)和后置运算符(i--;i先参与运算,然后i再减1)两种 | i=2;j=i-- //j的值是2,i的值为1<br>i=2;j=--i //j的值是1,i的值为1 |

#### 2. 关系运算符

关系运算符用于程序中对操作数的比较运算,比较运算的返回结果是布尔值true或false,参与关系运算的操作数可以是数字也可以是字符串。JavaScript支持的常用关系运算符如表8-5所示。

表 8-5 JavaScript 关系运算符一览表

| 运算符 | 说明 | 举例 | 结果 | 运算符 | 说明 | 举例 | 结果 |
|---|---|---|---|---|---|---|---|
| ＞ | 大于 | 200＞199 | true | ＜= | 小于或等于 | 1.77f＜=1.77f | true |
| ＜ | 小于 | 'c'＜'b' | false | == | 等于 | 1.0==1 | true |
| ＞= | 大于或等于 | 11.1＞=11.1 | true | != | 不等于 | '学'!='学' | false |

### 3. 逻辑运算符

逻辑运算符返回一个 true 或 false 的布尔值，通常和比较运算符一起使用，常用于 if、while 和 for 语句中。JavaScript 中常用的逻辑运算符如表 8-6 所示。

表 8-6 JavaScript 中常用的逻辑运算符一览表

| 运算符 | 说明 | 运算符 | 说明 | 运算符 | 说明 |
|---|---|---|---|---|---|
| && | 逻辑与 | \|\| | 逻辑或 | ! | 逻辑非 |

### 4. 赋值运算符

=是最基本的赋值运算符，用于对变量的赋值，赋值运算符和其他的运算符可以联合使用，构成组合赋值运算符。JavaScript 支持的常用赋值运算符如表 8-7 所示。

表 8-7 JavaScript 赋值运算符一览表

| 运算符 | 说 明 | 运算符 | 说 明 |
|---|---|---|---|
| = | 简单赋值 | &= | 进行与运算后赋值 |
| += | 相加后赋值 | \|= | 进行或运算后赋值 |
| -= | 相减后赋值 | ^= | 进行异或运算后赋值 |
| *= | 相乘后赋值 | ＜＜= | 带符号左移后赋值 |
| /= | 相除后赋值 | ＞＞= | 带符号右移后赋值 |
| %= | 求余后赋值 | ＞＞＞= | 填充零右移后赋值 |

### 5. 字符串运算符

字符串运算符是程序中对字符型数据进行运算的符号，有比较运算符、+和+=等。其中+运算符用于连接两个字符串，例如"ch"+"ina"的结果是"china"，而+=运算符则连接两个字符串，并将结果赋给第一个字符串，例如 var country="ch"  country +="ina"；则运算完成后 country 变量的值为"china"。

### 6. 位操作运算符

位操作运算符用于在程序中对数值型数据进行向左或向右移位等操作，JavaScript 中常用的位操作运算符如表 8-8 所示。

表 8-8 JavaScript 位操作运算符一览表

| 运算符 | 说明 | 运算符 | 说明 | 运算符 | 说明 |
|---|---|---|---|---|---|
| & | 位与运算符 | \| | 位或运算符 | ^ | 位异或运算符 |
| << | 位左移 | >> | 带符号位右移 | >>> | 填 0 右移 |

**7. 条件运算符**

条件运算符是 JavaScript 支持的一种特殊的 3 目运算符,和 C++ 语言以及 Java 语言中的 3 目运算符类似,其语法格式:

```
表达式?结果 1:结果 2
```

如果“表达式”的值为 true,则整个表达式的结果为“结果 1”,否则为“结果 2”。

## 8.3 JavaScript 的函数

采用记事本或者其他文本编辑器输入下面网页程序代码,然后将文件保存为 example8_02. html。保存完毕后用浏览器将其打开,单击网页中的“2+3=?”按钮,看看出现什么效果。

**【例 8-2】** 用 JavaScript 语言编写如下具有函数的简单网页程序。文件命名为 example8_02. html,网页代码如下。

```
程序清单 8-2(example8_02.html):
<html>
<head>
<script language="javascript">
    function add(x, y)     //定义一个名称为 add 的函数,函数有 x 和 y 两个参数
    {
        sum=x+y;
        alert(sum);
    }
</script>
</head>
<body>
    <p>创建一个按钮,按钮名称为"2+3=?",单击该按钮时,弹出一个对话框,显示结果信息。
</p>
    <form>
        <input type="button" value="2+3=?" ONCLICK="add(2,3)">
    </form>
</body>
</html>
```

上述代码是使用 JavaScript 与 HTML 编写的一个简单的网页,其中粗体部分是采用

JavaScript 语言编写的一段小程序。本程序展示了 JavaScript 函数的定义与调用方法。

在 JavaScript 语言中，函数的使用分为定义和调用两部分。

### 1. 函数的定义

函数定义通常用 function 语句实现，语法格式：

```
function functionName([parameter1,parameter2,…])
{
    statements
    [return expression]
}
```

说明：

(1) function 是 JavaScript 语言的保留字，用于定义函数。

(2) functionName 是函数名，它的命名必须符合 JavaScript 语言关于标识符的规定。

(3) [parameter1,parameter2,…]用于定义函数的参数，放在中括号里表示是可选项，意味着函数可以没有参数，可以有一个或者多个参数，实际定义函数时并不出现中括号。具体函数有几个参数视实际需要而定。当函数具有多个参数时，参数间必须使用逗号进行分隔。一个函数最多可以有 255 个参数。

(4) statements 是函数体，是实现函数功能的程序语句。

(5) [return expression] 用于返回函数值，放在中括号里表示是可选项，在实际函数里中括号并不出现。expression 为任意的表达式、变量或常量。

### 2. 函数的调用

函数的调用比较简单，如果函数不带参数，则直接用函数名加上括号调用即可；如果函数带参数，则在括号中加上需要传递的参数，当函数包含多个参数时，各参数间要用逗号分隔。如果函数有返回值，则需使用赋值语句将函数的返回值赋给一个变量。在 JavaScript 语言中，由于函数名区分大小写，所以在调用函数时，也需要注意函数名的大小写之分。

## 8.4 JavaScript 的事件

### 1. 事件

事件是可以被 JavaScript 侦测到的行为，例如，在 Web 页面文档加载完毕时，会触发 load(载入)事件；当用户单击页面上的按钮时，将触发按钮的 click 事件等。当某个事件发生时，响应这个事件而执行的处理程序称为事件处理程序，用户和 Web 页面之间的交互就是触发事件执行事件处理程序的结果。

### 2. 事件类型

事件是隶属于对象的，多数浏览器内部对象都拥有很多事件，JavaScript 中常用的事件、事件处理程序及事件触发时间如表 8-9 所示。

表 8-9 JavaScript 常用事件一览表

| 事件 | 事件处理程序 | 事件触发时间 |
|---|---|---|
| blur | onblur | 元素或窗口本身失去输入焦点时触发 onblur 事件 |
| change | onchange | 如果选中<select>标签中的选项或其他表单标签,在其获取焦点后内容曾发生过改变,则当其失去焦点时就触发 onchange 事件 |
| click | onclick | 单击时触发 onclick 事件 |
| focus | onfocus | 窗口本身或任何元素获得焦点时触发 onfocus 事件 |
| keydown | onkeydown | 按下键盘上的某键时触发 onkeydown 事件,如果一直按着某键,则会不断触发 |
| load | onload | onload 事件会在页面完全载入后,在 window 对象上触发;所有框架都载入后,在框架集上触发;<img>标签指定的图像完全载入后,在其上触发;或<object>标签指定的对象完全载入后,在其上触发 |
| select | onselect | 选中文本时触发 onselect 事件 |
| submit | onsubmit | 单击提交按钮时,在<form>上触发 onsubmit 事件 |
| unload | onunload | 页面完全卸载后,在 window 对象上触发 onunload 事件;所有框架都卸载后,在框架集上触发 onunload 事件 |

### 3. JavaScript 程序中如何嵌入事件处理程序

JavaScript 中嵌入事件处理程序的方法有两种,分别是在 HTML 标签中嵌入事件处理程序和在 JavaScript 程序语句中嵌入事件处理程序,下面以 onclick 事件为例分别予以介绍。

1) 在 HTML 标签中嵌入事件处理程序

**【例 8-3】** 编写一个简单网页,演示如何在 HTML 标签中嵌入事件处理程序。网页文件名为 example8_03. html,网页代码如下。

```
程序清单 8-3(example8_03.html):
<html>
<head>
</head>
<body>
    <p>这是一个在 HTML 标签中嵌入事件处理程序的网页,当单击网页中的图像时,会弹出“哇,多美的风景啊!!!”对话框。</p>
    <img src="imgs/scenery.jpg" onclick="alert('哇,多美的风景啊!!!')">
</body>
</html>
```

在上述程序代码中,为<img>标签添加了 onclick 事件属性,并设定 onclick 事件属性的值为事件处理程序代码: alert('哇,多美的风景啊!!!')。当在浏览器中显示该页面时,如果单击该页面的图片 scenery. jpg,就会触发 onclick 事件,从而执行程序代码 alert('哇,多美的风景啊!!!'),弹出“哇,多美的风景啊!!!”对话框。由此可以看出,在 HTML 中嵌入事件处理程序,只需在 HTML 标签中添加该标签的事件属性,并设定事件属性值为事件处理程序代码或者是事件处理程序的函数名称即可。

2）在 JavaScript 程序语句中嵌入事件处理程序

**【例 8-4】** 编写一个简单网页，演示如何在 JavaScript 程序语句中嵌入事件处理程序。网页文件名为 example8_04.html，网页代码如下。

```
程序清单 8-4(example8_04.html):
<html>
<head>
</head>
<body>
    <p>这是一个在 JavaScript 语言程序中使用事件处理程序的网页，当单击网页中的图像时，会弹出“哇，好漂亮的花啊！！！”对话框。</p>
    <img src="imgs/flower.jpg" id="img_flower">
    <script language="javascript">
        var img=document.getElementById("img_flower");
        img.onclick=function() {
            alert('哇，好漂亮的花啊!!!');
        }
    </script>
</body>
</html>
```

在上述程序代码中，为<img>标签添加了标识符 id 属性，并设定其属性值为 img_flower，在接下来的 JavaScript 程序语句中，采用文档对象 document 的 getElementById 方法，通过图片 flower.jpg 对象的属性 id 的值 img_flower 获取 flower.jpg 对象的引用，并将引用值赋给 img 变量，这样 img 就代表了 flower.jpg 对象，当在浏览器中显示该页面时，如果单击该页面的图片 flower.jpg，就会触发 img 的 onclick 事件，从而执行函数 function 的程序代码 alert('哇，好漂亮的花啊!!!')，弹出“哇，好漂亮的花啊!!!”对话框。由此可以看出，在 JavaScript 程序语句中嵌入事件处理程序，需要首先获得要处理对象的引用，然后将要执行的包含事件处理程序代码的函数名赋值给要处理对象的事件即可。

## 8.5 JavaScript 对象及其使用

JavaScript 是基于对象的程序设计语言，提供了一些内部对象，下面通过具体的例子简要介绍一下最常用的 Date、String 和 window 对象的使用。

**【例 8-5】** 编写一个简单 JSP 程序，演示如何使用 JavaScript 语言内置的 Date、String 和 window 对象实现文字在网页中的旋转。网页文件名为 example8_05.html，网页代码如下。

```
程序清单 8-5(example8_05.html):
<html>
<head>
</head>
```

```
<body>
    <script language=javascript>
        todayDate=new Date();          //使用 new 运算符创建 Date 类的对象 todayDate
        date=todayDate.getDate();      //使用对象 todayDate 的方法 getDate()获得当
                                       //前日期
        month=todayDate.getMonth()+1;
        //getMonth()是 Date 对象的一个方法,其功能是获得当前的月份,由于月份是从 0 开
                                       //始的,所以这里要加 1
        year=todayDate.getYear();      //getYear()是 Date 对象获得当前的年份的方法
        sentence=""+year+"年"+month+"月"+date+"日";   //创建一个 String 对
                                                      //象 sentence
        Balises="";                    //创建一个 String 对象 Balises
        Taille=40;
        Midx=100;
        Decal=0.5;                     //声明一些变量,并赋初值
        charNum=sentence.length;
        //用 String 的属性 length 返回对象 sentence 的长度,也就是字符串"JSP Web 应
        //用开发"中字符的个数 16
        for(i=0; i<charNum; i++) {
            Balises=Balises
                +'<DIV Id=L'+i+' STYLE="width:3;font-family: 华文隶书;font-
               weight:bold;position:absolute;top:320;left:400;z-index:0">'
                +sentence.charAt(i)+'</DIV>'        //定义要显示的字的字体、位置、大小
        }
        document.write(Balises);
        Time=window.setInterval("Alors()", 10); //周期输出文字,每 10ms,变化一次
        Alpha=5;
        I_Alpha=0.05;                               //声明一些变量,并赋初值
        function Alors() {
            Alpha=Alpha-I_Alpha;
            for(j=0; j<charNum; j++) {
                Alpha1=Alpha+Decal*j;               //设置文字透明度的变化
                Cosine=Math.cos(Alpha1);            //声明变量 Cosine,值是一个余弦
                                                    //函数在 0°~360°变化
                Ob=document.all("L"+j);
                Ob.style.posLeft=Midx+100*Math.sin(Alpha1)+400;
                Ob.style.zIndex=20*Cosine;
                Ob.style.fontSize=Taille+25*Cosine;
                //定义输出文字的位置、深度和字体大小
                Ob.style.color="rgb("+(12+Cosine*60+50)+","
                    +(127+Cosine*60+50)+",0)";
                //定义输出文字的颜色
            }
        }
```

```
    </script>
</body>
</html>
```

上述代码是使用JavaScript与HTML编写的一个简单的网页，其中粗体部分是采用JavaScript语言编写的一段小程序。本程序展示了Date、String和window对象及其属性和方法的使用。

### 1. Date对象

Date对象是一个有关日期和时间的对象，它在使用前必须通过new运算符动态创建，例如"mydate=new Date();"Date对象没有提供可供直接访问的属性，只具有设置和获取日期和时间的方法，Date对象的方法如表8-10所示。

**表8-10　JavaScript Date对象的方法一览表**

| 获取日期和时间的方法 | 说　明 | 设置日期和时间的方法 | 说　明 |
|---|---|---|---|
| getFullYear() | 获得用四位数表示的年份 | setFullYear() | 设置用四位数表示的年份 |
| getMonth() | 获得月份(0～11) | setMonth() | 设置月份(0～11) |
| getDate() | 获得日期(1～31) | setDate() | 设置日期(1～31) |
| getDay() | 获得星期几(0～6) | setDay() | 设置星期几(0～6) |
| getHours() | 获得小时数(0～23) | setHours() | 设置小时数(0～23) |
| getMinutes() | 获得分钟数(0～59) | setMinutes() | 设置分钟数(0～59) |
| getSeconds() | 获得秒数(0～59) | setSeconds() | 设置秒数(0～59) |
| getTime() | 获得Date对象内部的毫秒表示 | setTime() | 使用毫秒形式设置Date对象 |

### 2. String对象

String是一个有关字符串的类，在使用前必须通过new运算符动态创建它的对象实例，例如"studentName=new String("WangXiaoMing");"，也可以直接将字符串赋值给字符串对象变量，如studentName="WangXiaoMing"。这两种方法是等价的。String对象常用的属性和方法如表8-11所示。

**表8-11　JavaScript String对象的属性和方法**

| 属性和方法 | 说　明 |
|---|---|
| length | 用于返回String对象的长度 |
| split(separator,limit) | 用separator分隔符把字符串划分成子串并将其存储到数组中，如果指定了limit，则数组限定为limit给定的长度，separator分隔符可以是多个字符或一个正则表达式，不作为任何数组元素的一部分返回 |
| substr(startindex,length) | 返回字符串中从startindex开始的length个字符的子字符串 |

续表

| 属性和方法 | 说　明 |
|---|---|
| substring(from,to) | 返回以 from 开始、以 to 结束的子字符串 |
| replace(searchValue,replaceValue) | 把 searchValue 替换成 replaceValue 并返回结果 |
| charAt(index) | 返回字符串对象中的指定索引号的字符组成的字符串,位置的有效值为 0 到字符串长度减 1 的数值;一个字符串的第一个字符的索引位置为 0,第二个字符位于索引位置 1,依次类推;当指定的索引位置超出有效范围时,charAt 方法返回一个空字符串 |
| toLowerCaseO | 返回一个字符串,该字符串中的所有字母都被转换为小写字母 |
| toUpperCaseO | 返回一个字符串,该字符串中的所有字母都被转换为大写字母 |

**3. window 对象**

window 对象是浏览器的(网页)文档对象模型(document object model,DOM)结构中最高级的对象,处于对象层次的顶端。window 对象的属性和方法主要用于控制浏览器窗口。window 对象在 JavaScript 程序的设计中使用频繁,由于它是其他对象的父对象,所以使用时允许省略 window 对象的名称。window 对象的常用属性和方法分别如表 8-12 和表 8-13 所示。

**表 8-12　window 对象的常用属性**

| 属　性 | 说　明 |
|---|---|
| frames | 当前窗口中所有 frame 对象的集合 |
| location | 用于代表窗口或框架的 location 对象,如果把一个 URL 赋给该属性,那浏览器将加载并显示该 URL 指定的文档 |
| length | 窗口或框架包含的框架个数 |
| history | 对窗口或框架的 History 对象的只读引用 |
| name | 用于存放窗口的名字 |
| status | 一个可读写的字符,用于指定状态栏中的当前信息 |
| parent | 表示包含当前窗口的父窗口 |
| opener | 表示打开当前窗口的父窗口 |
| closed | 一个只读的布尔值,表示当前窗口是否关闭,当浏览器窗口关闭时,该窗口的 window 对象并不会消失,不过它的 close 属性被设置为 true |

**表 8-13　window 对象的常用方法**

| 方　法 | 说　明 |
|---|---|
| alert() | 弹出一个警告对话框 |
| confirm() | 弹出一个确认对话框,单击“确认”按钮时返回 true,否则返回 false |
| prompt() | 弹出一个提示对话框,要求输入一个简单的字符串 |

续表

| 方　　法 | 说　　明 |
| --- | --- |
| close() | 关闭窗口 |
| focus() | 把键盘输入焦点赋予顶层浏览器窗口,在多数平台上会使窗口移到最前面 |
| open() | 打开一个新窗口 |
| setTimeout() | 设置在指定的时间后执行代码 |
| clearTimeout() | 取消对指定代码的延后执行 |
| resizeBy(offsetx,offsety) | 按照指定的位移量设置窗口的大小 |
| print() | 相当于浏览器工具栏中的打印按钮 |
| setInterval() | 周期执行指定的代码 |
| clearInterval() | 停止代码的周期性执行 |

## 8.6 JavaScript 程序流程的控制

### 8.6.1 if 条件判断结构

采用记事本或者其他文本编辑器输入下面网页程序代码,然后将文件保存为 example8_06.html。保存完毕后用浏览器将其打开,看一下网页显示的效果。

**【例 8-6】** 编写具有 if 条件判断结构 JavaScript 语言程序段的简单网页,在网页上根据当天的时间段,显示不同的信息。网页文件名为 example8_06.html,网页代码如下。

```
程序清单 8-6(example8_06.html):
<html>
<head>
</head>
<body>
    <p>这是一个使用 JavaScript 语言编写的网页,主要用于演示 if 语句的用法、展示条件判
断结构的程序架构</p>
    <script type="text/javascript">
    <!--
        var message="";                         //定义一个新变量 message
        document.write("<center><font color='#ab12a2' size=6><b>")
        day=new Date()
        //使用 new 运算符生成一个日期 Date 类的新对象 day
        hour=day.getHours()
        //使用新对象 day 的方法 getHours()获取当前日期的小时
        if((hour >=0) && (hour <6))             //条件判断结构开始
            message="现在是凌晨,是睡眠时间!"
        if((hour >=6) && (hour <8))
            message="清晨好,一天之计在于晨!"
```

```
        if ((hour >=8) && (hour <12))
            message="珍惜时光!努力工作!"
        if ((hour >=12) && (hour <13))
            message="该吃午饭啦!!!"
        if ((hour >=13) && (hour <17))
            message="下午工作愉快!! "
        if ((hour >=17) && (hour <18))
            message="夕阳无限好,只是近黄昏!"
        if ((hour >=18) && (hour <19))
            message="该吃晚饭了!"
        if ((hour >=19) && (hour <23))
            message="美丽的夜色!"     //条件判断结构结束
        document.write(message)
        document.write("</b></font></center>")
    //-->
    </script>
</body>
</html>
```

上述代码是使用 JavaScript 与 HTML 编写的一个简单的网页,其中粗体部分是采用 JavaScript 语言编写的一段小程序。代码中的 document、day 称为对象,write()是对象 document 的方法,getHours()是对象 day 的方法,本程序主要展示了程序的 if 条件判断结构。

从上述网页代码可以看出,if 条件判断结构语法形式:

```
if(条件表达式)
    {可执行语句序列 1
    } else
    {可执行语句序列 2
    }
```

执行 if 条件判断结构的程序语句时,首先对条件表达式的布尔值进行判断,当条件表达式的值为 true 时,执行“可执行语句序列 1”的程序语句,然后结束该 if 语句;否则执行“可执行语句序列 2”的程序语句,然后结束该 if 语句。

### 8.6.2 switch 多路分支结构

采用记事本或者其他文本编辑器输入下面网页程序代码,然后将文件保存为 example8_07.html。保存完毕后用浏览器将其打开,看一下网页显示的效果。

**【例 8-7】** 编写具有 switch 多路分支结构 JavaScript 语言程序段的简单网页,在网页上显示当天日期和星期几。网页文件名为 example8_07.html,网页代码如下。

```
程序清单 8-7(example8_07.html):
<html>
<head>
```

```
</head>
<body>
    <p>这是一个使用 JavaScript 语言编写的网页,主要用于演示 switch 语句的用法、展示
switch 多路分支结构的程序架构</p>
    <script type="text/javascript">
<!--
document.write("<center><font color='#ff00ff' size=8><b>")
//设置字体颜色和大小,输出内容居中显示
todayDate=new Date();        //使用 new 运算符创建 Date 类的对象 todayDate
date=todayDate.getDate();  //使用对象 todayDate 的方法 getDate()获得当前日期
month=todayDate.getMonth() +1;
//getMonth()是 Date 对象的一个方法,其功能是获得当前的月份,由于月份是从 0 开始的,所
//以这里要加 1
year=todayDate.getYear(); //getYear()是 Date 对象获得当前的年份的方法
document.write("今天是")     //输出"今天是"
document.write("<hr>")
if(navigator.appName=="Netscape")
{
    document.write(1900+year);
    document.write("年");
    document.write(month);
    document.write("月");
    document.write(date);
    document.write("日");
    document.write("<br>")
}
//如果浏览器是 Netscape,输出今天是 year+年+month+月+date+日,其中,年要加 1900
if(navigator.appVersion.indexOf("MSIE") !=-1)
{
    document.write(year);
    document.write("年");
    document.write(month);
    document.write("月");
    document.write(date);
    document.write("日");
    document.write("<br>")
}
//如果浏览器是 IE,直接输出今天是 year+年+month+月+date+日
//以下是 switch 多路分支机构
switch(todayDate.getDay())
{
    case0: document.write("星期日");
    break;
    case1: document.write("星期一");
```

```
    break;
    case2: document.write("星期二");
    break;
    case3: document.write("星期三");
    break;
    case4: document.write("星期四");
    break;
    case5: document.write("星期五");
    break;
    case6: document.write("星期六");
    break;
}
//switch多路分支机构结束
document.write("</b></font></center>")
//-->
</script>
</body>
</html>
```

上述代码是使用JavaScript与HTML编写的一个简单的网页,其中粗体部分是采用JavaScript语言编写的一段小程序。本程序主要展示了程序的switch多路分支结构。

switch多路分支结构语法形式为:

```
switch(表达式) {
case 值 1:
    可执行语句序列 1;
    break;
case 值 2:
    可执行语句序列 2;
    break;
    ⋮
case 值 n:
    可执行语句序列 n;
    break;
}
```

执行switch多路分支结构的程序语句时,首先计算switch语句"表达式"的值,当表达式的值为"值1"时,执行"可执行语句序列1"的程序语句,然后结束该switch语句;当表达式的值为"值2"时,执行"可执行语句序列2"的程序语句,然后结束该switch语句;按此规律,当表达式的值为"值n"时,执行"可执行语句序列n"的程序语句,然后结束该switch语句;其中break用于结束switch语句的分支语句,如果没有break,则switch语句中的所有分支都将被执行。

## 8.6.3 for 循环控制结构

采用记事本或者其他文本编辑器输入下面网页程序代码，然后将文件保存为 example8_08.html。保存完毕后用浏览器将其打开，看一下网页显示的效果。

**【例 8-8】** 编写具有 for 循环控制结构 JavaScript 语言程序段的简单网页，在网页上显示当天日期和星期几。网页文件名为 example8_08.html，网页代码如下。

**程序清单 8-8(example8_08.html)：**

```
<html>
<head>
</head>
<body>
    <p>这是一个使用 JavaScript 语言编写的网页，主要用于演示 for 循环语句的用法、展示
for 循环结构的程序架构</p>
    <script type="text/javascript">
    <!--
        function colorArray()        //定义数组 colorArray
        {
            this.length=colorArray.arguments.length;
            //把数组元素个数的值赋给 this.length
            for (var i=0; i <this.length; i++) {
                this[i]=colorArray.arguments[i];
            }
        }
        var couplet="月明风清，三月里春风沐北国；堤柳烟翠，四月里梅雨浴江南。";
        //声明一个字符串变量
        var speed=1000;              //声明一个变量
        var x=0;                     //声明一个变量
        var color=new colorArray("red", "blue", "green", "black", "gray",
            "pink");                 //构建颜色数组 color，值为数组 initArray 中的元素
        if (navigator.appVersion.indexOf("MSIE") !=-1) {
            document.write("<div id='container'><center><font size=6><b>"
                +couplet +"</center></div>");
        } //如果浏览器是 IE，就建一个容器，输出变量 couplet 的值
        function changeColor()       //定义一个函数 changeColor
        {
            if (navigator.appVersion.indexOf("MSIE") !=-1) {
                document.all.container.style.color=color[x];
            }                        //如果浏览器是 IE，就直接按颜色输出文本
            (x<color.length -1) ? x++: x=0;       //如果颜色都变化完了，就重新开始
        }
        setInterval("changeColor()", 1000);
        //每一秒都调用一次 changeColor 函数，改变容器 container 的前景色，从而引起对
        //联 couplet 内容颜色的变化
        document.write("</font></b>")
```

```
    </script>
</body>
</html>
```

上述代码是使用 JavaScript 与 HTML 编写的一个简单的网页,其中粗体部分是采用 JavaScript 语言编写的一段小程序。本程序展示了程序的 for 循环控制结构。

for 循环控制结构语法形式:

```
for(循环变量赋初值表达式; 循环条件表达式; 循环变量值修改表达式)
{可执行语句序列 }
```

for 语句是普遍存在于多种程序设计语言的程序循环控制语句,JavaScript 语言也不例外,for 语句通过判断循环变量的值是否满足特定条件作为是否循环执行特定程序段的依据。在上述 for 循环控制结构中,循环变量赋初值表达式用于给循环变量初始化赋值;循环条件表达式用于判定循环变量的值是否满足一个特定的条件,当满足条件时,循环继续,不满足时,循环终止;循环变量值修改表达式用于修改循环变量的值。for 循环控制结构举例如下:

```
for ( i=1; i<9; i++)
{
    document.write("hello");
}
```

上述程序段执行的效果是连续输出 8 行 hello。

### 8.6.4 while 循环控制结构

采用记事本或者其他文本编辑器输入下面网页程序代码,然后将文件保存为 example8_09.html。保存完毕后用浏览器将其打开,单击页面中"窗口震动"按钮,看一下窗口震动的效果。

**【例 8-9】** 编写具有 while 循环控制结构 JavaScript 语言程序段的简单网页,在网页上创建一个名为"窗口震动"的按钮。当单击该按钮时,窗口呈现剧烈震动的效果。网页文件名为 example8_09.html,网页代码如下。

```
程序清单 8-9(example8_09.html):
<html>
<head>
<script language="javascript">
    function windowQuake(num)
    //定义函数,名为 windowQuake,该函数参数为 num,本程序中参数值设为 3,自己可以更改
    //参数值
    {
        if (self.moveBy)      //如果当前窗口存在,执行以下循环
        {
```

```
            i=10
            while (i>0) //i 的初值为 10,当 i>0 时,执行外循环,每次循环后 i=i-1
            {
                j=num
                while(j>0) //j 的初值为 num,当 j>0 时,执行内循环,每次循环后 j=j-1
                {
                    self.moveBy(0, i);    //窗口向下移动 i 像素,产生震动的效果
                    self.moveBy(i, 0);    //窗口向左移动 i 像素,产生震动的效果
                    self.moveBy(0, -i);   //窗口向上移动 i 像素,产生震动的效果
                    self.moveBy(-i, 0);   //窗口向右移动 i 像素,产生震动的效果
                    j--;
                }
                i--;
            }
        }
    }
//End -->
</script>
</head>
<body>
    <p>这是一个使用 JavaScript 语言编写的网页,主要用于演示 while 循环语句的用法、展
示 while 循环结构的程序架构。在页面中单击"窗口震动"按钮,窗口剧烈震动,呈现地震效果
    </p>
    <form>
        <input type="button" onClick="windowQuake(3)" value="窗口震动">
        <!--创建"窗口震动"按钮,单击此按钮调用 windowQuake 函数-->
    </form>
</body>
</html>
```

上述的代码是使用 JavaScript 与 HTML 编写的一个简单的网页,其中粗体部分是采用 JavaScript 语言编写的一段小程序。本程序展示了程序的 while 循环控制结构。

while 循环控制结构语法形式:

```
while (条件表达式)
{
    循环体程序语句
};
```

while 循环也是常用的程序设计语言循环控制语句,在执行 while 循环时,首先判断“条件表达式”的值是否为 true,如果为 true 则执行循环体程序语句,否则停止执行循环体。使用 while 循环时,必须先声明循环变量并且给循环变量赋初值,在循环体中修改循环变量的值,否则会造成循环一直进行下去。举例如下:

```
i=1;
while (i<=8)
{
    document.write("hello");
    i++;                                //修改循环变量的值
};
```

上述程序段执行的效果是连续输出 8 行 hello。

### 8.6.5 do…while 循环控制结构

采用记事本或者其他文本编辑器输入下面网页程序代码,然后将文件保存为 example8_10.html。保存完毕后用浏览器将其打开,窗口中的菜单呈现动态循环显示效果。

**【例 8-10】** 编写具有 do…while 循环控制结构 JavaScript 语言程序段的简单网页,使网页上的菜单呈现动态循环显示效果。网页文件名为 example8_10.html,网页代码如下。

```
程序清单 8-10(example8_10.html):
<html>
<head>
</head>
<body>
   <script language=javascript>
      link=new Array(6);  //定义一个数组 link,数组元素的内容为菜单所要链接的内容
      link[0]='http://www.xinhuanet.com/'
      link[1]='http://www.ifeng.com/'
      link[2]='http://www.sohu.com/'
      link[3]='http://www.163.com/'
      link[4]='http://www.renren.com/'
      link[5]='http://www.baidu.com/'
      link[6]='http://www.sina.com.cn/'
      text=new Array(6); //定义一个数组 text,数组元素的内容为菜单内容
      text[0]='新华网'
      text[1]='凤凰网'
      text[2]='搜  狐'
      text[3]='网  易'
      text[4]='人人网'
      text[5]='百  度'
      text[6]='新  浪'
      document
         .write ("<marquee scrollamount='1' scrolldelay='100' direction=
               'up' width='150' height='150'>");
      //HTML 中的<marquee>标签标记网页的滚动内容,该标签的 scrolldelay 属性表示
      //菜单滚动速度,direction 表示菜单滚动方向,可以有 up、down、left、right
      var index=7
```

```
        //定义一个控制循环次数的变量,控制循环 7 次
        i=0
        do {
            document.write(" <a href="+link[i]+"   target='_blank'>");
            document.write(text[i] +"</A><br>"); //和上一行一起生成循环显示的
                                                 //菜单
            i++;
        } while (i <index) //do…while 循环体
        document.write("</marquee>")
    </script>
</body>
</html>
```

上述代码是使用 JavaScript 与 HTML 编写的一个简单的网页,其中粗体部分是采用 JavaScript 语言编写的一段小程序。本程序展示了程序的 do…while 循环控制结构。

do…while 循环控制结构语法形式:

```
do {
    循环体程序语句
} while (条件表达式)
```

do…while 循环和 while 循环非常相似,不同的是它首先执行循环体程序语句,然后判断条件表达式的值是否为 true,当条件表达式的值为 true 时,就继续执行循环体程序语句,否则停止执行循环体,do…while 循环的循环体至少执行一次。举例如下:

```
i=1;
do
{
    document.write("hello");
    i++;
} while (i<=8);
```

上述程序段执行的效果是连续输出 8 行 hello。

# 8.7 文档对象模型

## 8.7.1 文档对象模型应用举例

文档对象模型(DOM)是 W3C(万维网联盟)提供了处理可扩展标记语言的标准编程接口,定义了访问 HTML 和 XML 文档的标准,是与各种平台和语言兼容的接口,它允许程序和脚本动态地访问和更新 Web 文档的内容、结构和样式。例 8-11 利用 DOM 动态地访问 Web 文档的内容、结构和样式原理,设计实现了一个数字时钟。

**【例 8-11】** 编写一个 JSP 程序,演示如何使用 DOM 语言动态地访问和更新 Web 文档的内容、结构和样式。本程序设计实现了一个数字时钟。网页文件名为 example8_11.

html,网页代码如下。

**程序清单 8-11(example8_11.html):**

```
<html>
<head>
<script type="text/javascript">
    function startTime()    //定义创建和显示数字时钟的函数
    {
        var today=new Date() //创建日期类 Date 的对象 today
        var hour=today.getHours()
        //利用对象 today 的 getHours()方法获取当前时间的小时数并赋给变量 hour
        var minute=today.getMinutes()
        //利用对象 today 的 getMinutes()方法获取当前时间的分钟数并赋给变量 minute
        var second=today.getSeconds()
        //利用对象 today 的 getSeconds()方法获取当前时间的秒数并赋给变量 second
        minute=checkTime(minute)
        second=checkTime(second)
        document.getElementById('clock').innerHTML=hour+":"+minute+":"
            +second
        //上面一行是利用 DOM 对象 document 的 getElementById 方法获取网页对象 clock(数
        //字时钟),然后对其属性 innerHTML 进行赋值访问,客观上实现更新数字时钟的作用
        t=setTimeout('startTime()', 500)
        //利用窗口对象 window 的 setTimeout 方法设置每隔 500ms 执行一次 startTime
        //函数
    }
    function checkTime(i)
    //定义函数 checkTime,功能是把个位的分钟和秒数前加 0 变成双位
    {
        if (i<10) {
            i="0"+i
        }
        return i
    }
</script>
</head>
<body onload="startTime()">
    <divstyle='color:red;font-weight:bold;' id="clock"></div>
    <!--设置容器的颜色和字体样式,该容器内显示数字时钟-->
</body>
</html>
```

上述代码是使用 JavaScript 与 HTML 编写的一个简单的网页,其中粗体部分是采用 DOM 技术访问网页对象元素的一行程序。本程序展示了使用 DOM 技术处理可扩展标记语言,动态地访问和更新文档内容的方法。

## 8.7.2 文档对象模型概述

### 1. 什么是 DOM

DOM 是 W3C(万维网联盟)推出的处理可扩展标记语言的标准编程接口。DOM 采用面向对象的方式描述文档模型,它定义了表示和修改 Web 文档所需的对象,以及这些对象的行为、属性和对象之间的关系,是访问 HTML 和 XML 文档的标准,是中立于平台和语言的接口,它允许程序和脚本动态地访问和更新文档的内容、结构和样式。DOM 技术使得用户页面可以动态地变化,如可以动态地显示或隐藏一个元素,改变它们的属性,增加一个元素等,使得页面的交互性大大地增强。

DOM 可被用来使用 JavaScript 语言读取和改变 HTML、XHTML 以及 XML 文档,对 HTML 标签进行添加、移动、改变或移除。

### 2. 节点

根据 DOM 技术,整个 Web 页面被映射为一个由层次节点组成的文件,HTML 文档中的每个标签、属性、文本等标签都看作是一个节点。DOM 做了如下规定。

(1) 整个网页文档是一个文档节点。

(2) 网页文档中任何一个 HTML 标签都是一个元素节点。

(3) 任何包含在 HTML 标签中的文本都是一个文本节点。

(4) 每一个 HTML 的属性都是一个属性节点。

(5) 网页文档中的注释都属于注释节点。

(6) 节点 Node 具有层次,节点彼此之间都有等级关系。

(7) HTML 文档中的所有节点组成了一个文档树(或节点树)。

(8) 文档树起始于文档节点,并由此继续伸出枝条,直到处于这棵树最低级别的所有文本节点为止。

图 8-2 形象地表示了下面这个网页文档的文档树(节点树)。代码如下:

```
<html>
<head>
<title>DOM示例</title>
</head>
<body>
<h1>DOM概述</h1>
<p><font face="楷体" size="6" >欢迎学习了解 DOM!</font></p>
</body>
</html>
```

从图 8-2 可以看出,Web 网页文档中的所有的节点彼此间都存在关系。

除文档节点 document 之外的每个节点都有父节点,如<head>和<body>的父节点是<html>节点,文本节点“DOM 示例”的父节点是<title>节点,而<title>的父节点是<head>节点。

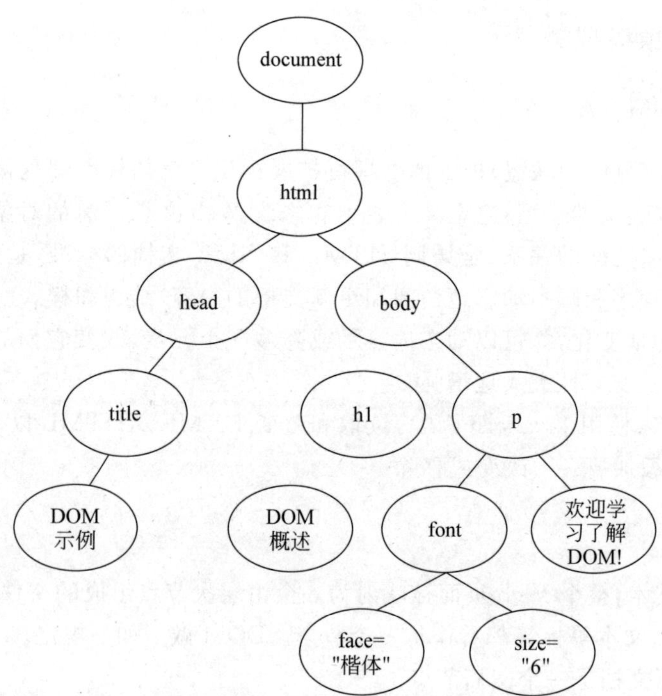


图 8-2　DOM 的网页文档树(节点树)示意图

大部分标签节点都有子节点。例如,<body>节点有两个子节点:<p>节点和<h1>节点。<p>节点也有一个子节点,即文本节点"欢迎学习了解 DOM!"。

当节点分享同一个父节点时,它们就是同辈(同级节点)。例如,<h1>和<p>是同辈,因为它们的父节点均是<body>节点。

节点也可以拥有后代,后代指某个节点的所有子节点,或者这些子节点的子节点,以此类推。例如,所有的文本节点都是<html>节点的后代,而文本节点"DOM 示例"是<head>节点的后代。

节点也可以拥有先辈,先辈是某个节点的父节点,或者父节点的父节点,以此类推。例如所有的文本节点都可把<html>节点作为先辈节点。

**3. 优点和缺点**

DOM 的优点:易用性强,使用 DOM 时,会把所有的 XML 文档信息都存于内存中;遍历简单,支持 XPath,XPath 是 XML 路径语言,它是一种用来确定 XML(标准通用标记语言的子集)文档中某部分位置的语言。XPath 基于 XML 的树状结构,提供在数据结构树中找寻节点的能力。

DOM 的缺点:效率低,解析速度慢,内存占用量过高,对于大文件来说几乎不可能使用。在使用 DOM 进行文档解析时,会为文档的每个 element、attribute 和 comment 等都创建一个对象,DOM 机制中大量对象的创建和销毁无疑会消耗大量时间,占用大量内存,造成效率低下。

**4. DOM 的级别**

DOM 有 1 级、2 级、3 级共 3 个级别。

1) 1 级 DOM

1 级 DOM 在 1998 年 10 月份成为 W3C 的提议,由 DOM 核心与 DOM HTML 两个模块组成。DOM 核心能映射以 XML 为基础的文档结构,允许获取和操作文档的任意部分。DOM HTML 通过添加 HTML 专用的对象与函数对 DOM 核心进行了扩展。

2) 2 级 DOM

鉴于 1 级 DOM 仅以映射文档结构为目标,2 级 DOM 面向更为宽广。通过对原有 DOM 的扩展,2 级 DOM 通过对象接口增加了对鼠标和用户界面事件(DHTML 长期支持鼠标与用户界面事件)、范围、遍历(重复执行 DOM 文档)和层叠样式表(CSS)的支持。同时也对 1 级 DOM 的核心进行了扩展,从而可支持 XML 命名空间。

2 级 DOM 引进了几个新 DOM 模块来处理新的接口类型。

(1) DOM 视图:描述跟踪一个文档的各种视图(使用 CSS 样式设计文档前后)的接口。

(2) DOM 事件:描述事件接口。

(3) DOM 样式:描述处理基于 CSS 样式的接口。

(4) DOM 遍历与范围:描述遍历和操作文档树的接口。

3) 3 级 DOM

3 级 DOM 通过引入统一方式载入与保存文档和文档验证方法对 DOM 进行进一步扩展,3 级 DOM 包含一个名为"DOM 载入与保存"的新模块,DOM 核心扩展后可支持 XML 1.0 的所有内容,包括 XML Infoset、XPath 和 XML Base。

当阅读与 DOM 有关的材料时,可能会遇到参考 0 级 DOM 的情况。需要注意的是并没有标准被称为 0 级 DOM,它仅是 DOM 历史上一个参考点(0 级 DOM 被认为是在 IE 4.0 与 Netscape Navigator 4.0 支持的最早的 DHTML)。

### 8.7.3 文档对象模型的节点访问方法

节点访问就是访问 HTML 元素等,可以以下列不同的方法来访问 HTML 元素。

**1. getElementById()方法**

语法:

```
node.getElementById("id");
```

功能:getElementById() 方法返回指定 id 的元素。

说明:getElementById()方法通过使用一个元素节点的 parentNode、firstChild 以及 lastChild 属性,可查找整个 HTML 文档中的任何 HTML 元素。getElementById()方法会忽略文档的结构,通过 id 查找并返回正确的元素,不论它被隐藏在文档结构中的什么位置。

**【例 8-12】** 编写一个 JSP 程序,演示如何使用 DOM 技术的 getElementById()方法动态地访问 Web 文档的内容。网页文件名为 example8_12.html,网页代码如下。

```
程序清单 8-12(example8_12.html):
<html>
<head>
<title>本例演示 DOM 访问网页元素的 getElementById 方法!</title>
</head>
<body>
    <p>
        本例演示 <b>DOM 的 getElementById</b>方法!
    </p>
    <p id="couplet">月明风清,池塘里蛙鸣悠扬;堤柳烟翠,田野里牧笛声声。</p>
    <script>
        text=document.getElementById("couplet");
        document.write("<p><font color='green'><b>来自 couplet 段落的文本:"
            +text.innerHTML+"</b></font></p>");
        //使用 getElementById 方法访问 id 为 couplet 的段落节点内容
    </script>
</body>
</html>
```

上述代码是使用 JavaScript 与 HTML 编写的一个简单的网页,其中粗体部分是采用 DOM 技术的 getElementById("couplet")方法访问 id 为 couplet 段落的内容,并将访问获取的数据赋值给 text 变量,然后利用 text 变量的 innerHTML 属性读取并使用 write 方法显示出来。

**2. getElementsByTagName()方法**

语法:

```
document.getElementsByTagName("标签名称");
document.getElementById('ID').getElementsByTagName("标签名称");
```

功能:getElementsByTagName() 返回带有指定标签名的所有元素。

说明:getElementById()方法通过使用一个元素节点的 parentNode、firstChild 以及 lastChild 属性,可查找整个 HTML 文档中的任何 HTML 元素。getElementById()方法会忽略文档的结构,通过 tagName 查找并返回所有的元素。假如希望查找文档中所有的 <p>元素,getElementsByTagName() 会把它们全部找到,不管<p>元素处于文档中的哪个层次。

**【例 8-13】** 编写一个 JSP 程序,演示使用 document.getElementsByTagName("标签名称")方法动态地访问 Web 文档的内容。网页文件名为 example8_13.html,网页代码如下。

```
程序清单 8-13(example8_13.html):
<html>
<head>
<!DOCTYPE html>
<html>
```

```
<title>学习掌握 DOM 技术的 getElementsByTagName 方法</title>
<body>
    <p>学习掌握 DOM 技术的 getElementsByTagName 方法!</p>
    <p>DOM 很有用!</p>
    <p>
        本例演示 DOM 技术的 <b>getElementsByTagName</b>方法。
    </p>
    <script>
        text=document.getElementsByTagName("p");
        //使用 getElementsByTagName 方法获取 p 段落的所有内容并将返回结果赋值给
        //text 字符串列表
        document.write("<p>第一段的文本:"+text[0].innerHTML+"</p>");
        document.write("<p>第二段的文本:"+text[1].innerHTML+"</p>");
        document.write("<p>第三段的文本:"+text[2].innerHTML+"</p>");
    </script>
</body>
</html>
```

上述代码是使用 JavaScript 与 HTML 编写的一个简单的网页，其中粗体部分是采用 DOM 技术的 getElementsByTagName ("p")方法访问标记为 p 段落的内容，并将访问获取的数据赋值给 text 列表变量，通过列表的索引号来访问这些<p>元素，然后利用 text 变量的 innerHTML 属性读取并使用文档节点 document 的 write 方法显示出来。

**【例 8-14】** 编写一个 JSP 程序，演示如何使用 DOM 技术的 document.getElementById('ID').getElementsByTagName("标签名称")方法动态地访问 Web 文档的内容。网页文件名为 example8_14.html，网页代码如下。

```
程序清单 8-14(example8_14.html):
<!DOCTYPE html>
<html>
<body>
    <p>Hello World!</p>
    <div id="main">
        <p>DOM 很有用!</p>
        <p>
            本例演示 <b>document.getElementById().getElementsByTagName()</b>方法
        </p>
    </div>
    <script>
        text=document.getElementById("main").getElementsByTagName("p");
        document.write("<p>div 中的第一段的文本: "+text[0].innerHTML+"</p>");
        document.write("<p>div 中的第二段的文本: "+text[1].innerHTML+"</p>");
    </script>
</body>
</html>
```

### 3. getElementsByClassName()方法

语法:

```
document.getElementsByClassName("intro");
```

功能:document.getElementsByClassName包含class="intro"的所有元素的一个列表,可以通过列表的索引号来访问这些<p>元素。

说明:getElementsByClassName()在IE 8.0以前的版本中无效。

## 8.8 习　　题

1. JavaScript语言有什么特点?
2. 在JSP中如何嵌入JavaScript语言小程序?
3. 在JavaScript中,下面哪些变量名是正确的?

(1) cba　　(2) 9student　　(3) teacher_name　　(4) switch

(5) document　　(6) _456　　(7) passwd_1　　(8) j

4. 在JavaScript中怎样定义和使用函数?
5. 如何应用JavaScript打开一个新窗口?
6. 编写一个JavaScript程序,使JSP页面中的文字的颜色自动发生改变。
7. 编写一个JavaScript程序,在JSP页面中输出九九乘法表。
8. 什么是DOM?DOM访问指定节点的方法有哪几种?
9. 使用JavaScript编写一个用于验证用户名和密码有效性的函数loginCheck()。要求:

(1) 用户名不能为空,并且只能由字母和数字组成。

(2) 密码不能为空,长度为6位或6位以上。

10. 编写一个JavaScript程序,在页面的标题栏和状态栏里动态显示当前日期。

# 第 9 章　EasyUI——把窗口系统搬到网页上

**本章主要内容：**

- EasyUI 的基本用法。
- 使用 EasyUI 构建 CRUD 应用的方法。
- EasyUI 各种标签的使用方法。
- EasyUI 标签布局的基本方法。
- 使用 EasyUI 构建表单的方法。

## 9.1　EasyUI 简介

应用程序的形态经历了漫长的演变。人们曾经习惯了客户端的形式，而 Web 技术的优势使得越来越多的开发人员选择采用它开发新的应用，但人们的使用习惯还停留于客户端的形式，那么把网页做得像传统的客户端就成为一部分程序员心中的目标。

### 9.1.1　EasyUI 概述

jQuery EasyUI 是一个基于 jQuery 的框架，集成了各种用户界面插件。jQuery EasyUI 框架提供了创建网页所需的一切，能够用来轻松建立 Web 应用。它更适合做应用程序，注入教学管理系统、学生管理系统，而并不是太适合去做搜狗新闻这样的新闻网站。如果要做一个系统，如不动产管理系统，那么请采用 EasyUI；如果要做一个网站，那么请用 Bootstrap。

学习使用 EasyUI，需要预先去学习一下 jQuery 的知识。

EasyUI 提供了建立现代化的具有交互性的 JavaScript 应用的必要的功能。使用 EasyUI，不需要写太多 JavaScript 代码，一般情况下只需要使用一些 HTML 标签来定义用户界面。EasyUI 是一个完美支持 HTML 5 网页的完整框架，它的使用非常简单，但是功能非常强大。使用 EasyUI 开发 Web 应用，可以显著降低项目开发的复杂程度，节省了开发产品的时间。

jQuery EasyUI 提供易于使用的组件，它使 Web 开发人员快速地在流行的 jQuery 核心和 HTML 5 上建立程序页面。

有两种方法可以用来声明的 UI 组件。

(1) 直接在 HTML 声明组件。代码如下：

```
<div class="easyui-dialog" style="width:400px;height:200px"
    data-options="title:'My Dialog',collapsible:true,iconCls:'icon-ok',
                onOpen:function(){}">
        dialog content.
</div>
```

(2) 编写 JavaScript 代码来创建组件。代码如下：

```
<input id="cc" style="width:200px" />
$('#cc').combobox({
    url:…,
    required: true,
    valueField: 'id',
    textField: 'text'
});
```

### 9.1.2 EasyUI 的使用

可以从 http://www.jeasyui.com/download/index.php 上下载 EasyUI 的最新版本。解压缩 ZIP 文件,将看到如图 9-1 所示的文件/目录结构。

| | | | |
|---|---|---|---|
| demo | 2016/8/25 9:02 | 文件夹 | |
| demo-mobile | 2015/11/22 17:26 | 文件夹 | |
| locale | 2016/2/12 20:14 | 文件夹 | |
| plugins | 2017/2/18 10:32 | 文件夹 | |
| src | 2017/8/13 22:35 | 文件夹 | |
| themes | 2016/1/26 15:29 | 文件夹 | |
| changelog.txt | 2017/4/12 23:12 | 文本文档 | 33 KB |
| easyloader.js | 2017/4/12 23:13 | JavaScript 文件 | 7 KB |
| jquery.easyui.min.js | 2017/4/12 23:13 | JavaScript 文件 | 415 KB |
| jquery.easyui.mobile.js | 2017/4/12 23:13 | JavaScript 文件 | 5 KB |
| jquery.min.js | 2015/6/18 10:18 | JavaScript 文件 | 94 KB |
| license_freeware.txt | 2015/10/26 10:31 | 文本文档 | 2 KB |
| readme.txt | 2017/4/5 9:21 | 文本文档 | 1 KB |

图 9-1　EasyUI 的文件/目录结构

图 9-1 中,demo 目录是 EasyUI 使用示例;locale 目录是国际化支持;src 目录是部分 EasyUI 插件的源码;plugins 目录是 EasyUI 使用的插件;themes 目录包含多套 EasyUI 可使用的主题。

通常在项目中使用的话,demo 目录、src 目录可以不用。

将上述文件夹复制到要开发的项目文件夹的根路径下,就可以用以下两种方式来使用 EasyUI 了。

#### 1. 引入总文件

引入总文件方式的代码如下：

```
<!--
easyui.css: EasyUI 总样式
icon.css: EasyUI 使用的图标的样式
jquery.min.js: jQuery 的压缩文件
jquery.easyui.min.js: EasyUI 汇总的 js 压缩文件
easyui-lang-zh_CN.js: 本地化 js
-->
<link type="text/css" rel="stylesheet" href="easyui/themes/default/easyui.css">
```

```
<link type="text/css" rel="stylesheet" href="easyui/themes/icon.css">
<script type="text/javascript" src="easyui/jquery.min.js"></script>
<script type="text/javascript" src="easyui/jquery.easyui.min.js"></script>
<script type="text/javascript" src="easyui/locale/easyui-lang-zh_CN.js">
</script>
```

**注意**：要在easyui.js文件引入之前将jquery.js引入，并且版本要对应，不然可能会出现兼容性问题。

接下来就可以通过使用js来调用了：

```
<script type="text/javascript">
  $(function(){
    $('#dd').dialog({
      title: 'My Dialog',
      width: 400,
      height: 200,
      closed: false,
      cache: false,
      modal: true
    });
  });
</script>
<div id="dd">Dialog Content.</div>
```

完整代码如下。

```
程序清单 9-1(easyui01.html):
<!DOCTYPE html>
<html>
<head>
    <meta charset="gbk">
    <title>EasyUI 测试</title>
    <link type="text/css" rel="stylesheet" href="easyui/themes/default/
easyui.css">
    <link type="text/css" rel="stylesheet" href="easyui/themes/icon.css">
    <script type="text/javascript" src="easyui/jquery.min.js"></script>
    <script type="text/javascript" src="easyui/jquery.easyui.min.js">
</script>
    <script type="text/javascript" src="easyui/locale/easyui-lang-zh_CN.js">
</script>
    <script type="text/javascript">
      $(function(){
        $('#dd').dialog({
          title: 'My Dialog',
          width: 400,
```

```
            height: 200,
            closed: false,
            cache: false,
            modal: true
          });
        });
    </script>
</head>
<body>
    <div id="dd">Dialog Content.</div>
</body>
</html>
```

在浏览器中的显示效果如图 9-2 所示。

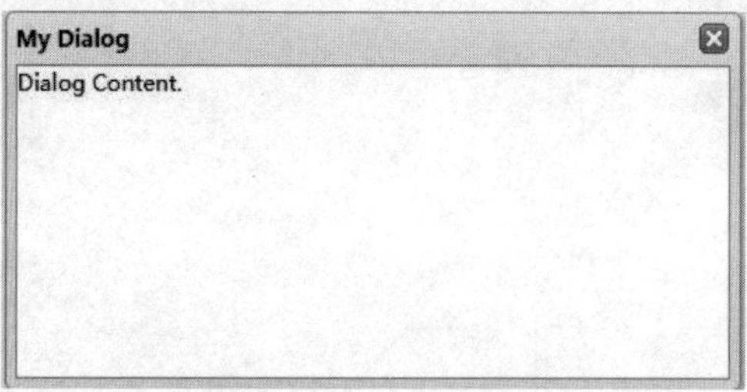


图 9-2　EasyUI 使用测试

**2. 使用载入器 easyloader 载入文件**

完整代码如下。

**程序清单 9-2(easyui02.html):**

```
<!DOCTYPE html>
<html>
<head>
    <meta charset="gbk">
    <title>EasyUI 测试</title>
    <!--
        easyloader.js: easyui 的载入器,用于载入需要用到的 EasyUI 组件的相关文件
    -->
    <script type="text/javascript" src="easyui/jquery.min.js"></script>
    <script type="text/javascript" src="easyui/easyloader.js"></script>
    <script type="text/javascript">
      $(function(){
      //注意: 这里的 easyloader.load 可以使用 using 代替
        easyloader.load('dialog', function(){
          $('#dd').dialog({
          title: 'My Dialog',
```

```
            width: 400,
            height: 200,
            closed: false,
            cache: false,
            modal: true
          });
        })
    });
    </script>
</head>
<body>
    <div id="dd">Dialog Content.</div>
</body>
</html>
```

以上两种方式都可以通过指定页面元素的 class 来使用相应的组件,代码如下:

```
<div id="dd" class="easyui-dialog" title="My Dialog" style="width:400px;
height:200px;"
    data-options="iconCls:'icon-save',resizable:true,modal:true">
  Dialog Content.
</div>
```

## 9.2 EasyUI 应用

收集数据并妥善管理数据是网络应用的一个非常重要的需求。CRUD 允许生成页面列表,并编辑数据库记录。关于 CRUD 的基本概念和应用请参见 9.4 节 CRUD 案例。接下来演示如何只使用 jQuery EasyUI 框架和少量后台的 Java 代码,实现一个 CRUD DataGrid,该示例后台使用第 17 章中的 YangMVC 实现。

将使用下面的 jQuery EasyUI 插件。

(1) datagrid:向用户展示列表数据。

(2) dialog:创建或编辑一条单一的用户信息。

(3) form:用于提交表单数据。

(4) messager:显示一些操作信息。

第一步,在 MyEclipse 开发环境中新建一个 Web 项目。将从 http://www.jeasyui.com/download/index.php 上下载的 jquery-easyui-1.5.2.zip 压缩包文件,解压缩到项目的根路径下,并以 easyui 作为目录名。

第二步,在 WebRoot 路径下,新建一个名为 getjson.json 的文件,里面放一些需要在表格中显示的测试数据,文件内容如下。

```
程序清单 9-3(getjson.json):
[{"email":"name1@gmail.com","firstname":"fname1","id":3,"lastname":
```

```
"lname1","phone":"(000)000-0000"},
{"email":"name2@gmail.com","firstname":"fname2","id":4,"lastname":
"lname2","phone":"(000)000-0000"},
{"email":"name3@gmail.com","firstname":"fname3","id":5,"lastname":
"lname3","phone":"(000)000-0000"},
{"email":"name4@gmail.com","firstname":"fname4","id":7,"lastname":
"lname4","phone":"(000)000-0000"},
{"email":"name5@gmail.com","firstname":"fname5","id":8,"lastname":
"lname5","phone":"(000)000-0000"},
{"email":"name6@gmail.com","firstname":"fname6","id":9,"lastname":
"lname6","phone":"(000)000-0000"},
{"email":"name7@gmail.com","firstname":"fname7","id":10,"lastname":
"lname7","phone":"(000)000-0000"},
{"email":"name8@gmail.com","firstname":"fname8","id":11,"lastname":
"lname8","phone":"(000)000-0000"},
{"email":"name9@gmail.com","firstname":"fname9","id":12,"lastname":
"lname9","phone":"(000)000-0000"},
{"email":"name10@gmail.com","firstname":"fname10","id":13,"lastname":
"lname10","phone":"(000)000-0000"}]
```

第三步,在 WebRoot 路径下,新建一个名为 easyui03. html 文件,使用 jQuery EasyUI 插件实现数据的基本 CRUD 操作。首先,将数据的加载显示在 DataGrid 中。代码如下。

**程序清单 9-4(easyui03.html):**

```
<!DOCTYPEhtml>
<html>
<head>
<title>easyui03.html</title>
<meta http-equiv="Content-Type" content="text/html; charset=utf-8">
<link type="text/css" rel="stylesheet" href="easyui/themes/default/easyui.
css">
    <link type="text/css" rel="stylesheet" href="easyui/themes/icon.css">
    <script type="text/javascript" src="easyui/jquery.min.js"></script>
    <script type="text/javascript" src="easyui/jquery.easyui.min.js">
</script>
    <script type="text/javascript" src="easyui/locale/easyui-lang-zh_CN.
js"></script>
</head>
<body>
<table id="dg" title="My Users" class="easyui-datagrid" style="width:700px;
height:250px" url="getjson.json"
           toolbar="#toolbar" pagination="true"
           rownumbers="true" fitColumns="true" singleSelect="true">
```

```
        <thead>
            <tr>
                <th field="firstname" width="50">First Name</th>
                <th field="lastname" width="50">Last Name</th>
                <th field="phone" width="50">Phone</th>
                <th field="email" width="50">E-mail</th>
            </tr>
        </thead>
    </table>
    <div id="toolbar">
    <a href="#" class="easyui-linkbutton" iconCls="icon-add" plain="true"
onclick="newUser()">New User</a>
    <a href="#" class="easyui-linkbutton" iconCls="icon-edit" plain="true"
onclick="editUser()">Edit User</a>
    <a href="#" class="easyui-linkbutton" iconCls="icon-remove" plain="true"
onclick="removeUser()">Remove User</a>
    </div>
</body>
</html>
```

不需要写任何的 JavaScript 代码，就能向用户显示列表，如图 9-3 所示。

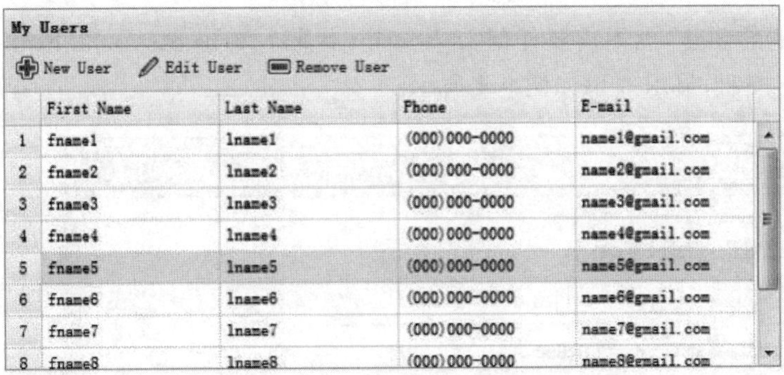

My Users

New User　Edit User　Remove User

| | First Name | Last Name | Phone | E-mail |
|---|---|---|---|---|
| 1 | fname1 | lname1 | (000)000-0000 | name1@gmail.com |
| 2 | fname2 | lname2 | (000)000-0000 | name2@gmail.com |
| 3 | fname3 | lname3 | (000)000-0000 | name3@gmail.com |
| 4 | fname4 | lname4 | (000)000-0000 | name4@gmail.com |
| 5 | fname5 | lname5 | (000)000-0000 | name5@gmail.com |
| 6 | fname6 | lname6 | (000)000-0000 | name6@gmail.com |
| 7 | fname7 | lname7 | (000)000-0000 | name7@gmail.com |
| 8 | fname8 | lname8 | (000)000-0000 | name8@gmail.com |

图 9-3　使用 DataGrid 显示数据库表中的数据

其中，url="getjson.json"表示数据是从 getjson.json 的 json 文件处获取。

第四步，创建表单对话框。可以使用相同的对话框来创建或编辑用户。需要继续在 easyui03.html 文件中添加的新增和编辑用户数据的对话框，代码如下：

```
<div id="dlg" class="easyui-dialog" style="width:400px;height:280px;padding:
10px 20px" closed="true" buttons="#dlg-buttons">
    <div class="ftitle">User Information</div>
    <form id="fm" method="post">
        <div class="fitem">
            <label>First Name:</label>
            <input name="firstname" class="easyui-validatebox" required="true">
```

```
        </div>
        <div class="fitem">
            <label>Last Name:</label>
            <input name="lastname" class="easyui-validatebox" required="true">
        </div>
        <div class="fitem">
            <label>Phone:</label>
            <input name="phone">
        </div>
        <div class="fitem">
            <label>E-mail:</label>
            <input name="email" class="easyui-validatebox" validType="email">
        </div>
    </form>
</div>
<div id="dlg-buttons">
    <a href="#" class="easyui-linkbutton" iconCls="icon-ok" onclick=
"saveUser()">Save</a>
    <a href="#" class="easyui-linkbutton" iconCls="icon-cancel" onclick=
"javascript:$('#dlg').dialog('close')">Cancel</a>
</div>
```

这个对话框的创建,也不需要任何 JavaScript 代码。单击 easyui03.html 页面 DataGrid 中的 Edit User 按钮,显示效果如图 9-4 所示。

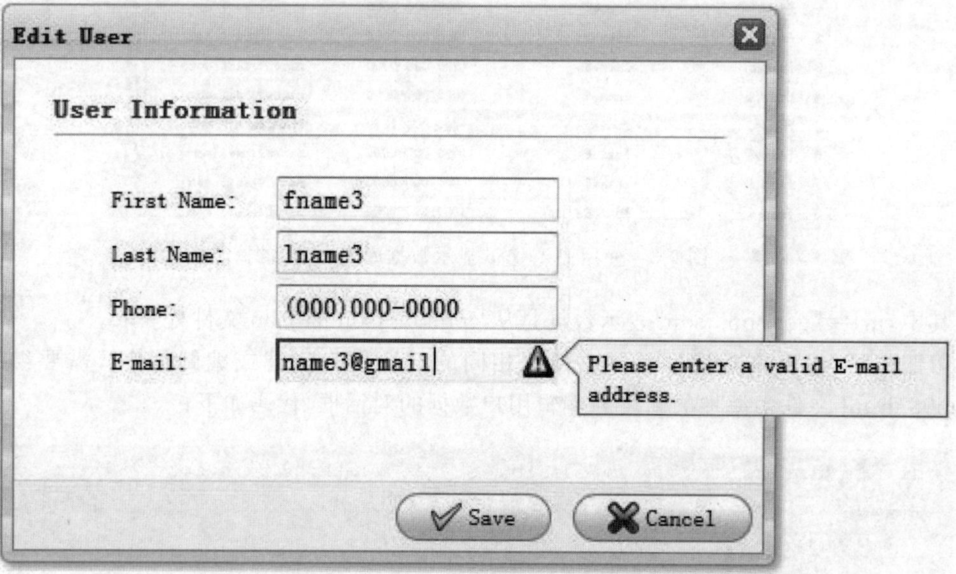


图 9-4　创建和编辑用户信息的对话框

这时,当创建用户时,打开一个对话框并清空表单数据。JavaScript 代码如下:

```
function newUser(){
    $('#dlg').dialog('open').dialog('setTitle','New User');//打开新建对话框
    $('#fm').form('clear');            //清空对话框中表单的数据
    url='/save';
    //表单提交给后台服务的 url,待完成 JSP 和数据持久化的讲解后再详细解释
}
```

当编辑用户时,打开一个对话框并从 DataGrid 选择的行中加载表单数据。JavaScript 代码如下:

```
var row=$('#dg').datagrid('getSelected');
if (row){
    $('#dlg').dialog('open').dialog('setTitle','Edit User');
    //打开编辑用户数据对话框
    $('#fm').form('load',row);     //将选定的用户数据加载到对话框表单
    url='/update?id='+row.id;
    //表单提交给后台服务的 url,待完成 JSP 和数据持久化的讲解后再详细解释
}
```

第五步,保存用户数据。使用下面的 JavaScript 代码保存用户数据:

```
function saveUser(){
    $('#fm').form('submit',{
        url: url,
        /表单提交给后台服务的 url,待完成 JSP 和数据持久化的讲解后再详细解释
        onSubmit: function(){          //提交数据到服务端,首先要做的是数据验证工作
            return $(this).form('validate');
        },
        success: function(result){              //回调函数
            var result=eval('('+result+')');
            if (result.errorMsg){
                $.messager.show({
                    title: 'Error',
                    msg: result.errorMsg
                });
        } else {
            $('#dlg').dialog('close');          //关闭对话框
            $('#dg').datagrid('reload');
            //重新加载用户数据
            }
        }
    });
}
```

提交表单之前,onSubmit 函数将被调用,该函数用来验证表单字段值。当表单字段值

提交成功,关闭对话框并重新加载 DataGrid 数据。

第六步,删除一个用户。使用下面的 JavaScript 代码来删除一个用户:

```
function destroyUser(){
    var row=$('#dg').datagrid('getSelected');
    if (row){
        $.messager.confirm('Confirm','Are you sure you want to remove this
user?',function(r){
            if (r){
                $.post('/del',{id:row.id},function(result){
                //'/del'是表单提交给后台服务的 url,待完成 JSP 和数据持久化的讲解后
                //再详细解释
                //第二个参数是回调函数
                    if (result.success){
                        $('#dg').datagrid('reload');  //重新加载用户数据
                    } else {
                        $.messager.show({              //显示错误信息
                            title: 'Error',
                            msg: result.errorMsg
                        });
                    }
                },'json');
            }
        });
    }
}
```

显示效果如图 9-5 所示。

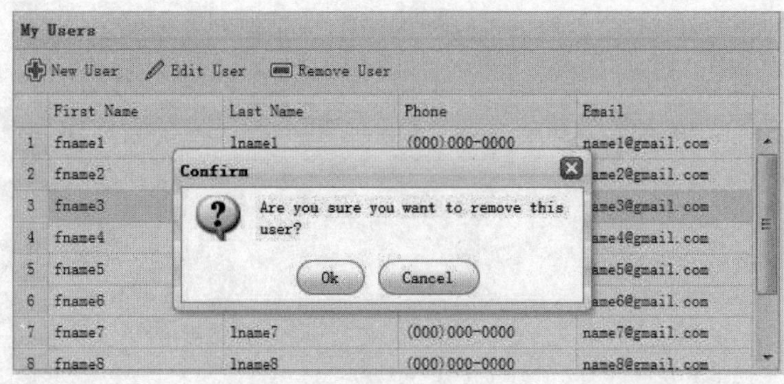

图 9-5　删除用户的对话框

移除一行之前,将显示一个确认对话框让用户决定是否真的移除该行数据。当移除数据成功之后,调用 reload 方法来刷新 DataGrid 数据。

后台的完整代码如下。

**程序清单 9-5(IndexController.java):**

```
package org.demo;
import java.util.HashMap;
import java.util.Map;
import org.docshare.mvc.Controller;
import org.docshare.orm.DBTool;
import org.docshare.orm.LasyList;
import org.docshare.orm.Model;
public class IndexController extends Controller {
    public void index(){
        output("hello");
    }
    public void json(){
    DBTool tool=Model.tool("users");
        LasyList list=tool.all();
        outputJSON(list);
    }
    public void getjson(){
        render("/getjson.html");
    }
    public void save(){
            DBTool tool=Model.tool("users");
        Map<String,Object>map=new HashMap<String,Object>();
        if(isPost())
        {
            Model m=tool.create();
            paramToModel(m);
            tool.save(m);
            map.put("success", true);                    //成功
        }
        else
        {
            map.put("msg", "Some errors occured.");      //失败
        }
        outputJSON(map);
    }
    public void update(){
        DBTool tool=Model.tool("users");
        Map<String,Object>map=new HashMap<String,Object>();
        if(isPost())
        {
            Model m=tool.get(paramInt("id"));
            paramToModel(m);
            tool.save(m);
```

```
            map.put("success", true);//成功
        }
        else
        {
            map.put("msg", "Some errors occured.");//失败
        }
        outputJSON(map);
    }
    public void del(){
        DBTool tool=Model.tool("users");
        Map<String,Object>map=new HashMap<String,Object>();
        if(isPost())
        {
            Integer id=paramInt("id");
            Model.tool("book").del(id);
            map.put("success", true);//成功
        }
        else
        {
            map.put("msg", "Some errors occured.");//失败
        }
        outputJSON(map);
    }
}
```

前台 easyui03.html 文件在加入 JS 脚本后的完整代码如下：

**程序清单 9-6(easyui04.html)：**

```
<!DOCTYPE html>
<html>
<head>
<title>getjson.html</title>
<meta http-equiv="Content-Type" content="text/html; charset=UTF-8">
<link type="text/css" rel="stylesheet" href="easyui/themes/default/easyui.
css">
    <link type="text/css" rel="stylesheet" href="easyui/themes/icon.css">
    <script type="text/javascript" src="easyui/jquery.min.js"></script>
    <script type="text/javascript" src="easyui/jquery.easyui.min.js">
</script>
    <script type="text/javascript" src="easyui/locale/easyui-lang-zh_CN.js">
</script>
    <script type="text/javascript">
        var url;
        function newUser(){
            $('#dlg').dialog('open').dialog('setTitle','New User');
```

```
        $('#fm').form('clear');
        url ='/save';
    }
    function editUser(){
        var row =$('#dg').datagrid('getSelected');
        if (row){
            $('#dlg').dialog('open').dialog('setTitle','Edit User');
            $('#fm').form('load',row);
            url ='update_user.php?id='+ row.id;
        }
    }
    function saveUser(){
        $('#fm').form('submit',{
            url: url,
            onSubmit: function(){
                return $(this).form('validate');
            },
            success: function(result){
                var result =eval('('+ result+ ')');
                if (result.success){
                    $('#dlg').dialog('close');          //关闭对话框
                    $('#dg').datagrid('reload');        //重新加载用户数据
                } else {
                    $.messager.show({
                        title: 'Error',
                        msg: result.msg
                    });
                }
            }
        });
    }
    function removeUser(){
        var row =$('#dg').datagrid('getSelected');
        if (row){
            $.messager.confirm ('Confirm','Are you sure you want to remove
                          this user?',function(r){
                if (r){
                        $.post ('remove_user.php',{id:row.id},function
                          (result){
                        if (result.success){
                            $('#dg').datagrid('reload');  //重新加载用户数据
                        } else {
                            $.messager.show({           //显示错误信息
                                title: 'Error',
```

```
                                        msg: result.msg
                                    });
                                }
                            },'json');
                        }
                    });
                }
            }
    </script>
    <meta http-equiv="pragma" content="no-cache">
    <meta http-equiv="cache-control" content="no-cache">
    <meta http-equiv="expires" content="0">
    <meta http-equiv="keywords" content="keyword1,keyword2,keyword3">
</head>
<body>
<table id="dg" title="My Users" class="easyui-datagrid" style="width:700px;
height:250px"
            url="/json"
            toolbar="#toolbar" pagination="true"
            rownumbers="true" fitColumns="true" singleSelect="true">
        <thead>
            <tr>
                <th field="firstname" width="50">First Name</th>
                <th field="lastname" width="50">Last Name</th>
                <th field="phone" width="50">Phone</th>
                <th field="email" width="50">E-mail</th>
            </tr>
        </thead>
    </table>
    <div id="toolbar">
        <a href="#" class="easyui-linkbutton" iconCls="icon-add" plain=
"true" onclick="newUser()">New User</a>
        <a href="#" class="easyui-linkbutton" iconCls="icon-edit" plain=
"true" onclick="editUser()">Edit User</a>
        <a href="#" class="easyui-linkbutton" iconCls="icon-remove" plain=
"true" onclick="removeUser()">Remove User</a>
    </div>
    <div id="dlg" class="easyui-dialog" style="width:400px;height:280px;
padding:10px 20px"
            closed="true" buttons="#dlg-buttons">
        <div class="ftitle">User Information</div>
        <form id="fm" method="post" novalidate>
            <div class="fitem">
                <label>First Name:</label>
```

```
            <input name="firstname" class="easyui-validatebox" required=
                        "true">
        </div>
        <div class="fitem">
            <label>Last Name:</label>
            <input name="lastname" class="easyui-validatebox" required=
                        "true">
        </div>
        <div class="fitem">
            <label>Phone:</label>
            <input name="phone">
        </div>
        <div class="fitem">
            <label>E-mail:</label>
            <input name="email" class="easyui-validatebox" validType=
                        "email">
        </div>
    </form>
  </div>
  <div id="dlg-buttons">
      <a href="#" class="easyui-linkbutton" iconCls="icon-ok" onclick=
"saveUser()">Save</a>
      <a href="#" class="easyui-linkbutton" iconCls="icon-cancel" onclick=
"javascript:$('#dlg').dialog('close')">Cancel</a>
  </div>
</body>
</html>
```

# 9.3 EasyUI 的菜单与按钮

## 9.3.1 简单菜单

EasyUI 的菜单(menu)定义在一些<div>标签中，代码如下：

```
<div id="mm" class="easyui-menu" style="width:120px;">
    <div onclick="javascript:alert('new')">New</div>
    <div>
        <span>Open</span>
        <div style="width:150px;">
            <div><b>Word</b></div>
            <div>Excel</div>
            <div>PowerPoint</div>
        </div>
```

```
    </div>
    <div icon="icon-save">Save</div>
    <div class="menu-sep"></div>
    <div>Exit</div>
</div>
```

当菜单创建之后是不显示的,调用 show 方法显示它或者调用 hide 方法隐藏它:

```
$('#mm').menu('show', {
    left: 200,
    top: 100
});
```

而这个方法可以通过单击来调用:

```
Click <a href="#" onclick="showmenu()">here</a>to show the menu.
```

或者是在浏览器窗口内使用右击的方式来显示快捷菜单,JavaScript 代码如下:

```
$(function(){
    $(document).bind('contextmenu',function(e){
        $('#mm').menu('show', {
            left: e.pageX,
            top: e.pageY
        });
        return false;
    });
});
```

显示效果如图 9-6 所示。

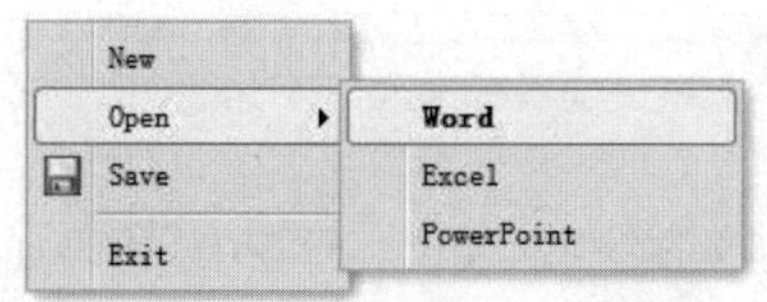


图 9-6　简单的 EasyUI 菜单的显示效果

### 9.3.2　链接按钮

通常情况下,使用<button>标签来创建按钮,而链接按钮(link button)则是使用<a>标签来创建的。所以实际上一个链接按钮就是一个显示为按钮样式的<a>标签。

为了创建链接按钮,需要添加一个名为 easyui-linkbutton 的 class 属性到<a>标签,代码如下:

```
<div style="padding:5px;background:#fafafa;width:500px;border:1px solid #ccc">
    <a href="#" class="easyui-linkbutton" iconCls="icon-cancel">Cancel</a>
    <a href="#" class="easyui-linkbutton" iconCls="icon-reload">Refresh</a>
    <a href="#" class="easyui-linkbutton" iconCls="icon-search">Query</a>
    <a href="#" class="easyui-linkbutton">text button</a>
    <a href="#" class="easyui-linkbutton" iconCls="icon-print">Print</a>
</div>

<div style="padding:5px;background:#fafafa;width:500px;border:1px solid #ccc">
    <a href="#" class="easyui-linkbutton" plain="true" iconCls="icon-cancel">
Cancel</a>
    <a href="#" class="easyui-linkbutton" plain="true" iconCls="icon-reload">
Refresh</a>
    <a href="#" class="easyui-linkbutton" plain="true" iconCls="icon-search">
Query</a>
    <a href="#" class="easyui-linkbutton" plain="true">text button</a>
    <a href="#" class="easyui-linkbutton" plain="true" iconCls="icon-print">
Print</a>
    <a href="#" class="easyui-linkbutton" plain="true" iconCls="icon-help"></a>
    <a href="#" class="easyui-linkbutton" plain="true" iconCls="icon-save"></a>
    <a href="#" class="easyui-linkbutton" plain="true" iconCls="icon-back"></a>
</div>
```

显示效果如图 9-7 所示。

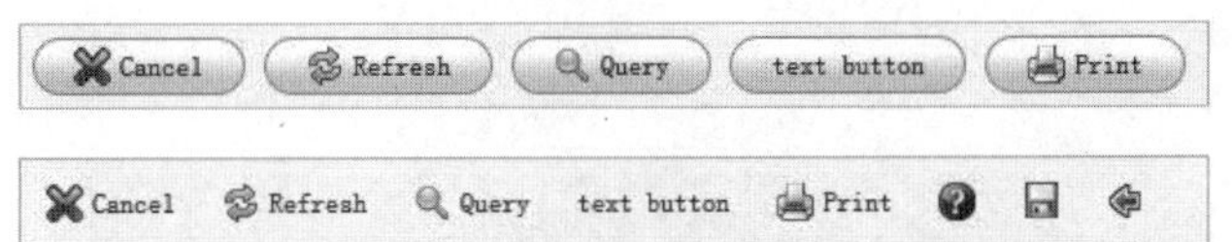


图 9-7 EasyUI 链接按钮的显示效果

上述代码中的 iconCls 属性是一个 icon 的 CSS class 样式，它在按钮上显示一个 icon 图片。有时候需要禁用链接按钮或者启用它，下面的代码演示了如何禁用一个链接按钮：

```
$(selector).linkbutton('disable');     //调用 disable 方法
```

### 9.3.3 菜单按钮

菜单按钮(menu button)包含一个链接按钮和一个菜单组件，当单击或移动鼠标到按钮上，将显示一个对应的菜单。为了定义一个菜单按钮，应该定义一个链接按钮和一个菜单，下面是一个示例：

```
<div style="background:#fafafa;padding:5px;width:200px;border:1px solid #ccc">
    <a href="#" class="easyui-menubutton" menu="#mm1" iconCls="icon-edit">
Edit</a>
```

```
    <a href="#" class="easyui-menubutton" menu="#mm2" iconCls="icon-help">
Help</a>
 </div>
 <div id="mm1" style="width:150px;">
    <div iconCls="icon-undo">Undo</div>
    <div iconCls="icon-redo">Redo</div>
    <div class="menu-sep"></div>
    <div>Cut</div>
    <div>Copy</div>
    <div>Paste</div>
    <div class="menu-sep"></div>
    <div iconCls="icon-remove">Delete</div>
    <div>Select All</div>
 </div>
 <div id="mm2" style="width:100px;">
    <div>Help</div>
    <div>Update</div>
    <div>About</div>
 </div>
```

显示效果如图 9-8 所示。

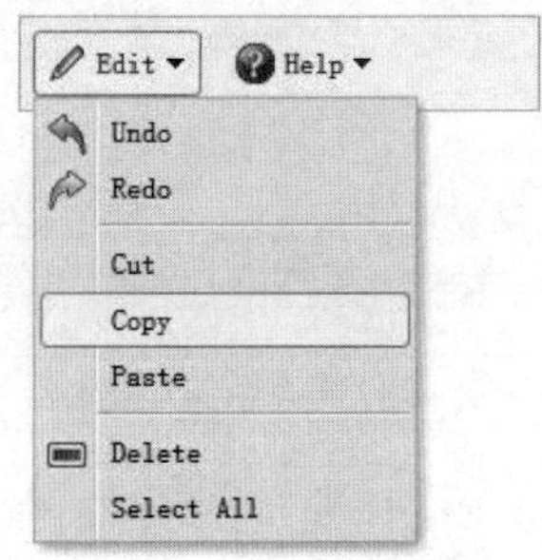


图 9-8　EasyUI 菜单按钮的显示效果

现在就已经定义好了一个菜单按钮,不需要写任何 JavaScript 代码。

### 9.3.4　分割按钮

分割按钮(split button)包含一个链接按钮和一个菜单。当用户单击或者鼠标悬停在向下箭头区域,将显示一个对应的菜单。接下来将演示如何创建和使用分割按钮。创建一个分割按钮和一个链接按钮,示例代码如下:

```
 <div style="border:1px solid #ccc;background:#fafafa;padding:5px;width:
 120px;">
    <a href="#" class="easyui-splitbutton" menu="#mm" iconCls="icon-edit">
Edit</a>
    <a href="#" class="easyui-linkbutton" plain="true" iconCls="icon-help"></a>
```

```
</div>
<div id="mm" style="width:150px;">
    <div iconCls="icon-undo">Undo</div>
    <div iconCls="icon-redo">Redo</div>
    <div class="menu-sep"></div>
    <div>Cut</div>
    <div>Copy</div>
    <div>Paste</div>
    <div class="menu-sep"></div>
    <div>
        <span>Open</span>
        <div style="width:150px;">
            <div>Firefox</div>
            <div>Internet Explorer</div>
            <div class="menu-sep"></div>
            <div>Select Program…</div>
        </div>
    </div>
    <div iconCls="icon-remove">Delete</div>
    <div>Select All</div>
</div>
```

显示效果如图 9-9 所示。

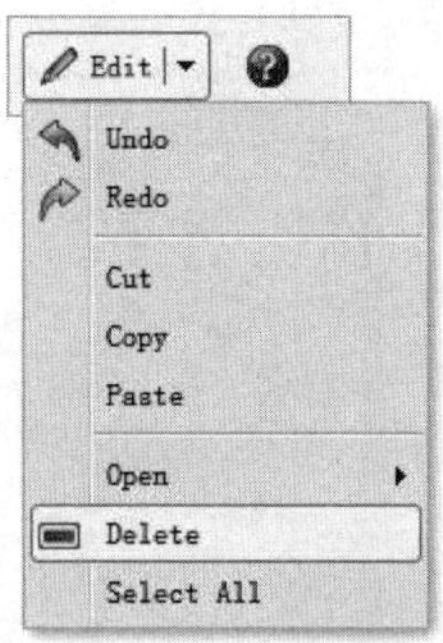


图 9-9　EasyUI 分割按钮的显示效果

现在已经定义好了一个分割按钮,不需要写任何 JavaScript 代码。

# 9.4　EasyUI 布局

## 9.4.1　边框布局

边框布局(border layout)提供 5 个区域：east、west、north、south、center。以下是一些通常用法。

(1) east 区域可以用来显示一些推广的项目。

(2) west 区域可以用来显示导航菜单。

(3) north 区域可以用来显示网站的标语。

(4) south 区域可以用来显示版权以及一些说明。

(5) center 区域可以用来显示主要的内容。

为了应用布局,应该首先要确定一个布局容器,然后定义一些区域。布局必须至少需要一个 center 区域,以下是一个边框布局,示例代码如下:

```
<div class="easyui-layout" style="width:400px;height:200px;">
    <div region="west" split="true" title="Navigator" style="width:150px;">
        <p style="padding:5px;margin:0;">Select language:</p>
        <ul>
            <li><a href="javascript:void(0)" onclick="showcontent('Java')">
                Java</a></li>
            <li><a href="javascript:void(0)" onclick="showcontent('C# ')">
                C#</a></li>
            <li><a href="javascript:void(0)" onclick="showcontent('VB')">VB
                </a></li>
            <li><a href="javascript:void(0)" onclick="showcontent('Erlang')">
                Erlang</a></li>
        </ul>
    </div>
    <div id="content" region="center" title="Language" style="padding:5px;">
    </div>
</div>
```

显示效果如图 9-10 所示。

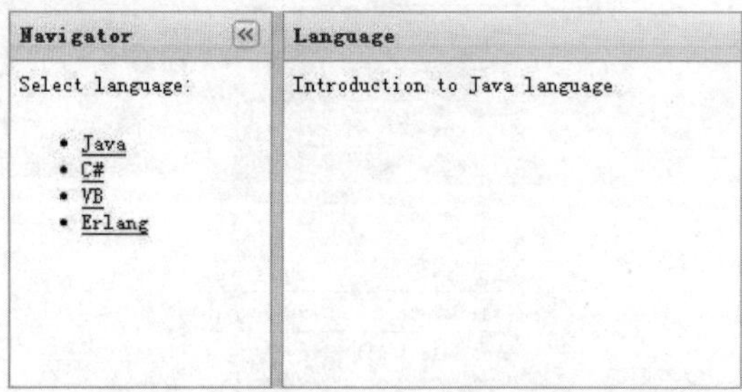


图 9-10　EasyUI 的边框布局

上述代码在一个<div>容器中创建了一个边框布局,布局把容器切割为两个部分,左边是导航菜单,右边是主要内容。

最后写一个 onclick 事件处理函数来检索数据,showcontent 函数非常简单,示例代码如下:

```
function showcontent(language){
    $('#content').html('Introduction to ' +language +' language');
}
$(function(){
    showcontent('Java');
});
```

### 9.4.2 复杂布局

面板(panel)允许创建用于多种用途的自定义布局。接下来,将使用面板和布局插件来创建一个 MSN 消息框。

在区域面板中使用多个布局。在消息框的顶部放置一个查询输入框,同时在右边放置一个人物图片。在中间的区域通过设置 split 属性为 true,把这部分切割为两部分,允许用户改变区域面板的尺寸大小,示例代码如下。

**程序清单 9-7(easyui05.html):**

```
<!DOCTYPE html>
<html>
<head>
    <meta charset="utf-8">
    <title>EasyUI Test</title>
    <link type="text/css" rel="stylesheet" href="easyui/themes/default/
easyui.css">
    <link type="text/css" rel="stylesheet" href="easyui/themes/icon.css">
    <script type="text/javascript" src="easyui/jquery.min.js"></script>
    <script type="text/javascript" src="easyui/jquery.easyui.min.js">
</script>
    <script type="text/javascript" src="easyui/locale/easyui-lang-zh_CN.js">
</script>
    <style>
        .p-search{
            background:#fafafa;
            padding:5px;
            border:1px solid #ccc;
            border-bottom:0;
            overflow:hidden;
        }
        .p-search input{
            width:300px;
            border:1px solid #ccc;
            background: #fff url('images/search.png') no-repeat right top;
        }
        .p-right{
            text-align:center;
            border:1px solid #ccc;
            border-left:0;
            width:150px;
            background:#fafafa;
            padding-top:10px;
        }
    </style>
```

```
</head>
<body>
<div class="easyui-panel" title="Complex Panel Layout" iconCls="icon-search"
collapsible="true" style="padding:5px;width:500px;height:250px;">
    <div class="easyui-layout" fit="true">
        <div region="north" border="false" class="p-search">
            <label>Search:</label><input></input>
        </div>
        <div region="center" border="false">
            <div class="easyui-layout" fit="true">
                <div region="east" border="false" class="p-right">
                    <img src="images/msn.gif"/>
                </div>
                <div region="center" border="false" style="border:1px solid
#ccc;">
                    <div class="easyui-layout" fit="true">
                        <div region="south" split="true" border="false" style=
"height:60px;">
                            <textarea style="border:0;width:100%;height:100%;
resize:none">Hi,I am EasyUI.</textarea>
                        </div>
                        <div region="center" border="false">
                        </div>
                    </div>
                </div>
            </div>
        </div>
    </div>
</div>
</body>
</html>
```

显示效果如图 9-11 所示。

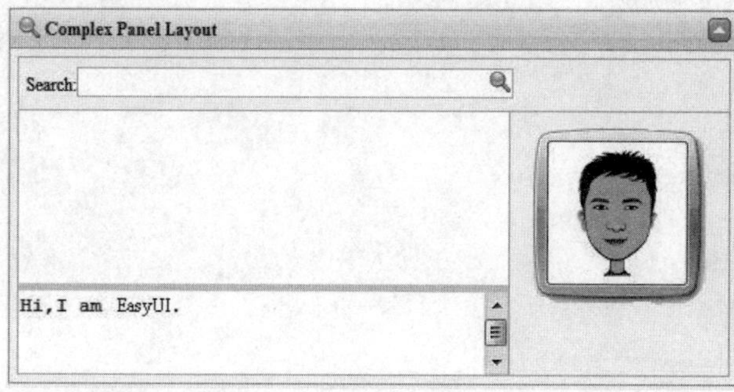


图 9-11　EasyUI 的复杂布局

### 9.4.3 折叠面板

折叠面板(accordion)包含一系列的面板。所有面板的头部(header)都是可见的,但是一次仅仅显示一个面板的 body 内容。当用户单击面板的头部时,该面板的 body 内容可见,同时其他面板的 body 内容隐藏不可见。

接下来,创建 3 个面板,第三个面板包含一个树形菜单。示例代码如下:

```
<div class="easyui-accordion" style="width:300px;height:200px;">
    <div title="About Accordion" iconCls="icon-ok" style="overflow:auto;
padding:10px;">
        <h3 style="color:#0099FF;">Accordion for jQuery</h3>
        <p>Accordion is a part of EasyUI framework for jQuery. It lets you define
your accordion component on web page more easily.</p>
    </div>
    <div title="About EasyUI" iconCls="icon-reload" selected="true" style=
"padding:10px;">
        EasyUI help you build your web page easily
    </div>
    <div title="Tree Menu">
        <ul id="tt1" class="easyui-tree">
            <li>
                <span>Folder1</span>
                <ul>
                    <li>
                        <span>Sub Folder 1</span>
                        <ul>
                            <li><span>File 11</span></li>
                            <li><span>File 12</span></li>
                            <li><span>File 13</span></li>
                        </ul>
                    </li>
                    <li><span>File 2</span></li>
                    <li><span>File 3</span></li>
                </ul>
            </li>
            <li><span>File2</span></li>
        </ul>
    </div>
</div>
```

显示效果如图 9-12 所示。

### 9.4.4 标签页

标签页(tabs)有多个可以动态地添加或移除的面板。可以使用 tabs 来在相同的页面上

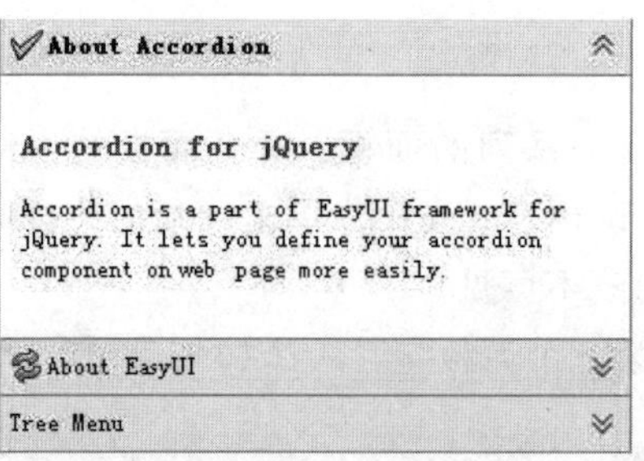


图 9-12 EasyUI的折叠面板

显示不同的实体。tabs 一次仅仅显示一个面板,每个面板都有标题、图标和关闭按钮。当tabs 被选中时,将显示对应的面板的内容。

从 HTML 标签创建标签页,包含一个 div 容器和一些 div 面板。示例代码如下:

```
<div class="easyui-tabs" style="width:400px;height:100px;">
    <div title="First Tab" style="padding:10px;">
        First Tab
    </div>
    <div title="Second Tab" closable="true" style="padding:10px;">
        Second Tab
    </div>
    <div title="Third Tab" iconCls="icon-reload" closable="true" style=
"padding:10px;">
        Third Tab
    </div>
</div>
```

以上代码创建一个带有 3 个面板的 tabs 组件,第二个和第三个面板可以通过单击"关闭"按钮进行关闭。显示效果如图 9-13 所示。

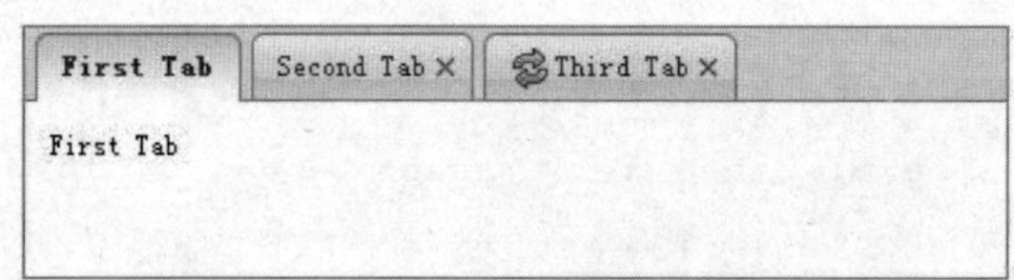


图 9-13 EasyUI的标签页

通过使用 jQuery EasyUI 还可以很容易地添加动态标签页。只需要调用 add 方法即可。接下来的示例将使用 iframe 动态地添加显示在一个页面上的 tabs。当单击"添加"按钮,一个新的 tab 将被添加。如果 tab 已经存在,它将被激活。

首先,创建标签页和动态添加标签页的按钮。示例代码如下:

```
<div style="margin-bottom:10px">
    <a href="#" class="easyui-linkbutton" onclick="addTab('baidu','http://
www.baidu.com')">baidu</a>
```

```
    <a href="#" class="easyui-linkbutton" onclick="addTab('jquery','http://
jquery.com/')">jquery</a>
    <a href="#" class="easyui-linkbutton" onclick="addTab('easyui','http://
jeasyui.com/')">easyui</a>
</div>
<div id="tt" class="easyui-tabs" style="width:800px;height:600px;">
    <div title="Home">
    </div>
</div>
```

这个 HTML 代码非常简单，只是创建了带有一个名为 Home 的 tab 面板的标签页。然后，实现 addTab 函数，示例代码如下：

```
function addTab(title, url){
    if ($('#tt').tabs('exists', title)){
        $('#tt').tabs('select', title);
    } else {
        var content = '<iframe scrolling="auto" frameborder="0" src="'+url+'"
style="width:100%;height:100%;"></iframe>';
        $('#tt').tabs('add',{
            title:title,
            content:content,
            closable:true
        });
    }
}
```

使用 exists 方法来判断 tab 是否已经存在，如果已存在则激活 tab；如果不存在则调用 add 方法来添加一个新的 tab 面板。显示效果如图 9-14 所示。

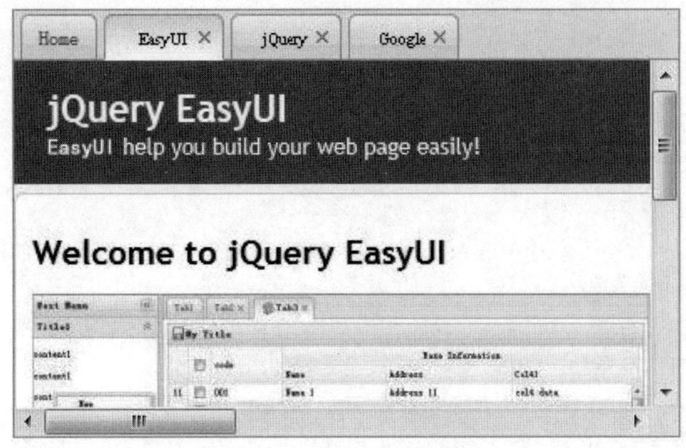


图 9-14　EasyUI 动态添加标签页

# 9.5 EasyUI 数据网格

## 9.5.1 数据网格

数据网格(datagrid)的列信息是定义在 <thead>标签中,数据是定义在 <tbody>标签中。确保为所有的数据列设置 field 名称,示例代码如下:

```
<table id="tt" class="easyui-datagrid" style="width:400px;height:auto;">
    <thead>
        <tr>
            <th field="name1" width="50">Col 1</th>
            <th field="name2" width="50">Col 2</th>
            <th field="name3" width="50">Col 3</th>
            <th field="name4" width="50">Col 4</th>
            <th field="name5" width="50">Col 5</th>
            <th field="name6" width="50">Col 6</th>
        </tr>
    </thead>
    <tbody>
        <tr>
            <td>Data 1</td>
            <td>Data 2</td>
            <td>Data 3</td>
            <td>Data 4</td>
            <td>Data 5</td>
            <td>Data 6</td>
        </tr>
        <tr>
            <td>Data 1</td>
            <td>Data 2</td>
            <td>Data 3</td>
            <td>Data 4</td>
            <td>Data 5</td>
            <td>Data 6</td>
        </tr>
        <tr>
            <td>Data 1</td>
            <td>Data 2</td>
            <td>Data 3</td>
            <td>Data 4</td>
            <td>Data 5</td>
            <td>Data 6</td>
        </tr>
```

```
        <tr>
            <td>Data 1</td>
            <td>Data 2</td>
            <td>Data 3</td>
            <td>Data 4</td>
            <td>Data 5</td>
            <td>Data 6</td>
        </tr>
    </tbody>
</table>
```

显示效果如图 9-15 所示。

| Col 1 | Col 2 | Col 3 | Col 4 | Col 5 | Col 6 |
|---|---|---|---|---|---|
| Data 1 | Data 2 | Data 3 | Data 4 | Data 5 | Data 6 |
| Data 1 | Data 2 | Data 3 | Data 4 | Data 5 | Data 6 |
| Data 1 | Data 2 | Data 3 | Data 4 | Data 5 | Data 6 |
| Data 1 | Data 2 | Data 3 | Data 4 | Data 5 | Data 6 |

图 9-15　EasyUI 数据网格

还可以定义比较复杂的表头，示例代码如下：

```
<thead>
    <tr>
        <th field="name1" width="50" rowspan="2">Col 1</th>
        <th field="name2" width="50" rowspan="2">Col 2</th>
        <th field="name3" width="50" rowspan="2">Col 3</th>
        <th colspan="3">Details</th>
    </tr>
    <tr>
        <th field="name4" width="50">Col 4</th>
        <th field="name5" width="50">Col 5</th>
        <th field="name6" width="50">Col 6</th>
    </tr>
</thead>
```

用上面的代码来替换前一个例子中的<thead>标签，显示效果如图 9-16 所示。

<table>
<tr><th rowspan="2">Col 1</th><th rowspan="2">Col 2</th><th rowspan="2">Col 3</th><th colspan="3">Details</th></tr>
<tr><th>Col 4</th><th>Col 5</th><th>Col 6</th></tr>
<tr><td>Data 1</td><td>Data 2</td><td>Data 3</td><td>Data 4</td><td>Data 5</td><td>Data 6</td></tr>
<tr><td>Data 1</td><td>Data 2</td><td>Data 3</td><td>Data 4</td><td>Data 5</td><td>Data 6</td></tr>
<tr><td>Data 1</td><td>Data 2</td><td>Data 3</td><td>Data 4</td><td>Data 5</td><td>Data 6</td></tr>
<tr><td>Data 1</td><td>Data 2</td><td>Data 3</td><td>Data 4</td><td>Data 5</td><td>Data 6</td></tr>
</table>

图 9-16　EasyUI 具有复杂表头的数据网格

### 9.5.2 取得数据网格选中行的数据

数据网格组件包含两种方法来检索选中行数据。

(1) getSelected：取得第一个选中行数据，如果没有选中行，则返回 null，否则返回记录。

(2) getSelections：取得所有选中行数据，返回元素记录的数组数据。

首先，需要创建数据网格，并向数据网格内填充数据。示例代码如下：

```
<table id="tt" class="easyui-datagrid" style="width:600px;height:250px"
        url=" /getjson"
        title="Load Data" iconCls="icon-save">
    <thead>
        <tr>
            <th field="itemid" width="80">Item ID</th>
            <th field="productid" width="80">Product ID</th>
            <th field="listprice" width="80" align="right">List Price</th>
            <th field="unitcost" width="80" align="right">Unit Cost</th>
            <th field="attr1" width="150">Attribute</th>
            <th field="status" width="60" align="center">Status</th>
        </tr>
    </thead>
</table>
```

取得选中行数据的代码如下：

```
var row =$ ('#tt').datagrid('getSelected');
if (row){
    alert('Item ID:'+row.itemid+"\nPrice:"+row.listprice);
}
```

取得所有选中行数据的代码如下：

```
var ids = [];
var rows =$ ('#tt').datagrid('getSelections');
for(var i=0; i<rows.length; i++){
    ids.push(rows[i].itemid);
}
alert(ids.join('\n'));
```

### 9.5.3 添加工具栏

下面的这个示例代码将演示如何添加工具栏(toolbar)到数据网格。代码如下：

```
<table id="tt" class="easyui-datagrid" style="width:600px;height:250px"
        url=" /getjson"
```

```
        title="DataGrid with Toolbar" iconCls="icon-save"
        toolbar="#tb">
    <thead>
        <tr>
            <th field="itemid" width="80">Item ID</th>
            <th field="productid" width="80">Product ID</th>
            <th field="listprice" width="80" align="right">List Price</th>
            <th field="unitcost" width="80" align="right">Unit Cost</th>
            <th field="attr1" width="150">Attribute</th>
            <th field="status" width="60" align="center">Status</th>
        </tr>
    </thead>
</table>
<div id="tb">
    <a href="#" class="easyui-linkbutton" iconCls="icon-add" plain="true"
onclick="javascript:alert('Add')">Add</a>
    <a href="#" class="easyui-linkbutton" iconCls="icon-cut" plain="true"
onclick="javascript:alert('Cut')">Cut</a>
    <a href="#" class="easyui-linkbutton" iconCls="icon-save" plain="true"
onclick="javascript:alert('Save')">Save</a>
</div>
```

这样不需要写任何 JavaScript 代码，只需通过 toolbar 属性附加工具栏到数据网格。

数据网格的工具栏也可以包含按钮及其他组件。通过一个已存在的 div 标签来简单地定义工具栏布局，该 div 标签将成为数据网格工具栏的内容。请看下面的示例代码。首先是创建工具栏的代码：

```
<div id="tb" style="padding:5px;height:auto">
    <div style="margin-bottom:5px">
        <a href="#" class="easyui-linkbutton" iconCls="icon-add" plain=
"true"></a>
        <a href="#" class="easyui-linkbutton" iconCls="icon-edit" plain=
"true"></a>
        <a href="#" class="easyui-linkbutton" iconCls="icon-save" plain=
"true"></a>
        <a href="#" class="easyui-linkbutton" iconCls="icon-cut" plain=
"true"></a>
        <a href="#" class="easyui-linkbutton" iconCls="icon-remove" plain=
"true"></a>
    </div>
    <div>
        Date From: <input class="easyui-datebox" style="width:80px">
        To: <input class="easyui-datebox" style="width:80px">
        Language:
```

```
        <input class="easyui-combobox" style="width:100px"
                url="/getjson"
                valueField="id" textField="text">
        <a href="#" class="easyui-linkbutton" iconCls="icon-search">Search
</a>
    </div>
</div>
```

然后是创建数据的代码：

```
<table class="easyui-datagrid" style="width:600px;height:250px"
        url="data/datagrid_data.json"
        title="DataGrid - Complex Toolbar" toolbar="#tb"
        singleSelect="true" fitColumns="true">
    <thead>
        <tr>
            <th field="itemid" width="60">Item ID</th>
            <th field="productid" width="80">Product ID</th>
            <th field="listprice" align="right" width="70">List Price</th>
            <th field="unitcost" align="right" width="70">Unit Cost</th>
            <th field="attr1" width="200">Address</th>
            <th field="status" width="50">Status</th>
        </tr>
    </thead>
</table>
```

显示效果如图 9-17 所示。

图 9-17　EasyUI 具有复杂工具栏的数据网格

### 9.5.4　格式化列

为了格式化一个数据网格列，需要设置 formatter 属性，它是一个函数。这个格式化函数包含 3 个参数。

(1) value：当前列对应字段值。

(2) row：当前行的记录数据。

(3) index：当前行的下标。

下面的示例格式化在 EasyUI DataGrid 里的列数据，并使用自定义列的 formatter，如果价格小于 20 就将文本变为红色。首先，需要创建一个数据网格，示例代码如下：

```
<table id="tt" title="Formatting Columns" class="easyui-datagrid" style=
"width:550px;height:250px"
        url="/getjson"
        singleSelect="true" iconCls="icon-save">
    <thead>
        <tr>
            <th field="itemid" width="80">Item ID</th>
            <th field="productid" width="80">Product ID</th>
            <th field="listprice" width="80" align="right" formatter=
"formatPrice">List Price</th>
            <th field="unitcost" width="80" align="right">Unit Cost</th>
            <th field="attr1" width="100">Attribute</th>
            <th field="status" width="60" align="center">Status</th>
        </tr>
    </thead>
</table>
```

请注意，listprice 字段有一个 formatter 属性，用来指明格式化函数。接下来，要写格式化函数，代码如下：

```
function formatPrice(val,row){
    if (val <20){
        return '<span style="color:red;">('+val+')</span>';
    } else {
        return val;
    }
}
```

显示效果如图 9-18 所示。

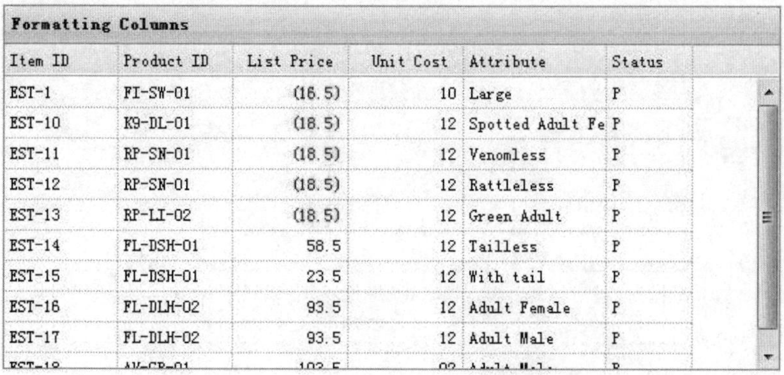

**Formatting Columns**

| Item ID | Product ID | List Price | Unit Cost | Attribute | Status |
|---|---|---|---|---|---|
| EST-1 | FI-SW-01 | (16.5) | 10 | Large | P |
| EST-10 | K9-DL-01 | (18.5) | 12 | Spotted Adult Fe | P |
| EST-11 | RP-SN-01 | (18.5) | 12 | Venomless | P |
| EST-12 | RP-SN-01 | (18.5) | 12 | Rattleless | P |
| EST-13 | RP-LI-02 | (18.5) | 12 | Green Adult | P |
| EST-14 | FL-DSH-01 | 58.5 | 12 | Tailless | P |
| EST-15 | FL-DSH-01 | 23.5 | 12 | With tail | P |
| EST-16 | FL-DLH-02 | 93.5 | 12 | Adult Female | P |
| EST-17 | FL-DLH-02 | 93.5 | 12 | Adult Male | P |

图 9-18　EasyUI 格式化指定列的数据网格

### 9.5.5 设置排序

数据网格的所有列可以通过单击列表头来排序,同时可以定义哪列可以排序。列默认是不能排序的,除非设置 sortable 属性为 true。接下来的示例将演示如何通过单击列表头来排序数据网格。

首先,创建数据网格。代码如下:

```
<table id="tt" class="easyui-datagrid" style="width:600px;height:250px"
        url="/getjsonsort"
        title="Load Data" iconCls="icon-save"
        rownumbers="true" pagination="true">
    <thead>
        <tr>
            <th field="itemid" width="80" sortable="true">Item ID</th>
            <th field="productid" width="80" sortable="true">Product ID</th>
            <th field="listprice" width="80" align="right" sortable="true">
List Price</th>
            <th field="unitcost" width="80" align="right" sortable="true">
Unit Cost</th>
            <th field="attr1" width="150">Attribute</th>
            <th field="status" width="60" align="center">Status</th>
        </tr>
    </thead>
</table>
```

上述代码定义了一些可排序的列,包含 itemid、productid、listprice、unitcost。attr1 列和 status 列不能排序。

当排序时,数据网格将发送两个参数到远程服务器。

(1) sort:排序列字段名。

(2) order:排序方式,可以是 asc 或者 desc,默认值是 asc。

接下来是服务器端的 Java 代码:

```
public void getjsonsort(){
    int page = (param("page")==null)?1:Integer.parseInt(param("page"));
    int rows = (param("rows")==null)?10:Integer.parseInt(param("rows"));
    String sort = (param("sort")==null)? "itemid": param("sort");
    boolean order = (param("order") == null || param("order").equals("asc"))?
true: false;
    int offset= (page-1)* rows;
    DBTool tool =Model.tool("item");
    LasyList list =tool.all().orderby(sort, order).limit(offset, rows);
    outputJSON(list);
}
```

显示效果如图 9-19 所示。

Load Data

| | Item ID | Product ID | List Price ▲ | Unit Cost | Attribute | Stauts |
|---|---|---|---|---|---|---|
| 21 | EST-26 | K9-CW-01 | 125.50 | 92.00 | Adult Male | P |
| 22 | EST-22 | K9-RT-02 | 135.50 | 100.00 | Adult Male | P |
| 23 | EST-23 | K9-RT-02 | 145.49 | 100.00 | Adult Female | P |
| 24 | EST-28 | K9-RT-01 | 155.29 | 90.00 | Adult Female | P |
| 25 | EST-27 | K9-CW-01 | 155.29 | 90.00 | Adult Female | P |
| 26 | EST-18 | AV-CB-01 | 193.50 | 92.00 | Adult Male | P |
| 27 | EST-24 | K9-RT-02 | 255.50 | 92.00 | Adult Male | P |
| 28 | EST-25 | K9-RT-02 | 325.29 | 90.00 | Adult Female | P |

10 Page 3 of 3 Displaying 21 to 28 of 28 items

图 9-19 EasyUI 设置排序后的数据网格

# 9.6 EasyUI 窗口

## 9.6.1 简单窗口

使用 EasyUI 创建一个窗口(window)非常简单,只需要创建一个<div>标签,并给其添加一个 class 属性,即 class="easyui-window"。示例代码如下:

```
<div id="win" class="easyui-window" title="My Window" style="width:300px;
height:100px;padding:5px;">
    Some Content.
</div>
```

运行测试页面,会看见一个窗口(window)显示在屏幕上。不需要写任何的 JavaScript 代码。显示效果如图 9-20 所示。

图 9-20 EasyUI 简单窗口

如果希望创建一个隐藏的窗口,需要设置 closed 属性为 true,在需要显示窗口的时候,可以调用 open 方法来打开窗口,代码如下:

```
<div id="win" class="easyui-window" title="My Window" closed="true" style=
"width:300px;height:100px;padding:5px;">
    Some Content.
</div>
```

在打开该窗口时,需要如下的 JavaScript 脚本代码:

```
$('#win').window('open');
```

接下来，创建一个稍微复杂的窗口，这里以登录窗口作为例子，示例代码如下：

```
<div id="win" class="easyui-window" title="Login" style="width:300px;height:
180px;">
    <form style="padding:10px 20px 10px 40px;">
        <p>Name: <input type="text"></p>
        <p>Pass: <input type="password"></p>
        <div style="padding:5px;text-align:center;">
            <a href="#" class="easyui-linkbutton" icon="icon-ok">Ok</a>
            <a href="#" class="easyui-linkbutton" icon="icon-cancel">Cancel
</a>
        </div>
    </form>
</div>
```

显示效果如图 9-21 所示。

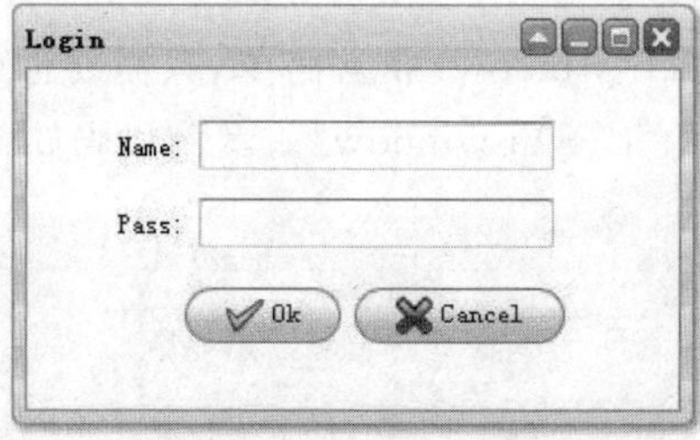


图 9-21　用户登录窗口

## 9.6.2　自定义窗口工具栏

默认情况下，窗口有 4 个工具：collapsible、minimizable、maximizable 和 closable。如可以定义如下窗口：

```
<div id="win" class="easyui-window" title="My Window" style="padding:10px;
width:200px;height:100px;">
    window content
</div>
```

显示效果如图 9-22 所示。

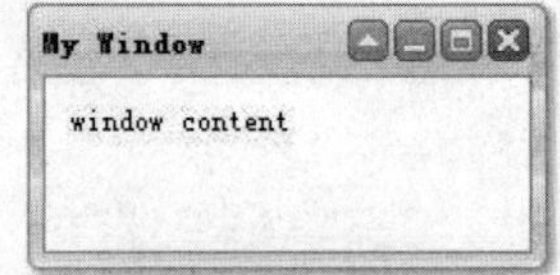


图 9-22　默认的窗口

如需自定义工具，可以设置该工具为 true 或者 false，如希望定义一个窗口，仅拥有 1 个可关闭的工具。这时应该设置任何其他工具为 false。可以在标签中或者通过 jQuery 代码定义 tools 属性。现在使用 jQuery 代码来定义窗口，代码如下：

```
$('#win').window({
    collapsible:false,
    minimizable:false,
    maximizable:false
});
```

显示效果如图 9-23 所示。

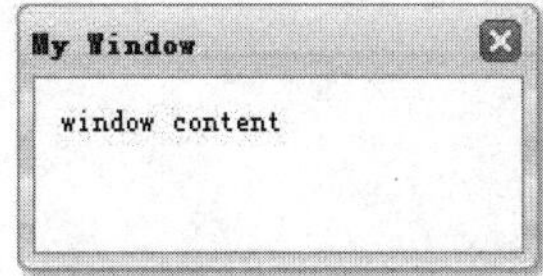


图 9-23 只有关闭按钮的窗口

如果希望添加自定义的工具到窗口，可以使用 tools 属性。作为示例演示，添加 2 个工具到窗口，示例代码如下：

```
$('#win').window({
    collapsible:false,
    minimizable:false,
    maximizable:false,
    tools:[{
        iconCls:'icon-add',
        handler:function(){
            alert('add');
        }
    },{
        iconCls:'icon-remove',
        handler:function(){
            alert('remove');
        }
    }]
});
```

显示效果如图 9-24 所示。

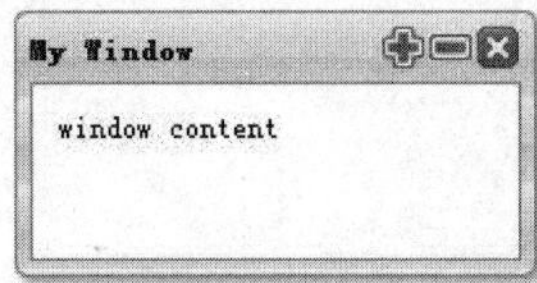


图 9-24 带有自定义工具按钮的窗口

### 9.6.3 窗口与布局

布局(layout)组件可以内嵌在窗口中。创建一个复杂的布局窗口，甚至不需要写任何

JavaScript 代码。jQuery EasyUI 框架帮我们在后台做渲染和调整尺寸。

作为一个示例,创建一个窗口,它包含两个部分,一个放置在左边,一个放置在右边。在窗口的左边创建一个树形菜单,在窗口的右边创建一个 tabs 容器。示例代码如下:

```
<div class="easyui-window" title="Layout Window" icon="icon-help" style=
"width:500px;height:250px;padding:5px;background: #fafafa;">
    <div class="easyui-layout" fit="true">
        <div region="west" split="true" style="width:120px;">
            <ul class="easyui-tree">
                <li>
                    <span>Library</span>
                    <ul>
                        <li><span>EasyUI</span></li>
                        <li><span>Music</span></li>
                        <li><span>Picture</span></li>
                        <li><span>Database</span></li>
                    </ul>
                </li>
            </ul>
        </div>
        <div region="center" border="false" border="false">
            <div class="easyui-tabs" fit="true">
                <div title="Home" style="padding:10px;">
                    jQuery EasyUI framework help you build your web page easily.
                </div>
                <div title="Contacts">
                    No contact data.
                </div>
            </div>
        </div>
        <div region="south" border="false" style="text-align:right;height:
30px;line-height:30px;">
            <a class="easyui-linkbutton" icon="icon-ok" href="javascript:
void(0)">Ok</a>
            <a class="easyui-linkbutton" icon="icon-cancel" href=
"javascript:void(0)">Cancel</a>
        </div>
    </div>
</div>
```

显示效果如图 9-25 所示。

上述代码仅使用了 HTML 标签,就创建了一个复杂的布局窗口。

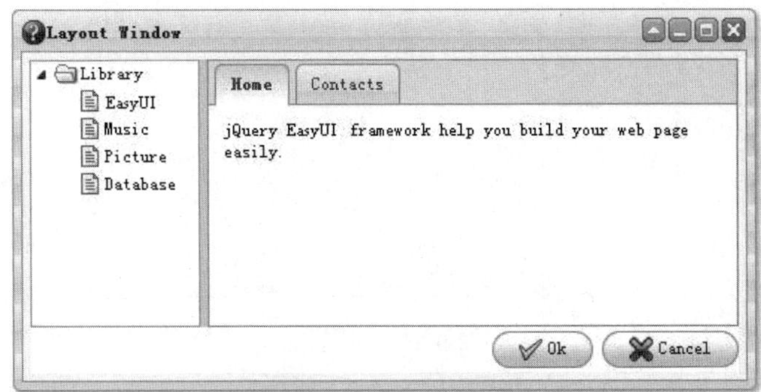


图 9-25　使用布局的窗口

### 9.6.4 对话框

对话框(dialog)是一个特殊的窗口,可以包含在顶部的工具栏和在底部的按钮。默认情况下,对话框不能改变大小,但是用户可以设置 resizable 属性为 true,使其改变大小。

创建对话框非常简单,仅使用<div>标签创建,并设置 class 属性 class="easyui-dialog"即可,示例代码如下:

```
<div id="dd" class="easyui-dialog" style="padding:5px;width:400px;
height:200px;"
        title="My Dialog" iconCls="icon-ok"
        toolbar="#dlg-toolbar" buttons="#dlg-buttons">
    Dialog Content.
</div>
```

接下来,可以为对话框准备工具栏和按钮,代码如下:

```
<div id="dlg-toolbar">
    <a href="#" class="easyui-linkbutton" iconCls="icon-add" plain="true"
onclick="javascript:alert('Add')">Add</a>
    <a href="#" class="easyui-linkbutton" iconCls="icon-save" plain="true"
onclick="javascript:alert('Save')">Save</a>
</div>
<div id="dlg-buttons">
    <a href="#" class="easyui-linkbutton" iconCls="icon-ok" onclick=
"javascript:alert('Ok')">Ok</a>
    <a href="#" class="easyui-linkbutton" iconCls="icon-cancel" onclick=
"javascript:$('#dd').dialog('close')">Cancel</a>
</div>
```

显示效果如图 9-26 所示。

上述代码创建了一个带有工具栏和按钮的对话框。这是对话框、工具栏、内容和按钮的标准配置。

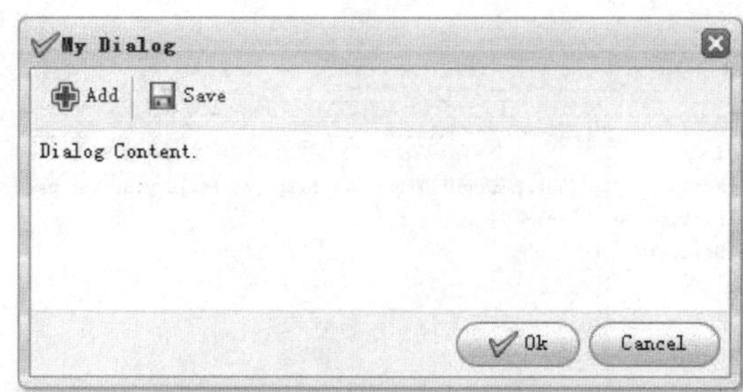


图 9-26　对话框

# 9.7　EasyUI 树形菜单

## 9.7.1　使用标签创建树形菜单

一个树形(tree)菜单可以从标签创建。EasyUI 树形菜单也可以定义在 <ul>标签中。无序列表的 <ul>标签提供一个基础的树结构。每一个<li>标签将产生一个树节点,子<ul>标签将产生一个父树节点。下面是一个树形菜单的示例代码:

```
<ul class="easyui-tree">
    <li>
        <span>Folder</span>
        <ul>
            <li>
                <span>Sub Folder 1</span>
                <ul>
                    <li><span>File 11</span></li>
                    <li><span>File 12</span></li>
                    <li><span>File 13</span></li>
                </ul>
            </li>
            <li><span>File 2</span></li>
            <li><span>File 3</span></li>
        </ul>
    </li>
    <li><span>File21</span></li>
</ul>
```

显示效果如图 9-27 所示。

## 9.7.2　创建异步树形菜单

9.7.1 节创建的菜单是固定的,不能随具体情况的变化而变化。而在实际使用中,经常需要动态调整菜单的具体结构,这时就需要用到异步树形菜单。为了创建异步树形菜单,每一个树节点都必须要有一个 id 属性,将提交回服务器检索子节点数据。

图 9-27　树形菜单

创建异步树形菜单的前端 HTML 代码非常简单，具体代码如下：

```
<ul id="tt" class="easyui-tree"
       url="/getjsontree">
</ul>
```

其中的 url 属性是用来从服务器端获取树形菜单的结构信息，在具体实现时，只需要在 IndexController 类中添加一个 getjsontree 方法即可，详细代码如下：

```
public void getjsontree(){
    Map<String,Object>map=new HashMap<String,Object>();
    int id = (param("id")==null)?0:Integer.parseInt(param("id"));
    DBTool tool =Model.tool("item");
    LasyList list =tool.all().eq("parentId", id);
    for(int i=0;i<list.size();i++){
        Model m=list.get(i);
        Node node=m.toObject(new Node());
        if(hasChild(id)) node.setState("open");
        else node.setState("closed");
        map.put(id+"", node);
    }
    outputJSON(map);
}
```

在这里需要定义一个 Node 类和判断指定的节点是否有子节点的方法，具体代码如下：

```
private boolean hasChild(int id){
    DBTool tool1 =Model.tool("item");
    LasyList list1=tool1.all().eq("parentId", id);
    if(list1.size()>=1) return true;
    else return false;
}

public class Node {
    private int id;
    private String name;
    private String state;
    public int getId() {
        return id;
    }
    public void setId(int id) {
        this.id =id;
    }
    public String getName() {
        return name;
```

```
    }
    public void setName(String name) {
        this.name =name;
    }
    public String getState() {
        return state;
    }
    public void setState(String state) {
        this.state =state;
    }
}
```

# 9.8 EasyUI表单

## 9.8.1 创建异步提交表单

通过使用EasyUI,可以以异步的方式向服务器端提交一个表单(form)。首先,创建一个带有name、email和phone字段的表单。通过使用EasyUI表单插件改变表单为Ajax表单。表单提交所有字段到后台服务器,服务器处理和发送一些数据返回到前端页面。前端页面接收返回数据,并将它显示出来。

网页端创建一个表单的具体代码如下:

```
<form id="ff" action="/getjsonform" method="post">
    <table>
        <tr>
            <td>Name:</td>
            <td><input name="name" type="text"></input></td>
        </tr>
        <tr>
            <td>E-mail:</td>
            <td><input name="email" type="text"></input></td>
        </tr>
        <tr>
            <td>Phone:</td>
            <td><input name="phone" type="text"></input></td>
        </tr>
        <tr>
            <td></td>
            <td><input type="submit" value="Submit"></input></td>
        </tr>
    </table>
</form>
```

将上述表单改变为Ajax表单,需要添加以下JavaScript代码:

```
$('#ff').form({
    success:function(data){
        $.messager.alert('Info', data, 'info');
    }
});
```

服务器端代码如下：

```
public void getjsonform(){
    String name =param("name");
    String email =param("email");
    String phone =param("phone");
    output("Your Name: "+name+"<br/>Your E-mail: "+email +"<br/>Your Phone: "
+phone);
}
```

显示效果如图 9-28 所示。

Ajax Form
Name: name
E-mail: abc@gmail.com
Phone: 800
Submit

图 9-28　异步提交表单

## 9.8.2　表单验证

EasyUI 框架提供 validatebox 插件来验证表单。接下来将创建一个联系表单，并应用 validatebox 插件来验证表单。然后可以根据需求来调整这个表单。

首先，创建一个简单的联系表单，带有 name、email、subject 和 message 字段，具体代码如下：

```
<div style="padding:3px 2px;border-bottom:1px solid #ccc">Form Validation
</div>
<form id="ff" method="post">
    <div>
        <label for="name">Name:</label>
        <input class="easyui-validatebox" type="text" name="name" required=
"true"></input>
    </div>
    <div>
        <label for="email">E-mail:</label>
        <input class="easyui-validatebox" type="text" name="email" required=
"true" validType="email"></input>
```

```
    </div>
    <div>
        <label for="subject">Subject:</label>
        <input class="easyui-validatebox" type="text" name="subject" required
="true"></input>
    </div>
    <div>
        <label for="message">Message:</label>
        <textarea name="message" style="height:60px;"></textarea>
    </div>
    <div>
        <input type="submit" value="Submit">
    </div>
</form>
```

上述代码添加一个样式名为 easyui-validatebox 到 input 标签,所以 input 标签将根据 validType 属性应用验证。当用户单击表单的 Submit 按钮时,如果表单无效,应该阻止表单提交。

```
$('#ff').form({
    url:'/getinfo',
    onSubmit:function(){
        return $(this).form('validate');
    },
    success:function(data){
        $.messager.alert('Info', data, 'info');
    }
});
```

这样,如果表单是无效的,将显示一个提示信息。

显示效果如图 9-29 所示。

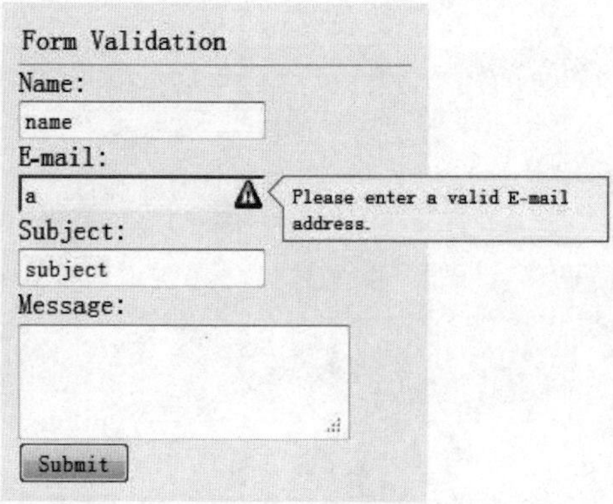

图 9-29 验证表单

### 9.8.3 创建树形下拉框

树形下拉框(combotree)是一个带有下列树形结构的下拉框(combobox)。它可以作为一个表单字段进行使用,提交给远程服务器。

下面的示例,将要创建一个注册表单,带有 name、address、city 字段。city 字段是一个树形下拉框字段,在里面用户可以下拉树面板(tree panel),并选择一个特定的城市。具体代码如下:

```
<div id="dlg" class="easyui-dialog" style="width:500px;height:250px;padding:
10px 30px;"
        title="Register" buttons="#dlg-buttons">
    <h2>Account Information</h2>
    <form id="ff" method="post">
        <table>
            <tr>
                <td>Name:</td>
                <td><input type="text" name="name" style="width:350px;"/>
                </td>
            </tr>
            <tr>
                <td>Address:</td>
                <td><input type="text" name="address" style="width:350px;"/>
                </td>
            </tr>
            <tr>
                <td>City:</td>
                 <td><select class="easyui-combotree" url="data/city_data.
json" name="city" style="width:156px;"/></td>
            </tr>
        </table>
    </form>
</div>
<div id="dlg-buttons">
    <a href="#" class="easyui-linkbutton" iconCls="icon-ok" onclick=
"savereg()">Submit</a>
    <a href="#" class="easyui-linkbutton" iconCls="icon-cancel" onclick=
"javascript:$('#dlg').dialog('close')">Cancel</a>
</div>
```

上述代码为一个名为 city 的树形下拉框字段设置了一个 url 属性,这个字段可以从远程服务器检索树形结构数据。请注意,这个字段有一个样式名字为 easyui-combotree,所以不需要写任何的 JavaScript 代码,树形下拉框字段将自动渲染。

显示效果如图 9-30 所示。

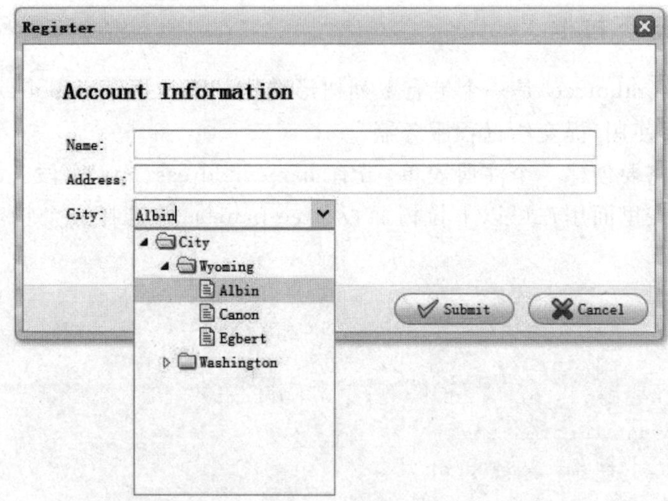


图 9-30　树形下拉框的示例

## 9.9　习　　题

1. 简述 EasyUI 的作用是什么。
2. 简述使用 EasyUI 框架制作网页的基本步骤。
3. 思考网站后台管理主页面设计的基本思路。

# 第 10 章　案例项目的页面设计——面子很重要

本章主要内容：

- 教学日志管理系统的主要页面构成。
- 使用 EasyUI 构建教学日志管理系统页面的方法。

## 10.1　教学日志管理系统的主页面设计

教学日志管理系统作为学校日常教学管理的一个子系统，其页面设计不需要多么漂亮、花哨，主要应从实用的角度出发，满足日常教学日志管理的基本需求。因此，页面设计简洁、易用是其设计的主要目标。

教学日志管理系统的主页面如图 10-1 所示。

图 10-1　教学日志管理系统的主页面

页面结构比较简单，整个页面由上面的页面主要内容和底端的版权信息 2 个部分构成。页面主要内容采用 EasyUI 布局，由从上到下 3 个部分构成。最上面由 1 个图片和“教学日志管理系统”这几个字组成的一个标语(banner)；中间是“欢迎来到教学日志管理系统”这样的欢迎信息，类似于面包屑导航；下面则是 1 张图片和 2 个按钮。上述 3 个部分构成了这个页面的主要内容。

```
程序清单 10-1(index.jsp)：
<%@ page language="java" import="java.util.* " pageEncoding="utf-8"%>
<html>
<head>
<meta charset="utf-8">
    <link rel="stylesheet" type="text/css" href="jquery-easyui/themes/default/easyui.css">
```

```
    <link rel="stylesheet" type="text/css" href="jquery-easyui/themes/icon.
css">
    <link rel="stylesheet" type="text/css" href="jquery-easyui/demo.css">
    <script type="text/javascript" src="jquery-easyui/jquery.min.js">
</script>
    <script type="text/javascript" src="jquery-easyui/jquery.easyui.min.js">
</script>
<style type="text/css">
    .top{
        width: auto;
        background: #ffffff;
    }
    .top_img{
        float: left;
        background: #ffffff;
        height: 102px;
    }
    .logo{
        width: 100px;
        height: 100px;
    }
    .top_title{
        width: auto;
        background: #2894FF;
    }
    .title{
        font-size: 90px;
        color: #ffffff;
        font-family: "黑体"
    }
    .center_img{
        float: left;
    }
    .img{
        width: 600px;
        height: 400px;
        margin-top: 40px;
        margin-left: 100px;
        margin-right: 80px;
    }
    .center_button{
        float: left;
        margin-top: 200px;
    }
```

```
    .button1{
        margin-right: 50px;
    }
    .bottom{
        text-align: center;
        background: #2894ff;
    }
    .bottom_text{
        font-size: 13px;
        color: #ffffff;
    }
</style>
<script type="text/javascript">

</script>
</head>
<body>
<div class="easyui-layout" style="width:auto;height:97%;">
    <div class="top" data-options="region:'north'" style="height:105px">
        <div class="top_img">
        <img class="logo" src="image/logo.jpg">
        </div>
        <div class="top_title">
        <span class="title">教学日志管理系统</span>
        </div>
    </div>
    <div data-options="region:'center',title:'欢迎来到教学日志管理系统?,
    iconCls:'icon-edit'">
        <div class="center_img">
        <img class="img" src="image/book.jpg">
        </div>
        <div class="center_button">
        <a href="usrlogin"><img class="button1" src="image/button1.jpg"></a>
        <a href="leaderlogin"><img src="image/button2.jpg"></a>
        </div>
    </div>
</div>
<div class="bottom">
<span class="bottom_text">Copyright © 版权所有  2016/03/21</span>
</div>
</body>
</html>
```

## 10.2 教学日志管理系统的登录页面设计

在主页面上单击“教师职工入口”按钮或“院系部门入口”按钮后，就会进入登录页面，这里以教师职工登录页面为例来说明。显示效果如图10-2所示。

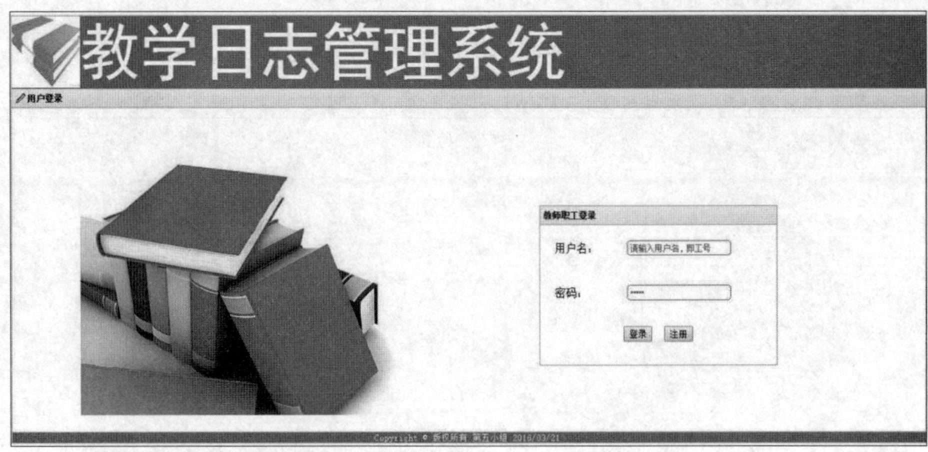


图10-2 教学日志管理系统的教师职工登录页面

登录页面和主页面的差别并不大，区别是在登录页面右侧出现了一个登录表单，用于填写登录网站所需信息，使用.easyui-panel类构造一个面板，在面板中使用表格，对文本框布局。登录和注册按钮则使用div控制布局。这个登录表单的代码如下：

```
<div class="center_form">
    <div class="easyui-panel" title="教师职工登录" style="width:350px">
        <form id="ff" method="post" action="">
            <table cellpadding="20">
                <tr>
                    <td>用户名:</td>
                    <td><input class="easyui-textbox" type="text" name=
"name" data-options="prompt:'请输入用户名,即工号'"></input></td>
                </tr>
                <tr>
                    <td>密码:</td>
                    <td><input class="easyui-textbox" type="password" name=
"pwd" data-options="prompt:'请输入密码'"></input></td>
                </tr>
            </table>
            <div style="text-align:center;padding:15px">
                <input type="submit" value="登录"/> 
                <a href="registerusr"><button type="button">注册</button></a>
            </div>
        </form>
```

```
    </div>
</div>
```

## 10.3 教学日志管理系统的教师端页面设计

在教师职工登录页面上输入正确的用户名和密码，就会进入教师端页面，显示效果如图10-3所示。

图 10-3 教学日志管理系统的教师端页面

这个页面采用的是 jQuery EasyUI 边框式布局，north 区域用来显示 banner，即网站的标语；south 区域用来显示版权信息；west 区域用来显示导航菜单，center 区域可以用来显示主要的内容。south 区域和主页面的底部 div 显示内容是相同的，north 区域则增加了针对登录用户的欢迎信息显示和退出登录的超链接。

west 区域用导航菜单的形式显示出教师端的所有功能设置的目录树。主要代码如下：

```
<div data-options="region:'west',split:true" title="导航" style="width:
200px;">
    <div class="easyui-panel" style="padding:6px">
        <ul class="easyui-tree">
            <li data-options="state:'closed'">
                <span>个人信息</span>
                <ul>
                    <li>
                        <a onclick="loadCheckusr()"><span>查看个人信息</span></a>
                    </li>
                    <li>
                        <a onclick="loadEditusr()"><span>修改个人信息</span></a>
                    </li>
                    <li>
                        <a onclick="loadEditpwd()"><span>修改密码</span></a>
```

```
                </li>
            </ul>
        </li>
    </ul>
</div>
<div class="easyui-panel" style="padding:6px">
    <ul class="easyui-tree">
        <li data-options="state:'closed'">
            <span>我的课程</span>
            <ul>
                <li>
                    <a onclick="loadAllcourse()"><span>课程信息</span></a>
                </li>
                <li>
                    <a onclick="loadAddcourse()"><span>添加课程</span></a>
                </li>
            </ul>
        </li>
    </ul>
</div>
<div class="easyui-panel" style="padding:6px">
    <ul class="easyui-tree">
        <li data-options="state:'closed'">
            <span>教学日志</span>
            <ul>
                <li>
                    <a onclick="loadAlllog()"><span>查看教学日志表</span></a>
                </li>
                <li>
                    <a onclick="loadAddlog()"><span>新建教学日志表</span></a>
                </li>
                <li>
                    <a onclick="loadSearchlog()"><span>新建教学日志项</span>
                       </a>
                </li>
                <li>
                    <a onclick="loadTeachlog()"><span>历史教学日志</span></a>
                </li>
            </ul>
        </li>
    </ul>
</div>
<div class="easyui-panel" style="padding:6px">
    <ul class="easyui-tree">
```

```
            <li data-options="state:'closed'">
                <span>作业布置</span>
                <ul>
                    <li>
                        <a onclick="loadChoicelog()"><span>新建作业布置</span></a>
                    </li>
                    <li>
                        <a onclick="loadSelectlog()"><span>历史作业布置</span></a>
                    </li>
                </ul>
            </li>
        </ul>
    </div>
    <div class="easyui-panel" style="padding:6px">
        <ul class="easyui-tree">
            <li data-options="state:'closed'">
                <span>期末总结</span>
                <ul>
                    <li>
                        <a onclick="loadSearchsummary()"><span>新建期末总结
                           </span></a>
                    </li>
                    <li>
                        <a onclick="loadNotAuditsummary()"><span>待评价期末总
                           结</span></a>
                    </li>
                    <li>
                        <a onclick="loadAuditsummary()"><span>已评价期末总结
                           </span></a>
                    </li>
                </ul>
            </li>
        </ul>
    </div>
</div>
```

其中的每个菜单项都是一个用于调用对应 JavaScript 函数的超链接，例如：

```
<a  onclick="loadCheckusr()"><span>查看个人信息</span></a>
```

loadCheckusr()函数定义如下：

```
<script type="text/javascript">
    function loadCheckusr(){
        $('#ifm').attr('src','usr/checkusr');
    }
</script>
```

上述代码中的 ifm 为 center 区域的 iframe，center 区域的代码很简单，只有一个 iframe，具体代码如下：

```
<div data-options="region:'center',title:'',iconCls:'icon-ok'">
    <iframe id='ifm'  src="welcome" width="99%" height="99%"></iframe>
</div>
```

iframe 作为一个容器，用于加载对应的 JavaScript 函数中它的 src 属性指向的页面。这些超链接指向的页面主要有两类：显示页面和添加页面。下面以“新建教学日志表”和“查看教学日志表”这两个菜单项为例，来说明 center 区域的页面设计。

单击“新建教学日志表”菜单项，在 center 区域的 iframe 中加载的页面截图如图 10-4 所示。

新建教学日志表

| | |
|---|---|
| 课程名称： | 动态网站设计 |
| 学年： | 2016 |
| 学期： | 上学期 |
| 授课周数： | |
| 选课学生人数： | |
| | 保存 |

图 10-4　新建教学日志表的页面截图

这显然是一个表单，用于收集用户输入的数据，并将其存入对应的数据库表，具体代码如下：

```
<div class="easyui-panel" title="新建教学日志表" style="width:500px">
    <div style="padding:10px 60px 20px 60px">
        <form name="ff" id="ff" method="post" action="">
            <table cellpadding="5">
                <tr>
                    <td>课程名称:</td>
                    <td>
                        <select class="easyui-combobox" name="cid">
                            <option value="001">动态网站设计</option>
                            <option value="002">Java 语言设计</option>
                            <option value="002">J 基础会计</option>
                        </select>
                    </td>
                    <td>
                        <input type="text" name="uid" value="${uid }" style=
                            "display:none"></input>
```

```
        </td>
    </tr>
    <tr>
        <td>学年:</td>
        <td>
            <select class="easyui-combobox" name="year">
                <option value="2016">2016  </option>
                <option value="2017">2017  </option>
                <option value="2018">2018  </option>
                <option value="2019">2019  </option>
                <option value="2020">2020  </option>
                <option value="2021">2021  </option>
                <option value="2022">2022  </option>
                <option value="2023">2023  </option>
                <option value="2024">2024  </option>
                <option value="2025">2025  </option>
                <option value="2026">2026  </option>
            </select>
        </td>
    </tr>
    <tr>
        <td>学期:</td>
        <td>
            <select class="easyui-combobox" name="term">
                <option value="上学期">上学期   </option>
                <option value="下学期">下学期   </option>
            </select>
        </td>
    </tr>
    <tr>
        <td>授课周数:</td>
        <td><input class="easyui-textbox" type="text" name=
            "weeknum"></input></td>
    </tr>
    <tr>
        <td>选课学生人数:</td>
        <td><input class="easyui-textbox" type="text" name=
            "studentnum"></input></td>
        <td>
            <input type="text" name="audit" value="0" style=
                  "display:none"></input>
        </td>
        <td>
            <input type="text" name="summary" value="0" style=
                  "display:none"></input>
```

```
                    </td>
                    <td>
                        <input type="text" name="content" value="0" style=
                             "display:none"></input>
                    </td>
                    <td>
                        <input type="text" name="job" value="0" style=
                             "display:none"></input>
                    </td>
                </tr>
            </table>
            <div style="text-align:center;padding:5px">
                <input type="submit" value="保存"/>
            </div>
        </form>
    </div>
</div>
```

单击"查看教学日志表"菜单项,在 center 区域的 iframe 中加载的页面截图如图 10-5 所示。

全部日志表信息

| 教师姓名 | 课程名称 | 授课学年 | 授课学期 | 授课周数 | 选课学生人数 |
|---|---|---|---|---|---|
| 徐心王 | 动态网站设计 | 2016 | 上学期 | 16 | 57 |
| 徐心王 | Java语言程序设计 | 2016 | 上学期 | 18 | 57 |
| 徐心王 | 基础会计 | 2016 | 上学期 | 16 | 57 |
| 徐心王 | 动态网站设计 | 2017 | 上学期 | 16 | 57 |
| 齐露露 | 英语 | 2016 | 上学期 | 18 | 57 |
| 齐露露 | 基础会计 | 2016 | 上学期 | 18 | 57 |
| 徐心王 | 数据结构 | 2016 | 上学期 | 18 | 57 |
| 徐心王 | 动态网站设计 | 2020 | 上学期 | 18 | 57 |
| 仲琳 | 计算机犯罪取证 | 2016 | 上学期 | 18 | 57 |
| 仲琳 | 数据结构 | 2016 | 上学期 | 16 | 57 |
| 赵会 | 基础会计 | 2016 | 下学期 | 16 | 57 |
| 徐心王 | 局域网 | 2016 | 上学期 | 16 | 57 |

图 10-5 查看教学日志表的页面截图

这是一个典型的表格,用于将数据库表中取出的数据填入,并显示给用户。具体代码如下:

```
<table class="easyui-datagrid" title="全部日志表信息" style="width:100%;
height:95%"
        data-options="singleSelect:true,collapsible:true,method:'get'">
    <thead>
        <tr>
            <th data-options="field:'tname',width:150">教师姓名</th>
            <th data-options="field:'cname',width:200">课程名称</th>
            <th data-options="field:'year',width:200">授课学年</th>
            <th data-options="field:'term',width:200">授课学期</th>
```

```
            <th data-options="field:'weeknum',width:200">授课周数</th>
            <th data-options="field:'studentnum',width:200">选课学生人数</th>
        </tr>
    </thead>
    <c:forEach var='l' items="${loglist }">
    <tr>
        <td>徐心玉</td>
        <td>动态网站设计</td>
        <td>2016</td>
        <td>上学期</td>
        <td>16</td>
        <td>57</td>
    </tr>
    <tr>
        <td>徐心玉</td>
        <td>Java语言程序设计</td>
        <td>2016</td>
        <td>上学期</td>
        <td>16</td>
        <td>57</td>
    </tr>
    <tr>
        <td>徐心玉</td>
        <td>基础会计</td>
        <td>2016</td>
        <td>上学期</td>
        <td>16</td>
        <td>57</td>
    </tr>
    </c:forEach>
</table>
```

## 10.4 习　　题

1. 简述网页结构设计的主要思路。
2. 简述登录页面设计的主要方法。
3. 思考门户网站主页设计的基本思路。

# 第三部分

# 后 端 开 发

有面子，没里子，不过是个绣花枕头！

# 第 11 章　Web 服务器端程序——有人做面子，就得有人做里子

**本章主要内容：**

- Web 服务器端工作原理。
- Web 服务器技术的发展过程。
- CGI 服务器端程序的例子。
- ASP 的例子。
- PHP 的例子。

## 11.1　Web 服务器端简介

有人认为做网页就是用 Dreamweaver 做几个网页放在那里。那么这种网页如何保存数据？如何存储信息呢？用 Dreamweaver 做的单纯的静态网页是无法实现这一点的。如果把网页看成面子，那么后台的程序就是里子。历史上曾出现过 CGI、ASP、PHP 等后端语言，它们都是 Web 服务器端开发的工具，当然做出来的里子各不相同。让我们开始学习做里子吧！

Web 服务也称为 WWW（world wide web）服务，主要功能是提供网上信息浏览服务。WWW 是 Internet 的多媒体信息查询工具，是互联网上近些年才发展起来的服务，也是发展最快和目前用的最广泛的服务。正是因为有了 WWW 工具，才使得近年来互联网迅速发展，用户数量飞速增长。

Web 服务的工作方式基于客户-服务器模式。一个客户机可以向许多不同的服务器请求，一个服务器也可以向多个不同的客户机提供服务，一个客户机启动与某个服务器的对话，服务器通常是等待客户机请求的一个自动程序。

Web 技术的基本原理：使用不同技术编写的动态页面保存在 Web 服务器端，当客户端用户向 Web 服务器发出访问动态页面的请求时，Web 服务器将根据用户所访问页面的后缀名确定该页面所使用的网络编程技术，然后把该页面提交给相应的解释引擎；解释引擎扫描整个页面找到特定的定界符，并执行位于定界符内的脚本代码以实现不同的功能，如访问数据库，发送电子邮件，执行算术或逻辑运算等，最后把执行结果返回 Web 服务器；最终，Web 服务器把解释引擎的执行结果连同页面上的 HTML 内容以及各种客户端脚本一同传送到客户端。虽然客户端用户所接收到的页面与传统页面并没有任何区别，但是，实际上页面内容已经经过了服务器端处理，完成了动态的个性化内容加载。

## 11.2 Web服务器端语言迭代历史

### 11.2.1 静态页面时代

早期的Web,主要是用于静态Web页面的浏览。Web服务器简单地响应浏览器发来的HTTP请求,并将存储在服务器上的HTML文件直接返回给客户端浏览器。这种技术的不足是显而易见的:无法有效地对站点信息进行及时更新;无法实现动态显示效果;无法连接后台数据库等。后来,一种名为SSI(server side includes)的技术可以让Web服务器在返回HTML文件前,更新HTML文件的某些内容,但其功能非常有限,其结构如图11-1所示。

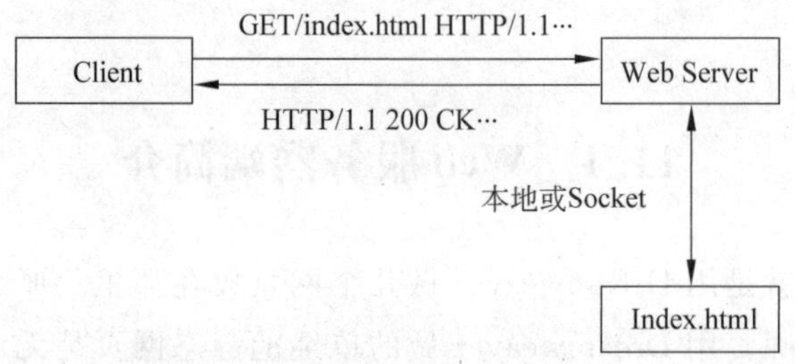


图11-1 静态页面时代的基本结构

为了克服静态页面的不足,人们将传统单机环境下的编程技术引入互联网与Web技术相结合,从而形成新的网络编程技术。网络编程技术通过在传统的静态页面中加入各种程序和逻辑控制,在网络的客户端和服务器端实现了动态和个性化的交流与互动。人们将这种使用网络编程技术创建的页面称为动态页面。

### 11.2.2 CGI时代

第一种真正使服务器能根据运行时的具体情况,动态生成HTML页面的技术是大名鼎鼎的公用网关接口(common gateway interface,CGI)技术。CGI技术允许服务器端的应用程序根据客户端的请求,动态生成HTML页面,这使客户端和服务器端的动态信息交换成为可能。

CGI可以称为一种机制。因此人们可以使用不同的程序编写适合的CGI程序,如Visual Basic、Delphi或C/C++等,人们将已经写好的程序放在Web服务器的计算机上运行,再将其运行结果通过Web服务器传输到客户端的浏览器上。人们通过CGI建立Web页面与脚本程序之间的联系,并且可以利用脚本程序来处理访问者输入的信息并据此做出响应。事实上,这样的编制方式比较困难而且效率低下,因为人们每一次修改程序都必须重新将CGI程序编译成可执行文件。CGI时代的基本结构如图11-2所示。

下面,我们来看一个基于C的CGI编程的例子。接收两个参数,用GET方法做一次加法运算,用POST方法做一次乘法运算。

文件get.c的代码如下。

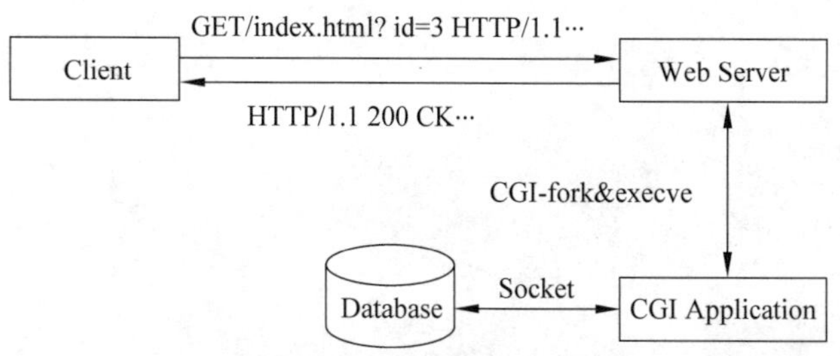


图 11-2 CGI 时代的基本结构

**程序清单 11-1(get.c)：**

```
#include <stdio.h>
#include <stdlib.h>
int main(void){
    char * data;
    char a[10],b[10];
    printf("Content-Type:text/html\n\n");
    printf("<html>\n");
    printf("<head>\n<title>Get Method</title>\n</head>\n");
    printf("<body>\n");
    printf("<div style=\"font-size:12px\">\n");
    data=getenv("query_string");
    if(sscanf(data,"a=%[^&]&b=%s",a,b)!=2){
        printf("<div style=\"color:red\">Error parameters should be entered!
        </div>\n");
    }
    else{
        printf("<div style=\"color:green;font-size:15px;
        font-weight: bold\">a+b=%d</div>\n",atoi(a)+atoi(b));
    }
    printf("<hr color=\"blue\" align=\"left\" width=\"100\">");
    printf("<input type=\"button\" value=\"Back CGI\" onclick=\"javascript:
    window.location='../cgi.html'\">");
    printf("</div>\n");
    printf("</body>\n");
    printf("</html>\n");
    return 0;
}
```

文件 post.c 的代码如下。

**程序清单 11-2(post.c)：**

```
#include <stdio.h>
#include <stdlib.h>
int main(void){
```

```
    int len;
    char * lenstr,poststr[20];
    char m[10],n[10];
    printf("Content-Type:text/html\n\n");
    printf("<html>\n");
    printf("<head>\n<title>post Method</title>\n</head>\n");
    printf("<body>\n");
    printf("<div style=\"font-size:12px\">\n");
    lenstr=getenv("content_length");
    if(lenstr==null)
        printf("<div style=\"color:red\">Error parameters should be entered!
        </div>\n");
    else{
        len=atoi(lenstr);
        fgets(poststr,len+1,stdin);
        if(sscanf(poststr,"m=%[^&]&n=%s",m,n)!=2){
            printf("<div style=\"color:red\">Error: Parameters are not right!
            </div>\n");
        }
        else{
            printf("<div style=\"color:green; font-size:15px;
            font-weight:bold\">m * n=%d</div>\n",atoi(m) * atoi(n));
        }
    }
    printf("<hr color=\"blue\" align=\"left\" width=\"100\">");
    printf("<input type=\"button\" value=\"Back CGI\" onclick=\
    "javascript:window.location='../cgi.html'\">");
    printf("</div>\n");
    printf("</body>\n");
    printf("</html>\n");
    fflush(stdout);
    return 0;
}
```

可以看到代码中使用 getenv 函数获取环境变量,以获取网页提交来的数据。使用 scanf 对提交的数据进行解析,使用 printf 构造出 HTML 的内容。

HTML 测试文件 cgi. html 的代码如下。

**程序清单 11-3(cgi.html):**

```
<html>
<head>
    <title>CGI Testing</title>
</head>
<body>
    <table width="200" height="180" border="0" style="font-size:12px">
```

```
    <tr><td>
        <div style="font-weight:bold; font-size:15px">Method: GET</div>
        <div>please input two numbers:<div>
        <form method="get" action="./cgi-bin/get">
            <input type="txt" size="3" name="a">+
            <input type="txt" size="3" name="b">=
            <input type="submit" value="sum">
        </form>
    </td></tr>
    <tr><td>
        <div style="font-weight:bold; font-size:15px">Method: POST</div>
        <div>please input two numbers:<div>
        <form method="post" action="./cgi-bin/post">
            <input type="txt" size="3" name="m"> *
            <input type="txt" size="3" name="n">=
            <input type="submit" value="resu">
        </form>
    </td></tr>
    <tr><td><input type="button" value="Back Home" onclick='javascript:
        window.location="./index.html"'>
    </td></tr>
    </table>
</body>
</html>
```

这个例子仅为演示CGI使用，不需要实际实验其功能，因为需要对应的开发环境，而在此处花费大量时间并无意义。

### 11.2.3 动态页面时代

早期的CGI程序大多是编译后的可执行程序，其编程语言可以是C、C++、Pascal等任何通用的程序设计语言。从上述示例可以看出，虽然CGI可以实现服务器端的动态页面，但实现方式非常烦琐，编写代码有相当大的难度。为了简化CGI程序的修改、编译和发布过程，人们开始探寻用脚本语言实现CGI应用的可行方式。

1994年，Rasmus Lerdorf发明了专用于Web服务器端编程的超文本预处理器(hypertext preprocessor，PHP)语言。与以往的CGI程序不同，PHP语言将HTML代码和PHP指令合成为完整的服务器端动态页面，Web应用的开发者可以用一种更加简便、快捷的方式实现动态Web功能。

PHP是一种易于学习和使用的服务器端脚本语言，是生成动态网页的工具之一。它是嵌入HTML文件的一种脚本语言。其语法大部分是从C、Java、Perl语言中借来，并形成了自己的独有风格；目标是让Web程序员快速地开发出动态的网页。它是当今Internet上最为流行的脚本语言，只需要很少的编程知识就能使用PHP建立一个真正交互的Web站点。

PHP是完全免费的，可以不受限制地获得源码，甚至可以从中加进自己需要的特色。

PHP在大多数UNIX平台、Gun/Linux和Windows平台上均可以运行。PHP的官方网站是http://www.php.net。PHP可以结合HTML共同使用;它与HTML具有非常好的兼容性,使用者可以直接在脚本代码中加入HTML标签,或者在HTML标签中加入脚本代码从而更好地实现页面控制,提供更加丰富的功能。

PHP的优点:安装方便,学习过程简单;数据库连接方便,兼容性强;扩展性强;可以进行面向对象编程。引用Nissan的话来说就是PHP可以做你想让它做到的一切,而且无所不能。

PHP提供了标准的数据库接口,几乎可以连接所有的数据库;尤其和MySQL数据库的配合更是"天衣无缝"。下面引用一个调用MySQL数据库并分页显示的例子来加深对PHP的了解。

**程序清单11-4(testphp.php):**

```
<?php
function getSound($animal){
    if($animal=="dog"){
        return "汪";
    }
    if($animal=="cat"){
        return "喵";
    }
    if($animal=="cow"){
        return "哞";
    }
    return "暂时听不懂该动物的声音,动物学家们正在研究";
}
echo getSound("dog");          //汪
echo getSound("cat");          //喵
echo getSound("cow");          //哞
?>
```

从上面程序清单11-4这个例子可以看出PHP的语法结构很像C语言,并易于掌握。而且PHP的跨平台特性让程序无论在Windows平台还是Linux、UNIX系统上都能运行自如。

1996年,微软公司借鉴PHP的思想,在其Web服务器IIS 3.0中引入了ASP技术。ASP使用的脚本语言是人们熟悉的VBScript和JavaScript。借助Microsoft Visual Studio等开发工具在市场上的成功,ASP迅速成为Windows系统下Web服务器端的主流开发技术。

ASP(active server pages)是微软公司开发的一种类似HTML、Script与CGI的结合体,它没有提供自己专门的编程语言,而是允许用户使用包括VBScript、JavaScript等在内的许多已有的脚本语言编写ASP的应用程序。ASP的程序编制比HTML更方便且更有灵活性。它是在Web服务器端运行,运行后再将运行结果以HTML格式传送至客户端的浏览器。因此,ASP与一般的脚本语言相比,要安全得多。

对于广大网页技术爱好者来说，ASP比CGI具有的最大好处是可以包含HTML标签，也可以直接存取数据库及使用无限扩充的ActiveX控件，因此，在程序编制上要比HTML方便而且更富有灵活性。

ASP吸收了当今许多流行的技术，如IIS、ActiveX、VBScript、ODBC等，是一种发展较为成熟的网络应用程序开发技术；其核心技术是对组件和对象技术的充分支持。通过使用ASP的组件和对象技术，用户可以直接使用ActiveX控件，调用对象方法和属性，以简单的方式实现强大的功能。

ASP中最为常用的内置对象和组件如下。

(1) request对象。用来连接客户端的Web页(.htm文件)和服务器端的Web页(.asp文件)，可以获取客户端数据，也可以交换两者之间的数据。

(2) response对象。用于将服务器端数据发送到客户端，可通过在客户端浏览器显示，用户浏览页面的重定向以及在客户端创建Cookies等方式进行。该功能与request对象的功能恰恰相反。

(3) server对象。许多高级功能都靠它来完成；它可以创建各种server对象的实例以简化用户的操作。

(4) application对象。它是个应用程序级的对象，用来在所有用户间共享信息，并可以在Web应用程序运行期间持久地保持数据。同时如果不加以限制，所有客户都可以访问这个对象。

(5) session对象。它为每个访问者提供一个标识；session可以用来存储访问者的一些喜好，可以跟踪访问者的习惯。在购物网站中，session常用于创建购物车(shopping cart)。

(6) Browser Capabilities(浏览器性能组件)。可以确切地描述用户使用的浏览器类型、版本以及浏览器支持的插件功能。使用此组件能正确地裁剪出自己的ASP文件输出，使得ASP文件适合于用户的浏览器，并可以根据检测出的浏览器的类型来显示不同的主页。

(7) Filesystem Objects(文件访问组件)。允许人们访问文件系统，处理文件。

(8) ADO(数据库访问组件)。它是最有用的组件，可以通过ODBC实现对数据库的访问。

(9) AD Rotator(广告轮显组件)。专门为出租广告空间的站点设计的，可以动态地随机显示多个预先设定的banner广告条。

以下是ASP通过ADO组件调用数据库并输出的例子。

**程序清单 11-5(testasp.asp):**

```
<%@ language="vbscript"%>
<html>
<head>
    <meta http-equiv="content-type" content="text/html; charset=gb2312">
    <title>使用 ADO 的例子</title>
</head>
<body>
    <p align="center">所查询的书名为:<br>
```

```
    <%
        dim dataconn
        dim datardset
        set dataconn=sever.createobject("adodb.connection")
        set datardset=sever.createobject("adodb.recordset")
        dataconn.open "library","sa","" '数据库为 library
        datardset.open "select name from book",dataconn '查询表 book
    %>
    <%
        do while not datardset.eof
    %>
    <%=datardset("name") %><br>
    <%
        datardset.movenext
        loop
    %>
    </p>
</body>
</html>
```

ASP 技术有一个缺陷：它基本上是局限于微软公司的操作系统平台之上。ASP 主要工作环境是微软公司的 IIS 应用程序结构，又因 ActiveX 对象具有平台特性，所以 ASP 技术不能很容易地实现在跨平台的 Web 服务器的工作。

当然，以 Sun 公司为首的 Java 阵营也不会示弱。1997 年，Servlet 技术问世；1998 年，JSP 技术诞生。Servlet 和 JSP 的组合(还可以加上 JavaBean 技术)让 Java 开发者同时拥有了类似 CGI 程序的集中处理功能和类似 PHP 的 HTML 嵌入功能；此外，Java 的运行时编译技术也大大提高了 Servlet 和 JSP 的执行效率——这也正是 Servlet 和 JSP 被后来的 J2EE 平台吸纳为核心技术的原因之一。

先来看一个 JSP 的小程序。

```
程序清单 11-6(testjsp.jsp):
<html>
<head>
    <title>JSP 小程序</title>
</head>
<body>
    <%
        String str="JSP ";
        out.print("hello JSP!");
    %>
    <h2><%=str%></h2>
</body>
</html>
```

上述程序是 JSP 的一个最基本、最简单的例子。JSP(java server pages)是由 Sun 公司推出的新技术，是基于Java Servlet以及整个Java体系的Web开发技术。利用这一技术可以建立先进、安全和跨平台的动态网站。

总的来讲，JSP和微软公司的ASP在技术方面有许多相似之处。两者都是为基于Web应用实现动态交互网页制作提供的技术环境支持。同等程度上来讲，两者都能够为程序开发人员提供实现应用程序的编制与自带组件设计网页从逻辑上分离的技术。而且两者都能够替代CGI使网站建设与发展变得较为简单与快捷。不过，两者是来源于不同的技术规范组织，其实现要求与Web服务器平台不相同。ASP一般只应用于Windows NT/2000/XP平台，而JSP则可以不加修改地在85%以上的Web Server上运行，其中包括了Windows系统，符合"write once，run anywhere"(一次编写，多平台运行)的Java标准，实现平台和服务器的独立性，而且基于JSP技术的应用程序比基于ASP的应用程序易于维护和管理。

JSP技术具有以下优点。

(1) 将内容的生成和显示进行分离。

使用JSP技术，Web页面开发人员可以使用HTML或者XML标识来设计和格式化最终页面。使用JSP标识或者小脚本来生成页面上的动态内容(内容是根据请求来变化的，如请求账户信息或者特定的一瓶酒的价格)。生成内容的逻辑被封装在标识和JavaBeans组件中，并且捆绑在小脚本中，所有的脚本在服务器端运行。如果核心逻辑被封装在标识和Beans中，那么其他人，如Web管理人员和页面设计者，能够编辑和使用JSP页面，而不影响内容的生成。

在服务器端，JSP引擎解释JSP标识和小脚本，生成所请求的内容(例如，通过访问JavaBeans组件，使用JDBC技术访问数据库，或者包含文件)，并且将结果以HTML(或者XML)页面的形式发送回浏览器。这有助于开发人员保护自己的代码，而又保证任何基于HTML的Web浏览器的完全可用性。

(2) 强调可重用的组件。

绝大多数JSP页面依赖于可重用的、跨平台的组件(JavaBeans或者Enterprise JavaBeans组件)来执行应用程序所要求的更为复杂的处理。开发人员能够共享和交换执行普通操作的组件，或者使得这些组件为更多的使用者或者客户团体所使用。基于组件的方法加速了总体开发过程，并且使得各种组织在它们现有的技能和优化结果的开发努力中得到平衡。

(3) 采用标识简化页面开发。

Web页面开发人员不会都是熟悉脚本语言的编程人员。JSP技术封装了许多功能，这些功能是在易用的、与JSP相关的XML标识中进行动态内容生成所需要的。标准的JSP标识能够访问和实例化JavaBeans组件，设置或者检索组件属性，下载Applet，以及执行用其他方法更难于编码和耗时的功能。

(4) JSP的适应平台更广。

这是JSP比ASP的优越之处。几乎所有平台都支持Java，JSP+JavaBean可以在所有平台下通行无阻。Windows下IIS通过一个插件，例如Jrun(http://www3.allaire.com/products/jrun/)，就能支持JSP。著名的Web服务器Apache已经能够支持JSP。由于Apache广泛应用在NT、UNIX和Linux上，因此JSP有更广泛的运行平台。虽然现在Windows操作系统占了很大的市场份额，但是在服务器方面UNIX的优势仍然很大，而新崛起的 Linux 更是来势不小。从一个平台移植到另外一个平台,JSP 和 JavaBean 甚至不用重新编译,因为 Java 字节码都是标准的与平台无关的。

Java 中连接数据库的技术是 JDBC(java database connectivity)。很多数据库系统带有 JDBC 驱动程序,Java 程序就通过 JDBC 驱动程序与数据库相连,执行查询、提取数据等操作。Sun 公司还开发了 JDBC-ODBC Bridge,用此技术 Java 程序就可以访问带有 ODBC 驱动程序的数据库,目前大多数数据库系统都带有 ODBC 驱动程序,所以 Java 程序能访问诸如 Oracle、Sybase、SQL Server 和 Access 等数据库。

相比于 CGI 技术,以上几种 Web 技术,在客户端和数据库等的服务器端之间添加了一个新的层——Web 服务层,用来实现对数据库的访问和对客户端的请求做出回应,并提供了相应的平台和开发工具,从而大大降低了网络应用的开发难度,为互联网技术的大繁荣、大发展奠定了坚实的技术基础。

## 11.3 习　题

1. 简述 Web 服务器端的工作原理。
2. 简述动态网页与静态网页的区别与联系。

# 第 12 章　Servlet ——Java 中的 CGI

本章主要内容：

- Servlet 的概念。
- Servlet 的工作原理。
- Servlet 开发的一般过程。
- doGet 方法与 doPost 方法举例。
- 重定向与跳转的异同。

## 12.1　Servlet 的工作原理

### 12.1.1　Servlet 概述

第 11 章我们看到，可以使用一个 C 语言程序来生成网页，这称为 CGI。那么同样地可以使用 Java 类生成网页，这种类称为 Servlet。

Servlet 是 Java 服务器端的小程序，是 Java 环境下实现动态网页的基本技术，是第 13 章要讲述的 JSP 技术的基础。Servlet 是一个特殊的 Java 类，可以用于相应客户端发来的 HTTP 请求，使用 Java 代码生成一个 HTML 文件发送给客户端。

Servlet 由支持 Servlet 的服务器(Servlet 容器)负责管理运行。Servlet 容器将 Servlet 动态地加载到服务器上。当多个客户请求一个 Servlet 时，Servlet 容器为每个请求启动一个线程而不是启动一个进程，这些线程由 Servlet 引擎服务器来管理，与传统的 CGI 为每个客户启动一个进程的处理方式相比，效率要高得多。

Servlet 使用 HTTP 请求和 HTTP 响应标题与客户端进行交互。因此，Servlet 容器支持请求和响应所用的 HTTP。Servlet 的体系结构如图 12-1 所示。

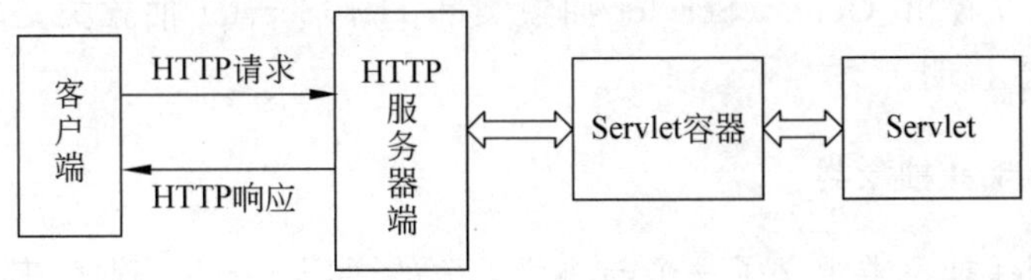


图 12-1　Servlet 的体系结构

图 12-1 说明客户端对 Servlet 的请求首先会被 HTTP 服务器接受，HTTP 服务器将客户的 HTTP 请求提交给 Servlet 容器，Servlet 容器调用相应的 Servlet，Servlet 做出的响应传递到 Servlet 容器，并进而由 HTTP 服务器将响应传输给客户端。

前面已经学习过 Tomcat，它是一个小型的轻量级应用服务器，在中小型系统和并发用户不是很多的情况下被广泛应用，与 IIS、Apache 一样，具有处理 HTML 的功能(但处理静态 HTML 的能力不如 Apache)，同时，它还是一个 Servlet 和 JSP 容器，是开发和调试 JSP、

Servlet 的首选。对于图 12-1 来说,Tomcat 就是 HTTP 服务器和 Servlet 容器两个部分。当然也可以采用高性能的 Web 服务器 Nginx＋Tomcat 的方式来提供服务,由 Nginx 提供静态内容,Tomcat 提供动态内容。这种架构在服务器中更多地被采用,因为它兼顾了性能和动态特性。

### 12.1.2 Servlet 的层次结构

Servlet 是实现了 javax. servlet. Servlet、javax. servlet. ServletConfig、java. io. Serializable 3 个接口的类。大多数 Servlet 通过从 GenericServlet 或 HttpServlet 类进行扩展来实现(通俗地讲,实现一个 HttpServlet 的子类)。类的层次结构如图 12-2 所示。

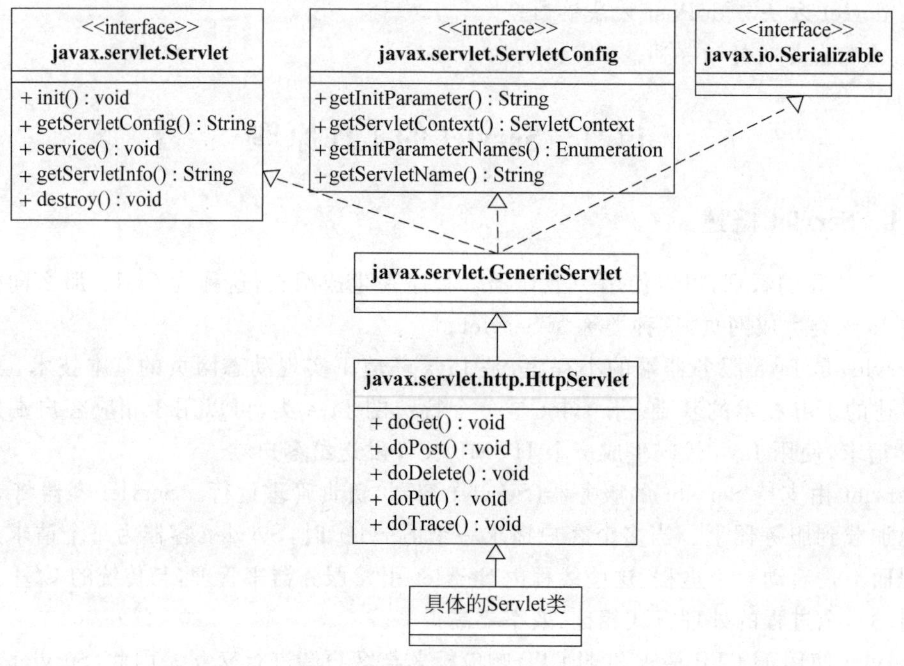


图 12-2 Servlet 类的层次结构

从图 12-2 可以看出,GenericServlet 抽象类和 HttpServlet 抽象类是非常重要的两个类。下面分别给予说明。

#### 1. GenericServlet 抽象类

GenericServlet 抽象类定义了一个与协议无关的通用 Servlet 程序,其中最关键的方法有 6 个。

1) service 方法

```
public abstract void service(ServletRequest request, ServletResponse response)
        throws ServletException, java.io.IOException
```

形参中的 request 和 response 对象是 ServletRequest 和 ServletResponse 类型,强制类型转换为 HttpServletRequest 和 HttpServletResponse 类型后,对象的作用和用法同 JSP

隐含对象中的 request 和 response。

2）getServletConfig 方法

```
public ServletConfig getServletConfig()
```

返回一个 ServletConfig 对象。

3）getServletContext 方法

```
public ServletContext getServletContext()
```

返回当前 ServletContext 对象。

4）init 方法

```
public void init(ServletConfig config) throws ServletException
```

Servlet 程序的初始化方法。Servlet 容器在加载一个 Servlet 类时，会自动调用此方法完成初始化操作。

5）destroy 方法

```
public void destroy()
```

Servlet 容器在销毁一个 Servlet 对象前，会自动调用此方法，这个方法的执行表示 Servlet 程序被停止了服务。

6）getInitParameterNames 方法

```
public java.util.Enumeration getInitParameterNames()
```

返回 web. xml 中给 Servlet 程序配置的初始化变量名。

```
public java.lang.String  getInitParameter(java.lang.String name)
```

返回 web. xml 中定义的初始化参数值，形参是参数名。如果找不到指定的参数，则返回 null。

**2. HttpServlet 抽象类**

1）service 方法

HttpServlet 中处理客户端请求的业务逻辑代码是在 do×××()方法中实现，不是在 service()方法中实现。HttpServlet 类对 service()方法做了重置，它实现的业务逻辑功能是根据客户端 HTTP 请求的类型决定应该调用哪个 do×××()方法来处理客户端的请求。

2）doPost 方法

```
protected void doPost(HttpServletRequestrequest,
        HttpServletResponse response)
        throws ServletException, java.io.IOException
```

当客户端以 POST 方式提交请求时,该方法被自动调用来处理客户端的请求。HTTP POST 方式允许客户端给 Web 服务器发送不限长度的数据。形参中的 request 和 response 含义同 JSP 隐含对象。

3) doGet 方法

```
protected void doGet(HttpServletRequest request,
        HttpServletResponse response)
        throws ServletException, java.io.IOException
```

当客户端以 GET 方式提交请求时,该方法被自动调用来处理客户端的请求。形参 request 和 response 的含义同 JSP 隐含对象中的 request 和 response。

Servlet 的 API 包含于两个包中,即 javax.servlet 和 javax.servlet.http。两个包的几个重要的接口和类分别如表 12-1 和表 12-2 所示。

表 12-1　javax.servlet 包的几个重要的接口和类

| 构成 | 名　称 | 说　明 |
|---|---|---|
| 接口 | ServletConfig | 定义了在 Servlet 初始化的过程中由 Servlet 容器传递给 Servlet 的配置信息对象 |
| | ServletContext | 定义 Servlet 使用的方法以获取其容器的信息 |
| | ServletRequest | 定义一个对象封装客户向 Servlet 的请求信息 |
| | ServletResponse | 定义一个对象辅助 Servlet 将请求的响应信息发送给客户端 |
| | Servlet | 定义所有 Servlet 必须实现的方法 |
| 类 | ServletInputStream | 定义名为 readLine()的方法,从客户端读取二进制数据 |
| | ServletOutputStream | 向客户端发送二进制数据 |
| | GenericServlet | 抽象类,定义一个通用的、独立于底层协议的 Servlet |

表 12-2　javax.servlet.http 包的几个重要的接口和类

| 构成 | 名　称 | 说　明 |
|---|---|---|
| 接口 | HttpSession | 用于标识客户端并存储有关客户端的信息 |
| | HttpSessionAttributeListener | 这个接口用于监听 session 属性列表的改变 |
| | HttpServletRequest | 扩展 ServletRequest 接口,为 HTTP Servlet 提供 HTTP 请求信息 |
| | HttpServletResponse | 扩展 ServletResponse 接口,提供 HTTP 特定的发送响应的功能 |
| 类 | HttpServlet | 扩展了 GenericServlet 的抽象类,用于扩展创建 Http Servlet |
| | Cookie | 创建一个 Cookie,用于存储 Servlet 发送给客户端的信息 |

### 12.1.3　Servlet 的生命周期

Servlet 的生命周期主要有下列 4 个过程组成:加载和实例化阶段、初始化阶段、请求处理阶段和服务终止阶段。

**1. 加载和实例化阶段**

Servlet 容器负责加载和实例化 Servlet。当 Servlet 容器启动时，或者在容器检测到需要这个 Servlet 来响应第一个请求时，创建 Servlet 实例。当 Servlet 容器启动后，它必须要知道所需的 Servlet 类在什么位置，Servlet 容器可以从本地文件系统、远程文件系统或者其他的网络服务中通过类加载器加载 Servlet 类，成功加载后，容器创建 Servlet 的实例。因为容器是通过 Java 的反射 API 来创建 Servlet 实例，调用的是 Servlet 的默认构造方法（即不带参数的构造方法），所以在编写 Servlet 类的时候，不应该提供带参数的构造方法。

**2. 初始化阶段**

在 Servlet 实例化之后，容器将调用 Servlet 的 init()方法初始化这个对象。初始化的目的是为了让 Servlet 对象在处理客户端请求前完成一些初始化的工作，如建立数据库的连接，获取配置信息等。对于每一个 Servlet 实例，init()方法只被调用一次。在初始化期间，Servlet 实例可以使用容器为它准备的 ServletConfig 对象从 Web 应用程序的配置信息（在 web. xml 中配置）中获取初始化的参数信息。这样 Servlet 的实例就可以把与容器相关的配置数据保存起来供以后使用，在初始化期间，如果发生错误，Servlet 实例可以抛出 ServletException 异常，一旦抛出该异常，Servlet 就不再执行，而随后对它的调用会导致容器对它重新载入并再次运行此方法。

**3. 请求处理阶段**

Servlet 容器调用 Servlet 的 service()方法对请求进行处理。要注意的是，在 service()方法调用之前，init()方法必须成功执行。在 service()方法中，通过 ServletRequest 对象得到客户端的相关信息和请求信息，在对请求进行处理后，调用 ServletResponse 对象的方法设置响应信息。对于 HttpServlet 类，该方法作为 HTTP 请求的分发器，这个方法在任何时候都不能被重载。当请求到来时，service()方法决定请求的类型（GET、POST、HEAD、OPTIONS、DELETE、PUT、TRACE），并把请求分发给相应的处理方法（doGet()、doPost()、doHead()、doOptions()、doDelete()、doPut()、doTrace()）每个 do 方法具有和第一个 service()相同的形式。常用的是 doGet()和 doPost()方法，为了响应特定类型的 HTTP 请求，我们必须重载相应的 do 方法。如果 Servlet 收到一个 HTTP 请求而你没有重载相应的 do 方法，它就返回一个说明此方法对本资源不可用的标准 HTTP 错误。

**4. 服务终止阶段**

当容器检测到一个 Servlet 实例应该从服务中被移除的时候，容器就会调用实例的 destroy()方法，以便让该实例可以释放它所使用的资源，保存数据到持久存储设备中。当需要释放内存或者容器关闭时，容器就会调用 Servlet 实例的 destroy()方法。在 destroy()方法调用之后，容器会释放这个 Servlet 实例，该实例随后会被 Java 的垃圾收集器所回收。如果再次需要这个 Servlet 处理请求，Servlet 容器会创建一个新的 Servlet 实例。

在整个 Servlet 的生命周期过程中，创建 Servlet 实例、调用实例的 init()和 destroy()方法都只进行一次,当初始化完成后,Servlet 容器会将该实例保存在内存中,通过调用它的 service()方法,为接收到的请求服务。

## 12.2 Servlet 创建与使用

### 12.2.1 Servlet 程序的编写过程

Servlet 程序的编写过程大致分为三步:代码编辑与编译、部署和重载 Web 应用。

**1. 代码编辑与编译**

在 MyEclipse 中当前 Web 项目下,选择 new→Servlet 命令。代码编辑与编译步骤是写一个 Servlet 程序,一般直接继承 HttpServlet 类,根据情况选择适当的 do×××()方法进行重置,实现期望的功能。

**2. 部署**

部署 Servlet 程序是指在 Web-INF\web.xml 中书写 Servlet 部署信息。web.xml 文档对大小写敏感。Servlet 规范的 web.xml 部署文件格式如下:

```
<? xml version="1.0" encoding="utf-8"? >
<web-app? version="2.5"
    xmlns="http://java.sun.com/xml/ns/javaee"
    xmlns:xsi="http://www.w3.org/2001/XMLSchema-instance"
    xsi:schemaLocation="http://java.sun.com/xml/ns/javaee
    http://java.sun.com/xml/ns/javaee/web-app_2_5.xsd">
<welcome-file-list>
<welcome-file>index.jsp</welcome-file>
</welcome-file-list>
</web-app>
```

<servlet>标签的作用是在 Web 应用中注册一个 Servlet 程序,注册信息包括为 Servlet 程序定义一个唯一的别名、初始化参数、加载优先级别等参数。

一个<servlet>标签注册一个 Servlet 程序。<servlet>标签的使用格式如下:

```
<servlet>
    <servlet-name>test</servlet-name>
    <servlet-class>my.MyServlet</servlet-class>
    <init-param>
        <param-name>loginName</param-name>
        <param-value>tom</param-value>
    </init-param>
    <load-on-startup>0</load-on-startup>
</servlet>
```

<servlet-mapping>标签为一个 Servlet 程序定义 URL 映射名，客户端浏览器或其他 JSP/Servlet 程序通过映射名调用此 Servlet 程序。<servlet-mapping>的使用格式如下：

```
<servlet-mapping>
<servlet-name>test</servlet-name>
<url-pattern>/test</url-pattern>
</servlet-mapping>
```

在 Servlet 的部署文件中，有 3 个 Servlet 程序的部署信息如下：

```
<servlet>
    <servlet-name>my1</servlet-name>
    <servlet-class>com.abc.mis.MyServlet1</servlet-class>
</servlet>
<servlet-mapping>
    <servlet-name>my1</servlet-name>
    <url-pattern>/test1</url-pattern>
</servlet-mapping>
<servlet>
        <servlet-name>my2</servlet-name>
        <servlet-class>com.abc.mis.MyServlet2</servlet-class>
</servlet>
<servlet-mapping>
        <servlet-name>my2</servlet-name>
      <url-pattern>/test2</url-pattern>
    </servlet-mapping>
    <servlet>
        <servlet-name>my3</servlet-name>
    <servlet-class>com.abc.mis.MyServlet3</servlet-class>
</servlet>
<servlet-mapping>
    <servlet-name>my3</servlet-name>
    <url-pattern>/test3</url-pattern>
</servlet-mapping>
```

<init-param>标签只能给一个 Servlet 程序定义初始化参数，<context-param>是给 Web 应用中所有的 Servlet 程序定义一个公共初始化参数。一个<context-param>标签定义一个参数。<context-param>的用法如下：

```
<context-param>
    <param-name>DBName</param-name>
    <param-value>bookshop</param-value>
</context-param>
<context-param>
    <param-name>admin</param-name>
    <param-value>tom</param-value>
</context-param>
```

公共参数存储在 Servlet 容器中，读取这些参数要用到 ServletContext 对象或 JSP 隐含对象 application。例如，以下代码是在 doGet()方法内读出当前上下文中定义的所有公共参数并显示在网页上：

```
ServletContext application=getServletContext();
Enumeration e=application.getInitParameterNames();
while(e.hasMoreElements())
{
    String s1=(String)e.nextElement();
    String s2=application.getInitParameter(s1);
    out.print(s1+"="+s2+"<br>");
}
```

**3. 重载 Web 应用**

Tomcat 在启动时，自动发布已经注册的 Web 应用或 webapps 文件夹下的各个 Web 应用。

此后如果重新编译或生成了新的 Servlet 程序类 *.class，需要通过重载 Web 应用来实现重新加载、更新 *.class 到 Servlet 容器中。

关闭 Tomcat 后再重启，也可实现重载 Web 应用，如果不关闭 Tomcat，则通过以下方法重载指定的 Web 应用。

1) 定义管理员角色及相应的用户

编辑 C:\tomcat\conf\tomcat-users.xml 文件，增加一个名为 manager 的管理员角色，并为 manager 角色定义一个具体的用户 admin，相关的代码如下：

```
<?xml version='1.0' encoding='utf-8'?>
<tomcat-users>
<role rolename="manager"/>
<user username="admin" password="123" roles="manager"/>
</tomcat-users>
```

2) 重载 Web 应用

用第 1)步中定义的 admin 用户来重载默认 Web 应用"/"的方法：在 IE 浏览器的地址栏中输入 http://127.0.0.1:8080/manager/reload?path=/，按 Enter 键后，在弹出的登录窗口中输入第 1)步中定义好的 admin 用户名和口令，则网页上显示：

```
OK - Reloaded application at context path /
```

表示已经成功重载上下文路径名为"/"的 Web 应用。

### 12.2.2 第一个 Servlet 程序

**【例 12-1】** 编写一个验证用户登录名的 Servlet 程序。在 JSP 页面的表单中输入用户名和口令，表单提交给 URL 映射名为/loginCheck 的 Servlet 程序，如果用户名为 tom 且口令为 123，显示登录成功的信息，否则显示用户名或口令不正确的提示信息。

操作步骤如下。

(1) 启动 MyEclipse,新建一个 Web Project,命名为 example12。在项目中新建一个 JSP 文件 example12_01.jsp。

(2) 在 example12_01.jsp 中添加表单,表单中插入文本域和按钮。用户名文本域的名字为 loginName,口令文本域的名字为 pw,在“密码”项中选中“密码”。表单提交给一个引用名为/loginCheck 的 Servlet 程序处理,“方法”项取默认值 POST。代码如下。

**程序清单 12-1(example12_01.jsp):**

```
<%@ page contentType="text/html;
charset=utf-8"? language="java" import="java.sql.*" errorPage="" %>
<!DOCTYPE html>
<html>
<head>
<meta charset="utf-8">
<title>无标题文档</title>
</head>
<body>
    <form id="form1" name="form1" method="post" action="/loginCheck">
    用户名:
        <label>
        <input name="loginName" type="text" id="loginName" />
        </label>
    <p>口令:
        <label>
        <input name="pw" type="password" id="pw" />
        </label>
        <label>
        <input type="submit" name="Submit" value="提交" />
        </label>
    </p>
</form>
```

(3) 编辑、编译 Servlet 程序。新建一个 Servlet 类 LoginServlet。在源代码编辑窗口中输入以下代码。

**程序清单 12-2(LoginServlet.java):**

```
package my;
import javax.servlet.*;
import javax.servlet.http.*;
import java.io.*;
public class LoginServlet extends HttpServlet
{
```

```
protected void doPost(HttpServletRequest request,HttpServletResponse response)
throws ServletException,java.io.IOException
   {
      ServletContext application=getServletContext();
      ServletConfig config=getServletConfig();
      response.setContentType("text/html;charset=utf-8");
      PrintWriter out=response.getWriter();
      HttpSession session=request.getSession();
      String name=request.getParameter("loginName");
      String pw=request.getParameter("pw");
      if(name!=null && name.length()!=0 && pw!=null && pw.length()!=0)
      {
    if(name.equals("tom")&& pw.equals("123"))
        out.print("登录成功");
    else
        out.print("用户名或口令不对");
    }
  }
}
```

(4) 在 C:\tomcat\webapps\ROOT\Web-INF\web.xml 中写 Servlet 部署信息：

```
<servlet>
    <servlet-name>login</servlet-name>
    <servlet-class>my.LoginServlet</servlet-class>
</servlet>
<servlet-mapping>
    <servlet-name>login</servlet-name>
    <url-pattern>/loginCheck</url-pattern>
</servlet-mapping>
```

(5) 重启 Tomcat 或重载"/"Web 应用。

(6) 预览。预览 example12-01.jsp 页面，输入正确的用户名或口令时，Servlet 显示正确信息；输入的用户名或口令错误时，显示错误提示信息。Servlet 程序工作正常。

## 12.3 doGet 与 doPost 方法

HTTP 请求消息使用 GET 或 POST 方法以便在 Web 上传输请求。

获取网页时一般用 GET 方法，当用户单击一个超链接，或者在浏览器中直接输入网址时，浏览器就会向服务器发送 GET 请求。发送 GET 请求时可以添加参数，称为查询字符串。查询字符串会附加到 URL 中，但是查询字符串的长度有限制，最多 1024B。

用百度检索 JSP，可以知道百度使用了 GET 方法对用户输入的搜索字符串检索搜索结果，如图 12-3 所示。

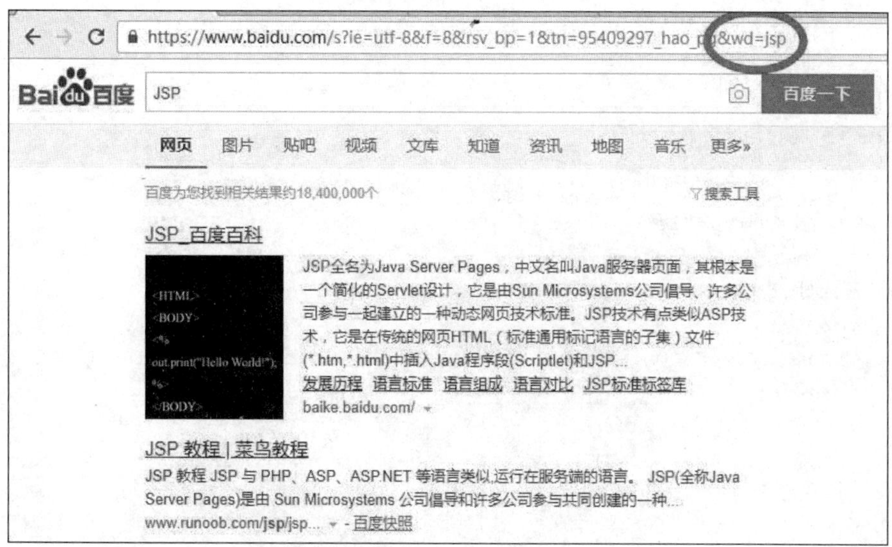


图 12-3 百度搜索结果

HTTP定义的另一种请求方法是POST方法。POST请求一般用于向服务器提交用户输入的数据。使用POST发送的数据对用户是不可见的，但可以通过浏览器的调试工具查看，在浏览器中按F12键可以调出调试工具。POST请求对发送的数据的量没有限制。下面来对比一下GET和POST方法。

(1) GET是从服务器上获取数据；POST是向服务器传送数据。

(2) 在客户端，GET通过URL提交数据，数据在URL中可见；POST把数据放在form的数据体内提交。

(3) GET提交的数据最多只有1024B；POST提交的数据量无限制。

(4) 由于使用GET时，参数会显示在地址栏上，而POST不会，所以，如果这些数据是非敏感数据，那么使用GET；如果包含敏感数据，为了安全，用POST。

**【例12-2】** 创建一个example8_02.jsp，分别用POST和GET方式提交姓名，再创建一个命名为ServletLife的Servlet，通过web.xml配置Servlet的初始化参数，一个字符串"你好！"，在doPost()和doGet()方法中将两个字符串拼接成"×××，你好啊！"并返回表示在JSP上。同时，重载service()方法，根据传过来的Method方法自己来设定调用哪个方法。

操作步骤如下。

(1) 先建立example12_02.jsp，代码如下。

**程序清单12-3(example12_02.jsp)：**

```
<%@ page contentType="text/html;
charset=utf-8" language="java" import="java.sql.* " errorPage="" %>

<!DOCTYPE html>
<html>
<head>
```

```
    <meta charset="utf-8"><meta charset="utf-8">
    <title>无标题文档</title>
</head>

<body>
    <h2>通过 POST 方式传递参数</h2>
    <form action="ServletLife" method="POST">
    <!--通过 POST 方式传递参数 -->
    输入姓名:<input type="text" name="namepost" >
    <br>
    <input type="submit" value="提交" >
    </form>
    <h2>通过 GET 方式传递参数</h2>
    <form action="ServletLife" method="GET">
    <!--通过 GET 方式传递参数 -->
    输入姓名:<input type="text" name="nameget" >
    <br>
    <input type="submit" value="提交" >
    </form>
</body>
```

(2) 创建 ServletLife 类,代码如下。

**程序清单 12-4(ServletLife.java):**

```
package my;
import java.io.IOException;
import java.io.PrintWriter;
import javax.servlet.ServletConfig;
import javax.servlet.ServletException;
import javax.servlet.http.HttpServlet;
import javax.servlet.http.HttpServletRequest;
import javax.servlet.http.HttpServletResponse;

/**
 * Servlet 的生命周期
 * @author JY
 */
public class ServletLife extends HttpServlet {

/** SerialVersionUID */
private static final long serialVersionUID=6694980741533555810L;

/** 初始化参数 */
private String initParam;

/**
 * 初始化
 * @param config 初始化参数
```

```
 * @throws Servlet 异常
 */
@Override
public void init(ServletConfig config) throws ServletException {
    super.init(config);
        System.out.println("===初始化 Servlet===");
    //获得初始化参数并打印出来
    initParam=config.getInitParameter("sayhello");
        System.out.println("我们获得的初始化参数是:"+initParam);
    }

/**
 * service 方法使用
 * @param req Request
 * @param resp Response
 * @throws ServletException Servlet 异常
 * @throws IOException IO 异常
 */
@Override
protected void service(HttpServletRequest req,
        HttpServletResponse resp)
        throws ServletException, IOException {
        System.out.println(
    "正在执行 service 方法,调用父类对应的方法,当前提交方式:"
              +req.getMethod());
    super.service(req, resp);
    }

/**
 * doGet 方法使用
 * @param req Request
 * @param resp Response
 * @throws ServletException Servlet 异常
 * @throws IOException IO 异常
 */
@Override
protected void doGet(HttpServletRequest req,
            HttpServletResponse resp)
        throws ServletException, IOException {
        //设置 Request 参数编码
        req.setCharacterEncoding("utf-8");
        //获得页面传递过来的参数
        String nm=req.getParameter("nameget");
        //获得初始化参数字符串
        nm="通过 GET 方法获得的:"+nm+" , "+initParam;
        //设定内容类型为 HTML 网页 UTF-8 编码
        resp.setContentType("text/html;charset=utf-8");
        //输出页面
```

```
        PrintWriter out=resp.getWriter();
        out.println("<html><head>");
        out.println("<title>Servlet Life</title>");
        out.println("</head><body>");
        out.println(nm);
        out.println("</body></html>");
        out.close();
        System.out.println("正在执行 doGet 方法,页面会显示文字:"+nm);
    }

/**
 * doPost 方法使用
 * @param req Request
 * @param resp Response
 * @throws ServletException Servlet 异常
 * @throws IOException IO 异常
 */
@Override
protected void doPost(HttpServletRequest req,
            HttpServletResponse resp)
        throws ServletException, IOException {
        //设置 Request 参数编码
        req.setCharacterEncoding("utf-8");
        //获得页面传递过来的参数
        String nm=req.getParameter("namepost");
        //获得初始化参数字符串
        nm="通过 POST 方法获得的:"+nm+" , "+initParam;
        //设定内容类型为 HTML 网页 UTF-8 编码
        resp.setContentType("text/html;charset=utf-8");
        //输出页面
        PrintWriter out=resp.getWriter();
        out.println("<html><head>");
        out.println("<title>Servlet Life</title>");
        out.println("</head><body>");
        out.println(nm);
        out.println("</body></html>");
        out.close();
        System.out.println("正在执行 doPost 方法,页面会显示文字:"+nm);
    }

/**
 * 销毁 Servlet 实例
 */
@Override
public void destroy() {
        System.out.println("===销毁 Servlet 实例===");
```

```
        super.destroy();
    }
}
```

ServletLife 类继承自 HttpServlet 类，是一个典型的 Servlet。首先，我们重载了 init()方法，在 init()中，在控制台打印出 Log 日志，通知我们进行了初始化并把初始化参数打印出来；接着，由于 example12_02.jsp 文件中表单的 method 方法是 POST 和 GET，因此我们重载了 doPost()和 doGet()方法，在这里，打印了日志通知我们进入此方法中，并且进行了字符串的拼接并把其显示到页面上；同时，重载了 service()方法，根据传递来的 method 方式判断应该运行哪个方法；最后，重载了 destroy()方法，在这里通过打印日志来通知我们销毁了 Servlet 实例。

(3) 修改 web.xml，注意一定要设定<init-param>，否则会出错，代码如下：

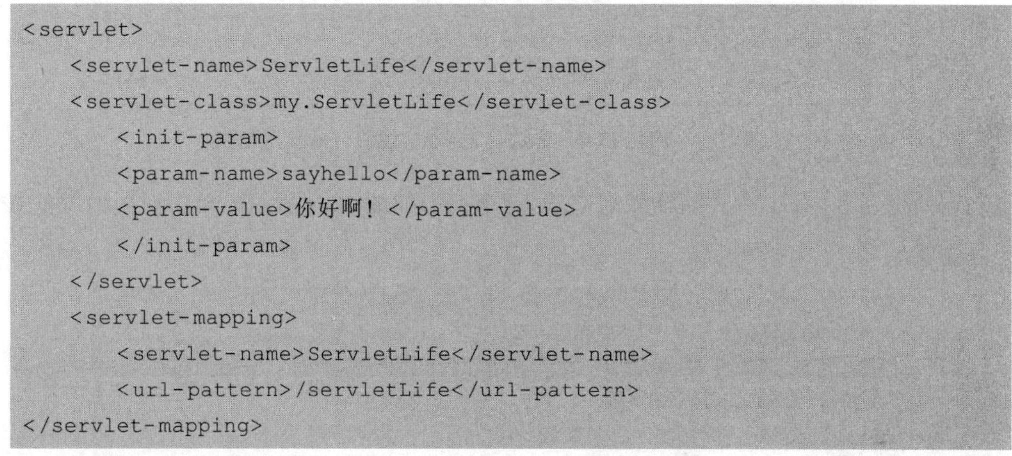

```
<servlet>
    <servlet-name>ServletLife</servlet-name>
    <servlet-class>my.ServletLife</servlet-class>
        <init-param>
        <param-name>sayhello</param-name>
        <param-value>你好啊！</param-value>
        </init-param>
    </servlet>
    <servlet-mapping>
        <servlet-name>ServletLife</servlet-name>
        <url-pattern>/servletLife</url-pattern>
</servlet-mapping>
```

在这里，设置了<param-name>，此标签设定了获得参数值所用的 key，后面的<param-value>指定的是参数的值。

(4) 重启 Tomcat 或重载"/"Web 应用。

(5) 预览。在如图 12-4 所示的 POST 方法的输入框中输入名字"张三丰"。

图 12-4　servletlife.html 页面

单击“提交”按钮后,得到结果如图 12-5 所示。

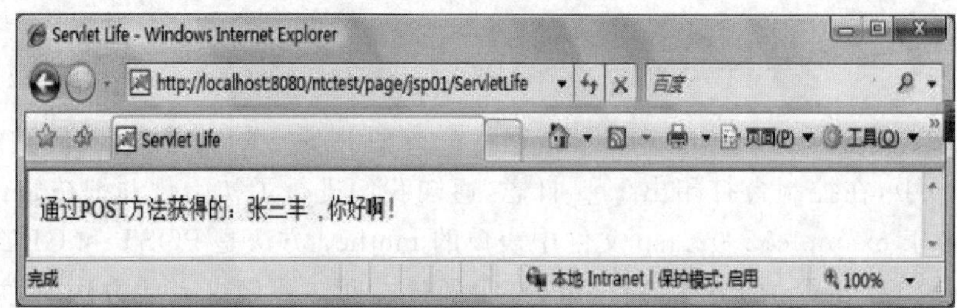


图 12-5　使用 POST 方法传递参数

此时控制台输出的 Log 日志如图 12-6 所示。

```
@ Javadoc  Problems  Declaration  Console  Ant  Progress  Searc
Tomcat 5.x [Java Application] C:\Program Files\Java\jre6\bin\javaw.exe (2009-6-19 下午12:42:
===初始化Servlet===
我们获得的初始化参数是：你好啊！
正在执行service方法，调用父类对应的方法，当前提交方式：POST
正在执行doPost方法,页面会显示文字：通过POST方法获得的：张三丰， 你好啊！
```

图 12-6　使用 POST 方法传递参数,控制台的显示信息

当回退后在 GET 方式的输入框中输入“李四”,如图 12-7 所示。单击对应的提交按钮,执行结果如图 12-8 所示。

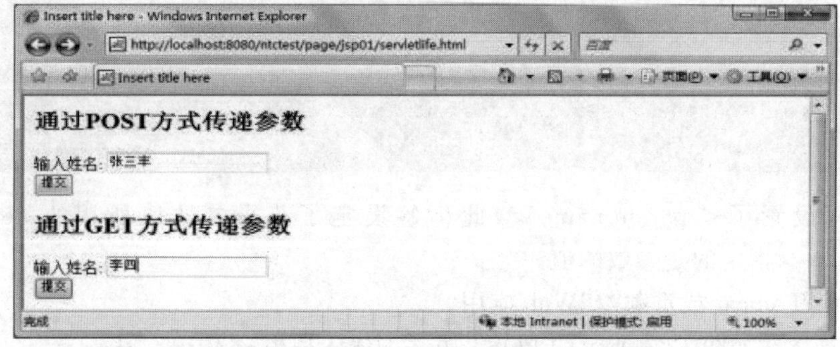


图 12-7　在第二个文本框输入“李四”后提交

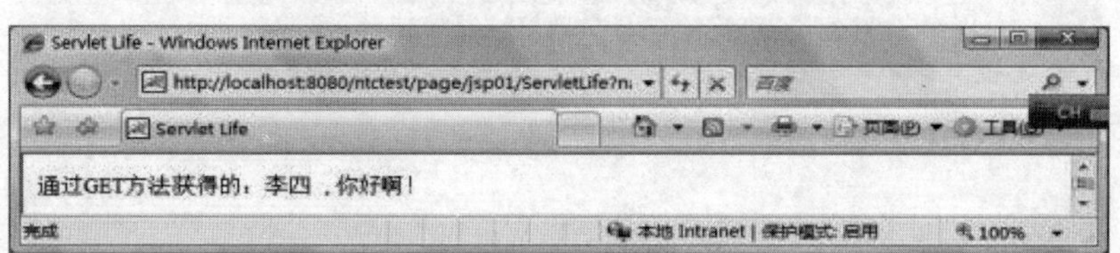


图 12-8　使用 GET 方法传递参数

此时,控制台输出的 Log 日志如图 12-9 所示,多出了后面两行。由此可以说明,Servlet 实例创建以后 init()方法只会调用一次。

当停止 Tomcat 时,将销毁 Servlet 的实例,这时可以看到进入了 destroy()方法,如图 12-10 所示。

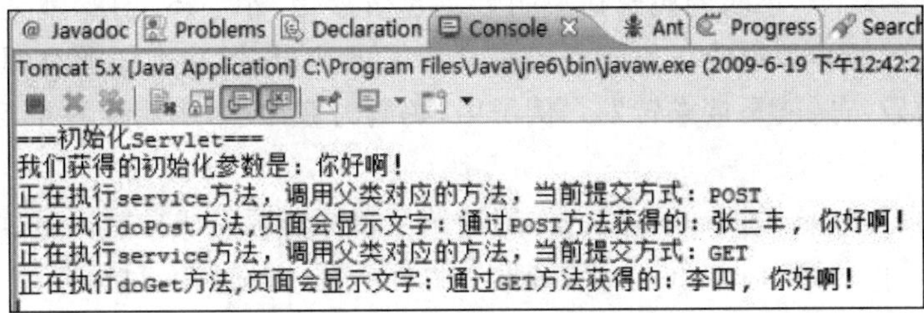


图 12-9　使用 GET 方法传递参数，控制台的显示信息

```
正在执行doGet方法,页面会显示文字：通过GET方法获得的：李四，你好啊！
2009-6-19 12:47:48 org.apache.coyote.http11.Http11Protocol pause
信息：Pausing Coyote HTTP/1.1 on http-8080
2009-6-19 12:47:49 org.apache.catalina.core.StandardService stop
信息：Stopping service Catalina
2009-6-19 12:47:49 org.apache.catalina.core.ApplicationContext log
信息：SessionListener: contextDestroyed()
2009-6-19 12:47:49 org.apache.catalina.core.ApplicationContext log
信息：ContextListener: contextDestroyed()
===销毁Servlet实例===
2009-6-19 12:47:49 org.apache.coyote.http11.Http11Protocol destroy
信息：Stopping Coyote HTTP/1.1 on http-8080
```

图 12-10　Tomcat 运行端的显示信息

## 12.4　重定向与转发

重定向是 JSP 中实现 JSP/Servlet 程序跳转至目标资源的方法之一，它的基本思想：服务器将目标资源完整的 URL 通过 HTTP 响应报头发送给客户端浏览器，浏览器接收到 URL 后更新至地址栏中，并将目标资源的 URL 提交给服务器。重定向使目标资源的 URL 从服务器传到客户端浏览器，再从客户端通过 HTTP 请求传回服务器，其中有一定的网络时延。

实现 JSP 页面跳转的主要方法有转发跳转（forward）和重定向跳转（redirect），RequestDispatcher.forward()实现的是转发跳转，response.sendRedirect()实现的是重定向跳转。两者的最大区别如下。

(1) 重定向是通过客户端重新发送 URL 来实现，会导致浏览器地址更新，而转发是直接在服务器端切换程序，目标资源的 URL 不出现在浏览器的地址栏中。

(2) 转发能够把当前 JSP 页面中的 request、response 对象转发给目标资源，而重定向会导致当前 JSP 页面的 request、response 对象生命期结束，在目标资源中无法取得上一个 JSP 页面的 request 对象。

(3) 转发跳转直接在服务器端进行，基本上没有网络传输时延，重定向有网络传输时延。

### 12.4.1　请求转发

在应用中，常需要将某个请求由一个 Servlet 交给其他的 Servlet 或者 JSP 来实现，这时就用到了请求转发。在转发过程中，浏览器作为客户端对此一无所知。人们常常使用请求转发，使用 Servlet 来处理数据，然后转发给 JSP 显示界面。

举一个通俗的例子,小明的妈妈让小明炒一盘蛋炒饭,小明不会做,就让姐姐做了。小明端着姐姐做好的蛋炒饭递给了妈妈。妈妈拿到了蛋炒饭,但并不知道小明已经将这个任务"转包"给了姐姐。这就是请求转发。例子中,妈妈为客户端,小明为一个Servlet,姐姐为另一个Servlet。

请求转发器(RequestDispatcher)的作用是调用目标资源完成功能。通过转发器将当前Servlet程序的request和response对象转发给目标资源,并跳转至目标资源上运行程序,这样,目标资源就可通过request对象读取上一资源传递给它的request属性。

ServletRequest类的getRequestDispatcher()方法的作用是返回目标资源的RequestDispatcher对象,方法原型如下:

```
public RequestDispatcher getRequestDispatcher(String path)
```

形参是当前Web应用目标资源的URI,可以使用相对路径或绝对路径。

RequestDispatcher中主要的方法如下:

```
public void forward(ServletRequest request, ServletResponse
response) throws ServletException, java.io.IOException
```

该方法能够把当前Servlet程序的request和response对象转发给目标资源,并跳转至目标资源运行代码。形参是当前Servlet程序当前的request和response对象。forward()方法在response信息提交前调用。例如,在一个Servlet中可以像下边这样写doPost方法:

```
public void doPost(HttpServletRequest request,HttpServletResponse
    response) throws ServletException,IOException
{
        response.setContentType("text/html; charset=utf-8");
        ServletContext sc=getServletContext();
        RequestDispatcher rd=null;
        rd=sc.getRequestDispatcher("/index.jsp");
        rd.forward(request, response);
}
```

### 12.4.2 重定向跳转

重定向是告诉浏览器要访问的内容在另外一个网址指向的资源中,仍然沿用12.4.1节中小明做蛋炒饭的例子。小明的妈妈让他做蛋炒饭,但小明不会做。小明于是告诉妈妈姐姐会做蛋炒饭,妈妈找姐姐,让姐姐做蛋炒饭,姐姐做好蛋炒饭后递给了妈妈。在这个过程中,妈妈找了两个人,而且知道是姐姐做了蛋炒饭。

结合上面的例子来理解一下执行过程,浏览器请求网页A,网页A返回一个重定向信息给浏览器,浏览器获知后请求网页B,网页B返回内容给浏览器,浏览器收到了网页。

可以看出,请求转发和重定向跳转是不同的。请求转发中,客户端发出一个请求,获得了一个响应且请求转发是在服务器内部完成的;重定向过程中,客户端发出了两个请求,分别收到了响应。

Servlet 中可以用 response 实现重定向，要调用的方法如下：

```
public void sendRedirect(java.lang.String location)
    throws java.io.IOException
```

形参是目标资源的 URL，可以是相对路径或绝对路径。例如：

```
response.sendRedirect("/a.jsp");
```

页面的路径是相对路径。sendRedirect 可以将页面跳转到任何页面，不一定局限于本 Web 应用中，例如：

```
response.sendRedirect("http://www.sohu.com");
```

跳转后浏览器地址栏变化。这种方式要传值出去的话，只能在 URL 中带 parameter 或者放在 session 中，无法使用 request.setAttribute 来传递。这种方式是在客户端做的重定向处理。该方法通过修改 HTTP 的 Header 部分，对浏览器下达重定向指令，让浏览器对在 location 中指定的 URL 提出请求，使浏览器显示重定向网页的内容。该方法可以接收绝对的或相对的 URL。如果传递到该方法的参数是一个相对的 URL，那么 Web 容器在将它发送到客户端前会把它转换成一个绝对的 URL。例如，在一个 Servlet 中可以像下边这样写 doPost 方法：

```
public void doPost(HttpServletRequest request,HttpServletResponse response)
        throws ServletException,IOException
{
    response.setContentType("text/html; charset=utf-8");
    response.sendRedirect("/index.jsp");
}
```

如果要实现服务器中两个 Servlet 程序间跳转，并且要使用 request 作用范围变量交换数据，应该优先使用 request 转发跳转。用重定向实现程序跳转时，如果要求传递数据给目标资源，一个简单、可行的方法是把数据编码在 URL 查询串中。例如：

```
response.sendRedirect("http://127.0.0.1:8080/exam.jsp?name=tom");
```

## 12.5 习 题

1. 简述 Servlet 应用的基本编写过程。

2. 简述 Servlet 中重定向与转发的区别和联系。

3. 创建一个 Servlet。要求通过在浏览器地址栏中访问该 Servlet 后，输出一个一行一列的表格，表格中的内容为“爱护环境，保护地球”。

4. 实现一个简单的登录程序。要求由 Servlet 接收用户输入的用户名和密码，然后输出到页面中。

# 第 13 章　JSP 页面与标签——杂烩饭

**本章主要内容：**

- JSP 的编译过程。
- JSP 的生命周期。
- JSP 的基本语法。
- JSP 指令。
- JSP 动作标签。

## 13.1　JSP 概述

### 13.1.1　JSP

第 12 章使用一个纯粹的 Java 类(Servlet)来生成网页，这是继承 CGI 的思路。在 CGI 之后出现的 ASP 等技术，使用了源代码和 HTML 混合的方式生成最终的网页。这种方式简单易用，所以被众多开发者所喜爱。JSP 页面就是继承自这种思想的一种技术。它混杂了 HTML 代码和 Java 代码，所以我们称为杂烩饭。在第 17 章，会介绍人们对这种模式的反思和对它们进行分离的尝试。历史总在循环中进步。看似原地踏步，却已物是人非。

JSP 可以被解释为 Java Server Page，即由 Java 支撑的服务器端页面技术。看到这种解释人们常常不知所云。在下面的章节中编者尽量使用通俗的语言。简单来说，JSP 就是一个嵌入了 Java 代码的 HTML 网页，这个网页会被服务器先处理过，将其中的 Java 代码编译并执行，最终获得一个没有任何 Java 代码的纯 HTML 代码。

程序清单 13-1 给出了一个简单的 JSP 的例子。最上面是一行 JSP 标签，说明这个页面的一些属性，如用何种语言实现 JSP(目前只能用 Java)，使用哪些 Java 包(java.util.*)，这个页以何种编码存储(UTF-8 是推荐的编码方式)，它支持世界上绝大多数语言，当然也支持中文。第二行使用 out 对象输出一个字符串。这个 out 的用法和 System.out 基本相同。它的作用是输出 JSP 的处理结果，这个结果会被服务器发送给客户端的浏览器，并被用户看到。

**程序清单 13-1，最简单的 JSP 页面(simple.jsp)：**

```
<%@ page language="java" import="java.util.*" pageEncoding="utf-8"%>
<% out.println("hello"); %>
```

图 13-1 为运行结果。

右击，在弹出的菜单中选择“查看源代码”，可以看到它的源代码只有一个 hello，如图 13-2 所示。这个 hello 就是上面 out.println 输出的，且我们发现所有<% %>中的语句都不见了。这说明，所有<% %>中的语句是在服务器端运行的，它们的运行结果会发送给客户端。

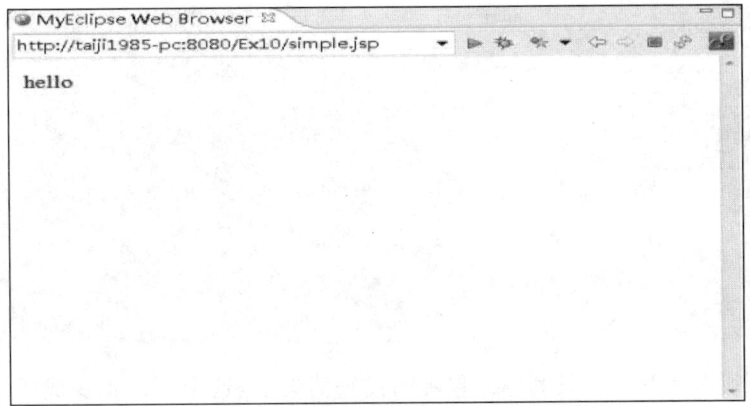


图 13-1 simple.jsp 运行结果

图 13-2 simple.jsp 浏览器端的源代码

与程序清单 13-1 相比，下面的例子更像是一个网页。网页狭义上来讲就是一个 HTML 文档。它包含一个 DOCTYPE 定义，告诉浏览器此网页遵循何种版本的 HTML。这个例子中，网页是 HTML 5 版本的。下面是一个 HTML 的头部和主体部分。这个代码里比较违和的是，有两行由<% %>包裹的代码。

**程序清单 13-2(hello.jsp)：**

```
<%@ page language="java" import="java.util.*" pageEncoding="utf-8"%>
<!DOCTYPE html>
<html>
<head>
    <meta charset="utf-8">
    <title>Hello JSP</title>
</head>
<body>
    <% out.println("hello"); %>
</body>
</html>
```

使用浏览器浏览这个网页后，会发现这个网页的外观和程序清单 13-1 给出的网页几乎一模一样。那么右击查看源代码，可以看到源代码如下：

**程序清单 13-3(hello.jsp 运行结果)：**

```
<!DOCTYPE html>
<html>
<head>
```

```
    <title>Hello</title>
    <meta charset="utf-8">

</head>
<body>
    hello

</body>
</html>
```

可以看到所有违和的＜％和％＞包裹的代码消失了，这个页面也变成了一个非常规整的 HTML 代码。但代码中的“＜％ out. println("hello"); ％＞”也并非凭空消失，而是变成了 hello 这个字符串。

结合上述两段代码，相信大家对 JSP 已经有了直观的认识，至于＜％ ％＞里的语句是什么意思，后面会详细讲解。

### 13.1.2 为什么要有 JSP

通过前面的学习，我们了解了如何用 Servlet 响应 Web 请求。那么既然有了 Servlet 为何还要造出 JSP 呢？可以从两个方向解释这个问题：一个是需求，另一个是用历史来解释。

程序清单 13-1 非常简单，那么用 Servlet 来实现此功能会是怎样的呢？大家会看到较长的一段代码(见程序清单 13-4)，最核心的一句话就是“out. println("hello");”。可以看到使用 JSP 可以避免大量不必要的代码。

因为响应用户请求最终要为用户提供一个 HTML 文档，而 HTML 文档结构是固定的，所以我们以文本的形式给出固定的 HTML 代码，再以 Java 代码的形式给出动态生成的部分，这个就是 JSP。笔者称之为杂烩饭！

```
程序清单 13-4(简单的 Servlet):
import java.io.IOException;
import java.io.PrintWriter;
import javax.servlet.ServletException;
import javax.servlet.http.HttpServlet;
import javax.servlet.http.HttpServletRequest;
import javax.servlet.http.HttpServletResponse;

public class Hello extends HttpServlet {
    public Hello() {
        super();
    }
      public void service (HttpServletRequest request, HttpServletResponse
      response) throws ServletException, IOException {
        response.setContentType("text/html");
        PrintWriter out=response.getWriter();
```

```
        out.println("hello");
    }
}
```

任何一项技术都不是孤立的,也不是突然出现的,JSP也是如此。在JSP之前已经出现了众多的Page技术,如ASP、PHP。ASP已成明日黄花,现在微软公司把对它的支持全部转给了ASP.NET。PHP是老而弥坚,现在还被大多数中小型网站使用。程序清单13-1可以用ASP写作:

```
<% response.write("hello") %>
```

也可以用PHP写作:

```
<?php echo "hello";?>
```

可以看到,几种语言的语句差别不大,仅仅是输出用的对象或者函数不同而已。所以我们虽然以JSP为例讲解动态网站设计,但不妨碍大家通过学习JSP掌握其他服务器端语言。

给大家补充使用CGI输出Hello的例子:

```
#include <stdio.h>
#include <stdlib.h>
int main(void)
{
    printf("hello");
}
```

几乎和控制台程序一模一样,这个程序运行会向命令行输出一个hello,这个hello会被服务器重定向并发送给客户端,浏览器作为客户端会将这个内容当作一个网页来解析,最终结果就是输出图13-2所示的结果。

## 13.2 JSP的工作原理

对于程序员,如何响应HTTP请求或许是更重要的。让我们看看JSP服务器做了些什么。

JSP页面基于Java技术,而Java技术最核心的就是一个虚拟机技术,将所有Java类转化为字节码(.class)文件,然后使用JVM解释执行。对于JSP来说也是如此,JSP页面转化为字节码(.class)文件才能被调用和执行。这是Tomcat需要做的事。它首先需要将JSP转化为一个Servlet文件,也就是一个.java文件。然后使用javac将此类转换为字节码(.class)。这就是为什么在安装Tomcat前需先安装JDK。如果只需要使用Servlet不使用JSP,则只需要JRE,不需要JDK。

当HTTP请求来临时,Tomcat首先决定由哪个JSP来执行这个请求,这一般由请求的路径决定,如请求http://localhost/hello/goodbook.jsp,那么Tomcat会在webroot下面找到 hello 目录,然后再找到 goodbook.jsp 这个文件。找到这个文件后,再判断这个 JSP 是否被编译过了,如果还没有编译出相应的.class 文件,则将 JSP 转码为 Servlet,再编译为.class 文件。

JSP 页面访问流程如图 13-3 所示。

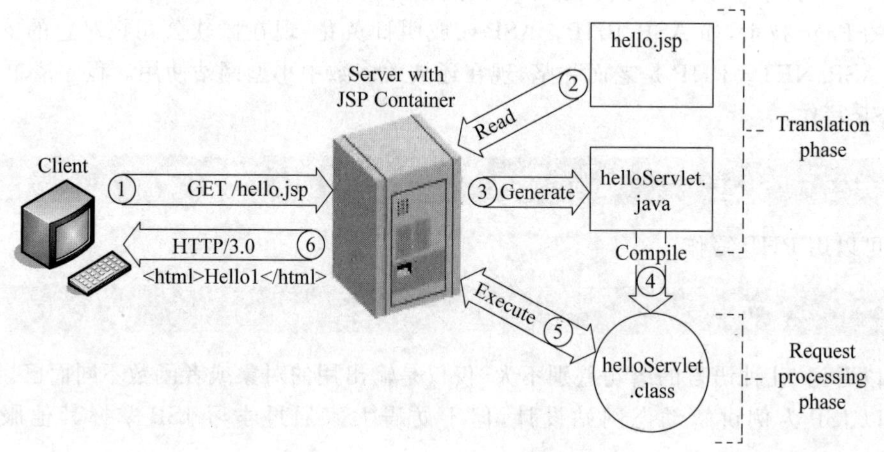


图 13-3　JSP 页面访问流程

服务器得到了.class 文件后,用类加载器(class loader)将这个类加载,然后创建它的一个实例,随后调用它的 jspInit 方法,然后调用_jspService 方法,这个方法由 JSP 容器(如 Tomcat)自动生成,将页面上这些 HTML 代码以及 Java 代码都整合在一起。jspDestroy 方法会在 Tomcat 需要销毁这个 JSP 页面对应对象的时候访问,这里可以做一些最终的清理。需要注意的是,Tomcat 销毁这个页面的时机是不确定的,可能是服务器关闭时,也可能是系统资源不足需要释放某部分资源时,而且这个函数在整个 JSP 生命周期中仅仅会被调用一次,类似于类的析构函数,而在整个生命周期内,这个 JSP 页面可能会被客户端多次访问(多次请求),所以针对某次请求的清理工作不能在这里实现,如释放数据库连接。_jspService这个方法的输出最终汇集为一个标准 HTML 文档,Tomcat 使用 HTTP 发送给客户端。JSP 页面生存周期如 图 13-4 所示。

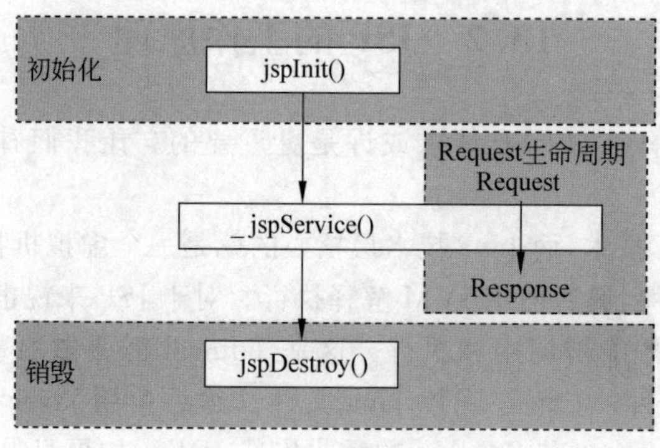


图 13-4　JSP 页面生存周期

值得注意的是,jspInit 和 jspDestroy 都可以被改写(override),在后续介绍成员函数时给大家演示它们的作用。

# 13.3 JSP语法

## 13.3.1 JSP脚本

JSP文件由标准的HTML文件和嵌入的JSP声明与Java代码构成的。人们将这些JSP标签和Java代码称为脚本。脚本的语法格式如下：

```
< % 标签或代码 %>
```

所有需要执行的Java代码都必须写到脚本标签里面，否则不会被执行，而是当成文本直接输出。反之，非Java代码和JSP声明不能放到脚本标签里，下列写法都是错误的：

```
<% <html>%><!--错误 -->
out.println("hello"); <-- ! 会被当作文本来处理，不会被执行 -->
```

脚本标签是计算机和程序员的一种约定，写标签中的文本JSP容器会当作代码处理，外面的会当作文本处理。所以在编写JSP页面时，如果需要嵌入Java代码一定要写在标签中。

## 13.3.2 JSP声明

JSP声明语句可以声明一个或多个变量、方法，供后面的Java代码使用。上面已经介绍了JSP的声明周期(见13.2节)，在<% %>标签中的代码会被转义到_jspService中，如果直接在<% %>中声明方法就相当于在_jspService方法中声明新的方法(在方法中声明方法)，这是不符合Java语法的。那么如果要声明JSP对应的Servlet中的方法应当如何做呢？答案是使用<%!%>标签。下面是JSP声明的语法：

```
<%!声明 1;声明 2%>
```

例如：

```
<%! int i=0; %>
<%! int a, b, c; %>
<%! Book b=new Book(); %>
```

上面例子声明的变量称为成员变量。在JSP文件编译为Servlet之后，这些变量作为成员变量存在，当然也可以用同样的方式声明成员函数，例如：

```
<%!
int add(int a,int b){
    return a+b;
}
%>
```

常见的错误是使用了一般的表达式。这种错误与在Java类中方法之外写执行语句的

错误相同。例如:

```
<%!
a=c+d;        //错误
%>
```

### 13.3.3 JSP 注释

Java 中可以采用/*  */和//的方式添加多行和单行的注释。HTML 中可以通过<!-- -->的方式添加注释。JSP 同样可以如此添加注释。另一种方法是在 JSP 脚本中添加 Java 注释,可以是段注释也可以是行注释。最后一种就是 JSP 特有的注释方式,使用<%-- --%>添加注释。例如:

```
<%--这是注释 --%>
<%
  /*这也是注释 */
  //这还是注释
%>
<!--HTML 文件的注释方式依然可用 -->
```

### 13.3.4 JSP 指令

JSP 指令用来设置页面相关的属性,包括页面类型、编码方式、导入的包等。JSP 指令的写法如下:

```
<%@ directive attribute="value" %>
```

其中,directive 为指令类型,attribute 为属性的名称,value 为属性的值。JSP 支持三种指令类型: page、include 和 taglib。

### 13.3.5 JSP 表达式

为了能方便地输出一个 Java 对象的值,JSP 还给出了一种 JSP 表达式语法。格式如下:

```
<%= Java 表达式 %>
```

程序清单 13-1 中的例子可以写为

```
程序清单 13-5(simple2.jsp):
<%@ page language="java" import="java.util.*" pageEncoding="ISO-8859-1"%>
<%="hello" %>
```

还可以给出其他例子。

```
程序清单 13-6(math.jsp):
<%@ page language="java" import="java.util.*" pageEncoding="gb2312"%>
<%=1+1%>
<%=Math.PI%>
<%=new Date()%>
<%=12.2%>
<%
    int v=12;          //这个是变量声明
%>
<%=v%>
```

JSP 的表达式可以嵌入到 HTML 的任何位置,下面给出一个特殊的例子:

```
程序清单 13-7(exp.jsp):
<%@page language="java" import="java.util.*" pageEncoding="gb2312"%>
<html>
<head><title>测试 JSP 表达式</title></head>
<body>
<p>
    今天的日期是:<%=(new java.util.Date()).toLocaleString()%>
</p>
<%
    String v="I'am default value!";
    int s=0;
    for(int i=1;i<=100;i++){
        s=s+i;
    }
%>
<form action="" method="post">
<input type="text" value="<%=v%>">
<input type="text" value="<%=s%>">
</form>
</body>
</html>
```

例子包含了一个表单(form),表单中有两个文本框,第一个文本框的值是输出一个字符串,第二个文本框的默认值是 JSP 表达式输出的一个整数。运行结果如图 13-5 所示。

http://taiji1985-pc:8083/Ex10/exp.jsp

今天的日期是2018-10-22 11:27:02

| I'am default value! | 5050 |
|---|---|

图 13-5　exp.jsp 运行结果

看一下网页的源代码。

```
程序清单 13-8(exp.jsp 输出的源代码):
<html>
<head><title>测试 JSP 表达式</title></head>
<body>
<p>
    今天的日期是 2018-10-22 11:27:02
</p>

<form action="" method="post">
<input type="text" value="I'am default value!">
<input type="text" value="5050">
</form>
</body>
</html>
```

可以对比一下此 HTML 代码与上面代码的不同。不同之处是 JSP 脚本。JSP 脚本经过服务器执行已经替换为了执行结果。可以看到 JSP 页面可以嵌入到 HTML 代码的任意位置。这种方式允许人们动态生成网页链接、表单默认值、图片地址、表格等。同学们可以尝试动态生成网页链接这个功能。

### 13.3.6 JSP 控制流

程序设计的核心就是控制。顺序、循环、分支就是高级程序语言的三大控制类型。顺序就是依次执行,循环就是多次执行一个代码段,分支是根据条件的不同执行不同的代码。JSP 的控制流其实由 Java 的控制流实现。上面的例子演示了循环和顺序。下面演示很常用的技巧。

```
程序清单 13-9(if.jsp):
<%@ page language="java" import="java.util.*" pageEncoding="ISO-8859-1"%>

<!DOCTYPE html>
<html>
<head>
<title>Test If</title>
</head>
<body>
    <%
        int a=(int)(Math.random()*1000%10);
        if(a>5){
    %>
     Haha
    <%}else{ %>
    Wuwu…
```

```
    <%} %>
</body>
</html>
```

可以看到第一个代码段中if语句是不完整的，第二个代码段中也是不完整的，第三个代码段还是不完整的。这3个代码段放在一起才是一个完整的if语句。这个例子告诉我们，每个代码段里的代码可以是不完整的，只要整合起来完整即可。这个例子很像三明治。这个例子等价于以下代码。

```
程序清单 13-10(if2.jsp):
<%@ page language="java" import="java.util.*" pageEncoding="ISO-8859-1"%>

<!DOCTYPE html>
<html>
<head>
<title>Test If2</title>
</head>
<body>
    <%
        int a=(int)(Math.random()*1000%10);
        if(a>5){
            out.println("Haha");
        }else{
            out.println("Wuwu…");
        }
        %>
</body>
</html>
```

代码段中间夹杂着文本。循环也可以写成如此诡异的形式，如从数据库中读取了一组记录，想依次输出，会使用while语句，每条记录想显示为一个复杂的div，那么就可以采取这种三明治形式。我们没有介绍到数据库，所以举一个比较简单的例子。

```
程序清单 13-11(for.jsp):
<%@ page language="java" import="java.util.*" pageEncoding="ISO-8859-1"%>
<html>
<head><title>FOR LOOP Example</title></head>
<body>
<%
    for(int fontSize=1; fontSize <=3; fontSize++){ %>
    <font color="green" size="<%=fontSize %>">
    JSP Book
</font><br/>
<%}%>
</body>
</html>
```

图 13-6 为 for.jsp 的运行结果。

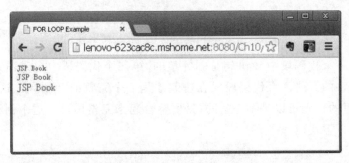


图 13-6 for.jsp 运行结果

这个网页的源代码如下：

**程序清单 13-12(for.jsp 运行结果)：**

```
<html>
<head><title>FOR LOOP Example</title></head>
<body>

<font color="green" size="1">
   JSP Book
</font><br/>

<font color="green" size="2">
   JSP Book
</font><br/>

<font color="green" size="3">
   JSP Book
</font><br/>

</body>
</html>
```

通过本节，大家应该对 JSP 有所认识了。请测试本章给出的每个例子。JSP 课程是一门实践性极强的课程，要多动手练习。

## 13.4 JSP 指令

JSP 指令用来设置整个 JSP 页面相关的属性，如网页的编码方式和脚本语言。其基本格式如下：

```
<%@ directive attribute="value" %>
```

其中，directive 表示指令类型，本节讲述 page、include 和 taglib 3 个最常见指令。

### 13.4.1 page 指令

顾名思义，page 指令描述了当前网页的属性和功能，一个页面可以包含多个 page 指令。page 指令的语法为

```
<%@ page attribute1="value1" attribute2="value2" attribute3=…%>
```

page 指令共有 11 个属性，如表 13-1 所示。

**表 13-1　page 属性表**

| 属　　性 | 描　　述 |
| --- | --- |
| buffer | 指定 out 对象使用缓冲区的大小 |
| autoFlush | 控制 out 对象缓存区是否自动清空 |
| contentType | 指定当前 JSP 页面的输出类型和编码方式 |
| errorPage | 指定当 JSP 页面发生异常时需要转向的错误处理页面 |
| isErrorPage | 指定当前页面是否可以作为另一个 JSP 页面的错误处理页面 |
| extends | 指定 servlet 从哪一个类继承 |
| import | 导入要使用的 Java 类 |
| info | 定义 JSP 页面的描述信息 |
| isThreadSafe | 指定对 JSP 页面的访问是否为线程安全 |
| language | 定义 JSP 页面所用的脚本语言，默认是 Java |
| session | 指定 JSP 页面是否使用 session |
| isELIgnored | 指定是否执行 EL 表达式 |
| isScriptingEnabled | 确定脚本标签能否被使用 |

contentType 是 page 指令最常用的属性，定义页面的输出类型和编码方式。它告诉浏览器，服务器会传递给浏览器何种类型的数据，是图片还是文档。如果是文档。那么编码方式是怎样的。需要注意的是，虽然 JSP 页面的主要输出类型是网页，但并不代表 JSP 只能输出网页。实际情况是 JSP 可以输出任何格式。contentType 的值有特定的格式，可以直接是一个 MIME 格式名，也可以为

```
contentType="MIME 类型;charset=编码名"
```

常用的 MIME 类型如表 13-2 所示。

**表 13-2　常用 MIME 类型表**

| MIME | 类　　型 |
| --- | --- |
| text/plain | 纯文本 |
| text/xml | XML 文档 |
| text/html | HTML 文档 |

续表

| MIME | 类　　型 |
|---|---|
| text/css | CSS 文档 |
| text/javascript | 脚本文档 |
| image/jpeg | JPEG 图片 |
| image/png | PNG 图片 |
| application/octet-stream | 二进制文件,浏览器访问此类型页面时会弹出下载框 |

下面的写法都是正确的:

```
<%@ page contentType="text/html"%>
<%@ page contentType="text/html;charset=gb2312"%>
<%@ page contentType="image/jpeg"%>
```

但一个页面不能包含两个 contentType 属性的值,因为服务器会无所适从。程序设计最基础的原则就是不允许有歧义。

```
程序清单 13-13(draw.jsp):
<%@ pagecontentType="image/jpeg"%>
<%@ pageimport="java.awt.*"%>
<%@ pageimport="java.awt.image.*"%>
<%@ pageimport="com.sun.image.codec.jpeg.*"%>
<%@ pageimport="java.util.*"%>
<%
    out.clear();
    out=pageContext.pushBody();

    int width=400;
    int height=200;

    BufferedImage image=new BufferedImage(width, height, BufferedImage.TYPE_
INT_RGB);

    Graphics g=image.getGraphics();
    g.setColor(Color.YELLOW);
    g.fillRect(0, 0, width, height);
    g.setColor(Color.GREEN);
    g.drawRect(10, 10, 380, 180);
    g.setFont(new Font("Times New Roman",Font.BOLD,54));
    g.setColor(Color.RED);
    g.drawString("Teacher Yang!", 20, 140);
    g.drawOval(10, 10, 80, 80);
    g.dispose();
```

```
    ServletOutputStream sos=response.getOutputStream();
    JPEGImageEncoder encoder=JPEGCodec.createJPEGEncoder(sos);
    encoder.encode(image);
%>
```

这个 JSP 首先创建了一个 BufferedImage 对象，这个对象在游戏制作中用得很多，相当于一个画图板，可以调用它的 getGraphics 方法获取一个 Graphics 对象，使用 Graphics 中的方法可以绘制任何想绘制的图形，例子中提供了一个最简单的画图操作：绘制一个空心矩形。例子最后使用一个编码器 JPEGImageEncoder 将它转换为一张 JPEG 图片并输出(encode 函数)。这个格式和我们声明的 contentType 一致，运行结果如图 13-7 所示。

图 13-7 draw.jsp运行结果

下面需要重点讲述的属性是 pageEncoding。这个属性指明了当前 JSP 页面的保存方式。在 JSP 编译时，JSP 容器(如 Tomcat)会按照这个属性指出的编码方式读取 JSP 文件，处理 JSP 文件后，会以 contentType 中 charset 编码格式输出。下面是一个 pageEncoding 的例子：

```
<%@ page pageEncoding="gb2313"%>
```

GB2312 被称为国标，是中国自行制定的编码方式，目前已经被 GBK 代替，另外一种兼容汉字的格式是 UTF-8。在标签中这两个值都不区分大小写。

如果没有设置 pageEncoding 和 contentType 中的 charset，则默认为 ISO-8859-1。这个编码通常称为 Latin-1 或“西欧语言”，只能显示英文字符数字和标点符号，不能显示汉字。如果在网页中需要处理汉字，则一定要声明这个值为 GB2312 或 UTF-8，并保持 JSP 文件的保存格式与 pageEncoding 声明一致。下面给出一个完整的包含汉字的网页的案例。

**程序清单 13-14(chinese.jsp)：**

```
<%@ page language="java" import="java.util.*" pageEncoding="utf-8"
charset="text/html;charset=utf-8"%>
<!DOCTYPE html PUBLIC "-//W3C//DTD HTML 4.01 Transitional//EN">
<html>
```

```
<head>
<title>测试汉字</title>
</head>
<body>
    我是汉字!
</body>
</html>
```

如果使用 MyEclipse 开发网站，在网页中输入了汉字，但 pageEncoding 没有写，或者设置为 ISO-8859-1，则会提示如图 13-8 所示的错误。

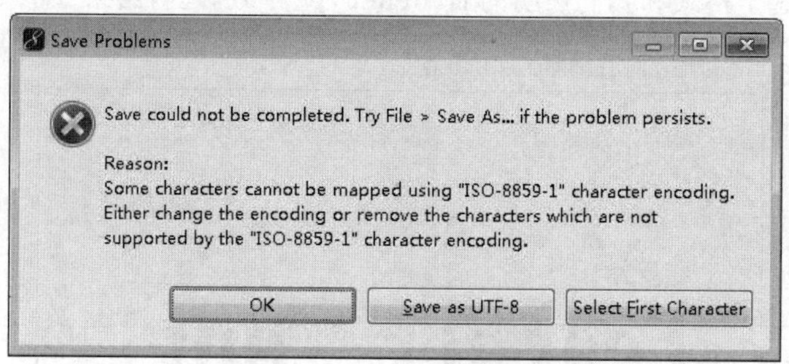


图 13-8　Eclipse 提示的错误信息

在开发工具提示错误时，不应不看就直接关掉，也不应因为看不懂就心烦。其实这个错误写得很清楚。Some characters cannot be mapped using“ISO-8859-1”意思为有些字符(就是我们那些中国字)不能映射到西欧编码，当然就无法保存。解决办法，改 pageEncoding，如果改成 UTF-8，则 Eclipse 默认将此文件保存为 UTF-8，如果改成 GB2312，则 Eclipse 将文件保存为 GB2312。如果保存为 UTF-8 后，再改为 GB2312，那么乱码在等着你。

buffer 和 autoFlush 是一对属性，用来控制输出缓冲区。大家知道一般的输出流为了提高效率都有一个缓冲区，当缓冲区满了或者用户主动清空时缓冲区的数据才会真正输出。buffer 属性就是用来控制缓冲区的大小，它可以设置的值有 none、8KB 的形式。下面的写法都是对的。当然，一个页面包含下面的两句就是错误的，因为 page 指令的同一个属性不能声明两遍。例如：

```
<%@ page buffer="8KB" %>
<%@ page buffer="16KB"%>
<%@ page buffer="32KB"%>
<%@ page buffer="none" %>
```

autoFlush 可以是 true 或 false。当其为 true 时，缓冲区满之后，会自动输出。页面处理完毕后也会自动输出。如果为 false，则需要手工调用 out.flush()输出。如果还没有调用 flush 缓冲区就满了怎么办？会抛出异常！下面给出一个缓冲溢出的例子。

**程序清单 13-15(buffer.jsp)：**

```
<%@ page buffer="8KB"autoFlush="false"%>
<%
```

```
    for(int i=0;i<1000*10;i++){
        out.print("a");
    }
%>
```

可以看到,缓冲区大小为 8KB,并设置为不自动输出。下面一个循环打印 10KB 的数据。运行后得到如图 13-9 所示的异常。

```
exception

org.apache.jasper.JasperException: An exception occurred processing JSP page /ch13/test.
jsp at line 4

1:<%@page buffer="8KB" autoFlush="false"%>
2:<%
3:    for(int i=0;i<1000*10;i++){
4:        out.println("a");
5:    }
6:  %>
7:

Stacktrace:
    org.apache.jasper.servlet.JspServletWrapper.handleJspException(JspServletWrapper.
java:524)
    org.apache.jasper.servlet.JspServletWrapper.service(JspServletWrapper.java:423)
    org.apache.jasper.servlet.JspServlet.serviceJspFile(JspServlet.java:320)
    org.apache.jasper.servlet.JspServlet.service(JspServlet.java:266)
    javax.servlet.http.HttpServlet.service(HttpServlet.java:803)

root cause

java.io.IOException: Error: JSP Buffer overflow
    org.apache.jasper.runtime.JspWriterImpl.bufferOverflow(JspWriterImpl.java:165)
    org.apache.jasper.runtime.JspWriterImpl.write(JspWriterImpl.java:328)
    org.apache.jasper.runtime.JspWriterImpl.write(JspWriterImpl.java:342)
    org.apache.jasper.runtime.JspWriterImpl.newLine(JspWriterImpl.java:358)
    org.apache.jasper.runtime.JspWriterImpl.println(JspWriterImpl.java:497)
```

图 13-9 缓冲区溢出错误

如何阅读错误?JSP 页面上提示的错误分为两部分,第一部分指出 JSP 页面中错误的位置为 test.jsp 的第四行,也就是 out.println 这一行。这一行出了什么错误呢?看第二部分 JSP Buffer overflow,即缓冲区溢出了。

在 buffer 为 none 的时候,autoFlush 必须是 true,否则也会给出错误。这个错误的类型是 jsp.error.page.badCombo,错误的组合(见图 13-10)。这个错误没有指出详细的错误类型,如果不小心犯了这种错误时很难查找错误点的,所以大家要注意。

```
HTTP Status 500 -

type Exception report

message

description The server encountered an internal error() that prevented it from fulfilling this
request.

exception

    org.apache.jasper.JasperException: /ch13/test.jsp(1,1) jsp.error.page.badCombo
    org.apache.jasper.compiler.DefaultErrorHandler.jspError(DefaultErrorHandler.java:40)
    org.apache.jasper.compiler.ErrorDispatcher.dispatch(ErrorDispatcher.java:407)
    org.apache.jasper.compiler.ErrorDispatcher.jspError(ErrorDispatcher.java:102)
    ⋮        //(这里省略若干行)
    org.apache.jasper.servlet.JspServletWrapper.service(JspServletWrapper.java:317)
    org.apache.jasper.servlet.JspServlet.serviceJspFile(JspServlet.java:320)
    org.apache.jasper.servlet.JspServlet.service(JspServlet.java:266)
    javax.servlet.http.HttpServlet.service(HttpServlet.java:803)

note The full stack trace of the root cause is available in the Apache Tomcat/6.0.13 logs.
```

图 13-10　错误的组合

看了两个错误后,还要看一个例子,就是如何应用 buffer 和 autoFlush。在处理一个耗时较长的任务时,常常需要知道运行到何处了,但如果不使用手工清空缓冲区,则会出现执行到最后才会显示结果的效果。下面给出例子。

**程序清单 13-16(flush.jsp)**

```
<%@ page language="java"import="java.util.*" pageEncoding="utf-8"
contentType="text/html;charset=utf-8"%>
<!DOCTYPE html>
<html>
<head>
<title>Test Flush</title>
</head>
<body>
<%
    for(int i=0;i<20;i++){
        out.println("hello "+i);
        out.flush();            //可以去掉此行再测试,对比效果
        Thread.sleep(100);
    }
%>
</body>
</html>
```

代码中 Thread.sleep()让当前线程暂停，以模拟耗时的任务操作。大家可以将代码敲入 Eclipse，测试效果。可以看到 hello 1、hello 2 等字符串慢慢地依次出现。去掉 out.flush 一行后，页面会一次性的输出 hello 1～hello 20。

session 属性可以取 true 和 false 两个值。session 是保存会话信息的变量，我们会在后续详细讲解。该属性为 true 时，使用 session，否则不使用 session。该属性默认为 true。

errorPage 属性用来定义错误页面，即当前页面出现错误时，跳转到何处。它的属性值为一个错误页的相对地址。

```
程序清单 13-17(throw.jsp):
<%@ page errorPage="error.jsp" import="java.lang.*"%>
<%
    if(true){
        throw new Exception("hello error");
    }
%>
```

这个页面也有颇多诡异之处值得探讨。一个是 throw，它是用来抛出一个异常的，这里例子为了测试 errorPage 的作用，所以主动地抛出了一个异常。如果没有 errorPage 属性应该会看到如下异常：

```
javax.servlet.ServletException: java.lang.Exception: hello error
```

有了 errorPage 声明以后，会直接跳转到 error.jsp。当然前提是 error.jsp 必须存在。isErrorPage 属性表征当前页是否可以作为其他页面的错误页，可以取 true 和 false 两个值。上面一个例子，还有一个重要属性 import。这个属性功能等同于 Java 中的 import 语句。所有在 JSP 需要用到的类，都需要在这里声明。如需使用多个类，可以通过逗号隔开。例如：

```
<%@ page errorPage="error.jsp" import="java.lang.*,com.yang.*"%>
```

language 属性的作用是指定页面使用的脚本语言，目前只能取值为 java。例如：

```
<%@ page language="java" %>
```

extends 属性指定 JSP 页面所生成的 Servlet 的超类(super class)。这个属性一般为开发人员或提供商保留，由他们对页面的运作方式做出根本性的改变(如添加个性化特性)。一般人应该避免使用这个属性，除非引用由服务器提供商专为这种目的提供的类。它采用下面的形式：

```
<%@ page language="com.yang.MyJSPBase" %>
```

isThreadSafe 属性控制由 JSP 页面生成的 Servlet 是允许并行访问，还是同一时间不允许多个请求访问单个 Servlet 实例(isThreadSafe="false")。默认为 true，即允许多人同时访问此页面。

### 13.4.2 include 指令

几年前,作者尝试用C来实现面向对象的继承时,曾写下了如下代码。

**程序清单 13-18(child.c):**

```
typedef struct{
    #include "parent.c"
    int c;
} Child;
```

**程序清单 13-19(parent.c):**

```
int a,b;
```

Child 类型包含了3个整型变量 a、b、c,这个代码是正确的。具体如何实现面向对象的继承这里不再赘述,但这里的 #include 实在是神来之笔。作者当时为项目组的成员如此解说: include 即是替换。将被引用文件的全部内容复制到 include 语句的位置和写一个 include 完全等价。理解了这句话就理解了上述代码。

JSP 中的 include 也是替换。被 include 的文件和主文件组合起来构成一个完整的 HTML。如下例程序内容。

**程序清单 13-20(include.jsp):**

```
<%@ page buffer="none" import="java.lang.*" pageEncoding="utf-8"%>
<!DOCTYPE html>
<html>
<head>
<title></title>
</head>
<body>
helo
<%@  include file="mytail.jsp" %>
```

可以看到这个 HTML 并不完整,body 和 html 都没有关闭。但 mytail.jsp 中有以下内容。

**程序清单 13-21(mytail.jsp):**

```
</body>
</html>
```

将此内容替换 include 那条语句就是一个完整的 HTML。这就是 include 的灵魂。include 替换操作由 JSP 容器(如 Tomcat)在编译期完成。也就是说如果 mytail.jsp 不存在的话,编译就会报错,而不是运行时才发现。

上述例子是为演示 include 的本质,在真实应用中 include 主要用于统一网站风格。我们也许注意到了某些网站的网页上半部分和下半部分经常是一致的,这个就是 include 实现的。

## 13.5 JSP动作标签

JSP动作标签是在运行期中执行某种操作的指令。与指令相对应,动作标签也包含一个名称,以及一连串的属性。与指令不同的是,JSP动作标签是在运行期执行,而指令则是在编译期。其格式如下:

```
<jsp:action_name attribute="value" />
```

利用JSP动作可以动态地插入文件、重用JavaBeans组件、把用户重定向到另外的页面、为Java插件生成HTML代码。常用的动作标签如表13-3所示。

表13-3 JSP动作标签列表

| 标　签 | 描　述 |
|---|---|
| jsp:include | 在页面被请求的时候引入一个文件 |
| jsp:useBean | 寻找或者实例化一个JavaBean |
| jsp:setProperty | 设置JavaBean的属性 |
| jsp:getProperty | 输出某个JavaBean的属性 |
| jsp:forward | 把请求转到一个新的页面 |
| jsp:plugin | 根据浏览器类型为Java插件生成object或embed标签 |
| jsp:element | 定义动态XML标签 |
| jsp:attribute | 设置动态定义的XML标签属性 |
| jsp:body | 设置动态定义的XML标签内容 |
| jsp:text | 在JSP页面和文档中使用写入文本的模板 |

<jsp:include>用来动态地包含一个文件,page属性给出引用哪个文件,flush表示在包含资源前是否刷新。如果是true,则等价于执行了语句out.flush(),其格式如下:

```
<jsp:include page="relative URL" flush="true" />
```

为什么说是动态的呢?请看下面的例子。例子中字符串s的值由随机数决定。当d>5时,引用math.jsp。否则引用hello.jsp。这一切都是运行时决定的。可以利用这个原理来做一些真正有意义的事情,如果发现用户没登录,就引用登录页,否则引用个人主页。

```
程序清单 13-22(jspinclude.jsp):
<%@ page buffer="none" import="java.lang.* " pageEncoding="utf-8"%>
<%
    int d=(int)(Math.random() * 1000%10);
    String s="hello.jsp";
    if(d>5){
        s="math.jsp";
```

```
    }
%>
<jsp:include page="<%=s %>"/>
```

<jsp:useBean>、< jsp:setProperty>和< jsp:getProperty>都是用来操作 JavaBean 的,我们会在后面讲述。

<jsp:forward>用来跳转到其他页面。该动作只有一个属性,即 page。制定调转到的页面。例如:

```
<jsp:forward page="Relative URL" />
```

<jsp:plugin>动作用来插入 Java 组件所必需的 OBJECT 或 EMBED 标签。如果需要的插件不存在,它会下载插件,然后执行 Java 组件。Java 组件可以是一个 applet 或一个 JavaBean。plugin 动作有多个对应 HTML 标签的属性用于格式化 Java 组件。param 标签可用于向 Applet 或 Bean 传递参数。例如:

```
程序清单 13-23(applet.jsp 代码片段):
<jsp:plugin type='applet' codebase='.' code='HelloApplet.class' width="160"
height="80">
<jsp:params>
    <jsp:param name="hellotext" value="Yang is god!" />
</jsp:params>
<jsp:fallback>
      Cannot initialize Java Plugin.
</jsp:fallback>
</jsp:plugin>
```

如要测试这个页面,需先建立 HelloApplet.java 并输入以下代码。

```
程序清单 13-24(HelloApplet.java):
import java.applet.Applet;
import java.awt.Color;
import java.awt.Font;
import java.awt.Graphics;

public class HelloApplet extends Applet {


    public HelloApplet() {
        super();
    }
    public void paint(Graphics g)
    {
        String s=this.getParameter("hellotext");
```

```
        g.drawString(s, 10, 50);


    }
}
```

将这个类编译出的 HelloApplet.class 放入 WebRoot 目录下。才可运行程序清单 13-22 中的例子。

JSP 动作标签中还有一组标签用来动态生成 XML 文件，使用不多，这里不再赘述。

## 13.6 习　　题

1. 简述 JSP 的基本工作原理。
2. 简述<%@ include%>与<jsp:include>的异同。
3. 简述 JSP 动作标签的种类和作用。

# 第 14 章　JSP 内置对象——通于天地谓之神

**本章主要内容：**

- JSP 内置对象的分类和组成。
- 运用 JSP 内置对象进行 JSP 编程。
- page、request、session 和 application 作用范围的区别。

## 14.1　JSP 内置对象简介

"神"字左面为"示"表示祭祀，右面为"申"，申字为田上下出头。"田"代表地，申字意味着上通青天，下至幽泉，能力通彻天地受人祭祀者为神。那么，JSP 内置对象为何命名为"神"？因为人们可以通过内置对象来访问 JSP 的天地（JSP 容器，如 Tomcat）。使用内置对象，可以"长生不死"，放入 Application 对象中的对象可以直到 Tomcat 关闭才会毁灭。我们称这个为"与天地同寿，与日月同庚"，不是长生不死又是什么？也有朝生暮死的对象，像 request 和 response。

在 JSP 页面中，经常要处理请求（request）和响应（response）信息，为了简化程序设计，JSP 规范定义了常用的 9 个内置对象（implicit objects），这些隐含对象不需要在 JSP 页面中用 new 关键字来创建，而是由 Servlet 容器来创建与管理，并传递给 JSP 页面的 Servlet 实现类来直接使用。JSP 提供的内置对象分为 4 个主要类别，表 14-1 列出了 JSP 提供的内置对象。

**表 14-1　JSP 提供的内置对象**

| 关　　系 | 内置对象 | 所 属 的 类 | 说　　明 |
|---|---|---|---|
| 与输入输出有关 | request | javax. servlet. http. HttpServletRequest | 请求端信息 |
| | response | javax. servlet. http. HttpServletResponse | 响应端信息 |
| | out | javax. servlet. jsp. JspWriter | 数据流的标准输出 |
| 与作用域通信有关 | pageContext | javax. servlet. jsp. PageContext | 表示此 JSP 的 PageContext |
| | session | javax. servlet. http. HttpSession | 用户的会话状态 |
| | application | javax. servlet. ServletContext | 作用范围比 session 大 |
| 与 Servlet 有关 | config | javax. servlet. ServletConfig | 表示此 JSP 的 ServletConfig |
| | page | java. lang. Object | 如同 Java 的 this |
| 与错误有关 | exception | java. lang. Throwable | 异常处理 |

## 14.2 out 对象

out 对象用于输出文本。JSP 输出的文本会被 Web 服务器转发给浏览器，进而在浏览器上显示出来。

### 14.2.1 输出信息的方法

#### 1. print()和 println()方法

print()和 println()用于打印输出信息，前者输出的信息在返回客户端的源代码中不换行，后者输出的信息在返回客户端的源代码中换行。被打印的信息可以是基本数据类型(如int、double 等)，也可以是对象(如字符串等)。例如，在 JSP 页面中有以下代码：

```
<body>
    <%
        out.print("123");
        out.print("456");
    %>
</body>
```

预览页面后，在 IE 浏览器中看到的显示内容为 123456，服务器返回的 HTML 代码如下：

```
<body>
    123456
</body>
```

如果把 JSP 页面中的代码修改如下：

```
<body>
    <%
        out.println("123");
        out.println("456");
    %>
</body>
```

预览页面后，在 IE 浏览器中看到的显示内容为“123　456”，服务器返回的 HTML 代码如下：

```
<body>
    123
456
</body>
```

也就是说：在服务器的返回源代码中，信息 123 和 456 是换行的。

println()不表示让IE浏览器换行显示信息,要实现这个功能,应该使用换行符<br>。例如:

```
<body>
    <%
        out.print("123");
        out.print("<br>");
        out.print("456");
    %>
</body>
```

预览后,IE浏览器中显示的内容如下:

```
123
456
```

服务器返回的HTML代码如下:

```
<body>
    123<br>456
</body>
```

**2. newLine()方法**

newLine()表示输出一个回车换行符,例如:

```
<body>
    <%
        out.print("123");
        out.newLine();
        out.print("456");
    %>
</body>
```

服务器返回的HTML代码如下:

```
<body>
    123
456
</body>
```

## 14.2.2 与缓冲区相关的方法

**1. flush()方法**

flush()用于刷新流。Java中把I/O操作转化为流操作。out.write()输出的信息暂时存储在流对象缓冲区中，刷新操作把缓冲区中的信息传递给目标对象处理，如果目标对象是另外一个字符流或字节流，同样刷新它，所以，调用 flush()方法会导致刷新所有输出流对象链中的缓冲区。如果缓冲区满了，这个方法被自动调用，输出缓冲区中的信息。

如果流已经关闭，调用 print()或 flush()会引发一个 IOException 异常，例如：

```
<%
    out.close();
    out.flush();
%>
```

在 Tomcat 命令行窗口中显示"警告：Internal error flushing the buffer in release()"的异常信息。

**2. clear()方法**

clear()表示清除缓冲区中的信息。如果缓冲区是空的，执行此方法会引发 IOException 异常。

**3. clearBuffer()**

clearBuffer()的功能与 clear()相似，它将输出缓冲区清除后返回，与 clear()不同的是它不抛出异常。

**4. getBufferSize()**

getBufferSize()返回输出缓冲区的大小，单位字节，如果没有缓冲区，则返回 0。

**5. getRemaining()**

getRemaining()返回缓冲区剩余的空闲空间，单位为字节。

**6. isAutoFlush()**

isAutoFlush()返回一个真假值，用于标识缓冲区是否自动刷新。例如：

```
<body>
    <%
        out.print("缓冲区总容量="+out.getBufferSize()+"<br>");
        out.print("缓冲区空闲容量="+out.getRemaining()+"<br>");
        out.print("缓冲区是否自动刷新="+out.isAutoFlush());
    %>
</body>
```

预览后，显示的信息如下：

```
缓冲区总容量=8192
缓冲区空闲容量=7883
缓冲区是否自动刷新=true
```

# 14.3 request 对象

## 14.3.1 用 request 读取客户端传递来的参数

客户端传递给服务器的参数包括表单提交的数据或附加在 URL 中的参数,其中 URL 中的参数是指 URL“?”后面的参数,称为查询字符串(query string)参数,例如 http://localhost/exam.jsp? name=tomcat 中的“name=tomcat”,表示有一个参数名为 name,值为 tomcat。

### 1. 用 request 读取单值参数

单值参数指一个变量最多有一个值。用 request 对象的 getParameter()方法读取这些参数。getParameter()用于读取指定变量名的参数值,方法的定义如下:

```
public java.lang.String getParameter(java.lang.String name)
```

方法的形参是参数的变量名,以 String 形式返回变量的值。如果 request 对象中没有指定的变量,则返回 null。

**【例 14-1】** 制作一个用户登录应用,用户在表单中输入用户名和口令后提交给下一个 JSP 页面读取并显示。

操作步骤如下。

(1) 新建 JSP 文件 example14_1.jsp。

```
程序清单 14-1(example14_1.jsp):
<%@ page contentType="text/html;
charset=utf-8" language="java" import="java.sql.* " errorPage="" %>
<!DOCTYPE html>
<html>
<head>
<meta charset="utf-8">
<title>无标题文档</title>
</head>

<body>
<form id="form1" name="form1" method="get" action="example14_2.jsp">
    用户名:
    <label>
    <input name="userName" type="text" id="userName" >
    </label>
    <p>口令:
    <label>
    <input name="password" type="password" id="password">
    </label>
```

```
    <label>
    <input type="submit" name="submit" value="提交">
    </label>
    </p>
    <label></label>
</form>
</body>
</html>
```

(2) 新建 JSP 文件 example14_2.jsp。

```
程序清单 14-2(example14_2.jsp):
<%@ page contentType="text/html;
charset=utf-8" language="java" import="java.sql.* " errorPage="empty.jsp"%>
<!DOCTYPE html>
<html>
<head>
<meta charset="utf-8">
<title>无标题文档</title>
</head>
<body>
<%
    String name=request.getParameter("userName");
    String pw=request.getParameter("password");
    if(name==null || name.length()==0)
        out.print("用户名为空");
    else
        out.print("用户名="+toChinese(name));
    if(pw==null || pw.length()==0)
        out.print("口令为空");
    else
        out.print("口令="+pw);
%>
</body>
</html>
```

(3) 预览。启动 Tocmat,预览 example14_1.jsp,在表单中输入用户名和口令,提交后 example14_2.jsp 中显示接收到的用户名和口令。

关于从 request 对象读取参数时的中文乱码问题。在程序清单 14-2 中,如果用户名是中文,例如"张历进",则 example14_2.jsp 显示的是中文乱码。原因是 ISO-8859-1,把它转换为 UTF-8 即可。解决方法是写一个转码方法,在显示字符串前,把字符串转换成简体中文后再显示,转码方法为 toChinese()。在 example14_2.jsp 中的代码中加入下述代码

即可:

```
<%!
public static String toChinese(String str){
try{
    byte s1[]=str.getBytes("ISO-8859-1");
    return new String(s1,"utf-8");
    }catch(Exception e)     {
    return str;
    }
}
%>
```

在上述的例子中,example14_2.jsp 读取的参数来自客户端表单。参数也可以来自URL 查询串,例如,在 IE 浏览器的地址栏中输入以下 URL 并按 Enter 键:

```
http://127.0.0.1:8080/exam302.jsp userName=tom&password=33
```

在上述的例子中,用 request.getParameter()读取表单传来的参数时,必须要给出参数的变量名,参数变量名是以硬编码形式嵌在代码中,缺乏灵活性。getParameterNames()能返回 request 对象中的参数变量名,它的定义如下:

```
public java.util.Enumeration getParameterNames()
```

把程序清单 14-1 改用 getParameterNames()读取表单参数,代码如下:

```
<body>
<%@page import="java.util.*"%>
<%
    Enumeration e=request.getParameterNames();
    while(e.hasMoreElements())
    {
        String varName=(String)e.nextElement();
        String varValue=request.getParameter(varName);
        out.print(toChinese(varName)+"="+toChinese(varValue));
        out.print("<br>");
    }
%>
</body>
```

预览 example14_1.jsp,提交表单后,修改后的代码运行结果如下:

```
password=123
Submit=提交
userName=tom
```

结果中多了一个提交按钮参数,它也属于 example14_1.jsp 中的表单标签,它默认的变量名为 Submit。

### 2. 用 request 读取多值参数

多值参数的典型代表是表单复选框，例如，在会员注册信息表单中的“爱好”就是多值参数，爱好选项中的表单变量名均为 hobby，用户可以选定多个爱好。在服务器端读取多值参数，要用到 request. getParameterValues()，它的定义如下：

```
public java.lang.String[] getParameterValues(java.lang.String name)
```

形参为多值参数的变量名，多个参数值返回后存储在一个字符串数组中。

**【例 14-2】** 制作一个会员注册信息页面 example14_3. jsp，表单提交给 example14_4. jsp 处理。本例中制作 example14_4. jsp，读取表单中的信息显示在网页上。操作步骤如下。

(1) 新建 JSP 文件 example14_3. jsp。

```
程序清单 14-3(example14_3.jsp):
<%@ page contentType="text/html;
charset=utf-8" language="java" import="java.sql.* " errorPage="" %>
<!DOCTYPE html>
<html>
<head>
<meta charset="utf-8">
<title>无标题文档</title>
</head>
<body>
<form id="form1" name="form1" method="post" action="example14_4.jsp">
    <p>会员注册信息</p>
    <p>用户名:
        <label>
        <input name="userName" type="text" id="userName">
        </label>
    </p>
    <p>口令:
        <label>
        <input name="password" type="password" id="password">
        </label>
    </p>
    <p>性别:
        <label>
        <input name="sect" type="radio" value="男" checked="checked">
        </label>
         男
        <label>
        <input type="radio" name="sect" value="女">
        </label>
         女
```

```
    </p>
    <p>爱好:
        <label>
        <input name="hobby" type="checkbox" id="hobby" value="篮球">
        </label>
          篮球
        <label>
        <input name="hobby" type="checkbox" id="hobby" value="排球">
        </label>
          排球
        <label>
        <input name="hobby" type="checkbox" id="hobby" value="足球">
        </label>
          足球
    </p>
        <p>附言:
        <label>
        <textarea name="memo" id="memo"></textarea>
        </label>
        <label>
        <input type="submit" name="Submit" value="提交" >
        </label>
    </p>
</form>
</body>
</html>
```

(2) 新建JSP文件example14_4.jsp。

**程序清单14-4(example14_4.jsp):**

```
<%@ page contentType="text/html;
charset=utf-8" language="java" import="java.sql.* " errorPage="" %>
<!DOCTYPE html>
<html>
<head>
<meta charset="utf-8">
<title>无标题文档</title>
</head>

<%!
public static String toChinese(String str)
  {
try{
    byte s1[]=str.getBytes("ISO-8859-1");
    return new String(s1,"utf-8");
```

```
        }
    catch(Exception e)
    {  return str;}
  }
%>
<body>
<%@ page import="java.util.*"%>
<%
     Enumeration e=request.getParameterNames();
    while(e.hasMoreElements())
      {
         String varName=(String)e.nextElement();
       if(! varName.equals("hobby"))
           {
             String varValue  =request.getParameter(varName);
             out.print(toChinese(varName)+"="+toChinese(varValue));
             out.print("<br>");
           }
       else
           {
               String varValue[]=request.getParameterValues(varName);
               out.print(varName+"=");
               for(int n=0;n<varValue.length;n++)
                 {
                     out.print(""+toChinese(varValue[n]));
                 }
                out.print("<br>");
           }
      }
%>
</body>
</html>
```

预览 example14_3.jsp 页面，提交表单后，example14_4.jsp 中显示了表单中的数据。

在本例实验中，如果多值表单 hobby 没有选定任何值，则在服务器端的 request 对象中不存在 hobby 这个参数。如果要用 URL 传递多值参数，则每个参数值均按 name=value 形式附加在 URL 查询串中，例如：

```
http://127.0.0.1:8080/example14_4.jsp hobby=11&hobby=22& hobby=33& hobby=44
```

### 14.3.2 request 作用范围变量

服务器端的两个 JSP(Servlet)程序间要交换数据时，可通过 request 作用范围变量来实现。request 作用范围变量也称为 request 属性(attributes)，是类似于 name=value 的属性对，由属性名和属性值构成，属性值一般是一个 Java 对象，不是 Java 基本数据类型数据。

Servlet 程序 A 要把数据对象传递给 Servlet 程序 B 时,程序 A 通过调用 request.setAttribute()把数据对象写入 request 作用范围,并通过 request 转发跳转到程序 B,程序 A 的 request 对象被转发给程序 B,在程序 B 中通过 request.getAttribute()从 request 作用范围读取数据对象。通过 request.setAttribute()方法将一个属性值对象写入 request 对象中,或者说把一个属性值对象定义为 request 作用范围变量,实际上是把属性值对象与 request 对象绑定,使属性值对象本身的生命周期和 request 对象的生命周期直接相关,在当前 request 对象有效的范围内,与之绑定的属性值对象也是有效的,可通过 request.getAttribute()方法读取这些有效的属性值对象,当 request 对象生命期结束时,与之绑定的 request 属性变量会变成垃圾对象而被回收。request 作用范围变量的变量名可以采用 Java 包的命名方式,例如,com.abc.mis.login.name、com.abc.mis.login.pw 等,变量名尽可能唯一,并且不要与 Java 及 J2EE 的包名/类名相同。

在 JSP 中,除了 request 作用范围变量外,还有 page、session 和 application 作用范围变量,它们的基本含义都是把属性值对象与某个有生命周期的 JSP 内置对象相绑定,使属性值对象有一定的生命周期,或者说使属性值对象在一定的作用范围内有效。定义作用范围变量一般是调用 JSP 内置对象中的 setAttribute()方法,读取作用范围变量一般是调用 getAttribute()方法。

#### 1. setAttribute()/getAttribute()方法

request.setAttribute()用于把一个属性对象按指定的名字写入 request 作用范围,它的语法如下:

```
public void setAttribute(java.lang.String name,java.lang.Object o)
```

第一个形参是作用范围变量名,名字要唯一,第二个形参是属性值对象。

request.getAttribute()从 request 作用范围读出指定名字的属性对象,它的语法如下:

```
public java.lang.Object getAttribute(java.lang.String name)
```

形参是属性值对象的变量名,方法返回的对象是 Object 类型,一般要进行强制类型转换,还原属性值对象的原本数据类型。例如:

```
<body>
    <%
        request.setAttribute("loginName","tom");
        String s=(String)request.getAttribute("loginName");
        out.print(s);
    %>
</body>
```

#### 2. getRequestDispatcher()方法

两个 Servlet 程序间要利用 request 作用范围变量来传递数据时,要用转发跳转操作实现从第一个 Servlet 程序 A 跳转到第二个 Servlet 程序 B，跳转时，程序 A 中的 request 和 response 对象会被自动转发给程序 B。

request 转发器（RequestDispatcher）的作用是获得目标资源的转发器，通过转发器将当前 Servlet 程序的 request 和 response 对象转发给目标资源，并跳转至目标资源上运行程序，这样，目标资源就可通过 request 对象读取上一资源传递给它的 request 属性。

request. getRequestDispatcher()的作用是返回目标资源的 RequestDispatcher 对象，语法如下：

```
public requestDispatcher getRequestDispatcher(java.lang.String path)
```

形参是当前 Web 应用目标资源的 URI，可使用相对路径或绝对路径。RequestDispatcher 中主要的方法如下：

```
public void forward(ServletRequest request, ServletResponse response)
      throws ServletException,java.io.IOException
```

该方法能够把当前 Servlet 程序的 request 和 response 对象转发给目标资源，并跳转至目标资源运行代码。形参是当前 Servlet 程序的 request 和 response 对象。

forward()方法在 response 信息提交前调用。如果在调用 forward()之前已经刷新了 response 输出缓冲区，那么转发会引发异常。在执行跳转动作前，当前 response 对象输出缓冲区中的信息将被清空。

例如，假定在 a.jsp 中有以下代码：

```
<body>
    <%
        out.print("a 第 1 次输出<br>");
        out.flush();
        RequestDispatcher go=request.getRequestDispatcher("b.jsp");
        go.forward(request,response);
        out.print("a 第 2 次输出");
    %>
</body>
```

预览 a.jsp 后，无法跳转至 b.jsp，只是显示“a 第 1 次输出”的信息。因为第 4 行在转发前刷新了 response 输出缓冲区，导致转发跳转失败，但 a.jsp 第 3 行中的输出信息在转发动作执行前，已经因刷新而返回给客户端显示。

```
public void include(ServletRequest request, ServletResponse response)
      throws ServletException,java.io.IOException
```

该方法用于包含目标资源。形参是当前 JSP/Servlet 程序的 request 和 response 对象。如果目标资源是 JSP 页面，它会被编译成 Servlet 程序后再运行。进行包含操作前，允许对当前 JSP/Servlet 程序的 response 输出缓冲区进行刷新。

例如，假定有 a.jsp 页面，代码如下：

```
<body>
    <%
        out.print("a 第 1 次输出<br>");
        out.flush();
        RequestDispatcher go=request.getRequestDispatcher("b.jsp");
        go.include(request,response);
        out.print("a 第 2 次输出<br>");
        out.print(request.getAttribute("dd"));
    %>
</body>
```

在 b.jsp 中假定有以下代码：

```
<body>
    <%
        out.print("b 输出<br>");
        request.setAttribute("dd","123");
    %>
</body>
```

预览 a.jsp 后，输出信息如下：

```
a 第 1 次输出
b 输出
a 第 2 次输出
123
```

**【例 14-3】** 利用 request 作用范围变量在两个 JSP 页面间传递数据。操作步骤如下。

(1) 新建 JSP 文件 example14_5.jsp。

```
程序清单 14-5(example14_5.jsp):
<%@ page contentType="text/html;
charset=utf-8" language="java" import="java.sql.* " errorPage="" %>
<!DOCTYPE html>
<html>
<head>
<meta charset="utf-8">
<title>无标题文档</title>
</head>
<body>
    <%
        out.print("在 example14_5.jsp 的 request 中写入一个属性");
        request.setAttribute("name","tom");
        RequestDispatcher go=request.getRequestDispatcher("/example14_6.jsp");
        go.forward(request,response);
    %>
</body>
</html>
```

(2) 新建 JSP 文件 example14_6.jsp。

```
程序清单 14-6(example14_6.jsp):
<%@ page contentType="text/html;
charset=utf-8" language="java" import="java.sql.* " errorPage="" %>
<!DOCTYPE html>
<html>
<head>
<meta charset="utf-8">
<title>无标题文档</title>
</head>
<body>
    <%
        String s=(String)request.getAttribute("name");
        out.print("在 example14_6.jsp 中读到 example14_5.jsp 传来的值="+s);
    %>
</body>
</html>
```

预览,IE 浏览器显示的内容如下:

```
在 example14_6.jsp 中读到 example14_5.jsp 传来的值=tom
```

**3. removeAttribute()方法**

此方法的作用是从 request 作用范围中删除指定名字的属性,它的语法如下:

```
public void removeAttribute(String name)
```

形参是属性名。例如:

```
request.removeAttribute("name");
```

**4. setCharacterEncoding()方法**

定义 request 对象中的 parameter 参数的字符编码标准。例如,parameter 参数如果有中文,在读取参数前调用此方法,设置参数的编码标准为 GB2312,可以解决以 POST 方式提交参数的中文乱码问题。

### 14.3.3 用 request 读取系统信息

**1. getProtocol()方法**

返回 request 请求使用的协议及版本号,方法的语法如下:

```
public java.lang.String getProtocol()
```

例如：

```
<%
    out.print(request.getProtocol());
%>
```

**2. getRemoteAddr()方法**

返回客户端或最后一个客户端代理服务器的 IP 地址，它的语法如下：

```
public java.lang.String getRemoteAddr()
```

例如：

```
<%
    out.print(request.getRemoteAddr());
%>
```

预览后显示内容为 127.0.0.1。

**3. getRemoteHost()方法**

返回客户端主机名或最后一个客户端代理服务器的主机名，如果主机名读取失败，则返回主机的 IP 地址。它的语法如下：

```
public java.lang.String getRemoteHost()
```

**4. getScheme()方法**

返回当前 request 对象的构造方案，例如 http、https 和 ftp 等，不同的构造方案有不同的 URL 构造规则。例如：

```
<%
    out.print(request.getScheme());
%>
```

预览后显示的内容为 http。

**5. getQueryString()方法**

返回 URL 的查询字串，即 URL 中“?”后面的 name=value 的属性对。例如，客户端请求的 URL 如下：

```
http://127.0.0.1:8080/hello.jsp dd=22&ff=2
```

目标资源 untiltled.jsp 中有以下代码：

```
<%
    out.print(request.getQueryString());
%>
```

预览后显示的内容为 dd=22&ff=2。

**6. getReuquestURI()方法**

返回 URL 请求中目标资源的 URI。例如,有以下的 HTTP 请求:

```
http://127.0.0.1:8080/hello.jsp dd=22&ff=2
```

目标资源 untiltled.jsp 中有以下代码:

```
<%
    out.print(request.getReuquestURI());
%>
```

预览后显示内容为/hello.jsp。

**7. getMethod()方法**

返回 request 请求的提交方式,如 GET、POST 等。

**8. getServletPath()方法**

返回调用 Servlet 程序的 URL 请求,例如:

```
http://127.0.0.1:8080/hello.jsp
```

目标资源 hello.jsp 中有如下代码:

```
<%
    out.print(request.getServletPath());
%>
```

预览后显示内容为/hello.jsp。

**9. getRealPath()方法**

返回虚拟路径在服务器上的真实绝对路径,例如:

```
http://127.0.0.1:8080/hello.jsp
```

目标资源 hello.jsp 中有如下代码:

```
<%
    out.print(request.getRealPath(request.getServletPath()));
%>
```

预览后显示内容为 C:\tomcat\webapps\ROOT\hello.jsp。

### 14.3.4 用 request 读取 HTTP 请求报头信息

客户端浏览器向服务器请求资源的过程一般分为3步来完成。

(1) 发出请求。浏览器通过 HTTP 向服务器提交请求，例如：

```
http://127.0.0.1:8080/exam.jsp
```

(2) HTTP 报头信息交换。JSP 服务器接收到客户端的资源请求后，判断请求是否合法，如果请求有效，则进行报头信息交换。客户机用 HTTP 向服务器传递的报头信息称为 HTTP 请求报头，服务器给客户机返回的报头信息称为 HTTP 响应报头。

(3) 信息传输，如把 JSP 页面的输出信息从服务器上传回浏览器，或把客户机上的文件上传到服务器。

关于 HTTP 报头的详细信息请参阅 RFC 2616 文档。在 JSP 中要读取 HTTP 请求报头中的信息，可以使用 getHeader()和 getHeaderNames()等方法。

**1. getHeader()方法**

返回指定的 HTTP 报头信息，语法如下：

```
public java.lang.String getHeader(java.lang.String name)
```

该方法的形参为报头名字。关于 HTTP 的报头名字信息请参考相关的 RFC 文档。

**2. getHeaderNames()方法**

返回 HTTP 报头的名字，名字存储在一个枚举型对象中。以下代码读出 HTTP 请求报头中的信息：

```
<body>
<%@ page import="java.util.*" %>
<%
    Enumeration e=request.getHeaderNames();
    while(e.hasMoreElements()){
        String t=(String)e.nextElement();
        out.print(t+":"+request.getHeader(t));
        out.print("<br>");
    }
%>
</body>
```

### 14.3.5 用 request 读取 Cookie

Cookie 或称为 Cookies，在 Web 技术中指 Web 服务器暂存在客户端浏览器内存或硬盘文件中的少量数据。Web 服务器通过 HTTP 报头来获得客户端中的 Cookie 信息。一个

HTTP 请求的实例如下：

```
GET /a.jsp HTTP/1.1
Host: localhost
Connection: keep-alive
User-Agent: Mozilla/5.0 (Windows NT 10.0; WOW64) AppleWebKit/537.36 (KHTML,
like Gecko) Chrome/68.0.3440.106 Safari/537.36
Accept: */*;q=0.8
Accept-Encoding: gzip, deflate, br
Accept-Language: zh-CN,zh;q=0.9
Cookie: a=1;b=2
```

HTTP 是无状态的，无法记录用户的在线信息，利用 Cookie 可以解决这个问题，把待存储的信息封装在 Cookie 对象中并传回客户端保存，需要时从客户端读取。Cookie 信息的基本结构类似于 name=value 的属性对，每个数据有一个变量名。Cookie 信息有一定的有效期，有效期短的信息直接存于 IE 浏览器内存中，关闭浏览器后，这些 Cookie 信息也就丢失。有效期长的信息存储在硬盘文件上，例如 Windows XP 中，用关键字 Cookies 搜索 C 盘，会发现有一个 C:\Documents and Settings\admin\Cookies 文件夹，文件夹中存储有 IE 浏览器曾经访问过的网站的 Cookie 文件（*.txt）。Chrome 浏览器使用自身应用嵌入的数据库存储 Cookie，可以通过按 F12 键在 Application 标签中查看。

在 JSP 中使用 Cookie 的基本过程：在服务器端生成 Cookie 对象，把待保存信息写入 Cookie 对象中；必要时设置 Cookie 对象的生命期；把 Cookie 对象传给客户端浏览器保存；服务器端程序需要 Cookie 信息时，用代码读取 Cookie 信息。

**1. Cookie 类**

javax.servlet.http.Cookie 类用来生成一个 Cookie 对象，这个类中常用的方法的语法如下：

```
Cookie(java.lang.String name, java.lang.String value)
```

第一个形参是 cookie 数据的变量名；第二个形参是待保存的数据，字符串类型。

```
public void setMaxAge(int expiry)
```

这个方法定义 Cookie 对象的生命周期，形参是生命时间数，单位为 s。如果生命时间数为负整数，表示这个 Cookie 对象是临时的，不要保存在硬盘文件中，关闭 IE 浏览器后 Cookie 数据自动丢失。如果生命时间数为零，表示删除这个 Cookie。默认值为-1。

Cookie 的生命期定义要在 Cookie 对象传回客户端前进行。用 getMaxAge()方法可读取 Cookie 对象的生命时间。

```
public void setSecure(boolean flag)
```

形参取值 true 时，表示用 https 或 SSL 安全协议将 Cookie 传回服务器；取值 false 时，表示用当前默认的协议传回 Cookie。

```
public java.lang.String getName()
```

返回当前 Cookie 对象的变量名。

```
public java.lang.String getValue()
```

返回当前 Cookie 对象的值。

**2. 将 Cookie 对象传回客户端**

将 Cookie 对象传回客户端,要用到另外一个 JSP 隐含对象 response,用到的方法如下:

```
public void addCookie(Cookie cookie)
```

形参是待保存的 Cookie 对象。例如:

```
<body>
    <%
        Cookie msg=new Cookie("login","tom");
        msg.setMaxAge(60 * 60 * 60 * 60);
        response.addCookie(msg);
    %>
</body>
```

**3. 读取 Cookie 对象**

读取客户端存储的 Cookie,用 request 对象的 getCookies()方法,它的语法如下:

```
public Cookie[] getCookies()
```

该方法返回的是一个 Cookie 对象数组,当前浏览器中所有有效的 Cookie 会通过 HTTP 请求报头返回给服务器,每个数组分量是一个返回的 Cookie 对象。如果客户端没有有效的 Cookie,则返回 null 值。例如:

```
<body>
<%
    Cookie c[]=request.getCookies();
    if(c!=null){
        for(int i=0;i<c.length;i++)
            out.print(c[i].getName()+"="+c[i].getValue()+"<br>");
    }
    else
        out.print("没有返回 Cookie");
%>
</body>
```

**【例 14-4】** 定义一个 Cookie 对象,存储用户的登录名,生命周期为 30 天,在另一个页面中查询这个 Cookie,如果读取的 Cookie 不为空,则显示用户登录名,否则显示“没有登录”

信息。再定义一个 Cookie 对象,记录客户最近浏览过的五本图书的编号: AB001、KC981、DE345、RD332 和 PC667,如果已经登录,则显示编号,Cookie 生命周期为 30 天。操作步骤如下。

(1) 新建一个 JSP 文件 example14_7.jsp。

**程序清单 14-7(example14_7.jsp):**

```
<%@ page contentType="text/html;
charset=utf-8" language="java" import="java.sql.* " errorPage="" %>
<!DOCTYPE html>
<html>
<head>
<meta charset="utf-8">
<title>无标题文档</title>
</head>
<body>
    <%
        String myName="Jhon";
        String visitedBook="AB001,KC981,DE345,RD332,PC667";
        Cookie c1=new Cookie("loginName",myName);
        c1.setMaxAge(30 * 24 * 60 * 60);
        Cookie c2=new Cookie(myName,visitedBook);
        c2.setMaxAge(30 * 24 * 60 * 60);
        response.addCookie(c1);
        response.addCookie(c2);
        out.print("成功将用户名、书目 Cookie 传回客户端,有效期为 30 天");
    %>
</body>
</html>
```

(2) 预览 example14_7.jsp,网页上显示信息“成功将用户名、书目 Cookie 传回客户端,有效期为 30 天”。用 Windows XP 的开始菜单在 C 盘中搜索有 Cookies 关键字的文件夹,会找到类似于 C:\Documents and Settings\admin\Cookies 的文件夹。打开此文件夹,会看到类似于 admin@127.0.0[1].txt 的一个文件,admin 是当前登录 Windows XP 的登录用户名,127.0.0[1]表示本机。打开此文件,会看到被保存的数据。

(3) 新建一个 JSP 文件 example14_8.jsp。

**程序清单 14-8(example14_8.jsp):**

```
<%@ page contentType="text/html;
charset=utf-8" language="java" import="java.sql.* " errorPage="" %>
<!DOCTYPE html>
<html>
<head>
<metacharset="utf-8">
<title>无标题文档</title>
</head>
<body>
```

```
    <%
        String myName=null;
        String visitedBook=null;
        Cookie c[]=request.getCookies();
        if(c==null)
        {  out.print("没有返回 Cookie");     }
        else
        {
        for(int i=0;i<c.length;i++)
            {
                String temp=c[i].getName();
                if(temp.equals("loginName"))
                    { myName=c[i].getValue();
                    }
                if(myName!=null&& temp.equals(myName))
                    {
                        visitedBook=c[i].getValue();
                    }
            }
        if(myName!=null)
            {
                out.print("您已经登录,用户名="+myName+"<br>");
                if(visitedBook !=null)
                    out.print("您最近浏览过的图书编号："+visitedBook);
                }
        else
            {
                out.print("您没有登录");
            }
        }
    %>
</body>
</html>
```

(4) 启动 Tomcat，预览 example14_8.jsp，浏览器中显示的信息如下：

```
您已经登录,用户名=John
您最近浏览过的图书编号：AB001,KC981,DE345,RD332,PC667
```

(5) Cookie 生命期验证。

关闭所有的浏览器窗口。

关闭 Tomcat。

重启 Tomcat。

新打开一个 IE 浏览器窗口，在地址栏中输入 http://127.0.0.1:8080/example14_8.jsp 后按 Enter 键，浏览器中还能看到用户信息。说明 Cookie 信息存储在客户端，由客户端浏览器维护。

在 Windows XP 中，把当前计算机内日期向前调整两个月以上，如把三月改为五月。

新打开一个 IE 浏览器窗口，在地址栏中输入 http://127.0.0.1:8080/ example14_8.jsp 后按 Enter 键，发现 Cookie 信息因过期而没有返回给服务器的信息。

### 14.3.6 用 request 选择国际化信息

request 对象可以读取客户端浏览器的语言类型，并据此选择适当的语言信息给客户阅读，这项工作称为信息国际化。request 对象中的 getLocale()方法返回客户端的语言信息，并存储在 public java.util.Locale 对象中。java.util.Locale 是 JDK 中的一个类，Locale 对象表示了特定的地理、政治和文化地区。Locale 类中定义了一些类属性来表达各国语言，例如，中文为 Locale.CHINA，英文为 Locale.ENGLISH 或 Locale.US 等。

以下例子是根据客户端的语言类型决定显示中文还是英文信息：

```
<body>
<%@ page import="java.util.*" %>
<%
    Locale a=request.getLocale();
    if(a.equals(Locale.CHINA))
        out.print("使用简体中文信息");
    else
        out.print("English Information");
%>
</body>
```

## 14.4 response 对象

response 对象负责处理 HTTP 响应中的信息，包括控制响应中的头信息和响应正文的内容。

### 14.4.1 输出缓冲区与响应提交

输出缓冲区用于暂存 Servlet 程序的输出信息，减少服务器与客户端的网络通信次数。传送给客户端的信息称之为响应信息(response)，如果输出缓冲区中的响应信息已经传递给客户端，称响应是已经提交的。刷新操作强制把输出缓冲区中的内容传送回客户端。response 对象中和输出缓冲区相关的方法有 4 种。

**1. flushBuffer()方法**

```
public void flushBuffer()
        throws java.io.IOException
```

刷新输出缓冲区，把信息传回客户端。out.flush()也具有刷新缓冲区的功能。

**2. setBufferSize()方法**

```
public void setBufferSize(int size)
```

定义输出缓冲区的大小,单位为B。

**3. isCommitted()方法**

```
public boolean isCommitted()
```

返回缓冲区中的响应信息是否已经提交。

**4. getWriter()方法**

```
public java.io.PrintWriter getWriter()
        throws java.io.IOException
```

返回一个PrintWriter对象,Servlet程序通过此对象向客户端输出字符信息,调用对象中的flush()方法实现响应提交。

## 14.4.2 HTTP响应报头设置

服务器通过HTTP响应报头向客户端浏览器传送通信信息。在默认情况下,JSP服务器响应信息是以字符形式传送。如果要用HTTP响应报头传输二进制数据,应该通过response. getOutputStream()获得一个ServletOutputStream输出流对象输出二进制信息。

**1. setContentType()方法**

```
public void setContentType(java.lang.String type)
```

定义返回客户端的信息类型及编码标准,默认是text/html;charset=utf-8。如果返回给客户端的是二进制信息,则应该调用此方法进行适当的设置。信息类型为MIME-type中定义的类型,浏览器会根据信息类型自动调用匹配的软件来处理,或将信息另存为一个文件。

**2. setCharacterEncoding()方法**

```
public void setCharacterEncoding(java.lang.String charset)
```

定义返回客户端信息的编码标准。如果已经用response. setContentType()定义字符集,则调用此方法将重新设置字符集。信息字符集的定义要在缓冲区刷新前进行。

**3. sendError()方法**

```
public void sendError(int sc) throws java.io.IOException
```

向客户端返回 HTTP 响应码，并清空输出缓冲区。HTTP 响应码由 3 位的十进制数构成。

1xx：请求收到，继续处理。

2xx：成功，行为被成功地接受和处理。

3xx：重定向，为了完成请求，必须进一步执行的动作。

4xx：客户端错误。

5xx：服务器出错。

例如，在 IE 浏览器地址栏中输入 http://127.0.0.1:8080/aabb.jsp，企图访问 Tomcat 服务器中不存在的资源 aabb.jsp，则 Tomcat 会给客户端返回一个 HTTP 响应码 404，在 IE 浏览器上显示 HTTP 响应码及错误信息。

如果要人为地返回 HTTP 响应码，则调用 sendError(int sc)方法，例如：

```
<body>
    <%
        out.print("返回一个 404 响应码");
        response.sendError(404);
    %>
</body>
```

预览后，在 IE 浏览器中显示 404 状态码信息。如果要自定义响应码的返回信息，则调用方法：

```
public void sendError(int sc,java.lang.String msg)
        throws java.io.IOException
```

第一个形参是响应码，第二个形参是响应码的信息。例如：

```
<%
    response.sendError(404,"您访问的资源找不到");
%>
```

如果要自定义一个 488 响应码，代码如下：

```
<%
    response.sendError(488,"您访问的资源找不到");
%>
```

如果希望出现某个响应码时，服务器自动转至某页面显示信息，需要在 Web 应用中的 WEB-INF\web.xml 部署文件中做出定义。例如，当出现 404 错误码时，转至 error.jsp 显示信息，在 web.xml 的<web-app></web-app>标签内添加一项部署信息：

```
<error-page>
    <error-code>404</error-code>
    <location>/error.jsp</location>
</error-page>
```

这项配置信息表示,当出现404响应码时,自动跳转至/error.jsp页面。

**4. setHeader()方法**

```
public void setHeader(java.lang.String name,java.lang.String value)
```

第一个形参为报头名,第二个形参为报头值。关于HTTP报头的定义请参考RFC 2047(http://www.ietf.org/rfc/rfc2047.txt)。HTTP报头中有一个名为Refresh的响应报头,它的作用是使IE浏览器在若干秒后自动刷新当前网页或跳转至指定的URL资源。这个报头的语法如下:

```
response.sendHeader("Refresh","定时秒数;url= 目标资源的 URL");
```

方法的第一个形参是响应报头名Refresh,第二个形参由两部分组成:第一部分定义秒数,即若干秒后自动刷新;第二部分为目标资源的URL,缺少时默认刷新当前页。例如:

```
<%!
    static int number=0;
%>
<body>
<%
    number=number+1;
    out.print("number="+number);
    response.setHeader("Refresh","2");
%>
</body>
```

如果要实现若干秒后自动跳转至目标页,代码如下:

```
<body>
<%
    out.print("2秒后自动跳转至 www.aa.com");
    response.setHeader("Refresh","2;url=http://www.aa.com");
%>
</body>
```

**【例14-5】** 用response返回Excel文档形式的学生成绩表。操作步骤如下。

(1) 新建JSP文件example14_9.jsp。

```
程序清单 14-9(example14_9.jsp):
<%@ page import="java.io.*"%>
<%
    response.setContentType("application/vnd.ms-excel");
try
{
```

```
    PrintWriter out2=response.getWriter();
    out2.println("学号\t 姓名\t 平时成绩\t 考试成绩\t 期评");
    out2.println("S001\t 张进有\t87\t65\t=round(C2*0.3+D2*0.7,0)");
    out2.println("S002\t 李轩明\t76\t98\t=round(C3*0.3+D3*0.7,0)");
    out2.println("S003\t 赵林杰\t66\t76\t=round(C4*0.3+D4*0.7,0)");
    }catch(Exception e)
    {
        out.print("出错:"+e);
    }
%>
```

(2) 预览 example14_9.jsp,IE 浏览器接收到返回的 Excel 数据后,会自动嵌入 Excel 软件显示数据,如果 Excel 启动失败,浏览器提示把接收到的信息另存为磁盘文件。

### 14.4.3 用 response 实现文件下载

在 JSP 中实现文件下载最简单的方法是定义超链接指向目标资源,用户单击超链接后直接下载资源,但直接暴露资源的 URL 也会带来一些负面的影响,如容易被其他网站盗链,造成本地服务器下载负载过重。

另外一种下载文件的方法是使用文件输出流实现下载,首先通过 response 报头告知客户端浏览器,将接收到的信息另存为一个文件,然后用输出流对象给客户端传输文件数据,浏览器接收数据完毕后将数据另存为文件,这种下载方法的优点是服务器端资源路径的保密性好,并可控制下载的流量以及日志登记等。

#### 1. 二进制文件的下载

用 JSP 程序下载二进制文件的基本原理:首先将源文件封装成字节输入流对象,通过该对象读取文件数据,获取 response 对象的字节输出流对象,通过输出流对象将二进制的字节数据传送给客户端。

首先,把源文件封装成字节输入流对象。

将源文件封装成字节输入流,用 JDK 中的 java.io.FileInputStream 类,常用的方法如下:

```
public FileInputStream(String name)
        throws FileNotFoundException
```

构造方法,形参是源文件的路径和文件名,注意路径分隔符使用//或\\,例如:

```
FileInputStream inFile=new FileInputStream("c:\\temp\\my1.exe");
public int read(byte[] b)
       throws IOException
```

从输入流中读取一定数量的字节数据并将其缓存在数组 b 中。方法返回值是实际读取到的字节数。如果检测到文件尾,返回-1。

```
public void close()
        throws IOException
```

关闭输入流并释放相关的系统资源。

其次,读取二进制字节数据并传输给客户端。

response 对象的 getOutputStream()方法可返回一个字节输出流对象,语法如下:

```
public ServletOutputStream getOutputStream()
        throws java.io.IOException
```

返回的字节输出流对象是 javax. servlet. ServletOutputStream。ServletOutputStream 继承 java. io. OutputStream,主要供 Servlet 程序向客户端传送二进制数据,子类由 Servlet 容器实现。例如:

```
ServletOutputStream myOut=response. getOutputStream();
```

ServletOutputStream 中常用的方法如下:

```
public void write(byte[] b)
        throws IOException
```

这个方法将数组中的 b. length 个字节写入输出流。write(b)与调用 write(b,0,b. length) 的效果相同。

```
public void close()
        throws IOException
```

关闭输出流并释放相关的系统资源。关闭的流不能再执行输出操作,也不能重新打开。

**【例 14-6】** 用 response 把 ROOT\d. zip 文件传送回客户端。操作步骤如下。

(1) 新建 JSP 文件 example14_10. jsp。

```
程序清单 14-10(example14_10.jsp):
<%@ page contentType="application/x-download" import="java.io.* " %>
<%
    int status=0;
    byte  b[]=new byte[1024];
    FileInputStream in=null;
    ServletOutputStream out2=null;
    try
    {
        response.setHeader("content-disposition","attachment;
        filename=d.zip");
        in=new FileInputStream("c:\\tomcat\\webapps\\ROOT\\d.zip");
        out2=response.getOutputStream();
        while(status !=-1 )
```

```
        {
            status=in.read(b);
            out2.write(b);
        }
        out2.flush();
    }
    catch(Exception e)
    {
        System.out.println(e);
        response.sendRedirect("downError.jsp");
    }
    finally
    {
        if(in!=null)
            in.close();
        if(out2 !=null)
            out2.close();
    }
%>
```

(2) 新建 JSP 文件 downError.jsp,输入一些下载出错提示文字。保存文档并关闭。

**2. 文本文件的下载**

文本文件下载时用的是字符流,而不是字节流。首先取得源文件的字符输入流对象,用 java.io.FileReader 类封装,再把 FileReader 对象封装为 java.io.BufferedReader,以方便从文本文件中一次读取一行。字符输出流直接用 JSP 的隐含对象 out,out 能够输出字符数据。FileReader 类的基本用法如下:

```
public FileReader(String fileName)
        throws FileNotFoundException
```

构造方法:取得文件的字符输入流对象,形参是文件的路径和文件名,路径分隔符用//或\\。如果打开文件出错,会引发一个异常。

**【例 14-7】** 用 JSP 下载 ROOT\ee.txt 文件。操作步骤如下。

(1) 新建 JSP 文件 example14_11.jsp,输入以下内容并保存。

```
程序清单 14-11(example14_11.jsp):
<%@ page contentType="application/x-download" import="java.io.*" %><%
    int status=0;
    String temp=null;
    FileReader in=null;
    BufferedReader in2=null;
    try
    {
```

```
        response.setHeader("content-disposition","attachment;
        filename=ee.txt");
        response.setCharacterEncoding("gb2312");
        in=new FileReader("c:\\tomcat\\webapps\\ROOT\\ee.txt");
        in2=new BufferedReader(in);
        while((temp=in2.readLine()) !=null)
            {
                out.println(temp);
            }
      out.close();
    }
   catch(Exception e)
    {
        System.out.println(e);
        response.sendRedirect("downError.jsp");
     }
     finally
     {
            if(in2!=null)
            in2.close();
     }
%>
```

(2) 使用浏览器访问该页面。观察页面自动弹出对话框,下载并观察文件内容。

## 14.5 application 对象

application 对象直到应用卸载或 Tomcat 关闭才会被销毁,所以一般用于存储一些需要一直存在的信息,如网站的配置信息。

### 14.5.1 用 application 访问 Web 应用的初始参数

Tomcat 启动时,会自动加载合法的 Web 应用。在 Web.xml 文件中,定义一些全局的初始化参数,让 Tomcat 在启动 Web 应用时自动加载到 Servlet 容器中,Web 应用中的 Servlet 程序通过访问 Servlet 容器获得这些全局初始化参数。

#### 1. Web 应用初始化参数的定义

Web 应用初始化参数是在 Web 应用的部署文件 Web-INF\web.xml 中定义,基本语法如下:

```
<context-param>
    <param-name>参数名</param-name>
    <param-value>参数值</param-value>
</context-param>
```

例如，如果要定义 3 个初始化参数 DBLoginName＝user1、DBLoginPassword＝123 和 msg＝/msg.properties，相关的代码如下：

```
<context-param>
    <param-name>DBLoginName</param-name>
    <param-value>user1</param-value>
</context-param>
<context-param>
    <param-name>DBLoginPassword</param-name>
    <param-value>123</param-value>
</context-param>
<context-param>
    <param-name>msg</param-name>
    <param-value>/msg.properties</param-value>
</context-param>
```

**2. 读取 Web 应用的初始化参数**

读取 Web 应用中的初始化参数，要用到的方法如下：

```
public java.util.Enumeration getInitParameterNames()
```

返回初始化参数的变量名，并存储在枚举型对象中，如果没有初始化参数，则返回 null。

```
public java.lang.String getInitParameter(java.lang.String name)
```

方法的形参是初始化参数的变量名，方法返回指定变量名的初始化参数值。例如，要读取上述定义的 3 个初始化参数，相关的代码如下：

```
<body>
<%@ page import="java.util.* " %>
<%
    Enumeration e=application.getInitParameterNames();
    out.print("读取 Web 应用初始化参数：<br>");
    while(e.hasMoreElements()
    {
        String n=(String)e.nextElement();
        String v=(String)application.getInitParameter(n);
        out.print(n+"="+v+"<br>");
    }
%>
</body>
```

## 14.5.2 application 作用范围变量

application 作用范围变量能够被 Web 应用中的所有程序共享。application 对象提供的存储方法主要4种。

**1. getAttributeNames()方法**

```
public java.util.Enumeration getAttributeNames()
```

返回当前上下文中所有可用的application作用范围变量名,并存储在枚举型对象中。

**2. getAttribute()方法**

```
public java.lang.Object getAttribute(java.lang.String name)
```

**3. setAttribute()方法**

```
public void setAttribute(java.lang.String name,java.lang.Object object)
```

把一个属性写入application作用范围。第一个形参name是属性名;第二个形参object是属性值,它是一个Java对象。如果属性值object为null,则相当于删除一个属性名为name的属性。如果容器中已经存在指定名字的属性,写入操作会用当前的属性值替换原有的属性值。

**4. removeAttribute()方法**

```
public void removeAttribute(java.lang.String name)
```

从Servlet容器中删除指定名字的属性。形参是属性名,字符串形式。

**【例14-8】** 用application实现一个简单的站点计数器,当访问JSP页面时,页面进行访问次数统计,并打印当前计数值。操作步骤如下。

(1) 新建JSP文件example14_12.jsp。

```
程序清单 14-12(example14_12.jsp):
<%@ page contentType="text/html;
charset=utf-8" language="java" import="java.sql.*" errorPage="" %>
<!DOCTYPE html>
<html>
<head>
<meta charset="utf-8">
<title>无标题文档</title>
</head>
<body>
<%
    int n=0;
    String counter=(String)application.getAttribute("counter");
```

```
    if(counter!=null)
        n=Integer.parseInt(counter);
    n=n+1;
    out.print("您是第"+n+"位访客");
    counter=String.valueOf(n);
    application.setAttribute("counter",counter);
%>
</body>
</html>
```

(2) 启动 Tomcat,预览 example14_12.jsp,出现访问计数值。另打开一个 IE 窗口,在地址栏中输入访问 URL: http://127.0.0.1:8080/example14_12.jsp,发现计数值加 1。两个 IE 窗口表示当前有两个客户端,存储在 Servlet 容器中的 application 属性能被 Web 应用中所有的 Servlet 程序所共享,计数值会累加。

(3) 重启 Tomcat,再访问 example14_12.jsp,发现计数从 1 开始计数。application 属性是存储在 Servlet 容器中(内存中),关闭 Tomcat 会导致 application 属性丢失,所以计数器重新计数。

### 14.5.3 用 application 对象读取 Servlet 容器信息

application 对象可以读取 Servlet 容器的系统信息,相关方法如下。

#### 1. getMajorVersion()方法

```
public int getMajorVersion()
```

返回 Servlet 容器支持的 Servlet API 的主版本号。

#### 2. getMinorVersion()方法

```
public int getMinorVersion()
```

返回 Servlet 容器支持的 Servlet API 子版本号。

#### 3. getServerInfo()方法

```
public java.lang.String getServerInfo()
```

返回当前 Servlet 容器的名字与版本号。

### 14.5.4 用 application 记录操作日志

Servlet 程序运行过程中如果需要把一些信息记录在日志文件中,一个可行的方法是使用 application 中的下列方法。

**1. log()方法**

```
public void log(java.lang.String msg)
```

形参是待记录的日志信息。例如：

```
<%
    application.log("成功访问数据库!");
%>
```

**2. 带参数的log()方法**

```
public void log(java.lang.String message,java.lang.Throwable throwable)
```

这个方法用于记录日志信息及异常堆栈信息。第一个形参是用户自定义的日志信息，第二个是异常对象。例如：

```
<body>
<%
try{
    String s=null;
    out.print(s.length());
    }
catch(Exception e)
    {
    application.log("发现以下异常：",e);
    }
%>
</body>
```

## 14.6 session对象

会话(session)是指一个终端用户与后台某交互式系统进行通信的时间间隔,通常把从登录进入系统到注销退出系统之间所经历的时间,称为一次session通信周期。如何把一个操作步中产生的有用信息保存下来,供后续的操作步使用,以及如何标识当前session通信等,这些问题称为会话跟踪(session tracking)问题。

session的应用非常广泛,如当输入用户名和密码后,在后面的一段时间内,服务器都知道输入的信息,并会展示属于该用户名的课表,服务器端就是通过session来记住输入信息的。登录的时候,在session中写入信息,而在查询的时候,通过session中的信息区分不同的用户。每个用户都有属于自己的session。

那么服务器如何区分不同的用户呢？JSP使用一个特殊的Cookie——JSESSIONID来标识不同的session,它用来存储session的编号,而session的具体内容则保存在服务器中,

sessionID 一般很长,使人很难猜出他人的 sessionID,进而难以冒充他人。看一个 HTTP 请求:

```
GET /Teach/ HTTP/1.1
Host: localhost:8080
Connection: keep-alive
Cache-Control: max-age=0
Upgrade-Insecure-Requests: 1
User-Agent: Mozilla/5.0 (Windows NT 10.0; WOW64) AppleWebKit/537.36 (KHTML,
like Gecko) Chrome/68.0.3440.106 Safari/537.36
Accept: text/html, application/xhtml+xml, application/xml;q=0.9, image/webp,
image/apng, */*;q=0.8
Accept-Encoding: gzip, deflate, br
Accept-Language: zh-CN,zh;q=0.9
Cookie: JSESSIONID=7E5EE3E0FEBBDA68F89BE19E749DD848;teacher=yang
```

### 14.6.1　用 URL 重写实现 session 跟踪

URL 重写(URL rewriting)就是把 session 数据编码成 name=value 的属性对,当作 URL 的查询串附在 URL 后,用带有查询串的 URL 访问下一个目标资源时,附在 URL 查询串中的 session 数据自然被传送给下一页。

例如,当前的 a.jsp 页面中程序产生了一个 session 数据 status=90,现要重定向至 http://127.0.0.1:8080/k.jsp,并且 k.jsp 要用到 status=90 这个 session 数据,则新的 URL 应该如下:

```
http://127.0.0.1:8080/k.jsp status=90
```

在 a.jsp 中产生此 URL 的代码如下:

```
<%
    String status="90";
    String myURL="http://127.0.0.1:8080/k.jsp status="+status;
    response.sendRedirect(myURL);
%>
```

**【例 14-9】**　编写一个简单的登录页面代码,效果如图 14-1 和图 14-2 所示。

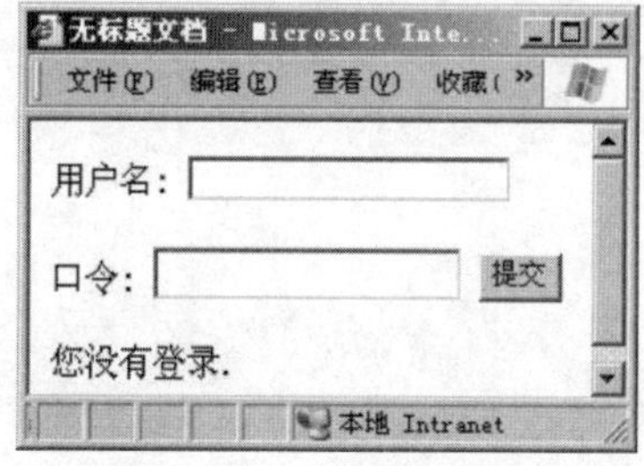


图 14-1　登录页面

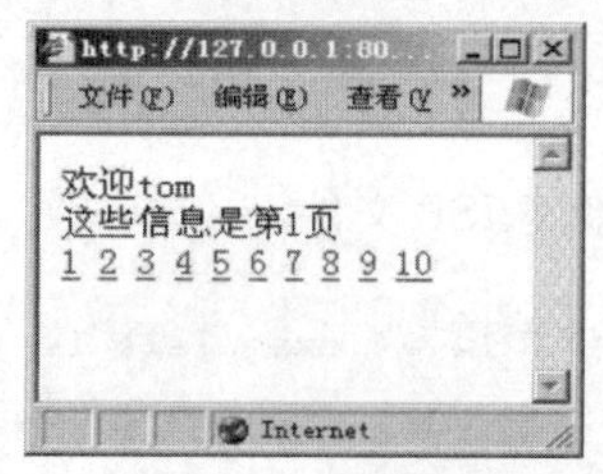


图 14-2　成功登录后的信息

(1) 新建 JSP 文件 example14_13.jsp。

**程序清单 14-13(example14_13.jsp):**

```
<%@ page contentType="text/html;
charset=utf-8" language="java" import="java.sql.* " errorPage="" %>
<!DOCTYPE html>
<html>
<head>
<meta charset="utf-8">
<title>无标题文档</title>
</head>
<body>
<form id="form1" name="form1" method="post" action="example14_14.jsp">
    用户名:
    <label>
    <input name="userName" type="text" id="userName" >
    </label>
    <p>口令:
    <label>
    <input name="pw" type="password" id="pw" >
    </label>
    <label>
    <input type="submit" name="Submit" value="提交" >
    </label>
</p>
    </form>
    <%
        String name=request.getParameter("userName");
        String pw=request.getParameter("pw");
        if((name!=null&& name.length()!=0) && (pw !=null&& pw.length()!=0))
        {
            if(name.equals("tom")&& pw.equals("123"))
                response.sendRedirect("exam313.jsp name=tom");
            else
                out.print("您登录失败,请重试!");
        }
        else
            out.print("您没有登录.");
%>
</body>
</html>
```

(2) 新建 JSP 文件 example14_14.jsp。

**程序清单 14-14(example14_14.jsp):**

```
<%@ page contentType="text/html;
charset=utf-8" language="java" import="java.sql.* " errorPage="" %>
```

```
<!DOCTYPE html>
<html>
<head>
<meta charset="utf-8">
<title>无标题文档</title>
</head>
<body>
<%
    String name=request.getParameter("name");
    if(name==null || name.length()==0)
        response.sendRedirect("example14_13.jsp");
    else
        out.print("欢迎"+name+"<br>");
    String pageNO=request.getParameter("pageNO");
    if(pageNO==null || pageNO.length()==0)
        pageNO="1";
    out.print("这些信息是第"+pageNO+"页<br>");
    for(int i=1;i<=10;i++)
    {
        String temp="<a href='example14_14.jsp name="+name+"&pageNO="+i+
        "'>"+i+"</a>";
        out.print(temp);
    }
%>
</body>
</html>
```

(3) 启动 Tomcat，预览 example14_13.jsp，输入几个非法用户名或口令，均无法成功登录，用户名输入 tom，口令输入 123 后，单击“提交”按钮登录成功，并转至 example14_14.jsp。在 example14_14.jsp 中，单击 10 个超链接，发现 URL 上均带有两个 session 数据。

### 14.6.2 用 Cookie 实现 session 跟踪

用 Cookie 实现 session 跟踪的基本原理：把一个 session 数据封装在一个 Cookie 对象中，将 Cookie 对象传回客户端存储，需要用到时用代码从客户端读回。

**【例 14-10】** 题目同例 14-9，此处要求用 Cookie 保存用户成功登录的 session 数据 name=tom。只需要修改 example14_13.jsp 和 example14_14.jsp 中的代码即可。

(1) 修改 example14_13.jsp 如下。

```
程序清单 14-15(修改后的 example14_13.jsp):
<%@ page contentType="text/html;
charset=utf-8" language="java" import="java.sql.* " errorPage="" %>
<!DOCTYPE html>
<html>
```

```
<head>
<meta charset="utf-8">
<title>无标题文档</title>
</head>
<body>
<form id="form1" name="form1" method="post" action="exam312.jsp">
    用户名:
    <label>
    <input name="userName" type="text" id="userName" >
    </label>
    <p>口令:
    <label>
    <input name="pw" type="password" id="pw" >
    </label>
    <label>
    <input type="submit" name="Submit" value="提交" >
    </label>
</p>
</form>
<%
    String name=request.getParameter("userName");
    String pw=request.getParamcter("pw");
    if((name!=null&& name.length()!=0) && (pw !=null&& pw.length()!=0))
    {
        if(name.equals("tom")&& pw.equals("123"))
        {
            Cookie a=new Cookie("name","tom");
            response.addCookie(a);
             response.sendRedirect("example14_14.jsp");
        }
        else
            out.print("您登录失败,请重试!");
    }
    else
        out.print("您没有登录.");
%>
</body>
</html>
```

(2) 修改 example14_14.jsp 如下。

**程序清单 14-16(修改后的 example14_14.jsp):**

```
<%@ page contentType="text/html;
charset=utf-8" language="java" import="java.sql.* " errorPage="" %>
<!DOCTYPE html>
```

```
<html>
<head>
<meta charset="utf-8">
<title>无标题文档</title>
</head>
<body>
<%
    String name=null;
    Cookie c[]=request.getCookies();
    if(c!=null)
    {
    for(int i=0;i<c.length;i++)
    {
        String n=c[i].getName();
        if(n.equals("name")) name=c[i].getValue();
    }
    }
    else
    response.sendRedirect("example14_13.jsp");
    if(name==null || name.length()==0)
        response.sendRedirect("example14_13.jsp");
    else
        out.print("欢迎"+name+"<br>");
    String pageNO=request.getParameter("pageNO");
    if(pageNO==null || pageNO.length()==0)
        pageNO="1";
    out.print("这些信息是第"+pageNO+"页<br>");
    for(int i=1;i<=10;i++)
    {
        String temp="<a href='exam313.jsp name="+name+"&pageNO="+i+"'>"+i+
        "</a>";
        out.print(temp);
    }
%>
</body>
</html>
```

(3) 安全性检验。

在例14-9中，不需要在example14_13.jsp页面上登录，在浏览器地址栏中直接手工输入URL：http://127.0.0.1:8080/example14_14.jsp? name=dd就能直接访问example14_14.jsp。在本例中，也直接输入此URL后，发现被重定向至登录页，无法通过浏览器地址栏直接访问。此时Cookie数据name=tom保存在浏览器内存中，不是保存在URL的查询串中，所以数据安全性有所提高。

### 14.6.3 用隐藏表单域实现 session 跟踪

隐藏表单域在页面上不可视,它相当于一个变量,如果把一个 session 数据存储在其中,当提交表单时,隐藏表单域中的数据也会被提交给服务器。

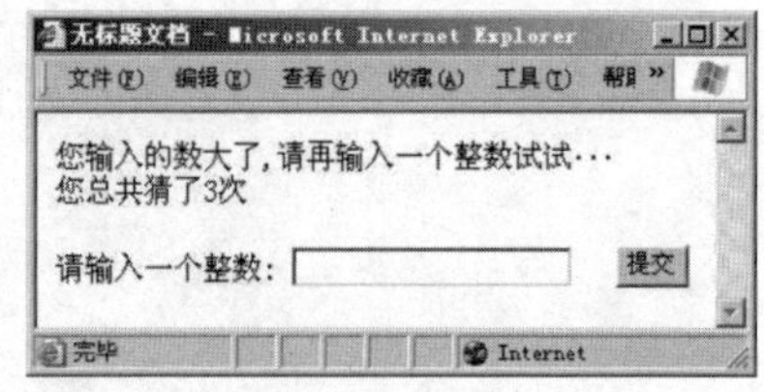


图 14-3 猜数游戏页面

**【例 14-11】** 设计一个 example14_15.jsp 页面实现猜数游戏,如图 14-3 所示。首次启动页面时,example14_15.jsp 产生一个 0～100 的整数让用户猜。用户在表单中输入数据,提交后页面判断是否正确,如果猜小了或猜大了则给出提示,如果猜中,则显示目标数据和用户输入的数据。页面还显示用户总共猜了多少次。

(1) 新建 JSP 文件 example14_15.jsp。

**程序清单 14-17(example14_15.jsp):**

```
<%@ page contentType="text/html;
charset=utf-8" language="java" import="java.sql.*" errorPage="" %>
<!DOCTYPE html>
<html>
<head>
<meta charset="utf-8">
<title>无标题文档</title>
</head>
<body>
<%
   int theNumber=0;
   int counter=0;
   String b=request.getParameter("counter");
   if(b==null || b.length()==0 )
   {
      counter=0;
   }
   else
      counter=Integer.parseInt(b);
   String getNumber=request.getParameter("guess");
   if(getNumber==null || getNumber.length()==0 )
   {
      theNumber=(int)(Math.random()*100);
   }
   else
      theNumber=Integer.parseInt(getNumber);
   String yourNumber=request.getParameter("yourNumber");
   if(yourNumber==null || yourNumber.length()==0)
      out.print("请输入一个 0~100 整数,开始猜数游戏.");
```

```
else
{
int temp=Integer.parseInt(yourNumber);
if(temp>theNumber)
    {
        out.print("您输入的数大了,请再输入一个整数试试…<br>");
        counter++;
        out.print("您总共猜了"+counter+"次");
    }
else if(temp<theNumber)
        {
            out.print("您输入的数小了,请再输入一个整数试试…<br>");
            counter++;
            out.print("您总共猜了"+counter+"次");
        }
        else
            {
                out.print("猜对了,您输入的数="+yourNumber+",目标数=
                "+theNumber+"<br>");
                counter++;
                out.print("您总共猜了"+counter+"次<br>");
                out.print("下面开始猜另一个数…");
                theNumber=(int)(Math.random()*100);
                counter=0;
            }
}
%>
<form id="form1" name="form1" method="post" action="example14_15.jsp">
    请输入一个整数:
    <label>
    <input name="yourNumber" type="text" id="yourNumber" >
    </label>
    <input name="guess" type="hidden" id="guess" value="<%=theNumber%>" >
    <input name="counter" type="hidden" id="counter" value="<%=counter%>" >
    <label>
    <input type="submit" name="Submit" value="提交">
    </label>
</form>
</body>
</html>
```

(2) 启动Tomcat,预览example14_15.jsp,出现了图10-3中的猜数游戏,实现了用隐藏表单域保存session数据。

隐藏域有一定的安全缺陷,如在本例中,预览页面后,使用IE浏览器的菜单"查看"→"源文件"命令,可查看到隐藏表单域的HTML代码及其取值。

### 14.6.4 session作用范围变量与session跟踪

session隐含对象是实现session跟踪最直接的方法。session隐含对象由Web服务器创建,并存储在服务器端,功能强大,在后续的学习中,提到session时,如果不特别说明,就是指session对象。session作用范围变量也称为session属性。

**1. isNew()方法**

```
public boolean isNew()
```

判断session对象是新创建的,还是已经存在。返回true时,表示session对象是刚创建的,也表示本次客户端发出的请求是本次session通信的第一次请求。这个方法返回true,并不表示客户端浏览器窗口是新打开的。

**【例14-12】** 在例14-8中设计了一个站点计数器,但这个计数器存在一个缺陷,当刷新当前IE窗口时,计数器的值会增加,这是不合理的。现在用session.isNew()来修订这个缺陷,防止刷新窗口时计数值增加。原理:isNew()方法返回true值时,表示这是一次新的访问,此时允许计数器加1计数。例14-8中的代码修改为example14_16.jsp。

**程序清单14-18(example14_16.jsp):**

```
<%@ page contentType="text/html;
charset=utf-8" language="java" import="java.sql.*" errorPage="" %>
<!DOCTYPE html>
<html>
<head>
<meta charset="utf-8">
<title>无标题文档</title>
</head>
<body>
<%
    int n=0;
    String counter=(String)application.getAttribute("counter");
    if(counter!=null)
        n=Integer.parseInt(counter);
    if(session.isNew())
    {
        n=n+1;
    }
    out.print("您是第"+n+"位访客");
    counter=String.valueOf(n);
    application.setAttribute("counter",counter);
%>
</body>
</html>
```

### 2. getId()方法

返回当前 session 对象的 id 号。

**【例 14-13】** 通过 session 对象的 id 号理解 JSP 服务器识别 session 客户端的方法。操作步骤如下。

(1) 新建 JSP 文件 example14_17.jsp。

```
程序清单 14-19(example14_17.jsp):
<%@ page contentType="text/html;
charset=utf-8" language="java" import="java.sql.* " errorPage="" %>
<!DOCTYPE html>
<html>
<head>
<meta charset="utf-8">
<title>无标题文档</title>
</head>
<body>
<%
    String id=session.getId();
    out.print(id);
%>
</body>
</html>
```

(2) 启动 Tomcat,打开两个 IE 浏览器窗口,分别预览 example14_17.jsp,浏览器上显示的一串字符串就是随机生成的 session id 号,两个浏览器窗口中显示的 id 号均不相同。说明在 JSP 中,不同的浏览器窗口表示不同的客户端。

### 3. getLastAccessedTime()方法

```
public long getLastAccessedTime()
```

返回客户端最后一次请求的发送时间,是一个 long 型的整数,单位为 ms,是从格林尼治时间 1970-1-1 00:00:00 到当前所经历的毫秒数。例如,以下代码取得 session 通信中最后一次请求时间。

```
程序清单 14-20(example14_18.jsp):
<%@ page contentType="text/html;
charset=utf-8" language="java" import="java.sql.* " errorPage="" %>
<!DOCTYPE html>
<html>
<head>
<meta charset="utf-8">
<title>无标题文档</title>
</head>
```

```
<body>
<%@ page import="java.util.*"%>
<%
    long a=session.getLastAccessedTime();
    Calendar kk=Calendar.getInstance();
    kk.setTimeInMillis(a);
    int year=kk.get(Calendar.YEAR);
    int month=kk.get(Calendar.MONTH)+1;
    int day=kk.get(Calendar.DAY_OF_MONTH);
    int hour=kk.get(Calendar.HOUR_OF_DAY);
    int min=kk.get(Calendar.MINUTE);
    int sec=kk.get(Calendar.SECOND);
    int msec=kk.get(Calendar.MILLISECOND);
    out.print(year+"年"+month+"月"+day+"日,"+hour+":"+sec+":"+msec);
%>
</body>
</html>
```

**4. invalidate()方法**

```
public void invalidate()
```

使当前 session 无效,session 作用范围变量也会随之丢失。

**5. setMaxInactiveInterval()方法**

```
public void setMaxInactiveInterval(int interval)
```

形参是一个整数,定义 session 对象的超时时间,单位为 s。如果客户端从最后一次请求开始,在连续的 interval 秒内一直没有再向服务器发送 HTTP 请求,则服务器认为出现了 session 超时,将删除本次的 session 对象。如果超时时间为负数,表示永不超时。session 对象的超时检测由服务器实现,这会增加系统开销。Tomcat 默认的超时时间是 30min。

**6. getMaxInactiveInterval()方法**

```
public int getMaxInactiveInterval()
```

读取当前的 session 超时时间,单位 s。

**7. setAttribute()方法**

```
public void setAttribute(java.lang.String name,java.lang.Object value)
```

定义 session 作用范围变量,第一个形参 name 是 session 作用范围变量名,第二个形参 value 是 session 属性。如果 value 为 null,则表示取消 session 属性和 session 的绑定关系。

例如：

```
<%
    session.setAttribute("name","tom");
%>
```

**8. getAttribute()方法**

```
public java.lang.Object getAttribute(java.lang.String name)
```

读取一个 session 作用范围变量，返回一个 Object 类型的对象，必要时要进行强制类型转换，如果找不到指定名字的数据对象，则返回 null。例如：

```
<%
    String v=(String)session.getAttribute("name");
%>
```

**9. getAttributeNames()方法**

```
public java.util.Enumeration getAttributeNames()
```

将当前合法的所有 session 作用范围变量名读到一个枚举型对象中。

**10. removeAttribute()方法**

```
public void removeAttribute(java.lang.String name)
```

解除指定名字的数据对象与 session 的绑定关系，即删除一个指定名字的 session 属性。

**【例 14-14】** 用 session 保存例 14-9 中登录成功的信息。操作步骤如下。

(1) 修改 example14_13.jsp 中的代码，修改后如下。

```
程序清单 14-21(修改后的 example14_13.jsp)：
<%@ page contentType="text/html;
charset=utf-8" language="java" import="java.sql.*" errorPage="" %>
<!DOCTYPE html>
<html>
<head>
<meta charset="utf-8">
<title>无标题文档</title>
</head>
<body>
<form id="form1" name="form1" method="post" action="example14_14.jsp">
    用户名：
    <label>
    <input name="userName" type="text" id="userName">
    </label>
```

```
    <p>口令:
    <label>
    <input name="pw" type="password" id="pw" >
    </label>
    <label>
    <input type="submit" name="Submit" value="提交" >
    </label>
    </p>
</form>
<%
    String name=request.getParameter("userName");
    String pw=request.getParameter("pw");
    if((name!=null&& name.length()!=0) && (pw !=null&& pw.length()!=0))
    {
        if(name.equals("tom")&& pw.equals("123"))
        {
            session.setAttribute("name","tom");
            response.sendRedirect("example14_14.jsp");
        }
        else
            out.print("您登录失败,请重试!");
    }
    else
        out.print("您没有登录.");
%>
</body>
</html>
```

(2) 修改 example14_14.jsp 的代码,修改后如下。

**程序清单 14-22(修改后的 example14_14.jsp):**

```
<%@ page contentType="text/html;
charset=utf-8" language="java" import="java.sql.*" errorPage="" %>
<!DOCTYPE html>
<html>
<head>
<meta charset="utf-8">
<title>无标题文档</title>
</head>
<body>
<%
    String name=(String)session.getAttribute("name");
    if(name==null)
        response.sendRedirect("example14_13.jsp");
    else
        out.print("欢迎"+name+"<br>");
```

```
    String pageNO=request.getParameter("pageNO");
    if(pageNO==null || pageNO.length()==0)
        pageNO="1";
    out.print("这些信息是第"+pageNO+"页<br>");
    for(int i=1;i<=10;i++)
    {
        String temp="<a href='example14_14.jsp name="+
        name+"&pageNO="+i+"'>"+i+"</a>";
        out.print(temp);
    }
%>
</body>
</html>
```

**11. session 失效的主要原因**

session 对象是有生命周期的，生命周期结束，则 session 对象被删除，与之绑定的 session 作用范围变量也随之丢失。影响 session 对象生命周期的主要因素有 4 种。

(1) 客户端浏览器窗口关闭。一般是用户主动结束 session。

(2) 服务器关闭。session 对象存在服务器内存中，关闭服务器会直接导致 session 对象丢失。

(3) session 超时。用户从最后一次请求开始，在指定的时间内若未向服务器发出过 HTTP 请求，会导致 session 超时，服务器发现超时后，会删除超时的 session 对象。

(4) 程序主动结束 session。程序调用 session. invalidate()等结束 session。

## 14.7 其他 JSP 内置对象

### 14.7.1 config 隐含对象

config 隐含对象是 javax. servlet. ServletConfig 类型的，常用于给一个 Servlet 程序传送初始化参数。如果将 JSP 页面当作 Servlet 程序用，需要在 ROOT\web. xml 中写出部署信息。例如，把 a. jsp 当作 URL 名为/go 的 Servlet 程序用，在 web. xml 中的部署信息如下：

```
<servlet>
    <servlet-name>go</servlet-name>
    <jsp-file>/a.jsp</jsp-file>
    <init-param>
    <param-name>loginName</param-name>
    <param-value>tom</param-value>
    </init-param>
    <load-on-startup>2</load-on-startup>
</servlet>
```

```
<servlet-mapping>
    <servlet-name>go</servlet-name>
    <url-pattern>/go</url-pattern>
</servlet-mapping>
```

在JSP页面中读取<init-param>…</init-param>中定义的初始化参数要用到config隐含对象。config对象中关键的方法有两种。

**1. getInitParameter()方法**

```
public java.lang.String getInitParameter(java.lang.String name)
```

形参为初始化参数名,本例中是loginName,返回初始化参数值,本例中是tom。如果找不到指定的初始化参数,则返回null。

**2. getInitParameterNames()方法**

```
public java.util.Enumeration getInitParameterNames()
```

读取所有的初始化参数名并存于枚举型对象中。

要在本例的a.jsp中打印所有初始化参数值,代码如下:

```
<%@ page import="java.util.*"%>
<%
    Enumeration e=config.getInitParameterNames();
    while(e.hasMoreElements())
    {
        String name=(String)e.nextElement();
        String value=config.getInitParameter(name);
        out.print(name+"="+value+"<br>");
    }
%>
```

预览后显示内容如下:

```
folk=false
xpoweredBy=false
loginName-tom
```

### 14.7.2 exception隐含对象

JSP页面在运行时发生异常,系统会生成一个异常对象,把相关的运行时异常信息封装在异常对象中,这个异常对象被传递给异常处理页进一步处理。

exception隐含对象是java.lang.Throwable类型的,Throwable是Java中所有异常类的父类,Throwable中关键的方法有getStackTrace()方法。

```
public StackTraceElement[] getStackTrace()
```

这个方法返回堆栈跟踪元素的数组，每个元素表示一个堆栈帧。数组的第零号元素（假定数据的长度为非零）表示堆栈顶部，堆栈顶部的帧表示生成堆栈跟踪的执行点，异常信息一般是通过访问数组的零号元素而得。

StackTraceElement 类中常用的方法有4个。

```
public String getClassName()
```

返回发生异常的类名。

```
public String getMethodName()
```

返回发生异常的方法名。

```
public String getFileName()
```

返回发生异常的文件名。

```
public int getLineNumber()
```

返回异常发生点在 *.java 源码文件中的行号。

### 14.7.3 page 隐含对象

JSP 页面会被翻译成 Servlet 程序运行，最终会以一个"对象"的身份运行在 JVM 中，page 对象表示"当前"Servlet 程序对象，相当于 Java 中的 this 关键字。

### 14.7.4 pageContext 隐含对象

pageContext 对象是 javax.servlet.jsp.PageContext 类型的，在 JSP 页面的 Servlet 实现类中调用 JspFactory.getPageContext()取得一个 PageContext 对象。PageContext 中常用的方法有两个。

#### 1. 获得其他隐含对象

调用 pageContext 对象中的 getServletContext()、getPage() 、getRequest()、getResponse()、getSession()、getOut()和 getServletConfig()方法可获得相应的 JSP 隐含对象。

例如，在 JSP 页面的 Servlet 实现类中，发现如下初始化操作：

```
application=pageContext.getServletContext();
config=pageContext.getServletConfig();
session=pageContext.getSession();
out=pageContext.getOut();
```

**2. 实现转发跳转或包含**

实现转发跳转的方法如下：

```
public abstract void forward(java.lang.String relativeUrlPath)
        throws javax.servlet.ServletException,java.io.IOException
```

relativeUrlPath 为目标资源的 URI,例如,在 a.jsp 中有以下代码：

```
<%
    request.setAttribute("loginName","tom");
    pageContext.forward("/b.jsp");
%>
```

在 b.jsp 中读取 request 属性的代码如下：

```
<%
    out.print(request.getAttribute("loginName"));
%>
```

实现包含的方法如下：

```
public abstract void include(java.lang.String relativeUrlPath)
        throws javax.servlet.ServletException,java.io.IOException
```

例如,在 a.jsp 中有以下代码：

```
<%
    request.setAttribute("loginName","tom");
    pageContext.include("/b.jsp");
%>
```

在 b.jsp 中读取属性的代码如下：

```
<%
    out.print(request.getAttribute("loginName"));
%>
```

## 14.8 习　　题

1. 简述 out 对象、request 对象和 response 对象的作用。
2. 简述 session 对象、pageContext 对象和 application 对象的作用。

# 第 15 章　JSTL 和 EL 表达式——混入 HTML 的另类

**本章主要内容：**

- JSTL 和 EL 表达式的产生原因。
- JSTL 和 EL 表达式的基本用法。
- MVC 中使用 JSTL 和 EL 表达式。

## 15.1　概　　述

JSP 是一个 HTML 和 Java 代码的混合体。它的设计参考了早期出现的 ASP 和 PHP 的设计。虽然可以快速构建一个应用，但代码的混杂、业务逻辑和视图过于紧密的结合使更新维护变得非常困难。

所以，能否剔除 JSP 中的 Java 代码，还 JSP 一个朗朗乾坤、湛湛青天？剔除可以，但剔除以后就无法在 JSP 中显示动态内容了。那么是否有折中的方法？有，就是 JSTL 和 EL 表达式。

HTML 由多个标签嵌套而成，这些标签都是 HTML 标准规定的标签。一个直接的想法就是定义自定义标签来显示动态内容，这在 JSP 中可以通过定义标签库（taglib）的方式来实现。JSTL 是官方提供的一组自定义标签库，它由核心（core）标签、SQL 标签、格式化（format）标签和 XML 标签构成。核心标签库是使用最为频繁的一个库，格式化标签库偶尔会用到，SQL 标签则极少用到，因为现在软件工程要求项目实现 MVC 的分离，即模型（数据）、视图（外观）和控制（逻辑）要分离。如果在 JSP 中使用 SQL 标签，则相当于将逻辑代码加入到 JSP 中，而 JSP 一般充当视图，即只负责显示内容，不负责数据库的查询等逻辑。

EL 表达式是一种特殊的标签，如 ${book}，这就是一个最简单的 EL 表达式，它可以在 JSP 中快速地显示一个 request 中存储的变量值，而不需要使用类似＜% out. println(book)；%＞的 Java 代码来输出。

总之，使用 JSTL 和 EL 表达式的目的就是净化 JSP，使其免于嵌入 Java 代码，为 MVC 的分离奠定基础。

本章针对 JSTL 中最为常用的标签进行了详细讲解，而对于那些不常用的标签一笔带过。这符合本书的编写目的，即以项目中实用为最大原则，而不是写一本大而全的技术手册。在编者的实际项目开发经历中，仅用到了＜c：forEach＞、＜c：if＞以及＜fmt：formatDate＞3 个标签，这也是本章必须掌握的，其他标签可以简单了解。针对这个学习目标，本章可以在一节课内完成学习。

# 15.2 JSTL的使用

## 15.2.1 为JSP添加JSTL支持

为了在JSP中使用JSTL,需要进行相应配置。

(1) 在创建MyEclipse Web Project时,选择基于Java EE 5.0以上版本,这些版本默认带有JSTL支持。本书一律采用Java EE 6.0,如图15-1所示。

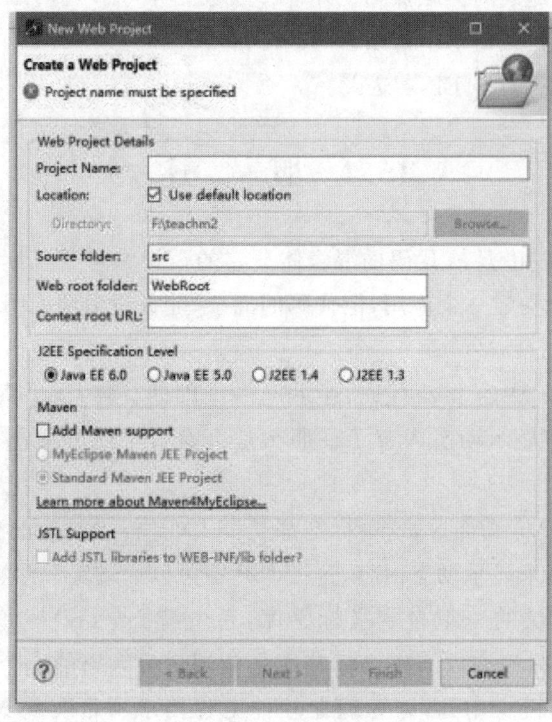


图15-1 新建项目时选择Java EE 6.0

(2) 在需要使用JSTL标签的页面中加入标签库声明。如需要使用核心标签库,则加入:

```
<%@ taglib prefix="c"
        uri="http://java.sun.com/jsp/jstl/core" %>
```

prefix表示这个标签库对应的前缀,如<c:out value="haha">输出文本haha。这个标签的名字是以"c:"开头的,这就是前缀。当然这个prefix的值可以不是c,而是别的值。例如:

```
<%@ taglib prefix="m"
        uri="http://java.sun.com/jsp/jstl/core" %>
```

则需要使用<m:out>标签来输出内容。后面的uri对应一个网址,这个网址已经随着Sun

公司的陨落而不再有效，但这个 uri 却仍然保留了下来。需要使用核心标签库的时候必须写这个 uri，不能写错任何一个字母，否则会引用失败。鉴于此，建议在使用的时候直接复制正确的文本，而不是手工抄写。

在需要格式化标签支持的 JSP 页面头部，加入：

```
<%@ taglib prefix="fmt"
        uri="http://java.sun.com/jsp/jstl/fmt" %>
```

在需要 SQL 标签支持的 JSP 页面头部，加入：

```
<%@ taglib prefix="sql"
        uri="http://java.sun.com/jsp/jstl/sql" %>
```

在需要 XML 支持的 JSP 页面头部，加入：

```
<%@ taglib prefix="x"
        uri="http://java.sun.com/jsp/jstl/xml" %>
```

本章重点探讨核心标签库和格式化标签库的使用，SQL 和 XML 因为使用机会实在太少，仅简要介绍。

### 15.2.2 核心标签库简介

核心标签库是 JSTL 中使用最为广泛的标签库。它包含了输出、判断和循环逻辑。可能大家觉得视图中不需要判断和循环，这其实是不对的。实际上，不管是何种语言的何种标签库都必须有判断和循环的实现。例如，有一个页面，如果用户未登录则显示登录链接，如果用户登录了则显示用户名。这就需要用判断实现。另外，页面中经常需要显示一个列表，这个列表也需要用循环来实现。

核心标签库包含的标签有以下 14 个，如表 15-1 所示。这些标签不需要全部掌握，只需要掌握较常用的<c:if>和<c:forEach>即可满足项目的开发需求。

表 15-1 核心标签库中常用的标签

| 标　签 | 描　述 |
|---|---|
| <c:out> | 用于在 JSP 中显示数据，就像<%= … > |
| <c:set> | 用于保存数据 |
| <c:remove> | 用于删除数据 |
| <c:catch> | 用来处理产生错误的异常状况，并且将错误信息储存起来 |
| <c:if> | 与在一般程序中用的 if 一样 |
| <c:choose> | 本身只当作<c:when>和<c:otherwise>的父标签 |
| <c:when> | <c:choose>的子标签，用来判断条件是否成立 |
| <c:otherwise> | <c:choose>的子标签，接在<c:when>标签后，当<c:when>标签判断为 false 时执行 |

续表

| 标　签 | 描　述 |
| --- | --- |
| <c:import> | 检索一个绝对或相对 URL,然后将其内容暴露给页面 |
| <c:forEach> | 基础迭代标签,接受多种集合类型 |
| <c:forTokens> | 根据指定的分隔符来分隔内容并迭代输出 |
| <c:param> | 用来给包含或重定向的页面传递参数 |
| <c:redirect> | 重定向至一个新的 URL |
| <c:url> | 使用可选的查询参数来创造一个 URL |

### 15.2.3 <c:out>标签

<c:out>标签主要用于输出,它的基本语法如下:

```
<c:out value="hello"/>
```

这里不是 JSTL 文档,所以尽管该标签还支持 default 和 escapeXml 属性,但这里只介绍 value 属性。上述标签经过 JSP 执行后,会被替换成其结果 hello。完整的例子如下。

```
程序清单 15-1(jstl01.jsp):
<%@ page language="java" import-"java.util.* " pageEncoding="utf-8"%>
<%@ taglib prefix="m" uri="http://java.sun.com/jsp/jstl/core" %>
<!DOCTYPE html>
<html>
<head>
    <title></title>
</head>
<body>
    <c:out value="hello" />
</body>
</html>
```

上述代码执行后的结果如下:

```
程序清单 15-2(jstl02.jsp):
<!DOCTYPE html>
<html>
<head>
    <title></title>
</head>
<body>
    hello
</body>
</html>
```

可以看到<c:out>标签执行后输出了 hello。单纯从这个例子看，使用<c:out>并无太大作用。实际上，它还可以结合 EL 表达式使用。因为 EL 表达式可以单独使用，并输出更复杂的结果，所以一般该标签也很少使用。

### 15.2.4 <c:set>标签

<c:set>标签用来设置变量。那么可以设置何种变量呢？它可以设置 page 域的变量、request 域的变量、session 域的变量和 application 域的变量。这些域已经在第 14 章做了详尽描述，这里不再赘述。该标签的基本用法如下：

```
<c:set
    var="<string>"
    value="<string>"
    target="<string>"
    property="<string>"
    scope="<string>"/>
```

其中，var 为需要设置的变量名称；value 为变量的值；scope 为变量的作用域；target 和 property 结合起来表示要设置 target 指向的对象的 property 指向的属性的值。下面举例说明：

```
<c:set var="salary" scope="session" value="${2000 * 2}"/>
```

例子中设置了 session 域的 salary 变量，它的值使用 EL 表达式计算。这里简单介绍一下 EL 表达式，EL 表达式由“${表达式}”格式构成。${2000 * 2} 会被解析为 4000。所以上面的例子等价于：

```
<c:set var="salary" scope="session" value="4000"/>
```

这段代码与以下的 Java 代码等价：

```
session.setAttribute("salary","4000");
```

假设在 request 中存在一个变量 person，它有一个属性 name 表示人的姓名。那么下面的语句可以设置该变量的值：

```
<c:set target="person" property="name" scope="request" value="yang"/>
```

它相当于以下 Java 代码：

```
Person p= (Person)request.getAttribute("person");
p.setName("yang");
request.setAttribute("person",p);
```

### 15.2.5 <c:remove>标签

<c:remove>标签删除域中的某个变量。其格式如下：

```
<c:remove var="<string>" scope="<string>"/>
```

其中,scope 属性指明了域,其取值与<c:set>中的 scope 相同,var 为希望移出的变量名。下面给出完整的演示。

```
程序清单 15-3(jstl03.jsp):
<%@ page language="java" pageEncoding="utf-8"%>
<%@ taglib prefix="c" uri="http://java.sun.com/jsp/jstl/core" %>
<html>
<head>
<meta charset='utf-8' >
<title><c:remove>标签实例</title>
</head>
<body style='background-color:#663333'>
<c:set var="salary" scope="session" value="${2000 * 2}"/>
<p>salary 变量值: <c:out value="${salary}"/></p>
<c:remove var="salary"/>
<p>删除 salary 变量后的值: <c:out value="${salary}"/></p>
</body>
</html>
```

执行后结果如图 15-2 所示。

salary 变量值: 4000

删除 salary 变量后的值:

图 15-2 jstl03.jsp 运行结果

## 15.2.6 <c:if>标签

在开发中,常需要在不同情况下显示不同的内容。如在主页右上角,如果用户未登录,则显示登录链接,否则显示用户名,单击用户名进入该用户主页。百度首页中的登录链接如图 15-3 所示。

图 15-3 百度首页中的登录链接

<c:if>标签的语法格式如下:

```
<c:if test="<boolean>" var="<string>" scope="<string>">
</c:if>
```

其中，test属性为判断条件，它可以是一个常量也可以是一个EL表达式，关于EL表达式15.3节将详细介绍，这里只是简单带过。一般来说，<c:if>只需要使用test属性即可。如果想将test中表达式的结果存储以备后面使用，则可以通过var和scope将其存储到scope域中的var指向的变量中。

```
程序清单 15-4(jstl04.jsp):
<%@ page language="java" contentType="text/html; charset=utf-8"
    pageEncoding="utf-8"%>
<%@ taglib prefix="c" uri="http://java.sun.com/jsp/jstl/core" %>
<html>
<head>
    <title><c:if>标签实例</title>
</head>
<body>
    <c:set var="salary" scope="session" value="${2000 * 2}"/>
    <c:if test="${salary>2000}" var='haha' scope="session">
    <p>我的工资为: <c:out value="${salary}"/><p>
</c:if>
</body>
</html>
```

上述代码中，<c:set>设置了一个session域的变量salary，其值为4000。<c:if>中判断该值是否大于2000，很明显，salary>2000成立，表达式的值为true，var和scope属性指明，将这个结果true存储session域的haha变量中。因为test的值是true，所以“我的工资为”这个文本就会被输出。<c:out>标签输出salary的值4000。

### 15.2.7 <c:choose>、<c:when>和<c:otherwise>标签

可以看到<c:if>仅允许在满足某个条件的情况下显示某段代码，不能在条件不满足时显示某个文本。它的功能类似于一个精简版的Java中的if语句。那么本节介绍的3个标签就类似于Java中的switch语句，即多条件分支语句。下面直接通过例子介绍其使用方法。

```
程序清单 15-5(jstl05.jsp):
<%@ page language="java" contentType="text/html; charset=utf-8"
    pageEncoding="utf-8"%>
<%@ taglib prefix="c" uri="http://java.sun.com/jsp/jstl/core" %>
<html>
<head>
    <title><c:choose>标签实例</title>
</head>
```

```
<body>
    <c:set var="salary" scope="session" value="${2000 * 2}"/>
    <p>你的工资为<c:out value="${salary}"/></p>
    <c:choose>
    <c:when test="${salary <=0}">
        太惨了。
    </c:when>
    <c:when test="${salary>1000}">
        不错的薪水,还能生活。
    </c:when>
    <c:otherwise>
        什么都没有。
    </c:otherwise>
    </c:choose>
</body>
</html>
```

上述代码中<c:choose>为多分支语句。<c:when>为某个条件,其 test 属性为条件判断表达式。当 test 满足时执行和显示<c:when>包裹的语句。如果所有的条件都不满足,则显示<c:otherwise>中的内容。

### 15.2.8 <c:forEach>标签

前面讲述的<c:if>和<c:choose>一组标签都是用于判断逻辑的。本节介绍的标签是用于循环逻辑的。<c:forEach>的语法格式如下:

```
<c:forEach
    items="<object>"
    begin="<int>"
    end="<int>"
    step="<int>"
    var="<string>"
    varStatus="<string>">
</c:forEach>
```

该标签包含了大量的属性值,允许开发者使用多种方式来使用这个标签。下面通过实例来熟悉这些属性的应用。

```
程序清单 15-6(jstl06.jsp):
<%@ page language="java" contentType="text/html; charset=utf-8"
    pageEncoding="utf-8"%>
<%@ taglib prefix="c" uri="http://java.sun.com/jsp/jstl/core" %>
<html>
<head>
    <title>c:forEach 标签实例</title>
```

```
</head>
<body>
    <c:forEach var="i" begin="1" end="5">
    <p>Item <c:out value="${i}"/></p>
    </c:forEach>
</body>
</html>
```

上述代码中，<c:forEach>标签的var属性指明了循环变量的名称为i，begin和end为循环变量开始和结束的值。该例子会依次显示Item 1、Item 2一直到Item 5，如图15-4所示。

再看下面的例子。这个例子破例嵌入了Java代码，创建一个数组放入request域中。实际情况是可以在Servlet中将对象放入request域，使用RequestDispatcher将这个请求转交给JSP，使用JSP的<c:forEach>显示。这种写法是最常用的写法。

```
程序清单 15-7(jstl07.jsp):
<%@ page language="java" contentType="text/html; charset=utf-8"
    pageEncoding="utf-8"%>
<%@ taglib prefix="c" uri="http://java.sun.com/jsp/jstl/core" %>
<html>
<head>
    <title><c:forEach>标签实例</title>
</head>
<body>
<%
    String[] bk={"Hello Java","Hello JSP","Hello Word"};
    request.setAttribute("books", bk);
%>
    <c:forEach var="i" items="${books}">
    <p><c:out value="${i}"/></p>
    </c:forEach>
</body>
</html>
```

上述代码的执行结果如图15-5所示。

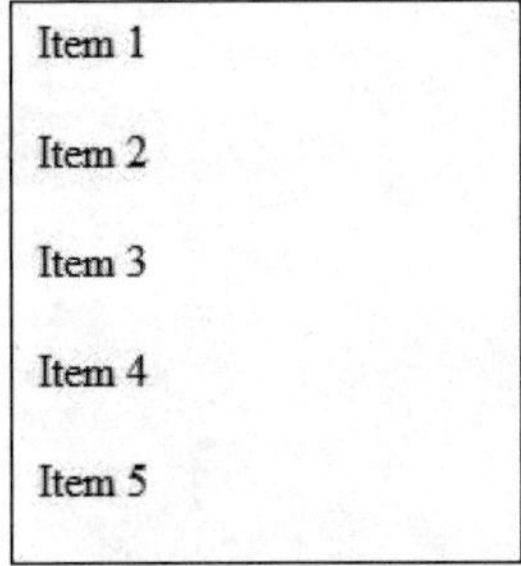


图15-4　jstl06.jsp运行结果

Hello Java

Hello JSP

Hello Word

图15-5　jstl07.jsp的运行结果

### 15.2.9 核心标签库中的其他标签

上述<c:if>和<c:forEach>是在基于MVC开发的项目中最为常用的标签。还有一些标签很少被用到,这些标签可以通过查阅在线文档的方式熟悉其使用。

### 15.2.10 格式化标签库

使用格式化标签库必须先添加库的引用,即在JSP头部添加以下代码:

```
<%@ taglib prefix="fmt"
        uri="http://java.sun.com/jsp/jstl/fmt" %>
```

这个库的作用是格式化输出变量。该标签库中包含11个标签,如表15-2所示,其中<fmt:formatDate>最为常用,其他使用较少。

表15-2 格式化标签库中的常用标签

| 标　签 | 描　述 |
| --- | --- |
| <fmt:formatNumber> | 使用指定的格式或精度格式化数字 |
| <fmt:parseNumber> | 解析一个代表数字,货币或百分比的字符串 |
| <fmt:formatDate> | 使用指定的风格或模式格式化日期 |
| <fmt:parseDate> | 解析一个代表日期或时间的字符串 |
| <fmt:bundle> | 绑定资源 |
| <fmt:setLocale> | 指定地区 |
| <fmt:setBundle> | 绑定资源 |
| <fmt:timeZone> | 指定时区 |
| <fmt:setTimeZone> | 用于将时区对象复制到指定的作用域 |
| <fmt:message> | 显示资源配置文件信息 |
| <fmt:requestEncoding> | 设置request的字符编码 |

本节仅对<fmt:formatDate>进行详细介绍。这个标签同样包含很多属性,其语法如下:

```
<fmt:formatDate
  value="<string>"
  type="<string>"
  dateStyle="<string>"
  timeStyle="<string>"
  pattern="<string>"
  timeZone="<string>"
  var="<string>"
  scope="<string>"/>
```

每个属性的作用如表 15-3 所示。

表 15-3 <fmt>标签的属性一览表

| 属 性 | 描 述 | 是否必要 | 默认值 |
|---|---|---|---|
| value | 要显示的日期 | 是 | 无 |
| type | date、time 或 both | 否 | date |
| datestyle | full、long、medium、short 或 default | 否 | default |
| timestyle | full、long、medium、short 或 default | 否 | default |
| pattern | 自定义格式模式 | 否 | 无 |
| timeZone | 显示日期的时区 | 否 | 默认时区 |
| var | 存储格式化日期的变量名 | 否 | 显示在页面 |
| scope | 存储格式化日志变量的范围 | 否 | 页面 |

本节只介绍两个属性。value 是要显示的日期的值，pattern 是要显示的日期格式，使用这两个属性足以应对绝大多数应用需求。见下面的例子。

```
程序清单 15-8(jstl08.jsp):
<%@ page language="java" contentType="text/html; charset=utf-8"
    pageEncoding="utf-8"%>
<%@ taglib prefix="c" uri="http://java.sun.com/jsp/jstl/core" %>
<%@ taglib prefix="fmt" uri="http://java.sun.com/jsp/jstl/fmt" %>
<html>
<head>
    <title>JSTL<fmt:dateNumber>标签</title>
</head>
<body>
    <h3>日期格式化</h3>
    <c:set var="now" value="<%=new java.util.Date()%>" />
    <p>日期: <fmt:formatDate pattern="yyyy-MM-dd"
            value="${now}" /></p>
</body>
</html>
```

上述代码的运行结果如图 15-6 所示。

例 15-8 中，<c:set>设置了一个 page 域(scope 属性的默认值)的变量 now，它的值通过 Java 代码获取当前日期。<%=new java.util.Date()%>创建了一个 Date 对象，并将其输出为文本。<fmt:formatDate>标签以 yyyy-MM-dd 格式输出了这个时间。yyyy 使用四位数表示当前的年份，如 2017；两个大写的 MM 表示当前的月份；dd 表示当前的日期。为何 MM 为大写呢？因为小写的 mm 代表的是当前的分钟。上述语句显示的时间格式类似于 2017-04-23，

**日期格式化**

日期: 2017-04-23

图 15-6 日期格式化输出

其中的4月,因为使用两个M表示月份,所以在4之前补了0。在这个格式模式中可以用的占位符如表15-4所示。

**表15-4 格式化字符串的格式化字符**

| 代码 | 描　　述 | 实　　例 |
|---|---|---|
| G | 时代标志 | AD |
| y | 不包含纪元的年份。如果不包含纪元的年份小于10,则显示不具有前导零的年份 | 2002 |
| M | 月份数字。一位数的月份没有前导零 | April & 04 |
| d | 月中的某一天。一位数的日期没有前导零 | 20 |
| h | 12小时制的小时。一位数的小时数没有前导零 | 12 |
| H | 24小时制的小时。一位数的小时数没有前导零 | 0 |
| m | 分钟。一位数的分钟数没有前导零 | 45 |
| s | 秒。一位数的秒数没有前导零 | 52 |
| S | 毫秒 | 970 |
| E | 周几 | Tuesday |
| D | 一年中的第几天 | 180 |
| F | 一个月中的第几个周几 | 2(一个月中的第二个星期三) |
| w | 一年中的第几周 | 27 |
| W | 一个月中的第几周 | 2 |
| a | a.m./p.m. 指示符 | PM |
| k | 小时(12小时制的小时) | 24 |
| K | 小时(24小时制的小时) | 0 |
| z | 时区 | 中部标准时间 |
| ' |  | 转义文本 |
| '' |  | 单引号 |

# 15.3 EL表达式

## 15.3.1 简介

EL表达式是一种运行于JSP中的简短的表达式语言,它主要用于显示变量的值。一个最简单的例子如下:

```
${expr}
```

其中,expr可以是一个变量名,也可以是一个表达式:

```
${height}
${height * 2}
${height>170}
${height+20}
```

需要注意，这些变量必须存在于 page、request、session 或者 application 这些域中。可以用 Java 代码中的 request. setAttribute()、session. setAttribute()等方法，或者 JSTL 中的 <c:set>标签来设置这些变量。

Java 中的各种运算符如加减乘除、取模、大于、小于、等于、大于或等于、小于或等于、不等于、与或非等都可以在这里使用，如表 15-5 所示。

**表 15-5　EL 表达式中的常用操作符**

| 操作符 | 描　　述 |
| --- | --- |
| . | 访问一个 Bean 属性或者一个映射条目 |
| [] | 访问一个数组或者链表的元素 |
| ( ) | 组织一个子表达式以改变优先级 |
| + | 加 |
| − | 减或负 |
| * | 乘 |
| /或 div | 除 |
| %或 mod | 取模 |
| ==或 eq | 测试是否相等 |
| !=或 ne | 测试是否不等 |
| <或 lt | 测试是否小于 |
| >或 gt | 测试是否大于 |
| <=或 le | 测试是否小于或等于 |
| >=或 ge | 测试是否大于或等于 |
| && 或 and | 测试逻辑与 |
| \|\|或 or | 测试逻辑或 |
| ! 或 not | 测试取反 |
| empty | 测试是否空值 |

另外，如果存在一个变量是一个对象，而不是简单变量，则可以使用点(.)运算符访问其属性如 ${person. name}，假设 person 是一个 Person 类的对象，name 是其属性，则可以采用上述方式访问。这个点运算符可以级联使用，如 ${course. teacher. name}。需要注意，使用这种写法的前提是在域中存在这个变量，而且这个变量存在相应的属性。如果变量或属性不存在，则不显示或报错。

### 15.3.2 EL表达式的隐含对象

EL表达式中可以使用一些隐含对象。所谓隐含对象就是已经存在的不需要用户自己定义的对象。表15-6列出支持的隐含对象。

表15-6 EL隐含对象列表

| 隐含对象 | 描 述 | 隐含对象 | 描 述 |
|---|---|---|---|
| pageScope | page域 | header | HTTP信息头,字符串 |
| requestScope | request域 | headerValues | HTTP信息头,字符串集合 |
| sessionScope | session域 | initParam | 上下文初始化参数 |
| applicationScope | application域 | cookie | Cookie值 |
| param | request对象的参数,字符串 | pageContext | 当前页面的pageContext |
| paramValues | request对象的参数,字符串集合 | | |

4个scope对象,分别对应4种不同的域中的对象。pageScope对应page域、requestScope对应request域、sessionScope对应session域、applicationScope对应application域。在Java代码中可以通过xxx.setAttribute、xxx.getAttribute的方式来访问这些域的变量。例如:

```
request.setAttribute("name","yang");
String n=request.getAttribute("name");
```

在第12章中我们已经知道,每个域的变量的生命周期是不同的。page的生命周期仅在当前页,request域的生命周期在当前请求,session域的变量对应当前会话,application域的变量从出现到服务器关闭或当前应用卸载都一直存在。

上面例子中的name变量可以在JSP中使用${requestScope.name}来访问。

参数的值可以通过param变量来访问。如访问地址为http://localhost/a.jsp?name=haha,那么在该JSP中使用${param.name}就可以取得haha这个值。

```
程序清单 15-9(el01.jsp):
<%@ page import="java.io.*,java.util.*" %><%
<%@ page language="java" import="java.util.*" pageEncoding="utf-8"%>
<%@ taglib prefix="c" uri="http://java.sun.com/jsp/jstl/core" %>
<!DOCTYPE html>
<html>
<head>
    <title></title>
</head>
<body>
    ${param.name}
</body>
</html>
```

访问时应当加参数 el01.jsp?name=haha 才能看出效果，如图 15-7 所示。

header 变量可以获取 JSP 头部信息。头部信息就是 HTTP 请求的头部信息。最常用的头部信息是 referer，它标明用户是通过什么网页进入当前网页。这个信息常用于图片防盗链。有的网站不希望其他网站引用自己网站的图片，那么就可以判断这个 referer 的值是不是本网站的网址，如果不是，则不给出图片，这样就可以实现防盗链的效果。

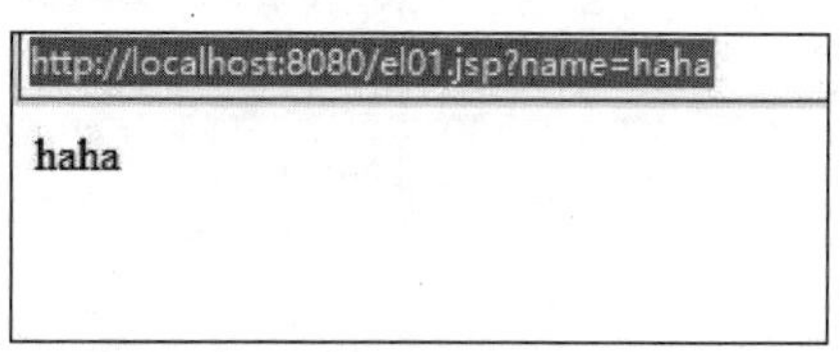


图 15-7　el01.jsp 运行结果

header 中还有一个常用变量 user-agent。直接使用 ${header.user-agent}会出现问题，因为中间的横杠会被解析为减号，最后结果为 0。所以可以采用另一种方式来访问。如下列代码。

```
程序清单 15-10(el02.jsp):
<%@ page import="java.io.*,java.util.*" %>
<html>
<head>
</head>
<body>
    <div>
    <p>${header["user-agent"]}</p>
    </div>
</body>
</html>
```

程序运行结果如图 15-8 所示。

http://localhost:8080/el02.jsp

Mozilla/5.0 (compatible; MSIE 9.0; Windows NT 6.2; Win64; x64; Trident/7.0)

图 15-8　el02.jsp 运行结果

隐含变量 initParam 获取的是 web.xml 中定义的参数。cookie 获取的是 Cookie 中的参数。

## 15.4　MVC 中使用 EL 表达式

标签库的使用使 JSP 内容更加规整，避免了 Java 代码和 HTML 代码的混杂，实现了风格的统一。在使用标签库时一定要结合 MVC 框架。下面给出一个最原始的 MVC 框架的例子。

在 Java EE 中，Servlet 最适合做控制器，简单的 JavaBean 类最适合做模型，而 JSP 最适合做视图。下面的例子就是如此分配。

首先，在项目的 src 目录下建立一个 Servlet。在 Package Explorer 中选中 src 目录，右击该目录，选择 New→Servlet，可以看到如图 15-9 所示对话框。

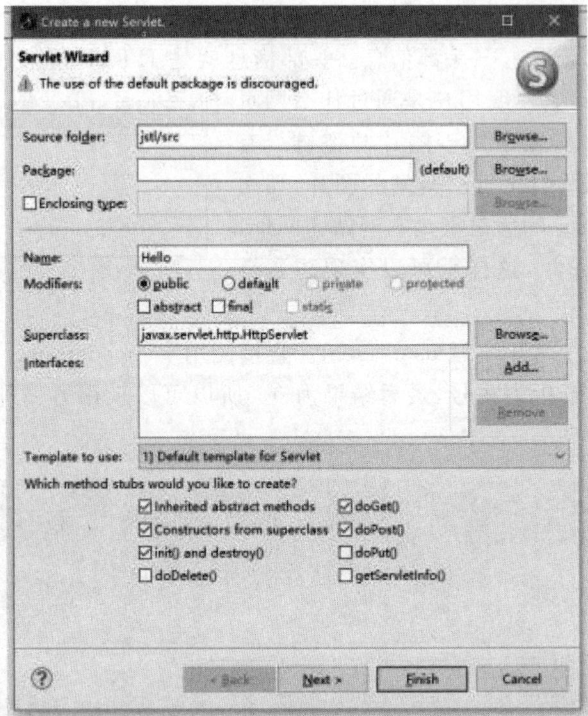


图 15-9　新建 Servlet

如图 15-10 所示，修改 Mapping URL 为/hello，使这个 Servlet 更容易访问。单击 Finish 按钮完成创建。

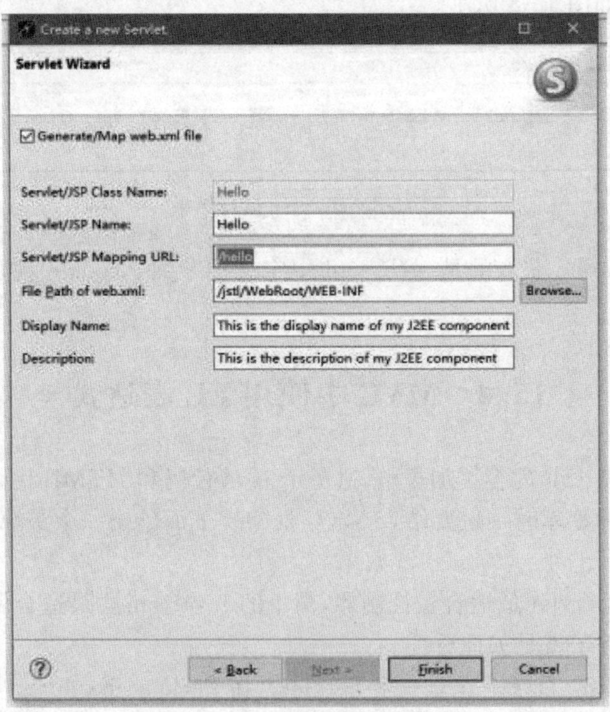


图 15-10　修改 Mapping URL

在项目下的 WebRoot/WEB-INF/web. xml 中,可以看到多出了两段声明:

```
<servlet>
<servlet-name>Hello</servlet-name>
<servlet-class>Hello</servlet-class>
</servlet>
<servlet-mapping>
<servlet-name>Hello</servlet-name>
<url-pattern>/hello</url-pattern>
</servlet-mapping>
```

在 src 目录下可以看到多出了一个 Hello. java 文件,其中有一个继承自 HttpServlet 的子类。去除多余代码后,该类内容如下:

```
import java.io.IOException;
import java.io.PrintWriter;
import javax.servlet.ServletException;
import javax.servlet.http.HttpServlet;
import javax.servlet.http.HttpServletRequest;
import javax.servlet.http.HttpServletResponse;

public class Hello extends HttpServlet {
   public void doGet(HttpServletRequest request, HttpServletResponse response)
    throws ServletException, IOException {
        response.setContentType("text/html");
        PrintWriter out=response.getWriter();
        out.flush();
        out.close();
    }
}
```

在 src 中新建一个 Person 类作为模型。该类包含了 name 和 birth 两个属性,name 为姓名,birth 为出生日期。

```
程序清单 15-11(src/Person.java):
public class Person {
import java.util.Date;
public class Person {
    private String name;
    private Date birth;
    public Date getBirth() {
        return birth;
    }
    public void setBirth(Date birth) {
        this.birth=birth;
```

```
    }
    public String getName() {
        return name;
    }
    public void setName(String name) {
        this.name=name;
    }
}
```

对 Hello.java 进行修改，在 doGet 中创建一个 Person 对象，将其放入 request 域，将当前的 request 交给 dp.jsp 处理。在 WebRoot 下新建一个 dp.jsp，并将其内容修改如下。

**程序清单 15-12(src/Person.java 修改版)：**

```
import java.io.IOException;
import javax.servlet.ServletException;
import javax.servlet.http.HttpServlet;
import javax.servlet.http.HttpServletRequest;
import javax.servlet.http.HttpServletResponse;
import java.util.Date;
public class Hello extends HttpServlet {
   public void doGet(HttpServletRequest request, HttpServletResponse response)
     throws ServletException, IOException {
    Person p=new Person();
    p.setName("王小亮");
    p.setBirth(new Date());
    request.setAttribute("person",p);
    request.getRequestDispatcher("/dp.jsp").forward(request, response);
    }
}
```

在用户发来 Get 请求时，该 Servlet 执行 doGet 方法首先创建一个 Person 对象，并对其属性进行赋值，随后将该请求转交给 WebRoot 下的 dp.jsp（以 WebRoot 为网站根目录）执行。

**程序清单 15-13(dp.jsp)：**

```
<%@ page language="java" contentType="text/html; charset=utf-8"
    pageEncoding="utf-8"%>
<%@ taglib prefix="c" uri="http://java.sun.com/jsp/jstl/core" %>
<%@ taglib prefix="fmt" uri="http://java.sun.com/jsp/jstl/fmt" %>
<html>
<head>
    <title></title>
</head>
```

```
<body>
    这人的名叫${person.name},他是<fmt:formatDate pattern="yyyy年MM月dd日"
        value="${person.birth}" />出生的。
</body>
</html>
```

这里使用 EL 表达式输出了 person 变量的 name 属性王小亮，使用<fmt:formatDate>格式化了 person.birth 中的日期。其显示结果如图 15-11 所示。

这人的名叫王小亮，他是2017年04月23日出生的。

图 15-11　dp.jsp 页面的显示结果

## 15.5　习　　题

1. 设计一个 Student 类用来表示学生信息，使用 EL 表达式显示该类中的内容。
2. 使用 fmt 标签输出 GMT 格式的时间。

# 第 16 章　数据持久化——志不强则智不达

本章主要内容：

- 数据持久化的必要性。
- Java 中的文件读写。
- JSP 中如何确定文件位置。
- 数据库思想与信息系统的设计原理。
- JSP 中连接数据库。
- JSP 中完成数据库操作。

## 16.1　为何要做数据持久化

数据持久化是较专业的说法，通俗讲就是“如何保存数据”。那么为什么需要保存数据呢？这就和问人为什么需要记东西一样。人如果没有记忆，那几乎就没有能干的事了。

人要有智慧不能不博学广闻、慎思明辨。博学广闻的功夫就是学习记忆知识的过程，这是后面慎思明辨的基础。

对于程序来讲，冯·诺依曼架构的计算机就是因为有了存储程序这一概念才真正开创了一个时代，而冯·诺依曼架构基于的数学原理——图灵机，也是因为有了记忆功能才实现了由确定有穷自动机(DFA)的升级。

那么不考虑历史，就最简单的程序来说如果没有变量，就无法完成任何计算。那么有了变量就够了吗？不！还需要把输入输出或者中间过程记录下来。这样下一次进入程序时，原有的操作才不会浪费。

RAM 在断电后会丢失所有信息，所以不能持久地保存信息，但软盘可以。所以一般将需要长久保存的信息存入软盘，那么以什么形式呢？通常有文件存储和数据库存储两种。当然有的时候还会用到索引等特殊的存储方式，这里只介绍前两种。

## 16.2　文 件 存 储

在计算机中，文件存在硬盘和光盘等存储介质，操作系统使用文件的概念在不同文件中保存不同的数据。文件是一个存储的单位。那么 JSP 中如何存储文件呢？可以用简单的一句话介绍：与 Java 中一模一样。虽然一模一样，但为了本书的完整性，这里还是作一些介绍。

### 16.2.1　文件读取

BufferedReader 或 Scanner 可以用来实现从控制台的读取，同样它们也可以用于文件的读取。Java 使用不同的 InputStream 来实现对不同介质的读取。通常使用的 System. in

就是一个系统默认的从控制台输入的流。下面建立一个从文件读取的流 FileInputStream，它也是一个 InputStream。

```
程序清单 16-1,输入流演示(TestStream.java):
package com.yang;
import java.io.*;
import java.util.Scanner;
public class TestStream {
    /**
     * @param args
     */
    public static void main(String[] args) {
        try {
            BufferedReader br=new BufferedReader(new
                    InputStreamReader(new FileInputStream("a.txt")));

            String line=br.readLine();
            br.close();
        } catch (FileNotFoundException e) {
            e.printStackTrace();
        } catch (IOException e) {
            e.printStackTrace();
        }
        try {
            Scanner sc=new Scanner(new FileInputStream("a.txt"));
            double d=sc.nextDouble();
            sc.close();
        } catch (FileNotFoundException e) {
            e.printStackTrace();
        }
    }
}
```

其中，FileInputStream 根据给出的文件路径 a. txt 建立一个 InputStream，然后传入 InputStreamReader 变成一个阅读器，再将阅读器传递给 BufferedReader。这个具有缓存的 Reader 就可以完成一些类似读取一整行的功能。

为何不直接使用 FileInputStream 呢？大家看它的函数清单，如表 16-1 所示。

**表 16-1　FileInputStream 类中的方法**

| 序号 | 方法及描述 |
|---|---|
| 1 | public void close() throws IOException{}<br>关闭此文件输入流并释放与此流有关的所有系统资源，抛出 IOException 异常 |
| 2 | protected void finalize()throws IOException {}<br>这个方法清除与该文件的连接。确保在不再引用文件输入流时调用其 close 方法，抛出 IOException 异常 |

续表

| 序号 | 方法及描述 |
| --- | --- |
| 3 | public int read(int r)throws IOException{}<br>这个方法从 InputStream 对象读取指定字节的数据。返回为整数值。返回下一字节数据,如果已经到结尾则返回－1 |
| 4 | public int read(byte[] r) throws IOException{}<br>这个方法从输入流读取 r. length 长度的字节。返回读取的字节数。如果是文件结尾则返回－1 |
| 5 | public int available() throws IOException{}<br>返回下一次对此输入流调用的方法可以不受阻塞地从此输入流读取的字节数。返回一个整数值 |

可以看到,它只能用 read 方法来读取。如果希望以二进制方式读取,可以使用这个方法。需要注意的是,使用 FileInputStream 只能顺序读取,即从头到尾读,设置读取的点。能设置读取点的读取称为随机读取,将在后面章节介绍。

Scanner 对象的构建更为简单,直接将 FileInputStream 传递给 Scannner 就可以像读取控制台一样读取文件。

读取操作完成后要关闭这个流,释放资源。这与读取 System. in 不同,System. in 不需要手工关闭,程序结束后即被直接关闭。如果在程序中关闭了 System. in,那么在后面的程序中就不能使用它读取了。

下面为大家演示一个非常常用的功能:读取文件的全部内容。例如:

```
public static String readAll(String f,String charset)
{
if(!FileTool.exists(f))return null;
    BufferedReader  br=null;
    StringBuffer sb=new StringBuffer();
    try {
        InputStreamReader reader=new InputStreamReader (new
        FileInputStream(f),charset);
        br=new BufferedReader (reader);
        while(br.ready())
        {
            sb.append(br.readLine()+"\n");
        }
        reader.close();
    } catch (Exception e) {
        e.printStackTrace();
        return null;
    }

    return sb.toString();
}
```

这个方法放入了编者自己的类库 com. yang. FileTool 中,并被频繁使用。这个方法使用的时候需要给出文件路径和文件编码。大家需要注意，如果读取时的编码和存储的编码不同，就会有乱码，所以大家首先要清楚存储的编码，这里建议大家统一采用 UTF-8 方式存储。这个函数的使用方式：Strings = FileTool. readAll ( "a. txt", "utf-8"); (注意用英文引号)。

在 Web 开发中，这个功能极为常用，如用文本来做页面缓存，直接读取全部文件然后输出即可完成 Web 请求操作。那么，页面缓存在何时用呢？一般是访问数据库非常多的地方，在高并发、高负载情况下，数据库成为性能瓶颈，这个页面在比较短的时间内不会更新。这时就需要做一个页面缓存，让用户在访问时如果缓存不失效就直接读取缓存。

### 16.2.2 文件写入

控制台输出全部都使用了 System. out. print 和 println 这一组函数。那么 out 是一个什么类型的变量呢？它是一个 PrintStream。在 Java 中取名都是很有规律的，以 Stream 为后缀的往往都是流，那么如何建立一个 PrintStream 呢？OutputStream。这个 OutputStream 可以输出到控制台，也可以输出到文件，还可以输出到网络上的某个客户端。看下面向文件写数据的例子。

```
程序清单 16-2(TestWriteFile.java):
import java.io.*;
public class TestWriteFile {
    public static void main(String[] args) {
        try {
            PrintStream ps=new PrintStream(
            new FileOutputStream("a.txt"));
            ps.println("hello");
            ps.close();
        } catch (FileNotFoundException e) {
            e.printStackTrace();
        }
    }
}
```

这个例子中使用一个文件路径 a. txt 构建一个 FileOutputStream，然后使用这个 Stream 构建了一个 PrintStream 对象，在这句话之后就可以像使用 System. out 一样使用它。使用 println、print、write 等函数可以实现输出。我们执行这个程序就会在当前路径发现一个 a. txt 文件，文件中有一行 hello。

这里没有涉及编码的问题，如果需要输出特定编码的文字，就需要使用 PrintWriter 的另一个构造函数：

```
PrintStream ps=new PrintStream(
    new FileOutputStream("a.txt"),
    true,
    "utf-8"
);
```

其中，第二个参数代表是否自动地将内容推送到输出流中，默认为true，如果设置为false，则需要手工调用flush方法进行输出；第三个参数为输出的编码格式。仍然推荐使用UTF-8的编码输出。

如果使用write方法，就可以实现二进制写文件，但和FileInputStream一样，它同样是顺序读写的，不能实现修改写文件位置的功能。

### 16.2.3 文件随机读写

16.2.1和16.2.2两节给出了顺序读取和写入文本文件的例子，也简要介绍了如何输出二进制数据。那么存在一个20MB的文本文件，如何显示到屏幕上？或者有一个1GB的数据文件，需要读取第500MB位置的10MB数据，该怎么做？使用随机读写，只要能使用程序修改读取和写入的位置就可以实现上述功能。

**程序清单16-3(TestRandomFile.java)：**

```
import java.io.*;

public class TestRandomFile {
    public static void main(String[] args) {
        File f=new File("a.bin");
        RandomAccessFile rf;
        try {
            rf=new RandomAccessFile(f, "rw");
            rf.seek(100);
            byte[] data=new byte[1024];
            int rb=rf.read(data);

            rf.seek(200);
            rf.write(data);

            rf.close();
        } catch (FileNotFoundException e) {
            e.printStackTrace();
        } catch (IOException e) {
            e.printStackTrace();
        }
    }

}
```

上例中，最核心的就是建立了一个名为RandomAccessFile类的对象，使用了它的seek方法设定了读写头的位置。在建立RandomAccessFile时，给出了两个参数，第一个是一个File类对象，第二个是一个权限字符串，rw表示允许读写。如果只想读取可以使用r。这个与C语言中的fopen中的参数类似。

Web应用中有一些嵌入式的数据库，如SQLite就采用了这种随机读写功能来实现其数据管理功能。

### 16.2.4 网页中的读写

上面演示了在控制台下的随机读写，在网页中的读写其实也是一样的。唯一要做的就是将读写代码嵌入到JSP中。看下面的例子。

**程序清单 16-4(hello.jsp):**

```
<%@ page language="java" import="java.util.*,java.io.*"pageEncoding="ISO-8859-1"%>
<!DOCTYPE html>
<html>
<head>
<title>Test Write</title>
</head>

<body>
    <%
        PrintStream ps=new PrintStream(new FileOutputStream("a.txt"));
        ps.println("hello");
        ps.close();
    %OK!
</body>
</html>
```

这里与上面的文件写入例子很相似，都是向a.txt中写入了hello这一行。但运行后，如果刷新MyEclipse工程发现，并没有在工程中出现，这个a.txt去哪里了？这是一个谜。那么是不是在Web项目发布到的目录下呢？为了得到Web项目的目录，使用application.getRealPath("/")获取当前路径并输出，上面的程序可以改写如下。

**程序清单 16-5(path.jsp):**

```
<%@ page language="java" import="java.util.*,java.io.*"
pageEncoding="utf-8"%>
<!DOCTYPE html>
<html>
<head>
<title>Test Path</title>
</head>

<body>
    当前Web应用的物理路径:<%=application.getRealPath("/")%><br>
    <%


        File f=new File("a.txt");
        out.println("a.txt的路径"+f.getAbsolutePath());

        PrintStream ps=new PrintStream(new FileOutputStream("a.txt"));
```

```
        ps.println("hello");
        ps.close();

    %>OK!
</body>
</html>
```

运行后发现,这个项目是被发布到了这个工程自身目录下的.metadata\.me_tcat\webapps\TestFile\目录下。查找发现这里没有 a.txt。为了弄清楚这个问题,我们又使用了一种办法,使用 a.txt 建立一个 File 对象,然后使用 getAbsolutePath 方法输出其全路径,结果发现:生成的文件在 MyEclipse 中集成的那个 Tomcat 的 bin 目录下。也就是说,直接写 a.txt 会建立到 Tomcat 目录下。那么如何建立到这个 Web 项目的目录下呢?可以使用上面的 getRealPath 获取。看下面的代码:

```
<%
    String fname=application.getRealPath("/a.txt");
    PrintStream ps=new PrintStream(fname);
    ps.println("hello");
    ps.close();
%>
```

到对应的.metadata\.me_tcat\webapps\TestFile\目录下就可以找到这个 a.txt 文件。

至此就将网页中如何读写文件介绍完毕了,其与在控制台程序中唯一的不同就在于文件路径的获取。

### 16.2.5 文件数据存储格式

16.2.4 节介绍了文件中读写操作,可以使用这种技术将数据存储到文件中。但这种方式存在一个问题,如果需要存储多个数据,如某人的身高、体重、姓名、生日等信息,就需要给出一种存储数据的格式,写入时按照这个格式写入,读取时就需要自己解析格式。如果仅仅是简单的上述几个人的信息,可以使用“姓名,身高,体重,生日”这种以逗号分隔的文本格式来存储。读取到文本后,采用 String 的 split 方法进行分隔。这是一种简单的解决方案,见程序清单 16-6。

**程序清单 16-6(readfile.jsp):**

```
<%@ page language="java" import="java.util.*,java.io.*" pageEncoding=
"utf-8"%>

<!DOCTYPE html>
<html>
<head>
<title>Test Data Read and Write</title>
</head>
```

```
<body>
    <%
        String name="张无忌";
        int height=150;
        String nickname="张小明";
        int weight=200;

        String fname=application.getRealPath("/a.txt");
        PrintStream ps=new PrintStream(fname,"utf-8");
        String data=String.format("%s,%s,%d,%d",name,nickname,height,weight);
        out.println("data write to file is "+data+"<br>"); //向网页输出,用来调试
        ps.println(data);                                   //向文件输出
        ps.close();

        Scanner sc=new Scanner(new FileInputStream(fname),"utf-8");
        String odata=sc.nextLine();                         //读取文件
        out.println("data read from file is "+odata+"<br>");
                                                            //向网页输出,用来调试
        String[] da=odata.split(",");
        String oname=da[0];
        String onickname=da[1];
        int oheight=Integer.parseInt(da[2]);
        int oweight=Integer.parseInt(da[3]);

        out.println("read name is "+oname+"<br>");
        out.println("read nickname is "+onickname+"<br>");
        out.println("read height is "+oheight+"<br>");
        out.println("read weight is "+oweight+"<br>");

    %>
</body>
</html>
```

例子中,首先将数据拼接为一个字符串,然后将其写入文件中,到这里存储数据已经完成,下面的演示是如何读取并解析数据。使用 Scanner 读取了数据,并使用 split 解析数据,结果得到一个 String 的数组,对于相应的整数数值,又进行了类型转换。

通过这个例子可以看出,直接使用文件存取数据是很烦琐的,需要自己写大量代码,当然也可以将这些代码封装为一个辅助的类,这样会大大简化操作。所以如果数据规模较小,是可以用文件存取的。但面对大量数据,如某校所有学生的信息,以两万个学生每个学生10个属性为例,就需要大概存取 20 万个属性,如果使用文本文件,那么属性数量是相当大的,这时使用数据库存储更为合适。数据库是专门用以存储结构性数据的软件。

那么何时使用文件存取数据呢?除了上面说的需要存取的量很小之外,还可以用来做网页缓存,因为少量数据读写文件比读写数据库更快。

# 16.3 数据库读写

## 16.3.1 数据库的思想

16.2.5 节的结尾分析了文件读写与数据库读写相比的缺点和优点,也介绍了使用数据库的原因。数据库擅长处理大量数据,并具有良好的检索功能,而且发展到现在,数据库已经有了一整套技术来描述自然界的事物。这其中关系数据库的理论基础大家需要了解。

关系数据库基于关系模型。那么什么是关系模型呢?维基百科如是说:

> 关系模型的基本假定是所有数据都表示为数学上的关系,就是说 $n$ 个集合的笛卡儿积的一个子集,有关这种数据的推理通过二值(就是说没有 null)的谓词逻辑来进行,这意味着对每个命题都没有两种可能的求值:要么是真要么是假。数据通过关系演算和关系代数的一种方式来操作。关系模型是采用二维表格结构表达实体类型及实体间联系的数据模型。
>
> 关系模型允许设计者通过数据库规范化的提炼,去建立一个信息的一致性的模型。访问计划和其他实现与操作细节由 DBMS 引擎来处理,而不应该反映在逻辑模型中。这与 SQL DBMS 普遍的实践是对立的,在它们那里性能调整经常需要改变逻辑模型。①

通俗地讲,可以使用“(张无忌,赵敏,夫妻)”这种元组形式表示“张无忌和赵敏存在夫妻关系”。如果表示夫妻的集合中包含这个元组,那么就说明他们存在夫妻关系,如果不存在就不具备这种关系。使用这种逻辑,就能将“是否存在某种关系”这件事转换为“集合中是否存在此元组”。那么用“数据表”来表示集合,用“行”来表示一个元组,就可以使用“表的查询”来实现判断“是否有某种关系”。上例中,我们建立一个数据库表,如表 16-2 所示。

**表 16-2 任务关系表**

| 人员 1 | 人员 2 | 关系 |
|---|---|---|
| 张无忌 | 赵敏 | 夫妻 |
| 张无忌 | 张明海 | 父子 |

大家可以看到上述表格可以表示多种关系,既可以表示夫妻关系,又可以表示父子关系。如果这个表仅仅需要表示夫妻关系,那么“关系”这一列就可以省略(因为关系一列取值都是夫妻),如表 16-3 所示。

**表 16-3 夫妻关系表**

| 人员 1 | 人员 2 |
|---|---|
| 张无忌 | 赵敏 |
| 郭靖 | 黄蓉 |

① http://www.wikiward.com/zh-cn/关系模型。

这个夫妻关系表有两列数据，表示了两对夫妻，每一行表示一对夫妻。夫妻关系表中存在这一行就表示这一行写的两个人存在夫妻关系。

理解了这种关系数据库的理念才能正确设计数据库，并学会如何在信息系统中使用数据库。举个最简单的例子——用户管理。在教学实践中发现，虽然学生学过数据库，也学过开发，但仍然无法实现简单的用户登录功能，那么问题在哪里？在于他们根本不了解这种转换的逻辑。需求和程序之间就是通过问题的等价转换一步步地建立关联。一旦建立关联，那么程序的实现思路就清楚了。

"用户登录"功能可以转换为"用户在表单中输入的用户名和密码对应的用户是否存在"，这个存在问题可以转换为"数据库表中是否存在存储的用户名等于用户输入的用户名，存储的密码等于用户输入的密码的这一行"。那么这个存在问题如何实现，可以直接用查询来实现，如果查询到这样的一行，则说明输入的用户名和密码正确，否则要么是密码不正确，要么是不存在这样的用户。例如：

```
select * from user_table
where name='用户输入的名字'
and pwd='用户输入的密码'
```

当然，上面讲述的仅仅是一种实现方案，还可以用其他逻辑来实现。如用户输入了用户名和密码，根据用户名查询数据库，如果查到则比较查询到的数据库中的密码和用户输入的密码，如果相等，则登录成功；如果不相等则密码输入错误；如果没查到这个用户，则该用户不存在。

### 16.3.2 建立数据库

这部分内容是告诉大家如何建立一个数据库。这部分内容本属于"数据库原理与应用"这门课的范畴，但这里还是详细讲解一下。

这里以 MySQL 为例，介绍使用命令行和图形化工具 Navicat 进行数据库创建。

#### 1. 使用命令行建立 MySQL 数据库

当安装好 MySQL 数据库后，打开命令提示并切换到 MySQL 安装路径的 bin 目录下，如图 16-1 所示。然后使用 create database 创建一个数据库 teach；使用 use 切换到这个数据库下；使用 create table 创建一个表格 book；使用 insert 插入一条记录；使用 select 查询其内容，至此只包含一个数据库表格的数据库建好了。如果需要包含更多表格的数据库，请使用 create table 继续添加。

#### 2. 使用 Navicat 建立 MySQL 数据库

可以看到使用命令行方式操作 MySQL 数据库极为不便，且需要记住大量命令，那么更好的方式就是使用图形化界面，MySQL 并没有给出默认的图形化界面。在第 2 章中，我们已经教会了大家如何安装 Navicat，这里教大家如何使用该工具建立数据库。

第一步要做的是建立连接。打开 Navicat Premium，单击 Connection 按钮，并选择 MySQL，如图 16-2 所示。

```
管理员: C:\Windows\system32\cmd.exe - mysql -hlocalhost -uroot -p123456

C:\Users\taiji1985>cd E:\Server\PHPnow-1.5.6\MySQL-5.0.90\bin

C:\Users\taiji1985>e:

E:\Server\PHPnow-1.5.6\MySQL-5.0.90\bin>mysql -hlocalhost -uroot -p123456
Welcome to the MySQL monitor.  Commands end with ; or \g.
Your MySQL connection id is 6
Server version: 5.0.90-community-nt MySQL Community Edition (GPL)

Type 'help;' or '\h' for help. Type '\c' to clear the current input statement.

mysql> create database teach;
Query OK, 1 row affected (0.04 sec)

mysql> use database teach;
ERROR 1049 (42000): Unknown database 'database'
mysql> use teach;
Database changed
mysql> create table book(id int primary key not null, name varchar(255) ,author varchar(255));
Query OK, 0 rows affected (0.15 sec)

mysql> insert into book values(1,'Hello World','yang');
Query OK, 1 row affected (0.03 sec)

mysql> select * from book;
+----+-------------+--------+
| id | name        | author |
+----+-------------+--------+
|  1 | Hello World | yang   |
+----+-------------+--------+
1 row in set (0.00 sec)

mysql>
```

图 16-1　使用命令行建立数据库和表格

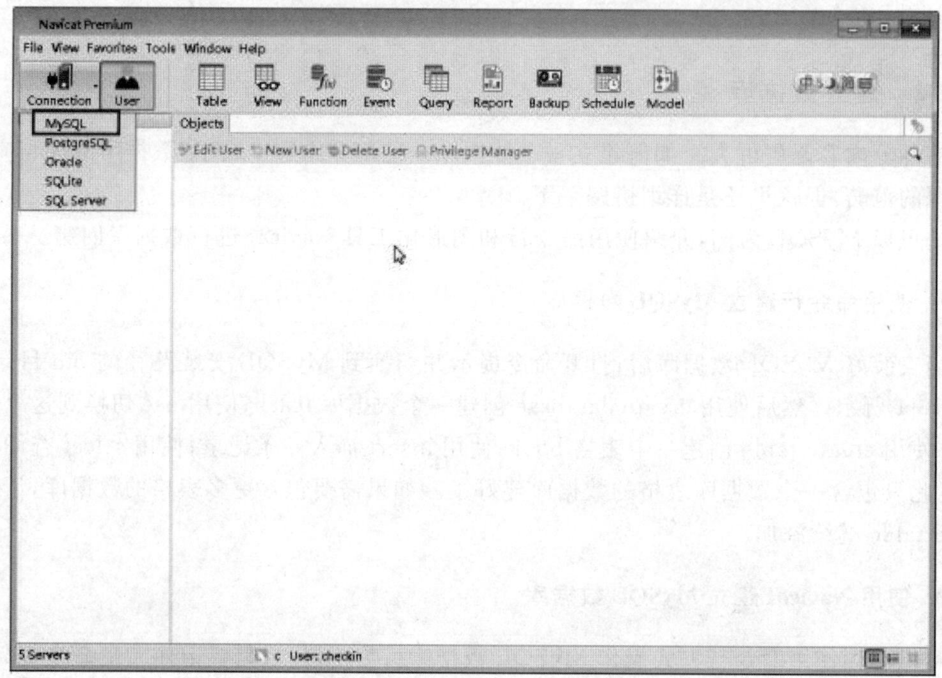


图 16-2　Navicat 建立 MySQL 连接

在打开的对话框中输入连接的名称,数据库所在主机的域名或 IP,数据库的用户名和密码,如图 16-3 所示,这个密码是安装数据库时确定的,如果忘记了密码,需要重装数据库。

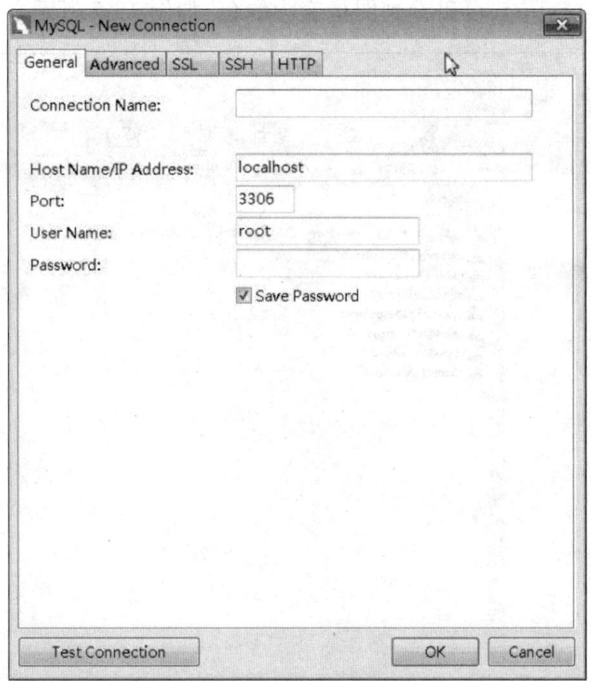


图 16-3 “连接”对话框

单击 Test Connection 按钮，如果连接成功，则会提示 Connection Successful，如图 16-4 所示，单击 OK 按钮关闭此提示，并单击对话框上的 OK 按钮完成整个连接操作。

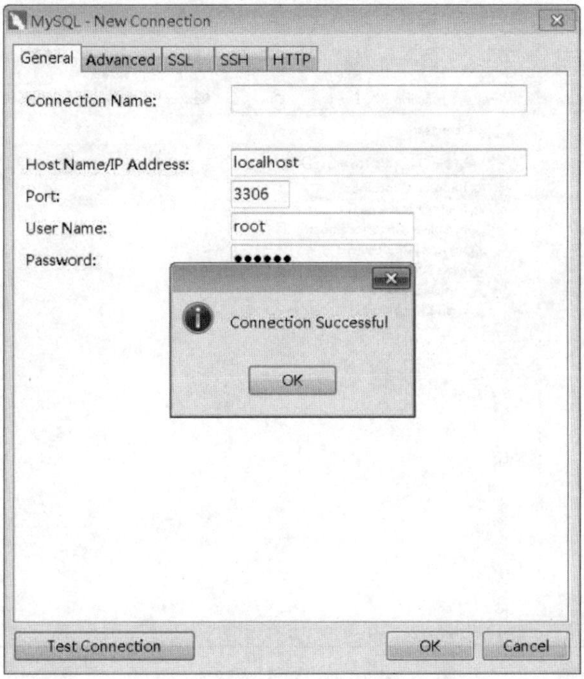

图 16-4 “连接”对话框测试连接结果

双击建立的 Connection,可以看到图标变为绿色,如图 16-5 所示。

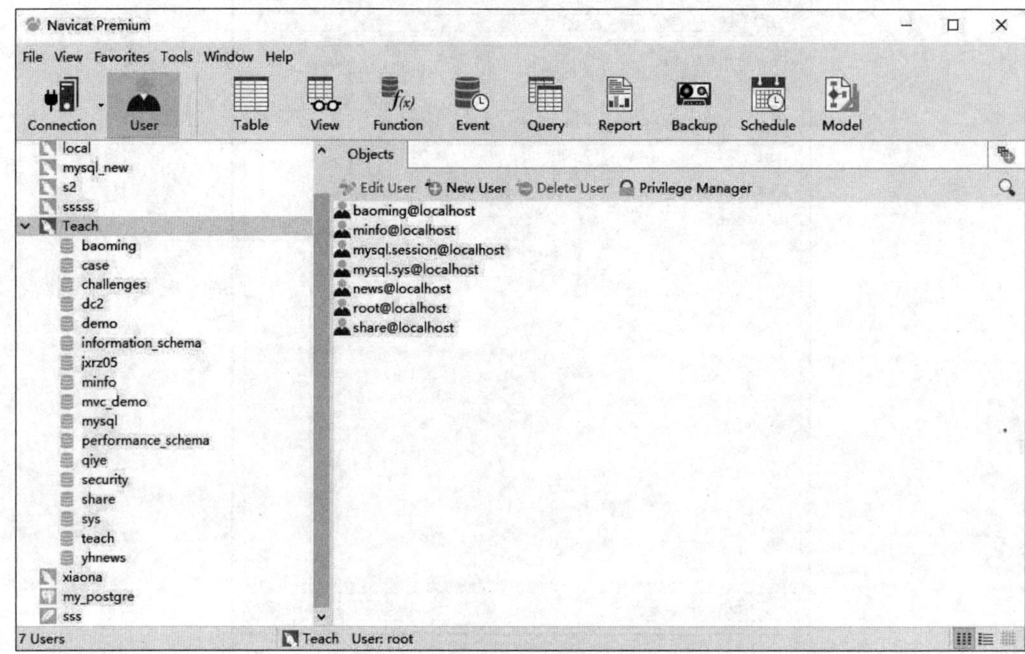


图 16-5　建立好的连接 Teach

如图 16-6 所示,右击连接名并选择 New Database,出现图 16-7。

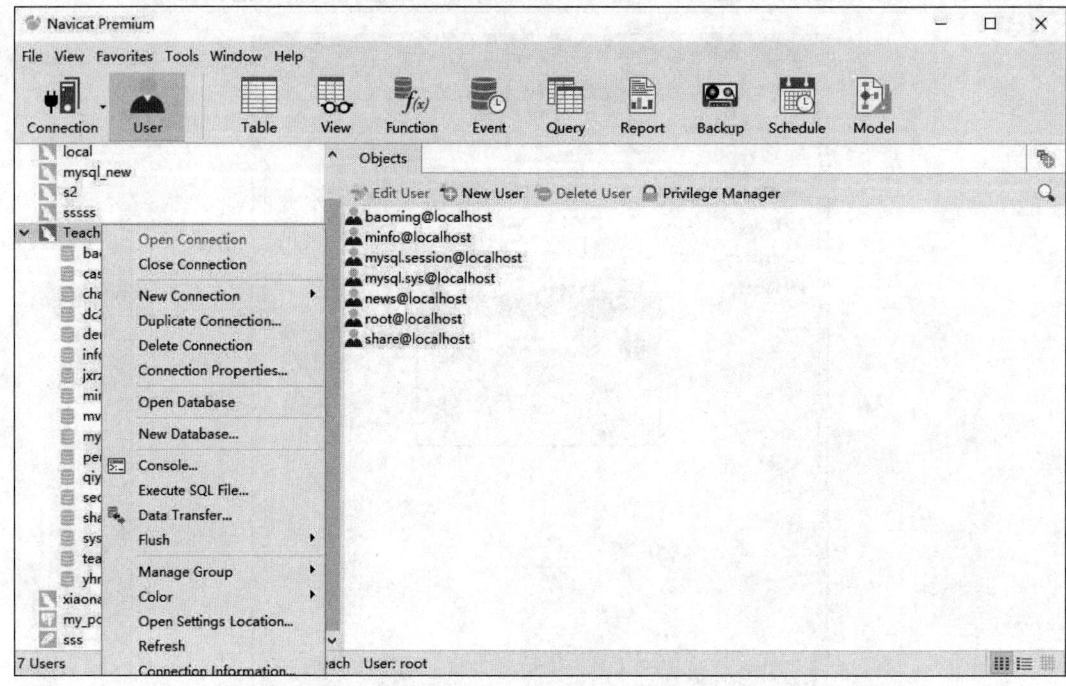


图 16-6　右击连接名

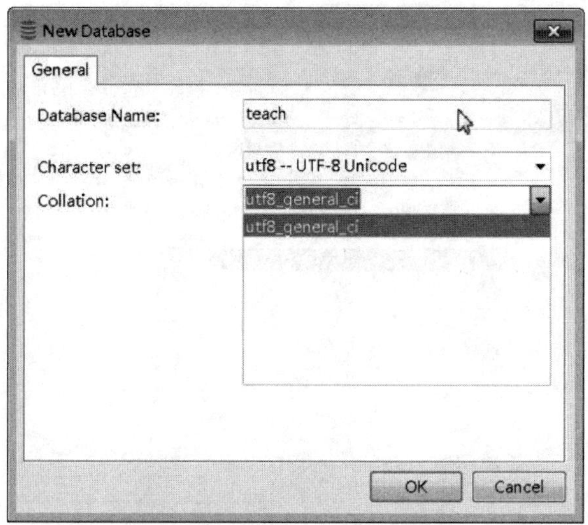


图 16-7　新建一个数据库 teach

在图 16-7 中，填入数据库名称并选择字符集和整理集。这个建议选择 utf8 和 utf8_general_ci。如果不填写字符集，则有可能不能表示中文。可以表示中文的格式有 GB2312 和 UTF-8，一般使用 UTF-8，因为 UTF-8 可以兼容世界上多种国家的字符。

单击 OK 按钮完成建立数据库操作。双击建立的数据库，如图 16-8 所示，右击 Tables，然后单击 New Table，出现图 16-9。

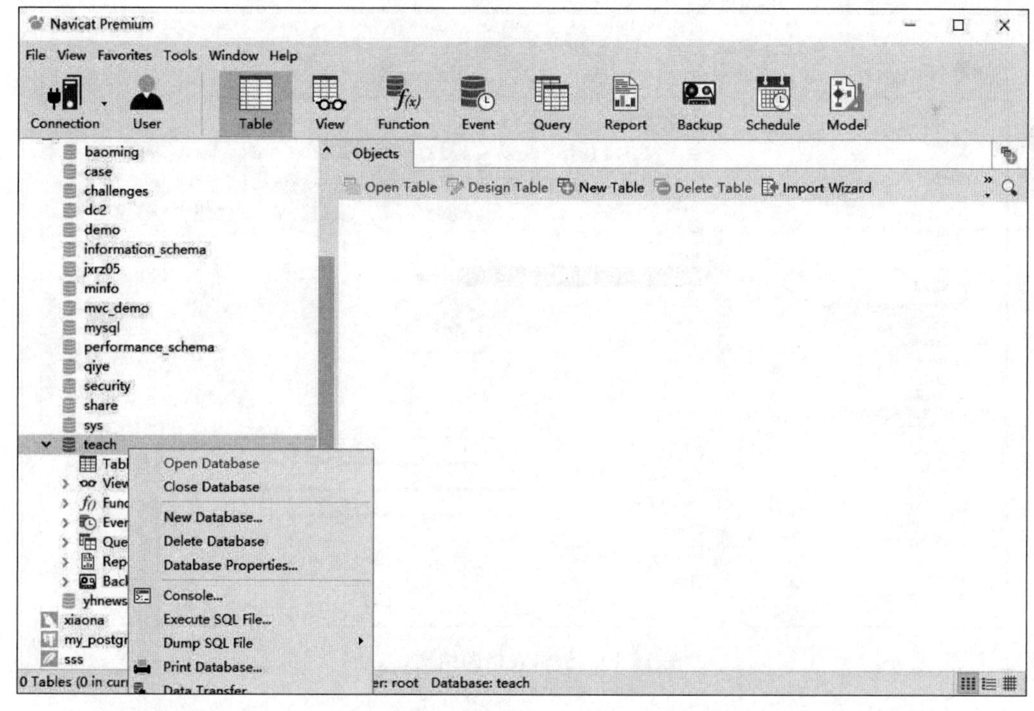


图 16-8　在 teach 中新建一个表格

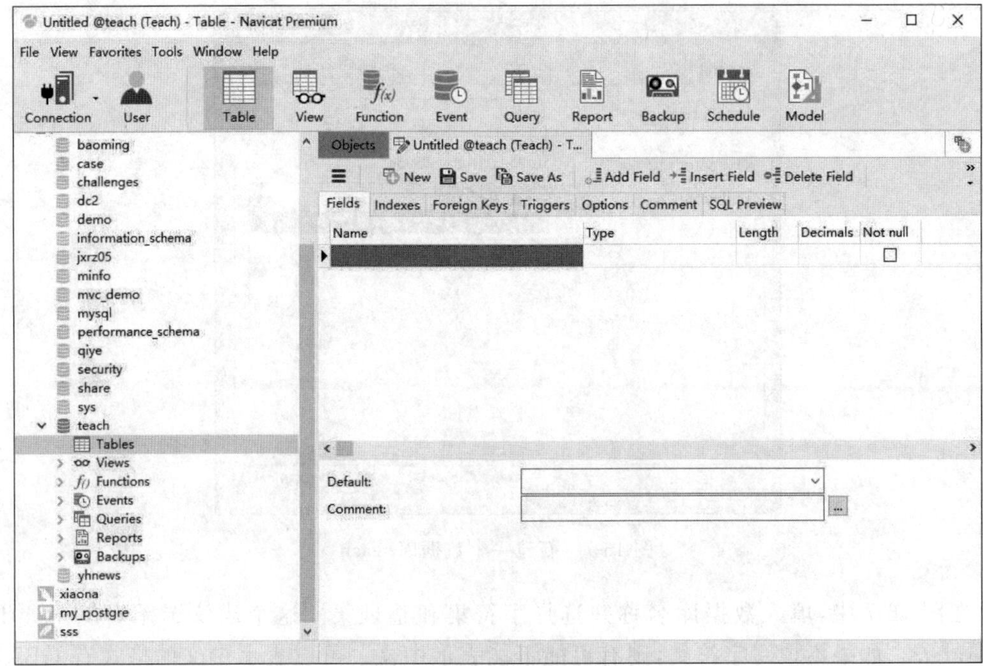

图 16-9　编辑表格的结构(一)

输入数据库表格的格式,如图 16-10 所示。

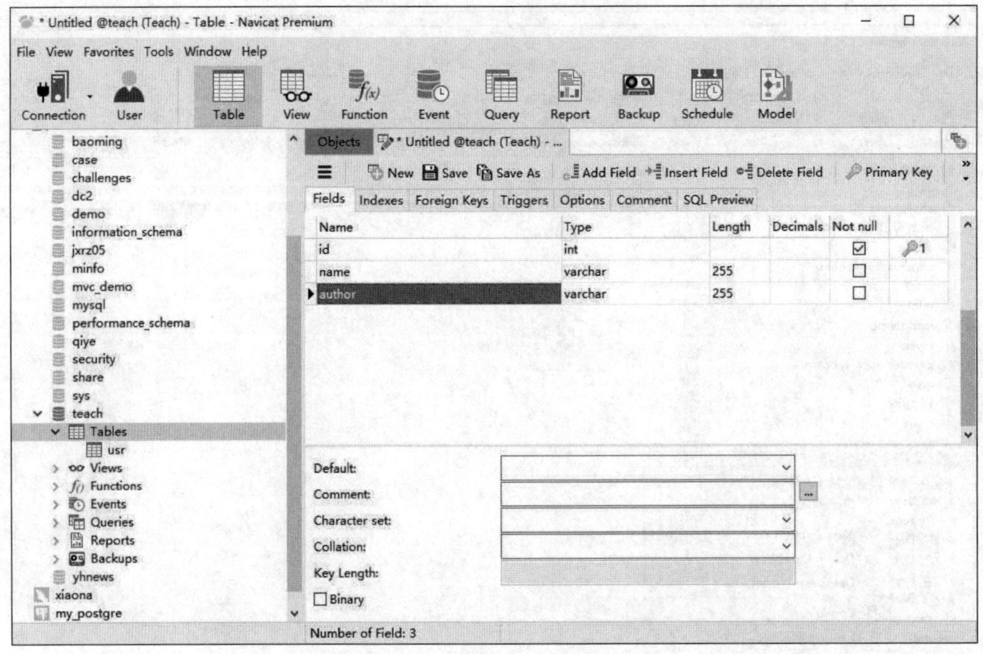

图 16-10　编辑表格的结构(二)

单击 Save 保存此表格，系统提示输入表格名称，如图 16-11 所示，输入 book，单击 OK 按钮。

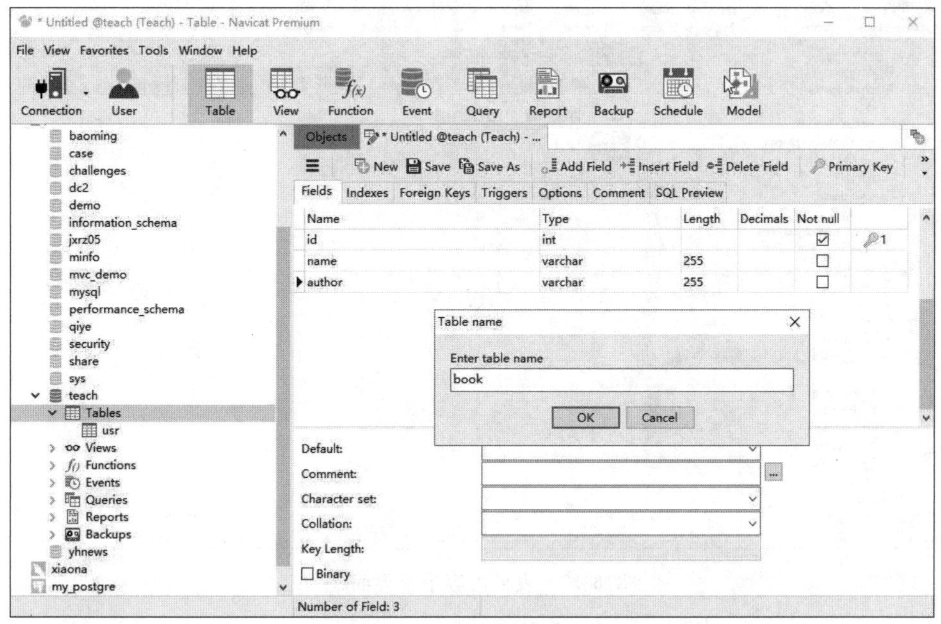


图 16-11　保存表格并输入表格名称

现在可以在左边树形图中看到此表格，如图 16-12 所示。

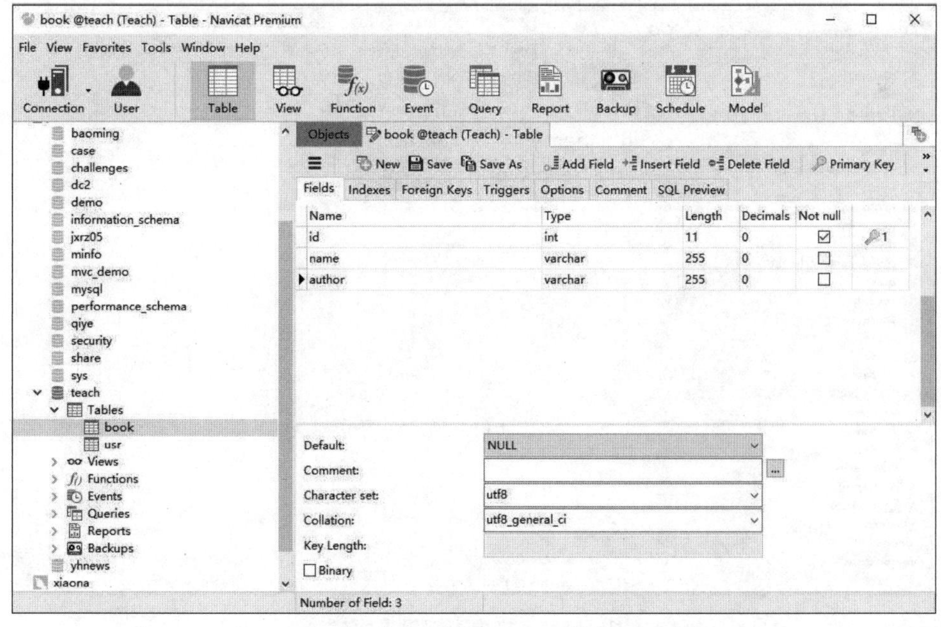


图 16-12　保存表格 book 后

双击此表格名称进入数据编辑页面，也可以通过右击弹出的 Design Table 选项重新回到上面的设计页面，如图 16-13 所示。

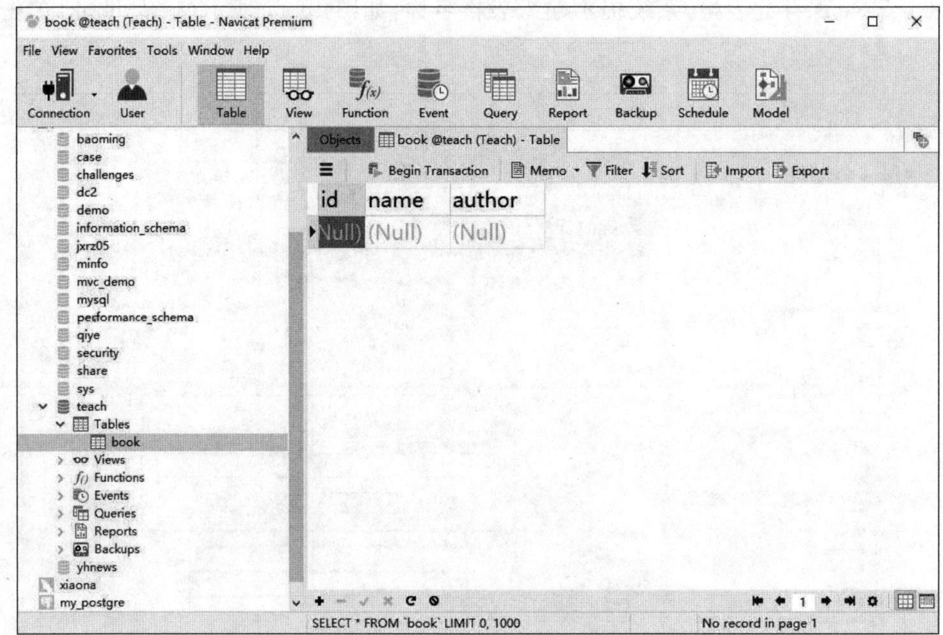


图 16-13　表格内容编辑界面(一)

在其中输入数据,如图 16-14 所示。

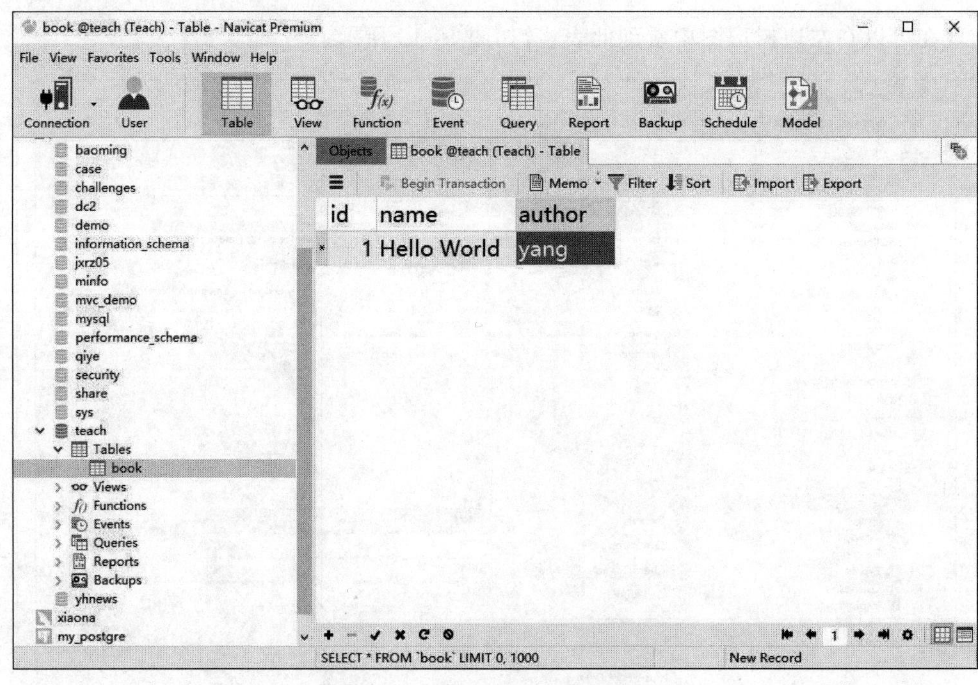


图 16-14　表格内容编辑界面(二)

按 Ctrl+S 组合键保存,至此数据库和一个示例表格 book 就建立完成。采用同样的方式可以建立其他表格,如 usr 表格,这个表格用来存储用户信息。一个完善的系统中会记录这个用户更多的信息，这里为演示方便仅记录用户名、密码、生日和性别，如图 16-15 所示。

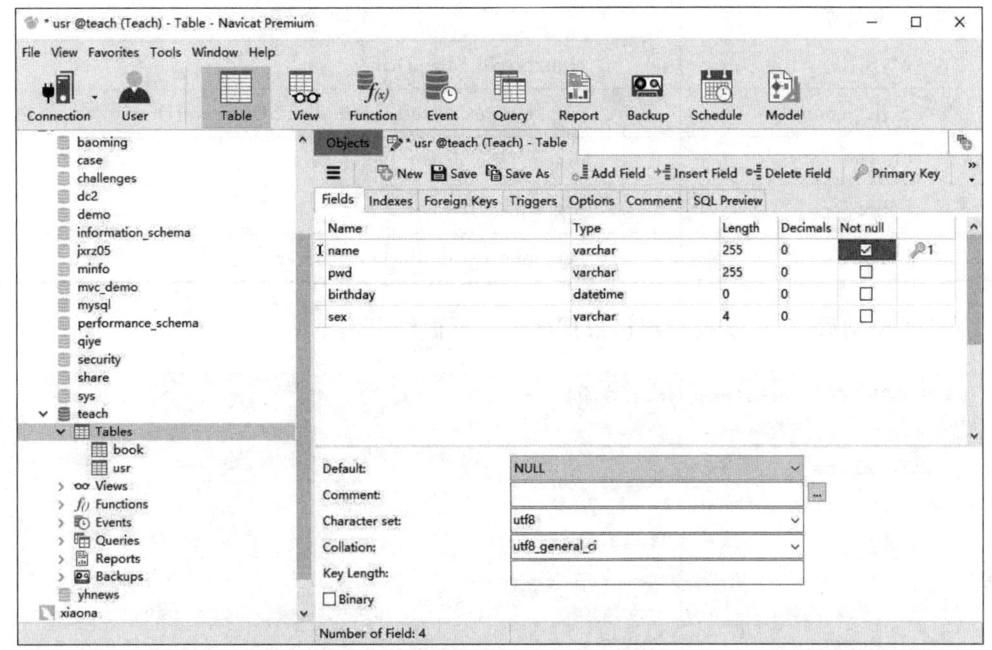

图 16-15　新建的用户表 usr 的设计视图

需要注意的是，不要在名为 mysql 的数据库中建立表格，这个 mysql 数据库是 MySQL 软件中用以保存系统信息、用户信息、权限信息、表格信息的系统数据库表。

### 16.3.3　连接数据库

市面上存在数量众多的数据库，如果为每个数据库提供一种编程接口，会导致什么后果呢？每个数据库的读写方式都不一样，最后编程人员的负担加重了！Java 为避免这种问题，给出了名为 JDBC 的机制。基于 JDBC，Java 程序可以访问任意数据库，只要有这个数据库的驱动。数据库的驱动就是将访问某个数据库的接口封装成 JDBC 要求的形式，这些驱动以一个 jar 文件存在。在使用这些驱动的时候只需要将这些 jar 添加到自己编译路径下即可使用该数据库。在 Web Project 开发中，将这个 jar 放入 MyEclipse 工程下的 WEB-INF/libs 目录下，不需要再添加编译路径。

有了驱动以后，应当如何连接数据库呢？

(1) 加载驱动。

(2) 创建连接。

(3) 执行数据库操作，如查询、修改、删除、添加。

(4) 关闭数据库。

Class.forName 可以用来加载数据库的 JDBC 驱动。这个方法的功能是加载某个类。Java 允许在程序启动后动态地添加新的类，而添加方式就是这个 Class.forName。这个方法需要给出一个类的全路径名称，对于不同数据库，这个类名是不同的。若干数据库的驱动类名如表 16-4 所示。

表 16-4　常见数据库与对应的驱动类

| 数据库 | 驱 动 类 名 |
| --- | --- |
| MySQL | com. mysql. jdbc. Driver |
| SQL Server | com. microsoft. sqlserver. jdbc. SQLServerDriver |
| Oracle | oracle. jdbc. driver. OracleDriver |
| Sqlite | org. sqlite. JDBC |
| ODBC | sun. jdbc. odbc. JdbcOdbcDriver |

加载了驱动后,就可以进行连接数据库了。下面给出例子。

```
程序清单 16-7(DBHelper.java 片段):
import java.sql.*;
public class DBHelper {
    Connection conn=null;
    public void conn() throws ClassNotFoundException, SQLException{
        String driver="com.mysql.jdbc.Driver";
        String url="jdbc:mysql://127.0.0.1:3306/hellodb characterEncoding=
        utf-8";    //url 中无空格
        String user="root";
        String pwd="123456";

        Class.forName(driver);
        conn=DriverManager.getConnection(url, user, pwd);


    }
}
```

这个类是作者经常用的一个工具类,它包含连接数据库、执行 SQL 查询、关闭数据库等功能。程序清单 16-7 给出的只有连接数据库功能。在本例中使用 Class. forName 方法加载了 MySQL 的驱动,然后使用 getConnection 建立了连接,建立连接时,传入了一个连接数据库的 URL。连接字符串有特定格式:

```
jdbc:mysql://主机名:端口/数据库名?参数列表
```

问号前面,jdbc:mysql 是协议名称,表示 jdbc 协议的子协议 mysql。下面主机名是 MySQL 数据库所处的服务器。如果是本地可以写 localhost 或 IP 地址 127.0.0.1;如果不是本地可以写域名,如 www. docshare. org 或 IP 地址。MySQL 的默认端口为 3306,可以配置 MySQL 的变化端口。

例子中 helload 是在 MySQL 数据库中的数据库名,在新建数据库时指定。参数列表可以包含编码方式、用户名和密码。如果在 getConnection 给出了用户名和密码就不需要在这里写入。但推荐添加 characterEncoding 参数,这个参数说明,当前程序以何种编码与数据库通信,如果不设,有可能引起网页乱码。

这里还建议使用 UTF-8 格式，这种格式是全世界通用的，兼容世界上各种语言，另外一种选择是 GBK，这是我们自行订制的中文编码，只能显示英文字符和中文字符，不支持其他语言。Windows 操作系统中文版用的默认编码方式就是 GBK。GBK 的早期版本称为 GB2312，它们俩互相兼容。但 GB2312 不能表示某些不常见的汉字，所以有时会间歇性地出现乱码(大多数字显示正常，但某些字表示不出来)。表 16-4 中列出的其他数据库的连接字符串格式是类似的，区别在于"jdbc:"后面的具体数据库类型和参数的种类。

ODBC 是一种 Windows 提供的通用数据库接口。它的初衷与 JDBC 是相同的，都是为了屏蔽不同数据库的差异，建立共同的连接界面。ODBC 的连接字符串差别稍大，且有多种合法格式，其中一种格式如下：

```
jdbc:odbc:数据源名称
```

数据源名称是在 Windows 下 ODBC 管理器中配置得到的，ODBC 数据源管理器可以在控制面板中找到，其界面如图 16-16 所示，单击"添加"按钮。

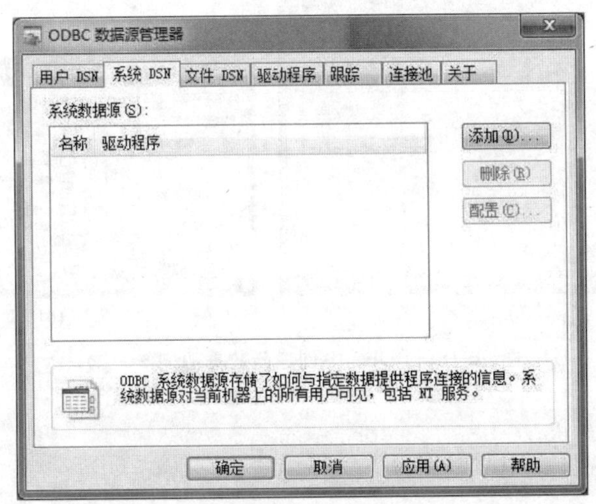


图 16-16　ODBC 数据源管理器界面

可以看到"创建新数据源"对话框，如图 16-17 所示。如果要连接 Access 数据库，则可选择 Microsoft Access Driver(＊.mdb)这一项；如果想使用 ODBC 连接 MySQL 或者 SQL Server 同样可以找到相应驱动，但并不建议这么做，因为数据经过 JDBC 和 ODBC 两次中转会比直接连接要慢得多，且这种方式只能在 Windows 下做。JSP 开发的网站天生具有跨平台性，如果使用了 ODBC，那么只能用 Windows Server 了，而 Windows Server 在企业级应用中很少使用。同样负载能力的服务器，Windows 服务器要比 Linux 服务器的配置要求高得多，相应成本也要高得多。稳定性方面，Windows 也不如 Linux。

单击"完成"按钮后，如果选择了 Access 数据库，就会跳出对话框让输入这个 ODBC 数据源的名字，这个名字是自己起的，写好名字后，单击"选择"按钮，选中自己建立的 Access 数据库，如图 16-18 所示。

如果要连接 Access 数据库，也可以不采用在系统建立 ODBC 数据源的方式，直接将 ODBC 连接字符串写入程序，如下：

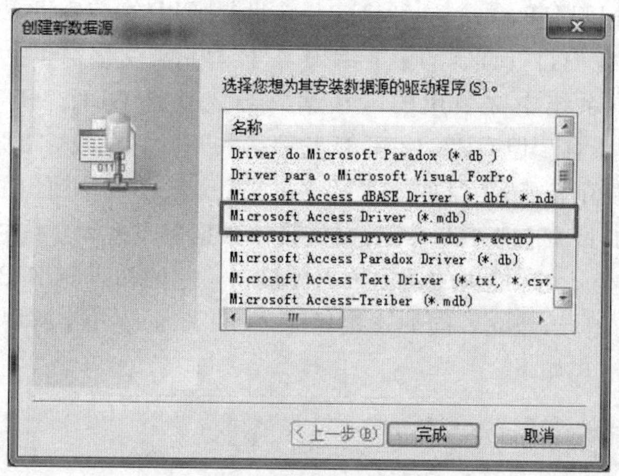


图 16-17　ODBC 中创建新数据源向导(一)

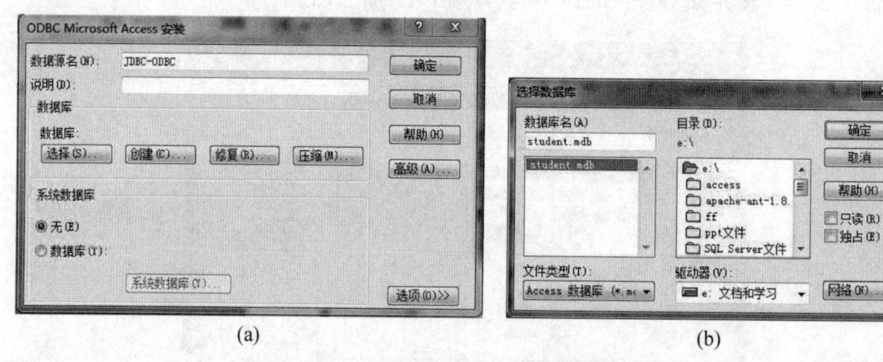


(a)　　　　　　　　　　　　(b)

图 16-18　ODBC 中创建新数据源向导(二)

```
Class.forName("sun.jdbc.odbc.JdbcOdbcDriver");
String url="jdbc:odbc:driver={Microsoft Access Driver (*.mdb)};DBQ="+"e://
student.mdb ";
Connection con=DriverManager.getConnection(url);
```

其中,url 中的 driver 就是 ODBC 连接具体数据库用的信息,包含驱动方式和 Access 文件的位置。

这里虽然介绍了连接 Access 数据库的方式,但并不赞同大家采用数据库建立动态网站,因为它是为单用户设计,其性能很低。它唯一的好处就是可以让非计算机人员学会使用。

编者建立的第一个网站"六二网"刚开始就是用这种方式写的,结果网站经常性地出现 Service Unavailable 错误,就是因为资源不够用了,这并不代表网站的用户量有多么大,只是因为碰到了搜索引擎的抓取,使用这种低效率的数据库每次被抓取网页就会死掉。所以只能采用加网页缓存的方式来缓解这个问题。到目前为止这个网站仍然存在。

值得一提的是,这个网站原本的数据是一堆标记好章节的书籍,刚开始采用了直接从文件中读取然后解析文件的方式,这种方式比使用 Access 更糟。此网站经过了 $n$ 次改版和 $n$ 次的数据导入导出。目前采用的是 PHP+MySQL 的前台和部分 ASP.NET 的内容整合而成。

所以，对于项目来说，在刚开始采用何种技术是至关重要的，如果你的数据量超过千万，那么 MySQL 都不要用了，用 Oracle 是首选；但如果你要做个人网站，你又无法负担一个独立的 Oracle 数据库，那么就用 SQL Server 吧。如何自由地在多个数据库之前切换呢？可以用第 18 章 Hibernate。

### 16.3.4 数据库查询

通俗讲数据库查询就是把满足某种条件的数据从数据库中读取出来。在建立了数据库连接以后，数据库的读取功能过程基本相同。首先需要创建一个 Statement，然后使用它执行 SQL 语句，在上面的 DBHelper 中添加以下函数：

```
public ResultSet getRS(String sql) throws SQLException {
    Statement s=conn.createStatement();
    return s.executeQuery(sql);
}
```

使用这个函数就可以简单地执行 SQL 查询。经过一定的练习就会体会到 SQL 拼接一个字符串有时是很困难的。那么对于参数很多的情况下，可以使用以下语句：

```
PreparedStatement ps=conn.prepareStatement("select * from book where id=and
lastdata<and authorname=");
    ps.setInt(1, 12);
    Date tm=new Date(2018,9,12);
    ps.setDate(2, tm);
    ps.setString(3, "wang");
```

例子中，select 语句有 3 个参数，分别是数字、时间和字符串。使用问号占位 SQL 语句，然后使用 setInt 设置整数参数，使用 setDate 设置时间参数，setInt 和 setDate 的第一个参数表示"我用第二个参数中的值替换哪一个问号"。这是一个整数，第一个问号对应编号 1，第二个问号对应编号 2，这里并不是从 0 开始编号的，例子中使用 3 个 set 设置了 SQL 语句中 3 个问号的具体值。在 SQL 语句中字符串需要用单引号括起来，但不需要手工做这件事，PreparedStatement 会根据人们给出的参数的类型自动地调整 SQL 格式。

通过上面的方法可以得到 ResultSet，这个就是查询的结果集，一条查询的结果常常是多条记录，每条记录有多个项，如何遍历它呢？请看例子：

```
ResultSet rs=getRS("select * from usr_tb");
while(rs.next()){
    String name=rs.getString("name");
    Date d=rs.getDate("lastdata");
}
```

如果仅需要知道一个数据集是否为空，则可以简单地使用如下方式判断：

```
ResultSet rs=getRS("select * from usr_tb");
if(rs.next()){
    //查询结果集不为空时的操作
}else{
    //查询结果集为空时的操作
}
```

# 16.4 案 例

## 16.4.1 用户登录案例

本节以用户登录功能为例讲解如何在实际开发过程中使用查询操作。在 16.3.1 节的分析中得知,可以使用查询方式来实现用户的姓名和密码的验证。首先要分析用户的行为和系统需要完成的事情。

用户为了登录系统,需要系统为用户提供一个登录界面,这个界面需要至少允许用户输入姓名和密码,然后还要有一个"提交"按钮。用户提交后,系统要处理用户的提交并给出登录成功或不成功的结果,如果登录成功则跳转到个人主页,否则留在登录页中并提示用户重新输入姓名和密码。这个过程可以用 UML 时序图来展示,如图 16-19 所示,这个图中包含 3 个角色:用户、浏览器和 Web 服务器。用户需要的操作有两个:浏览表单和填入并提交数据。浏览器的操作并不需要我们关心,需要做的就是 Web 服务程序:为用户准备一个注册表单(步骤 6),处理用户提交的注册数据并返回结果(步骤 7)。

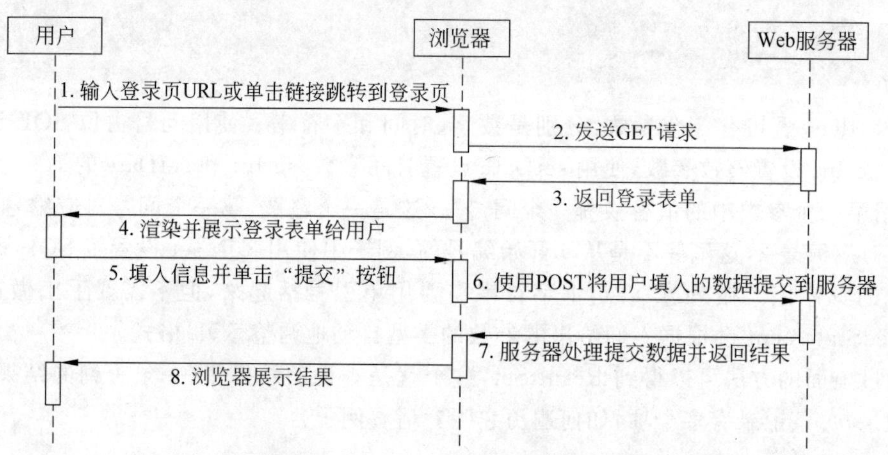


图 16-19 用户登录的 UML 顺序图

下面就来实现两个操作。首先为用户准备一个表单,那么这个表单应当包含什么内容呢?参照平日上网时见到的其他网站的登录表单,它们几乎都由输入姓名和密码的文本框和一个"提交"按钮组成。代码如下。

**程序清单 16-8(login.jsp):**

```
<%@ page language="java" import="java.util.*" pageEncoding="utf-8"%>
```

```
<!DOCTYPE html>
<html>
<head>
<title>登录</title>
</head>
<body>
    <form method='post' action=''>
        <label for='name'>姓名</label>
        <input type='text' name='name' id='name'><br/>
        <label for='pwd'>密码</label>
        <input type='password' name='pwd' id='pwd'><br/>
        <input type='submit' value='提交'>
    </form>
</body>
</html>
```

这个表单的运行结果如图 16-20 所示。

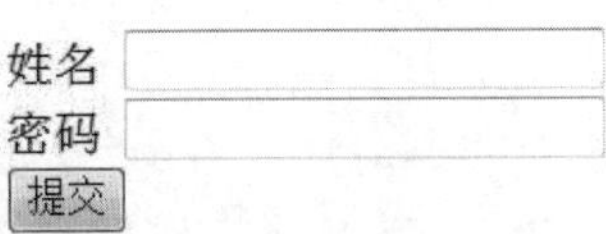


图 16-20　用户登录表单

代码中<form>标签用来定义一个表单，所有的文本框、按钮等元素均需包含在 form 中。<form>使用 method 属性指明是以何种方式提交数据，是 GET 方式还是 POST 方式。这是 HTTP 的两个操作。在使用 GET 方式提交表单时，浏览器会使用 URL 参数的方式将表单中的数据提交给服务器；使用 POST 方式时，浏览器会发出一个 POST 请求，并在请求尾部加入表单数据。一般表单操作都采用 POST 方式，因为其可以发送大量数据，而 URL 参数形式能保存的数据有限。另外，如果使用 GET 方式，用户输入的密码会以明文形式显示在 URL 中，并被浏览器记录到"历史记录"中，这常常导致密码泄露。

<form>的 action 属性用以指出"谁来处理用户提交的请求"。可以将 Web 工程中所有的网页看成相对独立的一段小程序，那么每个都是一个完整的程序。可以在一个 JSP 文件中放入 form 表单，并在另外一个网页中放入处理提交请求的代码。如果 action 属性为空，则表示使用当前页面来处理请求。那么下面就会遇到一个棘手问题，我们使用同样一个 JSP 页面来做两件事情，一是提供表单，二是处理请求。那么 JSP 页面如何得知应该做哪个操作呢？这里就需要了解，可以将一个 JSP 页面看成一个函数，对于一个函数如何做不同事情的？答案就是根据函数的参数来做不同的事情。我们同样采用参数的方式来区分这个 JSP 页面应该做两件事中的哪一件。

那么 JSP 页面的参数有哪些呢？一个是 URL 参数，另一个是用户提交的表单。<input>标签为用户提供文本框、单选按钮、复选框等输入元素，通过它的 type 属性来决定是哪一种输入形式，例子中 text 为文本框，password 为密码框，如果需要单选按钮可以用 radio，复选框可以用 checkbox。例子中使用了文本框让用户输入姓名，密码框让用户输入密码。例子中的<label>用来显示 input 的对应标签。<input>使用 name 属性来定义用户输入的这个数据的名字，使用 id 来给他一个编号(可以是文本)，这个 id 要求整个 HTML 文档中没有重复，但 name 可以重复。对于复选框来说，同一个 name 的不同复选框会被认

为是一组。其他如 text 类型的复选框则不允许 name 在同一个表单中重复。我们看到例子中还有一个<input>,它的值是“提交”二字,它的类型是 submit,这个<input>会被浏览器翻译(渲染)为一个“提交”按钮。用户单击此按钮后,浏览器就会根据 action 指向的网页将内容提交过去。服务器的相应 JSP 收到请求后就会开始执行。

下面来处理用户的请求,使用 request. getParameter 获取用户提交的数据,那么使用 request. getParameter("name")就可以获取用户输入的用户名。如果用户正在获取表单,那么用户肯定未提交这个名为 name 的数据,这个 getParameter 就会返回 null,所以检查它是否为 null 就可以判断用户是正在浏览表单还是已经提交了数据。代码如下。

**程序清单 16-9(login.jsp 修改版):**

```
<%@ page language="java" import="java.util.*,com.yang.*,java.sql.*"
pageEncoding="utf-8"%>
<%
    String name=request.getParameter("name");
    String pwd=request.getParameter("pwd");

    String msg="";
    if(name==null){
        //这时用户在浏览表单,什么也不干,可以直接采用 if(name!=null)来写这个语句。
    }else{
        //这时用户在提交数据
        String sql=String.format("select * from usr where name='%s' and pwd=
        '%s'", name,pwd);
        DBHelper db=new DBHelper();
        db.conn();
        ResultSet rs=db.getRS(sql);
        if(rs.next()){
            //只要能查到和用户输入匹配的,就说明有这个用户
            session.setAttribute("uid", name);
            response.sendRedirect("main.jsp");
        }else{
            //登录失败
            msg="登录失败";
        }
    }
%>
<!DOCTYPE html>
<html>
<head>
<title>登录</title>
</head>
<body>
    <%=msg %>
```

```
    <form method='post' action=''>
        <label for='name'>姓名</label>
        <input type='text' name='name' id='name'/><br/>
        <label for='pwd'>密码</label>
        <input type='text' name='pwd' id='pwd'/><br/>
        <input type='submit' value='提交' />

    </form>
</body>
</html>
```

将这段代码替换原有的 login.jsp，然后单击绿色箭头启动 Tomcat，在 MyEclipse 打开的浏览器页中看到，如图 16-21 所示的效果。

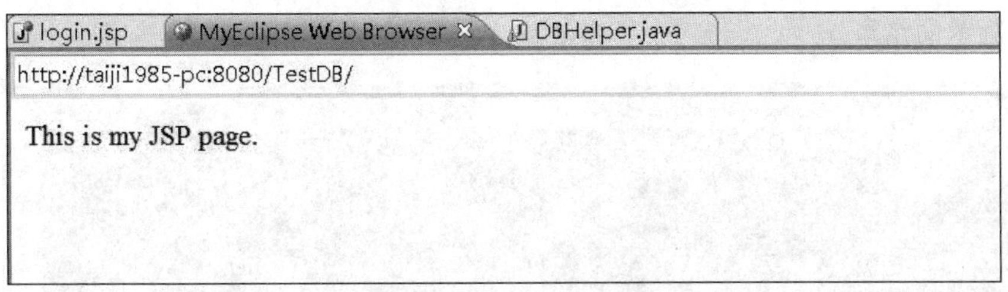


图 16-21　启动调试后 MyEclipse 弹出的浏览器

这个页面为何不显示表单呢？答案是这个页面显示的是 index.jsp，而不是我们写的 login.jsp。地址栏显示 http://taiji1985-pc:8080/TestDB/，其中 taiji1985 是计算机名，在不同计算机上可能会有所不同；8080 为 MyEclipse 集成的 Tomcat 的监听端口号；TestDB 为项目名称。后面如果不写具体页面，那么默认会显示 index.jsp。这个默认页是在 Web-INF/web.xml 文件中定义的，一般不需要改变默认页。为了浏览 login.jsp，将地址栏的地址改为 http://taiji1985-pc:8080/TestDB/login.jsp 或者改为 http://127.0.0.1:8080/TestDB/login.jsp 或者 http://localhost:8080/TestDB/login.jsp 都可以。

下面来解释一下代码。使用 request.getParameter 获取了用户输入的姓名和密码。随后使用 String.format 拼接出一个合法的 SQL 语句，这个函数的用法和 C 语言中的 printf 类似，第一个参数是格式化字符串，后面的参数是需要替换格式化字符串中内容的真正数值。格式化字符串中%s 表示需要使用一个字符串变量替换这里的%s，例子中我们使用从用户获取的 name 替换第一个%s，使用密码 pwd 替换第二个%s。这样这个 SQL 语句的功能就实现了：在数据库中查询数据库中存储的用户名和密码与用户输入相同的记录。

如果有记录返回，则说明数据库中确实存在这个用户，他的密码和用户输入的相同，这说明是登录成功。

登录成功要做两件重要的事情，一件是使用 session 记录已经登录了这个事实，让其他需要权限的页面知道，已经有人登录了，这个人的用户名是什么。其他页面可以使用 session.getAttribute("uid")获取到这里存入的用户名。如果这个函数返回 null 则说明系统从未在 session 中存储名为 uid 的变量。因为我们只会在登录成功后才设置此变量，所以不存在就代表着没有成功登录。就可以根据此判断提示："你的操作不合法"，或者直接让他回到 login 页面。另一件重要的事就是跳转到个人主页 main.jsp。这里使用 response.sendRedirect 来实现跳转。

在开发中常遇见各种错误,下面给出几种常见错误。

(1) 大小写错误,JSP 区分大小写,有一个字母大小写不一致都会出现 404 文件未找到错误。

(2) 不写项目名 TestDB,也会出现 404 错误。

(3) 8080 前的符号是冒号,不是分号。

(4) 使用英文标点符号,不要用中文标点符号。

先在 Navicat 中在表格 usr 中添加一个用户 yang,密码为 123(相当于注册用户),然后在表单中填写这个用户并提交。这时候也许会出现一些错误。

(1) JVM_Bind 错误,不能绑定到 8080 端口。这是其他程序占用了 8080 这个端口,使得 Tomcat 无法正常打开,打开命令提示符,输入 netstat -ano 并按 Enter 键。可以看到如图 16-22 所示的结果。

```
选定 管理员: C:\Windows\system32\cmd.exe
C:\Users\taiji1985>netstat -ano

活动连接

  协议  本地地址              外部地址            状态           PID
  TCP    0.0.0.0:135            0.0.0.0:0              LISTENING       604
  TCP    0.0.0.0:443            0.0.0.0:0              LISTENING       5348
  TCP    0.0.0.0:445            0.0.0.0:0              LISTENING       4
  TCP    0.0.0.0:623            0.0.0.0:0              LISTENING       6392
  TCP    0.0.0.0:902            0.0.0.0:0              LISTENING       4992
  TCP    0.0.0.0:912            0.0.0.0:0              LISTENING       4992
  TCP    0.0.0.0:990            0.0.0.0:0              LISTENING       6808
  TCP    0.0.0.0:1025           0.0.0.0:0              LISTENING       752
  TCP    0.0.0.0:1026           0.0.0.0:0              LISTENING       556
  TCP    0.0.0.0:1027           0.0.0.0:0              LISTENING       1056
  TCP    0.0.0.0:1030           0.0.0.0:0              LISTENING       828
  TCP    0.0.0.0:1033           0.0.0.0:0              LISTENING       3992
  TCP    0.0.0.0:1040           0.0.0.0:0              LISTENING       3332
  TCP    0.0.0.0:1048           0.0.0.0:0              LISTENING       816
  TCP    0.0.0.0:1050           0.0.0.0:0              LISTENING       5668
  TCP    0.0.0.0:3306           0.0.0.0:0              LISTENING       2912
  TCP    0.0.0.0:3389           0.0.0.0:0              LISTENING       1532
  TCP    0.0.0.0:5357           0.0.0.0:0              LISTENING       4
  TCP    0.0.0.0:8009           0.0.0.0:0              LISTENING       25352
  TCP    0.0.0.0:8080           0.0.0.0:0              LISTENING       25352
  TCP    0.0.0.0:16992          0.0.0.0:0              LISTENING       6392
  TCP    0.0.0.0:27000          0.0.0.0:0              LISTENING       2648
  TCP    0.0.0.0:30701          0.0.0.0:0              LISTENING       3992
  TCP    0.0.0.0:30706          0.0.0.0:0              LISTENING       3992
  TCP    0.0.0.0:30709          0.0.0.0:0              LISTENING       3992
  TCP    127.0.0.1:1028         127.0.0.1:5354         ESTABLISHED     2152
  TCP    127.0.0.1:1029         127.0.0.1:5354         ESTABLISHED     2152
  TCP    127.0.0.1:1035         127.0.0.1:27015        ESTABLISHED     3972
```

图 16-22 netstat 命令结果

从中找到状态为 LISTENING 地址为 0.0.0.0:8080 的一行,可以看到此例子中它的 PID 为 25352,打开任务管理器,如图 16-23 所示,找到该任务。

可以看到 javaw.exe 占用了此进程,将它关掉。需要注意的是,在具体测试时,这个进程可能是其他进程,并非全是 javaw.exe。在多次重启 MyEclipse 的内置 Tomcat 时会导致 javaw.exe 占用此端口并引发 JVM_Bind 错误。其他诸如迅雷等软件也可能占用此端口。

图 16-23　任务管理器中的 javaw

另外一个常见的错误是，在计算机上已经安装了一个 Tomcat，它占用了 8080 端口，在 MyEclipse 中启动内置 Tomcat，也会出现上述绑定端口失败的错误。解决方法是，在任务管理器中将自己装的独立 Tomcat 服务器的服务项 Tomcat 停止。

(2) ClassNotFoundException。注意看图 16-24 所示的错误页面，上面指出了是哪一行代码出的问题，是第 13 行 db.conn()连接字符串这个函数出的问题，这个函数内容可以向前查找。后面 root cause 中给出了 com.mysql.jdbc.Driver 这个驱动。那么解决方案就是

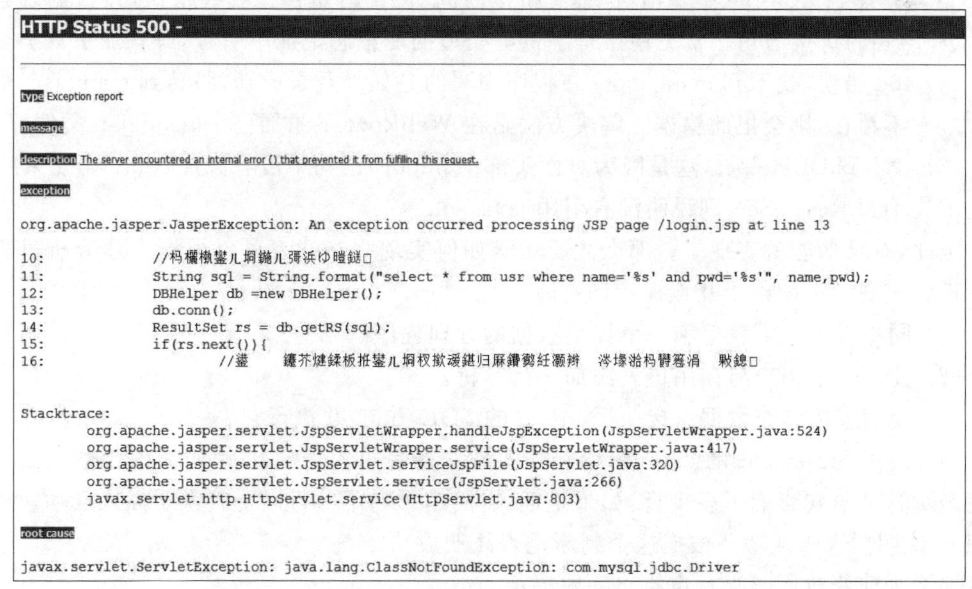

HTTP Status 500 -

type Exception report

message

description The server encountered an internal error () that prevented it from fulfilling this request.

exception

```
org.apache.jasper.JasperException: An exception occurred processing JSP page /login.jsp at line 13

10:             //杩欑鐢ㄦ埛鍚嶅拰瀵嗙爜鐨凞
11:             String sql = String.format("select * from usr where name='%s' and pwd='%s'", name,pwd);
12:             DBHelper db =new DBHelper();
13:             db.conn();
14:             ResultSet rs = db.getRS(sql);
15:             if(rs.next()){
16:                     //鐧     鐧诲綍鎴愬姛鐢ㄦ埛鐨勪俊鎭瓨鍌ㄥ埌浼氳瘽涓     浠ュ悗椤甸潰鍙   鑾峰彇
```

```
Stacktrace:
	org.apache.jasper.servlet.JspServletWrapper.handleJspException(JspServletWrapper.java:524)
	org.apache.jasper.servlet.JspServletWrapper.service(JspServletWrapper.java:417)
	org.apache.jasper.servlet.JspServlet.serviceJspFile(JspServlet.java:320)
	org.apache.jasper.servlet.JspServlet.service(JspServlet.java:266)
	javax.servlet.http.HttpServlet.service(HttpServlet.java:803)
```

root cause

```
javax.servlet.ServletException: java.lang.ClassNotFoundException: com.mysql.jdbc.Driver
```

图 16-24　缺失驱动导致的错误截图

将从网上下载到的 mysqljdbc 驱动(mysql-connector-java-5.1.7-bin.jar)复制到 Web-INF 下的 lib 目录下。

(3) Unknown database hellodb(见图 16-25)。数据库 hellodb 没有找到,这个 hellodb 是写到了 DBHelper 类中,上面的例子中建立的数据库名是 teach,这里没有建立 hellodb,那么修改 DBHelper 将 hellodb 替换为 teach。需要注意的是,修改 Java 文件需要重启内置的 Tomcat 才能生效,这与修改 JSP 文件自动部署不同。

```
exception

org.apache.jasper.JasperException: An exception occurred processing JSP page /login.jsp at line 13

10:         //杩欓噷鐢ㄥ埌鐢ㄥ弶浜ゆ暟鎹□
11:         String sql = String.format("select * from usr where name='%s' and pwd='%s'", name,pwd);
12:         DBHelper db =new DBHelper();
13:         db.conn();
14:         ResultSet rs = db.getRS(sql);
15:         if(rs.next()){
16:                 //鍙    鑳芥煡鍒版垜鐢ㄥ埛杈撳叆鐨勭敤鎴峰悕鍜屽瘑鐮    涔熷氨鏄鐧诲綍    鎴愬□


Stacktrace:
        org.apache.jasper.servlet.JspServletWrapper.handleJspException(JspServletWrapper.java:524)
        org.apache.jasper.servlet.JspServletWrapper.service(JspServletWrapper.java:417)
        org.apache.jasper.servlet.JspServlet.serviceJspFile(JspServlet.java:320)
        org.apache.jasper.servlet.JspServlet.service(JspServlet.java:266)
        javax.servlet.http.HttpServlet.service(HttpServlet.java:803)

root cause

javax.servlet.ServletException: com.mysql.jdbc.exceptions.jdbc4.MySQLSyntaxErrorException: Unknown database 'hellodb'
        org.apache.jasper.runtime.PageContextImpl.doHandlePageException(PageContextImpl.java:850)
        org.apache.jasper.runtime.PageContextImpl.handlePageException(PageContextImpl.java:779)
        org.apache.jsp.login_jsp._jspService(login_jsp.java:109)
        org.apache.jasper.runtime.HttpJspBase.service(HttpJspBase.java:70)
        javax.servlet.http.HttpServlet.service(HttpServlet.java:803)
        org.apache.jasper.servlet.JspServletWrapper.service(JspServletWrapper.java:393)
        org.apache.jasper.servlet.JspServlet.serviceJspFile(JspServlet.java:320)
        org.apache.jasper.servlet.JspServlet.service(JspServlet.java:266)
        javax.servlet.http.HttpServlet.service(HttpServlet.java:803)
```

图 16-25 缺失数据库导致的错误截图

(4) SQL 语句语法错误(见图 16-26)。在 root cause 中看到 MySQLSyntaxException 这个错误,一般是人们拼接 SQL 语句时出错了,可以使用 System.out.println 将拼接好的 SQL 语句打印到 Console 中输出,仔细看拼接后的 SQL 语句存在哪些错误,并根据观察修改 SQL 语句的拼接语句。常见错误是字符串类型的变量忘记加单引号,或者加了双引号。

(5) 404 错误,找不到 main.jsp。在程序中写的是如果登录成功,跳转到 main.jsp;如果 main.jsp 不存在,则会报此错误。解决方法是在 WebRoot 下添加一个 main.jsp 文件即可。

(6) 找不到 DBHelper,这是因为页面头部的 import 语句中没有添加 com.yang.*。如果提示找不到 ResultSet,则说明没有引用 java.sql.*。

至此,登录功能就实现了。那么注册功能如何实现呢?读者可以根据上述分析过程自行分析和实现。下面给予几点提示。

(1) 同样需要一个表单和一个提交数据的处理程序。

(2) 注册一个用户与在用户表添加一行等价。

(3) 使用表单提交数据拼接一个 insert 的 SQL 语句,并执行它。

(4) 使用 Statement 的 execute 语句来实现非查询的其他 SQL 语句。该函数返回的整数值表示这个语句影响了多少行,如果是插入操作,影响了一行以上就说明插入成功。如果返回 0,说明插入未成功。根据这个判断是否注册成功。

那么如何修改密码呢?也给出一些提示。

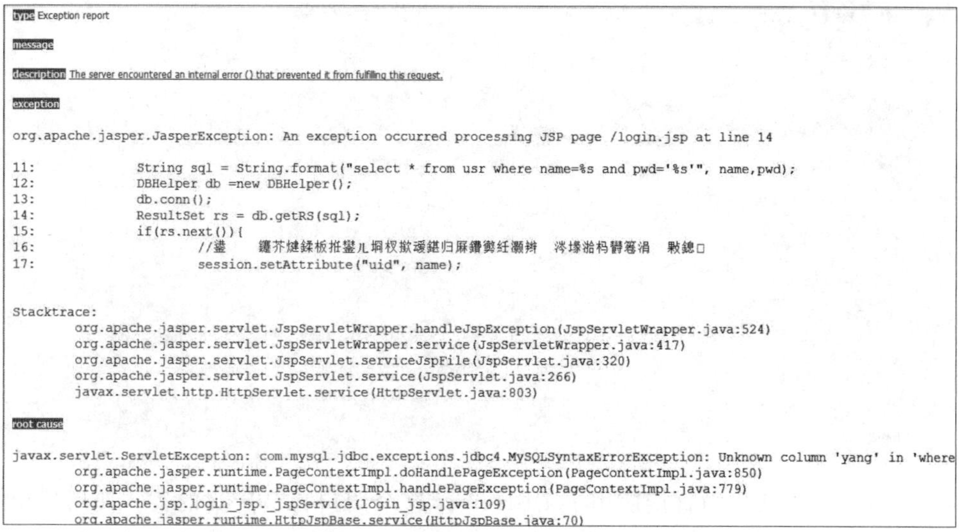

```
type Exception report

message

description The server encountered an internal error () that prevented it from fulfilling this request.

exception

org.apache.jasper.JasperException: An exception occurred processing JSP page /login.jsp at line 14

11:             String sql = String.format("select * from usr where name=%s and pwd='%s'", name,pwd);
12:             DBHelper db =new DBHelper();
13:             db.conn();
14:             ResultSet rs = db.getRS(sql);
15:             if(rs.next()){
16:                     //鍙    鐨芥煡鍒板拰鐢ㄦ埛鍚嶆壘鍒版暟鎹簱鍊肩紝灏辫     涔埁湁杩欎釜鐢ㄦ埛     戝鎴□
17:                     session.setAttribute("uid", name);


Stacktrace:
        org.apache.jasper.servlet.JspServletWrapper.handleJspException(JspServletWrapper.java:524)
        org.apache.jasper.servlet.JspServletWrapper.service(JspServletWrapper.java:417)
        org.apache.jasper.servlet.JspServlet.serviceJspFile(JspServlet.java:320)
        org.apache.jasper.servlet.JspServlet.service(JspServlet.java:266)
        javax.servlet.http.HttpServlet.service(HttpServlet.java:803)

root cause

javax.servlet.ServletException: com.mysql.jdbc.exceptions.jdbc4.MySQLSyntaxErrorException: Unknown column 'yang' in 'where
        org.apache.jasper.runtime.PageContextImpl.doHandlePageException(PageContextImpl.java:850)
        org.apache.jasper.runtime.PageContextImpl.handlePageException(PageContextImpl.java:779)
        org.apache.jsp.login_jsp._jspService(login_jsp.java:109)
        org.apache.jasper.runtime.HttpJspBase.service(HttpJspBase.java:70)
```

图 16-26　SQL 语句导致的错误截图

（1）同样需要一个表单和提交数据处理。

（2）修改操作等价于更新数据库中的某一行。

（3）使用 update 语句更新数据库，在其中添加 where 语句来确定更新哪一个用户。

### 16.4.2　书籍的列表与编辑案例

Web 应用中，一个功能一般需要表单和表单处理程序配合完成。复杂功能则需要一些辅助，例如，修改某本书的详细信息，就需要先确定修改哪一本书。一般做法是先提供一个书籍列表，用户单击待修改的书籍对应的修改链接进入修改界面。下面给出书籍列表的代码。

**程序清单 16-10(booklist.jsp)：**

```
<%@ page language="java" import="java.util.*,com.yang.*,java.sql.*"
pageEncoding="utf-8"%>
<!DOCTYPE html>
<html>
<head>
<title>书籍列表</title>
</head>

<body>
<table border='1'><tr><th>编号</th><th>名称</th><th>作者</th><th>操作</th>
</tr>
<%
    String sql="select * from book";
    DBHelper db=new DBHelper();
    db.conn();
    ResultSet rs=db.getRS(sql);
```

```
    while(rs.next()){
%>
    <tr>
        <td><%=rs.getInt("id") %></td>
        <td><%=rs.getString("name") %></td>
        <td><%=rs.getString("author") %></td>
        <td><a href='editbook.jsp?id=<%=rs.getInt("id") %>'>编辑</a></td>
    </tr>
<%} %>
</table>
</body>
</html>
```

可以看到,上述代码中直接使用了 DBHelper 这个用户自己定义的类。使用这个类大大地简化了数据库操作。并不需要在每个页面填写加载驱动,建立连接的具体代码。这些细节全部被 DBHelper 封装了。这就是建立 DBHelper 的原因。

编写一个查询所有图书表中数据的 SQL 语句,并使用 DBHelper 执行这条语句,得到一个记录集,使用 while(rs. next())可以遍历这个结果集的所有记录。这个 while 的写法是一个非常固定的写法,几乎所有 Java 中访问数据库的代码都如此编写。所以请记住。可以看到在第一个<% %>之间,while 语句是不完整的,在最后一个<% %>中,while 语句只有一个引号,这展示了一种不一样的代码编写方式,中间的<tr>其实可以看成 out. print("<tr>"),其他行也是类似的。使用<%= %>可以输出一个 JSP 的变量值,使用 getInt 和 getString 获取当前记录的相关列的值,使用 next 方法移动向下一个记录。

这个例子也展示了如何修改特定的某个书籍的信息,就是在新闻的列表后加入修改某书籍的链接。使用 editbook. jsp 来修改书籍(这个页面大家可以尝试实现),使用参数 id 来区分修改哪一本书籍。

需要记住的一句话:JSP 页面的目的就是为了根据计算或数据库内容动态地生成一个格式正确的 HTML 文档。在浏览器端,只能看到 HTML 代码,即 JSP 的运行结果,看不到源代码。先看一下显示效果,如图 16-27 所示。

http://taiji1985-pc:8080/TestDB/booklist.jsp

| 编号 | 名称 | 作者 | 操作 |
|---|---|---|---|
| 1 | Hello World | Yang | 编辑 |
| 2 | Hello JSP | Tong | 编辑 |
| 3 | Hello HTML | Feng | 编辑 |

图 16-27 booklist. jsp 执行结果

可以看到这是一个 4 行的表格,其中包含 1 行头部和 3 行数据。查看一下该页的源代码。

```
程序清单 16-11(booklist 在浏览器端的代码):
<!DOCTYPE html>
<html>
<head>
<title>书籍列表</title>
</head>
```

```
<body>
<table border='1'><tr><th>编号</th><th>名称</th><th>作者</th><th>操作</th>
</tr>
    <tr>
        <td>1</td>
        <td>Hello World</td>
        <td>Yang</td>
        <td><a href='editbook.jsp id=1'>编辑</a></td>
    </tr>
    <tr>
        <td>2</td>
        <td>Hello JSP</td>
        <td>Tong</td>
        <td><a href='editbook.jsp id=2'>编辑</a></td>
    </tr>
    <tr>
        <td>3</td>
        <td>Hello HTML</td>
        <td>Feng</td>
        <td><a href='editbook.jsp id=3'>编辑</a></td>
    </tr>
</table>
</body>
</html>
```

可以看到这个代码和我们服务器端写的代码并不完全相同，所有和JSP相关的标签都消失了，在<% %>外的内容都被原封不动地保存，<% %>里的代码都被执行了，while语句一共循环了3次，生成了3个数据行。由此再次看到：JSP在这里是一个生成HTML的文本处理程序，它的输出就是一个HTML文档。需要补充的是，JSP还能动态生成诸如Excel文档、图片等(如验证码)。下面给出一个最简单的输出图形的程序。

**程序清单16-12(draw.jsp)：**

```
<%@ page import="java.awt.*" %>
<%@ page import="java.awt.image.*" %>
<%@ page import="com.sun.image.codec.jpeg.*" %>
<%@ page import="java.util.*" %>
<%
    response.reset();
    response.setContentType("image/jpeg");

    int width=400;
    int height=400;

    BufferedImage image=new BufferedImage(width, height, BufferedImage.TYPE_
    INT_RGB);
```

```
    Graphics g=image.getGraphics();
    g.drawRect(10, 10, 100, 100);
    g.dispose();

    ServletOutputStream sos=response.getOutputStream();
    JPEGImageEncoder encoder=JPEGCodec.createJPEGEncoder(sos);
    encoder.encode(image);
%>
```

以上程序，首先建立了一个 BufferedImage，这是一幅图片，从中获取了绘图用的 Graphics 对象 g；然后调用其 drawRect 方法绘制了一个矩形，dispose 清理 Graphics 释放资源；接下来使用 Sun 公司提供的 JPEG 编码器将这个 BufferedImage 编码为 JPEG 格式并输出。需要注意的是使用 response. reset 对输出进行了清空，为什么这么做呢？我们说过所有<%　%>外的内容都会被输出，包括回车、空格等，前面写了几行代码之间都有回车，所以需要重置 response 的输出。下面使用 setContentType 设置了输出格式，这个是必须有的，不然浏览器无法理解用户给了它什么东西。这个函数的参数是一个标准的 MIME 字符串，可以到网上查询某种格式的 MIME 字符串，如 swf 的 MIME 是什么。上述代码的效果如图 16-28 所示。

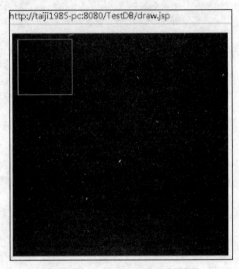

图 16-28　draw. jsp 的运行效果

## 16.5　习　　题

1. 设计一个 Student 类，并设计一章文件格式，将程序中的 Student 对象存入文件，并重新从文件中将该对象的信息读取到另外一个 Student 对象，打印出这个对象，并验证你的程序是否正确。

2. 设计一个数据表保存 Student 类的信息，并写出一个 Student 对象中信息拼接为一个 SQL 字符串，执行这个字符串观察数据库的改变。

3. 在第 2 题设计的 Student 表中插入多条记录，并设计一个网页将其查询和显示出来。

4. 将 Student 表相关的学生插入页面，学生删除页面，根据条件的查询页面设计出来，并测试其效果。

# 第 17 章　轻量级的 MVC+ORM 框架 YangMVC——轻车简从

**本章主要内容：**

- MVC 的概念和发展。
- YangMVC 中的 MVC 框架。
- ORM 框架的作用。
- YangMVC 中的 ORM 框架。

## 17.1　MVC 简介

### 17.1.1　MVC 的产生原因

西方人使用三权分立建立了能够相互制衡的稳定三角政治制度。每个角色负责他自己的事情，协同处理整个国家的事务。千古政治体制都不外权责二字。权责处理得好，整个系统就可以有序运行。MVC 架构试图把模型（数据）、视图（外观）和控制（功能、逻辑）分离开。这 3 个角色各司其职，协同工作，使系统具有了易于维护、方便扩展等特征。

前面讲述的知识已足以开发几乎所有的中小型应用。在浏览网页时，我们经常见到网站改版的情况，网站功能基本保持不变，但外观焕然一新。如果将外观和业务逻辑混杂在一起，则改版外观的工作量会很大，因为除了要修改外观以外，还要把业务逻辑的代码一并修改。请看下例。

**程序清单 17-1(界面和控制混杂的例子)：**

```
<%@ page language="java" import="java.util.*" pageEncoding="utf-8"
contentType="text/html;charset=utf-8"%>
<!DOCTYPE HTML PUBLIC "-//W3C//DTD HTML 4.01 Transitional//EN">
<html>
  <head>
    <title>My Qidian</title>
    <style>
    .book{float:left;width:200px;margin-right:20px;border: 1px solid;}
    .name{background-color:# 555599;}
    </style>
  </head>

  <body>
<%
String[] names={"光荣与梦想","伟大的中国革命","正能量"};
String[] authors={"威廉曼彻斯特","费正清","怀斯曼"};
```

```
for(int i=0;i<names.length;i+ + ){
%>
<div class='book'>
<div class='name'><%=names[i]%></div>
<div class='author'><%=authors[i]%></div>
</div>
<%}%>
  </body>
</html>
```

这是做的第一种效果,如图 17-1 所示。

图 17-1　程序清单 17-1 的效果图

老板说让做成列表形式,于是,修改代码如下:

**程序清单 17-2(界面和控制混杂的例子 2):**

```
<%@ page language="java" import="java.util.*" pageEncoding="utf-8"
contentType="text/html;charset=utf-8"%>
<!DOCTYPE html>
<html>
<head>
<title>My Zongheng</title>
</head>
<body>
<table border="1">
<%
    String[] names={"光荣与梦想","伟大的中国革命","正能量"};
    String[] authors={"威廉曼彻斯特","费正清","怀斯曼"};
    for(int i=0;i<names.length;i++){
%>
    <tr>
<td><%=names[i]%></td>
    <td><%=authors[i]%></td>
    </tr>
<%} %>
</table>
</html>
```

可以看到核心的代码并未改变,但关于外观的代码却改得面目全非。上面这个例子因为代码逻辑并不复杂,所以修改不难,但如果想重做整个站点的外观也需要花费大量时间。另外,如果业务逻辑复杂,也很难修改。所以从开发和项目维护的角度来说,将代码(业务逻辑)和外观(视图)分离势在必行。

另外一种情况是,同样一组数据,需要用不同的外观显示,例如一组整数,需要用柱状图和饼图显示。这种情况下,在两个页面中就需要包含同样的数据处理代码,一旦需要修改数据处理,就需要同时修改这两个页面。软件工程有一个准则:不要功能相同的重复代码。这个时候也必须做代码和外观的分离。

### 17.1.2 MVC基本概念

代码和外观分离了,但它们还是要协同工作,那么由谁来协调两者呢?这就需要第三个角色:控制器。处理数据的代码称之为模型(model),负责外观的部分称为视图,协调两者的角色称为控制器。MVC关系图如图17-2所示。

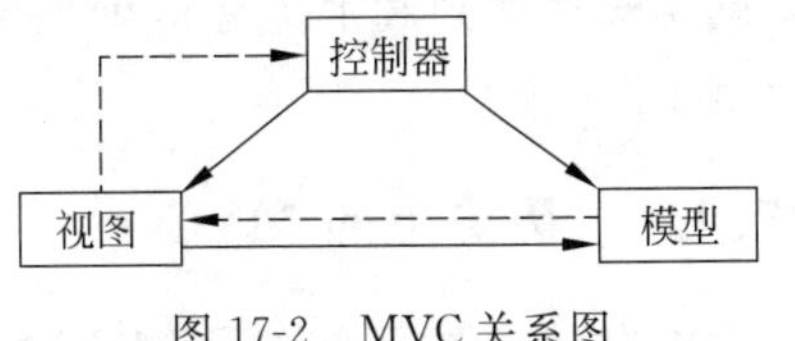

图17-2 MVC关系图

在软件中,模型负责保存应用程序的数据,包含用户输入的数据、中间结果和最终结果。模型的这种角色使得它天然具备了数据持久化的责任。数据持久化可以采用文件的形式,但更多的是采用数据库形式。模型至少应具备从数据库表格中的一个字段自动转换为模型类对象的功能。这个可以由成熟的框架(如Hibernate)来实现。数据模型不依赖控制器和视图,也就是说,它不关心如何显示,或如何操作。但模型中数据的变化会通过一种刷新机制被视图获取到,进而刷新页面。

视图能将数据按照某种格式显示,当然有些视图也可以不依赖于任何数据显示,如注册用户页面,它因为不需要根据数据做出不同的显示,故而不依赖数据。在设计视图的时候,一般不要放入数据的处理逻辑等代码内容,让视图只做数据显示。

在桌面应用中,视图一般需要监视它所显示的模型,可以使用"观察者模式[①]"实现这种功能。在Web应用开发中一般不需要监视。因为Web应用的页面并非一个持续运行的程序,而是重复"请求—响应,请求—响应"这样一个循环。所以一般Web应用中的MVC,都是先用控制器调用模型获取数据,将获取到的数据传递给视图并显示。

控制器一般起一个组织作用,即调用合适的模式和视图完成特定功能。它是事件响应的负责者。对于Web应用,只有一个事件,那就是请求事件。Web应用的控制器一般都会有一个URL映射的功能。我们知道,用户通过访问某个URL,或者提交数据访问Web应用的功能。那么URL和控制器如何对应,就需要一个约定,这个约定一般通过一个配置文件来实现。

理论的介绍往往很难理解,但它不可或缺。人们往往从大量的软件开发实践中发现了一些共有的问题,并针对这些问题提出了一些解决问题的思路和想法,然后才是如何用代码去实现它。

从根本上讲,MVC还借鉴了管理学的方法,将复杂问题分解成各个模块,让每个模块各司其职协同工作,这样避免了混乱,带来了秩序,减少了工作量,提高了效率。而分解的依据就是"低耦合,高内聚"。低耦合就是在模块之间要尽量关联少,高内聚是在模块内部要加强合作。

---

① http://baike.baidu.com/item/观察者模式/5881786。

举例来说,一个企业的领导,想为企业设置若干部门,那么最好的方法是部门之间不需要频繁地跑动,而部门的权责清晰,这样可以尽可能地提高工作效率。另外,如果某个部门有人员变动,因为权责清晰,那么可以找替代这个人的工作人员来做,就是找相应职位的人来解决,而不是找特定的人。例如,办公室缺把椅子,就去找后勤,不论是谁在做后勤。

上面的论述侧重于“责任”,下面讲述“权利”。通俗地讲,就是不该自己管的事不要乱管。对于MVC架构的程序,视图里不要放逻辑处理的代码,而是交给控制器来做,这就是“不乱伸手”。接着上面的例子,自己缺椅子,自己去买了报销,不经过后勤,那么后勤就不知道你到底手里有多少把椅子。这样就导致了“上不知下”的后果,最后导致“欺上瞒下”。

### 17.1.3 历史上的MVC

首先,大家要了解的是MVC并非Java独创。编者最早遇到的MVC其实是MFC。这是微软公司为应用程序开发设计的一个开发框架,用VC 6.0可以自动生成,其中包含Document和View。Document就是模型,View包含了视图和控制器。从MVC的角度看,这是一个失败的设计作品,视图和控制器没有分离,不管将控制器放到视图里还是文档中,都会导致视图和文档绑死,这就使MVC的松耦合的优势丧失了。

PHP是一种非常优秀的Web开发语言,下段代码中变量b的值会变成“hello world, are you ok?”。如果用Java,那么要用String.format。这在字符串处理非常频繁的Web开发中,优势尤其明显。市面上有很多优秀的PHP的MVC框架,有兴趣可以学习,如CakePHP、YII。

```
<?php
$a="world";
$b="hello $a, are you ok?";
?>
```

这段代码等价于以下Java代码:

```
String a="world";
String b=String.format("hello %s, are you ok?",a);
```

ASP.NET中也采用了MVC框架设计,每个网页包含两个文件,一个aspx文件,一个cs文件。aspx充当视图,对应的cs文件充当控制器。ASP.NET不严格规定一定要有模型,但也可通过新建cs文件建立模型。

Windows Form也包含MVC的设计思想,使用Visual Studio等工具,可以根据界面设计器的操作自动生成视图代码,这些代码被IDE隐藏起来作为视图部分,而另一部分可编辑的部分用来做控制器。

Python语言也有很多MVC框架,如Django、TurboGears。

可以看到,MVC不依赖于某个特定语言,但特定语言里往往有已经设计好的MVC框架。

## 17.2 YangMVC 简介

### 17.2.1 框架特点

在企业中很少有直接基于 JSP 和 JDBC 的项目，大都会使用某些框架。市面上存在大量框架。比较著名的框架有 Struts、Hibernate、Spring、iBatis。

Struts 是一个 MVC 框架，本书将在第 19 章进行详细的讲解。它需要一个配置文件 struts.xml 将 URL 和 Java 类关联起来。这样在浏览器访问某个 URL 的时候，如果在配置中找到匹配的 URL，则执行对应的 Java 类的方法。使用 Struts 必须一直维护这个 xml 文件，使它与源代码保持一致。

Hibernate 是一个 ORM 框架，它能借助工具自动生成与数据库表相对应的 Java 类，并可以将数据库表中的行转换为 Java 类的对象，将多条记录转换为 List 对象。这使访问数据库的操作转变为访问 Java 类的操作，难度和代码量大大降低。但 Hibernate 要求生成 Java 类这一点，使其在修改数据库后需要重新生成 Java 类，给开发带来不便。

iBatis 是另外一个 ORM 框架，这个框架通过配置文件建立 Java 和数据库表的关联，通过配置来管理特定的查询语句。使查询语句转换为方法的调用。它比 Hibernate 高效，应用也非常广泛，不过需要手工书写 SQL 语句。

Spring 框架是一个反向注入框架。反向注入是一个陌生的名词，它将在第 20 章详细讲解。它的功能是通过 xml 进行对象的创建和属性的赋值(称对象装配)。这个框架适用于规模比较大、组件比较多的项目，小项目不必使用该框架。

上述框架，无一例外地都使用了 xml 作为配置文件。配置文件带来了大量的工作量，能否省掉这些配置工作呢？本章介绍的轻量级框架 YangMVC 就是这样一个将配置压缩到极少的类库。

YangMVC 是由本书编者开发开源项目，它具有配置简单、使用简单、代码简洁等特点。框架设计时参考了 Python 的 Django 框架。

这个框架使用了大量的命名约定来代替配置。如在 Struts 中使用 xml 来配置控制器(Struts 中称作 Action)，而在 YangMVC 中，所有的控制器名称都是以 Controller 为结尾的。这个框架包含一个高效的 ORM 框架，不需要生成数据库对应的 Java 类，一个查询最多两句话就可以实现，非常方便。同时这个框架可以和 JSTL 和 FreeMarker 无缝兼容。

本章通过先介绍框架配置，随后以 Hello World 案例和 CRUD 案例展示 YangMVC 的使用，紧接着对 YangMVC 的控制器和 ORM 部分进行详细的介绍，最后给出一个 YangMVC 实现的登录案例。

### 17.2.2 框架配置

虽然本框架希望尽可能地减少配置，但一些配置还是必不可少的，如数据库的地址和账户信息。其配置过程非常简单，具体步骤如下。

(1) 创建一个 Web Project。如图 17-3 所示，在 Context root URL 选择根目录，当然也可以保持默认的/YangMVCDemo 这个配置，只是下面的演示以根目录为例。选择 Java EE 6.0。

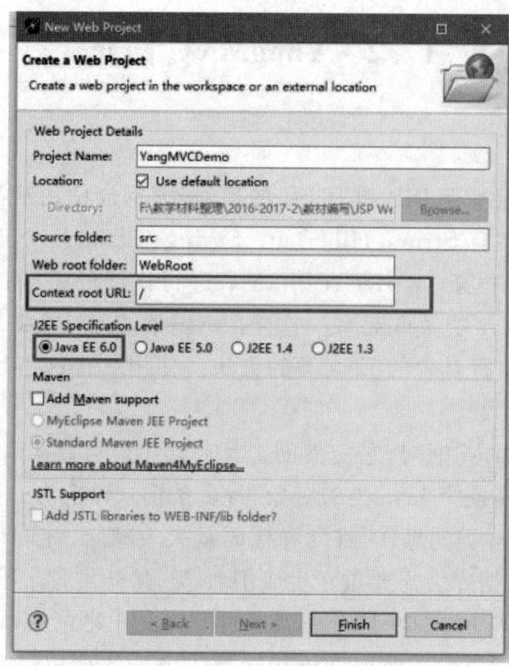


图 17-3 新建工程

(2) 修改WebRoot/Web-INF/web.xml文件。添加一组配置,该配置可以在 YangMVC 的官方网站(http://git.oschina.net/yangtf/YangMVC)直接复制。修改后的结果如下。

**程序清单 17-3(web.xml):**

```
<?xml version="1.0" encoding="utf-8" >
<web-app version="3.0"
    xmlns="http://java.sun.com/xml/ns/javaee"
    xmlns:xsi="http://www.w3.org/2001/XMLSchema-instance"
    xsi:schemaLocation="http://java.sun.com/xml/ns/javaee
    http://java.sun.com/xml/ns/javaee/web-app_3_0.xsd">
<display-name></display-name>
<welcome-file-list>
<welcome-file>index.jsp</welcome-file>
</welcome-file-list>
<filter>
<filter-name>yangmvc</filter-name>
<filter-class>org.docshare.mvc.MVCFilter</filter-class>
<init-param>
<param-name>controller</param-name>
<param-value>org.demo</param-value>
</init-param>
<init-param>
```

```
<param-name>template</param-name>
<param-value>/view</param-value>
</init-param>
</filter>
<filter-mapping>
<filter-name>yangmvc</filter-name>
<url-pattern>/*</url-pattern>
</filter-mapping>
<context-param>
<param-name>dbhost</param-name>
<param-value>localhost</param-value>
</context-param>
<context-param>
<param-name>dbusr</param-name>
<param-value>root</param-value>
</context-param>
<context-param>
<param-name>dbpwd</param-name>
<param-value>123456</param-value>
</context-param>
<context-param>
<param-name>dbname</param-name>
<param-value>mvc_demo</param-value>
</context-param>
<context-param>
<param-name>dbport</param-name>
<param-value>3306</param-value>
</context-param>
</web-app>
```

粗体部分为添加的内容。MVCFilter 是 MVC 框架的入口(任何 MVC 框架都免不了这个入口)。它有 controller 和 template 两个参数。controller 是控制器存放位置的包名,可以自由修改,这里是 org.demo,建立的控制器都必须写在这个包中;template 是存放模板(视图)的地方,这个路径是相对于 WebRoot(即网站根目录)的,如这里的配置(/view)是 WebRoot 下的 view 目录。

(3) 下载最新版的 jar 文件,网址为 http://git.oschina.net/yangtf/YangMVC/attach_files,并将其放入/WebRoot/Web-INF/lib 目录下。本例中添加的是 yangmvc-1.7.6-allinone.jar。

(4) 在 src 中添加相应的包 org.demo,在 WebRoot 下建立 view 目录,如图 17-4 所示。

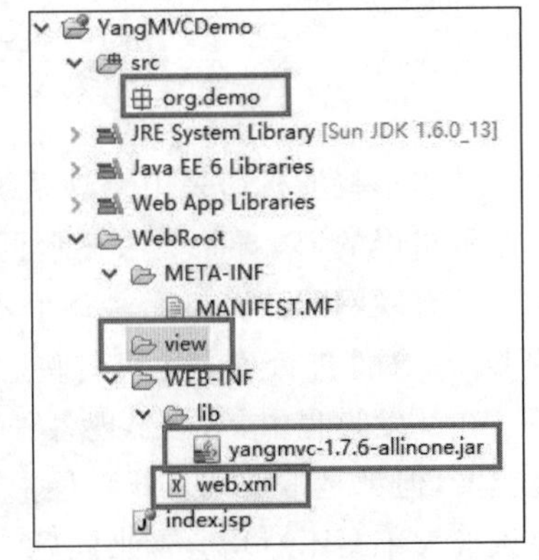

图 17-4 项目结构图

(5) 在 META-INF 下新建一个 context.xml 文件,

其内容如下(一个字都不可以错):

```
<Context reloadable="true" />
```

这句话的意思是当你启动项目以后,如果修改 Java 文件,则自动重新加载,而不需要重启 Tomcat。

上面虽然有 5 步,但最核心的配置只有第 2 步和第 3 步。第 1 步是建立一个 Web 工程,第 4 步是建立包和文件夹,第 5 步是为了提高调试效率,即使不做也可以正常开发。

## 17.3 Hello World 案例

本节通过最简单的 Hello World 例子来讲解 YangMVC 的使用。

**程序清单 17-4(IndexController.java):**

```
package org.demo;
import org.docshare.mvc.Controller;
public class IndexController extends Controller {
    public void index(){
        output("Hello World");
    }
}
```

IndexController 处理应用在根目录下的请求。index 方法处理这个目录下的默认请求。其中,类的类名是约定的名称不能更改,index 代表默认请求也不允许更改。这就是通常所说的首页。output 方法用于向网页输出文本。运行 Web Project,可以得到如图 17-5 所示的效果。

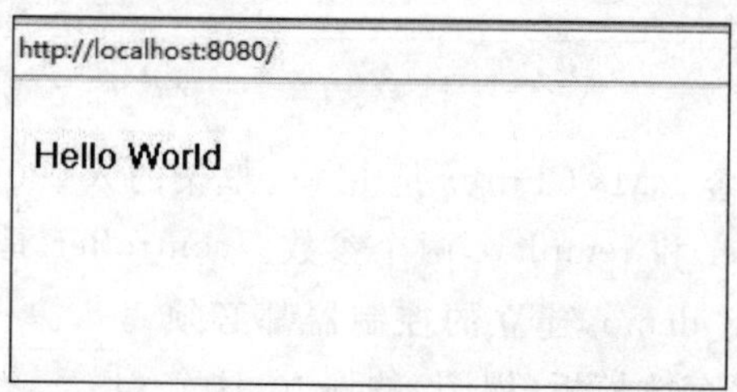


图 17-5　IndexController 运行结果

某些学校的机房采用无盘系统,导致无法正确获取主机名,就会在图 17-5 中 localhost 处显示错误的 IP,导致无法显示页面,可以将主机名或错误的 IP 改为 localhost 即可正确显示。没有联网的计算机无法访问 localhost,可以改为 127.0.0.1,或者通过修改 Windows 的 hosts 文件进行静态主机名映射,这里不再赘述。

在开发过程中,常会出现各种错误,在出现错误时要耐心查看错误提示。错误提示虽然是英文,但都是常用词。新手最常见的错误就是拼写错误,如 IndexController 的拼写,拼写错误或大小写不对均会带来问题。

# 17.4 CRUD案例

## 17.4.1 案例所使用的数据库

本章将会演示一个 CRUD 的程序。CRUD 是指 create、read、update、delete 4 个基本的操作,中文也称为增查改删四大操作。

为了演示该例子,需要一个测试数据库。这个数据库的备份文件可以在 YangMVC 的官网中的 YangMVCDemo/sql/mvc_demo. sql 路径中找到。官网网址为 http://git. oschina. net/yangtf/YangMVC。

下面仅给出该文件中生成表结构的 SQL 文件。在重复该案例时请一定不要手工敲改代码,因为初学者会有大量的拼写错误,一定要从 SQL 文件导入演示数据库。

**程序清单 17-5(案例数据库的 SQL 文件):**

```
DROP TABLE IF EXISTS 'catalog';
CREATE TABLE 'catalog' (
  'name' varchar(50) default NULL,
  'id' int(11) NOT NULL auto_increment,
  PRIMARY KEY  ('id')
) ENGINE=InnoDB AUTO_INCREMENT=19 DEFAULT CHARSET=utf8;

DROP TABLE IF EXISTS 'book';
CREATE TABLE 'book' (
  'id' int(11) NOT NULL auto_increment,
  'file_name' varchar(50) default NULL,
  'name' varchar(50) default NULL,
  'author' varchar(50) default NULL,
  'chaodai' varchar(50) default NULL,
  'tm_year' varchar(50) default NULL,
  'about' longtext,
  'type' varchar(50) default NULL,
  'catalog_id' int(11) default NULL,
  PRIMARY KEY  ('id'),
  KEY 'catalog' ('catalog_id'),
  CONSTRAINT 'catalog' FOREIGN KEY ('catalog_id') REFERENCES 'catalog' ('id')
) ENGINE=InnoDB AUTO_INCREMENT=932 DEFAULT CHARSET=utf8;
```

## 17.4.2 数据列表

首先在 org. demo 中新建一个 BookController 类,它会生成 BookController. java 文件,代码如下。通过 17.3 节的学习可知,IndexController 对应网站的根目录,那么 BookController 就对应/book 目录。

**程序清单 17-6(BookController.java):**

```
package org.demo;
import org.docshare.mvc.Controller;
import org.docshare.orm.*;
public class BookController extends Controller {
    public void index(){
        DBTool tool=Model.tool("book");
        LasyList list=tool.all().limit(0, 30);
        put("books", list);
        render();
    }
}
```

在这个例子中,BookController是一个控制器类;index是BookController控制器类的方法,它是公共的无返回值的方法,这个方法对应一个URL。访问这个URL即可执行该方法。那么对应怎样的URL呢?下面的章节会进行详细讲解。方法中首先创建一个DBTool对象,这个对象与数据库的book表关联。随后查询book表的前30条记录,然后将这个记录加入到request域的books变量中。随后调用了render()方法将这个请求转交给view/book/index.jsp显示。

为什么BookController的index方法和上述目录对应呢?在web.xml中规定了view是存放所有视图的目录(即/WebRoot/view目录)。BookController对应book目录,index方法对应index.jsp。下面的add方法对应add.jsp,edit方法对应edit.jsp。这就是命名约定。

**程序清单 17-7(index.jsp):**

```
<%@ page language="java" import="java.util.*" pageEncoding="utf-8"%>
<%@ taglib prefix="c" uri="http://java.sun.com/jsp/jstl/core"%>
<!DOCTYPE html>
<html>
<head>
<meta charset='utf-8'>
<style type="text/css">
table {
    border-collapse: collapse;
}
table,td,th {
    border: 1px solid black;
}
</style>
</head>
<body>
    <h1>
        books [<a href='add'>添加书籍</a>]
```

```
    </h1>
    <table class="table table-bordered">
        <tr>
            <th>编号</th>
            <th>书名</th>
            <th>作者</th>
            <th>朝代</th>
            <th>年代</th>
            <th>分类</th>
            <th>操作</th>
        </tr>
        <c:forEach var="b" items="${books}">
            <tr>
                <td>${b.id}</td>
                <td>${b.name}</td>
                <td>${b.author}</td>
                <td>${b.chaodai}</td>
                <td>${b.tm_year}</td>
                <td>${b.catalog_id}</td>
                <td><a href='edit?id=${b.id}'>编辑</a>
                    <ahref='del?id=${b.id}'>删除</a>
                </td>
            </tr>
        </c:forEach>
    </table>
</body>
</html>
```

其中，使用了<c:forEach>对 request 域的 books 变量进行遍历，循环变量是 b。每次循环生成表格的一行，在单元格中使用 EL 表达式显示内容。${b.id}为该行数据的 id 字段，${b.name}为该行数据的 name 字段。其显示结果如图 17-6 所示。

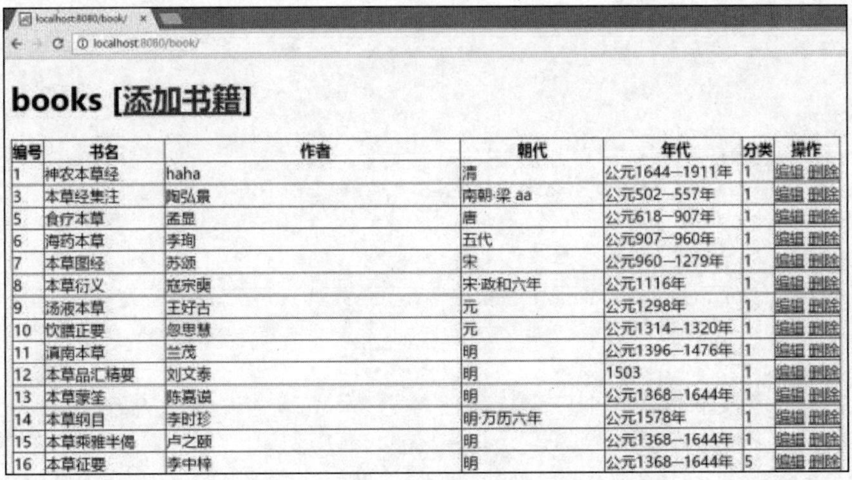

| 编号 | 书名 | 作者 | 朝代 | 年代 | 分类 | 操作 |
|---|---|---|---|---|---|---|
| 1 | 神农本草经 | haha | 清 | 公元1644—1911年 | 1 | 编辑 删除 |
| 3 | 本草经集注 | 陶弘景 | 南朝·梁 aa | 公元502—557年 | 1 | 编辑 删除 |
| 5 | 食疗本草 | 孟显 | 唐 | 公元618—907年 | 1 | 编辑 删除 |
| 6 | 海药本草 | 李珣 | 五代 | 公元907—960年 | 1 | 编辑 删除 |
| 7 | 本草图经 | 苏颂 | 宋 | 公元960—1279年 | 1 | 编辑 删除 |
| 8 | 本草衍义 | 寇宗奭 | 宋·政和六年 | 公元1116年 | 1 | 编辑 删除 |
| 9 | 汤液本草 | 王好古 | 元 | 公元1298年 | 1 | 编辑 删除 |
| 10 | 饮膳正要 | 忽思慧 | 元 | 公元1314—1320年 | 1 | 编辑 删除 |
| 11 | 滇南本草 | 兰茂 | 明 | 公元1396—1476年 | 1 | 编辑 删除 |
| 12 | 本草品汇精要 | 刘文泰 | 明 | 1503 | 1 | 编辑 删除 |
| 13 | 本草蒙筌 | 陈嘉谟 | 明 | 公元1368—1644年 | 1 | 编辑 删除 |
| 14 | 本草纲目 | 李时珍 | 明·万历六年 | 公元1578年 | 1 | 编辑 删除 |
| 15 | 本草乘雅半偈 | 卢之颐 | 明 | 公元1368—1644年 | 1 | 编辑 删除 |
| 16 | 本草征要 | 李中梓 | 明 | 公元1368—1644年 | 5 | 编辑 删除 |

图 17-6　BookController 运行效果

可以看到在最上方有一个“添加书籍”链接,指向同一级目录下的add方法,每一条记录后面都有一个编辑和删除链接,分别指向edit和del两个网页。它们都有一个id参数记录待修改或待删除的记录的id属性,即其主键。

### 17.4.3 数据添加

本节给出“添加书籍”功能的实现。添加书籍一般需要一个表单。当用户访问该网页时,给出一个表单让用户填写,用户填写完成后单击提交,需要另一个页面处理用户的提交,即这里需要两个网页。下面先添加一个文件/WebRoot/view/book/add.jsp,并修改其内容如下。

**程序清单17-8(add.jsp):**

```
<%@ page language="java" import="java.util.*" pageEncoding="utf-8"%>
<%@ taglib prefix="c" uri="http://java.sun.com/jsp/jstl/core"%>
<!DOCTYPE html>
<html>
<head>
<meta charset='utf-8'>
<style type="text/css">
table {
    border-collapse: collapse;
}
table,td,th {
    border: 1px solid black;
}
.yangmvc_form div{
    margin-bottom:20px;
}
.yangmvc_form label{
    width:200px;
}
</style>
</head>
<body>
${msg} <a href='index'>返回列表</a>
    <form class='yangmvc_form' method='post' action=''>
        <div>
            <label>作者</label>
            <input type='text' name='author' value=''></input>
        </div>
        <div>
            <label>朝代</label>
            <input type='text' name='chaodai' value=''></input>
        </div>
        <div>
```

```
            <label>名称</label>
            <input type='text' name='name' value=''></input>
        </div>
        <div>
            <label>简介</label>
            <input type='text' name='about' value=''></input>
        </div>
        <div>
            <label>类型</label>
            <input type='text' name='type' value=''></input>
        </div>

        <div>
            <label>年代</label>
            <input type='text' name='tm_year' value=''></input>
        </div>
        <div>
            <label>分类</label>
            <input type='text' name='catalog_id' value=''></input>
        </div>
        <div>
            <label></label>
            <input type='submit' value='添加'></input>
        </div>
    </form>
</body>
</html>
```

在 BookController.java 中添加 add 方法，代码如下：

```
程序清单 17-9(BookController.java 片段 1):
public void add(){
    render();
}
```

这样就可以显示相应的 add.jsp 页面，访问路径为 http://localhost:8080/book/add。该网页包含一个表单，其中包含多个<input>标签，该标签的 name 字段为表单提交时所使用的名字。

调试技巧：在 Chrome 中按 F12 键打开调试，在 Network 一项中看到通信过程，如图 17-7 所示。

<form>标签的 action 属性值是一个 URL，表示“将数据提交给谁”，method 属性为提交方式，有 GET 和 POST 两种选择。在例子中 action 为空，表示提交给当前 URL 所对应的页面。访问路径仍然是 http://localhost:8080/book/add。在 add 方法中要进行数据的

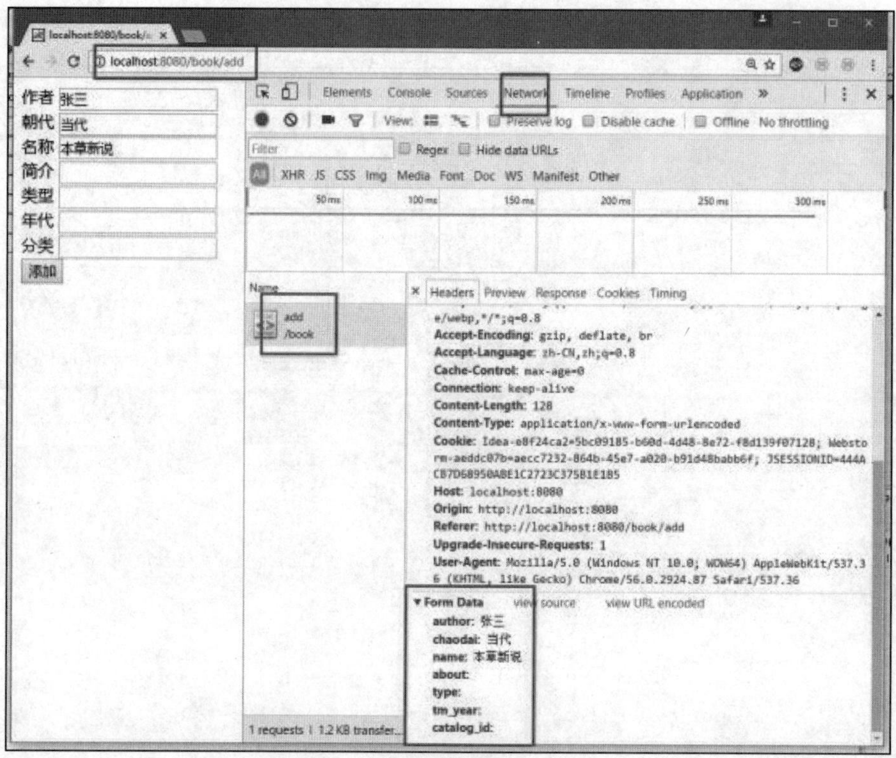

图 17-7　Chrome 调试界面

处理。YangMVC 提供了一个 isPost 方法判断当前是不是一个 POST 请求。所以将 add 方法改写如下：

**程序清单 17-10(BookController.java 片段 2)：**

```
public void add(){
    //处理提交数据
    if(isPost()){
        DBTool tool=Model.tool("book");
        Model m=tool.create();        //创建新的对象
        paramToModel(m);
        tool.save(m);
        put("msg","添加成功");
    }
    render();
}
```

方法中，如果是 POST 请求，则首先获取 DBTool 对象，该对象用数据库读写，调用其 create 方法创建一个 Model 对象，这个对象就对应 book 表的新行，paramToModel 方法将 <form>中的数据按照名字匹配的原则收集到 Model 中。举个例子，表单中有一个<input>的 name 属性为 author，就会复制给 Model 中的 author 字段。而 Model 中的字段和数据库中表的字段一致，即

```
表单 input 的 name 属性=Model 中的变量名=数据库中的字段名
```

Model 对象的使用将在 17.6.2 节详细讲解。在赋值结束后，调用 tool. save 即可将这个 Model 存入数据库。put 方法添加了一个 request 域的变量 msg，其值为“添加成功”。最后调用 render 会使用 add. jsp 来显示。这个 jsp 文件中包含了 ${msg} 标签，如果 msg 为空，则不显示，现在 msg 的值为“添加成功”，自然在页面中显示了添加成功的字样。书籍添加界面如图 17-8 所示。

图 17-8　书籍添加界面

### 17.4.4　数据修改

在数据的列表页中，每一项数据后都有一个“修改”链接，该链接指向当前目录的 edit 页，这个页可以通过在 BookController 中创建 edit 方法来实现。

**程序清单 17-11(BookController.java 片段 3)：**

```
public void edit(){
    DBTool tool=Model.tool("book");
    //处理提交数据
    if(isPost()){ //isPost
        Model m=tool.get(paramInt("id"));
        Log.d(m);
        paramToModel(m);
        tool.save(m);
        put("msg","修改成功");
        put("b",m);
        render();
        return;
    }

    //显示数据
    Integer id=paramInt("id");
    Model m=tool.get(id);
    put("b",m);
    render();
}
```

其中逻辑与 add 的实现有些相似，都代表两个页面。

其一，如果浏览器发来的是 GET 请求，即通过单击链接或者输入网址访问时，就使用 paramInt 获取参数 id 的值，并使用 tool. get 查询数据库，get 函数要求给予主键的值。查询到的数据使用 put 方法放入 request 域中，然后在下面的/WebRoot/view/book/edit. jsp 中显示这个 b 的值。

其二，如果是用户单击“提交”按钮发来的请求，那么则是 POST 请求。isPost 函数返回真，进入分支，分支中首先获取当前 id 对应的数据，随后使用 paramToModel 收集参数中的值,存入数据库。和添加不同,这里的修改数据库是先查询得到 Model,通过 paramToModel 修改 Model 的值,随后再存回数据库。

/WebRoot/view/book/edit.jsp 的内容和 add.jsp 很相似,仅在表单中的<input>标签的 value 中给以不同的初始值。仅列出不同的表单部分代码。

**程序清单 17-12(edit.jsp 片段):**

```
${msg}  <a href='index'>返回列表</a>
<form class='yangmvc_form' method='post' action=''>
    <div>
        <label>作者</label>
        <input type='text' name='author' value='${b.author}'></input>
    </div>
    <div>
        <label>朝代</label>
        <input type='text' name='chaodai' value='${b.chaodai'></input>
    </div>
    <div>
        <label>名称</label>
        <input type='text' name='name' value='${b.name}'></input>
    </div>
    <div>
        <label>简介</label>
        <input type='text' name='about' value='${b.about}'></input>
    </div>
    <div>
        <label>类型</label>
        <input type='text' name='type' value='${b.type}'></input>
    </div>
    <div>
        <label>年代</label>
        <input type='text' name='tm_year' value='${b.tm_year}'></input>
    </div>
    <div>
        <label>分类</label>
        <input type='text' name='catalog_id' value='${b.catalog_id}'>
        </input>
    </div>
    <div>
        <label></label>
        <input type='submit' value='修改'></input>
    </div>
</form>
```

其中,使用了 ${b.author}的 EL 表达式显示 request 中 b 变量的 author 属性,其余 EL 表达式类似。这个 b 变量是在 BookController 的 edit 方法中,使用 put 方法放入 request 域中。单击列表页的"编辑"链接即可进入如图 17-9 所示的页面。

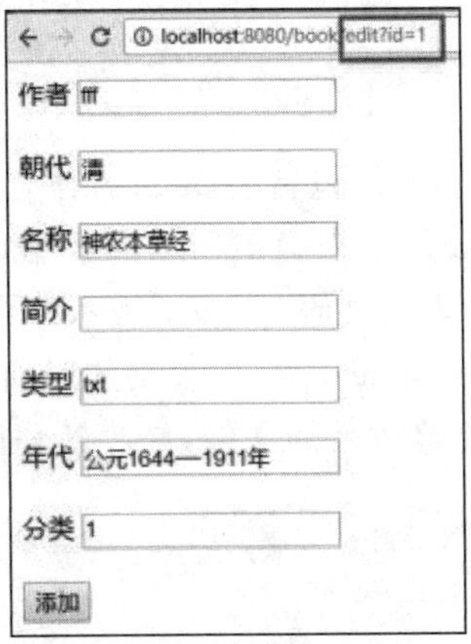

图 17-9　书籍修改页面

### 17.4.5　数据删除

在书籍列表页中,每一条数据后都紧接着一个“删除”链接,单击该链接即可删除当前数据。这个链接指向当前目录的 del 页面,这个页面使用 BookController 中的 del 方法实现。在 BookController 中添加该方法:

**程序清单 17-13(BookController.java 片段 4):**

```
public void del(){
    Integer id=paramInt("id");
    Model.tool("book").del(id);
    jump("index");
}
```

这个方法首先获取参数 id 的值,随后使用 Model. tool("book")获取 DBTool 对象,进而调用它的 del 方法将相应数据删除。删除数据后,直接跳转到当前目录的默认页。

至此,数据的 CRUD 4 大基本操作就介绍完了。在开发时需要根据实际情况来运用这些技能。

### 17.4.6　数据分页列表

17.4.2 节介绍了数据列表的显示,那么如果数据量比较大的时候,如有 900 条,如何分页显示呢? YangMVC 针对分页做了关键的优化。

可以在 BookController 的 index 方法基础上修改,也可以创建一个新的方法。在这里修改 index 方法如下。

**程序清单 17-14(BookController.java 片段 5):**

```
public void index(){
    DBTool tool=Model.tool("book");
    LasyList list=tool.all();
    put("books", page(list));
```

```
    render();
}
```

可以看到改动很少。一是在 list 外包裹了 page 方法,二是去掉了 all()后的 limit 方法。其原理是通过获取参数 page 和 pagesz 来确定显示的数据,并给 list 添加 limit 方法来查询相应的数据。page 参数从 1 开始表示页码,pagesz 表示每个页中包含的数据条数。

另外在/WebRoot/view/book/index.jsp 中表格的后面加入 ${page_data} 表达式。在 CSS 修饰部分,加入样式。下面是修改后的文件,修改部分用粗体表示。

**程序清单 17-15(index.jsp 修改后):**

```
<%@ page language="java" import="java.util.*" pageEncoding="utf-8"%>
<%@ taglib prefix="c" uri="http://java.sun.com/jsp/jstl/core"%>
<!DOCTYPE html>
<html>
<head>
<meta charset='utf-8'>
<style type="text/css">
table {
    border-collapse: collapse;
}
table,td,th {
    border: 1px solid black;
}
.yangmvc_page{
    width:100%;
    font-size:20px;
}
.yangmvc_page li{
    width:30px;
    float:left;
    list-style-type:none;
}
</style>
</head>
<body>
    <h1>
        books [<a href='add'>添加书籍</a>]
    </h1>
    <table class="table table-bordered">
        <c:forEach var="b" items="${books}">
            <tr>
                <td>${b.id}</td>
                <td>${b.name}</td>
                <td>${b.author}</td>
```

```
            <td>${b.chaodai}</td>
            <td>${b.tm_year}</td>
            <td><a href='edit id=${b.id}'>编辑</a>
                <ahref='del id=${b.id}'>删除</a>
            </td>
        </tr>
    </c:forEach>
  </table>
  ${page_data}
</body>
</html>
```

其中的${page_data}中包含了 YangMVC 写入的翻页信息。其效果图如图 17-10 所示。

user-20150521oq:8080/book?page=11

**books [添加书籍]**

| | | | | | |
|---|---|---|---|---|---|
| 303 | 针灸甲乙经 | 皇甫谧 | 晋 | 公元256年 | 编辑 删除 |
| 304 | 针经节要 | 杜思敬 | 元 | 公元1315年 | 编辑 删除 |
| 305 | 中医瑰宝苑 《李翰卿》yi | 李翰卿 | 现代 | | 编辑 删除 |
| 306 | 杨敬斋针灸全书 | 陈言 | 明·万历十九年 | 公元1591年 | 编辑 删除 |
| 307 | 宋本备急灸法 | | | | 编辑 删除 |
| 308 | 刺灸心法要诀 | 吴谦 | 清 | 公元1742年 | 编辑 删除 |
| 309 | 一草亭目科全书 | 邓苑 | 清 | 公元1644—1911年 | 编辑 删除 |
| 310 | 口齿类要 | 薛己 | 明 | 公元1528年 | 编辑 删除 |
| 311 | 子午流注针经 | 何若愚撰、阎明广注 | 金 | 撰年不详 | 编辑 删除 |
| 312 | 子午流注说难 | 吴棹仙 | 近代 | 公元1956年 | 编辑 删除 |
| 313 | 尤氏喉科秘书 | 王士雄 | 清 | 公元1644—1911年 | 编辑 删除 |
| 314 | 尤氏喉症指南 | | | | 编辑 删除 |
| 315 | 白喉全生集 | 李纪方 | 清 | 公元1882年 | 编辑 删除 |
| 316 | 白喉条辨 | 陈葆善 | 清 | 公元1644—1911年 | 编辑 删除 |
| 317 | 银海指南 | 顾锡 | 清 | 公元1644—1911年 | 编辑 删除 |
| 318 | 普济方·针灸 | 朱棣 | 明·永乐四年 | 公元1406年 | 编辑 删除 |
| 319 | 灸法秘传 | | | | 编辑 删除 |
| 320 | 走马急疳真方 | | | | 编辑 删除 |
| 321 | 明目至宝 | | | | 编辑 删除 |
| 322 | 金针秘传 | | | | 编辑 删除 |
| 323 | 灵药秘方 | 师成子 | 清 | | 编辑 删除 |
| 324 | 重订囊秘喉书 | | | | 编辑 删除 |
| 325 | 重楼玉钥 | 郑梅涧 | 清·乾隆年间 | 公元1838年 | 编辑 删除 |
| 326 | 重楼玉钥续编 | 方成培 | 清 | 公元1838年 | 编辑 删除 |
| 327 | 原机启微 | 倪维德 | 元 | 公元1370年 | 编辑 删除 |
| 328 | 神灸经纶 | 吴亦鼎 | 清·咸丰六年 | 公元1851年 | 编辑 删除 |
| 329 | 神应经 | 陈会撰、刘瑾补编 | 明·洪熙元年 | 公元1425年 | 编辑 删除 |
| 330 | 秘传眼科龙木论 | | | | 编辑 删除 |
| 331 | 针灸神书 | | | | 编辑 删除 |
| 332 | 针灸素难要旨 | 高武 | 明·嘉靖十六年 | 公元1537年 | 编辑 删除 |

<<6 7 8 9 10 11 12 13 14 15 16 >>

图 17-10 书籍列表界面

翻页的实现实际上比较复杂，例如每页 30 条数据，共有 93 条数据，那么应该有几页呢？应该有 4 页。如何计算？设 n 为数据条数，m 为页大小，n/m+(n%m==0)?0:1 就表示页的个数。假设有 100 页，那么要显示所有的页的链接吗？显示不是。图 17-10 显示的数据

book 表共有 900 余条,如每页 30 条数据,至少有 30 页。在页面下方显示 30 页的链接显然不合适。应该显示当前页的前几页和后几页的链接。YangMVC 默认是显示前 5 页和后 5 页。图 17-10 中当前是 11 页,前面要显示 6～10 页的链接,后面要显示 12～16 页的链接。如果当前页是第 2 页,前面没有 5 页,只能显示第 1 页,那么后面就应多显示几页,以保证总共显示 11 页的链接,如图 17-11 所示。

<<1 2 3 4 5 6 7 8 9 10 11 >>

图 17-11　分页导航

分页逻辑是很复杂的逻辑,但又很常用,所以 YangMVC 添加了相应的分页支持,允许用户很简单地进行数据分页,即其一在控制器中使用 page 来包裹查询到的 list,其二在 JSP 中添加 $ {page_data},经过这简单的两步就可以实现分页。分页链接的样式可以通过 CSS 对 yangmvc_page 类进行修饰来实现。$ {page_data}对应图 17-11 的代码如下:

```
<ul class="yangmvc_page">
<li><a href="/book/ page=1"><<</a></li>
<li><a href="/book/ page=1">1</a></li>
<li>2</li>
<li><a href="/book/ page=3">3</a></li>
<li><a href="/book/ page=4">4</a></li>
<li><a href="/book/ page=5">5</a></li>
<li><a href="/book/ page=6">6</a></li>
<li><a href="/book/ page=7">7</a></li>
<li><a href="/book/ page=8">8</a></li>
<li><a href="/book/ page=9">9</a></li>
<li><a href="/book/ page=10">10</a></li>
<li><a href="/book/ page=11">11</a></li>
<li><a href="/book/ page=3">>></a></li>
</ul>
```

## 17.5　控制器详解

### 17.5.1　控制器创建

在 YangMVC 中,控制器是以 Java 类的形式存在,该类必须满足以下几点:①这个类必须存放在特定的包中,这个包在 web. xml 定义,详见 17.2.2 节;②这个类必须以 Controller 为后缀,如 IndexController、BookController;③这个类必须继承自 org. docshare. mvc. Controller 类。假设 web. xml 中存在以下字样:

```
<init-param>
    <param-name>controller</param-name>
    <param-value>org.demo</param-value>
</init-param>
```

一个最简单的控制器如下：

```
public class IndexController extends Controller {
public void index(){
        output("Hello YangMVC");
    }
}
```

### 17.5.2 路径映射

路径映射指Java类和URL建立对应关系，用户访问某URL时，框架将请求交给对应Java类来处理。在一些MVC框架中，使用xml文件确定Java类和URL的关系，YangMVC通过命名约定映射的方式来确定Java类和URL的关系。用户访问某网址时，框架自动调用控制器的某个函数。

假设应用的根目录为http://localhost:8080/YangMVC/，如在org.demo下有一个BookController。访问这个类的路径是http://localhost:8080/YangMVC/book/。用户访问这个路径时，框架会调用BookController的index方法，如果没有这个方法则会报错。

index方法用来处理某个路径下的默认网页（网站以斜杠结尾的都会调用某个类的index方法来处理）。

book地址，将第一个字母大写，后面追加Controller。book（路径名）——Book——BookController（类名）就是路径和类名的默认关联。

在这个网址后加入方法名可以访问BookController的任何一个无参数公共方法。如http://localhost:8080/YangMVC/book/edit与BookController的edit方法关联。

需要注意的是，如果你写的是http://localhost:8080/YangMVC/book/edit/（比上段网址多了一个斜杠），则它对应的是book.EditController下的index方法，而不是BookController下的edit方法。

表17-1给出的多个映射案例充分说明映射逻辑。

表17-1 映射案例（一）

| 路　　径 | 类 | 方　法 |
|---|---|---|
| http://localhost:8080/YangMVC/ | org.demo.IndexController | index |
| http://localhost:8080/YangMVC/haha | org.demo.IndexController | haha |
| http://localhost:8080/YangMVC/haha/ | org.demo.HahaController | index |
| http://localhost:8080/YangMVC/haha/add | org.demo.HahaController | add |
| http://localhost:8080/YangMVC/haha/add/ | Org.demo.haha.AddController | index |

表17-1中以http://localhost:8080/YangMVC/作为网站根目录。如果在创建工程是以“/”为根目录，则映射稍有不同，如图17-12所示。

如果以“/”作为Context Root URL，那么表17-1可以改为如表17-2所示。

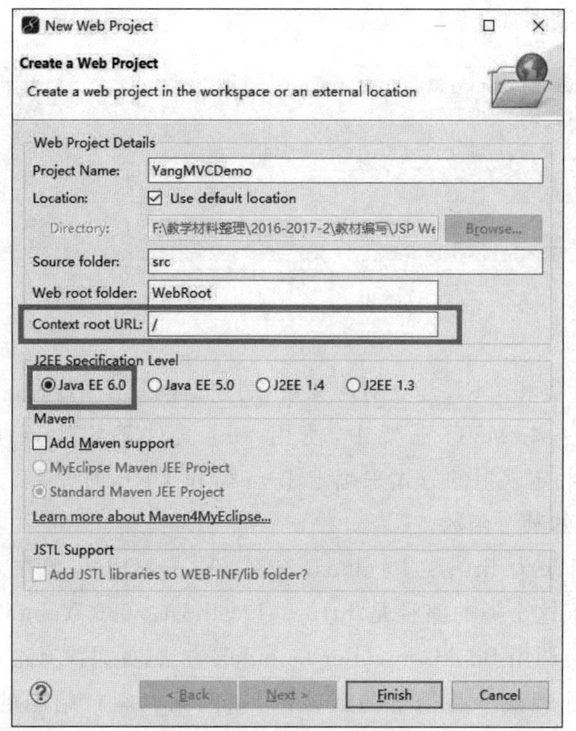


图 17-12　新建工程界面

**表 17-2　映射案例(二)**

| 路　径 | 类 | 方　法 |
| --- | --- | --- |
| http://localhost:8080/ | org. demo. IndexController | index |
| http://localhost:8080/haha | org. demo. IndexController | haha |
| http://localhost:8080/haha/ | org. demo. HahaController | index |
| http://localhost:8080/haha/add | org. demo. HahaController | add |
| http://localhost:8080/haha/add/ | Org. demo. haha. AddController | index |

### 17.5.3　控制器方法

因为所有的控制器都继承自 org. docshare. mvc. Controller 类,所以它们有很多方法可以使用。其中主要有以下几类。

(1) 获取参数的方法。用户可以通过 URL 传入参数,也可以通过 POST 传入参数,控制器应能读取参数。

(2) 输出的方法。控制器应能输出文本,或者调用 JSP 显示内容,或者输出 JSON 数据。

(3) 访问 session 和 application。应用中常需要在 session 和 application 中存入或获取数据。

### 17.5.4　获取参数

Web 中可以通过 URL 参数和表单为一个网页指定参数。

在控制器中,可以通过param方法获取参数(该函数返回字符串,如果缺少该参数,则返回null):

```
String v=param("id");
```

如果需要默认值,可以加第二个参数(下列中如果参数id不存在,则返回hello):

```
String v=param("id","hello");
```

如果参数的值为整数,则可以使用paramInt函数:

```
Integer id=paramInt("id");
```

为防止缺少参数带来的问题,可以加第二个参数作为默认值:

```
Integer id=paramInt("id",12);
```

如果想在URL中添加中文参数,则需要特殊处理。其一,需要在添加链接的页面对参数中的中文进行编码,编码一般使用URLEncoder.encode(string)方法。其二,使用urlParam方法获取参数的值:

```
String name=urlParam("name");
```

### 17.5.5 输出文本或网页

如果希望控制器输出简单文本或自己生成的HTML文件,可以直接使用output方法:

```
output("Hello YangMVC");
```

这个方法输出一个文本到网页上(输出流中),并关闭输出流。因为它会关闭流,所以不能在一个控制器中调用它两次,也不能再次调用其他的输出方法。如果需要输出多次,可以将内容放到StringBuffer中,然后统一输出。

如果希望使用JSP作为视图显示内容,可以使用render方法。render方法允许不加参数也允许加一个字符串作为参数。在render不加参数时,YangMVC会根据名称匹配的原则找到相应的JSP文件。下面举例说明匹配原则。假设存放控制器的包为org.demo,存放视图的路径为/view(该路径以WebRoot为根目录)。那么,org.demo.IndexController中的index方法中调用render(),会以/view/index.jsp作为视图,其中的hello方法会以/view/hello.jsp作为视图;org.demo.BookController中的index方法会以/view/book/index.jsp作为视图,其中的list方法会以/view/book/list.jsp作为视图。下面例子为IndexController中的renderDemo方法,该方法会对应/view/renderDemo.jsp。代码如下:

```
public void renderDemo(){
    put("a", "sss");
    render();
}
```

如果不希望使用默认约定的JSP文件,可以为render添加路径来制定视图。该路径为相对于/view路径的相对路径。例如:

```
public void paramDemo(){
    put("a","sss");
    render("/testrd.jsp");
}
```

在控制器中可以使用put方法添加request域的变量,这些变量可以在JSP中使用EL表达式和JSTL标签显示。如上述代码的a变量,在JSP中可以使用${a}的方法显示。如果是一个列表,可以用<c:forEach>显示。详见17.4.2节中的例子。

### 17.5.6 输出JSON

JSON是一种轻量级的数据交换格式,简单地说,它是一种表示对象的格式。在近些年的应用中非常广泛,已经远远超过了XML的应用场景。XML擅长做配置文件,但冗余较多,同样的数据使用JSON格式比XML格式表示字符串长度要小得多。

下面介绍两个比较常见的应用场景。①手机App的数据提供。大部分的App需要一个服务器提供数据,而这个服务器绝大多数是一个Web服务器,而App和服务器之间的通信格式通常都是JSON。②EasyUI的数据提供。EasyUI在第9章已经进行了详细介绍,它需要后端提供JSON格式的数据,方便其显示数据列表或者下拉菜单等内容。

很多语言提供了JSON和对象之间的转换方法,如PHP中提供了json_encode方法可以将一个对象转化为JSON字符串。

JSON的写法非常类似于JavaScript(现已恢复本名ECMAScript)中的对象的写法。例如:

```
{"id":12,"name":"yang"}
```

其中,大括号代表一个对象,对象中存在多个属性,属性之间通过逗号分隔。每个属性由属性名、冒号和属性值组成。属性名为字符串要加双引号;属性值如果是字符串要加双引号,如果是数字直接书写。属性值可以是简单的数字或者字符串,也可以是另外一个对象或数组。例如:

```
{
    "id":12,
    "name":"yang",
    "course":[
        {"id":33,"name":"Java","score":88.5},
        {"id":36,"name":"C++","score":99}
    ],
    "fav":[
        "Programming","Game","Novel"
    ]
}
```

此例中，course 属性和 fav 属性的值为数组。数组以中括号表示。数组可以由简单变量组成，如 fav；也可以由对象的数组组成，如 course 属性的值。

这种数据格式可以非常方便地借助类库转换为 Java 对象。这类类库很多，效率较高的有 Google 公司开发的 Gson 类库，阿里巴巴公司开发的 FastJson 类库。YangMVC 中集成了 FastJson 类库。

YangMVC 提供了一个 outputJSON 方法，可以很简单地将一个从数据库中查询到的对象输出为 JSON。在 17.4 节的 BookController 中添加如下方法：

```
public void json(){
    DBTool tool=Model.tool("book");
    LasyList list=tool.all().limit(5);
    outputJSON(list);
}
```

可以看到，上述代码获取了 book 表的前 5 行，并将内容直接输出为 JSON。其效果如图 17-13 所示。

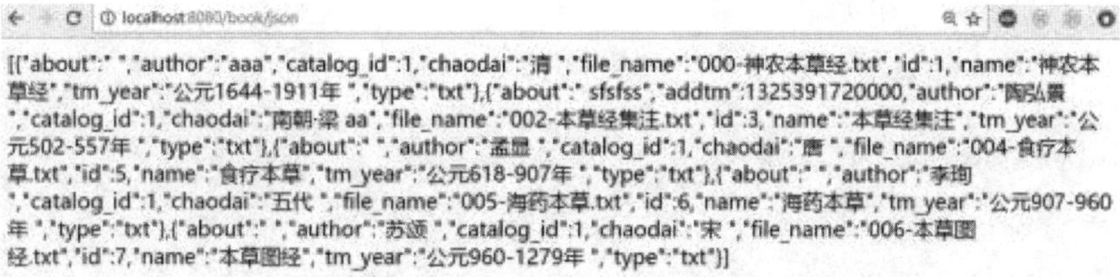

localhost:8080/book/json

[{"about":" ","author":"aaa","catalog_id":1,"chaodai":"清 ","file_name":"000-神农本草经.txt","id":1,"name":"神农本草经","tm_year":"公元1644-1911年 ","type":"txt"},{"about":" sfsfss","addtm":1325391720000,"author":"陶弘景 ","catalog_id":1,"chaodai":"南朝·梁 aa","file_name":"002-本草经集注.txt","id":3,"name":"本草经集注","tm_year":"公元502-557年 ","type":"txt"},{"about":" ","author":"孟昷 ","catalog_id":1,"chaodai":"唐 ","file_name":"004-食疗本草.txt","id":5,"name":"食疗本草","tm_year":"公元618-907年 ","type":"txt"},{"about":" ","author":"李珣 ","catalog_id":1,"chaodai":"五代 ","file_name":"005-海药本草.txt","id":6,"name":"海药本草","tm_year":"公元907-960年 ","type":"txt"},{"about":" ","author":"苏颂 ","catalog_id":1,"chaodai":"宋 ","file_name":"006-本草图经.txt","id":7,"name":"本草图经","tm_year":"公元960-1279年 ","type":"txt"}]

图 17-13　JSON 方法输出

通过输出结果可以看到，最外层为中括号，它代表数组；中括号中包含 5 对大括号，它表示这个数组中存在 5 个对象，每个对象中都包含 about、author、catalog_id 等属性。这个结果尽量压缩了 JSON，去除了其中的空格和换行等无用的字符，缩小了数据大小，虽然仍看起来很混乱，但并不妨碍程序的识别。

### 17.5.7　使用 FreeMarker 输出

Java Web 项目中并非一定要使用 JSP 技术。使用 YangMVC＋FreeMarker 也可以完成所有任务。FreeMarker 是一个标签处理类库。使用这个类库也可以在静态 HTML 中嵌入内容。例如：

```
<!DOCTYPE html>
<html>
<head>
    <meta charset='utf-8'>
</head>
<body>
    hello ${user}.
</body>
</html>
```

可以看到在上述代码中存在\${user}这样的标签，在YangMVC的控制器中可以通过put方法添加类似的变量，使用renderFreeMarker渲染带有标签的HTML文件。在17.3节中的IndexController方法中添加fm方法：

```
public void fm(){
    put("user","Yang");
    renderFreeMarker("/fm.html");
}
```

这个方法put了一个user变量，随后在fm.html中通过\${user}标签将其输出。其效果如图17-14所示。

图17-14　fm控制器界面

FreeMarker不仅可以输出简单变量，还可以输出变量的属性，如\${stu.name}；或者以某种格式输出日期，如\${lastUpdated?string("yyyy-MM-dd HH:mm:ss zzzz")}。

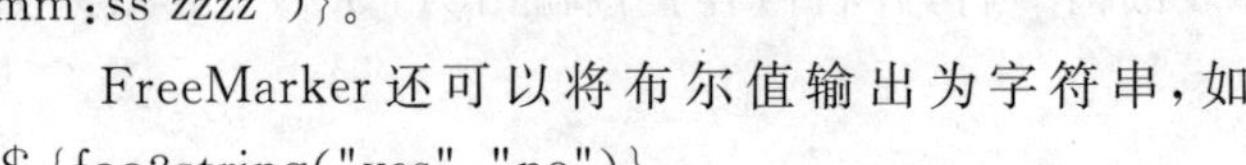

FreeMarker还可以将布尔值输出为字符串，如\${foo?string("yes","no")}。

同样FreeMarker也可以输出一个列表，例如：

```
<#list animals as being>
    <li>${being.name} for ${being.price} Euros<br>
<#list>
```

这里不对该类库进行太多说明，有兴趣的同学可以在网上查阅相关资料。

### 17.5.8　session访问

在应用程序中经常需要访问session，YangMVC提供了非常方便的方法。

调用sess方法给出变量名可以获取session中的相关变量：

```
Object v=sess("uid");
```

调用sess方法给出变量名和值可以设置session：

```
sess("uid","zhang");
```

调用removeSession可以删除session：

```
removeSession("uid");
```

### 17.5.9　application访问

application对象也是在Web应用中所常用的，YangMVC同样提供了非常方便的方法，这些方法在形式上与session的相关方法很类似。

调用app方法给出变量名可以获取application中的相关变量：

```
Object v=app("count")
```

调用 app 方法给出变量名和值可以设置 application：

```
app("count","12");
```

调用 removeApp 方法可以删除 session：

```
removeApp("count");
```

## 17.5.10 上传文件

上传文件在 Web 开发中是一个非常常见的功能。在很多服务器端语言中，对上传文件操作进行了优化，但在 JSP 中，原生的 JSP 没有提供很好的接口来操作上传文件，用户必须自己解析请求的输入流，或者使用第三方类库。YangMVC 鉴于这个情况，提供了一个方便方式处理上传文件。本章的例子继续在上面建立的工程中进行。

首先，在 WebRoot/view 目录下建立 up.jsp 和 upret.jsp。其内容如下。

```
程序清单 17-16(up.jsp):
<%@ page language="java" import="java.util.*" pageEncoding="utf-8"%>
<%@ taglib prefix="c" uri="http://java.sun.com/jsp/jstl/core"%>
<!DOCTYPE html>
<html>
<head>
    <title>上传</title>
    <meta charset='utf-8'>

</head>
<body>
<div class='box'>
    <form action="" method="post" enctype="multipart/form-data">
        <label>文本:</label><input type='text' name='tt'></input><br>
        <label>上传文件:</label><input type='file' name='ff'></input>
<br>
        <input class='sb' type='submit'></input>
    </form>
</div>
</body>
</html>
```

其中包含一个表单，需要注意的是 form 的 action 属性为空，表示提交数据给当前 URL 指向的网页；method 属性为 POST 表示以 POST 方式提交数据，在上传文件时必须使用 POST 方式；后面有一个数据的编码方式 enctype 为多块方式，这也是上传文件必须设置的属性。

upret.jsp中包含了显示一张图片的代码。

**程序清单 17-17(upret.jsp):**

```
<%@ page language="java" import="java.util.*" pageEncoding="utf-8"%>
<%@ taglib prefix="c" uri="http://java.sun.com/jsp/jstl/core"%>
<!DOCTYPE html>
<html>
<head>
    <title>上传</title>
    <meta charset='utf-8'>
</head>
<body>
<div class='box'>
你输入的文本为${text},你上传的图片为<br>
    <img src='${imgpath}' style="width:300px;">
</div>
</body>
</html>
```

建立好上面的视图以后,即可在IndexController中添加up方法,其内容如下。

**程序清单 17-18(IndexController.java 片段 1):**

```
public void up(){
    if(isPost()){
        String tt=param("tt");
        String imgpath=param("ff");
        put("text",tt);
        put("imgpath",imgpath);
        render("/upret.jsp");
        return;
    }
    //get
    render();
}
```

如果是GET方式访问网页,就会执行render函数,这个函数在视图中找到up.jsp并显示。up.jsp中显示一个上传文件的表单。这个表单中有一个文本框,有一个上传文件的"选择文件"按钮。启动Web工程,并在浏览器中访问网址:http://localhost:8080/up,会看到如图17-15的界面。

在图17-15的文本框中输入一段任意文本,并选择一个上传图片,单击"提交"按钮,会看到图片已成功上传,如图17-16所示。

因为form中的action属性为空,所以仍由当前的up函数完成这次请求。这次是POST模式,所以isPost()为真,进入if分支。首先使用param获取tt和ff。tt为一个一般文本,获取与17.5.4节讲述的获取参数方法并无不同。而ff是一个文本上传框,

param("ff")获取的是上传文件存储的路径。如例子中,在日志中输出了其存储位置,如图17-17所示。

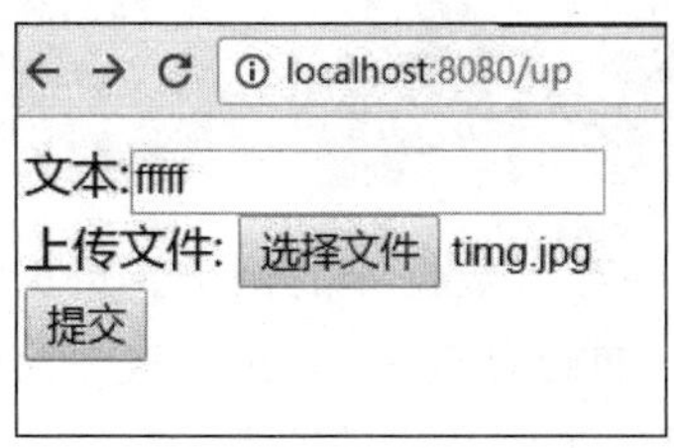


图17-15 上传文件解密

图17-16 上传结果界面

```
2017-05-17 11:07:07[debug]write param ff file to F:\教学材料整理\2016-2017-2\教材编写\JS
2017-05-17 11:07:07[debug]put paramff= /upload/2017/05/17/110707204.jpg
2017-05-17 11:07:07[debug]dispatcher to /view/upret.jsp
2017-05-17 11:07:07[info ]filter>/upload/2017/05/17/110707204.jpg
```

图17-17 存储位置输出

可以看到,图片存储在了WebRoot下的upload目录中,目录的创建使用了当前的日期,这种设计主要是为了应对大规模的数据。我们知道Windows每个目录下的文件数是有限制的,如果一个文件夹中包含上千个文件,那么目录的访问会变得很慢。所以使用年月日对上传资料进行归类成为比较流行的做法,因为一天上传的图片不会太多。如果将所有上传文件放入一个文件夹下,那么当系统运行一两个月后,这个目录中的文件数就可能达到几千几万个,这是一场噩梦。

上传以后,在项目的WebRoot目录下并没有发现upload目录,这是为什么呢?因为当前是一个开发界面,运行时,当前项目会编译并发布到MyEclipse内置的Tomcat中,Tomcat的根目录在当前项目目录下的.metadata\.me_tcat\webapps\ROOT目录下,如图17-18所示。

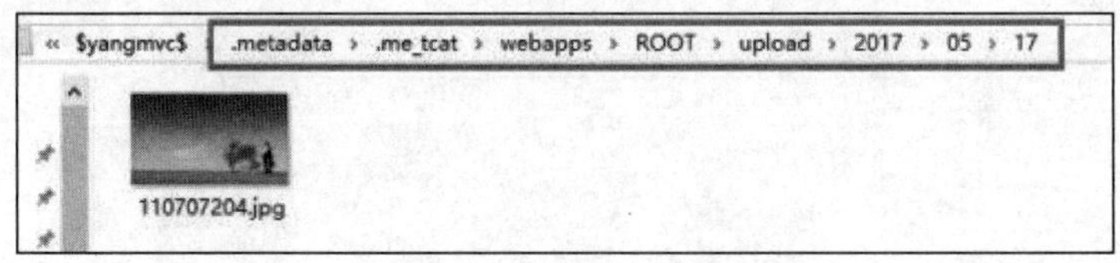


图17-18 图片保存路径

上面的示例中,直接在upret.jsp中显示了上传的图片,如果需要将图片的路径存入数据库,应当如何做呢?在实际应用中,经常有上传一张图片作为自己头像的需求,这个头像的路径信息存储在数据库中。一般来说,我们不会将图片存入数据库,这样会使得数据库变得庞大而效率低下,我们只会将图片存在服务器的文件系统中,并将相对路径存入数据库的文本字段中。在程序清单17-18中,up函数处理了文件上传,通过param获取了上传的图片路径后,使用17.4.4节数据修改的方法就可以将这个图片的信息存入数据库中。下面给出一个代码片段,将这段代码嵌入到up函数的合适位置(思考:应该嵌入up函数中的哪个位置)。代码如下:

```
String imgpath=param("ff");
DBTool tool=Model.tool("usr");
Model m=tool.get(id);      //这里的id为用户的id,需要提前声明和获取
m.put("head",imgpath);     //这里的head为用户表中表示头像的字段
tool.save(m);
```

这个代码片段演示了获取上传图片的路径(第一行),并存入数据库的例子。想正常地运行这个程序,必须有相应的数据库表。可以使用Navicat自己新建一个usr表,并保证这个表一定要有head字段。例子中的id,在测试时可以直接给1或2这样的常量。

### 17.5.11 外键

在Web开发中经常会用到关联查询,如在17.4.2节中,显示数据中有一个catalog_id字段。这个字段是一个外键,它关联catalog表的主键id字段。在图17-6中,这个值为一个整数值,而我们希望得到这个分类的名字,它存储在catalog表的name字段中。那么应当如何访问这个字段呢?将/WebRoot/view/book/index.jsp中的表格代码修改如下。

**程序清单17-19(index.jsp片段):**

```
<table class="table table-bordered">
    <tr>
        <th>编号</th>
        <th>书名</th>
        <th>作者</th>
        <th>朝代</th>
        <th>年代</th>
        <th>分类</th>
        <th>操作</th>
    </tr>
    <c:forEach var="b" items="${books}">
        <tr>
            <td>${b.id}</td>
            <td>${b.name}</td>
            <td>${b.author}</td>
            <td>${b.chaodai}</td>
            <td>${b.tm_year}</td>
            <td>${b.catalog.name}</td>
            <td><a href='edit?id=${b.id}'>编辑</a>
                <ahref='del?id=${b.id}'>删除</a>
            </td>
        </tr>
    </c:forEach>
</table>
```

代码中，使用 ${b.catalog.name} 替换了原本的 ${b.catalog_id}。显示结果如图 17-19 所示。对比图 17-6 可知，分类中的数字 1 都被替换为“本草”。

| 编号 | 书名 | 作者 | 朝代 | 年代 | 分类 | 操作 |
|---|---|---|---|---|---|---|
| 1 | 神农本草经 | 孙星行 | 清 | 公元1644—1911年 | 本草 | 编辑 删除 |
| 2 | 吴普本草 | 吴普 | 魏晋 | 公元420年—589 | 本草 | 编辑 删除 |
| 3 | 本草经集注 | 陶弘景 | 南朝·梁 | 公元502—557年 | 本草 | 编辑 删除 |
| 4 | 新修本草 | 苏敬等20余人编写 | 唐 | 公元659年 | 本草 | 编辑 删除 |
| 5 | 食疗本草 | 孟显 | 唐 | 公元618—907年 | 本草 | 编辑 删除 |
| 6 | 海药本草 | 李珣 | 五代 | 公元907—960年 | 本草 | 编辑 删除 |
| 7 | 本草图经 | 苏颂 | 宋 | 公元960—1279年 | 本草 | 编辑 删除 |

图 17-19　书籍列表界面

这个“魔术”是如何实现的呢？下面进行解密。如图 17-20 所示，在 book 表中 catalog_id 是一个外键，关联 catalog 表的 id 字段。在访问 ${b.catalog} 时，book 表并没有 catalog 这个属性，只有 catalog_id 这个属性，在这种情况下，YangMVC 自动识别这个 catalog 属性是一个 catalog_id 关联的表，它会做一个自动的查询，查询结果为 ${b.catalog} 对象，访问这个对象的 name 属性，就可以得到 catalog 表中的 name 字段的值。用例子再次说明，book 中编号为 1 的神农本草经这一行，它的 catalog_id 字段值为 1，在 catalog 表中，主键为 1 的行，name 字段值为本草。所以访问 ${b.catalog.name} 可以获取分类名为本草。

| id | file_na | name | author | chaodai | tm_ye | about | type | catalog_id |
|---|---|---|---|---|---|---|---|---|
| 1 | 000-神农 | 神农本草 | 孙星行 | 清 | 公元16 |  | txt | 1 |
| 2 | 001-吴普 | 吴普本草 | 吴普 | 魏晋 | 公元42 |  | txt | 1 |

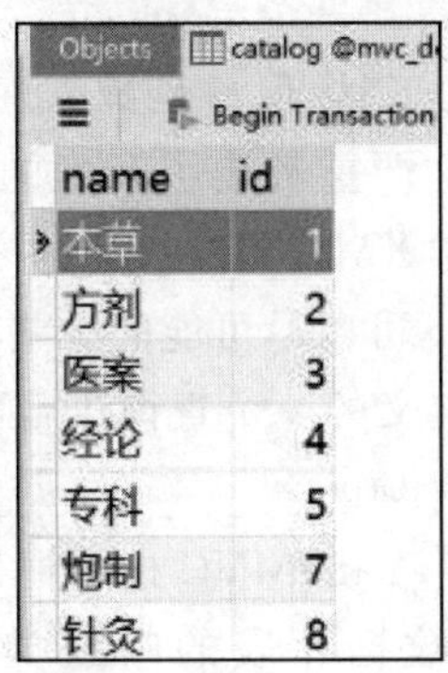

| name | id |
|---|---|
| 本草 | 1 |
| 方剂 | 2 |
| 医案 | 3 |
| 经论 | 4 |
| 专科 | 5 |
| 炮制 | 7 |
| 针灸 | 8 |

图 17-20　数据库中的 book 表

上面的例子中 catalog_id 为字段名，去掉_id，则自动进行一个外键查询。那么，如果一个字段名不是以_id 结尾，应当如何处理？答案是附加__obj，如 catalog_id 这个字段，它可以使用 catalog_id__obj 来进行外键查询。如一个字段名为 xxx，它是一个外键，则访问属性 xxx__obj 则会进行外键查询。在上述例子中，使用 ${b.catalog_id__obj.name} 也可以得到同样的效果。

### 17.5.12 单例模式

在 YangMVC 默认情况下,用户发来一个请求,框架会自动创建一个控制器对象,并调用其相应方法来处理请求。每次请求都创建一个控制器对象非常浪费资源,如果在控制器中,没有使用任何的成员变量,就可以将这个控制器设置为单例。这样,凡是访问这个控制器方法,都只会访问一个初次访问时创建的控制器对象,而不是每次请求都创建一个新的控制器对象。设置单例的方法很简单,在构造函数中调用 setSingle(true)函数即可。

修改本章工程的 IndexController 类,添加构造函数如下。

**程序清单 17-20(IndexController.java 片段 2):**

```
public class IndexController extends Controller {
    public IndexController(){
        setSingle(true);
    }
    //下面代码省略
}
```

## 17.6 数据库访问

### 17.6.1 简介

YangMVC 提供了一组使用便捷的类库。这个类库可以非常方便地将数据库中的数据映射为 Java 对象和 Java 的 List。这种将数据库映射为对象的框架通常称为 ORM 框架。

在类似 Hibernate 的一些框架中,需要为数据库每个数据表建立一个对应的 Java 类。如数据库中存在表格 book,则需要建立一个 Book 类。当然为了便于开发,Hibernate 就提供了根据数据库自动生成 Java 类的工具,但一旦数据库修改就需要重新生成代码,而人为在这些类上的修改就会被覆盖掉,这严重影响了开发的效率。iBatis 这个类库有上述同样的要求,同时它还要求提供一个映射 XML 文件,在文件中书写 SQL 语句。使用 iBatis 需要大量的 SQL 语句,但使用 Hibernate 可以尽可能的少些 SQL 语句。然而 Hibernate 大多数情况下需要写 HQL(Hibernate 自定义的一个查询语言),同时要不断地对相应的数据库访问类(DAO)进行修改,同样查询很麻烦。

参考业界这些类库,编者设计了 YangMVC 这个框架的 ORM 部分,它具有以下特点。

(1) 使用一个 Model 类作为数据库表的映射类,不需要根据数据库生成任何的 Java 类。

(2) 快速便捷地查询,可以方便地进行多条件的查询,而且使用极为简便。

(3) 只需要配置数据库的访问信息(用户名、密码),不需要做任何映射类的配置。

(4) 轻量级,查询效率高。

### 17.6.2 Model 与 DBTool

Model 对象对应数据库的表格,它会与一个表格进行绑定。DBTool 是数据库访问类,相当于一般框架的DAO类。YangMVC的ORM组件可以抛开MVC部分单独使用。在Web工程中使用时可以通过配置web.xml的方法进行配置,见17.2.2节。如果希望单独使用,可以进行如下配置:

```
Config.dbhost="localhost";
Config.dbname="dc2";
Config.dbpwd="123456";
Config.dbusr="root";
Config.dbport="3306";
```

其中,数据库的地址为localhost,可以填写域名或IP;数据库名为dc2;用户名为root;密码为123456;端口号为3306。

在进行数据库操作时,首先需要获取一个DBTool对象。获取方法是调用Model.tool方法:

```
DBTool tool=Model.tool("book");
```

例子中获取了一个访问数据库表book的tool,它下面所有的操作都是针对该表格。

如果希望根据主键进行查询,可以调用tool的get方法:

```
Model m=tool.get(12);
```

其中,12为主键的值;返回的m为查询到的数据,它是数据库中的一条记录。如果不存在主键为12的记录,则m的值为null。

### 17.6.3 Model数据访问

获取到的Model对象可以通过get方法来访问它的值:

```
Object obj=m.get("name");
```

上述语句会获取到该记录的name字段的值。如果不存在这个字段,则返回null。返回值类型为Object,可以将其转换为相应的类型,例如:

```
Integer id=(Integer)m.get("id");
```

当然,如果类型与强制类型不一致就会报错。如本来是String,强制类型转化为Integer则报错。

如果有相应的数据类,可以将Model转换为数据类的对象。定义数据类Book如下。

```
程序清单17-21(Book.java):
public class Book{
    public int id;
    public String filename;
    public String name;
    public String author;
}
```

转换语句如下：

```
Model m=Model.tool("book").all().one();
Book b=m.toObject(new Book());
System.out.println(b.name);
```

### 17.6.4 数据修改

如果要修改Model中字段的值,可以使用put函数。例如：

```
m.put("name","Yang");
```

将该条记录到name字段改为了Yang,当然修改Model对象并不会影响数据库,如果希望将修改后的数据存回数据库,则可以调用tool.save来完成。例如：

```
tool.save(m);
```

17.4.4节中给出了修改数据库的完整案例。

### 17.6.5 数据插入

那么如何实现一个数据库的插入呢？可以使用tool.create方法创建一个空的Model对象,随后使用tool.save保存,例如：

```
Model m=tool.create();
m.put("name","Yang");
tool.save(m);
```

上述3条语句完成了一条记录的插入。当然,可以调用多次put方法对所有的记录进行赋值,随后再保存。在MVC中有一个非常实用的方法paramToModel可以根据名字匹配的原则将数据从用户提交的表单中复制到Model中。如在表单中有一个name为about的<input>标签,那么调用paramToModel的时候,会尝试向Model中写入数据,等价于调用：

```
model.put("about","用户在表单中提交的数据");
```

完整例子可以详见17.4.3节。

通过学习17.6.4和17.6.5两节可以知道,tool.save既可以保存修改,又可以插入数据,那么框架是如何区分这两个操作的呢？毕竟执行修改需要在这个函数内部调用update的SQL语句,而插入是insert。框架是根据主键是否为空来判断的,如果主键为空则为插入;如果主键不为空,则为更新数据。

如果数据库的主键并非自动生成,需要用户给定,在做插入操作时,也需要指定主键的值,应该使用tool.save(m,true)进行强制插入。

上述例子中的主键都是int类型,并且是自动增长的,所以save方法不需要加第二个参数。

### 17.6.6 数据查询

数据查询是使用最为频繁的功能。YangMVC 提供了丰富的查询功能。上面已经介绍了可以使用 tool.get 方法进行主键查询。使用 tool.all 方法可以返回一个 LasyList 对象：

```
DBTool tool=Model.tool("book");
LasyList list=tool.all();
```

这是一个线性表，是 List 类的子类。可以像访问 ArrayList 一样方便地访问它。之所以称它为 LasyList，是因为在调用 tool.all 时并不会真正进行数据库查询，只有在真正访问其数据时才会进行查询。这种设计是为了方便下面级联查询的实现。

大多数情况下一个表格具有大量的数据，不适合在同一个页面中全部显示，如本章所有数据库的 book 表有 900 条左右的数据。使用 LasyList 的 limit 函数可以限制显示的数据条数。例如：

```
LasyList list=tool.all().limit(30);
```

显示查询结果的前 30 条。它相当于执行了以下 SQL 语句：

```
select * from book limit 30;
```

如果想显示从第 30 条开始后面的 40 条，则可以使用以下语句：

```
LasyList list=tool.all().limit(30,40);
```

它相当于以下 SQL 语句：

```
select * from book limit 30,40;
```

如果想根据某个字段进行排序可以用 orderby 方法：

```
tool.all().orderby("id",true).limit(30);
```

orderby 的第二个参数 true 代表从小到大排列（asc），如为 false 则为从大到小（desc）。上述语句表示根据 id 从小到大排列，并取前 30 条。

如果想查找某个字段等于某值的所有记录可以使用以下语句：

```
LasyList list=tool.all().eq("name","本草纲目");
```

上述语句查询了 name 字段等于“本草纲目”的所有记录。它相当于以下 SQL 语句：

```
select * from book where name="本草纲目";
```

除了相等条件，还有大于、小于、大于或等于、小于或等于、不等于这些不等式约束。例如：

```
tool.all().gt("id",12) //id>12
tool.all().lt("id",33) //id<33
tool.all().gte("id",12) //id>=12
tool.all().lte("id",33) //id<=33
tool.all().ne("id",33) // id<>33
```

这些条件可以级联使用。如：

```
list=tool.all().gt("id", 12).lt("id", 33).eq("name","haha").like("author",
"王");
```

它相当于以下 SQL 语句：

```
select * from book where id>12 and id<33 and name='haha' and author like '%王%'
```

其中,like 函数是模糊查询。

### 17.6.7 数据删除

可以通过 DBTool 的 del 方法删除数据。该方法要求传入一个主键值或者一个 Model 对象。例如：

```
tool.del(12);
```

或者

```
Model m=tool.get(12);
tool.del(m);
```

### 17.6.8 LasyList 的使用

LasyList 是 List 类的子类,可以像 ArrayList 一样使用。下面给出一个案例：

```
LasyList list=Model.tool("book").all().limit(10);
for(int i=0;i<list.size();i++){
    Model m=list.get(i);
    System.out.println(m.get("name"));
}
```

例子中获取了 book 表的前 10 行,并通过 for 语句进行了遍历。可以使用 for-each,语法如下：

```
LasyList list=Model.tool("book").all().limit(10);
for(Model m : list){
    System.out.println(m.get("name"));
}
```

在JSTL中可以使用<c:forEach>标签进行遍历，在FreeMarker中可以使用<#list>标签进行遍历(见17.4.2节)。

使用LasyList的toArray方法可以将线性表转化为数组：

```
Object[] obj=list.toArray();
```

使用toArrayList可以将LasyList转换为List对象：

```
List<Model> al=list.toArrayList();
```

# 17.7 登录案例

## 17.7.1 登录逻辑

为了实现登录功能，应当弄清楚以下问题：①用户如何将他的用户名和密码提供给系统。②系统如何接受用户发来的信息。③如何通过数据库查询进行账户的验证。④如何使得系统记住登录状态。⑤登录后如何获取当前登录用户的信息。下面将逐一解决上述问题。

(1) 对于Web应用，一般使用一个表单(form)收集用户的信息。在用户访问登录网页时，提供一个表单给用户，允许用户输入用户名和密码，这个表单还包含一个"提交"按钮。用户单击"提交"按钮时，信息就会自动地发送给<form>标签的action属性指定的网页中。提交方式由<form>的method属性决定，一般为POST方式。

(2) 用户发来POST请求后，JSP页面可以通过request.getParameter函数获取表单的值。该函数要求一个参数，这个参数就是表单中<input>标签的name属性指定的。对于YangMVC来说，使用param、paramInt等函数都可以获取参数。

(3) YangMVC通过Model和DBTool可以方便地进行数据库查询。首先在用户表中查找与用户名相匹配的记录，如果找不到说明用户名不存在。如果找到了，匹配用户在表单中传来的密码和数据库中的密码是否一致。如果一致说明登录成功，否则说明密码失败。

(4) 在Web应用中，通常使用session来存储登录信息。session相当于一个Map，可以向其中放入一个映射，如"session.setAttribute("uid","3333");"，这条语句在session中存储了用户uid为3333，以此记录用户信息。

(5) 在上述例子中，uid这个session中的键值对在程序中只有登录成功时才会写入，即如果没登录则这个值应不存在或为null。那么判断这个值是否为空就可以判断出用户是否登录。如果登录了，因为session中存储了用户的id，这样就可以通过查询数据库的方式获取该用户所有信息。在页面上显示一个登录用户的用户名就是个很简单的问题了。

解决完上述5个问题，登录就很容易实现了。

## 17.7.2 登录表单

首先要提供给用户一个登录表单。第6章已经提供了一个设计好的表单，在WebRoot/view下建立一个usr目录，在目录中添加一个login.jsp，将上述表单复制入内，并稍做修改,见加粗部分。

**程序清单 17-22(login.jsp):**

```
<%@ page language="java" import="java.util.*" pageEncoding="utf-8"%>
<%@ taglib prefix="c" uri="http://java.sun.com/jsp/jstl/core"%>
<!DOCTYPE html>
<html>
<head>
    <title>登录</title>
    <meta charset='utf-8'>
    <style type="text/css">
        html,body{
            width:100%;
            height:100%;
            margin:0px;
            padding:0px;
        }
        body{
            display: flex;
            justify-content:center;
            align-items:center;
        }
        .box{
            width:400px;
            height:300px;
            display:flex;
            flex-direction:column;
            align-items:center;
        }
        .txt{
            display: block;
            width:400px;
            height:60px;
            margin:0px;
            border: 2px solid #8AC007;
            margin-bottom: 10px;
            border-radius:10px;
            padding-left: 10px;
            font-size:20px;
            color:green;
        }
        .sb{
            display: block;
            width:100%;
            height:60px;
```

```
            margin:0px;
            border-radius:10px;
            font-size:30px;
        }
        .title{
            font-size:40px;
        }
    </style>
</head>
<body>
<div class='box'>
    <div class='title'>登录</div>
    <div>${msg}</div>
    <form action="" method="post">
        <input class='txt' type='text' placeholder="用户名" name="usr" value=
        "${usr}">
        <input class='txt' type='password' placeholder="密码"
         name="pwd"  value="${pwd}">
        <input class='sb' type='submit' value="确定">
    </form>
</div>
</body>
</html>
```

在 org.demo 中建立 UsrController 类，内容如下。

**程序清单 17-23(UsrController.java):**

```
package org.demo;
import org.docshare.mvc.Controller;
public class UsrController extends Controller {
    public void login(){
        render();
    }
}
```

其效果如图 17-21 所示。

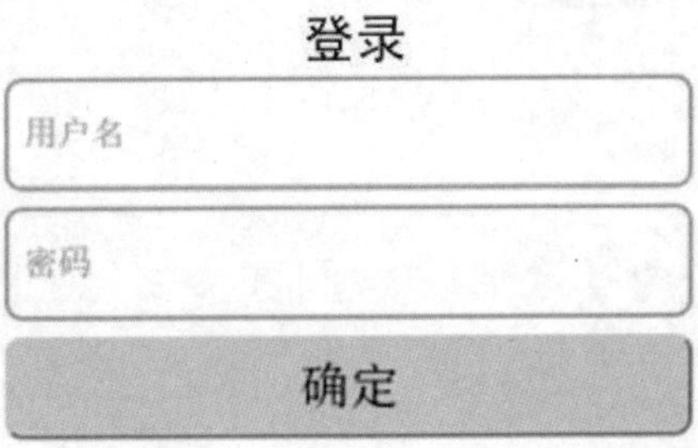

图 17-21　登录界面

### 17.7.3 数据库的用户表

数据库是以实体(或称对象)来划分数据表的,不是以动作划分的。所以,不应有注册表、登录表等表格。用户的登录、注册、修改个人信息、修改密码、取回密码等操作都应当是针对用户表的。在 mvc_demo 这个数据库中加入用户表,该表创建语句如下:

```
CREATE TABLE 'usr' (
    'id' int(11) NOT NULL auto_increment,
    'uname' varchar(50) default NULL,
    'pwd' varchar(50) default NULL,
    PRIMARY KEY  ('id')
) ENGINE=InnoDB AUTO_INCREMENT=2 DEFAULT CHARSET=utf8;
```

如图 17-22 所示,该表有 3 个字段,分别为自动增长的主键 id,字符串类型的用户名 uname,字符串类型的密码 pwd。真正项目中用户表会有很多其他字段,如生日、所在地、性别等信息,但这些信息都和登录无关,所以这里做了简化处理,用户可以自行添加需要的字段。

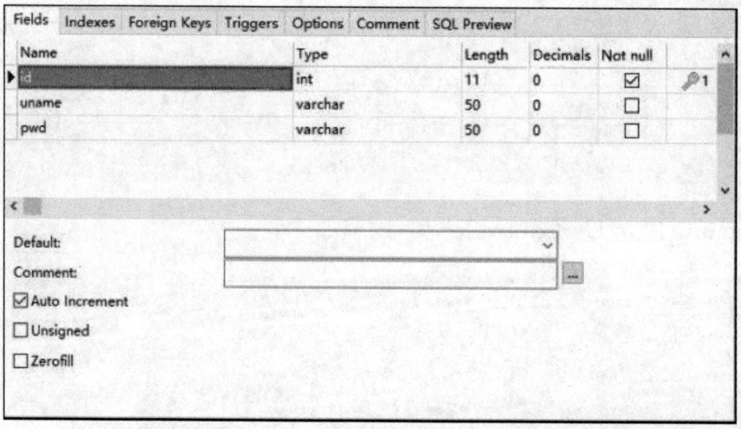

图 17-22　usr 表结构

随后,添加若干条记录,如图 17-23 所示。

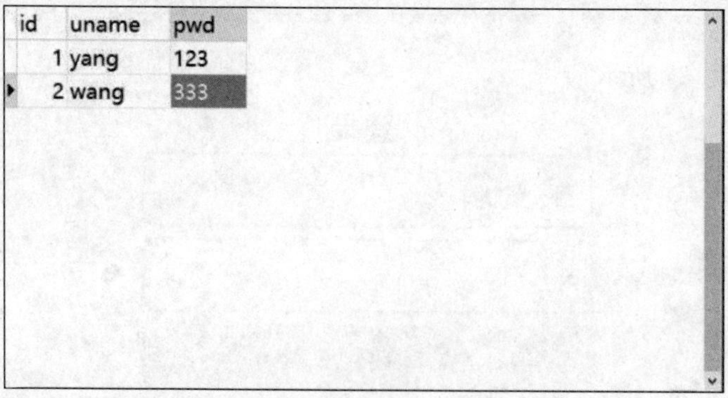

图 17-23　usr 表内容

为了加速查询，可以为uname字段建立索引：

```
ALTER TABLE 'usr'
ADD INDEX 'uname' ('uname');
```

至此数据库准备完毕。

### 17.7.4 提交处理

因为表单中action为空，那么就要用登录页面同URL的页面来处理请求。如上述页面的访问地址是http://localhost:8080/usr/login，所以仍然提交给这个页面。整个登录过程是两次请求和响应。第一次是GET请求，服务器响应为一个登录表单；第二次是用户单击“登录”按钮触发，浏览器发出了POST请求，服务器收到该请求后，处理登录并返回结果。

在本例中，使用UsrController的login方法来处理这两个不同功能的请求，那么就要进行区分。YangMVC提供了一个isPost方法判断是否为POST请求，如果是则返回真，否则返回假。将login代码修改如下。

**程序清单17-24(UsrController.java片段)：**

```
package org.demo;
import java.util.List;
import org.docshare.mvc.Controller;
import org.docshare.orm.DBTool;
import org.docshare.orm.Model;
public class UsrController extends Controller {
    public void login(){
        if(isPost()){
            DBTool tool=Model.tool("usr");
            String uname=param("usr");
            String pwd=param("pwd");
            List<Model>list=tool.all().eq("uname", uname)
                .toArrayList();
            if(list.size()==0){
                put("usr", uname);
                put("pwd", pwd);
                put("msg","用户名不存在");
            }else{
                Model model=list.get(0);
                if(pwd!=null && pwd.equals(model.get("pwd"))){
                    //succ
                    sess("uid",""+model.get("id"));
                    jump("home");
                    return;
                }else{
                    put("usr", uname);
```

```
                    put("pwd", "");
                    put("msg","密码不正确");
                }
            }
        }
        render();
    }
    public void home(){
        output("this is homepage ,todo");
    }
}
```

首先使用 param 获取表单中的用户名和密码,使用 DBTool 查询数据库中用户名为相应用户名的记录,如果不存在则使用 put 函数将"用户不存在"这个消息加入 request 域。这个分支随后会执行 render 函数。如果存在该用户,则进行密码匹配,如果匹配则使用 sess 函数将该用户的主键 id 写入 session,并跳转到当前目录的 home 页。需要注意的是,下面有一个 return 语句,表示直接退出程序,如果没有这一句,会继续执行 render 函数,这样就会引发错误。如果密码不匹配,则将该字符串 put 到 request 域。在 JSP 中,${msg}将输出这个信息,用户停留在登录页上。

## 17.8 习　　题

1. 用 YangMVC 框架实现一个完整的书籍管理功能,包括书籍的添加、书籍的修改、书籍的删除、书籍的列表、书籍的条件查询。

2. 用 YangMVC 框架实现完整的用户管理,包括管理员的用户列表、用户密码重置、用户信息修改,个人的用户注册、用户登录、用户退出操作。

# 第 18 章　Hibernate——镜花亦花，水月亦月

**本章主要内容：**

- 安装 Hibernate。
- Hibernate 的基本使用。

## 18.1　使用 Hibernate 进行数据库读写

人们常用镜花水月比喻那些虚幻不真的东西，殊不知，镜中花也反映了花的信息，水中月也能反映月的信息。观镜可以正衣冠，见水中满月而知月中至。对于一个信息系统而言，Hibernate 使用对象来映射数据库的表，开发人员可以通过直接访问数据库表映射的对象来访问数据库，这种大大便利了开发工作。

第 16 章介绍了如何编写连接数据库实现信息管理功能的代码编写方法。可以看到，使用这种方法在开发过程中需要编写大量的 SQL 语句。那么有没有更好的解决方法呢？上面例子中数据库中有一张表格 book，设想有一个类 Book（或者说一个 JavaBean）这个类的属性和表格中的列一一对应。然后可以使用它的 save 方法来修改或者保存数据，使用 get 方法来获取数据库中的某几行数据，那么读写数据库就变得美好起来，再也不需要关心如何书写长长的 SQL 语句了。再也不用自己做数据类型转换了。可以手工建立这么一个 Book 类，但这样仍然很麻烦。事实上编者曾在某个项目中干过这种事情，为了简化业务逻辑层的代码，而手工编写这个“数据化持久层”的类。假设有这么一个工具可以动态地生成这样一个类，是不是就很好了？事实上，Hibernate 就是这么做的，它首先可以借助工具自动生成与数据库表相对应的类，然后可以使用一个称为 Session 工厂的类对这个对象进行写改删查操作。

## 18.2　Hibernate 的配置

要使用 Hibernate，首先需要为项目加入 Hibernate 支持。对于 MyEclipse 而言，这件事并不难。

(1) 首先使用 MyEclipse 建立一个 Java Project。我们知道不只是在 Web 应用中会用到数据库，桌面应用同样如此。所以为了更简单地演示 Hibernate 的使用，这里建立的是 Java Project。

(2) 在 MyEclipse 的 Windows→Show View 菜单中打开 DB Browser，如图 18-1 所示。

(3) 在打开的 DB Browser 中新建一个数据源，如图 18-2 所示。

(4) 在打开的对话框中填入前面建立的 MySQL 数据库的相关信息，如图 18-3 所示。

(5) 其中的 Driver JARs 要添加从网上下载的 MySQL 的驱动。单击 Next 按钮，进入图 18-4。

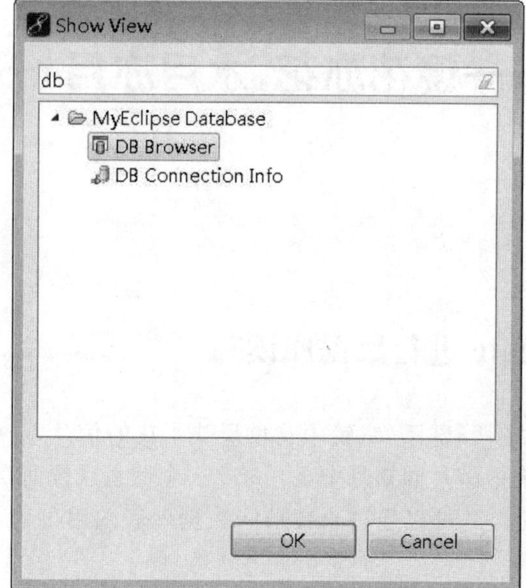


图 18-1　Show View 界面

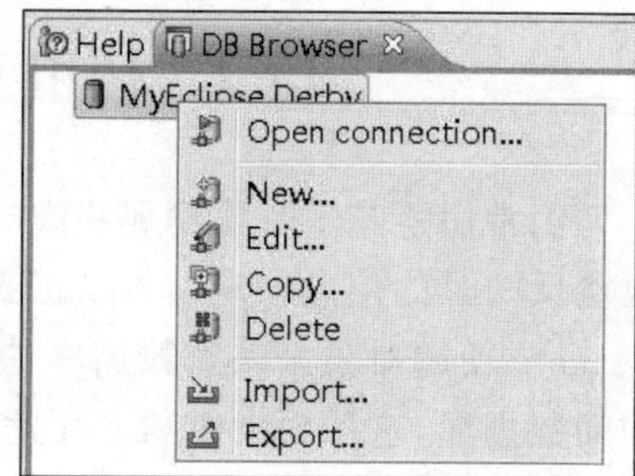


图 18-2　DB Browser 界面

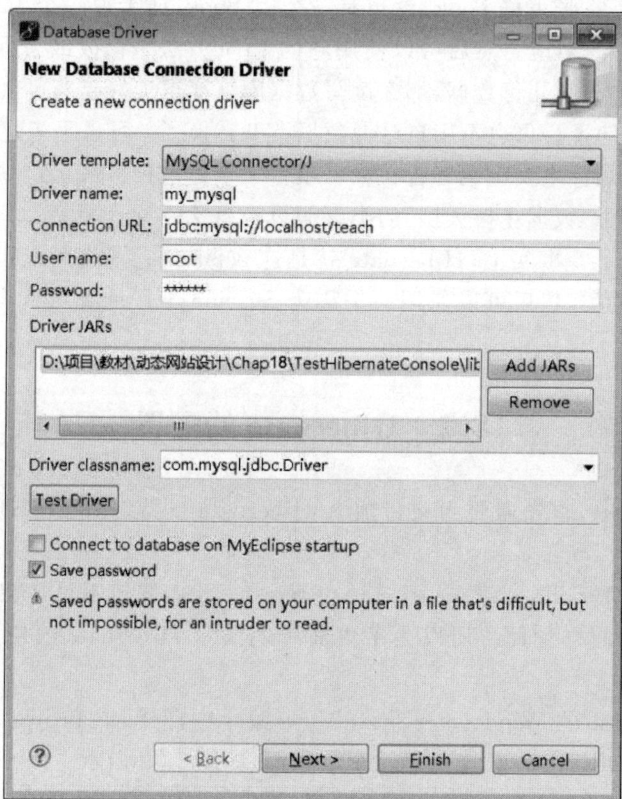


图 18-3　新建数据源界面(一)

(6) 直接单击 Finish 按钮。在 DB Browser 中已经可以看到刚才建立的数据源，如图 18-5 所示。

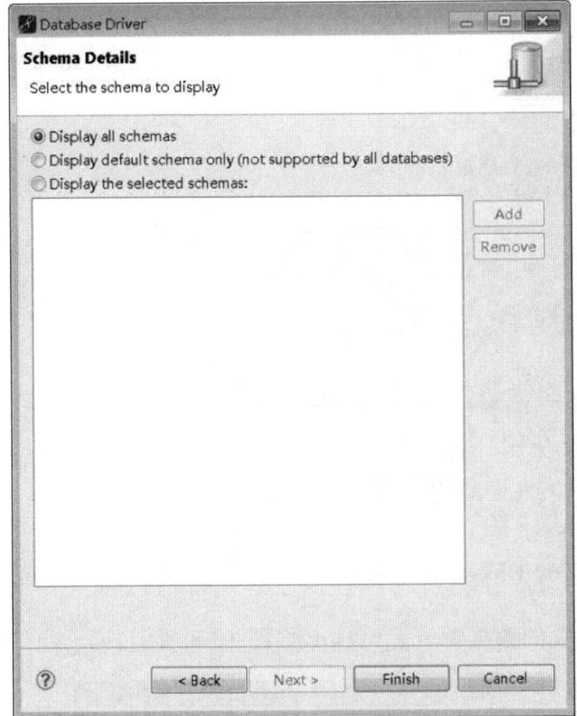


图 18-4 新建数据源界面(二)

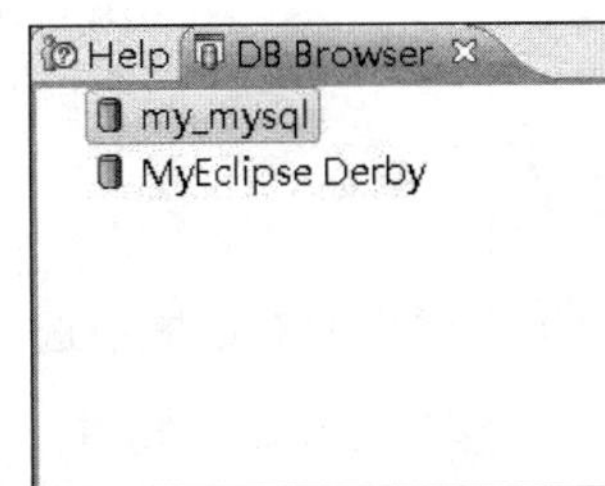


图 18-5 DB Browser 界面

(7) 双击 my_mysql 即可建立链接，展开后的 DB Browser 界面如图 18-6 所示。

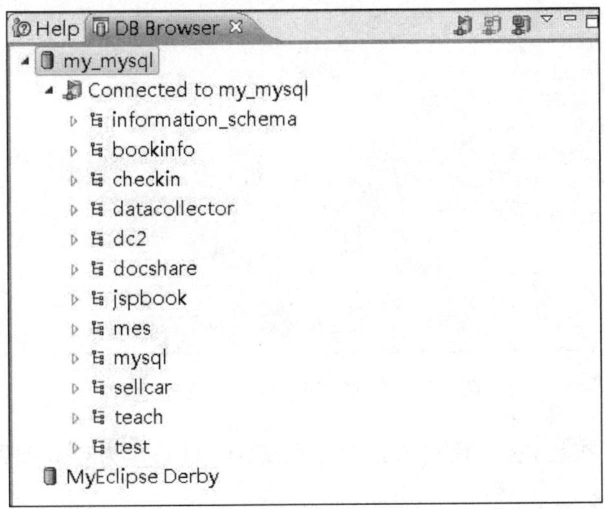


图 18-6 展开后的 DB Browser 界面

(8) 选中刚才建立的 Java Project 右击，在弹出的快捷菜单中选择 MyEclipse→Add Hibernate Capability，如图 18-7 所示。

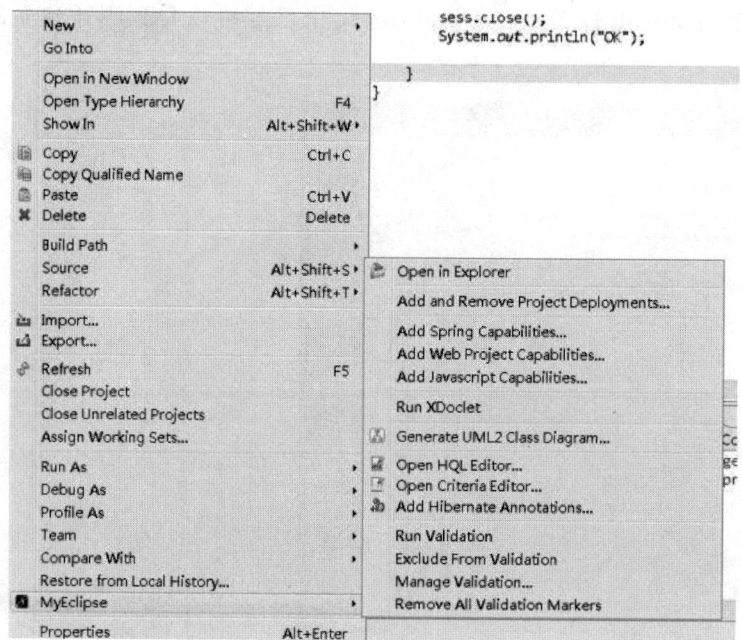


图 18-7 添加 Hibernate 支持(一)

(9) 在弹出的对话框中选中刚才建立的数据源 my_mysql,如图 18-8 所示。

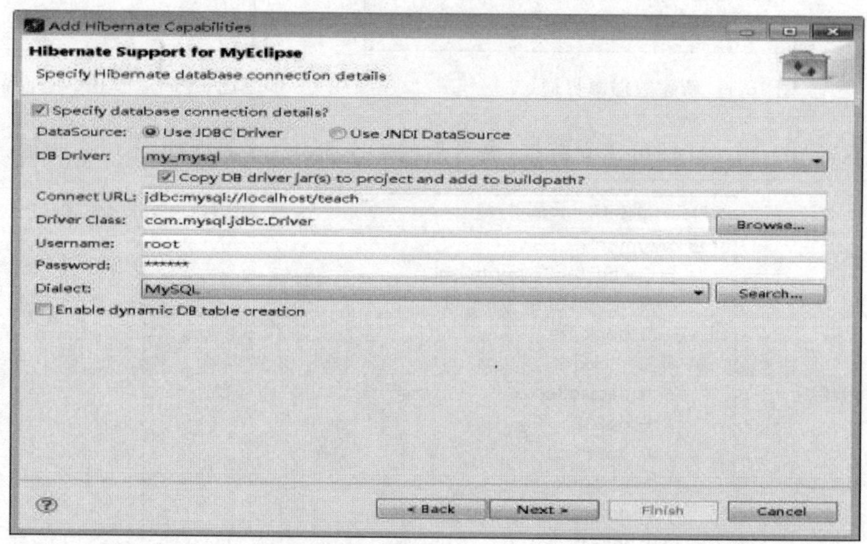


图 18-8 添加 Hibernate 支持(二)

(10) 单击 Next 按钮,选择建立的这个工程的 src 目录作为存放配置文件目录,输入包名,如图 18-9 所示。

(11) 在 DB Browser 中,右击一个表格,如图 18-10 所示,在弹出的快捷菜单中选择 Hibernate Reverse Engineering(根据数据库建立 Hibernate 的 XML 文件)。

(12) 在对话框中选择源代码存储路径,输入包名,选中 Create POJO 这一项,如图 18-11 所示,单击 Next 按钮。

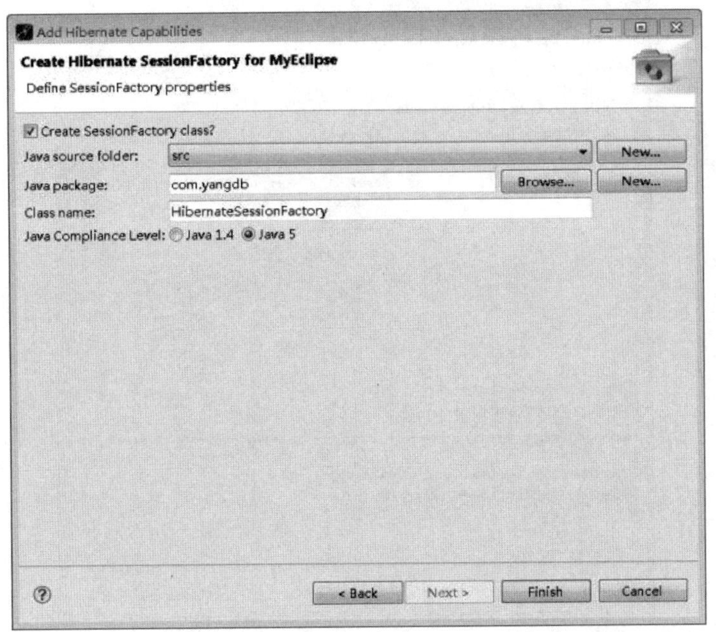


图 18-9　添加 Hibernate 支持(三)

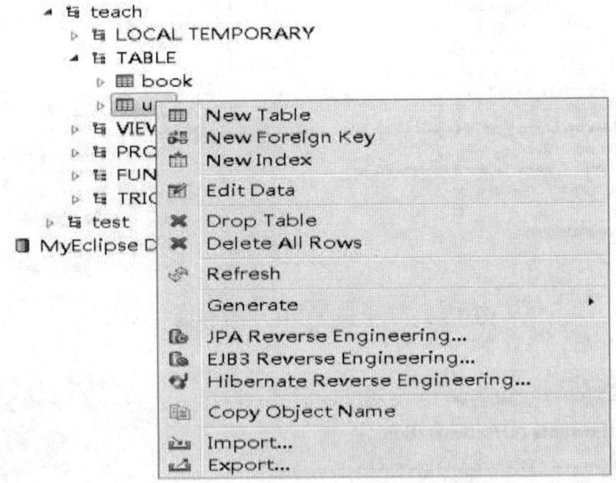


图 18-10　DB Browser 的右键菜单

(13) 选中 book 这个表，在右侧填入类名为 Book，Id Generator 设为 identity 如图 18-11 所示。这个类型是在数据库设置了主键为自增的情况下做的，如果主键没有设置或者没有设置主键自增都会使得随后的程序运行失败。单击 Finish 按钮结束向导。使用相同的方式可以建立数据库中两个表的配置文件，右击选中配置文件，并在弹出的快捷菜单中选择 MyEclipse→Generate POJOs，如图 18-12 所示，这是用来生成表格对应的类。

(14) 在弹出的对话框中，取消 Create abstract class 这个选项，如图 18-13 所示。如果不取消这个选项，每个数据库表格建立两个对应的 Java 类。对于这个简单的例子，不需要使用这种方式。但对于第 20 章将要讲到的 Spring 来说，它就需要选中这个选项以建立抽象类(因为 Spring 要求 JavaBean 有抽象类)。

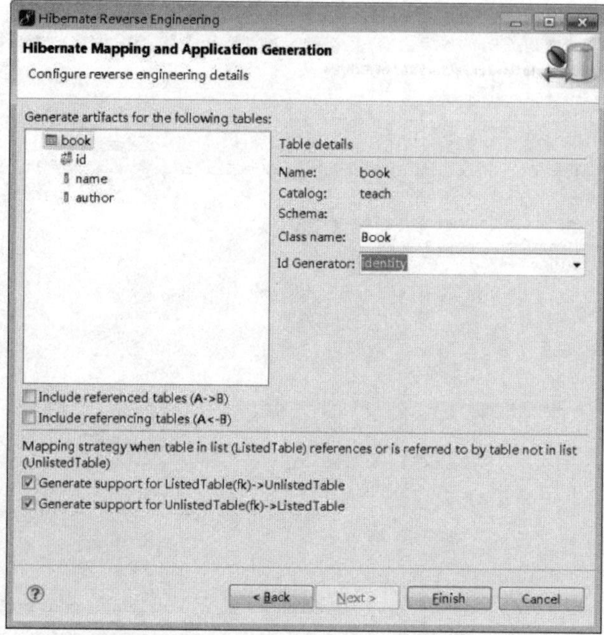


图 18-11　Hibernate 反向引擎

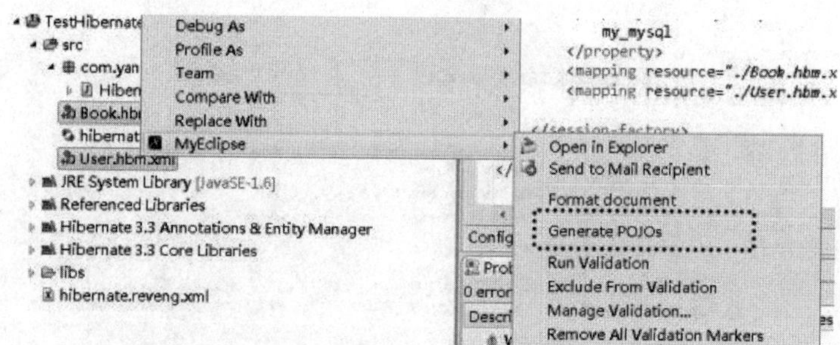


图 18-12　生成 POJOs 的界面(一)



图 18-13　生成 POJOs 的界面(二)

(15) 单击 Finish 按钮就可以得到建立的 Java 文件。默认情况下，建立的 Java 类会出现在 src 下的 default package 中，如果要修改生成 Java 类的位置，可以双击某个表对应的描述文件，如上面的 Book. hbm. xml。可以看到这个配置界面，如图 18-14 所示。

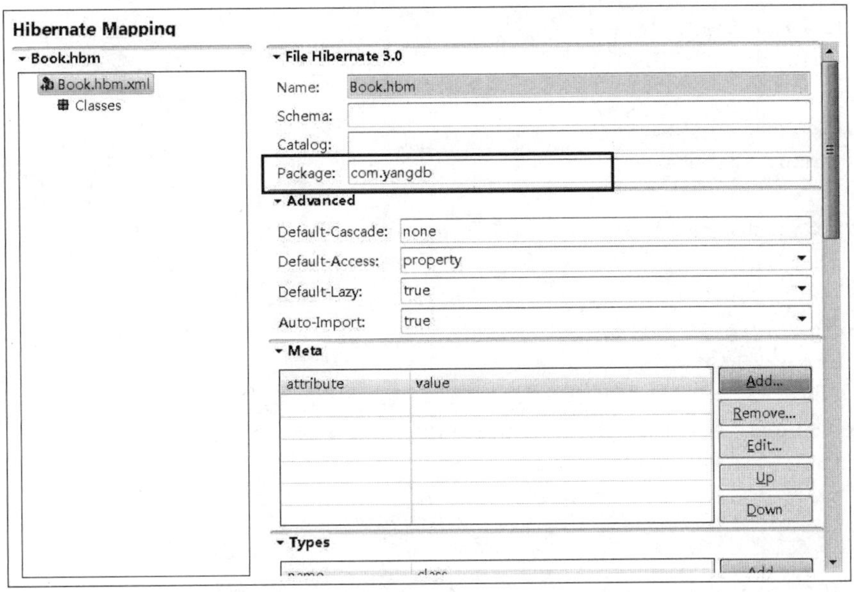

图 18-14　生成 POJOs 的界面(三)

在 Package 后的文本框中，输入希望让这些 POJO 类生成的位置，然后重新生成。

(16) 下面是生成好的 Java 类 Book. java。

**程序清单 18-1(Book.java):**

```
package com.yangdb;
/**
 * Book entity. @author MyEclipse Persistence Tools
 */
public class Book  implements java.io.Serializable {
    //Fields
    private Integer id;
    private String name;
    private String author;
    //Constructors
    /** default constructor */
    public Book() {
    }
/** full constructor */
public Book(String name, String author) {
    this.name=name;
    this.author=author;
    }
```

```
    //Property accessors
    public Integer getId() {
        return this.id;
    }
    public void setId(Integer id) {
        this.id=id;
    }
    public String getName() {
        return this.name;
    }
    public void setName(String name) {
        this.name=name;
    }
    public String getAuthor() {
        return this.author;
    }
    public void setAuthor(String author) {
        this.author=author;
    }
}
```

可以看到,这是个标准的JavaBean,这个JavaBean就可以被应用到JSP页面中,大家可以回忆一下前面的内容,如何在JSP中使用这个JavaBean。

## 18.3 使用Hibernate进行开发

通过上面的步骤,将Hibernate配置好,并根据表格自动生成对应配置文件和对应的Java类(称之为POJO)。当然,如果强悍一点,也可以手工写这些配置文件和JavaBean类,但无疑会使得使用Hibernate反而让开发复杂化,所以工具是必需的。

下面给出了一个简单的插入数据的操作例子。在前面建立的项目中添加此类。

```
程序清单 18-2(TestInsert.java):
package com.yangdb;
import org.hibernate.Session;
public class TestInsert {
    public static void main(String[] args){
        Book b=new Book();
        b.setAuthor("周易");
        b.setName("周文王");
        Session sess=HibernateSessionFactory.getSession();
        sess.save(b);
        sess.close();
        System.out.println("OK");
    }
}
```

其中，new Book()新建了一个 Book 类的对象，并使用标准的 setter 函数设置了编者和书名属性，随后建立了一个 session 对象。这个 session 相当于前面学到的数据库连接，只不过它包含更多的功能。下面是最核心的代码 sess. save()就将数据插入了表格中。需要注意的是，如果 session 不关闭，那么 Hibernate 只会缓存，不会真正修改数据库。如果 session 下面还需要用，又需要将数据写入数据库，可以使用 flush 方法，强制 Hibernate 清空缓存。

奇怪，为何是乱码（见图 18-15）？这其实与第 16 章的乱码具有相同的原因：连接 MySQL 数据库的时候没有设定编码方式。那么如何修改呢？在使用 Hibernate 时，hibernate. cfg. xml 是配置连接信息的，修改连接数据库的 URL，如程序清单 18-3，黑体部分为修改的内容。为 URL 添加了参数 charsetEncoding=utf-8。

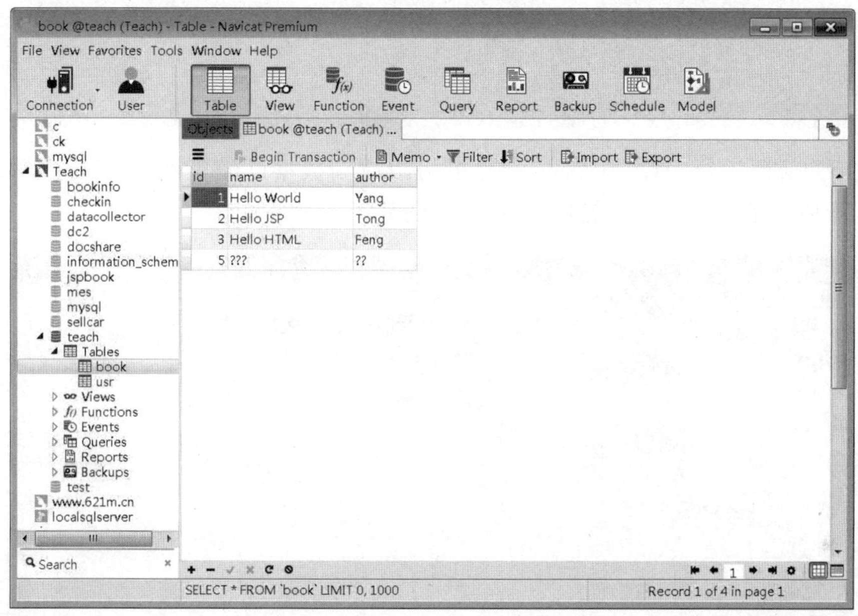


图 18-15 Navicat 界面（一）

**程序清单 18-3(hibernate.cfg.xml):**

```
<?xml version='1.0' encoding='utf-8' >
<!DOCTYPE hibernate-configuration PUBLIC
"-//Hibernate/Hibernate Configuration DTD 3.0//EN"
"http://hibernate.sourceforge.net/hibernate-configuration-3.0.dtd">

<!--Generated by MyEclipse Hibernate Tools. -->
<hibernate-configuration>

    <session-factory>
        <property name="dialect">
            org.hibernate.dialect.MySQLDialect
        </property>
        <property name="connection.url">
```

```
            jdbc:mysql://localhost/teach?characterEncoding=utf-8
        </property>
        <property name="connection.username">root</property>
        <property name="connection.password">123456</property>
        <property name="connection.driver_class">
            com.mysql.jdbc.Driver
        </property>
        <property name="myeclipse.connection.profile">
            my_mysql
        </property>
        <mapping resource="./Book.hbm.xml" />
        <mapping resource="./User.hbm.xml" />
    </session-factory>
</hibernate-configuration>
```

修改后再重新运行程序,在 Navicat 中就可以看到数据已经正确地添加了,如图 18-16 所示。至于原先错误的添加只能删除,没办法恢复。

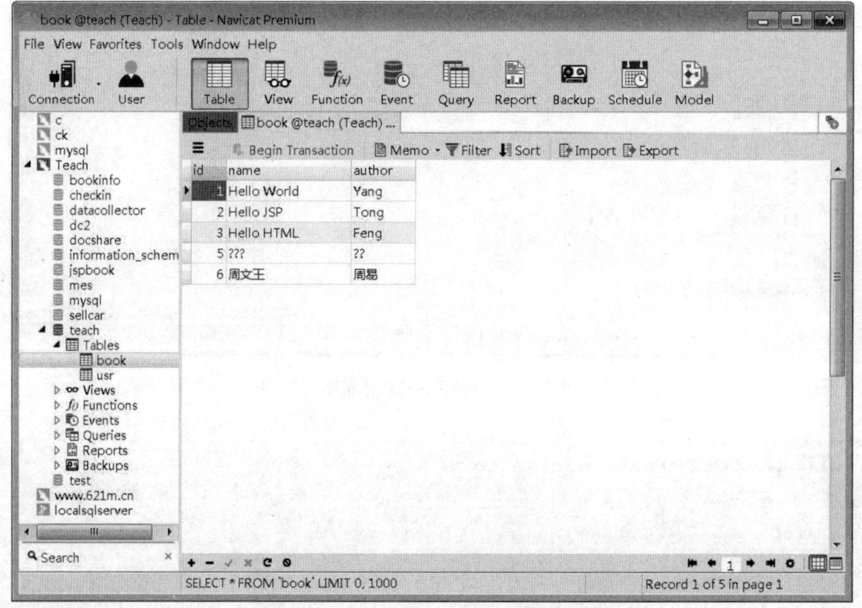


图 18-16 Navicat 界面(二)

在运行时还有可能出现其他错误,如 book 表格的 id 主键没有设置为 auto increase,那么程序运行会报错,如图 18-17 所示。

```
Exception in thread "main" org.hibernate.exception.GenericJDBCException: could not insert: [com.yangdb.Book]
        at org.hibernate.exception.SQLStateConverter.handledNonSpecificException(SQLStateConverter.java:126)
        at org.hibernate.exception.SQLStateConverter.convert(SQLStateConverter.java:114)
        at org.hibernate.exception.JDBCExceptionHelper.convert(JDBCExceptionHelper.java:66)
        at org.hibernate.id.insert.AbstractReturningDelegate.performInsert(AbstractReturningDelegate.java:64)
        at org.hibernate.persister.entity.AbstractEntityPersister.insert(AbstractEntityPersister.java:2176)
```

图 18-17 错误提示

修改方式很简单，就是回到 navicat 的 book 表的设计视图，选中 Auto Increasement 复选框，如图 18-18 所示。

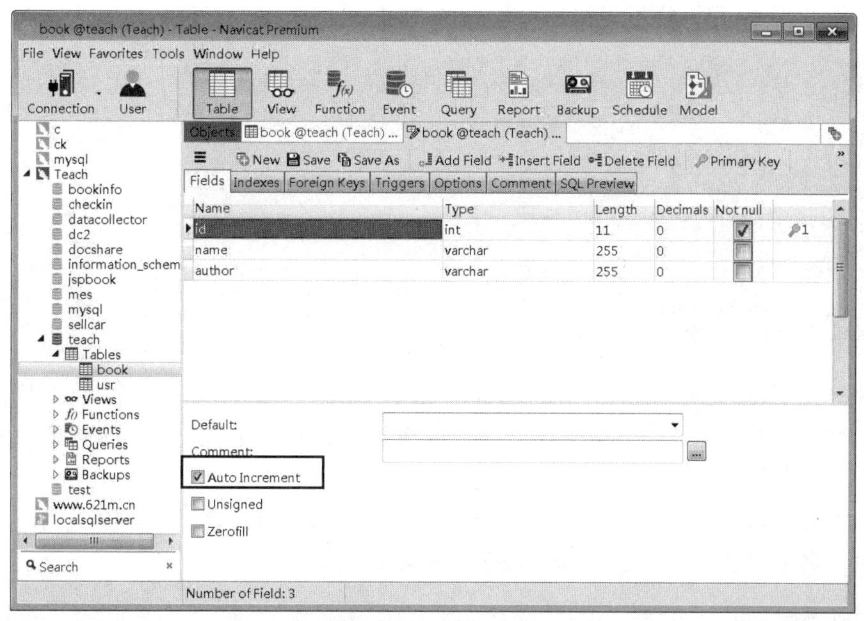

图 18-18　设置自增字段

下面介绍一下使用 Hibernate 进行查询操作，最简单的查询操作就是根据主键查询：

```
Session sess=HibernateSessionFactory.getSession();
Book b2=(Book) sess.get(Book.class, 1);
System.out.println(b2.getName());
sess.close();
```

核心只有一行代码，即使用 session 这个类的 get 方法。get 方法有两个参数，第一个是获取哪种类型的对象，第二个是主键。如上面例子中就是获取数据库中 book 表格中主键为 1 的对象，非常简单。

那么需要查询多个数据时如何做呢？可以使用下面几种方法。

第一种：对象化查询。如下例：

```
Session sess=HibernateSessionFactory.getSession();
Criteria c=sess.createCriteria(Book.class);
c.add(Restrictions.ge("id", 2));
List<Book>blist=c.list();
for(Book b : blist){
    System.out.println(b.getName());
}
sess.close();
```

对象化查询就是查询结果以对象 Criteria 来表述查询条件。上例使用 Restrictions 建立了一个 id>2 的查询并插入到了 Criteria 中。Restrictions. ge 表达了第一个参数 id 大于第二个参数 2 这个条件。

第二种方式,使用同样可以采用最原始的 SQL 语句来建立查询:

```
Session sess=HibernateSessionFactory.getSession();
Query q=sess.createSQLQuery("select * from book where id>2")
                .addEntity(Book.class);
List<Book>blist=q.list();
for(Book b : blist){
    System.out.println(b.getName());
}
sess.close();
```

这种方式下,首先使用 createSQLQuery 创建了一个 Query 对象,使用 addEntity 指定了 Query 将以数据转化为何种类型的对象,这里指定它转化为 Book 类的对象。随后调用了它的 list 方法获取了 Book 对象的列表。

第三种方式,使用 Hibernate 的高层 SQL。这种 SQL 与传统 SQL 的区别在于,它使用类名和属性名来代替原本的表名和字段名。例如:

```
Session sess=HibernateSessionFactory.getSession();
Query q=sess.createQuery("from Book where id>2");
List<Book>blist=q.list();
for(Book b : blist){
    System.out.println(b.getName());
}
sess.close();
```

不管哪种方式,都可以得到一个 Book 对象的列表,针对对象列表的操作就比 ResultSet 要容易得多了。当然 Hibernate 中查询的方式还有很多种,这里就不再深入介绍了,有兴趣的读者可以翻阅相关资料。

下面介绍如何进行修改。在 Hibernate 中,想要修改数据库的某一行,先要把这一行取出来,所以我们使用上面的查询操作获取一个对象,修改这个对象的属性,然后保存。可以看到我们使用了 sess. get 获取了对象,然后建立了一个 Transaction 对象,修改属性后使用 update 语句更新,然后使用 Transaction 的 commit 方法提交。提交后数据库中的数据就相应修改了。这里如果不使用 Transaction 就不会生效,且 update 函数可以改用 save。save 函数会检查这个对象是否已存在,如果不存在则为插入,否则则为修改。代码如下:

```
Session sess=HibernateSessionFactory.getSession();
Book b=(Book) sess.get(Book.class, 1);
System.out.println(b.getName());
b.setName("Haha2");
Transaction tran=sess.beginTransaction();
sess.update(b);
tran.commit();
```

```
sess.close();
System.out.println("OK");
```

删除数据同样要求先将此数据取到，然后删除，将上述代码中的 update 改为 delete 即可完成删除操作。

那么如果想执行大批量的删除和修改怎么办？可以直接使用 SQL 语句：

```
Session sess=HibernateSessionFactory.getSession();
Transaction tran=sess.beginTransaction();
int count=sess.createQuery("delete from book where id <2").executeUpdate();
tran.commit();
sess.close();
```

下面介绍在 Web Project 中如何使用 Hibernate。首先，需要先创建一个 Web Project，并按照上面类似的方法为这个工程添加 Hibernate 支持，随后使用 DB Explorer 自动创建 POJO 类，这个过程基本和上面相同，唯一不同的是，这一次要尝试建立一些 DAO 类，如图 18-19 所示。

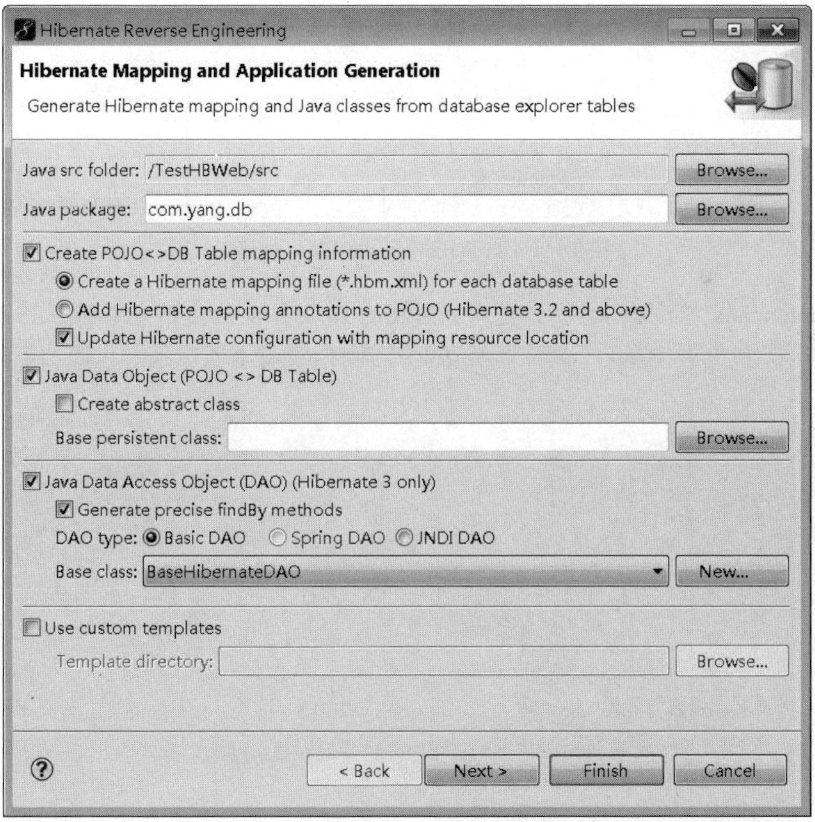

图 18-19　Hibernate 反向引擎

在这一步中，将 Java Data Object 和 Java Data Access Object 复选按钮都选中。这样这个向导会同时生成：数据表的映射 XML 文件，Java 类和用以帮助人们访问存取操作的

DAO 类。经过这次操作后我们会得到 DAO 基础的接口、BaseHibernateDAO 基础类和每个表的 DAO 类,如图 18-20 所示。

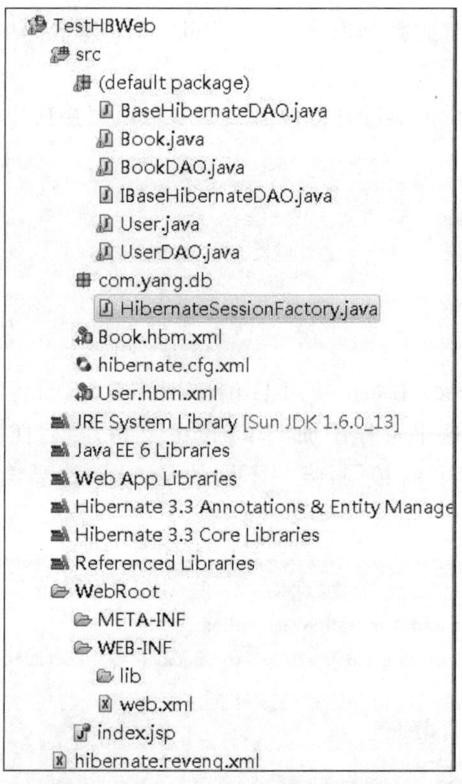


图 18-20 Hibernate 反向引擎生成结果

修改 index.jsp 为下面内容。只是将原本在 Java 文件中的代码复制到了 JSP 之中。开发 Web Project 和 Java Project,对于操作数据库而言,没有本质区别。代码如下:

```
<%@ page language="java" import="java.util.*,com.yang.db.*,org.hibernate.*,
org.hibernate.criterion.*"pageEncoding="utf-8"%>
<!DOCTYPE html>
<html>
<head>
</head>
<body>
<%
    Session sess=HibernateSessionFactory.getSession();
    Criteria c=sess.createCriteria(Book.class);
    c.add(Restrictions.ge("id", 2));
    List<Book>blist=c.list();
    for(Book b : blist){
        out.println(b.getName()+"<br>");
    }
```

```
    sess.close();
    System.out.println("OK");
%>
</body>
</html>
```

## 18.4 习　　题

1. 简要分析集中基于 Hibernate 的数据持久化技术的优缺点。

2. 使用文件存储方式实现(学号、姓名、出生日期、性别、班级)这个学生信息表格的存储。自行确定存储方式。要求能正确地写入和读取。

3. 使用数据库存储方式实现(用户名、密码、性别、出生日期)这个用户表，并实现用户注册功能。

4. 使用 Hibernate 实现第 3 题中用户表对应的用户信息修改功能。

5. 使用 Hibernate 实现第 3 题中用户表对应的用户密码修改功能。

6. 使用 Hibernate 实现第 3 题中用户表对应的用户列表查看功能。

# 第 19 章　MVC 架构与 Struts——三权分立，各司其职

**本章主要内容：**

- JSP 中 MVC 的实现。
- Struts 简介。
- Struts 配置和入门 。

## 19.1　自己动手实现 MVC

在讲解成熟的 JSP 的 MVC 框架之前，我们先利用所学知识和 MVC 理念自己设计一个 MVC 框架，如果你设计得好，不妨也开源让别人使用。

此 MVC 需要实现一个控制器，它负责将用户对 URL 的请求转换到一个 Java 类中处理。那么在我们所学知识中 Servlet 可以做这件事情。如何区分访问哪一个控制器呢？这有多种处理方式，可以通过 URL 路径也可以通过 URL 参数。我们采用最简单的一种方式，就是根据 URL 参数来演示 MVC 的功能。

首先，建立一个 Servlet，这是所有基于框架的类的访问入口。这是 Servlet 重载了父类 HttpServlet 的 service 方法：先获取了名为 action 的 URL 参数，然后根据这个参数判断使用哪一个控制器。例子中如果 action 参数没有或者等于 index，则生成一个 IndexController 类的对象，并执行它的 execute 方法。

```
程序清单 19-1,自己写的控制器入口(ServletDoor.java):
package mymvc;
import java.io.IOException;
import java.io.PrintWriter;
import javax.servlet.ServletException;
import javax.servlet.http.HttpServlet;
import javax.servlet.http.HttpServletRequest;
import javax.servlet.http.HttpServletResponse;
public class ServletDoor extends HttpServlet {
    public void service(HttpServletRequest request, HttpServletResponse
    response) throws ServletException, IOException {
        String action=request.getParameter("action");
        Controller c=null;
        if(action==null || action.equals("index")){
            c=new IndexController();
            c.execute(request, response);
        }
    }
}
```

web.xml 中包含了 Servlet 的声明和 URL 映射，为了方便，我们设置了一个比较简短的路径。

**程序清单 19-2(web.xml)：**

```
<servlet>
    <servlet-name>ServletDoor</servlet-name>
    <servlet-class>mymvc.ServletDoor</servlet-class>
</servlet>
<servlet-mapping>
    <servlet-name>ServletDoor</servlet-name>
    <url-pattern>/m</url-pattern>
</servlet-mapping>
```

Controller 是自定义的 MVC 框架中所有的控制器的父类。为什么使用继承机制呢？这方便于人们在 ServletDoor 中动态地选择一个控制器来执行。

下面看一下 Controller 的实现。

**程序清单 19-3(Controller.java)：**

```java
package mymvc;
import java.io.IOException;
import javax.servlet.RequestDispatcher;
import javax.servlet.ServletException;
import javax.servlet.http.HttpServletRequest;
import javax.servlet.http.HttpServletResponse;
public class Controller {
    public void execute(HttpServletRequest request
            , HttpServletResponse response){
        //DO NOTHING
    }
    public void render(String url,HttpServletRequest request
            , HttpServletResponse response){
        try {
            RequestDispatcher d=request.getRequestDispatcher(url);
            d.forward(request, response);
        } catch (ServletException e) {
            //TODO Auto-generated catch block
            e.printStackTrace();
        } catch (IOException e) {
            //TODO Auto-generated catch block
            e.printStackTrace();
        }
    }
}
```

这个控制器包含 execute 和 render 两个方法，execute 是处理请求，给予相应的主要函数,主要的业务逻辑都在这里实现。render 函数用来调用相应的 View。所有控制器需要重载 execute 方法以便给予不同的响应。默认的 IndexController 如下。

**程序清单 19-4(IndexController.java):**

```
package mymvc;
import javax.servlet.http.HttpServletRequest;
import javax.servlet.http.HttpServletResponse;
public class IndexController extends Controller {
    public void execute(HttpServletRequest request, HttpServletResponse
    response){
        Book b=new Book();
        b.setName("Bible");
        b.setAuthor("Disciples");
        request.setAttribute("book", b);
        render("/ch19/mvc_index.jsp",request,response);
    }
}
```

IndexController 继承了 Controller,这就说明它是一个控制器。它重载了 execute 方法。在此方法中,首先声明了一个 Book 类的对象,然后设置了它的属性,并最后将它通过 Attribute 传递给视图。

视图 mvc_index.jsp 只是通过 request 的 getAttribute 方法获取了这个 Book 对象,然后将它显示出来。

**程序清单 19-5(mvc_index.jsp):**

```
<%@ page language="java" import="java.util.*,mymvc.*"pageEncoding="utf-8"
contentType="text/html;charset=utf-8"%>
<!DOCTYPE html>
<html>
<head>
    <title>MVC Index</title>
</head>
<body>
    <%Book b=(Book)request.getAttribute("book"); %>
        Book name is <%=b.getName() %><br>
        Author is <%=b.getAuthor() %>
</body>
</html>
```

Book 属于 MVC 框架中的 Model,它是一个标准的 JavaBean,包含了两个属性,以及这两个属性的 Getter 和 Setter 方法。当然并没有人要求 Model 必须是一个 JavaBean,可以定义任意的类来封装数据,不过我们推荐用 JavaBean,因为它有优良的特性,而且几乎所有的数据化持久层都要求它是一个 JavaBean。

```
程序清单 19-6(Book.java):
package mymvc;
public class Book {
    private String name,author;

    public String getName() {
        return name;
    }
    public void setName(String name) {
        this.name=name;
    }
    public String getAuthor() {
        return author;
    }
    public void setAuthor(String author) {
        this.author=author;
    }
}
```

上述代码就是我们给出的自己定义的MVC，其中使用了Servlet作为入口，自己定义了Controller的基类，给出了一个控制器IndexController的实现和一个视图mvc_index.jsp的实现。不过需要知道的是，这里给出的MVC架构仅仅是最初级形态，有很多需要完善的地方。

在商业应用的MVC架构中，一般不使用判断的方法来决定用哪个控制器，一般采用配置文件的方式。首先读取配置文件，获取action和Controller的对应关系，然后根据配置文件中指定的类的名字动态生成。如上例，可以在配置中存储index对应mymvc.IndexController。然后当action的值为index时，使用反射机制动态生成那个IndexController。

下面给出代码，其中HashMap本应从配置文件读取，为了减少代码，降低理解难度，直接用put函数向其中添加了一条记录。下面一个for语句遍历了哈希表的所有键值，然后依次与action匹配。如果相等，则说明找到了对应的映射项，那么用Class.forName加载对应的类，并使用newInstance创建实例。这句话其实相当于“new IndexController();”，但因为通过字符串配置所得，所以耦合非常小。也不需要事先知道有这么一个控制器。这就是反射机制的魅力。几乎所有插件系统都是如此实现，包括JSP容器也是通过这种机制实现的。

```
程序清单 19-7(ServletDoorWithConfig.java):
package mymvc;
import java.io.IOException;
import java.io.PrintWriter;
import java.util.HashMap;
import javax.servlet.ServletException;
import javax.servlet.http.HttpServlet;
```

```
import javax.servlet.http.HttpServletRequest;
import javax.servlet.http.HttpServletResponse;
public class ServletDoorWithConfig extends HttpServlet {
    public void service(HttpServletRequest request, HttpServletResponse
    response)
            throws ServletException, IOException {
        String action=request.getParameter("action");
        Controller c=null;
        if(action==null) {
            action="index";
        }
        HashMap<String, String>map=new HashMap<String, String>();
        map.put("index", "mymvc.IndexController");
        for(String key : map.keySet()) {
            if(key.equals(action)) {
                try {
                    c=(Controller)
                    Class.forName(map.get(key)).newInstance();
                } catch (Exception e) {
                    e.printStackTrace();
                }
                break;
            }
        }
    }
}
```

## 19.2 Struts 入门

### 19.2.1 Struts 简介

简单地说,Struts 就是基于 JSP/Servlet 的 MVC 框架。它是 Apache 软件基金会(ASF)赞助的一个项目,最初为 Jakarta 项目的子项目,于 2003 年成为 ASF 的顶级项目。Struts 的结构图如图 19-1 所示。

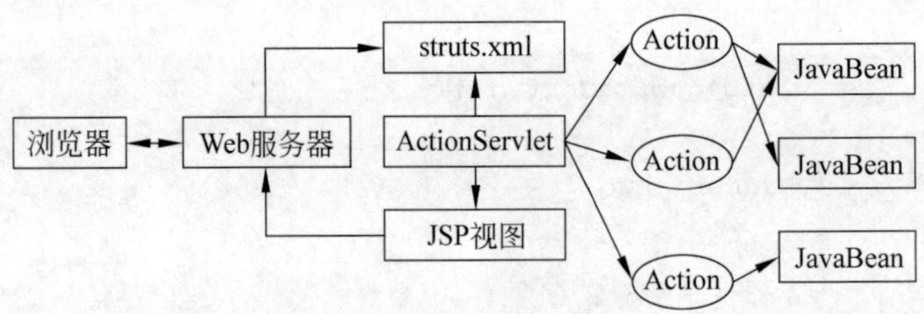


图 19-1 Struts 的结构图

浏览器通过HTTP访问Web服务器时，Web服务器交给ActionServlet处理，ActionServlet根据URL交给不同的Action(控制器)来处理，Action通过读取数据库等获取需要的JavaBean(充当模型)然后交给JSP处理。

看了这一段，我们感到惊讶，这不就是19.1节讲述的内容吗？是的，没什么区别，只是Struts做得更完善一些。

19.1节讲到ServletDoorWithConfig类根据配置动态生成控制器。Struts中的ActionServlet和ServletDoorWithConfig等价，它的配置文件称为struts.xml。Action类和Controller对应。

为了避免陷入技术细节的泥潭，我们对Struts的介绍到此为止。19.2.2节将为大家演示Struts环境的配置，通过实例让大家认识Struts。

### 19.2.2 Struts环境配置

由于Struts不同版本存在差异，特别是Struts 1.x和Struts 2.x之间差异巨大，所以需要选定一个版本。为了不至于出了书就过时，我们选择了较新的Struts 2.1版本。在配置环境之前，需要打开J2EE开发的神器MyEclipse，新建一个Web Project，并为这个工程添加Struts 2.1支持。

(1) 右击，在弹出的快捷菜单中选择New→Web Project，打开“新建Web Project”对话框，如图19-2所示。

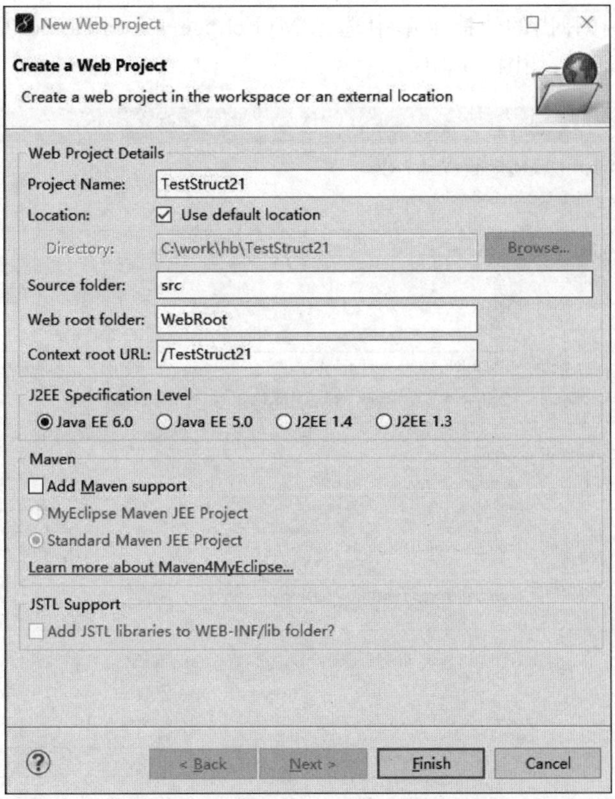

图19-2 “新建Web Project”对话框

(2) 填写工程名为 TestStruts21,选择 J2EE 版本为 Java EE 6.0,并单击 Finish 按钮,得到一个完成的初始 Web 工程,如图 19-3 所示。

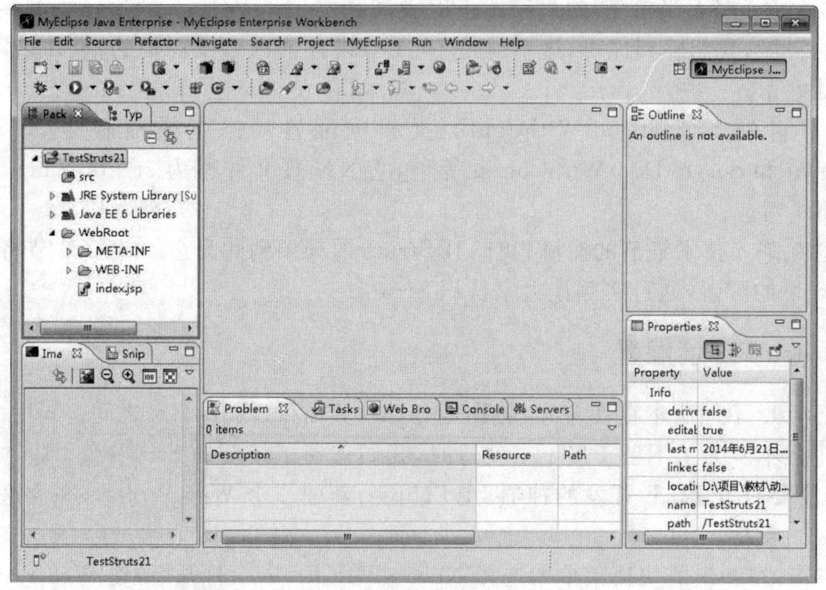

图 19-3 MyEclipse 界面

(3) 右击工程,在弹出的快捷菜单中选择 MyEclipse→Add Struts Capabilities,打开添加 Struts 功能的对话框,如图 19-4 所示。

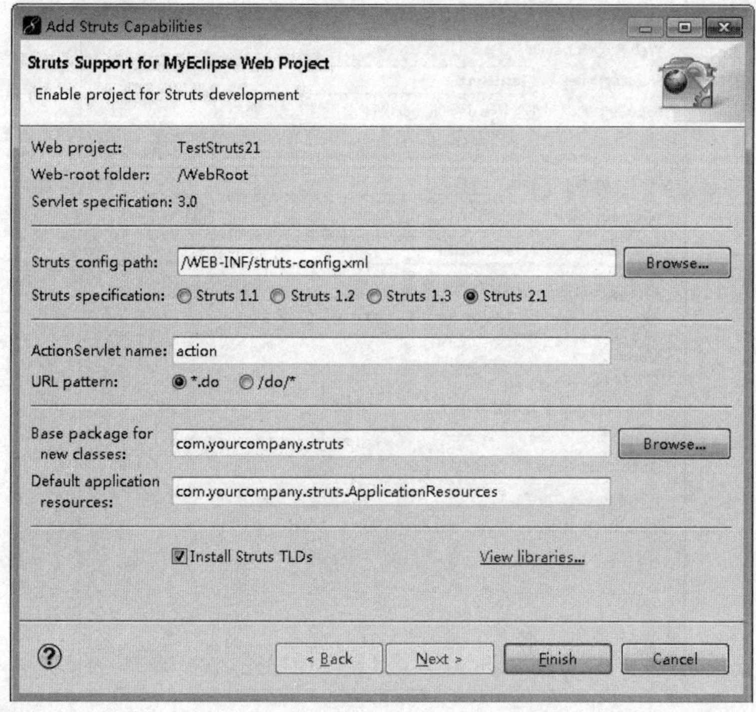


图 19-4 添加 Struts 功能(一)

(4) 选择 Struts 2.1 后，界面变化为图 19-5。Struts Filter 的名字可以修改，但无意义，所以一般保持不变。URL pattern 决定了以后添加的 Struts 控制器的 URL 方式。例如，一个 action 的名字为 hello，那么它可以通过 hello.action、hello.do 和/hello 3 种方式访问。在这里可以配置它的 URL 类型。本例选择了默认的 *.action。

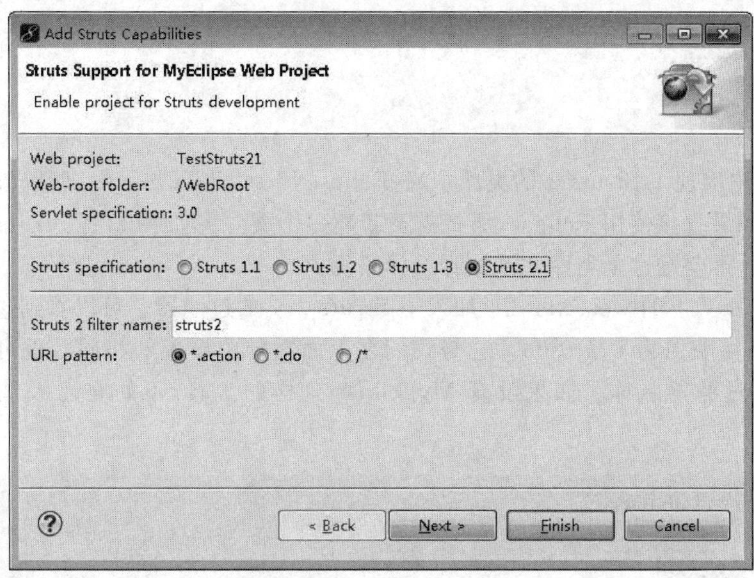


图 19-5 添加 Struts 功能(二)

(5) 单击 Finish 按钮，可以看到工程中已经加入了 struts 支持，如图 19-6 所示。

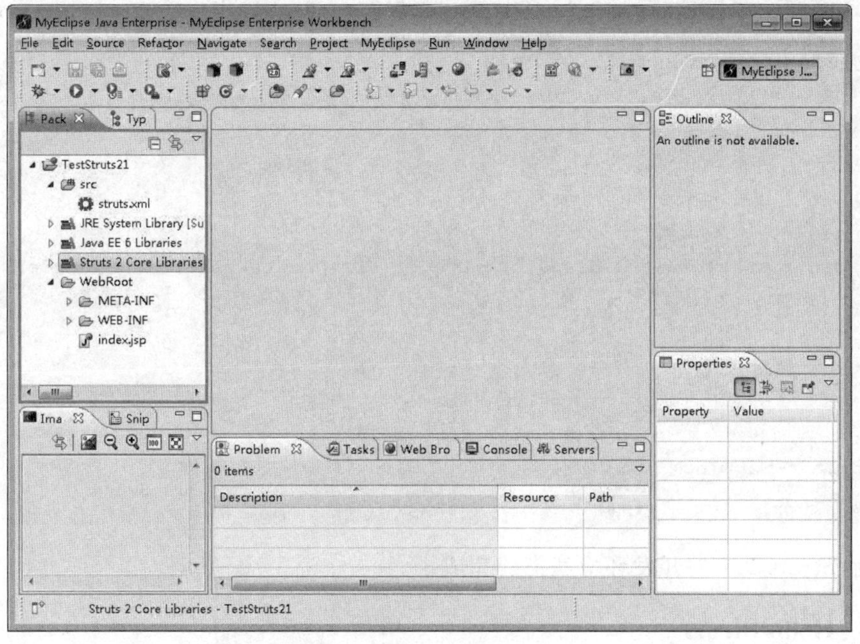


图 19-6 添加 Struts 功能(三)

Struts 的支持体现在如下几个方面。

(1) 在 src 目录下出现了一个 struts. xml,这个就是前面讲到的用来配置控制器 URL 路径的地方。默认如下。

**程序清单 19-8(struts.xml):**

```
<?xml version="1.0" encoding="utf-8" >
<!DOCTYPE struts PUBLIC "-//Apache Software Foundation//DTD Struts
Configuration 2.1//EN" "http://struts.apache.org/dtds/struts-2.1.dtd">
<struts>
</struts>
```

(2) 项目中出现了 Struts 2 的类库。MyEclipse 因为集成了 Struts,所以添加 Struts 支持如此简便,如果直接使用 Eclipse,那么需要新建一个文件夹如 libs,将 Struts 的类库复制到这个目录下,再全选这个类库并添加到编译路径中。

(3) Web-INF 下的 web. xml 中,加入了 Struts 2.1 的过滤器。可以看到过滤器的名字为 struts 2,路径映射为 *. action。这与我们在上面向导中设置的相同。也可以在这里修改路径映射和过滤器名称。如果没有 MyEclipse 这样的工具,不妨自己添加。效果是相同的。

**程序清单 19-9(web.xml):**

```
<?xml version="1.0" encoding="utf-8" >
<web-app version="3.0"
    xmlns="http://java.sun.com/xml/ns/javaee"
    xmlns:xsi="http://www.w3.org/2001/XMLSchema-instance"
    xsi:schemaLocation="http://java.sun.com/xml/ns/javaee
    http://java.sun.com/xml/ns/javaee/web-app_3_0.xsd">
<display-name></display-name>
<welcome-file-list>
<welcome-file>index.jsp</welcome-file>
</welcome-file-list>
<filter>
    <filter-name>struts2</filter-name>
    <filter-class>
    org.apache.struts2.dispatcher.ng.filter.StrutsPrepareAndExecuteFilter
    </filter-class>
</filter>
<filter-mapping>
    <filter-name>struts2</filter-name>
    <url-pattern> * .action</url-pattern>
</filter-mapping>
</web-app>
```

至此,Struts 2.1 的开发环境就搭建完成了。

### 19.2.3 Hello Struts

下面为大家介绍一个最基本的 Struts 例子,随后将逐渐完善,并最终形成一个常用的形态。在开始这个例子之前,请确保你已经按照上面的步骤配置了环境。

(1) 新建一个名为 jspbook 的 package,如图 19-7 所示。

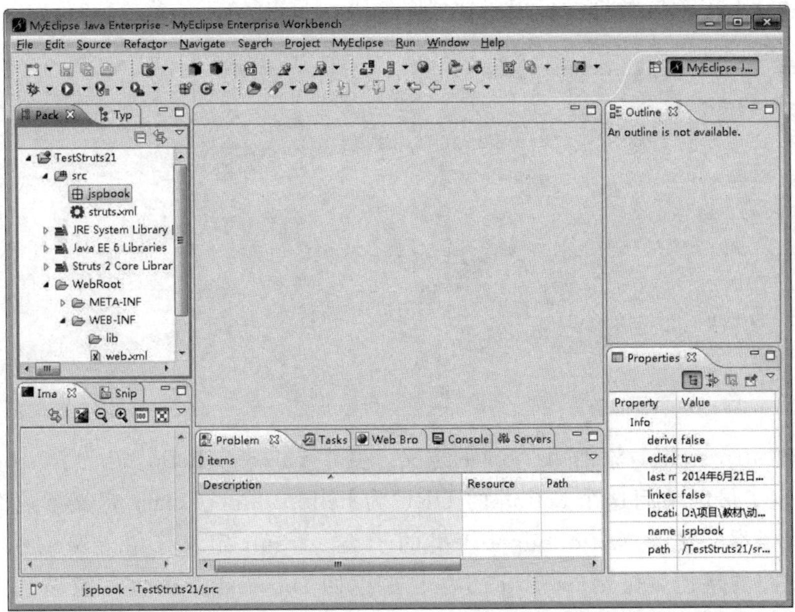


图 19-7 添加 Struts 功能后的工程

(2) 添加一个类 HelloAction 作为控制器,这个类继承自 ActionSupport,如图 19-8 所示,单击 Finish 按钮。

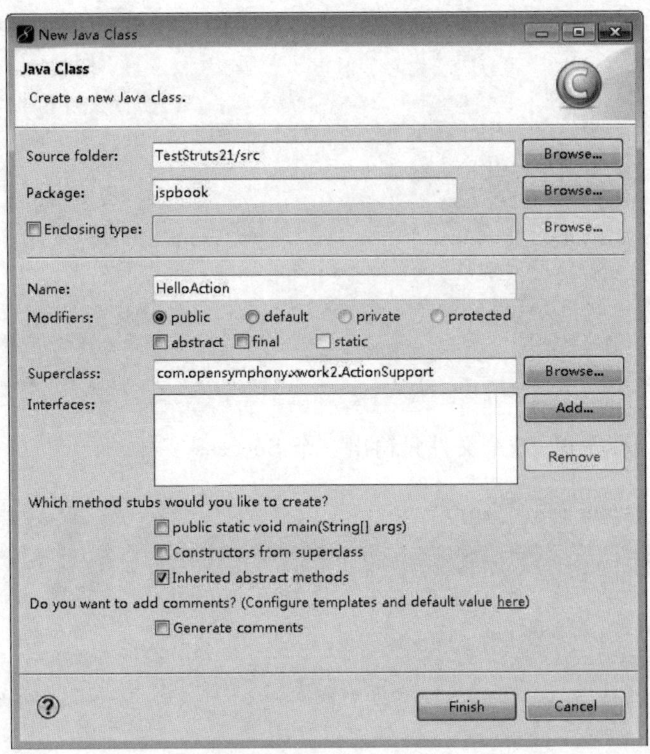


图 19-8 新建一个 Action

(3) 修改得到的代码,重载 execute 方法。该方法即是处理请求做出响应的核心,它返回一个字符串,这个字符串将决定用何种视图显示。

```
程序清单 19-10(HelloAction.java):
package jspbook;
import com.opensymphony.xwork2.ActionSupport;
public class HelloAction extends ActionSupport {
    @Override
    public String execute() throws Exception {
        //TODO Auto-generated method stub
        return "success";
    }
}
```

(4) 修改 struts. xml,添加 Action 的定义。其中 name="hello"定义了 action 的名称,这个名称决定了最后访问这个 action 的 URL 为 hello. action。class 定义了这个 action 所对应的类,这个类必须是 ActionSupport 类的子类。result 定义了 execute 返回不同结果时,调用的视图的路径。显然 execute 方法只能返回 success,那么也只能显示 success. jsp 的内容。

```
程序清单 19-11(修改后的 struts.xml):
<?xml version="1.0" encoding="utf-8" >
<!DOCTYPE struts PUBLIC "-//Apache Software Foundation//DTD
Struts Configuration 2.1//EN" "http://struts.apache.org/dtds/struts-2.1.
dtd">
<struts>
<package name="default" extends="struts-default">
    <action name="hello"
    class="jspbook.HelloAction">
        <result name="success">success.jsp</result>
        <result name="input">index.jsp</result>
    </action>
</package>
</struts>
```

(5) 添加 success. jsp。这个文件只输出一个 Success 字样。

```
程序清单 19-12(success.jsp):
<%@ page language="java" import="java.util.*" pageEncoding="ISO-8859-1"%>
<!DOCTYPE html>
<html>
<head>
    <title>Struts 2.1 Hello Success</title>
</head>
<body>
```

```
    Success
</body>
</html>
```

(6) 启动工程，并访问 hello. action。需要注意的是，MyEclipse 的 Web 工程默认的路径 URL 地址是"/工程名"的形式(在新建工程时可配置)。因为这个测试工程名为 TestStruts21，所以路径名为/TestStruts21/hello. action。运行结果如图 19-9 所示。

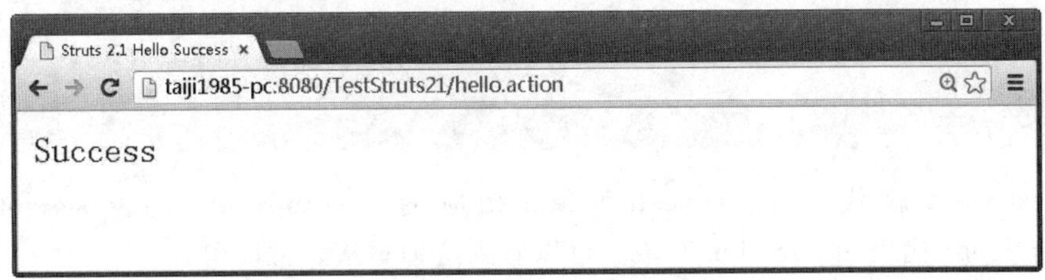


图 19-9　运行结果

此例至此结束。结合这个例子就可以大体了解 Struts 的运行机制：首先用户提交一个/hello. action 请求。Web 服务器收到这个请求后，先在 web. xml 中规定的 filter 中寻找匹配的项，如果找不到会匹配 Servlet。那么因为在 web. xml 中定义的 struts2 的 filter 的 URL 模板为 *. action，可以和 hello. action 匹配，所以这个请求就交给了 struts2 过滤器执行。这个过滤器的类名为 StrutsPrepareAndExecuteFilter。这个类查找 struts. xml 定义的 action，并找到名字为 hello 的 action，它对应于 HelloAction 类，经过一系列的预处理后，它调用了这个类核心的 execute 方法。此方法返回一个字符串给 struts2 的过滤器，struts 过滤器根据 struts. xml 定义的相应 result，决定由 success. jsp 执行。success. jsp 输出了一个包含 Success 字样的网页。浏览器将此网页显示到窗口上。至此整个请求-响应过程完成。

虽然使用了 Struts 框架的请求响应处理过程远比普通 JSP 处理方式复杂，但这种复杂换取了开发效率的提高。有人问：程序运行得慢怎么办？答：换配置更好的计算机。当然一个好的框架应具有较高的执行效率，Struts 在这方面就很优秀。

## 19.3　Struts 进阶

### 19.3.1　Struts 处理表单和 URL 参数

第 14 章节讲述了使用内置对象 request 获取 URL 参数和表单数据，使用此对象需要调用其 getParameter 方法获取属性的值，这种操作相当烦琐。Struts 对这一使用频率极高的操作进行了封装。

Struts2 使用 Action 对象中的属性值来接受 URL 参数和表单数据。使用名称匹配的方式自动将表单数据赋值到对象的属性值中。这样在 Action 中就可以通过访问自身属性(即变量)来访问网页参数，这无疑相当地便利。

需要注意的是，在 Action 中添加属性必须满足 JavaBean 规范，即为每个作为属性的变量书写 setter 和 getter 函数。

### 19.3.2 Action 属性的输出

为了能根据 Action 结果的不同而实现不同的外观，Struts 需要允许 JSP 页面输出 Struts 的属性。在这一点上，Struts2 做得很完善，JSP 页面中可以直接使用 EL 表达式来输出。

EL 表达式是为使 JSP 页面书写简单的一种方式。使用嵌入 Java 代码方式输出一个变量是很麻烦的，如<% =request. getParameter("usr") %>，而使用 EL 表达式可以这么写：

```
${requestScope.usr }
```

requestScope 就代表了 request 对象。相应的 sessionScope 代表 session 对象，applicationScope 代表 application 对象。可以看到这种写法非常简单。

Struts2 的 Action 属性更为简单，直接可以写成：

```
${usr}
```

### 19.3.3 用户登录实例

下面以用户登录为例演示 Struts 表单处理和属性输出。首先建立一个支持 Struts 的 Web Project。可以直接复制 19.2 节的项目，在其基础上修改。

为了验证用户信息必须提供一个允许用户输入用户名和密码的表单。

**程序清单 19-13(login.jsp)：**

```
<%@ page language="java" contentType="text/html;charset=utf-8"
import="java.util.*" pageEncoding="utf-8"%>
<!DOCTYPE html>
<html>
<head>
    <title>登录系统</title>
</head>
<body>
  ${err }
<form method="post" action="login.action">
    <label>用户名</label>
    <input type="text" name="usr" />
    <label>密码</label>
    <input type="password" name="pwd" />
    <input type="submit" value="登录"/>
</form>
</body>
</html>
```

上述代码中，${err}就是准备输出一个 err 变量，如果这个变量不存在则什么也不输出，这种处理方式无疑相当便利；如果这个变量不存在会报错，那么我们就必须处理这个错误，这无疑增加了程序的复杂度。

下面编写了一个form，它的提交方式是POST，处理数据的页面是login. action。到目前为止这个action还不存在。我们将在下面建立它。

这个form包含了一个名为usr的文本框，一个名为pwd的密码框，还有一个“提交”按钮。

下面新建一个Action。首先建立一个Java类LoginAction。程序清单19-13给出了此程序。其中定义了3个属性和与之相关的6个setter和getter。usr和pwd属性用来承载表单中提交来的数据，err属性用来存储错误信息。

这个类还有一个处理函数login，注意它的格式与19.3.2节所述execute相同，都是public，返回值为String，没有参数。下面将在struts. xml的配置中让其代替execute处理请求。

login函数一般是通过访问数据库方式对用户名和密码进行验证，这里为了突出重点，易于学习，就不写数据库相关的东西，其实可以采用第18章所述Hibernate进行密码验证。这里只是硬编码了一个用户名yang、密码123。用户登录有3种后果：成功、用户名不存在、用户名正确但密码不对。代码里体现了这一点，并将错误信息写入了err这个属性。

```
程序清单 19-14(LoginAction.java):
package com.yang;
import com.opensymphony.xwork2.ActionSupport;
public class LoginAction extends ActionSupport {
    private String usr,pwd;
    private String err="";
    public String getUsr() {
        return usr;
    }
    public void setUsr(String usr) {
        this.usr=usr;
    }
    public String getPwd() {
        return pwd;
    }
    public void setPwd(String pwd) {
        this.pwd=pwd;
    }
    public String getErr() {
        return err;
    }
    public void setErr(String err) {
        this.err=err;
    }
    public String login(){
```

```
        System.out.println("usr="+usr);
        System.out.println("pwd="+pwd);
        //可以通过访问数据库的方式验证用户名和密码是否正确
        if(usr.equals("yang")){
            if(pwd.equals("123")){
                return SUCCESS;
            }else{
                err=  "密码错误";
                return "fail";
            }
        }else{
            err="没有该用户";
            return "fail";
        }
    }
}
```

随后在struts.xml中配置这个Action。HelloAction是19.3.2节所添加的Action。login这个Action是这次需要添加的。<action>标签的名称为login,class属性指向了相对应的Action类com.yang.LoginAction。下面一个属性method未曾提及。它指明了我们会使用Action类中的哪一个方法去处理这次请求。如果不写这个属性,默认为execute。这里为了演示此功能,采用login这个方法。

```
程序清单 19-15(struts.xml):
<?xml version="1.0" encoding="utf-8" >
<!DOCTYPE struts PUBLIC "-//Apache Software Foundation//DTD
Struts Configuration 2.1//EN" "http://struts.apache.org/dtds/struts-2.1.
dtd">
<struts>
    <package name="default" namespace="/" extends="struts-default">
        <action name="HelloAction" class="com.yang.HelloAction">
            <result>test.jsp</result>
        </action>
        <action name="login" class="com.yang.LoginAction" method="login">
            <result name="success">main.jsp</result>
            <result name="fail">login.jsp</result>
        </action>
    </package>
</struts>
```

上述代码的login方法会有两种返回值success和fail,success是一个预定义的常量,它的值就是success。在struts.xml中,我们定义了两个<result>标签,它们的name就对应了 login 函数的返回值。Struts 根据 login 函数返回值的不同选择不同的 result，并将请求交给指定的 JSP 页面去处理。这种转发是使用 RequestDispatcher 实现的。用户无法通过浏览器地址看到此转发。这与 response. sendRedirect 这个重定向不同。RequestDispatcher 是服务器的暗箱操作，客户端的浏览器没有参与。

例如，妈妈让小红做红烧肉，小红让自己的丈夫去做。小红的丈夫做好红烧肉后，小红端着红烧肉对妈妈说："红烧肉做好了。"妈妈吃过后认为女儿做得非常好吃。这种方式就是 RequestDispatcher 方式，妈妈并不知道是女婿做的红烧肉。而 redirect 方式是这样的：妈妈让小红做红烧肉，小红告诉妈妈自己的丈夫做得好，于是妈妈找到了女婿来做。女婿做好红烧肉，妈妈吃过后认为女婿做得非常好吃。在这种情况下，妈妈清楚地知道是女婿做的红烧肉，而不是女儿做的。

Struts 也可以通过配置 result 的 type 类型来设置转发类型，例如：

```
<result name="success" type="redirect">main.jsp</result>
```

这里的 main. jsp 还未实现，于是新建一个 main. jsp，在其中输入如下内容。

```
程序清单 19-16(struts.xml):
<%@ page language="java" import="java.util.*" pageEncoding="ISO-8859-1"%>
<!DOCTYPE html>
<html>
<head>
    <title>Main page</title>
</head>
<body>
    Welcome ${usr}<br>
</body>
</html>
```

${usr}输出了登录成功的用户的用户名，即 LoginAction 中的 usr 属性的值。

做好上述几步，就可以测试此程序了。单击 MyEclipse 运行或调试。输入如图 19-10 所示的网址(因为工程名的不同 StrutsHello 需要替换成工程的 Context Root Path，这个路径一般和项目名相同)。

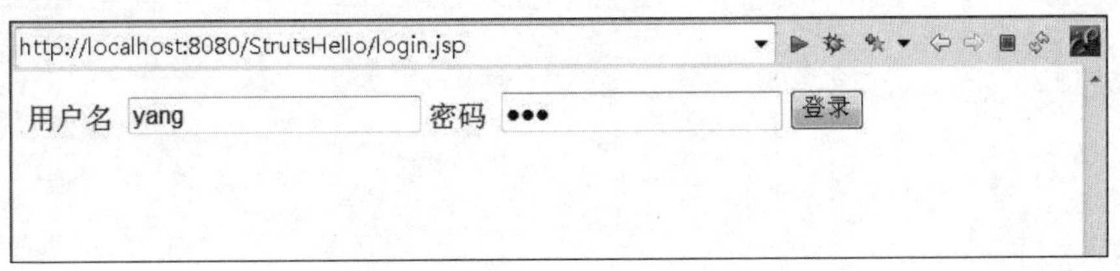


图 19-10　login. jsp 的运行结果

输入用户名和密码正确的信息，单击"登录"按钮可以看到如图 19-11 所示的页面。

如果使用了 redirect 方式，会看到如图 19-12 所示的结果，请注意地址栏的地址和 Welcome 后面没有具体的用户名。这说明重定向方式下，不能传递 Action 的属性值。

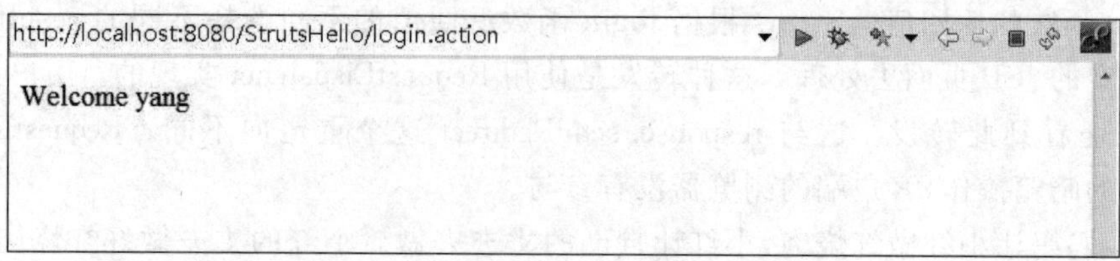


图 19-11　验证通过的结果页面

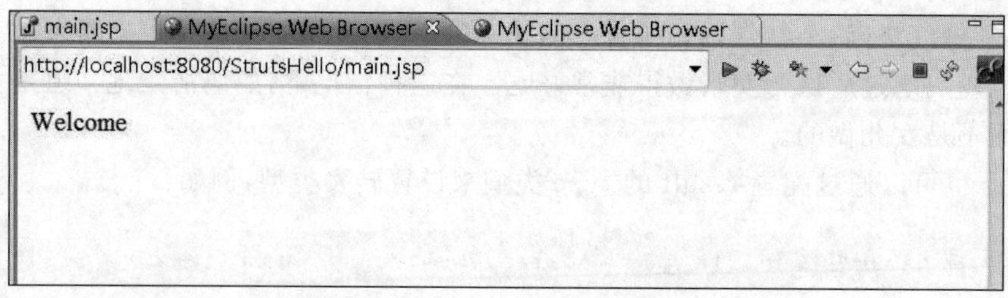


图 19-12　使用重定向的运行结果

## 19.4　习　　题

1. 简要叙述 MVC 的概念。

2. 简要叙述配置 Struts 的基本流程。

3. 查阅相关资料,编写一个可以根据 URL 参数做出不同响应的基于 Struts 的 Web 程序。

# 第 20 章　Spring 之旅——保姆改变世界

本章主要内容：

- 依赖注入思想(DI)。
- 面向切面编程(AOP)。
- Spring 的 Bean 工厂。
- Spring 中的 AOP。
- Spring MVC。

## 20.1　依赖注入思想

### 20.1.1　“吃饭问题”的硬编码

动画片《机器人总动员》描述了一个机器辅助人类活动的世界。车不需要自己开,衣服帮你穿,饭自动送到嘴边,飞船自动驾驶。人只需要吃嘴边的食物,等待机器给你穿衣洗澡就可以了。其实,这既是天堂,也是地狱。说是天堂是因为人只需要做自己擅长的事就可,说是地狱因为实际上所有的人都受到整个系统掌控。本章带你体验 Spring 的控制反转和面向切面编程,体验框架带来的天堂地狱。

考虑这样一个场景：一个系统描述“人吃饭”这个业务逻辑的系统。首先要描述实体“人”和“食物”,其中“食物”这里允许有多种,如“馒头”“包子”和“鸡蛋”。那么一个最简单的实现方式是设计一个 Person 类描述“人”,它有一个方法 eat。设计一个接口 Food,其中定义一个方法 eaten,所有食物类都要实现这个接口。那么下面要解决的问题就是“人在吃饭时吃什么食物”,这个“食物”如何产生,如何送给“人”。我们最简单的做法是在 Person 中直接创建一个具体的食物类,如 Egg。

程序清单 20-1(Food.java)：

```java
package com.yang;
public interface Food {
    public void eaten();
}
```

程序清单 20-2(Egg.java)：

```java
package com.yang;
public class Egg implements Food{
    @Override
    public void eaten() {
        System.out.println("Egg is eaten");
    }
}
```

```
程序清单 20-3(Person.java):
package com.yang;
public class Person {
    public void eat(){
        Food f=new Egg();
        f.eaten();
    }
}
```

### 20.1.2 “吃饭问题”的工厂模式

上述写法要求,在书写这个 Person 对象的时候,需要先知道有“鸡蛋”这种食物,而实际情况是,人可以在吃饭时才去想自己要吃什么,人也可以吃自己以前不知道的食物。上述写法在 eat 方法中硬编码了 new Egg(),导致这个人只能吃鸡蛋。

为解决此问题,我们使用工厂模式。简而言之,工厂模式就是定义一个工厂类,这个类的职责是创建实现了某个接口的类的对象。在上面例子中,我们可以建立一个“食品厂”FoodFactory,如程序清单 20-4。此类提供了 getFood 方法,用于根据食物名称提供食物。

```
程序清单 20-4(FoodFactory.java):
package com.yang;
public class FoodFactory {
    public Food getFood(String name){
        Food f=null;
        if(name.equals("Egg")){
            return new Egg();
        }else{
            return null;        //其他食物暂时不实现
        }
    }
}
```

那么在 Person 类中的 eat 方法可以改成如下。

```
程序清单 20-5(Person 类中的 eat 方法的工厂模式):
    public void eat(){
        FoodFactory fc=new FoodFactory();
        Food f=fc.getFood("egg");
        f.eaten();
    }
```

这样,Person 类就可以不需要知道有 Egg 这个类,却可以吃到 Egg(即松耦合),不过 Person 类需要给出一个“egg”字符串。上例中,在代码中硬编码了“egg”这个字符串,同样导致我们需要先知道食品类型(虽然我们不需要知道 Egg 这个类)。

下面继续改进。其实这个表示食品种类的字符串可以从配置文件中读出,这样就不需要在 eat 方法中硬编码了。这个方法可以改为如下程序清单。

**程序清单 20-6(Person 类中的 eat 方法的带配置文件的工厂模式):**

```
public void eat() throws InvalidPropertiesFormatException,
FileNotFoundException, IOException{
    FoodFactory fc=new FoodFactory();
    Properties p=new Properties();
    //调试此代码时请建立好 food.prop 文件
    p.loadFromXML(new FileInputStream("food.prop"));
    Food f=fc.getFood(p.getProperty("food"));
    f.eaten();
}
```

这样,如果 Person 想吃点别的,可以直接修改配置文件,而不需要修改程序。修改程序只有程序员能做到,而修改配置可以交给维护这个软件的管理人员。如此,Person 类彻底地脱离 Egg 类的直接关联。

我们称这种方式为"松耦合",称上述处理为"解耦合"。通俗地讲,耦合就是两个对象之间的相互关系。为了完成某个功能,对象之间必然有通信行为,它们之间就因此发生关系。

在最开始的例子中,Person 和 Egg 类紧密结合,这种方式称为紧耦合,如果 Person 想吃点别的,就需要改代码。紧耦合带来的是代码很难改变,也不容易做组件化。所以对象之间既要通信,又需要它们之间的关系"不那么紧密"。所以采用了工厂模式,并通过读取配置得知需要哪些类。

### 20.1.3 "食品工厂"的反射机制实现

其实上述实现还存在问题:FoodFactory 需要知道所有的食物才可以,这也是硬编码。FoodFactory 和所有的食品类紧耦合。显然对于大型的"食品工厂",有可能有几百种食物,而将这些食物都写入代码明细是不合适的,因为在"食品工厂"生产过程中,它会根据需求变更自己提供的商品,添加某种商品,或者停产某种商品。而这些操作按照上面的例子就需要改代码,这是不合适的。那么怎样才能解决这个问题呢?可以使用 Java 中的反射机制实现。

**程序清单 20-7(FoodFactoryByReflect.java):**

```
package com.yang;
public class FoodFactoryByReflect {
    public Food getFood(String name){
        Food f=null;
        try {
            f=(Food)Class.forName(name).newInstance();
        } catch (Exception e) {
            e.printStackTrace();
        }
        return f;
    }
}
```

要使用这个工厂,需要在调用 getFood 时给出食物的全路径类名。如果要吃鸡蛋,那么需要给 com.yang.Egg 这个类名。这样,Class.forName 就会根据这个类名产生对应的类——鸡蛋类。这个类的名字存在哪里呢?从哪里获取呢?结合 20.1.2 节所述技术可以存在配置文件中。这样,配置文件可以在出现了新的食物后修改,而不需要改变程序本身,而且程序可以动态地添加新的食物种类而不需要修改食物工厂。如此,程序的扩展性得到加强。以此技术实现的软件就可以实现"动态更新"和"配置式开发"。

现在企业软件的开发已经实现了组件化,因为对于某个应用,如 ERP 系统,甲公司需要其中的 100 个功能,而乙公司需要另外的 200 个功能。一旦各个功能之间存在了紧耦合,制作一个满足用户特定需求的系统就非常困难,即使这些功能已经被实现过。

所以,比较提倡的做法:将所有功能开发为组件,组件之间通过配置文件松耦合,也可以通过配置文件装配软件的功能。

### 20.1.4 "吃饭问题"的反转控制

到这里似乎已经完美,上述方法也是大量大型软件项目采用的方式:Person 自己决定自己要吃什么,但它必须自己使用食物工厂(food factory)获取食物。其实呢,Person 类只需要知道怎么样去吃就好了,如何获取食物,这是另外一个问题。所以,我们考虑这么一个场景,Person 回到家中,妈妈就给他端上来了食物,妈妈给什么,Person 就吃什么,这样 Person 就不需要关心如何获取食物的问题了。那么妈妈通过什么方式把食物给 Person 呢?我们需要为 Person 添加一个 setFood 方法允许别人把食物给他,那么为了区分 Person 类的不同对象,还需要为他定义一个名字属性 name。

```
程序清单 20-8(Person.java 修改版):
package com.yang;
public class Person {
    private String name="god";
    private Food food=null;
    public Person(String name){
        this.name=name;
    }
    public void setFood(Food f){
        food=f;
    }
    public void eat(){
        food.eaten();
    }
}
```

这样 eat 方法就简化为一句话。那么由谁来负责调用 setFood 将食物给用户呢?答案是 Mother。我们定义一个 Mother 类来将食物送给 Person。

至此程序和 20.1.3 节的例子已经很不相同。在前面的例子中,Person 需要自己去获取食物,Person 或许还要去上学,还要去钓鱼,那么他需要去找到学校这个类,需要找到池塘这个类。这个人就太辛苦了。我们想达到这么一种目的,让别人把食物送给 Person,Person 吃就可以了。别人把学校安排好,只要去上就可以了。Person 只关注自己的核心逻辑,其他事情由别人来服务。

这种将控制权移交给别人,自己只关心自己逻辑的思路称为"控制反转"(inversion of control,IoC),那么是什么"反转"了呢? Person 依赖的食物、学校,这些物体都不是由 Person 控制,而是由框架管理,所以控制反转也被称为依赖注入(dependency injection, DI),由框架将对象依赖的其他对象类注入给它。

## 20.2 Spring 中的依赖注入实现

### 20.2.1 Spring 安装

Spring 书面化的简介这里不再赘述,因为会带出一大堆术语。这里仅将其归结为一句话: Spring 支持控制反转(或依赖注入)。

那么首先要将 Spring 配置好。需要说明的是,虽然本书讲授 Web 应用开发技术,但 Spring 并非仅仅支持 Web 开发。实际上几乎所有类型的应用中都可以使用 Spring,如控制台程序、图形化的程序。当然,是用控制台的方式来学习某种技术是首选,因为它的结构最为简单,易于使学习者把握核心。下面给出一个控制台程序在 MyEclipse 中添加 Spring 支持的过程。

首先,打开 MyEclipse,建立一个 Java Project,在工程名上右击,在弹出的快捷菜单中选择 MyEclipse→Add Spring Capabilities,如图 20-1 所示。

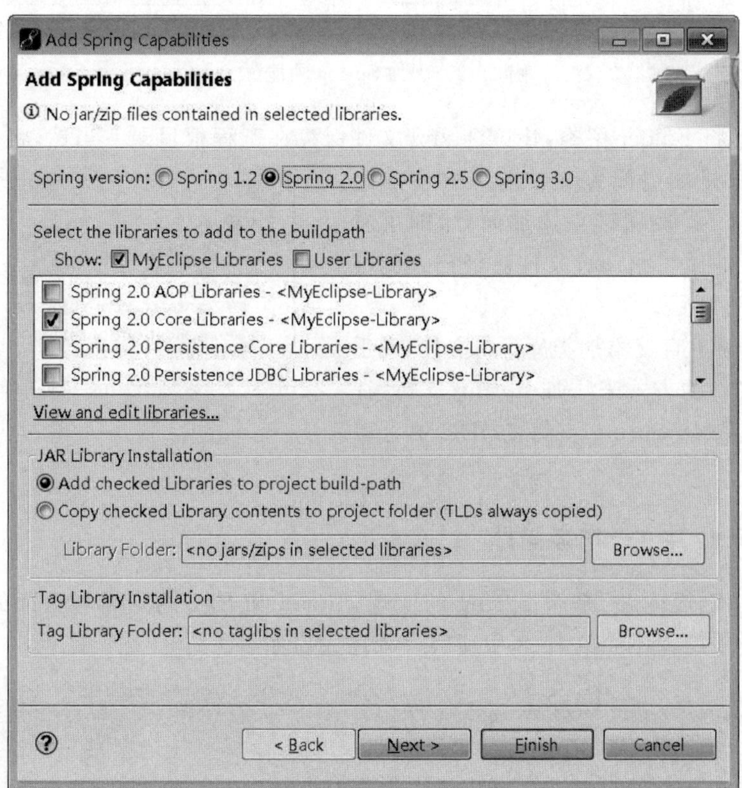

图 20-1 添加 Spring 功能(一)

本书采用 Spring 2.0 讲述，当然也可以采用 Spring 3.0，书上的例子仅仅是配置文件有些不同，其他都可以正常运行。

默认选中了 Spring Core，这个已经可以支持反转控制。单击 Next 按钮，并选择 Spring 配置文件的存放位置，默认存储在 src 这个源代码根目录下，编译后配置文件会被复制到编译好的 class 文件的根目录下，如图 20-2 所示。

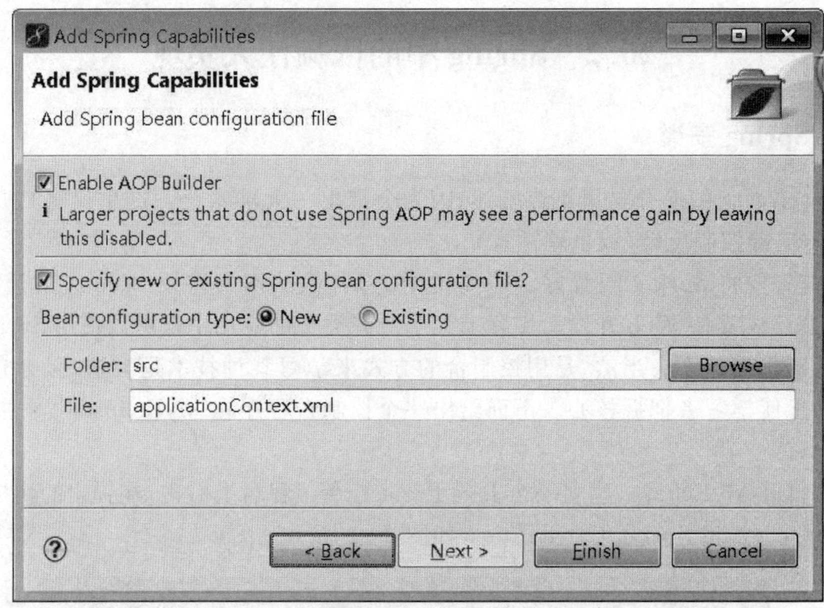


图 20-2　添加 Spring 功能(二)

在本例中，将 Folder 留空，让这个 xml 文件保存在工程根目录。当然，将其放在 src 目录下也可以，只是加载配置文件的方式会随之不同。单击 Finish 按钮结束添加向导，即可看到 Spring 2.0 的类库和 xml 文件已经插入到了工程，如图 20-3 所示。

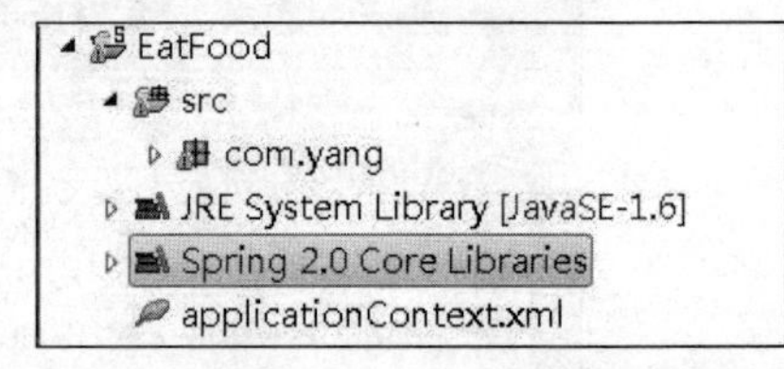


图 20-3　添加 Spring 功能后的目录结构

当然也可通过直接添加类库(jar 文件)和手工建立 xml 文件的方式来添加 Spring 支持，在 Eclipse 等没有默认 Spring 支持的 IDE 中可以采用这种方式。

### 20.2.2　Spring 中的“吃饭问题”

下面演示“吃饭问题”基于 Spring 的实现。Food 和 Egg 两个类与上面的代码并无不同。Person 类采用程序清单 20-8 中所写。程序入口如下。

程序清单 20-9(EatFoodMain.java)：

```
package com.yang;
import org.apache.log4j.BasicConfigurator;
import org.springframework.beans.factory.BeanFactory;
```

```
import org.springframework.beans.factory.xml.XmlBeanFactory;
import org.springframework.core.io.FileSystemResource;
public class EatFoodMain {
    /**
     * @param args
     */
    public static void main(String[] args) {
        BasicConfigurator.configure();
        BeanFactory f=new XmlBeanFactory(new
        FileSystemResource("applicationContext.xml"));
        Person p= (Person) f.getBean("person");
        p.eat();
    }
}
```

其中,BasicConfigurator 用来配置 Log4j。Log4j 是一种常用的日志输出工具,它可以输出不同级别的日志,并根据设置选择输出的位置(文件还是命令行)和输出格式。BasicConfigurator 是一种偷懒的方法,将日志输出到命令行中。

BeanFactory 是 Spring 提供的对象的工厂。这个对象需要是一个 Bean,它对应的配置文件是 applicationContext. xml。然后使用 getBean 获取 person 对象。这个对象在配置文件中存在。

```
程序清单 20-10(applicationContext.xml):
<?xml version="1.0" encoding="utf-8" >
<beans
    xmlns="http://www.springframework.org/schema/beans"
    xmlns:xsi="http://www.w3.org/2001/XMLSchema-instance"
    xmlns:p="http://www.springframework.org/schema/p"
    xsi:schemaLocation="http://www.springframework.org/schema/beans
    http://www.springframework.org/schema/beans/spring-beans-2.0.xsd">
    <bean id="egg" class="com.yang.Egg">
    </bean>
    <bean id="person" class="com.yang.Person">
        <constructor-argvalue="yang" />
        <property name="food" ref="egg" />
    </bean>
</beans>
```

<beans>标签是 Spring 配置的根节点。<bean>标签包含每个 bean 的配置。这个配置文件中存在 id 为 person 的 bean。这个 bean 在代码中可以通过 getBean 获取。这个例子和程序清单 20-6 和 20-7 中的原理是相同的。配置文件使用 class 属性记录 bean 对应的全路径类名,BeanFactory 通过配置和用户给出的编号 person 找到这是一个 com. yang. Person 的对象,然后工厂会使用 20-7 中类似的方法生成 bean 并将其返回。

可以看到 person 这个 bean 的标签中还包含了子标签:constructor-arg 和 property。

其中constructor-arg为构造函数参数,value属性给出了这个参数的具体值。我们对照程序清单20-8中的Person类可以找到,这个参数代表的是姓名。<property>标签定义了需要为person这个bean设置的属性,标签的name属性表示需要设置的person类的属性名为food,这样Spring会自动地调用setFood方法来设置属性。food和setFood的对应关系是Java Bean的规范制定的。那么值设置为什么呢?如果是一个字符串或者整数之类的简单变量,可以使用value="xx"的方式设置;如果是另外一个bean,可以使用ref="egg"的方式设置。ref的值为另外一个bean的id。Spring会自动地创建那个bean的对象egg,并将此对象传递给setFood,这就相当于如下程序清单。

**程序清单20-11(没有框架的对象装配):**

```
Food egg=new Egg();
Person p=new Person("yang");
p.setFood(egg);
```

这些工作都由Spring完成。在Spring中这个被称为Bean装配。Spring通过配置的方式建立关联,bean自己并不了解自己和谁建立了关联。这种方式大大地简化各个组件的开发,一个大的应用可以通过一个配置文件将需要的功能装配起来实现。

### 20.2.3 "吃饭问题"之我的鸡蛋你别吃

上面的例子中为大家演示了"人吃鸡蛋"这个逻辑,其中"鸡蛋"是定义在applicationContext.xml中的一个对象。如果扩充例子,建立一个表示狗的类Dog,并允许"狗吃鸡蛋"。那么就会出现人和狗都吃了同样一个鸡蛋的问题,而在上面的例子中,整个系统仅存在一个Egg实例。这种状况明显是不行的,对于鸡蛋这种消费品,需要给人和狗不同的鸡蛋,这里就可以使用Spring中的"内部Bean的注入"来实现这一功能。下面将程序清单20-10中person这个bean的说明修改。

**程序清单20-12(内部Bean的注入):**

```
<bean id="person" class="com.yang.PersonImpl">
    <constructor-argvalue="yang" />
    <property name="food">
        <bean class="com.yang.Egg" />
    </property>
</bean>
```

可以看到与前面的配置相比,这个配置中food这个对象属性的ref消失了,而在内部添加了一个bean的声明。这里声明的bean可以没有id,因为即使有id,外部也无法使用它。因为它是内置的bean。

### 20.2.4 "吃饭问题"之花样繁多

上面的例子中,人如果想吃饭只能吃一种食物,而实际上,人每顿饭吃的食物种类有可能是多种,例如早餐吃油条、鸡蛋、豆腐脑。那么在程序中一般会使用一个列表来实现。在Java中可以使用数组和ArrayList来实现列表。下面将Person类中修改属性food为foods。

```
程序清单 20-13(Java 中的列表):
private Food[] foods=null;
或
private ArrayList<Food> foods=null;
```

作为一个 JavaBean,这个属性当然需要相应的 setter 和 getter 方法,这里不再细述。那么如何在配置文件中为这个属性装配具体的值呢?来看下面代码。

```
程序清单 20-14(使用列表的 Person 定义):
<bean id="person" class="com.yang.PersonImpl">
    <constructor-argvalue="yang" />
    <property name="food">
        <bean class="com.yang.Egg" />
    </property>
    <property name="foods">
        <list>
            <bean class="com.yang.FStick" />
            <ref bean="egg" />
            <bean class="com.yang.egg" />
        </list>
    </property>
</bean>
```

可以看到,我们使用了一个<list>标签来表示一个列表属性,这个列表中有 3 个元素。其中,第一个是一个内置的 FStick 油条对象;第二个是一个引用的 egg;第三个是一个内置的 Egg 对象。这里使用 ref 和 bean 是为了给大家展示这里面既可以引用也可以写内置的 Bean,并非吃鸡蛋还要吃出两种花样,这顿饭就是一根油条两个鸡蛋而已。如果需要将这个例子运行起来需要建立一个 FStrick 类,这个类实现了 Food 接口。

同样,还可以使用<set>来定义集合属性,使用<map>来定义哈希表,使用<props>来定义属性列表。篇幅所限,就不再详述,有兴趣的读者可以参照《Spring in Action》中的例子学习。

## 20.3 面向切面的编程

在软件开发中,人们往往需要多个模块,每个模块负责一项功能,但有的模块作为辅助性质,它与其他所有模块相关,那么这个模块和其他模块的耦合就是非常重要的。下面举例说明。

在一个成熟的软件中,日志是必不可少的,它记录程序的运行状况和用户操作等信息,并作为系统错误的诊断和系统安全管理的依据。

在 20.2.4 节的例子中,我们叙述了“人吃鸡蛋”这件事,那么吃鸡蛋这件事需要记录到日志中,如何去做呢?在吃鸡蛋前记录“我要吃鸡蛋了”,在吃鸡蛋后记录“我吃完了鸡蛋”,这是一种比较常见的记录,这种记录中往往还包含时间信息。那么事后,通过查看日志就可以清晰地知道什么时候吃了鸡蛋,又是什么时候吃完,进而可以知道吃这个鸡蛋花了多长时间。下面我们对程序清单 20-8 中的 eat 方法进行修改。

```
程序清单 20-15(eat 方法修改):
public void eat(){
    Logger log=Logger.getLogger(Person.class);
    log.info("start to eat");
    food.eaten();
    log.info("eat finish");
}
```

黑体部分是添加的内容,几乎所有需要记录日志的动作都需要进行如下修改,可以想象所有的模块对 Logger 这个模块的依赖有多么严重。一旦要针对某个模块进行日志记录,就需要修改该模块的内容,也就是说所有模块都要关心如何记录自己日志的问题。但这其实是日志模块的职能。

在做软件开发时,一个很重要的原则就是"权责分明",各个模块应具备的功能应当很明确。上例中的问题尽管是确切地定义了功能:日志模块用来管理整个系统的日志。但在真正实现时却无法做到,这是实现方式受限了。

针对上面的问题,软件工程的研究者提出了"面向切面"的编程理念,即这个功能是横跨整个软件的,这看起来像将所有模块切了一刀似的。所有模块仅关心自己的事情,只需要知道吃鸡蛋就可以了,不需要自己去记录此事,此事应由日志模块自行完成。

那么难点在于如何在编程语言中实现。如果是在 C 或者 C++ 中遇到此问题,那么只能抱怨"苍天无眼",但在 Java 中是有这种功能的,就是截获一个方法的调用,某个方法被调用,这个可以通过 java. lang. reflect. Proxy 来调用。Reflect 这个包是 Java 中实线反射机制的类库,这其中包含了许多非主流的类,如 Class 类。你能想象代码里这样写吗?

```
程序清单 20-16(Class 类):
class Class{

}
```

Class 是一个类名,这个类用来描述一个类。那么可以想象每个类都有属性和方法,这个包由 Method 类来表示方法,由 Field 类来表示属性,而 Proxy 类就可以截获函数的调用。具体原理涉及较为高深的东西,需要对 Java 虚拟机有较深的理解,这里不再详述。

面向切面这种机制需要从外部对每个模块的方法进行监控,这可以用 Proxy 实现。20.4 节为大家介绍 Spring 中的面向切面编程。

## 20.4 Spring 中的面向切面的编程

20.3 节我们了解了面向切面编程出现的原因和必要性。这里为大家介绍 Spring 中的面向切面编程。

下面继续"吃鸡蛋"这一实例。定义一个 Father 类,这个类用来记录 Person 吃鸡蛋的行为。

```
程序清单 20-17(Father.java):
public class Father {
    public void startEat(Person p){
        System.out.println("My son start to eat!");
    }
    public void endEat(Person p){
        System.out.println("My son has eaten");
    }
}
```

为了对 Person 的 eat 方法进行监听，需要将 Person 做一些修改，将 Person 类名改为 PersonImpl，并为它提取一个接口 Person。这是 Proxy 要求的，我们这里不详细解释。

```
程序清单 20-18(Person.java):
package com.yang;
public interface Person {
    public abstract void setFood(Food f);
    public abstract int eat();
    public abstract void setFoods(ArrayList<Food> fs);
}
```

下面在 applicationContext.xml 中添加 Father 的 Bean 定义：

```
<bean id="fat" class="com.yang.Father" ></bean>
```

然后定义切面，切面使用<aop:config>标签描述，切面的处理类用<aop:aspect>来声明，ref 属性指向了上面定义的 Father 类的对象 mom，<aop:pointcut>定义了一个切入点，就是我要监听什么。Expression 描述了监听信息，其中第一个 * 表示返回值任意，*.eat 表示任意类中的 eat 方法，target 表示了传入 mom 的时候应给的参数，这里说明会把发生事件的类传递给 mom。<aop:before>定义了一个具体事件，即在调用和上面那个 execution 表达式中匹配的方法前触发此事件，它会调用 method 规定的 startEat 方法，这个方法是 mom 的类方法。同样地 after 定义调用结束后，调用 endEat 方法。

```
<aop:config>
    <aop:aspect id="TestAspect" ref="fat">
    <aop:pointcut id="person_eat" expression="execution(* *.*(..)) and
    target(bean)" />
    <aop:before pointcut-ref="person_eat" method="startEat" arg-names="bean" />
    <aop:after pointcut-ref="person_eat" method="endEat" arg-names="bean" />
    </aop:aspect>
</aop:config>
```

修改完这个配置后，还需要为这个工程添加 AOP 支持，遗憾的是，MyEclipse 很难在建立工程后再简单的添加 Spring 中的某个支持。可以采用两种办法解决：①自己将相关的jar 包加入；②新建一个新的工程,在图 20-1 中选中 AOP 即可添加 AOP 支持。

完成上面的修改后,运行程序会发现,startEat 和 endEat 并未执行,这是什么原因呢?原因在于 BeanFactory 并不支持切面,要使用切面,需要换一个比 BeanFactory 功能更强大的类——ApplicationContext。看下面代码：

```
BasicConfigurator.configure();
//BeanFactory f=new XmlBeanFactory(new FileSystemResource("applicationContext.
xml"));
ApplicationContext ctx=new ClassPathXmlApplicationContext(
            "com/yang/applicationContext.xml");
ctx.getBean("fat");
Person p=(Person) ctx.getBean("person");
p.eat();
```

运行此代码,即可得到结果：

```
My son start to eat!
You eat Egg
My son has eaten
```

## 20.5 在 Web 中使用 Spring

Web 应用开发是本书主题,那么如何在 Web 中使用 Spring 框架呢？尽管 Spring 有其自己的 MVC,但因为前面已经介绍了 Struts,就不再对其进行介绍。同时使用两套 MVC 势必带来混乱。

20.4 节的例子中,简单地使用 ApplicationContext 就可以初始化 Spring。那么在 Web 开发中应以何种方式初始化呢？Web 应用启动后就需要初始化 Spring,以便在整个 Web 应用里使用它。

在 JSP 网站中可以通过 web.xml 来配置 Servlet 和 Listener,Listener 在初始化时即被调用,Servlet 往往是被调用到对应的 URL 才会执行,看起来 Listener 更适合一些,事实也的确如此。实际上 Servlet 也可以自动启动,配置方法很简单,就是在<servlet>标签中加入<load-on-startup>标签。下面给出 3 种在 Web 中使用 Spring 的方法。

### 20.5.1 自定义 Servlet 初始化 Spring

既然 Servlet 可以“开机自启动”,那么项目中就可以在 Servlet 中加入初始化。下面先配置 Servlet。

```
程序清单 20-19(web.xml)：
<?xml version="1.0" encoding="utf-8" >
<web-app version="3.0"
```

```
    xmlns="http://java.sun.com/xml/ns/javaee"
    xmlns:xsi="http://www.w3.org/2001/XMLSchema-instance"
    xsi:schemaLocation="http://java.sun.com/xml/ns/javaee
    http://java.sun.com/xml/ns/javaee/web-app_3_0.xsd">
<display-name></display-name>
<servlet>
    <servlet-name>HelloServlet</servlet-name>
    <servlet-class>com.yang.servlet.HelloServlet</servlet-class>
        <load-on-startup>1</load-on-startup>
</servlet>
<servlet-mapping>
    <servlet-name>HelloServlet</servlet-name>
    <url-pattern>/hello</url-pattern>
</servlet-mapping>
    <welcome-file-list>
<welcome-file>index.jsp</welcome-file>
</welcome-file-list>
</web-app>
```

其中的 HelloServlet 就会在 Web 应用启动 1s 后被初始化，相应的 HelloServlet 的 init 方法会被调用。下面给出 HelloServlet 的定义。

程序清单 20-20(Hello Servlet.java)：

```
package com.yang.servlet;

import java.io.IOException;
import java.io.PrintWriter;

import javax.servlet.ServletException;
import javax.servlet.http.HttpServlet;
import javax.servlet.http.HttpServletRequest;
import javax.servlet.http.HttpServletResponse;
import org.springframework.context.support.*;
import com.yang.Person;

public class HelloServlet extends HttpServlet {
    private static ClassPathXmlApplicationContext context;
    public HelloServlet() {
        super();
    }
    public void destroy() {
        super.destroy();       //Just puts "destroy" string in log
        //Put your code here
    }
    @Override
    public void init() throws ServletException {
```

```
        String[] locations={"applicationContext.xml"};
        context=new ClassPathXmlApplicationContext(locations);
    }
    public void doGet(HttpServletRequest request, HttpServletResponse response)
            throws ServletException, IOException {

        Person person=(Person) context.getBean("person");
        response.getWriter().println("person name:"+person.getName());
        System.out.println("hello");
    }
}
```

程序中 init 函数因为设置了<load-on-startup>,在 Web 应用开始时被调用,init 使用 ClassPathXmlApplicationContext 对 spring 进行初始化并返回 context 对象。context 对象是 HelloServlet 的静态成员变量,其他类或者 JSP 中就可以使用 HelloServlet. context 访问到 Spring 的上下文。并使用 getBean 获取到 Spring 的 Bean。

上面的 Bean 要求将 spring 配置文件放到类路径里,对应于 MyEclipse 就是放到工程中 src 目录下,这样 ClassPathXmlApplicationContext 可以自动找到这个文件。否则会报错。

在 doGet 方法中,给出了使用 Spring 的实例,其代码与前面桌面应用中使用 Spring 的方式基本相同。Person 类具有一个属性 name,前面的例子中并没有给出 getName 这个方法,请同学们自行添加此方法。

需要注意的是,13.5 节提到可以使用<jsp:useBean>等标签访问 bean,但在 Spring 框架中的 Bean 由 Spring 负责装配,JSP 中就不能使用上述标签访问。

使用浏览器访问/hello 这个 URL 即可看到 yang 这个字样。这个字符是从何而来?答案是从 applicationContext. xml 中来。

### 20.5.2 使用 Spring 给出的 Listener 初始化

Spring 其实给出了相应的 Listener 来初始化自己。要使用这个包需要在添加 Spring 支持的时候,选中 Spring 的 Core、AOP 和 Web 3 个包。并选择复制 lib 到 Web-INF/libs 下。如果上述步骤出错,可能导致启动调试时报出 ClassNotFoundException 错误。

添加 Spring 功能时选择项的改变如图 20-4 所示。

添加完 Spring 支持后,将 MyEclipse 自动生成的 applicationContext. xml 文件移动到 WebRoot/Web-INF 目录下。因为 Spring 在 Web 应用中的默认位置是这里。如果位置不同,需要在 web. xml 中添加配置,如果有多个配置文件,可以在<param-value>中以英文的逗号分隔。

```
<context-param>
    <param-name>contextConfigLocation</param-name>
    <param-value>/haha/applicationContext.xml</param-value>
</context-param>
```

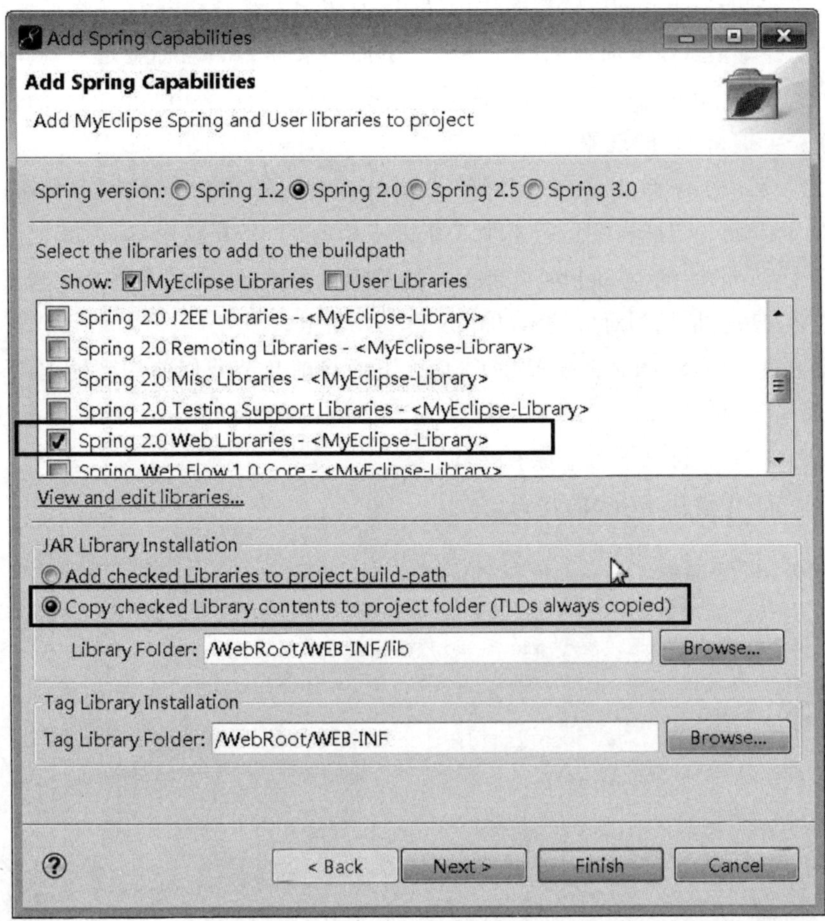


图 20-4　添加 Spring 功能时选择项的改变

做完以上操作后，在 web. xml 中添加 listener，这里贴出全部 web. xml 文件。

**程序清单 20-21(添加 Spring 监听器后的 web.xml)：**

```
<?xml version="1.0" encoding="utf-8" >
<web-app version="3.0" xmlns="http://java.sun.com/xml/ns/javaee"
   xmlns:xsi="http://www.w3.org/2001/XMLSchema-instance"
   xsi:schemaLocation="http://java.sun.com/xml/ns/javaee
   http://java.sun.com/xml/ns/javaee/web-app_3_0.xsd">
   <display-name></display-name>
   <welcome-file-list>
      <welcome-file>index.jsp</welcome-file>
   </welcome-file-list>
   <listener>
    <listener-class>org.springframework.web.context.ContextLoaderListener
</listener-class>
   </listener>
</web-app>
```

这里其实贴出<listener>标签的代码即可,但初学者往往会犯很多啼笑皆非的错误。例如,将<listener>标签添加到</web-app>下面。<listener>标签是<web-app>的子标签。在配置 web.xml 时一定要注意其层次关系。同样的<web-app>只允许出现一次,不能有多个<web-app>的现象。

这里还要提示的是,请不要在一个 MYEclipse 工作区中添加多个 Web Project,因为启动一个 Web Project 的时候,会运行整个工作区中所有的 Web 应用(因为其他应用也会被配置到同一个 Tomcat 的 webapps 目录下),这是很可怕的,特别是在多个工程里都使用了 Spring。解决方法就是找到对应的 webapps 目录并清空它。

添加完上述程序,Spring 就配置好了,那么下面将前几节我们使用到的 Person 等类全部复制到现有工程的 src 目录下。将原有的 applicationContext.xml 复制到这里的 WebRoot/Web-INF/ 目录下覆盖原有文件。

在 index.jsp 中调用 Bean 的代码。

**程序清单 20-22(添加调用 Bean 代码的 index.jsp):**

```
<%@ page language="java" import="java.util.*" pageEncoding="ISO-8859-1"%>
<%@ page import="org.springframework.web.context.WebApplicationContext" %>
<%@ page import="org.springframework.web.context.support.
WebApplicationContextUtils" %>
<%@ page import="com.yang.*"%>

<!DOCTYPE html>
<html>
<head>
<title>Test Spring</title>
</head>

<body>
<%
    WebApplicationContext wac=WebApplicationContextUtils.
    getWebApplicationContext(this.getServletContext());
     Person ds=(Person)wac.getBean("person");
     out.println(ds.getName());
%>
</body>
</html>
```

其中使用了 WebApplicationContextUtils 来获取 ApplicationContext 的对象 wac,然后使用 wac 的 getBean 方法获取名为 person 的对象。并将其 name 属性输出。运行结果如图 20-5 所示。

如果在尝试上述例子时出现错误,请仔细核查相关的类是否已经复制过来,Spring 的配置是否正确,web.xml 中是否添加了 listener。

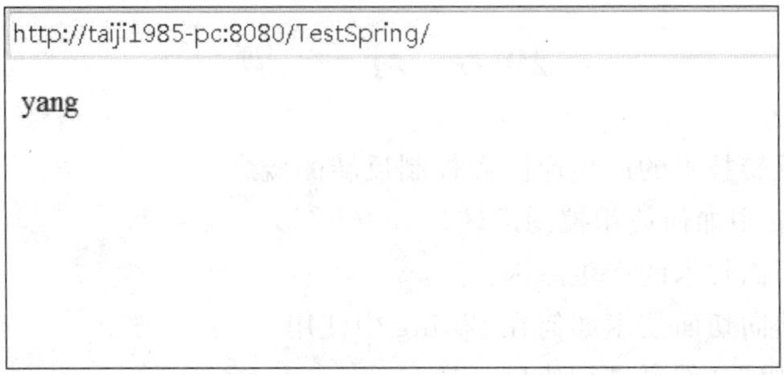

http://taiji1985-pc:8080/TestSpring/

yang

图 20-5 运行结果

### 20.5.3 使用 Spring 给出的 Servlet 初始化

在 20.5.1 节中，定义了一个 Servlet 来初始化 Spring，实际上 Spring 已经包含了相应的 Servlet，配置 Spring 方法与 20.5.2 节基本相同，不同在于 web.xml 中的配置。

**程序清单 20-23(使用 Servlet 方式引入 Spring 的 web.xml)：**

```
<?xml version="1.0" encoding="utf-8" >
<web-app version="3.0" xmlns="http://java.sun.com/xml/ns/javaee"
    xmlns:xsi="http://www.w3.org/2001/XMLSchema-instance"
    xsi:schemaLocation="http://java.sun.com/xml/ns/javaee
    http://java.sun.com/xml/ns/javaee/web-app_3_0.xsd">
    <display-name></display-name>
    <welcome-file-list>
        <welcome-file>index.jsp</welcome-file>
    </welcome-file-list>
    <context-param>
        <param-name>contextConfigLocation</param-name>
        <param-value>
          /Web-INF/applicationContext.xml
</param-value>
    </context-param>
    <servlet>
        <servlet-name>context</servlet-name>
    <servlet-class>org.springframework.web.context.ContextLoaderServlet
    </servlet-class>
        <load-on-startup>5</load-on-startup>
    </servlet>
</web-app>
```

其中，ContextLoaderServlet 是 Spring Web 类库给出的。获取 Spring Bean 的方法则与 20.5.2 节相同。

## 20.6 习 题

1. 简述控制反转技术的产生原因和控制反转的概念。
2. 简述 Spring 中如何使用控制反转。
3. 简述面向切面技术的产生原因。
4. 简要描述面向切面技术如何在 Spring 中使用。
5. 就"人穿衣服"这件事进行建模。
6. 就学生、老师、辅导员、课程、班级进行建模,并上机实现。

# 第 21 章　案例系统的功能实现——没后端就是花架子

**本章主要内容：**

- 数据库设计。
- 项目建立和 HTML 导入。
- 各功能模块的实现。
- 项目评价。

## 21.1　前　　言

第 10 章中，本书已经给出了教学日志管理系统的前端设计。这个系统是基于 EasyUI 框架的，而 EasyUI 框架的前端和后端分离得比较彻底。EasyUI 的前端代码通过 JavaScript 对数据进行异步加载，网站后端提供 JSON 数据，EasyUI 获取到后端的 JSON 数据后，进行解析并动态改变网页的内容。

本章介绍的后端代码主要作用是为 EasyUI 提供合适的 JSON 数据，并实现前端要求的添加、修改、删除等操作。

## 21.2　数据库设计

### 21.2.1　数据库应具备的功能

数据库的建立依赖于系统的需求和设计。通过分析需求，可知数据库应具备以下功能。

(1) 绝大多数信息系统要管理用户信息，所以必然需要一个用户表。该系统包含院系和教师两种角色，所以在用户表中需要包含一个字段表示用户类型。

(2) 该系统所管理的教学日志都是和课程相关的，所以应该有一个课程表。

(3) 每一本教学日志都有一个教学计划，所以应该有一个教学计划表。

(4) 教学日志的教学记录应该有一个记录表。

### 21.2.2　数据库表格

根据系统的整体功能，设计出 5 个数据表：course(课程)表、job(作业)表、logitem(日志项)表、teachlog(教学日志)表和 usr(用户)表。

值得注意的是，按照 MySQL 需用的命名规范，数据库表名都采用了小写形式，数据表中的字段名同样采用小写形式。下文出现的小写表名并非拼写错误。在实际设计数据库时应尽量避免中文命名，避免因为编码问题带来的麻烦。另外，在编程语言中，经常使用一些英文缩写词作为名称，如 user 写作 usr，hello 写作 helo，password 写作 pwd。

课程(course)表用来存放学校里的全部课程信息,如表21-1所示。该表在设计时有3个字段:id(课程编号,设置成主键且自增长,每一个课程的id都是唯一的)、name(课程名称,如Java语言程序设计)、type(课程类型,如专业必修课),如表21-1所示。

**表21-1 course(课程)表**

| 名　称 | 字段名 | 类　型 | 长度 | 允许为空 | 说　明 |
|---|---|---|---|---|---|
| 课程编号 | id | int | 11 | 否 | 主键,自增长 |
| 课程名称 | name | varchar | 20 | 否 | 课程的名字 |
| 课程类型 | type | varchar | 20 | 否 | 课程的性质 |

job(作业)表用来记录作业的布置情况,如表21-2所示。在大学每一周都会布置一次作业。该表在设计时有4个字段:id为作业编号,将其设置为主键且自增长;字段lid表示该作业从属于哪一本教学日志,它是一个int值,与下面提到的teachlog表的主键建立外键关联;字段week表示作业布置的时间,如第五周;字段content表示作业布置的内容。

**表21-2 job(作业)表**

| 名　称 | 字段名 | 类　型 | 长度 | 允许为空 | 说　明 |
|---|---|---|---|---|---|
| 作业编号 | id | int | 11 | 否 | 主键,自增长 |
| 教学日志表编号 | lid | int | 11 | 否 | 外键,引用教学日志表的id |
| 发布时间 | week | varchar | 5 | 否 | 作业布置的时间 |
| 作业内容 | content | varchar | 255 | 否 | 作业布置的内容 |

logitem(日志项)表,用来记录每一周的授课情况,如表21-3所示。该表在设计时有7个字段:id为日志项编号,设置成主键且自增长,每一个日志项的id都是唯一的;lid是外键,引用了teachlog表的id,因为每一条日志项记录都是包含在一本教学日志表里,即查看一本教学日志时,其包含的全部日志项纪录都会显示出来;time为日志项发布时间,如第五周;classhour为每周上的课时数,如每周两节课;chapter为章节,对应的课程学的章节数,如×××第3章;plan为教学计划,即按计划要怎样做;practically为教授实施,即真正讲课时是怎样做的。

**表21-3 logitem(日志项)表**

| 名　称 | 字段名 | 类　型 | 长度 | 允许为空 | 说　明 |
|---|---|---|---|---|---|
| 日志项编号 | id | int | 11 | 否 | 主键,自增长 |
| 教学日志表编号 | lid | int | 11 | 否 | 外键,引用教学日志表的id |
| 发布时间 | time | varchar | 10 | 否 | 日志项发布的时间,以周为单位 |
| 课时数 | classhour | int | 3 | 否 | 该课程一周上课的课时数 |
| 章节数 | chapter | varchar | 20 | 否 | 该课程所教授的章节数 |
| 教学计划 | plan | varchar | 20 | 否 | 计划教学过程中如何做 |
| 教授实施 | practically | varchar | 20 | 否 | 教授过程中是怎样实施的 |

teachlog(教学日志)表,记录一学期一门课程的教学情况。如表21-4所示。该表包含12个字段:id为教学日志表编号,设置成主键自增长;uid为该教学日志所有者的用户编号;cid为该教学日志对应的课程编号,与course表的主键建立外键关联;year为教授学年;term为教授学期;weeknum为授课周数;studentnum为选课人数;summary为期末总结;department为院系评语;audit为审核判断,其初始值为0,填写完期末总结后为1,审核通过后为2,审核后教学日志禁止修改;content为内容判断,初始值为0,存入内容后置为1,job记录作业条数。

**表21-4 Teachlog(教学日志)表**

| 名 称 | 字段名 | 类 型 | 长度 | 允许为空 | 说 明 |
|---|---|---|---|---|---|
| 教学日志表编号 | id | int | 11 | 否 | 主键,自增长 |
| 用户编号 | uid | int | 11 | 否 | 外键,引用用户表的id |
| 课程编号 | cid | int | 11 | 否 | 外键,引用课程表的id |
| 教授学年 | year | varchar | 5 | 否 | 教学日志编写的年份 |
| 教授学期 | term | varchar | 10 | 否 | 教学日志编写的学期 |
| 教授周数 | weeknum | int | 5 | 否 | 总共上课的周数 |
| 选课人数 | studentnum | int | 5 | 否 | 上该门课程的学生人数 |
| 期末总结 | summary | varchar | 255 | 是 | 由教师填写的学期末的总结 |
| 院系评语 | department | varchar | 255 | 是 | 由院系领导填写的期末评语 |
| 审核判断 | audit | Int | 2 | 否 | 判断期末总结的评阅情况 |
| 内容判断 | content | int | 5 | 否 | 判断教学日志内容是否为空 |
| 作业条数 | job | int | 5 | 否 | 记录教学日志中的作业条数 |

usr(用户)表用来记录教学日志管理系统中所有用户的信息,如表21-5所示。该表包含10个字段:id为用户编号,设置成主键且自增长;username为用户名;pwd为密码;name为真实姓名;sex为性别;birthday为出生日期;department为所属院系;email为邮箱;phone为联系方式;type为用户身份,0表示教师,1表示院系领导。

**表21-5 usr(用户)表**

| 名 称 | 字段名 | 类 型 | 长度 | 允许为空 | 说 明 |
|---|---|---|---|---|---|
| 用户编号 | id | int | 11 | 否 | 主键,自增长 |
| 用户名 | username | varchar | 20 | 否 | 登录使用的用户名 |
| 密码 | pwd | varchar | 20 | 否 | 登录使用的密码 |
| 姓名 | name | varchar | 20 | 否 | 用户的真实姓名 |
| 性别 | sex | varchar | 5 | 否 | 性别 |
| 出生日期 | birthday | varchar | 15 | 否 | 出生日期 |
| 所属院系 | department | varchar | 25 | 否 | 用户所属的院(系、部) |
| 邮箱 | email | varchar | 20 | 否 | 邮箱地址 |
| 联系方式 | phone | varchar | 15 | 否 | 联系电话 |
| 用户身份 | type | int | 2 | 否 | 判断用户的身份 |

### 21.2.3 数据库工具的使用

在 MySQL 中建立上述数据库,最简单的办法是导入 SQL 文件。在本书附带材料中有该数据库的 SQL 文件,可以直接导入。第一步,建立与本机数据库的连接(见第 16 章)。第二步,建立一个名为 jxrz05 的数据库(见第 16 章),并选择 UTF-8 格式。第三步,导入 SQL 文件,如图 21-1 所示,双击打开建立的 jxrz05 数据库,并右击 Tables,选择 Execute SQL File,在弹出的如图 21-2 所示对话框中选择备份的 SQL 文件,并单击 Start 按钮。

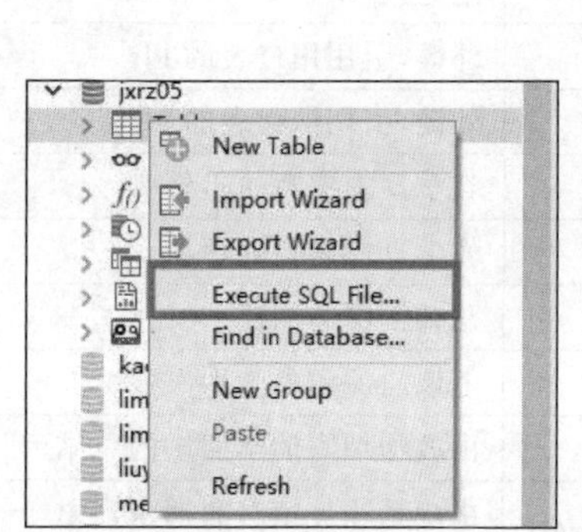


图 21-1 "Navicat 导入 SQL 文件"菜单

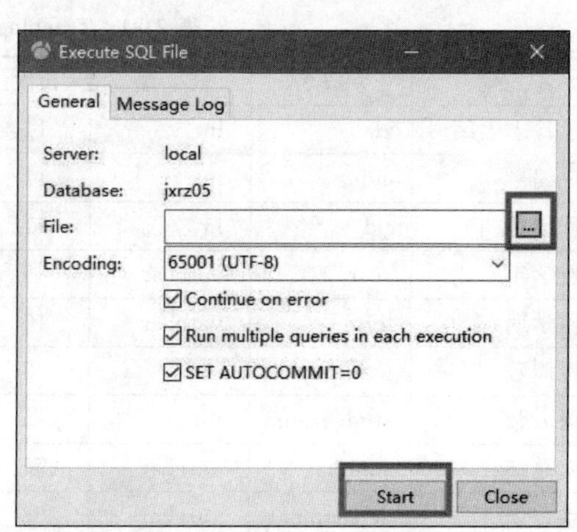


图 21-2 "Navicat 导入 SQL 文件"对话框

## 21.3 项目建立和 HTML 导入

在前面开发前端时,Sublime 这种文本编辑器是主要的开发工具,存储的网页格式为 HTML,而想要实现系统的功能一般都要使用类似 MyEclipse 这种集成开发环境。前面的课程已经详细地讲述了如何使用 MyEclipse 建立 Web 项目和如何配置 YangMVC,这里不再赘述。

整个 Web 项目的建立过程:首先,建立一个 Web 工程 teachlog 表。其次,配置 YangMVC 框架,在 web.xml 中将 dbname 配置为 jxrz05。

前面的前端开发,使我们得到了项目界面的 HTML 代码。那么如何将这些 HTML 代码融入项目呢?首先将 HTML 代码复制到 WebRoot/view 目录下,然后为所有的 HTML 代码添加下面的两段代码,如图 21-3 所示,在左侧的工作区中选中文件名,并按 F2 键,修改文件后缀名为 jsp。代码如下:

```
<%@ page language="java" import="java.util.*" pageEncoding="utf-8"%>
<%@ taglib prefix="c" uri="http://java.sun.com/jsp/jstl/core"%>
```

在开发时,并不需要一次性地将所有的 HTML 都改造完毕,完全可以在开发功能过程中,逐个修改。

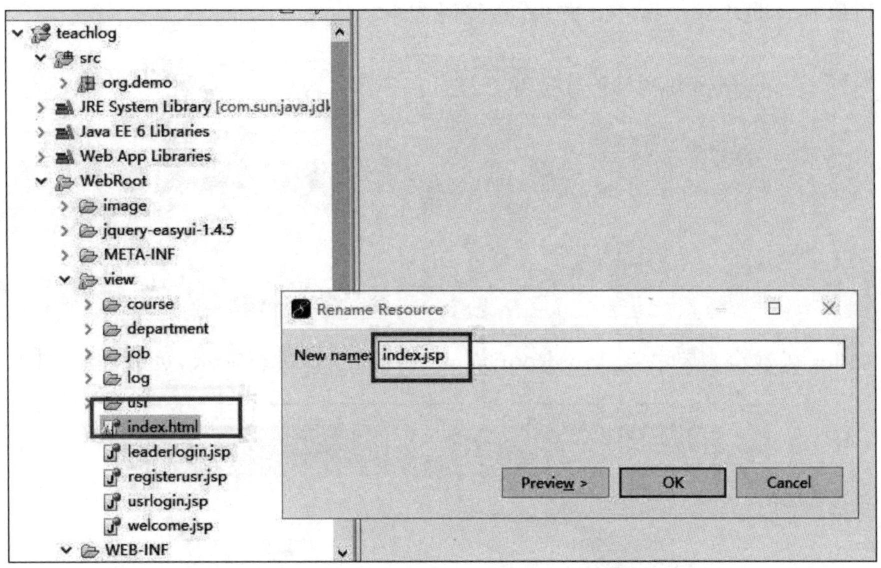


图 21-3 MyEclipse 修改文件名

至于项目中所用的图片和 jquery-easyui 等类库，一般会放在 WebRoot 目录下，如图 21-4 所示。

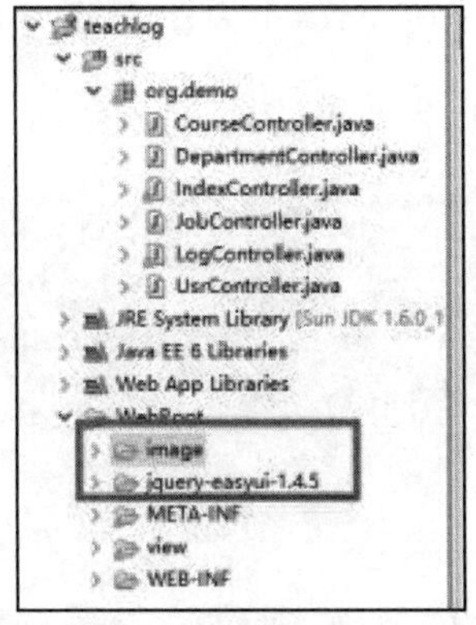


图 21-4 MyEclipse 项目目录结构

# 21.4 主页和用户管理

## 21.4.1 主页

在使用 MVC 框架的 Java Web 项目中，要尽量避免让用户看到后缀为 jsp 页码的网页。一般的做法是让用户访问控制器，再由控制器渲染 JSP，这样用户看到的都是控制器的网址，而不是作为视图的 JSP 的网址。

在源代码目录 src 下建立 org.demo 这个包，并在其下建立 IndexController。其目录结构如图 21-4 所示。该类为 Controller 的子类，用来处理根目录的网页。主页是根目录的默认网页，所以在该类中建立 index 方法，其代码如下。

**程序清单 21-1(IndexController.java):**

```
public class IndexController extends Controller {
    /*整个系统的首页*/
    public void index(){            //路径什么都不加就访问这个 index 方法
        render();
    }
}
```

其中的 render 函数会自动找到 WebRoot/view/index.jsp 进行显示，页面如图 21-5 所示。

图 21-5　教学日志管理系统首页

教学职工入口和院系部门入口为两个链接，分别指向一个控制器。代码如下：

```
<div class="center_button">
    <a href="usrlogin"><img class="button1" src="image/button1.jpg"></a>
    <a href="leaderlogin"><img src="image/button2.jpg"></a>
</div>
```

### 21.4.2 教师职工登录

在 21.4.1 节中"教师职工入口"链接指向的就是教师职工的登录页面。其 url 为根目录下的 usrlogin。所以也应在 IndexController 中编写处理代码，在其中添加 usrlogin 方法，并编写如下代码。

**程序清单 21-2(IndexController.java 代码片段):**

```
public void usrlogin(){
    if(isPost()){
        String name=param("name");
        String pwd=param("pwd");
        Model list=Model.tool("usr").all().eq("username",name).eq("pwd",
        pwd).one();
        if(list==null){
            put("msg","登录失败,用户名或密码错误!");
            render("/usrlogin.jsp");
```

```
        }else{
            Integer type=(Integer) list.get("type");
            if(type.equals(1)){
                put("msg","用户身份不符");
                render("/usrlogin.jsp");
            }else{
                Integer id=(Integer) list.get("id");
                Integer utype=(Integer) list.get("type");
                sess("uname", name);
                sess("uid", id);
                sess("utype", utype);
                jump("usr/usrmain");
            }
        }
    }else{
        render("/usrlogin.jsp");
    }
}
```

上述代码的逻辑与第 17 章中的登录案例并无太大不同。在用户单击链接跳转到该网页时，因为是 GET 请求，所以会直接执行 render 方法，显示 usrlogin.jsp 的内容。在用户单击表单中的提交按钮后，浏览器会发出 POST 请求，服务器端进入该方法的 if(isPost())分支，随后进行用户名和密码验证。

登录成功后，在 session 中存入用户名 uname、用户编号 uid 和用户类型 utype，并跳转到 usr/usrmain 网页。这个网页按照 YangMVC 的命名规则应该由 UsrController 中的 usrmain 支持。教师职工登录页面如图 21-6 所示。

图 21-6　教师职工登录页面

usrlogin.jsp 的完整代码如下。

**程序清单 21-3(usrlogin.jsp)：**

```
<%@ page language="java" import="java.util.*" pageEncoding="utf-8"%>
<%
```

```
String path=request.getContextPath();
String basePath=request.getScheme()+"://"+request.getServerName()+":"+
request.getServerPort()+path+"/";
%>
<html>
<head>
    <base href="<%=basePath%>">
    <meta charset="utf-8">
    <link rel="stylesheet" type="text/css" href="jquery-easyui-1.4.5/themes/
    default/easyui.css">
    <link rel="stylesheet" type="text/css" href="jquery-easyui-1.4.5/themes/
    icon.css">
    <link rel="stylesheet" type="text/css" href="jquery-easyui-1.4.5/demo.
    css">
    <script type="text/javascript" src="jquery-easyui-1.4.5/jquery.min.js">
    </script>
    <script type="text/javascript" src="jquery-easyui-1.4.5/jquery.easyui.
    min.js"></script>
<style type="text/css">
    .top{
        width: auto;
        background: #ffffff;
    }
    .top_img{
        float: left;
        background: #ffffff;
        height: 102px;
    }
    .logo{
        width: 100px;
        height: 100px;
    }
    .top_title{
        width: auto;
        background: #2894ff;
    }
    .title{
        font-size: 90px;
        color: #ffffff;
        font-family: "黑体"
    }
    .center_img{
        float: left;
    }
```

```
    .img{
        width: 600px;
        height: 400px;
        margin-top: 40px;
        margin-left: 100px;
        margin-right: 80px;
    }
    .center_form{
        margin-top: 140px;

    }
    .bottom{
        text-align: center;
        background: #2894ff;
    }
    .bottom_text{
        font-size: 13px;
        color: #ffffff;
    }
    .easyui-panel{
        width: 350px;
        height: 200px;
    }
    .easyui-linkbutton{
        width: 50px;
        height: 25px;
    }
</style>
<script type="text/javascript">
</script>
</head>
<body>
<div class="easyui-layout" style="width:auto;height:97%;">
    <div class="top" data-options="region:'north'" style="height:105px">
    <div class="top_img">
    <img class="logo" src="image/logo.jpg">
    </div>
    <div class="top_title">
    <span class="title">教学日志管理系统</span>
    </div>
</div>
<div data-options="region:'center',title:'用户登录',iconCls:'icon-edit'">
    <div class="center_img">
    <img class="img" src="image/book.jpg">
    </div>
```

```
        <div class="center_form">
        <div class="easyui-panel" title="教师职工登录" style="width:350px">
            ${msg}
        <form id="ff" method="post" action="">
        <table cellpadding="20">
            <tr>
            <td>用户名: </td>
            <td><input class="easyui-textbox" type="text" name=
            "name" data-options="prompt:'请输入用户名 即工号'"></input></td>
            </tr>
            <tr>
            <td>密码: </td>
            <td><input class="easyui-textbox" type="password" name="pwd"
            data-options="prompt:'请输入密码'"></input></td>
            </tr>
        </table>
        <div style="text-align:center;padding:15px">
            <input type="submit" value="登录">
            <a href="registerusr"><button type="button">注册</button></a>
            </div>
        </form>
        </div>
        </div>
        </div>
</div>
<div class="bottom">
<span class="bottom_text">Copyright ©版权所有 第五小组 2016/03/21</span>
</div>
</body>
</html>
```

### 21.4.3 院系部门登录

院系部门模块为院系领导和学校领导使用,用于审核教学日志。其登录页面与教师职工登录页面极为相似。其实可以将教师职工登录和院系部门登录合并实现,但该学生项目中采用了分开实现的方式,这里遵循学生项目的实现方式。

在 IndexController 中建立 leaderlogin 方法,并在 WebRoot/view/下建立 leaderlogin.jsp。leaderlogin 方法实现代码如下。

**程序清单 21-4(IndexController.java 程序片段):**

```
/*院系部门的登录*/
public void leaderlogin(){
    if(isPost()){
        String name=param("name");
```

```
        String pwd=param("pwd");
        Model list=Model.tool("usr").all().eq("username",name).eq("pwd",
        pwd).one();
        if(list==null){
            put("msg","登录失败,用户名或密码错误!");
            render("/leaderlogin.jsp");
        }else{
            Integer type=(Integer) list.get("type");
            if(type.equals(0)){
                put("msg","用户身份不符");
                render("/leaderlogin.jsp");
            }else{
                Integer id=(Integer) list.get("id");
                Integer utype=(Integer) list.get("type");
                sess("uname", name);
                sess("uid", id);
                sess("utype", utype);
                jump("department/leadermain");
            }
        }
    }else{
        render("/leaderlogin.jsp");
    }
}
```

上述代码与教师职工登录并无太大不同,只是在其中加入了 if(type. equals(0))这个用户类型判断,防止一般的教师用户以管理部门方式登录。其中的 sess 方法,在较新的 YangMVC 版本中可以用 sess 方法来代替。

leaderlogin. jsp 的内容和 usrlogin. jsp 的内容基本相同,只是在标题上改为了"院系部门登录"。在实际开发中可以通过复制文件并修改的方式来创建该网页,其运行效果如图 21-7 所示。

图 21-7 院系部门登录页面

### 21.4.4 用户注册

如果没有用户,可以通过注册的方式来创建用户。在教师职工登录或院系部门登录页面都可以单击“注册”按钮,跳转到注册页面,如图 21-8 所示。注册页面由 IndexController 的 registerusr 方法来实现。对于该方法,开发这个项目的学生起名不当,一般注册可以直接用 reg 这种名字。其代码如下。

**程序清单 21-5(IndexController.java 程序片段):**

```
/*用户注册*/
public void registerusr(){
    if(isPost()){
        DBTool tool=Model.tool("usr");
        Model m=tool.create();
        String name=param("username");
        Model list=Model.tool("usr").all().eq("username", name).one();
        if(list==null){
            paramToModel(m);
            tool.save(m);
            jump("index");
        }else{
            put("msg","用户名已存在,请更换!");
        }
    }
    render("/registerusr.jsp");
}
```

其功能实现与 17.4.2 节中的添加书籍类似,都对应数据库的一个插入操作。这种功能设定其实缺少用户的审核,当游客注册用户后,需要经过审核方才可以使用系统。

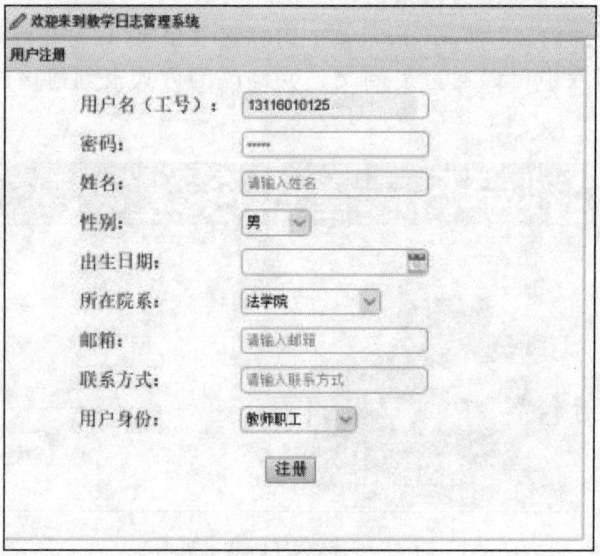

图 21-8 用户注册页面

registerusr.jsp 代码如下。

**程序清单 21-6(registerusr.jsp):**

```
<%@ page language="java" import="java.util.*" pageEncoding="utf-8"%>
<%
String path=request.getContextPath();
String basePath=request.getScheme()+"://"+request.getServerName()+":"+
request.getServerPort()+path+"/";
%>
<html>
<head>
    <base href="<%=basePath%>">
    <meta charset="utf-8">
    <link rel="stylesheet" type="text/css" href="jquery-easyui-1.4.5/themes/
    default/easyui.css">
    <link rel="stylesheet" type="text/css" href="jquery-easyui-1.4.5/themes/
    icon.css">
    <link rel="stylesheet" type="text/css" href="jquery-easyui-1.4.5/demo.
    css">
    <script type="text/javascript" src="jquery-easyui-1.4.5/jquery.min.js">
    </script>
    <script type="text/javascript" src="jquery-easyui-1.4.5/jquery.easyui.
    min.js"></script>
<style type="text/css">
    .top{
        width: auto;
        background: #ffffff;
    }
    .top_img{
        float: left;
        background: #ffffff;
        height: 102px;
    }
    .logo{
        width: 100px;
        height: 100px;
    }
    .top_title{
        width: auto;
        background: #2894ff;
    }
    .title{
        font-size: 90px;
        color: #ffffff;
        font-family: "黑体"
    }
```

```
    .bottom{
        text-align: center;
        background: #2894ff;
    }
    .bottom_text{
        font-size: 13px;
        color: #ffffff;
    }
</style>
<script type="text/javascript">
</script>
</head>
<body>
<div class="easyui-layout" style="width:auto;height:97%;">
    <div class="top" data-options="region:'north'" style="height:105px">
        <div class="top_img">
        <img class="logo" src="image/logo.jpg">
        </div>
        <div class="top_title">
        <span class="title">教学日志管理系统</span>
        </div>
    </div>
    <div data-options="region:'center',title:'欢迎来到教学日志管理系统',
    iconCls:'icon-edit'">
        <div class="easyui-panel" title="用户注册 " style="width:500px">
        <div style="padding:10px 60px 20px 60px">
            ${msg}
        <form name="ff" id="ff" method="post" action="">
    <table cellpadding="5">
    <tr>
    <td>用户名(工号): </td>
    <td><input class="easyui-textbox" type="text" name="username"
    data-options="prompt:'请输入用户名 '"></input></td>
    </tr>
    <tr>
    <td>密码: </td>
    <td><input class="easyui-textbox" type="password" name="pwd"
    data-options="prompt:'请输入密码'"></input></td>
    </tr>
    <tr>
    <td>姓名: </td>
    <td><input class="easyui-textbox" type="text" name="name"
    data-options="prompt:'请输入姓名'"></input></td>
    </tr>
```

```
<tr>
<td>性别：</td>
<td>
<select class="easyui-combobox" name="sex" style="width:60px"><option
value="男">男</option><option value="女">女</option></select>
</td>
</tr>
<tr>
<td>出生日期：</td>
<td><input class="easyui-datebox"name="birthday"></input></td>
</tr>
<tr>
<td>所在院系：</td>
<td>
<select class="easyui-combobox" name="department" style="width:120px">
<option value="法学院">法学院</option><option value="刑事司法学院">刑事司
法学院</option><option value="民商法学院">民商法学院</option><option
value="经济贸易法学院">经济贸易法学院</option><option value="警官学院">警
官学院</option><option value="商学院">商学院</option><option value="信息
学院">信息学院</option><option value="外国语学院">外国语学院</option>
<option value="传媒学院">传媒学院</option><option value="公共管理学院">公
共管理学院</option></select>
</td>
</tr>
<tr>
<td>邮箱：</td>
<td><input class="easyui-textbox" type="text" name="email"
data-options="prompt:'请输入邮箱'"></input></td>
</tr>
<tr>
<td>联系方式：</td>
<td><input class="easyui-textbox" type="text" name="phone"
data-options="prompt:'请输入联系方式 '"></input></td>
</tr>
<tr>
<td>用户身份：</td>
<td>
<select class="easyui-combobox" name="type" style="width:100px"><option
value="0">教师职工</option><option value="1">院系部门</option></select>
</td>
</tr>
</table>
<div style="text-align:center;padding:15px">
    <input type="submit" value="注册">
```

```
        </div>
    </form>
    </div>
</div>
</div>
</div>
<div class="bottom">
<span class="bottom_text">Copyright ©版权所有 第五小组 2016/03/21</span>
</div>
</body>
</html>
```

### 21.4.5 教师用户主页

当用户以教师账号登录系统后，系统跳转到用户的主页 usr/usrmain。该网页由 UsrController 类的 usrmain 方法支持。

```
程序清单 21-7(UsrController.java 片段):
/* 教师职工登录成功后的主页面 */
public void usrmain(){
    Model list=Model.tool("usr").get((Integer) sess("uid"));
    String usrname=(String) list.get("name");
    put("usrname",usrname);
    render("/usr/usrmain.jsp");
}
```

首先从代码中获取存储的用户 id，随后获取其真实姓名，并使用 put 放入 request 域，随后在 usrmain.jsp 中使用 ${username}输出。这个界面最外层是使用 easyui-panel 实现的左右框架，左侧放入了一个 easyui-tree 结构，右侧是一个 iframe。当单击左侧 iframe 时，右侧使用 JavaScript 加载相应的网页，如 loadCheckusr。教师用户页面效果如图 21-9 所示。

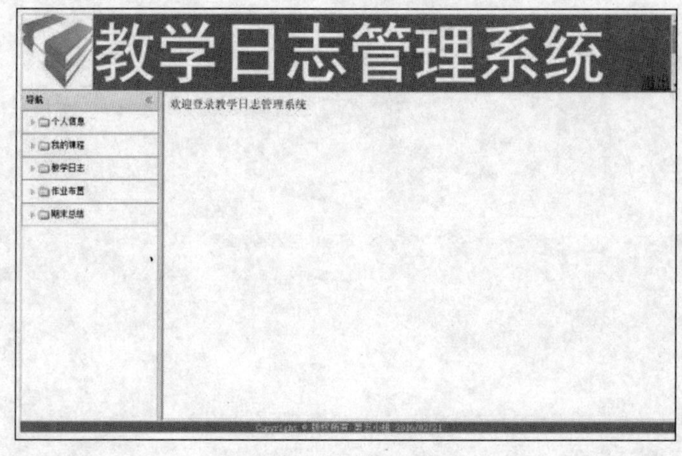


图 21-9 教师用户主页

**程序清单 21-8(usrmain.jsp):**

```
<%@ page language="java" import="java.util.*" pageEncoding="utf-8"%>
<%@ taglib prefix="c" uri="http://java.sun.com/jsp/jstl/core"%>
<%@ taglib prefix="fmt" uri="http://java.sun.com/jsp/jstl/fmt" %>
< !--当前 JSP 文件的路径为/WebRoot/view/usr/ -->
<%
String path=request.getContextPath();
String basePath=request.getScheme()+"://"+request.getServerName()+":"
+request.getServerPort()+path+"/";
%>
<html>
<head>
   <base href="<%=basePath%>">
   <meta charset="utf-8">
   <link rel="stylesheet" type="text/css" href="jquery-easyui-1.4.5/themes/
   default/easyui.css">
   <link rel="stylesheet" type="text/css" href="jquery-easyui-1.4.5/themes/
   icon.css">
   <link rel="stylesheet" type="text/css" href="jquery-easyui-1.4.5/demo.
   css">
   <script type="text/javascript" src="jquery-easyui-1.4.5/jquery.min.js">
   </script>
   <script type="text/javascript" src="jquery-easyui-1.4.5/jquery.easyui.
   min.js"></script>
<style type="text/css">
   .top{
      width: auto;
      background: #ffffff;
   }
   .top_img{
      float: left;
      background: #ffffff;
      height: 102px;
   }
   .logo{
      width: 100px;
      height: 100px;
   }
   .top_title{
      width: auto;
      background: #2894ff;
   }
   .title{
      font-size: 90px;
```

```
        color: #ffffff;
        font-family: "黑体"
    }
    .exit{
    float: right;
        padding-top: 80px;
        font-size: 20px;
        color: #ffffff;

    }
    .user{
        float: right;
        padding-top: 80px;
        padding-right:20px;
        font-size: 20px;
        color: #ffffff;
    }
    .bottom{
        text-align: center;
        background: #2894ff;
    }
    .bottom_text{
        font-size: 13px;
        color: #ffffff;
    }
</style>
<script type="text/javascript">
    function loadInfo(){
        $('#ifm').attr('src','usr/info');
    }

    function loadEditusr(){
        $('#ifm').attr('src','usr/editusr');
    }

    function loadEditpwd(){
        $('#ifm').attr('src','usr/editpwd');
    }

    function loadAllcourse(){
        $('#ifm').attr('src','course/all');
    }

    function loadAddcourse(){
```

```
        $('#ifm').attr('src','course/add');
    }

    function loadAlllog(){
        $('#ifm').attr('src','log/alllog');
    }

    function loadAddlog(){
        $('#ifm').attr('src','log/addlog');
    }

    function loadSearchlog(){
        $('#ifm').attr('src','log/searchlog');
    }

    function loadTeachlog(){
        $('#ifm').attr('src','log/teachlog');
    }

    function loadChoicelog(){
        $('#ifm').attr('src','job/choicelog');
    }

    function loadSelectlog(){
        $('#ifm').attr('src','job/selectlog');
    }

    function loadSearchsummary(){
        $('#ifm').attr('src','log/searchsummary');
    }

    function loadNotAuditsummary(){
        $('#ifm').attr('src','log/notauditsummary');
    }

    function loadAuditsummary(){
        $('#ifm').attr('src','log/auditsummary');
    }
</script>
</head>
<body>
<div class="easyui-layout" style="width:auto;height:97%;">
    <div class="top" data-options="region:'north'" style="height:105px">
        <div class="top_img">
```

```
    <img class="logo" src="image/logo.jpg">
    </div>
    <div class="top_title">
    <span class="title">教学日志管理系统</span>
    <span class="exit"><a href='usr/exit'>退出</a></span>
    <span class="user">${usrname},您好</span>
    </div>
</div>
<div data-options="region:'west',split:true" title="导航" style="width:
200px;">
    <div class="easyui-panel" style="padding:6px">
    <ul class="easyui-tree">
        <li data-options="state:'closed'">
        <span>个人信息</span>
        <ul>
        <li>
        <a onclick="loadInfo()"><span>查看个人信息</span></a>
        </li>
        <li>
        <a onclick="loadEditusr()"><span>修改个人信息</span> </a>
        </li>
        <li>
        <a onclick="loadEditpwd()"><span>修改密码</span></a>
        </li>
        </ul>
        </li>
    </ul>
    </div>
    <div class="easyui-panel" style="padding:6px">
    <ul class="easyui-tree">
        <li data-options="state:'closed'">
        <span>我的课程</span>
        <ul>
        <li>
        <a onclick="loadAllcourse()"><span>课程信息 </span></a>
        </li>
        <li>
        <a onclick="loadAddcourse()"><span>添加课程 </span></a>
        </li>
        </ul>
        </li>
    </ul>
    </div>
    <div class="easyui-panel" style="padding:6px">
```

```
<ul class="easyui-tree">
    <li data-options="state:'closed'">
    <span>教学日志</span>
    <ul>
    <li>
    <a onclick="loadAlllog()"><span>查看教学日志表</span></a>
    </li>
    <li>
    <a onclick="loadAddlog()"><span>新建教学日志表</span></a>
    </li>
    <li>
    <a onclick="loadSearchlog()"><span>新建教学日志项</span></a>
    </li>
    <li>
    <a onclick="loadTeachlog()"><span>历史教学日志项</span></a>
    </li>
    </ul>
    </li>
</ul>
</div>
<div class="easyui-panel" style="padding:6px">
<ul class="easyui-tree">
    <li data-options="state:'closed'">
    <span>作业布置</span>
    <ul>
    <li>
    <a onclick="loadChoicelog()"><span>新建作业布置</span></a>
    </li>
    <li>
    <a onclick="loadSelectlog()"><span>历史作业布置</span></a>
    </li>
    </ul>
    </li>
</ul>
</div>
<div class="easyui-panel" style="padding:6px">
<ul class="easyui-tree">
    <li data-options="state:'closed'">
    <span>期末总结</span>
    <ul>
    <li>
    <a onclick="loadSearchsummary()"><span>新建期末总结</span></a>
    </li>
    <li>
```

```
            <a onclick="loadNotAuditsummary()"><span>待评价期末总结</span></a>
            </li>
            <li>
            <a onclick="loadAuditsummary()"><span>已评价期末总结</span></a>
            </li>
            </ul>
            </li>
        </ul>
        </div>
    </div>
    <div data-options="region:'center',title:'',iconCls:'icon-ok'">
    <iframe id='ifm'  src="welcome" width="99%" height="99%"></iframe>
    </div>
    </div>
<div class="bottom">
<span class="bottom_text">Copyright ©版权所有 第五小组 2016/03/21</span>
</div>
</body>
</html>
```

### 21.4.6 查看个人信息

在用户主页左侧选择"个人信息"→"查看个人信息",会进入个人信息页面。"查看个人信息"是一个链接,用户单击它的时候,它会调用 loadInfo 方法,这个方法中,使用 jQuery 的 attr 方法改变了界面右侧的 iframe 的 src 属性,使其加载新的网页。此链接记载了 usr/info 页面。它由 UsrController 的 info 方法支持。

**程序清单 21-9(UsrController.java 片段):**

```
public void info(){
    Integer uid=(Integer)sess("uid");
    DBTool tool=Model.tool("usr");
    LasyList list=tool.all().eq("id", uid);
    put("usr",list);
    render("/usr/info.jsp");
}
```

首先根据 sess 获取当前用户的 id,查询得到当前用户的信息,并使用 put 方法加入 request 域,调用/usr/info.jsp 显示。该文件的内容如下。

**程序清单 21-10(info.jsp):**

```
<%@ page language="java" import="java.util.*" pageEncoding="utf-8"%>
<%@ taglib prefix="c" uri="http://java.sun.com/jsp/jstl/core" %>
<%
String path=request.getContextPath();
```

```
String basePath=request.getScheme()+"://"+request.getServerName()+":
"+request.getServerPort()+path+"/";
%>
<!DOCTYPE html>
<html>
<head>
<base href="<%=basePath%>">
<meta charset="utf-8">
    <link rel="stylesheet" type="text/css" href="jquery-easyui-1.4.5/themes/
    default/easyui.css">
    <link rel="stylesheet" type="text/css" href="jquery-easyui-1.4.5/themes/
    icon.css">
    <link rel="stylesheet" type="text/css" href="jquery-easyui-1.4.5/demo.
    css">
    <script type="text/javascript" src="jquery-easyui-1.4.5/jquery.min.js">
    </script>
    <script type="text/javascript" src="jquery-easyui-1.4.5/jquery.easyui.
    min.js"></script>
</head>
<body>
    <div style="margin:20px 0;"></div>
    <table class="easyui-datagrid" title="个人信息" style="width:100%;height:95%"
            data-options="singleSelect:true,collapsible:true,method:'get'">
    <thead>
    <tr>
    <th data-options="field:'name',width:150">姓名</th>
    <th data-options="field:'sex',width:150">性别</th>
    <th data-options="field:'birthday',width:200">生日</th>
    <th data-options="field:'department',width:200">所属院系</th>
    <th data-options="field:'email',width:200">邮箱</th>
    <th data-options="field:'phone',width:200">联系方式</th>
    </tr>
    </thead>
    <c:forEach var='u' items="${usr}">
        <tr>
            <td>${u.name}</td>
            <td>${u.sex}</td>
            <td>${u.birthday}</td>
            <td>${u.department}</td>
            <td>${u.email}</td>
            <td>${u.phone}</td>
        </tr>
    </c:forEach>
    </table>
```

```
</body>
</html>
```

上述代码中使用了JSTL的<c:forEach>标签来输出内容,在使用此标签之前,需要在开头部分加入taglib的声明,见代码第2行,效果如图21-10所示。

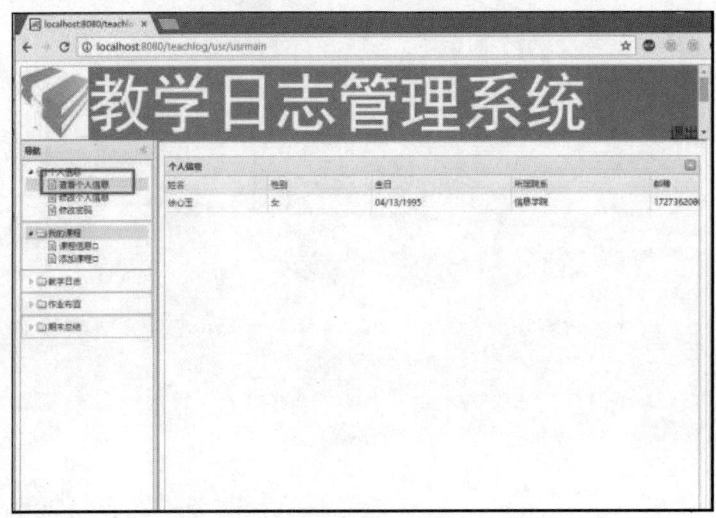


图21-10　个人信息页面

### 21.4.7　修改个人信息

修改个人信息的功能在usr/editusr中实现,这个url映射的方法为UsrController的editusr方法。其代码如下。

**程序清单21-11(UsrController.java片段):**

```
public void editusr(){
    if(isPost()){
        Integer uid=(Integer)sess("uid");
        DBTool tool=Model.tool("usr");
        Model m=tool.get(uid);
        paramToModel(m);
        tool.save(m);
        jump("checkusr");
        return;
    }
    render("/usr/editusr.jsp");
}
```

当用户单击链接访问该页面时,浏览器发出GET请求,这个方法执行render()显示editusr.jsp页面。当表单提交时,这个方法执行isPost分支中的代码,进行数据保存。editusr.jsp的内容如下。

**程序清单 21-12(editusr.jsp):**

```
<%@ page language="java" import="java.util.*" pageEncoding="utf-8"%>
<%@ taglib prefix="c" uri="http://java.sun.com/jsp/jstl/core" %>
<%
String path=request.getContextPath();
String basePath=request.getScheme()+"://"+request.getServerName()+":"+
request.getServerPort()+path+"/";
%>
<!DOCTYPE HTML PUBLIC "-//W3C//DTD HTML 4.01 Transitional//EN">
<html>
<head>
    <base href="<%=basePath%>">
<meta charset="utf-8">
    <link rel="stylesheet" type="text/css" href="jquery-easyui-1.4.5/themes/
    default/easyui.css">
    <link rel="stylesheet" type="text/css" href="jquery-easyui-1.4.5/themes/
    icon.css">
    <link rel="stylesheet" type="text/css" href="jquery-easyui-1.4.5/demo.
    css">
    <script type="text/javascript" src="jquery-easyui-1.4.5/jquery.min.js">
    </script>
    <script type="text/javascript" src="jquery-easyui-1.4.5/jquery.easyui.
    min.js"></script>
</head>
<body>
<div style="margin:20px 0;"></div>
<div class="easyui-panel" title="修改个人信息" style="width:600px">
<div style="padding:10px 60px 20px 60px">
    <form id="ff" name="ff" method="post" action="">
    <table cellpadding="5">
        <tr>
        <td>姓名:</td>
        <td><input class="easyui-textbox" type="text" name="name"></input>
        </td>
        </tr>
        <tr>
        <td>性别: </td>
        <td>
        <select class="easyui-combobox" name="sex" style="width:60px">
        <option value="男">男</option><option value="女">女</option>
        </select>
        </td>
        </tr>
        <tr>
```

```
        <td>出生日期：</td>
        <td><input class="easyui-datebox"name="birthday"></input></td>
        </tr>
        <tr>
            <td>所在院系：</td>
        <td>
            <select class="easyui-combobox" name="department" style="width:
            140px"><option value="法学院">法学院</option>
            <option value="刑事司法学院">刑事司法学院</option>
            <option value="民商法学院">民商法学院</option>
            <option value="经济贸易法学院">经济贸易法学院</option>
            <option value="警官学院">警官学院</option>
            <option value="商学院">商学院</option>
            <option value="信息学院">信息学院</option>
            <option value="外国语学院">外国语学院</option>
            <option value="传媒学院">传媒学院</option>
            <option value="公共管理学院">公共管理学院</option>
            </select></td>
        </tr>
        <tr>
            <td>邮箱：</td>
        <td><input class="easyui-textbox" type="text" name="email"></input>
        </td>
        </tr>
        <tr>
            <td>联系方式：</td>
        <td><input class="easyui-textbox" type="text" name="phone"></input>
        </td>
        </tr>
    </table>
<div style="text-align:center;padding:15px">
    <input type="submit" value="保存"/>
</div>
</form>
</div>
</div>
<script language="javascript">
    $(document).ready(function(){
        $('#ff').form('load','usr/usrjson');
    });
</script>
</body>
</html>
```

其中，使用表格进行布局，在页面后部，使用$(document). ready来设置当页面加载完成后执行 easyui-form 的 form 方法，加载 usr/usrjson 的数据作为表单的初始数据。这个页面由 UsrController 中的 usrjson 方法支持，其作用是从数据库中获取当前用户的 json 数据并以 json 格式输出。

**程序清单 21-13(UsrController.java 片段)：**

```
public void usrjson(){
    Integer uid=(Integer)sess("uid");
    DBTool tool=Model.tool("usr");
    Model m=tool.get(uid);
    outputJSON(m);
}
```

其效果图如图 21-11 所示。

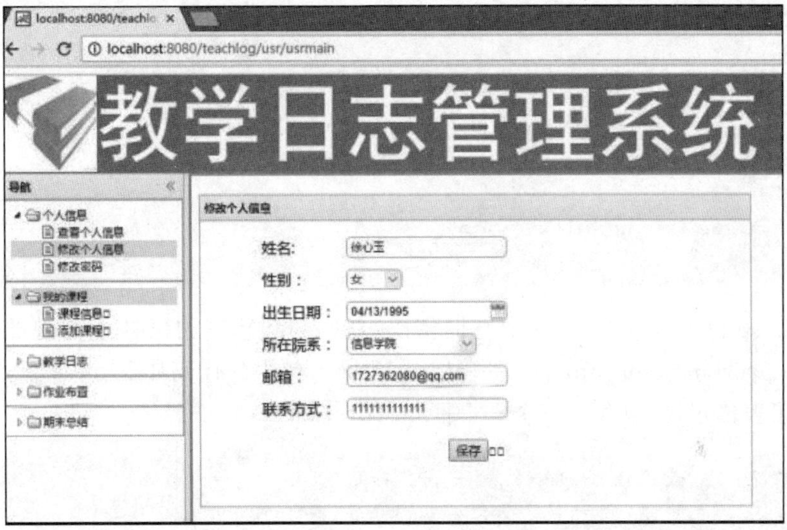

图 21-11 修改个人信息页面

### 21.4.8 修改密码

无论何种系统，修改密码功能都不可或缺。系统在 usr/editpwd 中实现了该功能。根据映射规则，它由 UsrController 的 editpwd 方法实现。该方法同样对 GET 和 POST 请求做了不同处理。GET 请求时处理界面，而 POST 请求时保存数据。首先使用 sess 方法获取 session 域的 uid 变量，如果是 POST 请求，则获取用户输入的旧密码、新密码和重复密码。如果旧密码与数据库中密码一致且新密码与重复密码一致，则修改数据库中的密码。

**程序清单 21-14(UsrController.java 片段)：**

```
/*教师职工修改个人密码*/
    public void editpwd(){
        Integer uid=(Integer)sess("uid");
        if(isPost()){
```

```
        String usedpwd=param("usedpwd");
        String newpwd=param("newpwd");
        String pwdagain=param("pwdagain");
        DBTool tool=Model.tool("usr");
        Model m=tool.get(uid);
        String mpwd=(String) m.get("pwd");
        if(usedpwd.equals(mpwd)){
            if(newpwd.equals(pwdagain)){
                m.put("pwd", newpwd);
                tool.save(m);
                render("/usr/parentjump.jsp");
                return;
            }else{
                put("msg","两次输入的新密码不一致");
            }
        }else{
            put("msg","旧密码错误");
        }
    }
    render("/usr/editpwd.jsp");
}
```

editpwd.jsp 包含一个表单，其中有旧密码、新密码和重复密码 3 个关键的<input>。代码的<head>部分与 editinfo.jsp 完全相同，<body>中的代码如下。该代码看似复杂其实就是使用了表格布局，包含了三个文本框和两个按钮。

**程序清单 21-15(editinfo.jsp 片段):**

```
<form name="ff" id="ff" method="post" action="">
<table cellpadding="5">
    <tr>
    <td>旧密码:</td>
    <td><input class="easyui-textbox" type="password"
        name="usedpwd"></input></td>
    </tr>
    <tr>
    <td>新密码:</td>
    <td><input class="easyui-textbox" type="password"
            name="newpwd"></input></td>
    </tr>
    <tr>
    <td>新密码确认:</td>
    <td><input class="easyui-textbox" type="password"
            name="pwdagain"></input></td>
    </tr>
```

```
</table>
<div style="text-align:center;padding:15px">
    <input class="easyui-linkbutton" type="submit" value="保存"/>
    </div>
</form>
```

### 21.4.9 用户退出

系统通过 session 记录用户的登录状态，当用户退出时，必须清楚 session 中的相应变量。在本系统中，当用户登录成功时，在 session 中添加 uid 变量记录当前用户的 id，退出时需要清除该变量。用户在后台主页单击退出链接退出系统，该链接 href 属性为 usr/exit，由 UsrController 的 exit 方法支持。方法中清楚 session 后跳转到主界面。

```
程序清单 21-16(UsrController.java 片段)：
public void exit(){
    removeSession("uid");
    jump("../index");
}
```

## 21.5 课程管理

### 21.5.1 课程信息

系统维护一个课程列表。系统在 CourseController 的 all 方法中实现。它实现的功能很简单，就是查询课程表得到所有的课程信息并使用 JSTL 输出。

```
程序清单 21-17(CourseController.java 片段)
public void all(){
    DBTool tool=Model.tool("course");
    LasyList list=tool.all();
    put("course",list);
    render("/course/allcourse.jsp");
}
```

```
程序清单 21-18(course/allcourse.jsp 核心代码)：
<table class="easyui-datagrid" title="课程信息" style="width:100%;height:95%"
        data-options="singleSelect:true,collapsible:true,method:'get'">
<thead>
<tr>
<th data-options="field:'name',width:500">课程名称</th>
<th data-options="field:'type',width:500">课程类型</th>
```

```
</tr>
</thead>
<c:forEach var='c' items="${course}">
    <tr>
        <td>${c.name}</td>
        <td>${c.type}</td>
    </tr>
</c:forEach>
</table>
```

### 21.5.2 课程添加

课程添加和用户注册的实现很相似。页面上提供一个表单,后台处理提交时进行数据库添加。CourseController 中 add 方法实现这一功能。

```
程序清单 21-19(CourseController.java 片段):
/*课程添加*/
public void add(){
    if(isPost()){
        String name=param("name");
        String type=param("type");
        DBTool tool=Model.tool("course");
        Model m=tool.create();
        Model list=Model.tool("course").all().eq("name", name).eq("type",
        type).one();
        if(list==null){
            paramToModel(m);
            tool.save(m);
            jump("all");
            return;
        }else{
            put("msg","已有该课程,不需要再添加了");
        }
    }
    render("/course/newcourse.jsp");
}
```

在处理提交时,首先判断这个课程是否已存在,如果不存在则添加,否则提示用户说这个课程已存在。那么如何判断课程是否存在呢?就是查询数据库中相应的行,如果结果为 null,则说明不存在。newcourse.jsp 的内容如下。

```
程序清单 21-20(newcourse.jsp):
<%@ page language="java" import="java.util.*" pageEncoding="utf-8"%>
<%
String path=request.getContextPath();
```

```
String basePath = request.getScheme () + "://" + request.getServerName () + ":" +
request.getServerPort()+path+"/";
%>
<!DOCTYPE HTML PUBLIC "-//W3C//DTD HTML 4.01 Transitional//EN">
<html>
<head>
    <base href="<%=basePath%>">
<meta charset="utf-8">
    <link rel="stylesheet" type="text/css" href="jquery-easyui-1.4.5/themes/
    default/easyui.css">
    <link rel="stylesheet" type="text/css" href="jquery-easyui-1.4.5/themes/
    icon.css">
    <link rel="stylesheet" type="text/css" href="jquery-easyui-1.4.5/demo.
    css">
    <script type="text/javascript" src="jquery-easyui-1.4.5/jquery.min.js">
    </script>
    <script type="text/javascript" src="jquery-easyui-1.4.5/jquery.easyui.
    min.js"></script>
<script type="text/javascript">

</script>
</head>

<body>
    <div class="easyui-panel" title="新添课程" style="width:500px">
    <div style="padding:10px 60px 20px 60px">
        ${msg}
    <form name="ff" id="ff" method="post">
    <table cellpadding="5">
    <tr>
    <td>课程名称：</td>
    <td><input class="easyui-textbox" type="text" name="name" data-options=
    "prompt:'请输入课程名称'"></input></td>
    </tr>
    <tr>
    <td>课程性质：</td>
    <td>
    <select class="easyui-combobox" style="width:130px" name="type">
    <option value="专业必修课">专业必修课</option>
    <option value="专业选修课">专业选修课</option>
    <option value="实践选修课">实践选修课</option>
    <option value="公共选修课">公共选修课</option>
</select>
                    </td>
    </tr>
    </table>
    <div style="text-align:center;padding:15px">
        <input type="submit" value="保存">
```

```
        </div>
    </form>
    </div>
    </div>
</body>
</html>
```

# 21.6 教学日志管理

## 21.6.1 查看所有教学日志

查看所有教学日志功能允许教师查看所有已存在的教学日志的列表。每个课程在每个学年都有一个教学日志,所以同一门课程可能包含多本教学日志。教学日志大部分功能都在 LogController 中实现。在 org.demo 下建立 LogController,并添加 alllog 方法。

**程序清单 21-21(LogController.java 片段):**

```
/*查看自己所属院系中所有老师的教学日志表信息*/
public void alllog(){
    DBTool t=Model.tool("usr");
    Integer uid=(Integer)sess("uid");
    Model m=t.get(uid);
    String department=(String) m.get("department");
    DBTool tool=Model.tool("teachlog");
    LasyList list=tool.fromSQL("select * from teachlog t join usr u on t.uid=u.
    id where u.department='"+department+"'");
    put("loglist",list);
    render("/log/alllog.jsp");
}
```

其中,使用 DBTool 的 fromSQL 方法通过传入原生的 SQL 进行了一个关联表查询。alllog.jsp 仍然使用<c:forEach>标签输出列表。此例代码不再给出。大家可以尝试自行实现,也可以在附带的代码中查看项目中源码。"查看教学日志"页面如图 21-12 所示。

图 21-12 "查看教学日志"页面

### 21.6.2 新建教学日志

新建教学日志功能允许用户添加一本教学日志。其实现和前面的用户注册或者课程添加基本相同。LogController 的 addlog 方法如下。

**程序清单 21-22(LogController.java 片段):**

```
public void addlog(){
    if(isPost()){
        Integer uid=(Integer)sess("uid");
        Integer cid=paramInt("cid");
        String year=param("year");
        String term=param("term");
        DBTool ltool=Model.tool("teachlog");
        Model list=ltool.all().eq("uid", uid).eq("cid", cid)
            .eq("year", year).eq("term", term).one();
        if(list==null){
            Model m=ltool.create();
            paramToModel(m);
            ltool.save(m);
            jump("alllog");
            return;
        }else{
            put("msg","该教学日志表已经存在");
        }
    }
    Integer uid=(Integer)sess("uid");
    DBTool tool=Model.tool("course");
    LasyList clist=tool.all();
    put("course",clist);
    put("uid",uid);
    render("/log/newlog.jsp");
}
```

如果一门课在一个学年已经有一本教学日志了,则告诉用户该日志已存在,否则执行插入操作,并使用 jump 跳转到 alllog 页面。newlog.jsp 的内容如下。

**程序清单 21-23(newlog.jsp):**

```
<%@ page language="java" import="java.util.*" pageEncoding="utf-8"%>
<%@ taglib prefix="c" uri="http://java.sun.com/jsp/jstl/core"%>
<%
    String path=request.getContextPath();
    String basePath=request.getScheme()+"://"+request.getServerName()+":
    "+request.getServerPort()+path+"/";
%>
```

```
<!DOCTYPE HTML PUBLIC "-//W3C//DTD HTML 4.01 Transitional//EN">
<html>
<head>
<base href="<%=basePath%>">
<meta charset="utf-8">
<link rel="stylesheet" type="text/css"
   href="jquery-easyui-1.4.5/themes/default/easyui.css">
<link rel="stylesheet" type="text/css"
   href="jquery-easyui-1.4.5/themes/icon.css">
<link rel="stylesheet" type="text/css"
   href="jquery-easyui-1.4.5/demo.css">
<script type="text/javascript" src="jquery-easyui-1.4.5/jquery.min.js">
</script>
<script type="text/javascript"
   src="jquery-easyui-1.4.5/jquery.easyui.min.js"></script>
</head>

<body>
   ${msg}
   <div class="easyui-panel" title="新建教学日志表" style="width:500px">
      <div style="padding:10px 60px 20px 60px">
         <form name="ff" id="ff" method="post" action="">
            <table cellpadding="5">
               <tr>
                  <td>课程名称：</td>
                  <td><select class="easyui-combobox" name="cid">
                        <c:forEach var='c' items="${course}">
                           <option value="${c.id}">${c.name}</option>
                        </c:forEach>
                  </select>
                  </td>
                  <td><input type="text" name="uid" value="${uid}"
                     style="display:none"></input>
                  </td>
               </tr>
               <tr>
                  <td>学年：</td>
                  <td><select class="easyui-combobox" name="year"
                     style="width:70px">
                        <option value="2016">2016</option>
                        <option value="2017">2017</option>
                        <option value="2018">2018</option>
                        <option value="2019">2019</option>
                        <option value="2020">2020</option>
```

```
                    <option value="2021">2021</option>
                    <option value="2022">2022</option>
                    <option value="2023">2023</option>
                    <option value="2024">2024</option>
                    <option value="2025">2025</option>
                    <option value="2026">2026</option>
                </select>
                </td>
            </tr>
            <tr>
                <td>学期：</td>
                <td><select class="easyui-combobox" name="term"
                    style="width:80px">
                        <option value="上学期">上学期</option>
                        <option value="下学期">下学期</option>
                </select>
                </td>
            </tr>
            <tr>
                <td>授课周数：</td>
                <td><input class="easyui-textbox" type="text"
                name="weeknum">
                    </input>
                </td>
            </tr>
            <tr>
                <td>选课学生人数：</td>
                <td><input class="easyui-textbox" type="text"
                    name="studentnum"></input></td>
                <td><input type="text" name="audit" value="0"
                    style="display:none"></input>
                </td>
                <td><input type="text" name="summary" value="0"
                    style="display:none"></input>
                </td>
                <td><input type="text" name="content" value="0"
                    style="display:none"></input>
                </td>
                <td><input type="text" name="job" value="0"
                    style="display:none"></input>
                </td>
            </tr>
        </table>
        <div style="text-align:center;padding:5px">
```

```
                    <input type="submit" value="保存" >
                </div>
            </form>
        </div>
    </div>
</body>
</html>
```

页面效果如图21-13所示。

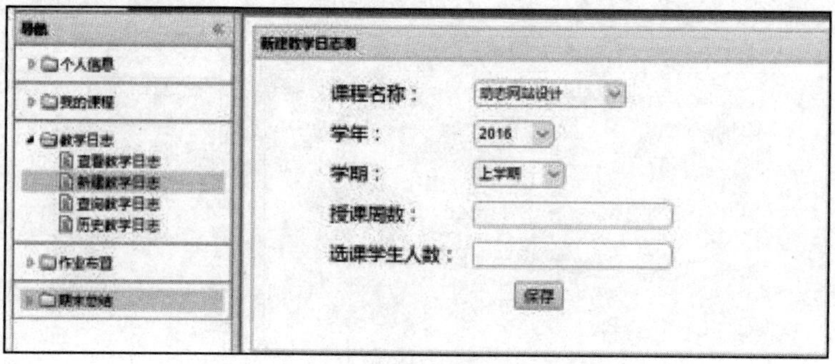

图21-13　新建教学日志页面

### 21.6.3　查询教学日志

有时候需要根据某些条件进行教学日志的查询。在LogController中添加方法searchlog。

**程序清单21-24(LogController.java片段)：**

```
public void searchlog(){
    DBTool tool=Model.tool("course");
    LasyList clist=tool.all();
    put("course",clist);
    if(isPost()){
        String cid=param("cid");
        String year=param("year");
        String term=param("term");
        sess("cid", cid);
        sess("lyear", year);
        sess("lterm", term);
        jump("findlog");
    }
    render("/log/searchlog.jsp");
}
```

这个页面只是简单地将3个参数存储到session之中，由findlog显示内容。

**程序清单 21-25(LogController.java 片段):**

```
public void findlog(){
    Integer uid=(Integer)sess("uid");
    String cid=(String)sess("cid");
    String year=(String)sess("lyear");
    String term=(String)sess("lterm");
    DBTool tool=Model.tool("teachlog");
    LasyList loglist=tool.all().eq("uid", uid).eq("cid", cid)
        .eq("year", year).eq("term", term);
    if(loglist.size()!=0){
        put("loglist",loglist);
        render("/log/findlog.jsp");
    }else{
        put("mmm", "没有找到该本教学日志!请重新查询");
        render("/log/findlog.jsp");
    }
}
```

searchlog.jsp 中包含一个表单,表单中有 3 个下拉列表,如下。

**程序清单 21-26(searchlog.jsp):**

```
<%@ page language="java" import="java.util.*" pageEncoding="utf-8"%>
<%@ taglib prefix="c" uri="http://java.sun.com/jsp/jstl/core"%>
<%
String path=request.getContextPath();
String basePath=request.getScheme()+"://"+request.getServerName()+":"+
request.getServerPort()+path+"/";
%>

<!DOCTYPE HTML PUBLIC "-//W3C//DTD HTML 4.01 Transitional//EN">
<html>
<head>
<base href="<%=basePath%>">
    <meta charset="utf-8">
    <link rel="stylesheet" type="text/css" href="jquery-easyui-1.4.5/themes/
    default/easyui.css">
    <link rel="stylesheet" type="text/css" href="jquery-easyui-1.4.5/themes/
    icon.css">
    <link rel="stylesheet" type="text/css" href="jquery-easyui-1.4.5/demo.
    css">
    <script type="text/javascript" src="jquery-easyui-1.4.5/jquery.min.js">
    </script>
    <script type="text/javascript" src="jquery-easyui-1.4.5/jquery.easyui.
    min.js"></script>
</head>
```

```
<body>
<div class="easyui-panel" title="查询已有日志表" style="width:500px">
    <div style="padding:10px 60px 20px 60px">
<form name="ff" id="ff" method="post" action="">
<table cellpadding="5">
<tr>
    <td>课程名称：</td>
    <td>
    <select class="easyui-combobox" name="cid" style="width:140px">
    <c:forEach var='c' items="${course}">
        <option value="${c.id}">${c.name} </option>
    </c:forEach>
    </select>
        </td>
    </tr>
    <tr>
        <td>授课学年：</td>
        <td>
        <select class="easyui-combobox" name="year" style="width:70px">
            <option value="2016">2016</option>
            <option value="2017">2017</option>
            <option value="2018">2018</option>
            <option value="2019">2019</option>
            <option value="2020">2020</option>
            <option value="2021">2021</option>
            <option value="2022">2022</option>
            <option value="2023">2023</option>
            <option value="2024">2024</option>
            <option value="2025">2025</option>
            <option value="2026">2026</option>
        </select>
        </td>
    </tr>
    <tr>
        <td>授课学期：</td>
        <td>
        <select class="easyui-combobox" name="term" style="width:90px">
            <option value="上学期">上学期</option>
            <option value="下学期">下学期</option>
        </select>
        </td>
    </tr>
</table>
<div style="text-align:center;padding:5px">
    <input type="submit" value="查询">
```

```
        </div>
        </form>
    </div>
    </div>
    </body>
    </html>
```

findlog.jsp 的主要内容。

```
<table class="easyui-datagrid" title="历史日志表" style="width:100%;height:95%"
        data-options="singleSelect:true,collapsible:true,method:'get'">
<thead>
    <tr>
        <th data-options="field:'name',width:200">课程名称</th>
        <th data-options="field:'year',width:200">授课学年</th>
        <th data-options="field:'term',width:200">授课学期</th>
        <th data-options="field:'weeknum',width:200">授课周数</th>
        <th data-options="field:'studentnum',width:200">选课学生人数</th>
        <th data-options="field:'button1',width:150">操作</th>
    </tr>
</thead>
        ${mmm}
    <c:forEach var='l' items="${loglist}">
        <tr>
            <td>${l.cid__obj.name}</td>
            <td>${l.year}</td>
            <td>${l.term}</td>
            <td>${l.weeknum}</td>
            <td>${l.studentnum}</td>
            <td><a href='log/addlogitem id=${l.id}'>新建日志项</a></td>
        </tr>
    </c:forEach>
</table>
```

### 21.6.4 我的未完成日志

我的未完成日志功能显示还没有完成的教学日志，其页面与查看所有教学日志基本相同，但显示的数据为自己未完成的日志。

**程序清单 21-27(LogController.java 片段)：**

```
public void teachlog(){
    Integer uid=(Integer)session.getAttribute("uid");
    DBTool tool=Model.tool("teachlog");
    LasyList list=tool.all().eq("uid", uid).gt("content", 0);
```

```
    put("loglist",list);
    render("/log/teachlog.jsp");
}
```

页面部分可以模仿查看所有教学日志进行编写,其核心代码如下。

**程序清单 21-28(teachlog.jsp 片段):**

```
<c:forEach var='l' items="${loglist}">
    <tr>
        <td>${l.cid_obj.name}</td>
        <td>${l.year}</td>
        <td>${l.term}</td>
        <td>${l.weeknum}</td>
        <td>${l.studentnum}</td>
        <td><a href='log/logitem id=${l.id}'>进入教学日志</a>
        <a href='log/addlogitem id=${l.id}'>添加日志</a></td>
    </tr>
</c:forEach>
```

其中包含了查看教学日志和添加教学日志的功能。页面效果如图 21-14 所示。

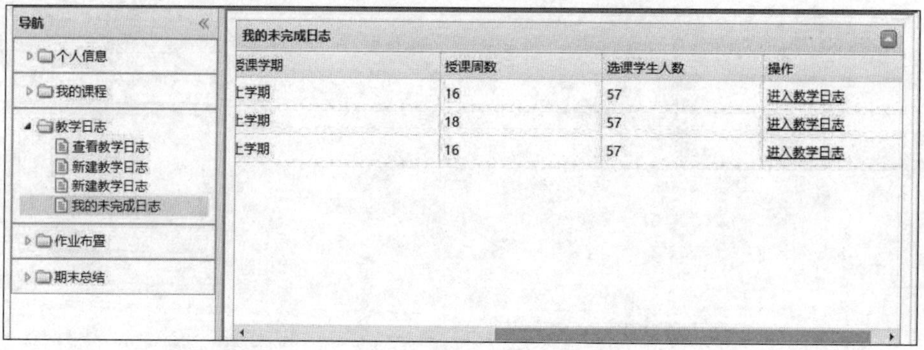

图 21-14 “我的未完成日志”页面

### 21.6.5 教学日志信息

单击图 21-14 的“进入教学日志”项目,可以进入教学日志项的页面。这个页面包含了记录在这本教学日志中的信息。其功能在 LogController 的 logitem 方法中实现。

**程序清单 21-29(LogController.java 片段):**

```
public void logitem(){
    String lid=param("id");
    //这里缺少判断这个教学日志是否是当前用户的代码,请自行添加
    DBTool tool=Model.tool("logitem");
    LasyList list=tool.all().eq("lid", lid);
    put("list",list);
    render("/log/logitem.jsp");
}
```

上述代码根据参数中传来的 id,查询 logitem 表,并将获取到的数据显示在 logitem.jsp 中。

练习:这个代码缺少一个重要的判断,那就是判断这本教学日志是否是当前用户的教学日志。怎么判断呢?根据 id 的值查询得到 teachlog 表,然后查看查询结果中 uid 是否与 session 中存储的 uid 一致。如果一致,则是当前用户的教学日志;如果不一致,则不是当前用户的教学日志,当前用户无权限修改,这样就需要给出错误提示。请自行实现这段代码。

logitem.jsp 的核心代码如下。

```
程序清单 21-30(logitem.jsp 片段):
<c:forEach var='l' items="${list}">
<tr>
    <td>${l.time}</td>
    <td>${l.classhour}</td>
    <td>${l.chapter}</td>
    <td>${l.plan}</td>
    <td>${l.practically}</td>
    <td><a href='log/editlogitem id=${l.id}&lid=${l.lid}'>修改</a></td>
    <td><a href='log/deletelogitem id=${l.id}&lid=${l.lid}'>删除</a></td>
    </tr>
</c:forEach>
```

效果图如图 21-15 所示。

教学日志信息

| 时间 | 课时数 | 章(节) | 计划 | 实施 | 操作 | 操作 |
| --- | --- | --- | --- | --- | --- | --- |
| 第一周 | 2 | 动态网站第一章XXXXXX | 动态网站第一章计划XXXXX | 动态网站第一章实施 XXXXX | 修改 | 删除 |

图 21-15 教学日志信息页面

### 21.6.6 修改教学日志项

单击图 21-15 中的"修改"链接可以跳转到修改页面。修改页面是一个简单的表单,其实现与"修改个人信息"功能类似。其代码如下。

```
程序清单 21-31(LogController.java 片段):
/* 修改某个教学日志项 */
public void editlogitem(){
    Integer id=paramInt("id");
    session.setAttribute("lid", id);
    if(isPost()){
        DBTool tool=Model.tool("logitem");
        Model m=tool.get(id);
        paramToModel(m);
        tool.save(m);
        Integer logid=paramInt("lid");
```

```
        LasyList list=tool.all().eq("lid", logid);
        put("list",list);
        render("/log/logitem.jsp");
        return;
    }
    render("/log/editlogitem.jsp");
}
```

editlogitem.jsp 的代码如下。

**程序清单 21-32(editlogitem.jsp 片段):**

```
<%@ page language="java" import="java.util.*" pageEncoding="utf-8"%>
<%
    String path=request.getContextPath();
    String basePath=request.getScheme()+"://"+request.getServerName()+":
    "+request.getServerPort()+path+"/";
%>
<!DOCTYPE HTML PUBLIC "-//W3C//DTD HTML 4.01 Transitional//EN">
<html>
<head>
<base href="<%=basePath%>">
<meta charset="utf-8">
<link rel="stylesheet" type="text/css"
    href="jquery-easyui-1.4.5/themes/default/easyui.css">
<link rel="stylesheet" type="text/css"
    href="jquery-easyui-1.4.5/themes/icon.css">
<link rel="stylesheet" type="text/css"
    href="jquery-easyui-1.4.5/demo.css">
<script type="text/javascript" src="jquery-easyui-1.4.5/jquery.min.js">
</script>
<script type="text/javascript"
    src="jquery-easyui-1.4.5/jquery.easyui.min.js">
    </script>
</head>
<body>
    <div class="easyui-panel" title="修改日志项" style="width:600px">
        <div style="padding:10px 60px 20px 60px">
            <form id="ff" name="ff" method="post" action="">
                <table cellpadding="5">
                    <tr>
                        <td>时间:</td>
                        <td><select class="easyui-combobox" name="time">
                                <option value="第一周">第一周</option>
                                <option value="第二周">第二周</option>
                                <option value="第三周">第三周</option>
```

```
                <option value="第四周">第四周</option>
                <option value="第五周">第五周</option>
                <option value="第六周">第六周</option>
                <option value="第七周">第七周</option>
                <option value="第八周">第八周</option>
                <option value="第九周">第九周</option>
                <option value="第十周">第十周</option>
                <option value="第十一周">第十一周</option>
                <option value="第十二周">第十二周</option>
                <option value="第十三周">第十三周</option>
                <option value="第十四周">第十四周</option>
                <option value="第十五周">第十五周</option>
                <option value="第十六周">第十六周</option>
                <option value="第十七周">第十七周</option>
                <option value="第十八周">第十八周</option>
        </select></td>
    </tr>
    <tr>
        <td>课时数:</td>
        <td><select class="easyui-combobox" name="classhour"
            style="width:50px">
                <option value="1">1</option>
                <option value="2">2</option>
                <option value="3">3</option>
                <option value="4">4</option>
                <option value="5">5</option>
        </select></td>
    </tr>
    <tr>
        <td>章(节):</td>
        <td><input class="easyui-textbox" type="text" name=
        "chapter"
            data-options="prompt:'请输入章节'"></input>
        </td>
    </tr>
    <tr>
        <td>计划:</td>
        <td><input class="easyui-textbox" type="text" name=
        "plan"
            data-options="prompt:'请输入计划内容'"></input>
            </td>
    </tr>
    <tr>
        <td>实施:</td>
        <td><input class="easyui-textbox" type="text"
```

```
                                name="practically" data-options="prompt:'请输入实施
                                 内容'"></input></td>
                        </tr>
                    </table>
                    <div style="text-align:center;padding:15px">
                        <input type="submit" value="保存" />
                    </div>
                </form>
            </div>
        </div>
        <script language="javascript">
            $(document).ready(function() {
                $('#ff').form('load', 'log/logitemjson id=${param.id}');
            });
        </script>
</body>
</html>
```

### 21.6.7 删除教学日志项

在图 21-15 中的页面单击项目后的“删除”链接,可以触发删除功能,其实现代码如下。

**程序清单 21-33(LogController.java 片段):**

```
public void deletelogitem(){
    Integer id=paramInt("id");
    Model.tool("logitem").del(id);
    Integer logid=paramInt("lid");
    DBTool teachtool=Model.tool("teachlog");
    Model mteach=teachtool.get(logid);
    Integer content=(Integer) mteach.get("content");
    Integer newcontent=content-1;
    mteach.put("content", newcontent);
    teachtool.save(mteach);
    jump("logitem id="+logid);
}
```

上述代码首先根据 id 参数删除了 logitem 中的项目,随后将 teachlog 中的计数字段 content 减 1,随后跳转到列表页。

## 21.7 期末总结管理

上述代码已经足够大家学习如何实现一个功能。下面几节只会提供功能的实现思路,而不会给出具体实现,大家可以根据思路自行实现,也可以到本书附带的资料中找到项目源码进行学习。

### 21.7.1 新建期末总结

每一本教学日志都有期末总结，已经总结过的教学日志不需要重复总结。所以在新建期末总结之前，首先需要列出所有待总结的教学日志列表，如图 21-16 所示。

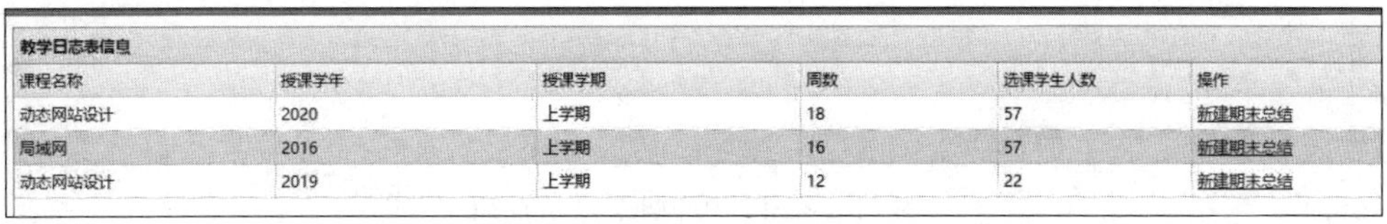

教学日志表信息

| 课程名称 | 授课学年 | 授课学期 | 周数 | 选课学生人数 | 操作 |
|---|---|---|---|---|---|
| 动态网站设计 | 2020 | 上学期 | 18 | 57 | 新建期末总结 |
| 局域网 | 2016 | 上学期 | 16 | 57 | 新建期末总结 |
| 动态网站设计 | 2019 | 上学期 | 12 | 22 | 新建期末总结 |

图 21-16　期末总结列表页面

单击“新建期末总结”链接进入一个表单中，如图 21-17 所示。

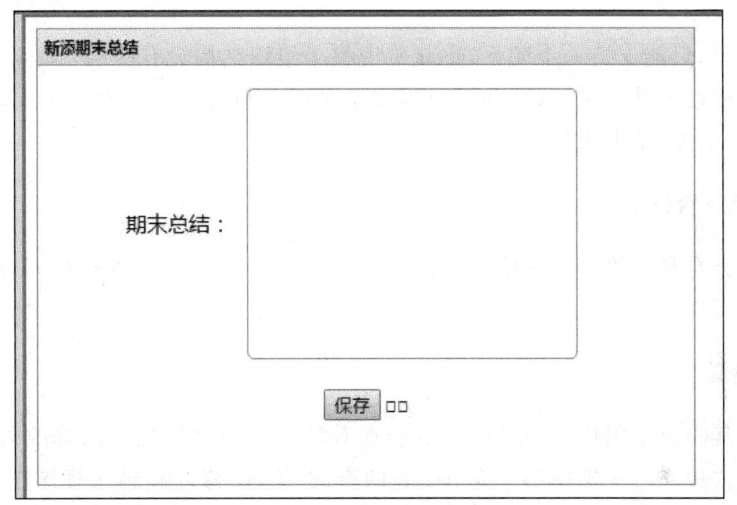


图 21-17　新建期末总结页面

在此表单中填入总结的内容，单击“保存”按钮。数据库中课程总结保存在 teachlog 的 summary 字段中。所以新建期末总结就可以转化为数据库的修改操作。修改 teachlog 对应行的 summary 字段为用户提交的值。那么如何确定对应行的数据呢？在上述列表中的“新建期末总结”链接有一个 id 字段保存“修改哪一个教学日志的期末总结”。

### 21.7.2 待评价期末总结

待评价期末总结功能与 21.7.1 节功能类似。只不过是显示已经填写的总结，但院系还未审核的教学日志，如图 21-18 所示。在控制器中给予相应的查询条件即可实现该功能。

待评价期末总结

| 课程名称 | 授课学年 | 授课学期 | 期末总结 | 操作 | 操作 |
|---|---|---|---|---|---|
| 数据结构 | 2016 | 上学期 | 数据结构这学期XXXXXXXX | 修改 | 删除 |

图 21-18　待评价期末总结页面

删除这个期末总结的含义就是清空已经填写的总结文本。

### 21.7.3 已评价期末总结

如果教学日志经过院系审核,则教师不能再修改或者删除该总结。所以在列表中,不应有修改和删除链接,如图 21-19 所示。实现方法同样是做一个查询,只是查询条件不同。

| 已评价期末总结 | | | | | |
|---|---|---|---|---|---|
| 教师姓名 | 课程名称 | 期末工作总结 | 院系部门意见 | 操作 | 操作 |
| 徐心玉 | 动态网站设计 | 学生整体完成得不错 | 同意 | 修改 | 删除 |
| 徐心玉 | Java语言程序设 | 学生兴趣不高,都喜欢背法律条文 | 同意 | 修改 | 删除 |

图 21-19 已评价期末总结页面

## 21.8 院系管理功能

在此系统中,只能支持一个院系,也就是说整个组织结构只有两层:院系领导和院系的教师。没有学校教务处一级,这个功能缺陷大家可以自行完善。本节中所有功能只给出功能设定,不给出实现,请大家自行实现。

**1. 个人信息管理**

用户可以查看和修改自己的信息。该功能与教师的个人信息管理相同,所以可以使用同一套代码来实现。

**2. 教师管理**

教师管理其实就是用户管理。院系应能查看教师列表、添加教师、修改教师信息、重置密码以及删除教师。这些操作都对应 usr 表的查询、添加、修改和删除等操作。因为只涉及一个用户表,所以相对比较简单。

**3. 教学日志管理**

院系应能查看教学日志的列表,对每个教学日志应能查看其每次记录。但不需要修改功能。

**4. 期末总结管理**

院系应能查看已审核教学日志列表和待审核教学日志列表。对于待审核教学日志列表应能查看其教学总结,并予以审核。

## 21.9 本 章 小 结

本章给出了示例项目"教学日志管理系统"的设计与实现,整个系统较为复杂,可以用单一功能入手对所用到的知识进行训练,提高自己的开发能力。在技术掌握熟练以后逐个模块实现,最后完成整个项目。教材虽然尽可能地详尽描述,但仍有不到之处,这就需要读者查阅文档和互联网上的资料。在开发中,即便是抄写代码仍会存在拼写错误、抄写不全、位置不对等问题，何况是自己编写的程序。而解决这些问题的办法就是要提高改错能力，改错能力的提升来源于不停地编码、发现错误，改正错误，这则需要经验的积累，别人无法替代，编者也难以给出一个错误的清单。如果有老师指导，要多求助于老师，对遇到过的错误，要深入理解，下次遇到就会轻易解决；对于没有老师指导的，要多多借助互联网，常见的错误互联网上均有解决的方法。

## 21.10 习　　题

1. 描述软件开发的基本流程，并举一例详细说明。
2. 实现书中给出的案例，并思考其设计有什么优点和缺点。
3. 完成书中尚未完成的开发任务。

# 图书资源支持

感谢您一直以来对清华版图书的支持和爱护。为了配合本书的使用，本书提供配套的资源，有需求的读者请扫描下方的"书圈"微信公众号二维码，在图书专区下载，也可以拨打电话或发送电子邮件咨询。

如果您在使用本书的过程中遇到了什么问题，或者有相关图书出版计划，也请您发邮件告诉我们，以便我们更好地为您服务。